KONFORME ABBILDUNG

KONFORME ABBILDUNG

VON

ALBERT BETZ

DIPL. ING. DR. PHIL. DR. ING. E. H., DR. SC. TECHN. H. C.
PROFESSOR AN DER UNIVERSITÄT GÖTTINGEN
WISSENSCHAFTLICHES MITGLIED (VORM. DIREKTOR) DER
AERODYNAMISCHEN VERSUCHSANSTALT UND DES MAX-PLANCK-INSTITUTS
FÜR STRÖMUNGSFORSCHUNG ZU GÖTTINGEN

ZWEITE NEUBEARBEITETE AUFLAGE

MIT 268 BILDERN

SPRINGER-VERLAG

BERLIN/GÖTTINGEN/HEIDELBERG

1964

Alle Rechte, insbesondere das der Übersetzung in fremde Sprachen, vorbehalten
Ohne ausdrückliche Genehmigung des Verlages ist es auch nicht gestattet,
dieses Buch oder Teile daraus auf photomechanischem Wege
(Photokopie, Mikrokopie) oder auf andere Art zu vervielfältigen

ISBN 978-3-642-87218-1   ISBN 978-3-642-87217-4 (eBook)
DOI 10.1007/978-3-642-87217-4

Copyright 1948 by Springer-Verlag OHG. in Berlin/Göttingen/Heidelberg
© by Springer-Verlag OHG., Berlin/Göttingen/Heidelberg 1964

Softcover reprint of the hardcover 2nd edition 1964

Library of Congress Catalog Card Number 63—22377

Vorwort zur zweiten Auflage

Das Wissensgebiet der konformen Abbildung hat sich seit der ersten Auflage nicht stark geändert. Die neue Auflage konnte daher in ihrem Gesamtaufbau und in dem behandelten Stoff weitgehend von der ersten übernommen werden. Ein großer Teil der Änderungen bezieht sich daher neben der Berichtigung von Fehlern auf schärfere, klarere Fassung einiger grundlegender Begriffe und auf die Anpassung der Schreibweise an die Normen. Eine etwas umfangreichere Ergänzung hat die Strömung mit konstanter Drehung erfahren. Mit dieser erweiterten Darstellung läßt sich vor allem die Strömung um Körper in einer Scherströmung erfassen. Weiterhin ist die Strömung durch Gitter aus Streckenprofilen weitgehend ausgebaut worden. Die Berechnung dieser für die Strömungsmaschinen wichtigen Grundform bot bisher sehr erhebliche rechnerische Schwierigkeiten. Die neue Darstellung in Verbindung mit einer neuen Näherungsformel macht diese Berechnung der praktischen Anwendung erheblich zugänglicher.

Für Mithilfe, insbesondere für die Durchsicht einzelner Teile des Manuskripts danke ich den Herren Dr. RIEGELS, Dr. MANGLER, Dipl.-Phys. WEDEMEYER, Dr. KRAUSE, Dipl.-Phys. GROSCHE. Ebenso danke ich dem Springer-Verlag für die wie immer so ausgezeichnete Ausführung des Buches und die gut organisierte Abwicklung der Arbeiten.

Göttingen, im Oktober 1963   **Alb. Betz**

Vorwort zur ersten Auflage

Auf vielen Gebieten der Technik und der Naturwissenschaften ist für die theoretische Bearbeitung mancher Aufgaben neben anderen mathematischen Hilfsmitteln auch die konforme Abbildung zu einem notwendigen Rüstzeug geworden. Für viele Benützer dieser Verfahren, die meist im praktischen Beruf stehen, liegt naturgemäß das Bedürfnis vor, über die für eine spezielle Aufgabe geltenden Rechenregeln hinaus, sich auch mit den Grundlagen der konformen Abbildung vertraut zu machen. Nur dadurch sind sie in der Lage, sich vor falschen Anwendungen der speziellen Rechenregeln zu bewahren, und nur durch eine sichere Beherrschung der Grundlagen ist es möglich, neue Verfahren zu finden und einen Fortschritt zu erzielen. Nun gibt es ja zwar eine Reihe von Lehrbüchern über konforme Abbildung. Für den in der Praxis Stehenden bieten diese Darstellungen aber erhebliche Schwierigkeiten. Sie sind meist von Mathematikern geschrieben, und die konforme Abbildung ist dabei ein Sondergebiet der Funktionentheorie. Ihr Studium setzt meist die Kenntnis von Sätzen der Funktionentheorie voraus, welche dieser erwähnte Personenkreis im allgemeinen nicht besitzt.

Um diesen Verhältnissen Rechnung zu tragen, versuchte ich im Wintersemester 1932/33 in einer Vorlesung von einer Wochenstunde an der Universität Göttingen eine Einführung in die konforme Abbildung zu geben, welche nicht von der Funktionentheorie ausgeht. An sich stellt ja die konforme Abbildung in erster Linie geometrische Zusammenhänge dar. Es ist daher durchaus möglich, ihr Wesen und ihre wichtigsten Ergebnisse aus der geometrischen Anschauung heraus zu verstehen. Freilich sind die Funktionen komplexer Zahlen ein so wichtiges, fruchtbares und bequemes Hilfsmittel für die Erkenntnis vieler konformer Zusammenhänge, daß man sie bei der Behandlung dieses Themas nicht außer acht lassen kann. Für einen Hörerkreis, bei dem ich aber keine weitgehenden Kenntnisse der Funktionentheorie voraussetzen kann, schien mir zunächst eine Einführung in den Vorstellungskreis der konformen Abbildung zweckmäßig, der auf rein geometrischer Anschauung ohne Verwendung des Begriffes komplexer Zahlen aufgebaut ist. Als Hilfsmittel, um die Zuordnung der abzubildenden Flächen der anschaulichen Vorstellung zugänglich zu machen, dienten flächenhafte elektrische Ströme. Durch Überlagerung einfacher Strömungen ergeben sich kompliziertere. Weitere Zusammenhänge ergeben sich durch Vergleich von zwei berechenbaren Strömungen. Durch Anwendung dieser beiden Berechnungsverfahren, der Überlagerung und des Vergleiches, ließen sich auch verhältnismäßig verwickelte Zusammenhänge ohne Verwendung komplexer Funktionen quantitativ erfassen.

Diese Einführung sollte den Hörer aber zugleich mit Begriffen und Vorstellungen vertraut machen, welche der Funktionentheorie eigen sind und ihn so auf diese ihm sonst schwer verständliche mathematische Disziplin vorbereiten, die dann später auch benützt wird. Es zeigte sich dabei, daß manche der Überlegungen, die bei der Ableitung ohne komplexe Zahlen benützt wurden, sich auch später nach Einführung der komplexen Zahlen vielfach noch als recht fruchtbar zur anschaulichen Ableitung von Zusammenhängen erwiesen. Dieser Weg, die konforme Abbildung nicht aus der Funktionentheorie herzuleiten, sondern umgekehrt, sie zur Einführung in die Funktionentheorie zu benützen, schien mir gerade für den eingangs erwähnten Interessentenkreis besonders geeignet, da dieser Kreis, z. B. Ingenieure, meist eine gut geschulte geometrische Anschauung besitzt, aber im Umgang mit abstrakten Begriffen, wie sie die Funktionentheorie enthält, wenig Übung hat.

Die erwähnte Vorlesung fand damals nicht nur das Interesse von Hörern mit ingenieurmäßiger Vorbildung, sondern auch von Studenten mit mathematischer Vorbildung. Dies legte den Gedanken nahe, sie auch weiteren Kreisen zugänglich zu machen. Dazu wurde sie zunächst von meiner damaligen Mitarbeiterin, Frl. Dr.-Ing. IRMGARD LOTZ (jetzt Frau FLÜGGE-LOTZ) ausgearbeitet. Diese Ausarbeitung bildete dann die Grundlage für das vorliegende Buch. Es war freilich noch ein weiter Weg von der ersten Vorlesung bis zum druckreifen Manuskript. Dabei wurde mir weitgehende Hilfe, zunächst von Frl. Dr. LOTZ, und später von Herrn Dr. MANGLER, zuteil. Die Zeitverhältnisse brachten dann viele Hindernisse mit sich, so daß sich die Fertigstellung bis jetzt verzögerte.

Eine Schwierigkeit bestand darin, daß die Fassung bei einem Buch, das erheblich weitere Verbreitung findet als eine einfache Vorlesung, doch auch entsprechend mehr Sorgfalt erfordert. Wenn auch die Anschaulichkeit der Darstellung bei den geschilderten Absichten in erster Linie stehen sollte, so strebten wir doch auch danach, nicht allzusehr gegen die den Mathematikern gewohnte Strenge zu verstoßen. Da ich selbst nicht Mathematiker von Fach bin, so war ich in dieser Hinsicht weitgehend auf das Urteil meiner Mitarbeiter, insbesondere Frl. Dr. LOTZ, Herrn Dr. MANGLER und Herrn Dr. KRAHN angewiesen. Ich verdanke ihnen viele wertvolle Ratschläge. Wenn trotzdem wahrscheinlich in vieler Hinsicht vom Standpunkt der mathematischen Strenge etwas auszusetzen ist, so muß ich um Nachsicht bitten, da das Buch eben nicht so sehr für Mathematiker geschrieben ist als für Nichtmathematiker, für welche die Anschaulichkeit wichtiger ist als die mathematische Strenge.

Entsprechend den gesteckten Zielen glaubte ich von weitgehenden Literaturangaben absehen zu können. Sie stellen hauptsächlich Hinweise auf ausführlichere Darstellung bei solchen Dingen dar, die im Rahmen des Buches nur kurz angedeutet werden konnten. Dagegen war außer der sorgfältigeren Fassung des Textes natürlich auch eine starke Ergänzung des sachlichen Inhaltes nötig, um wenigstens einigermaßen einen Überblick über die wichtigsten Verfahren und Anwendungen zu geben. Die am Schluß des Buches gegebene Zusammenstellung der wichtigsten behandelten Abbildungen mit Darstellung der typischen Formen und mit Angabe der Formeln dürfte diesen Überblick erleichtern. Ich bin mir bewußt, daß auch in dieser Hinsicht noch viel fehlt. Aber schließlich war hierin eine Beschränkung geboten, wenn die Herausgabe nicht durch die ständige Hinzunahme neuer Dinge noch weiter verzögert werden und auch der Umfang des Buches nicht übermäßig ausgedehnt werden sollte. Ich hoffe aber, daß das Buch trotz der Mängel, die ihm anhaften, den Zweck erfüllt, für den es in erster Linie gedacht ist, nämlich denen, welche die konforme Abbildung praktisch brauchen, eine Einführung in die geometrischen Zusammenhänge und eine Anleitung zum praktischen Gebrauch zu sein.

Der Verlag war trotz der sehr schwierigen äußeren Verhältnisse bemüht, die bei ihm aus normalen Zeiten gewohnte hohe Qualität seiner Bücher auch hier wieder zur Geltung zu bringen. Ich bin ihm zu großem Dank verpflichtet, daß ihm dies in so erstaunlichem Maße gelungen ist. Insbesondere ist die große Sorgfalt hervorzuheben, mit der die vielen, zum Teil schwierigen Bilder bearbeitet wurden.

Göttingen, im November 1947. **Alb. Betz**

Inhaltsverzeichnis

I. Abschnitt: Einführung und einfache Beispiele

                                                                  Seite

1. Abbildungen 1
2. Die stereographische Projektion 2
3. Die Mercatorprojektion 5
4. Konforme Abbildung eines Rechtecks auf einen Kreisringsektor 8
5. Allgemeines graphisches Abbildungsverfahren 9

II. Abschnitt: Elektrische Stromfelder

6. Elektrische Ströme in flächenhaften Leitern 10
7. Konforme Zuordnung der Strömungsbilder 11
8. Überlagerung von Stromfeldern 17
9. Experimentelle Lösung von konformen Abbildungen 19
10. Die ebene Quellströmung und Wirbelströmung 22
11. Konforme Abbildung der vollen Ebene auf einen Winkelraum . . 26
12. Strömung in einem Winkelraum 28
13. Strömung bei vorgegebener Verteilung des Potentials auf einem Kreisumfang 32

III. Abschnitt: Weitere Beispiele und Folgerungen

14. Einfache Beispiele zur Überlagerung von Strömungen 36
15. Die einfache symmetrische Quell-Senken-Strömung 40
16. Strömung bei gegebener Quellverteilung auf einem Kreise . . . 43
17. Der Dipol und höhere Pole 49
18. Konforme Abbildung einer Halbebene auf das Äußere oder Innere eines Kreises 53
19. Konforme Abbildung eines Kreisbogenzweiecks auf einen Kreis 55
20. Prinzip der Spiegelung 59
21. Aneinandergrenzende Gebiete verschiedener Leitfähigkeit 63
22. Konforme Abbildung eines Kreises auf einen Kreisbogen 68

IV. Abschnitt: Allgemeine Erkenntnisse

23. RIEMANNsche Flächen 74
24. Existenzbetrachtungen 78
25. Die Potentialgleichung $\Delta\Phi = 0$ 83

Inhaltsverzeichnis

V. Abschnitt: Auftreten der konformen Abbildung in anderen Gebieten der Physik

26. Wärmeleitung 91
27. Elektrostatische und magnetische Felder 92
28. Das elektrostatische Feld eines geladenen ebenen Blechstreifens 97
29. Flüssigkeitsbewegung mit Strömungspotential 100
30. Entstehung von Flüssigkeitsbewegungen 103
31. Drücke in einer strömenden Flüssigkeit. BERNOULLIsche Gleichung 107
32. Geschwindigkeits- und Druckverteilung um zylindrische Körper, insbesondere ebene Platten. 111
33. Zirkulationsströmung und der Auftrieb von Tragflügeln 116
34. Nichtstationäre Vorgänge. Drehung um eine Achse 119
35. Strömung durch ein umlaufendes Schaufelrad 123
36. Strömungen mit konstanter Drehung 131
37. Sehr zähe Flüssigkeiten 136
38. Elastische Probleme 137
39. Der ebene Spannungszustand 140
40. Torsion zylindrischer Stäbe 142
41. Torsion einer abgeflachten Welle 147
42. Die gespannte Membran und ihre Verwendung zur anschaulichen experimentellen Herstellung von konformen Abbildungen 151

VI. Abschnitt: Zusammenhang der konformen Abbildung mit der Theorie der komplexen Funktionen

43. Grundbegriffe und Rechenregeln 156
44. Zuordnung durch komplexe Funktionen 161
45. Das komplexe Potential 164

VII. Abschnitt: Abbildung durch einfache Funktionen

46. Die Funktion $\zeta = z^n$, $z = \zeta^{1/n}$ 168
47. Lemniskate, CASSINIsche Kurven, Kardioide 172
48. Die Funktion $\zeta = 1/z$, $z = 1/\zeta$ 177
49. Weitere Beispiele. Quell-Senken-System 183
50. Die Funktion $\zeta = e^z$, $z = \ln \zeta$ 185
51. Quellen- und Wirbelreihen 190
52. Strömung durch ein gerades Flügelgitter 193

VIII. Abschnitt: Einige zusammengesetzte Funktionen

53. Die Funktion $\zeta = \sqrt{1 - z^2}$, $z = \sqrt{1 - \zeta^2}$ 197
54. Lineare Transformation $\zeta = \dfrac{\alpha + \beta z}{\gamma + \delta z}$, $z = \dfrac{\alpha - \gamma \zeta}{\delta \zeta - \beta}$ 200
55. Konforme Abbildung zweier Kreise auf zwei andere Kreise . . . 203
56. Die Funktion $\zeta = z + \dfrac{1}{z}$, $z = \dfrac{\zeta}{2} \pm \sqrt{\left(\dfrac{\zeta}{2}\right)^2 - 1}$, Abbildung eines Kreises auf eine gerade Strecke 207
57. Abbildung eines Kreises auf ein Stück eines Kreisbogens 211
58. JOUKOWSKY-Profile 217
59. Kreis- und Hyperbelfunktionen 223
60. Die Funktionen $\tan z$, $\cot z$, $\tanh z$ und $\coth z$ 231

IX. Abschnitt: Behandlung gegebener Abbildungsaufgaben

61. Die Glättung von Ecken 235
62. Kreisbogenzweiecke 236
63. KÁRMÁN-TREFFTZ-Profile 238
64. BETZ-KEUNE-Profile 241
65. Stück einer logarithmischen Spirale (KÖNIGsche Abbildung) . . . 245
66. Strömung durch ein gerades Plattengitter 255
67. Vielecke 260
68. Rechtecke. Elliptisches Integral 1. Gattung 267
69. Elliptisches Integral 2. Gattung 276
70. Strömung um zwei parallele Platten 278
71. Vereinfachung in Sonderfällen 283
72. Das Kreisbogendreieck 288
73. Die GAUSSsche Differentialgleichung und die hypergeometrischen Reihen 293
74. Konforme Abbildung beliebiger gegebener Formen 297
75. Konforme Abbildung einer annähernd kreisförmigen Figur auf einen Kreis 302
76. Verfahren für schlanke tragflügelartige Profile 305
77. Zusammenhang zwischen Profilform und Geschwindigkeitsverteilung 309
78. Profilform, welche eine vorgegebene Geschwindigkeitsverteilung ergibt 312

X. Abschnitt: Doppelperiodische Felder

79. Die elliptischen Funktionen $\operatorname{sn} z$, $\operatorname{cn} z$, $\operatorname{dn} z$ 317
80. Strömung um 2 Kreiszylinder 327
81. Allgemeinere doppelperiodische Strömungsfelder 333
82. Doppelperiodische Quellenanordnungen 334
83. Die ϑ-Funktionen 341
84. Darstellung doppelperiodischer Dipolfelder durch ϑ-Funktionen . 346
85. Die $\wp$-Funktion 351
86. Darstellung doppelperiodischer Dipol- und Quellenanordnungen durch die ζ-Funktion und die σ-Funktionen 355
87. Strömung um Doppelflügel 360

XI. Abschnitt: Freie Strahlen

88. Physikalische Grundlagen 370
89. Mathematische Grundlagen 371
90. Strömung mit freien Strahlgrenzen durch Schaufelgitter 373
91. Allgemeinere Aufgaben 384
92. Gekrümmte Begrenzungswände 386

Übersicht über die wichtigsten behandelten Abbildungen 391

Namen- und Sachverzeichnis 400

Erster Abschnitt

Einführung und einfache Beispiele

1. Abbildungen. Unter dem Ausdruck „*Abbildung*" versteht man die bildliche Darstellung eines Gegenstandes, z. B. durch eine Photographie. Meist denkt man dabei an eine im mathematischen Sinne „ähnliche" Abbildung, eine Vergrößerung oder Verkleinerung, wobei alle Teile im gleichen Maßstab vergrößert oder verkleinert werden. Doch ist die Ähnlichkeit kein unumgängliches Merkmal einer Abbildung. Auch

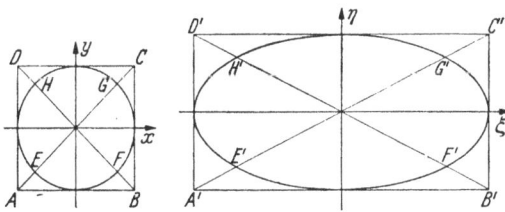

Bild 1. Affine Abbildung

die photographische Wiedergabe eines räumlichen Gegenstandes ist ja kein ähnliches Abbild desselben, da dabei die entfernteren Dinge in kleinerem Maßstab erscheinen als die näher gelegenen. Man hat es hier mit einer „perspektivischen" Abbildung zu tun. Eine andere bekannte Abbildung ist die affine. Bei ihr wird z. B. aus einem Quadrat ein Rechteck und aus dem eingeschriebenen Kreis eine Ellipse (Bild 1. Es ist $\xi = ax$, $\eta = by$, wobei $a \neq b$ ist). Bei dieser Abbildung gehen im allgemeinen Winkel nicht wieder in gleiche Winkel über, wie man in Bild 1 an den eingezeichneten einander zugeordneten Diagonalen sieht. Man kann beliebig viele wohl definierte Abbildungen angeben, welche nicht ähnlich sind. Man denke z. B. an die Abbildungen, welche die bekannten Vexierspiegel in Lachkabinetten liefern.

Das Wesentliche der Abbildung ist die *gegenseitige Zuordnung*: Jeder Stelle des Abbildes entspricht mindestens eine Stelle des Urbildes. Die Abbildung braucht aber keineswegs *eindeutig* zu sein. Man kann z. B. eine geschlossene räumliche Kurve, die durch einen passend gebogenen Draht dargestellt wird, so projizieren (Bild 2), daß 2 Stellen des Drahtes ein Punkt der Zeichenebene entspricht. Es ist also mit dem Begriff der Abbildung durchaus verträglich, daß sie *mehrdeutig* ist. Auf solche mehrdeutige Abbildungen werden wir später noch häufig stoßen. Da die Zuordnung zwischen Urbild und Abbild stets gegenseitig ist, so ist jede Abbildung *umkehrbar*, d. h., man kann auch das Urbild als Abbild seines Abbildes auffassen.

Wenn auch demnach Abbildungen nicht ähnlich zu sein brauchen, so legt man in sehr vielen Fällen doch gerade auf die Ähnlichkeit großen Wert. So ist der Grundriß eines Hauses eine ähnliche Verkleinerung, ebenso die Karte einer Stadt oder eines Landkreises. Man will doch bei diesen Abbildungen aus der gegenseitigen Lage von Punkten auf die Lage der entsprechenden Punkte des Originals schließen, und das ist am einfachsten, wenn man alle aus dem Plan oder der Karte herausgemessenen Längen nur mit einem konstanten Maßstabsfaktor multiplizieren muß. Nun stößt man aber gerade bei der Darstellung der Erdoberfläche durch Karten auf eine Schwierigkeit, sobald das abzubildende Gebiet einigermaßen groß ist, wenn man z. B. eine Karte von Europa oder gar von Asien oder von der gesamten Erde zeichnen will. Die Erde ist ja eine Kugel, und ein Stück einer Kugelschale läßt sich nicht ohne Dehnung oder Stauchung einzelner Gebiete, also nicht ohne Verzerrung derselben, auf eine ebene Fläche, wie es die Karte ist, ausbreiten.

Bild 2
Abbildung einer räumlichen Kurve

Die Karte eines größeren Gebietes der Erdoberfläche muß also immer unähnlich verzerrt sein. Man kann nun, je nach dem Zweck, den die Karte hat, verschiedene Verzerrungen anwenden. Wenn man Wert darauf legt, die Größe verschiedener Gebiete vergleichen zu können, so wird man die Verzerrung so wählen, daß eine Dehnung in der einen Richtung durch eine Stauchung in der anderen Richtung ausgeglichen wird, so daß gleichen Flächenstücken der Karte auch gleiche Flächenstücke auf der Erde entsprechen. Solche Karten nennt man ,,flächentreu". In ihnen sind aber wegen der gleichzeitigen Dehnung in der einen und Stauchung in der anderen Richtung die Umrisse von kleinen Flächenstücken affin verzerrt.

In anderen Fällen legt man aber gerade Wert darauf, daß wenigstens jedes kleine Flächenstück der Karte eine ähnliche Abbildung des entsprechenden Stückes der Erde darstellt. Man nimmt dann in Kauf, daß der Maßstab dieser kleinen Flächenstücke für die verschiedenen Gegenden verschieden ist. Da sich der Maßstab kontinuierlich von Ort zu Ort ändert, so kann die Ähnlichkeit strenggenommen nur für unendlich kleine Gebiete (Flächendifferentiale) erreicht werden. Diese Ähnlichkeit im Kleinen äußert sich unter anderem darin, daß alle Winkel richtig wiedergegeben werden, was vor allem für die Kartendarstellung von Bedeutung ist. Man nennt deshalb solche Abbildungen ,,*winkeltreu*".

In neuerer Zeit ist hauptsächlich die Bezeichnung „*konforme Abbildung*" gebräuchlich geworden, wobei dieser Ausdruck die Gesamtheit aller mit der Ähnlichkeit im Kleinen zusammenhängenden Eigenschaften zum Ausdruck bringen soll. Solche „konformen Abbildungen" spielen nun nicht nur bei der Kartendarstellung, sondern auch noch auf vielen anderen Gebieten eine große Rolle. Da es außerdem eine sehr weitgehend ausgebaute mathematische Theorie dieser Abbildungen gibt, so lassen sie sich für viele praktische Zwecke mit Vorteil anwenden. Um von dem Wesen dieser Art von Abbildungen eine anschaulichere Vorstellung zu vermitteln, seien zunächst einige mit einfachen Mitteln ausführbare Beispiele behandelt.

2. Die stereographische Projektion. In Bild 3 möge der Kreis die Erde bzw. eine ähnliche Verkleinerung derselben mit dem Nordpol N und dem Südpol S darstellen. Legt man an den Nordpol N eine Tangentialebene und projiziert die Punkte der Erdoberfläche vom Südpol aus auf diese Tangentialebene, so entsteht, wie man leicht zeigen kann, eine konforme Abbildung der Erdoberfläche. Der Punkt P (Bild 3) geht in den Punkt P' und die Umgebung des Punktes P in die Umgebung des Punktes P' über. Wir betrachten ein so kleines Stück der Umgebung von P, daß wir dasselbe als eben und somit als ein Stück der Tangentialebene im Punkte P ansehen können.

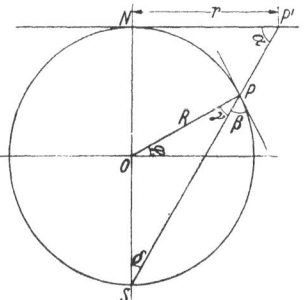

Bild 3. Stereographische Projektion

Zunächst läßt sich zeigen, daß der Projektionsstrahl SPP' die beiden Tangentialebenen bei P und P' unter dem gleichen Winkel schneidet. In dem gleichseitigen Dreieck POS ist nämlich

$$\sphericalangle \gamma = \sphericalangle \delta. \qquad (2,1)$$

In dem rechtwinkligen Dreieck $P'NS$ ist

$$\sphericalangle \delta + \sphericalangle \alpha = 90° = \pi/2, \qquad (2,2)$$

ferner ist $\qquad \sphericalangle \gamma + \sphericalangle \beta = 90° = \pi/2. \qquad (2,3)$

Daraus folgt, daß $\qquad \sphericalangle \alpha = \sphericalangle \beta \qquad (2,4)$

ist. Denkt man sich von S aus einen kleinen Strahlenkegel gezogen, welcher in der Umgebung von P und P' kleine Gebiete aus den betreffenden Ebenen ausschneidet, so sind diese Gebiete gegenüber dem Normalschnitt (senkrecht zu SP') wegen der schrägen Lage der Ebenen zur Projektionsrichtung für ein hinreichend kleines Gebiet affin verzerrt. Da aber nach Gl. (2,4) die Winkel der beiden Ebenen zur Projektionsrichtung gleich sind, so ist die Verzerrung bei beiden Ebenen die gleiche. Die aus den beiden Ebenen ausgeschnittenen Gebiete sind daher untereinander ähnlich, und damit ist die Bedingung der konformen Abbildung erfüllt.

Die Meridiane erscheinen bei dieser Projektion als gerade vom Nordpol N ausgehende Strahlen in gleichem Winkelabstand. Die Breitenkreise erscheinen als konzentrische Kreise um den Nordpol. Der Radius $r = NP'$ des dem Breitenkreis φ entsprechenden Kreises in der Projektion ergibt sich gemäß Bild 3 zu

$$r = 2R \tan \delta = 2R \tan \frac{(\pi/2) - \varphi}{2}, \qquad (2{,}5)$$

wobei R den Radius der Kugel bedeutet.

Das Maßstabsverhältnis für ein kleines Gebiet ist entsprechend Bild 3

$$m = \frac{SP'}{SP} = \frac{2R/\cos\delta}{2R\cos\delta} = \frac{1}{\cos^2 \frac{(\pi/2)-\varphi}{2}}. \qquad (2{,}6)$$

Dasselbe Ergebnis erhält man durch Differenzieren der Gl. (2,5)

$$m = -\frac{dr}{R\,d\varphi} = \frac{1}{\cos^2 \frac{(\pi/2)-\varphi}{2}}. \qquad (2{,}7)$$

In Bild 4 ist dieses Maßstabsverhältnis abhängig von der geographischen Breite φ aufgetragen. Am Nordpol ist das Maßstabsverhältnis gleich Eins, d. h., Urbild und Abbild werden kongruent. Dies ist ja auch ohne weiteres einleuchtend, da hier ja Projektionsfläche und Kugelfläche zusammenfallen. Wichtiger ist aber, daß das Maßstabsverhältnis hier ein Minimum hat. Weil sich nämlich in der Umgebung eines Minimums (oder Maximums) eine Funktion nur wenig ändert, hat man in der Umgebung des Nordpols ein verhältnismäßig großes Gebiet, in dem der Maßstab nahezu konstant ist, so daß sich nur ganz geringfügige Verzerrungen ergeben. Je weiter man sich vom Nordpol entfernt, desto steiler wird die Maßstabskurve. Das bedeutet, daß schon in verhältnismäßig kleinen Gebieten merkliche Maßstabsunterschiede und dementsprechende Verzerrungen auftreten. Eine solche Projektion ist daher in erster Linie geeignet, die Umgebung des Nordpols darzustellen. Besonders unbequem würde diese Projektion zur Darstellung der südlichen Halbkugel werden: Der Südpol fällt in unendliche Ent-

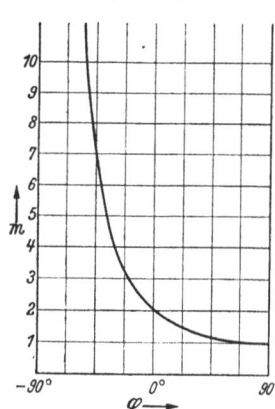

Bild 4. Maßstabsverhältnis m bei der stereographischen Projektion abhängig von der geographischen Breite φ

fernung, und der Maßstab geht bei Annäherung an den Südpol ebenfalls gegen ∞. Aber auch schon für die übrigen südlichen Breiten sind die Maßstabsverhältnisse höchst unbequem.

Um andere Gegenden der Erde als die Umgebung des Nordpols mit dieser Projektion günstig darzustellen, braucht man nur die Tangentialebene an den Punkt zu legen, dessen Umgebung hauptsächlich dargestellt werden soll, und das Projektionszentrum in den diametral gegenüberliegenden Punkt der Erde zu verlegen. So wird man die südliche Halbkugel ganz entsprechend wie die nördliche erhalten, wenn man die Tangentialebene an den Südpol legt und

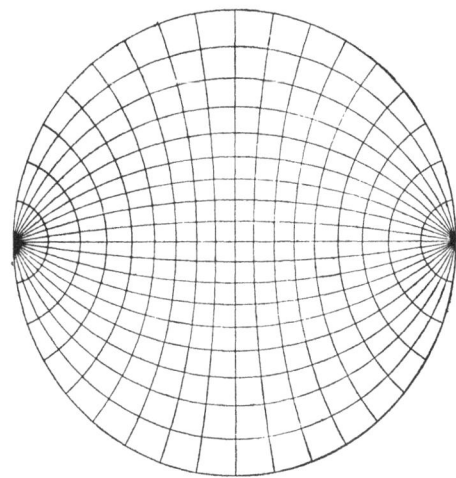

Bild 5. Stereographische Projektion von einem Punkt des Äquators aus

vom Nordpol aus projiziert. Verlegt man Berührungspunkt und Projektionspunkt in zwei gegenüberliegende Punkte des Äquators, so erhält man die in Bild 5 dargestellte Abbildung einer Erdhälfte.

3. Die Mercatorprojektion. Wie schon betont, ist bei diesen Projektionen jeweils das Gebiet in der Umgebung des Berührungspunktes am wenigsten verzerrt. Um nun ein ausgedehnteres Gebiet mit diesen günstigen Verhältnissen zu erhalten, bildet man die Kugel nicht von vornherein auf eine Ebene, sondern auf eine abwickelbare Fläche ab, welche die Kugel längs einer Linie berührt. Durch Abwickeln der Fläche erhält man dann auch die Abbildung auf eine Ebene. Dabei bietet nun die Nachbarschaft der ganzen Berührungslinie den Vorteil geringer Verzerrung, und dieses Gebiet ist naturgemäß wesentlich größer als die Umgebung eines einzelnen Punktes. Man kann als Abbildungsfläche z. B. einen Kegel verwenden, welcher die Erdkugel in einem bestimmten Breitenkreis berührt, und erhält dann eine Darstellung, welche die Umgebung gerade dieses Breitenkreises besonders verzerrungsfrei wiedergibt (*Kegelprojektion*).

Eine viel gebrauchte Projektion dieser Art ist die *Mercatorprojektion*, bei der die Erde auf einen Zylinder abgebildet wird, welcher die Erde im Äquator berührt (Bild 6).

Der Äquator geht bei der Abwicklung des Zylinders in eine gerade Linie über. Die Meridiane bilden sich auf dem Zylinder als Gerade parallel zur Achse ab, bei der Abwicklung gehen sie in parallele Gerade senkrecht zum Äquator über (Bild 6). Einem Meridian mit der geographischen Länge λ entspricht in der Mercatorprojektion eine Gerade im Abstande

$$x = R\lambda \qquad (3,1)$$

vom Nullmeridian, wenn R den Radius der Kugel bzw. des um sie gelegten Zylinders bedeutet. Die Länge λ ist in dieser Gleichung und in den folgenden beiden Gleichungen auch die geographische Breite φ nicht in Grad, sondern in Radiant (Verhältnis von Bogenlänge zu Radius) auszudrücken, um diese Größen bequemer in Formeln verwenden zu können. Da auf der Kugel der Abstand der Meridiane mit zunehmender geographischer Breite φ proportional $\cos\varphi$ abnimmt, während er in der Mercatorprojektion unverändert bleibt, so nimmt das Vergrößerungsverhältnis der Mercatorprojektion mit wachsender Breite im Verhältnis $1/\cos\varphi$ zu. Man kann das Kartennetz aber nicht, wie bei der vorhin behandelten stereographischen Abbildung durch Projektion von einem Punkte aus erzeugen. Man muß es vielmehr, ausgehend von den Verhältnissen am Äquator, wo ja Kugel und Projektionsfläche zusammenfallen, rechnerisch aufbauen. Auf einer Kugel vom Radius R haben 2 Meridiane mit den Längen λ und $\lambda + \Delta\lambda$ den Abstand $R\Delta\lambda\cos\varphi$ und 2 Breitenkreise mit den Breiten φ und $\varphi + \Delta\varphi$ den Abstand $R\Delta\varphi$. In der Mercatorprojektion sind die entsprechenden Abstände im Maßstabsverhältnis $1/\cos\varphi$ vergrößert, also $\Delta x = R\Delta\lambda$ und $\Delta y = R\Delta\varphi/\cos\varphi$.

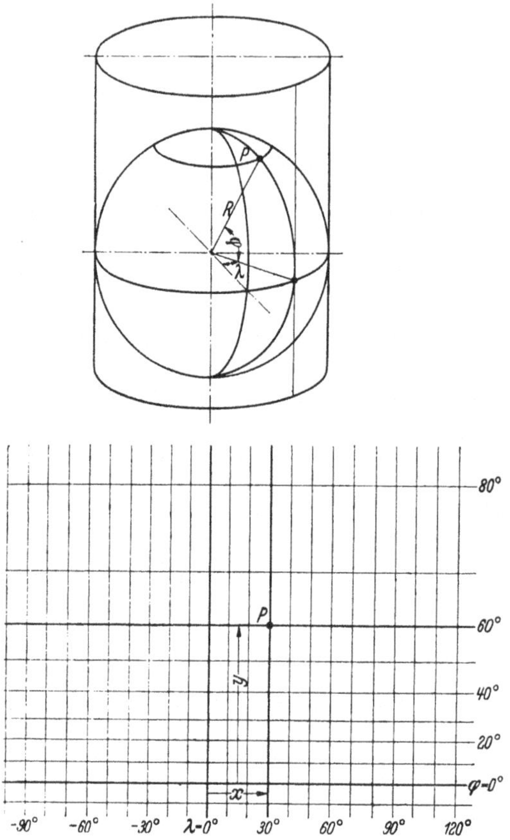

Bild 6. Mercatorprojektion
Oben: Kugel mit berührendem Zylinder. Unten: Abwicklung des Zylinders

3. Die Mercatorprojektion

Es ist also

$$dy = R \frac{d\varphi}{\cos\varphi}. \qquad (3,2)$$

Daraus ergibt sich der Abstand y des Breitenkreises φ vom Äquator in der Mercatorprojektion zu

$$y = R \int_0^\varphi \frac{d\varphi}{\cos\varphi} = R \ln \sqrt{\frac{1+\sin\varphi}{1-\sin\varphi}} = -R \ln \tan\left(\frac{\pi}{4} - \frac{\varphi}{2}\right). \qquad (3,3)$$

Für den Pol ($\varphi = \pi/2$) wird $y = \infty$. Die Bilder von Nord- und Südpol liegen also in der Mercatorprojektion unendlich weit vom Äquator entfernt. Diese Projektion eignet sich daher nicht zur Darstellung der Polargebiete. Sie wird aber besonders in der Seefahrt mit großer Vorliebe verwandt. Für diesen Zweck hat sie den Vorteil, daß das ganze Gebiet, welches für die Schiffahrt im allgemeinen überhaupt in Frage kommt, leidlich gut dargestellt wird. Dazu kommt noch folgendes. Wenn man einen bestimmten Kompaßkurs fährt, so schneidet man alle Meridiane unter dem gleichen Winkel. Ein solcher Kurs bildet sich auf der Mercatorkarte als gerade Linie ab, da ja die Meridiane alle parallel sind. Dieser Umstand erleichtert das Auftragen des Kurses in der Karte.

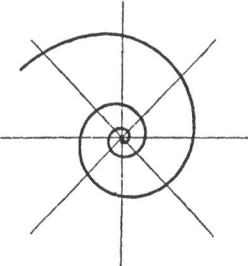

Bild 7. Loxodrome in der Umgebung des Poles

Ein solcher Kurs, eine sog. Loxodrome, stellt in der Umgebung des Äquators, wo die Abbildung ja verzerrungsfrei ist, wie alle geraden Linien, die kürzeste Verbindung zwischen den Endpunkten dar. In größerer Entfernung vom Äquator ist das nicht mehr der Fall. Man sieht dies ohne weiteres ein, wenn man sich den Verlauf eines solchen Kurses in der Nähe des Poles überlegt. Zu dem Zweck ist in Bild 7 der Kurs in eine Karte mit stereographischer Projektion eingetragen. Die Meridiane sind hier radial vom Pol ausgehende gerade Linien. Da der Kurs alle Meridiane unter gleichen Winkeln schneidet, ergibt sich in dieser Darstellung für den Kurs eine Kurve, welche man logarithmische Spirale nennt. In der Umgebung des Poles, wo die stereographische Projektion die Verhältnisse richtig wiedergibt, ist der Kurs auf der Erdkugel also ebenfalls eine logarithmische Spirale, weicht demnach wesentlich von der kürzesten Verbindung zwischen 2 Punkten ab.

Vom Gesichtspunkt der konformen Abbildung kann man noch folgendes lernen: Sowohl die Mercatorprojektion als auch die stereographische Projektion sind konforme Abbildungen der Kugeloberfläche. Ein kleines Stück der Kugeloberfläche ist also sowohl dem entsprechenden Stück in der Mercatorprojektion wie dem entsprechenden in der stereographischen Projektion ähnlich. Damit sind aber auch die entsprechenden Stücke der beiden Projektionen einander ähnlich. Die beiden Projektionen sind also auch konforme Abbildungen voneinander. Man kann allgemein sagen: *Sind zwei Abbildungen zu einer dritten konform, so sind sie auch unter sich konform.*

Speziell im vorliegenden Fall sieht man, daß beim Übergang von der Mercatorprojektion zur stereographischen Projektion gerade Linien in logarithmische Spiralen übergehen. Die Meridiane und Breitenkreise, welche in der Mercatorprojektion ebenfalls Gerade sind und in der stereographischen Projektion in gerade Strahlen vom Pol aus bzw. in konzentrische Kreise um den Pol übergehen, stellen dabei nur ausgeartete Sonderfälle der logarithmischen Spiralen dar. Diese Abbildung der Mercatorprojektion auf die stereographische Projektion läßt sich auch dadurch kennzeichnen, daß ein Rechteck (gebildet aus 2 Breitenkreisen und 2 Meridianen in der Mercatorprojektion) in einen Kreisringsektor (in der stereographischen Projektion) übergeht. Diese konforme Abbildung soll nun von einem allgemeinen Standpunkt aus betrachtet werden.

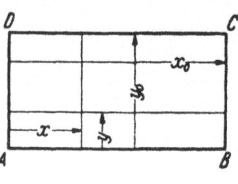

4. Konforme Abbildung eines Rechtecks auf einen Kreisringsektor. Das Rechteck (Bild 8 oben) soll auf den Kreisringsektor (Bild 8 unten) abgebildet werden. Der Seite $AB = x_0$ soll der Bogen $A'B' = r_0 \psi_0$ entsprechen. Aus Symmetriegründen müssen die Parallelen zur y-Achse in Radien übergehen, und zwar so, daß gleichen Abständen in Bild 8 oben gleiche Winkelabstände in Bild 8 unten entsprechen. Einer Geraden im Abstand x vom Punkte A entspricht also ein Strahl im Winkelabstand

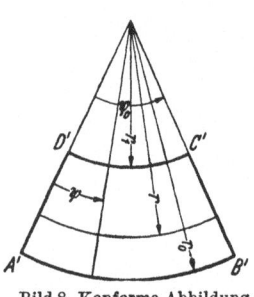

Bild 8. Konforme Abbildung eines Rechtecks auf einen Kreisringsektor

$$\psi = x \frac{\psi_0}{x_0} \qquad (4,1)$$

von A'. Über das Maßstabsverhältnis in x-Richtung kann man leicht eine Aussage machen; es ist

$$\frac{r\,d\psi}{dx} = \frac{r}{x}\psi = \frac{r\,\psi_0}{x_0}. \qquad (4,2)$$

Da das Maßstabsverhältnis in allen Richtungen gleich sein muß, hat man auch in der y-Richtung

$$\frac{dr}{dy} = -\frac{\psi_0}{x_0} r; \qquad dy = -\frac{x_0}{\psi_0}\frac{dr}{r}. \qquad (4,3)$$

Durch Integration ergibt sich

$$y = -\frac{x_0}{\psi_0} \ln \frac{r}{r_0} \qquad (4,4)$$

oder
$$\frac{r}{r_0} = e^{-\frac{\psi_0}{x_0}y} = e^{-\frac{r_0\psi_0}{x_0}\frac{y}{r_0}}. \tag{4,5}$$

Die beiden Gln. (4,1) und (4,5) geben die Beziehung der Koordinaten x, y eines Punktes im Rechteck zu den Polarkoordinaten r, ψ des entsprechenden Punktes im Kreisringsektor an.

Zu dem gleichen Ergebnis kommt man auch, wenn man die Mercatorprojektion mit der stereographischen Projektion unter Elimination der Koordinaten auf der Kugel vergleicht. Nach den Gln. (3,1) und (3,3) ist in der Mercatorprojektion

$$x = R\lambda; \quad y = -R\ln\tan\left(\frac{\pi}{4} - \frac{\varphi}{2}\right),$$

und nach Gl. (2,5) in der stereographischen Projektion

also
$$\psi = \lambda; \quad r = 2R\tan\left(\frac{\pi}{4} - \frac{\varphi}{2}\right)$$
$$\psi = \frac{x}{R}$$
und
$$\frac{r}{R} = 2e^{-y/R},$$

was mit der Gl. (4,1) und (4,5) übereinstimmt, wenn man den willkürlichen Maßstabsfaktor $x_0/\psi_0 = R$ setzt.

Wenn man verlangt, daß die Ecken des Rechtecks $ABCD$ in die Ecken einer Kreisringfläche $A'B'C'D'$ übergehen, so kann man von der letzteren nur eine Seite, z. B. den Kreisbogen $A'B'$, fest vorschreiben (gegeben durch r_0 und ψ_0). Die Lage der beiden anderen Eckpunkte $C'D'$ ist dann zwangläufig festgelegt, kann also nicht mehr frei gewählt werden.

5. Allgemeines graphisches Abbildungsverfahren. Die bisher benutzten Methoden zur Durchführung der Abbildung waren deshalb so einfach, weil durch die Natur der Probleme die Maßstabsänderung in einer Richtung bekannt war. Will man aber z. B. ein Rechteck (Bild 9 oben) auf den in Bild 9 unten dargestellten beliebigen Kanal abbilden, so daß die beiden langen Rechtecksseiten in die Kanalwand übergehen und die Lage eines Eckpunktes vorgeschrieben ist, so weiß man nichts über die Maßstabsverhältnisse. Man kann da so vorgehen, daß man das Quadratnetz des

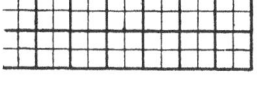
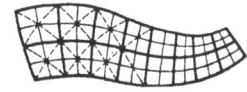

Bild 9. Graphische Ermittlung einer konformen Abbildung

Bildes 9 oben zunächst nach Augenmaß in die in Bild 9 unten gegebene Berandung einträgt, so daß die Maschen in richtiger Zahl und richtiger gegenseitiger Anordnung vorhanden sind. Dann korrigiert man die Zeichnung allmählich so, daß die entstehenden Maschen

Abbildungen von Quadraten werden. Dazu gehört, daß alle Linien sich unter rechten Winkeln schneiden. Außerdem müssen bei hinreichend kleiner Unterteilung die 4 Maschenseiten gleich lang werden. Bei endlicher Maschengröße ist diese Bedingung wegen der bereits innerhalb einer Masche merklichen Maßstabsunterschiede nicht brauchbar. Man kann dafür die Bedingung setzen, daß die Mittellinien der Maschen gleich lang sein müssen, doch ist auch diese Bedingung nicht genau erfüllt, wenn sie auch wesentlich besser ist. Einwandfrei und praktisch auch leichter festzustellen ist die Bedingung, daß beim Quadrat die Diagonalen rechtwinklig zueinander stehen, und daß deshalb auch in der Abbildung die den Diagonalen entsprechenden Kurven (gestrichelt) sich rechtwinklig schneiden müssen. Zur Prüfung der Rechtwinkligkeit verwendet man bei höheren Genauigkeitsansprüchen zweckmäßig ein Spiegellineal oder einen Prismenderivator[1]. Um an Zeichenarbeit zu sparen, ist es zweckmäßig, zunächst mit einem möglichst weitmaschigen Quadratnetz zu beginnen, und erst, wenn dessen Abbildung einigermaßen korrigiert ist, es weiter zu unterteilen.

Zweiter Abschnitt
Elektrische Stromfelder

6. Elektrische Ströme in flächenhaften Leitern. Das Ohmsche Gesetz sagt aus, daß zwischen dem durch einen Leiter fließenden Strom J, der Spannungsdifferenz $\Phi_2 - \Phi_1$ zweier Punkte des Leiters und dem Widerstand W des dazwischenliegenden Leiterstücks die Beziehung

$$\Phi_2 - \Phi_1 = JW \qquad (6,1)$$

besteht.[2] Der Widerstand W ist proportional der Länge l des Leiterstücks und umgekehrt proportional dem Querschnitt F. Bezeichnet w

---

[1] WILLERS, F. A: Mathematische Instrumente. München: R. Oldenbourg 1943.

[2] Die elektrische Spannung bezeichnet man auch als Potential in Anlehnung an einen allgemeineren physikalischen Begriff. Der Strom fließt von Stellen höheren Potentials nach solchen niedrigeren Potentials. Bei anderen physikalischen Anwendungen des Potentialbegriffs (z. B. in der Strömungslehre) und in der Mathematik ist es meist üblich, den damit zusammenhängenden Vektor in Richtung des Potentialanstiegs positiv zu nehmen. Da später auch auf diese Probleme eingegangen werden soll, so ist eine einheitliche Definition des Vorzeichens bei den verschiedenen Problemen erwünscht. Deshalb soll hier die Strömung der negativen Elektrizität und nicht, wie sonst üblich, die der positiven betrachtet werden und daher die Strömung vom niederen Potential zum höheren gehen. Da der elektrische Strom in einem metallischen Leiter in Wirklichkeit in einer Verschiebung der negativen Elektronen besteht, so ist diese von dem üblichen abweichende Definition der Stromrichtung auch physikalisch nicht ganz unbegründet.

eine Materialkonstante, den sog. spezifischen Widerstand, dann ist

$$W = w \frac{l}{F}. \tag{6,2}$$

Damit wird

$$\Phi_2 - \Phi_1 = \frac{wl}{F} J. \tag{6,3}$$

In dieser Form ist das Ohmsche Gesetz zunächst nur für lineare Leiter ausgesprochen. Man kann es aber auch auf Strömungen in räumlich ausgedehnten Leitern anwenden. Für den Zusammenhang mit den konformen Abbildungen interessieren Strömungen in flächenhaften Leitern. In diesen bildet sich je nach der Form des Stromdurchflusses eine Verteilung der Spannung über die Fläche aus. Man kann jeweils Punkte gleicher Spannung durch Kurven verbinden und bezeichnet diese Linien konstanter Spannung als Spannungslinien oder, da statt Spannung auch der Ausdruck *Potential* gebräuchlich ist, meist als *Potentiallinien*. Längs dieser Linien kann kein Strom fließen, da ja zwischen 2 Punkten einer solchen Potentiallinie keine Spannungsdifferenz besteht. Zeichnet man nun Linien, welche die Potentiallinien überall senkrecht schneiden, so kann nirgends ein Strom quer zu ihnen bestehen. Der Strom fließt also überall in Richtung dieser Linien. Man bezeichnet sie deshalb als *Stromlinien*. Der Strom J, der zwischen zwei benachbarten Stromlinien fließt, ist demnach im ganzen Verlauf konstant.

In Bild 10 ist der Verlauf eines irgendwie erzeugten elektrischen Stromes in einer Platte von konstanter Dicke und konstantem spez. Widerstand dargestellt. Der Abstand a der Stromlinien ist so gewählt, daß zwischen je zweien der Strom $J_0 =$ konst. fließt. Die Linien konstanten Potentials stehen, wie eben dargelegt, senkrecht zu den Stromlinien. In Bild 10

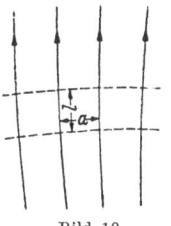

Bild 10
Strom- und Potentiallinien

sind zwei solche „Potentiallinien" gestrichelt eingetragen, deren Potentialdifferenz Φ_0 sein möge. Ihr Abstand sei mit l bezeichnet. Der Abstand der Stromlinien und der Potentiallinien wird bei einer beliebig gekrümmten Strömung von Ort zu Ort wechseln. Wenn man aber die Unterteilung der Strom- und Potentiallinien hinreichend fein macht, d. h. J_0 und Φ_0 hinreichend klein wählt, dann kann man wenigstens innerhalb einer von je zwei benachbarten Strom- und Potentiallinien gebildeten Masche die Abstände l und a als konstant ansehen, da sich die Krümmung der Linien in diesem Bereich noch nicht geltend macht. Die von den Strom- und Potentiallinien gebildeten Maschen sind dann Rechtecke mit den Seiten l und a.

Ist die Dicke der leitenden Fläche h und der spez. Widerstand ihres Materials w, so ist in einer solchen von zwei benachbarten Strom- und

Potentiallinien gebildeten Masche die dem Strom zur Verfügung stehende Querschnittsfläche $F = ah$ und demnach nach dem Ohmschen Gesetz (6,3)

$$\Phi_0 = J_0 \frac{l}{a} \frac{w}{h}. \tag{6,4}$$

Zeichnet man die Strömung so, daß immer zwischen je zwei benachbarten Stromlinien der gleiche Strom J_0 fließt, und zwischen je zwei benachbarten Potentiallinien die gleiche Potentialdifferenz Φ_0 herrscht, so sind Φ_0 und J_0 für jede Masche gleich. Daher muß auch

$$\frac{l}{a} = \frac{\Phi_0}{J_0} \frac{h}{w} \tag{6,5}$$

für alle Maschen gleich sein. Alle Maschen haben demnach das gleiche Seitenverhältnis, sind also ähnlich. Wählt man insbesondere $\Phi_0 = J_0 \frac{w}{h}$, so bilden diese Strom- und Potentiallinien ein Netz von kleinen Quadraten. Wenn man irgendeiner der Potentiallinien das Potential Null zuschreibt und irgendeine der Stromlinien als Nullstromlinie wählt, so ist für jeden Punkt der Fläche das Potential Φ und der Strom J, der zwischen diesem Punkt und der Nullstromlinie fließt, festgelegt. Potential Φ und Strom J kennzeichnen daher diesen einen Punkt ganz ähnlich wie seine Koordinaten. An Stelle des Stromes J verwendet man aber zur Kennzeichnung der Punkte der Fläche zweckmäßiger die Größe

$$\Psi = J \frac{w}{h}, \tag{6,6}$$

da man dadurch den Einfluß der Plattendicke h und der Materialeigenschaft w eliminiert. Außerdem hat diese so gebildete Größe Ψ die gleiche Dimension wie das Potential Φ, z. B. Volt. Man nennt sie *Stromfunktion*. Die einzelnen Stromlinien sind durch ihre Stromfunktionen und die einzelnen Potentiallinien durch ihre Potentiale gekennzeichnet und können entsprechend diesen Werten beziffert werden.

Da in dem Netz der Strom- und Potentiallinien zwischen zwei benachbarten Stromlinien immer der gleiche Strom fließen und zwischen zwei benachbarten Potentiallinien immer die gleiche Potentialdifferenz bestehen soll, so nehmen die Stromfunktionen der Stromlinien und die Potentiale der Potentiallinien jeweils von einer zur anderen immer um den gleichen Betrag $\Psi_0 = J_0 w/h$ bzw. Φ_0 zu. Soll das Netz ein Quadratmaschennetz sein, so muß gemäß Gl. (6,5) diese Zunahme der Werte für die Stromlinien die gleiche wie für die Potentiallinien, also $\Psi_0 = \Phi_0$ sein.

Man pflegt noch festzulegen, daß für die Stromlinien, welche bei Bewegung in Stromrichtung links von der Nullstromlinie liegen, die Stromfunktion positiv, für die rechts liegenden negativ zu rechnen ist.

Bei einem gegebenen Netz von Strom- und Potentiallinien ist durch die Angabe von Potential und Stromfunktion ein Punkt festgelegt, ähnlich wie durch die Angabe der Koordinaten in einem rechtwinkligen Koordinatensystem. Strom- und Potentiallinien spielen dabei die Rolle von krummlinigen Koordinaten.

Ist in einem Netz der Strom- und Potentiallinien die Maschenweite der Quadrate a und ist der Fortschritt der Stromfunktion von Stromlinie zu Stromlinie Ψ_0 und entsprechend der Fortschritt der Potentiale von Potentiallinie zu Potentiallinie $\Phi_0 = \Psi_0$, so ist die Dichte der Stromfunktionen und der Potentiale je Längeneinheit

$$j = \Psi_0/a = \Phi_0/a. \qquad (6,7)$$

Man könnte diese Größe, die im folgenden vielfach gebraucht wird, etwa als *Funktionsdichte* bezeichnen. Da man aber mit ihr gleichzeitig die Richtung der Strömung zum Ausdruck bringen will, gibt man dieser Größe die Richtung der Strömung. Sie drückt also Größe und Richtung aus, ist daher ein Vektor. Um diesen Zusammenhang mit der Stromrichtung zum Ausdruck zu bringen, wollen wir sie als Stromliniendichte oder kurz, wenn auch nicht ganz korrekt, als *Stromdichte* bezeichnen.

7. Konforme Zuordnung der Strömungsbilder. Wie wir sahen, kann man in jedem homogenen flächenhaften Leiter durch passende Wahl der Einheiten erreichen, daß die Strom- und Potentiallinien ein Netz von kleinen Quadraten bilden. Ordnet man nun in zwei verschiedenen stromdurchflossenen Flächen die Punkte mit gleicher Stromfunktion und gleichem Potential einander zu, so ist dadurch offenbar eine konforme Abbildung der betreffenden Gebiete aufeinander gegeben, denn jedes kleine Quadrat des einen Gebietes entspricht wieder einem Quadrat des anderen Gebietes, und da alle Quadrate einander ähnlich sind, so hat man die für die konforme Abbildung kennzeichnende Ähnlichkeit in kleinen Gebieten.

Im allgemeinen wird in zwei stromdurchflossenen Flächen die Anzahl der Strom- und Potentiallinien nicht gleich sein. Man kann daher nicht erwarten, daß *jedem* Punkt der einen Fläche ein Punkt der anderen mit gleichem Potential und gleicher Stromfunktion entspricht. Die konforme Abbildung betrifft nur solche *Teile* der beiden Flächen, in denen Punkte mit gleichem Potential und gleicher Stromfunktion liegen.

Die Potentiale stellen aber keine Absolutwerte dar, sie sind immer nur als Potentialdifferenzen gegenüber einem willkürlich angenommenen Nullpotential festgelegt. Man kann daher irgendeiner der Potentiallinien den Wert Null zuordnen und die übrigen von dieser Linie aus zählen. Das gleiche gilt für die Stromfunktion. Man kann irgendeine Stromlinie als Nullstromlinie wählen; die Stromfunktionen im ganzen Gebiet werden dann von dieser Linie aus gerechnet. Das Potential und die Stromfunktion enthalten daher je eine willkürliche Konstante, welche von der Wahl des Nullpunktes, d. h. des Punktes, in dem Potential und Stromfunktion gleich Null gesetzt sind, abhängt. Für die konforme Abbildung bedeutet das, daß bei zwei stromdurchflossenen Flächen durch die Quadratnetze der Strom- und Potentiallinien an sich noch nicht eine

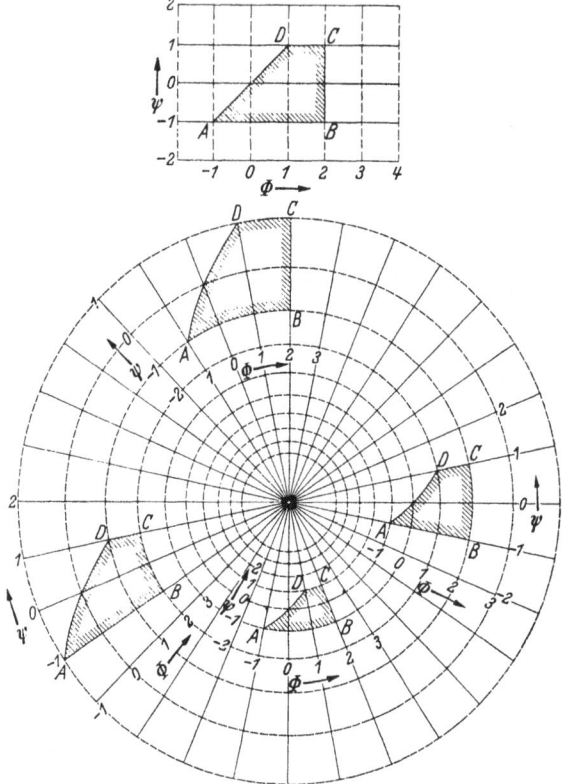

Bild 11. Verschiedene Zuordnungen zweier Strömungsgebiete

eindeutige Zuordnung festgelegt ist. Man kann einem Punkt der einen Fläche zunächst einen ganz beliebigen Punkt der anderen Fläche zuordnen. Wenn man diese eine Zuordnung aber getroffen hat, so ist die Zuordnung aller übrigen Punkte, soweit sie sich zuordnen lassen, eindeutig festgelegt; denn wenn man den beiden willkürlich gewählten Punkten die gleichen Werte des Potentials und der Stromfunktion zuteilt, so sind auch für alle anderen Punkte Potential und Stromfunktion bestimmt und damit die Zuordnung festgelegt.

Wenn man die Stromrichtung umkehrt, so ändert sich an dem Quadratnetz ebenfalls nichts als die Zählung der Strom- und Potentiallinien. Es ist nur zu beachten, daß dabei immer die Strom- und Potentiallinien gleichzeitig ihre Reihenfolge umkehren müssen, da ja festgelegt ist, daß die in Stromrichtung links liegenden Stromlinien aufwärts zu zählen sind. Eine einseitige Umkehrung der Numerierung nur der Potentiallinien oder nur der Stromlinien ist also nicht möglich. Weiterhin ist es in einem gegebenen Quadratmaschennetz gleichgültig, welche Kurvenschar man als Stromlinien und welche als Potentiallinien auffaßt. Man kann also auch Strom- und Potentiallinien vertauschen, ohne an dem Netz etwas anderes als die Zuordnung der Punkte zu einem anderen Netz zu ändern.

Bei dieser Vertauschung von Strom- und Potentiallinien ist zu beachten, daß man die Reihenfolge der Bezifferung bei einem der Kurvensysteme umkehren muß, z. B. bei den ursprünglich als Potentiallinien und nun als Stromlinien aufgefaßten Linien. Das andere Kurvensystem behält seine Reihenfolge bei. Eine solche Vertauschung bedeutet eine Drehung der Strömungsrichtung um 90°, und zwar entgegen dem Uhrzeigersinn, wenn die ursprünglichen Potentiallinien ihre Reihenfolge wechseln.

In Bild 11 sind zur Erläuterung des Vorstehenden 2 Strömungen dargestellt. Je nach der Zählung der Strom- und Potentiallinien ist das durch Schraffur umrandete Gebiet der oberen Strömung auf eines der entsprechend gekennzeichneten Gebiete der unteren abgebildet.

Wenn dabei auch die Auswahl der einander zugeordneten Gebiete sehr weitgehend willkürlich ist, so bestehen doch Beschränkungen: Selbstverständlich müssen, wie schon erwähnt, die einander zugeordneten Gebiete die gleiche Anzahl von Quadratmaschen haben und die einzelnen einander entsprechenden Maschen in der gleichen Reihenfolge angeordnet sein. Es ist aber auch erforderlich, daß der Umlaufsinn entsprechend geschlossener Bahnen der gleiche ist. Das besagt folgendes. Wenn man ein Gebiet so umschreitet, daß es stets links liegt, so muß auch beim Durchlaufen der entsprechenden Bahn des Abbildes das entsprechende Gebiet links liegen.

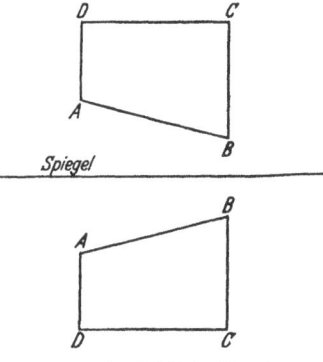

Bild 12. Spiegelbildliche Zuordnung

(Reihenfolge der Eckpunkte *ABCD* in Bild 11.) Die Strömung in einem Gebiet kann daher durch konforme Abbildung nicht in ihr Spiegelbild übergehen (Bild 12), da der Umlaufsinn des Spiegelbildes stets umgekehrt ist, wie der des Urbildes. Da weiterhin alle konformen Abbildungen des Spiegelbildes den gleichen Umlaufsinn wie dieses, also den entgegengesetzten wie das Urbild und wie alle konformen Abbilder des Urbildes haben, so sind diese beiden Gruppen von Abbildungen grundsätzlich voneinander verschieden. Die Forderung der Erhaltung des Umlaufsinns geht auf die Definition der Stromfunktion zurück, durch die ja festgelegt ist, daß bei Bewegung in Stromrichtung die Stromfunktion nach links hin zunehmen, nach rechts hin abnehmen soll. Diese Festlegung war aber für eine eindeutige Zählung der Stromlinien nötig.

Die Beschränkung, daß das Innere einer Figur nicht auf das Innere seines Spiegelbildes konform abgebildet werden kann, gilt nur, wenn man fordert, daß die spiegelbildlichen Punkte des Randes einander zugeordnet sein sollen, z. B. die Punkte $ABCD$. Eine konforme Abbildung ist aber möglich, wenn diese Zuordnung nicht gefordert ist. Denkt man sich z. B. in den beiden Figuren bei A Strom zugeführt und bei C abgeführt und die leitende Fläche durch den Rand begrenzt, so verlaufen alle Stromlinien spiegelbildlich im Inneren der beiden Gebiete. Aber im oberen liegt der Punkt D und der ganze Randteil ADC, im unteren der Punkt B und der ganze Randteil ABC links von der Stromrichtung. Punkte des Randteils ADC der oberen Figur lassen sich konform daher nur Randteilen ABC der unteren Figur zuordnen. Dabei ist die Zuordnung der einzelnen Punkte durch ihr gleiches Potential gegeben. Die Eckpunkte B und D der oberen Figur gehen hierbei im allgemeinen nicht wieder in Eckpunkte der unteren über.

Weiterhin ist aber auch bei spiegelbildlichem Umlaufssinn der Ränder eine konforme Abbildung möglich. Dabei geht aber das Innengebiet der oberen Figur in das Außengebiet der unteren über. Beide Gebiete liegen ja bei einer Umlaufrichtung $ABCD$ links. Aber auch hier kann man nicht fordern, daß mehr als 2 Eckpunkte einander zugeordnet sind. Man kann dies leicht einsehen, wenn man z. B. wieder eine Strömung von A nach C betrachtet, die in der oberen Figur im Innenraum und in der unteren im Außenraum verläuft.

Wenn auch zwischen den beiden erwähnten spiegelbildlichen Gruppen von Abbildungen keine konforme Abbildung möglich ist, so bildet dies praktisch keine Schwierigkeit. Durch die Spiegelung werden ja auch jeweils zwei Punkte einander zugeordnet. Wenn diese Zuordnung auch keine konforme Abbildung darstellt, so ist sie andererseits so einfach, daß es keine nennenswerte Mühe macht, von einer Anordnung auf ihr Spiegelbild und umgekehrt überzugehen. Von dieser Möglichkeit, auch Spiegelungen zu behandeln, wird daher vielfach Gebrauch gemacht, wenn es für bestimmte Aufgaben zweckmäßig ist. So werden z. B. in Ziffer 20 und 21 besondere Spiegelungsfälle behandelt werden. Manchmal ergeben sich durch mathematische Beziehungen Strömungen der spiegelbildlichen Gruppe (Ziffer 45). Durch Spiegelung kann man sie aber leicht in die der konformen Abbildung zugänglichen Gruppe überführen. So ergibt sich z. B. aus geometrischer Beziehung ein sogenannter Hodograph, der zu der zur Strömung spiegelbildlichen Gruppe gehört. In Ziff. 89 wird deshalb der „gespiegelte Hodograph" eingeführt, der eine konforme Abbildung der Strömung darstellt.

8. Überlagerung von Stromfeldern. Für die Verwertung der anschaulichen Vorstellung von Strömungen ist es sehr wesentlich, daß man sie und damit allgemein Quadratmaschennetze überlagern kann. Diese Überlagerungsfähigkeit hängt mit der linearen Form des Ohmschen Gesetzes zusammen. Man kann sie aber auch unmittelbar einsehen. Zeichnet man die Stromlinien von 2 Strömungen übereinander, so entsteht ein Netz von Rauten (Bild 13). Addiert man an allen Stellen die Stromfunktionen der beiden Strömungen, so kann man eine dritte Kurvenschar so ziehen, daß auf jeder Kurve diese Summe der beiden Stromfunktionen konstant ist. Es läßt sich nun zeigen, daß diese neuen Linien wieder Stromlinien einer neuen Strömung darstellen, d. h., daß sich dazu Potentiallinien zeichnen lassen, mit denen sie ein Quadratmaschennetz bilden. In Bild 13 sind diese neuen Linien gestrichelt eingezeichnet. Für die Bezifferung der einzelnen Stromlinien ist der Einfachheit halber der Anstieg der Stromfunktion von Kurve zu Kurve $\Psi_0 = 1$ angenommen, was aber für das Ergebnis belanglos ist.

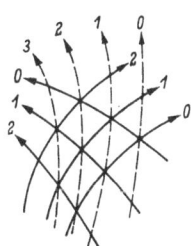

Bild 13. Überlagerung von 2 Stromlinienbildern (Einzelströmungen ausgezogen, resultierende Strömung gestrichelt)

In jeder Raute ergeben sich nun immer zwei diametral gegenüberliegende Eckpunkte, bei denen die Summe der Stromfunktionen gleich ist. Die neuen Linien gehen daher durch diese Eckpunkte und durchqueren die einzelnen Rauten als Diagonalen. Um jeweils die beiden richtigen Eckpunkte zu finden, braucht man sich nur die Richtung zu überlegen, in der die eine Stromfunktion zu-, die andere abnimmt. Statt dessen kann man sich auch folgende einfache Regel merken: Die Stromlinien der beiden Teilströme, die rechts und links von der resultierenden Stromlinie liegen, müssen entweder auf den gemeinsamen Schnittpunkt zu oder von ihm weggerichtet sein.

In Bild 14 ist eine Raute in größerem Maßstab dargestellt. Die Längen der von den beiden Strömungen gebildeten Rautenseiten seien l_1 und l_2 und die Länge der von der resultierenden Stromlinie gebildeten Diagonale l_3. Ferner seien die Abstände der Stromlinien (die Maschenweite) der 3 Systeme entsprechend a_1, a_2, a_3. Zeichnet man in gleicher

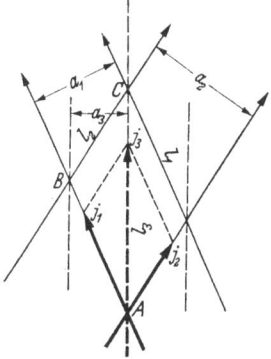

Bild 14. Von den Stromlinien gebildete Raute

Weise die Potentiallinien der beiden Strömungen, so ergibt sich zu jeder Raute der Stromlinien eine kongruente der Potentiallinien, die nur um 90° gedreht ist, da ja die Potentiallinien die gleichen Abstände a_1 und a_2 wie die Stromlinien haben und, da sie rechtwinklig dazu stehen, auch die gleichen Winkel bilden. Daraus folgt, daß auch die Linien der Summen der Potentiale die gleichen Abstände a_3 haben wie bei den Stromlinien, mit ihnen also ein Quadratmaschennetz bilden.

Die Fläche des von den Seiten l_1, l_2, l_3 gebildeten Dreiecks ABC sei F. Dann ist
$$a_1 l_1 = a_2 l_2 = a_3 l_3 = 2F \tag{8,1}$$
und mithin die Stromdichte in den 3 Strömungen
$$j_1 = \frac{1}{a_1} = \frac{l_1}{2F}, \quad j_2 = \frac{1}{a_2} = \frac{l_2}{2F}, \quad j_3 = \frac{1}{a_3} = \frac{l_3}{2F}. \tag{8,2}$$
Die Stromdichten sind also proportional den Längen l_1, l_2, l_3. Da sich nun l_3 aus dem durch l_1 und l_2 gebildeten Parallelogramm, also durch geometrische Addition, ergibt, so ergibt sich auch die resultierende Stromdichte j_3 durch geometrische Addition nach Art des Kräfteparallelogramms aus den Stromdichten j_1 und j_2. Die Stromdichten lassen sich demnach wie jeder Vektor entsprechend dem Kräfteparallelogramm zusammensetzen. *Man kann also Strömungen überlagern, indem man entweder in jedem Punkt Potential und Stromfunktion addiert, oder indem man die Stromdichten wie beim Kräfteparallelogramm geometrisch addiert.* Durch eine solche Überlagerung ergibt sich eine neue Strömung, da Strom- und Potentiallinien wieder ein Quadratmaschennetz bilden.

Entsprechend der Zusammensetzung kann man auch umgekehrt die Stromdichte in Komponenten nach beliebigen Richtungen zerlegen. Sind insbesondere x und y zwei zueinander senkrechte Richtungen, so sind die Komponenten der Stromdichte in diesen Richtungen
$$j_x = \frac{\partial \Phi}{\partial x} = \frac{\partial \Psi}{\partial y} \tag{8,3}$$
$$j_y = \frac{\partial \Phi}{\partial y} = -\frac{\partial \Psi}{\partial x}. \tag{8,4}$$

In den nächsten Abschnitten wird an einigen Beispielen gezeigt, wie man die Eigenschaft elektrischer Stromfelder, Quadratmaschennetze zu bilden und sich überlagern zu lassen, zur Durchführung von konformen Abbildungen verwenden kann. Kennt man die Punktzuordnung in zwei konform aufeinander abgebildeten Gebieten, so kann man diese Kenntnis weiterhin für viele andere Zwecke benützen. Wenn man z. B. in dem einen Gebiet eine andere als die zur Ermittlung der Zuordnung benutzte einfache Strömung angibt, so läßt sich diese auf Grund der Zuordnungsbeziehungen ebenfalls auf das zweite Gebiet abbilden, und man erhält dabei vielfach Strömungen, welche sonst nicht in einfacher Weise angegeben werden könnten.

9. Experimentelle Lösung von konformen Abbildungen.

Um die Zuordnung bei der konformen Abbildung eines Gebietes auf ein anderes zu finden, kann man so vorgehen, daß man in beiden Gebieten geeignete elektrische Ströme herstellt, Potential und Stromfunktion ausmißt, und so auf experimentellem Wege die Zuordnung der Punkte mit gleichem Potential und gleicher Stromfunktion findet. Während nun die Bestimmung des Potentials leicht durch übliche Meßgeräte (z. B. Voltmeter) möglich ist, gibt es kein Meßinstrument, welches die Stromfunktion anzeigt. Man kann mit einem Amperemeter nur den gesamten Strom J_g messen, der durch das Gebiet fließt. Um aber auch die Verteilung der Stromfunktion über die Fläche zu finden, kann man sich dadurch helfen, daß man Strom- und Potentiallinien vertauscht und dadurch die Messung der Stromfunktion durch die des elektrischen Potentials ersetzt.

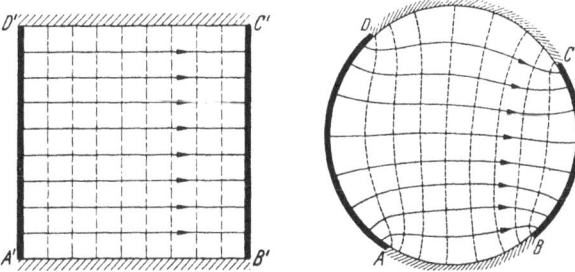

Bild 15. Entsprechende Strömungen in einem Rechteck und einem Kreis

Ein Beispiel möge das Verfahren erläutern: Das Innere eines Kreises soll auf eine Rechteckfläche so abgebildet werden, daß die vier willkürlich gewählten Punkte A, B, C, D des Kreisumfangs in die Ecken des Rechtecks $A'B'C'D'$ übergehen (Bild 15). Legt man an die gegenüberliegenden Seiten $A'D'$ und $B'C'$ des Rechtecks die Spannungen Φ_1 und Φ_2 an, so erhält man eine einfache Parallelströmung, deren experimentelle Ausmessung sich erübrigt. Legt man an die entsprechenden Randstücke des Kreises AD und BC die gleichen Spannungen an, so erhält man eine Strömung von dem einen Randstück nach dem anderen, welche sich über die ganze Kreisfläche verteilt. Die beiden anderen Randstücke sind in beiden Flächen stromundurchlässig angenommen. Jeder Strom- und Potentiallinie in der Kreisfläche entspricht eine Strom- und Potentiallinie im Rechteck[1]. Dabei ist aber zu beachten, daß zwar

---

[1] In der Umgebung der 4 Eckpunkte A, B, C, D wird die Ausmessung der Potentiale undurchführbar, da hier die Stromdichten sehr groß sind, ja in den Eckpunkten selbst $\to \infty$ gehen. Man muß daher auf die Zuordnung der Gebiete in unmittelbarer Nachbarschaft der Eckpunkte verzichten. In der Tat besteht auch für die Eckpunkte selbst keine konforme Abbildung mehr, da ja die rechten Winkel des Rechtecks in gestreckte Winkel beim Kreis übergehen, was der Forderung der Ähnlichkeit widerspricht.

die Anzahl der Potentiallinien in beiden Flächen auf alle Fälle übereinstimmt, da ja die Grenzen AD und $A'D'$ bzw. BC und $B'C'$ je auf gleiches Potential gebracht wurden, daß aber die Zahl der Stromlinien nur dann gleich ist, wenn auch die gesamte Stromstärke in beiden Fällen die gleiche ist. Da beim Rechteck die Stromstärke um so größer ist, je länger die Seiten $A'D'$ und $B'C'$ und je kürzer die Seiten $A'B'$ und $C'D'$ sind, ersieht man, daß man das Rechteck nicht beliebig wählen kann. Man kann wohl z. B. die Länge der Seiten $A'B'$ und $C'D'$ vorschreiben, muß dann aber die Seiten $A'D'$ und $B'C'$ so groß machen, daß die Stromstärke mit der in der Kreisfläche übereinstimmt. Allgemeiner kann man diese Beschränkung so ausdrücken: Wenn die 4 Punkte $ABCD$ auf dem Kreise vorgegeben sind, so muß das Verhältnis der Rechteckseiten gleich dem Verhältnis der Strom- und Potentiallinien in der Kreisfläche oder gleich dem Verhältnis $\dfrac{J_g}{\Phi_2 - \Phi_1} \dfrac{w}{h}$ sein.

Dieses Verhältnis ist im allgemeinen nicht von vornherein angebbar, es ergibt sich erst aus der experimentellen Bestimmung.

Zur Ausmessung der Potentiallinien bedient man sich zweckmäßig folgender Einrichtung (Bild 16): Als leitende Platte verwendet man eine schwach leitende Flüssigkeitsschicht (z. B. stark verdünnte Sodalösung), die sich in einer flachen Schale befindet[1]. Die Randstücke konstanten Potentials bestehen aus entsprechend gebogenen Metallstreifen, und die stromundurchlässigen Teile aus Isoliermaterial. Man kann diese Teile einfach in die Flüssigkeit hineinstellen. Die beiden metallischen Stücke werden mit einer Stromquelle (Lichtleitung) verbunden. Zwischen die vom Netz kommenden beiden Zuleitungen ist im Nebenschluß ein Widerstand W gelegt, von dem man mittels eines verschiebbaren Kontaktes K beliebige Potentialwerte zwischen den Netzpotentialen abnehmen kann. Die Größe dieser Poten-

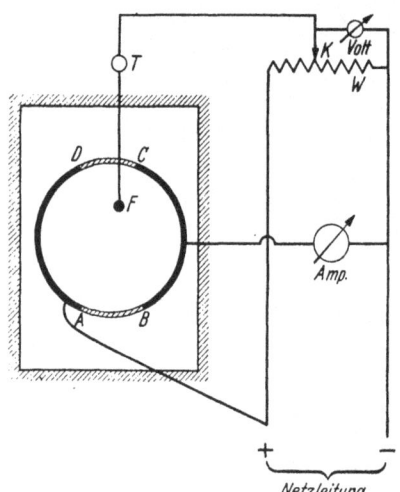

Bild 16
Experimentelle Bestimmung des Potentials

---

[1] Technische Einzelheiten zur Erreichung hoher Genauigkeit sind angegeben bei K. SCHMIDT: Über die experimentelle Lösung ebener Potentialaufgaben durch elektrische Dipolfelder. Ing.-Arch. 14 (1943) 30. Eine ausführliche Darstellung derartiger Einrichtungen und ihrer Anwendung enthält die Schrift L. C. MALAVARD: The Use of Rheoelectrical Analogies in Aerodynamics. Paris: AGARDograph 18 (1956).

tiale liest man am einfachsten an einer Skala aus der Kontaktstellung ab; kann sie aber natürlich auch mittels eines Voltmeters messen.

Zur Abnahme des Potentials in einem beliebigen Punkt der leitenden Schicht dient der bewegliche Fahrstift F. Er ist mittels einer biegsamen Leitungsschnur über ein Spannungsanzeigegerät T mit dem Kontakt K verbunden. Haben der Fahrstift F und der Kontakt K verschiedenes Potential, so spricht das Anzeigegerät an. Durch Verschieben des Kontaktes K kann man die Anzeige auf Null bringen. K hat dann das gleiche Potential wie der Fahrstift; man kann es an der erwähnten Skala aus der Stellung des Kontaktes ablesen. Vielfach verfährt man aber umgekehrt. Man stellt den Kontakt K auf ein bestimmtes Potential ein und verschiebt den Fahrstift in der Flüssigkeit so, daß keine Spannungsdifferenz angezeigt wird. Der Fahrstift bewegt sich dann auf einer Potentiallinie mit dem vorgegebenen Potential. So kann man alle gewünschten Potentiallinien mit dem Stift nachfahren. Verbindet man mit dem Stift eine Zeichenvorrichtung, so kann man die Potentiallinien unmittelbar aufzeichnen.

Die Größe der angelegten Spannungen ist bei dieser Anordnung ohne Bedeutung für das Ergebnis. Wenn man dieselben ändert, so ändern sich die Spannungen am Kontakt K und am Fahrstift F im gleichen Verhältnis. Wenn sie also bei einer angelegten Spannung gleich sind, so bleiben sie es auch bei allen anderen. Durch die Stellung des Kontaktes K ist einfach eine bestimmte Unterteilung der gesamten Spannungsdifferenz festgelegt. Wenn man z. B. das Strömungsfeld in 20 Potentiallinien aufteilen will, so braucht man nur den Widerstand W in 20 gleiche Teile zu zerlegen, den Kontakt nacheinander auf die entsprechenden Stellen zu bringen und jeweils die zugehörigen Potentiallinien zu bestimmen. Wegen dieser Unabhängigkeit von der benützten Spannung kann man für die Messung auch Wechselstrom verwenden, da dessen zeitlich veränderliche Spannung ja nicht stört. Man muß dann nur darauf achten, daß alle Widerstände reine Ohmsche Widerstände, also frei von Selbstinduktion und größerer Kapazität sind. Die Benützung von Wechselstrom hat den Vorteil, daß die Flüssigkeit und die Zuleitungsteile in ihr nicht vom Strom zersetzt werden, da der Strom abwechselnd in der einen und in der anderen Richtung fließt. Außerdem kann man als Spannungsanzeiger einfach ein Telephon benützen.

In einer der Zuleitungen zu den Stücken AD oder BC befindet sich ein Amperemeter (Bild 16), welches den gesamten durch die Flüssigkeitsschicht fließenden Strom J_g abzulesen gestattet. Ist w der spez. Widerstand der Flüssigkeit, und h die Dicke der Schicht, so verhält sich die Anzahl der Stromlinien n_s zu der der Potentiallinien n_p wie

$$\frac{n_s}{n_p} = \frac{J_g}{\Phi_2 - \Phi_1} \frac{w}{h}. \tag{9,1}$$

Dies ist auch, wie schon erwähnt, das Verhältnis der Rechteckseiten $A'D'/A'B'$.

Zur Bestimmung der Stromlinien bzw. der Stromfunktion kann man den gleichen Apparat benützen, nur mit dem Unterschied, daß jetzt die Stücke AB und CD leitend, und die beiden anderen Stücke isolierend sind. Die Unterteilung des Widerstandes W für die Stellungen des Kontaktes K erfolgt nunmehr entsprechend der Anzahl der Stromlinien n_s, die sich aus Gl. (9,1) ergibt. Im allgemeinen wird sie keine ganze Zahl sein.

Da die Bestimmung der Größe w/h eine besondere Messung erfordern würde, so kann man folgendermaßen vorgehen: Man verwendet sowohl beim Stromdurchgang von AD nach BC wie von AB nach CD, die gleiche Spannungsdifferenz $\Phi_2 - \Phi_1$ (etwa die Netzspannung). Im einen Falle mißt man die Stromstärke J_{g1}, im anderen J_{g2}. Aus jeder der beiden Messungen ergibt sich das Verhältnis der Strom- und Potentiallinien. Man erhält demnach die beiden Gleichungen

$$\frac{n_s}{n_p} = \frac{J_{g1} w/h}{\Phi_2 - \Phi_1}, \quad \frac{n_p}{n_s} = \frac{J_{g2} w/h}{\Phi_2 - \Phi_1}. \qquad (9,2)$$

Durch Division der beiden Gleichungen erhält man

$$\left(\frac{n_s}{n_p}\right)^2 = \frac{J_{g1}}{J_{g2}} \quad \text{oder} \quad \frac{n_s}{n_p} = \sqrt{\frac{J_{g1}}{J_{g2}}}. \qquad (9,3)$$

10. Die ebene Quellströmung und Wirbelströmung. Manche Strömungen sind so einfach, daß man sie ohne viel Überlegung aufzeichnen kann. Die einfachste ist die Parallelströmung. Sie möge zur weiteren Vereinfachung parallel zur x-Achse angenommen werden (Bild 17). Die Stromlinien sind Gerade parallel zur x-Achse. Die Stromdichte j_0 ist überall konstant. Die Stromfunktion einer Stromlinie im Abstand y von der x-Achse ist

$$\Psi = j_0 y, \qquad (10,1)$$

wenn man der x-Achse den Wert Null zuteilt. Die Potentiallinien (gestrichelt) sind Gerade parallel zur y-Achse. Wenn man der y-Achse das Potential Null zuteilt, ist das Potential einer Linie im Abstand x von der y-Achse

$$\Phi = j_0 x. \qquad (10,2)$$

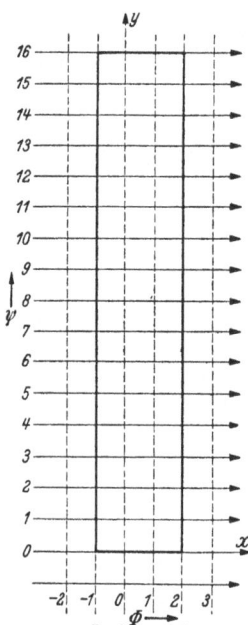

Bild 17. Parallelströmung

Eine weitere, sehr einfache Strömung ergibt sich, wenn man zwischen zwei konzentrischen Kreisen eine Potentialdifferenz anlegt (Bild 18). Aus Symmetriegründen müssen die Stromlinien radial verlaufen und dementsprechend die

10. Die ebene Quellströmung und Wirbelströmung

Potentiallinien konzentrische Kreise sein. Ist J_g die gesamte Strommenge, welche von dem inneren Kreis nach dem äußeren strömt, so ist die Strommenge, welche zwischen der Nullstromlinie (x-Achse) und einer unter dem Winkel φ (radiant) dagegen geneigten Stromlinie fließt $J = J_g\,\varphi/2\pi$ und demgemäß die Stromfunktion dieser Stromlinie

$$\Psi = J_g \frac{\varphi}{2\pi} \frac{w}{h} = \frac{\varphi}{2\pi} E. \tag{10,3}$$

Dabei ist

$$E = J_g \frac{w}{h} \tag{10,4}$$

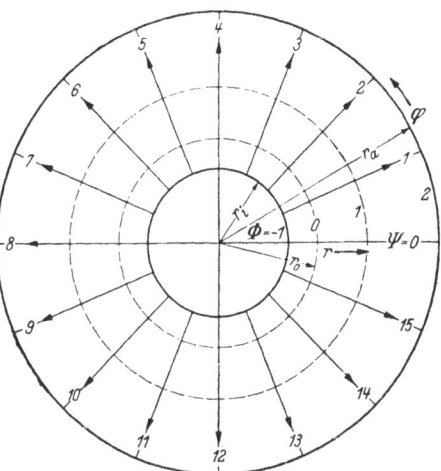

Bild 18. Radiale Strömung zwischen zwei konzentrischen Kreisen

die Zunahme der Stromfunktion, die zu dem vollen Winkel 2π gehört, die also der Gesamtheit der radialen Stromlinien entspricht. Wir wollen diese bei radialen Strömungen noch oft auftretende Größe als *Ergiebigkeit* einer solchen Strömung bezeichnen. Sie ist positiv, wenn die Strömung nach außen, und negativ, wenn sie nach innen gerichtet ist.

Nicht ganz so einfach ist das Potential Φ eines Kreises mit dem Radius r anzugeben. Nun ist aber, gemäß Gl. (6,7) die Stromdichte

$$j = \frac{E}{2r\pi} = \frac{\partial \Phi}{\partial r}. \tag{10,5}$$

Durch Integration ergibt sich

$$\Phi = \int_{r_0}^{r} j\,dr = \frac{E}{2\pi} \ln \frac{r}{r_0}, \tag{10,6}$$

wobei r_0 den Radius bedeutet, der das Potential Null erhalten soll. Durch Vergleich der Gl. (10,1) und (10,3) bzw. (10,2) und (10,6) ersieht man, daß einer Stromlinie im Abstand y von der x-Achse der Parallelströmung eine Stromlinie unter dem Winkel

$$\varphi = 2\pi\,y\,\frac{j_0}{E} \tag{10,7}$$

in der radialen Strömung entspricht, und einer Potentiallinie im Abstand x von der y-Achse ein Kreis mit dem Radius r, wobei

$$\ln \frac{r}{r_0} = 2\pi x \frac{j_0}{E} \quad \text{oder} \quad \frac{r}{r_0} = e^{2\pi x \frac{j_0}{E}} \tag{10,8}$$

ist. Hierdurch ist jedem Punkte r, φ der Kreisringfläche ein Punkt x, y des rechtwinkligen Netzes zugeordnet.

Die Kreisringfläche enthält nur eine endliche Anzahl von Strom- und Potentiallinien. Dementsprechend umfaßt ihre Abbildung auf die Parallelströmung nur ein Teilgebiet derselben, welches die gleiche Anzahl Strom- und Potentiallinien enthält. (In Bild 17 stark ausgezogen[1].)

Die Beziehung (10,6) für das Potential in den einzelnen Kreisen ist unabhängig von den gewählten Radien r_a und r_i der begrenzenden Kreise. Man muß an sie nur jeweils das für diese Radien sich nach Gl. (10,6) ergebende Potential anlegen, so daß der gleiche Grundstrom J_g entsteht und der Kreis mit dem Radius r_0 wieder das Potential Null erhält. Wenn man unter diesen Voraussetzungen die begrenzenden Kreise auseinanderrückt, so wird das Gebiet nur jeweils bis an die Randkreise hin durch neue Potentiallinien erweitert, bleibt aber sonst unverändert. Man kann nun den Grenzübergang machen, daß der Radius des äußeren Kreises $\to \infty$ und der des inneren $\to 0$ geht. Man erhält dann eine Strömung, welche aus dem Nullpunkt entspringt und radial nach allen Richtungen ins Unendliche abfließt. Man nennt eine solche Strömung „*Quellströmung*", und den Punkt, aus dem die Strömung entspringt, „*Quelle*". Kehrt man die Strömung um, so daß sie aus dem Unendlichen kommt und in einem Punkt verschwindet, so nennt man diesen Punkt „*Senke*" (oder negative Quelle). Die Größe einer Quelle, die „*Quellstärke*", ist durch ihre *Ergiebigkeit E* gekennzeichnet. Darunter versteht man die Stromfunktion, die der Gesamtheit der Stromlinien entspricht.

Bei einer solchen Quellströmung bedeckt das Maschennetz die ganze Ebene. Trotzdem ist es aber immer noch nicht das Abbild der ganzen Ebene der Parallelströmung. Die Potentiallinien erstrecken sich zwar über den Bereich von $\Phi = -\infty$ bis $\Phi = +\infty$, enthalten also die Abbildung sämtlicher Potentiallinien der Parallelströmung. Aber die Anzahl der Stromlinien ist unverändert endlich geblieben. Die Abbildung der ganzen Quellströmungsebene auf die Ebene der Parallelströmung umfaßt in letzterer nur einen Streifen von endlicher Breite

$$y_0 = \frac{E}{j_0} \qquad (10,9)$$

der parallel zur x-Achse liegt (Bild 19).

Wie schon in Ziffer 7 erwähnt, kann man in einer gegebenen Potentialströmung Strom- und Potentiallinien vertauschen und erhält dann wieder eine Potentialströmung. Im vorliegenden Falle wird durch eine solche Vertauschung aus der radial verlaufenden Strömung nach Bild 19

---

[1] Vgl. die bereits in Ziff. 4 auf anderem Wege gefundene Abbildung eines Rechtecks auf einen Kreisringsektor.

10. Die ebene Quellströmung und Wirbelströmung

eine in konzentrischen Kreisen im Ringgebiet verlaufende Strömung. Man kann diese elektrisch in der Weise herstellen, daß man das Ringgebiet aus leitendem Material längs eines Radius, z. B. längs der x-Achse, aufschneidet und an die Schnittränder eine Potentialdifferenz anlegt,

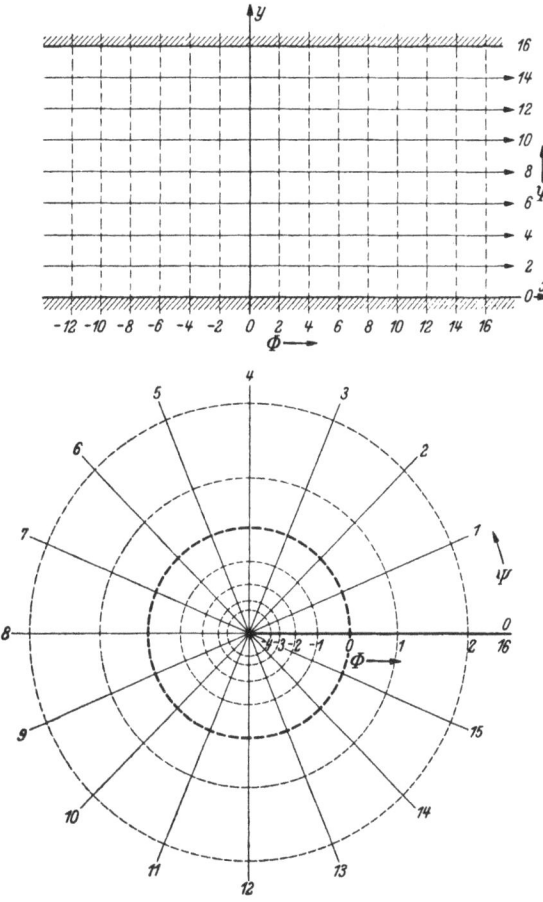

Bild 19
Streifen einer Parallelströmung, welcher der vollen Ebene einer Quellströmung entspricht

während die Begrenzungskreise des Gebietes stromundurchlässig sind (Bild 20). Entsprechend der Ergiebigkeit E der radialen Strömungen bezeichnet man bei umlaufenden Strömungen die an die Schnittränder anzulegende Potentialdifferenz als *Zirkulation* Γ. Da die Länge einer Stromlinie zwischen den Schnitträndern $2r\pi$ ist, erhält man eine Stromdichte

$$j = -\frac{\partial \Psi}{\partial r} = \Gamma/2r\pi \qquad (10,10)$$

und damit durch Integration die Stromfunktion

$$\Psi = -\frac{\Gamma}{2\pi} \ln \frac{r}{r_0}. \tag{10,11}$$

ganz entsprechend dem Potential in Gl. (10,6). Ebenso ergibt sich entsprechend Gl. (10,3) für das Potential

$$\Phi = \frac{\Gamma}{2\pi} \varphi. \tag{10,12}$$

Auch bei dieser Strömung kann man den Grenzübergang machen, daß der äußere Begrenzungsradius $\to \infty$ und der innere $\to 0$ geht, und

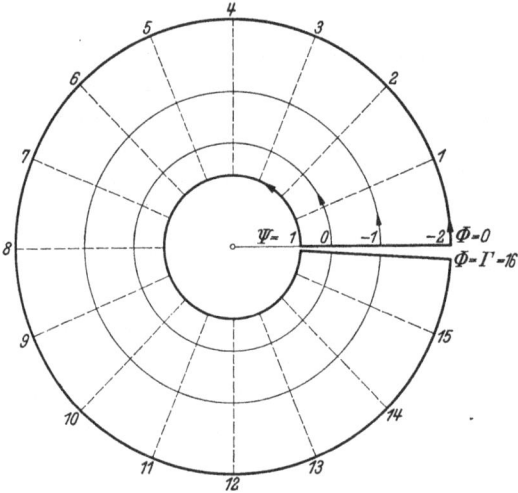

Bild 20. Kreisförmige Strömung zwischen zwei konzentrischen Kreisen

erhält so eine die ganze Ebene erfüllende Strömung, welche in Kreisen um den Nullpunkt verläuft. Man nennt eine solche Strömung „*Wirbelströmung*" oder „*Potentialwirbel*". Die „Wirbelstärke" ist durch die erwähnte Zirkulation Γ gekennzeichnet.

11. Konforme Abbildung der vollen Ebene auf einen Winkelraum. Wenn man bei der Anordnung nach Bild 18 die angelegte Spannungsdifferenz erhöht, so wird auch der entstehende Strom im gleichen Verhältnis wachsen. Damit rücken Strom- und Potentiallinien enger zusammen (Bild 21). Der Gesamtheit der Stromlinien in Bild 18, welche dort einen vollen Kreisring erfüllen, entspricht in Bild 21 nur ein Teil eines Kreisrings, ein Kreisringsektor. Der Winkelabstand entsprechender Stromlinien verhält sich umgekehrt wie die Stromstärken. Sind die Stromstärken in den beiden Anordnungen J_{g1} und J_{g2}, so entspricht daher dem ganzen Kreisring des Bildes 18, der einen Winkelbereich

11. Konforme Abbildung der vollen Ebene auf einen Winkelraum

von 2π umfaßt, bei der Anordnung nach Bild 21 ein Kreisringsektor mit dem Sektorwinkel

$$\psi_0 = 2\pi \frac{J_{\varrho 1}}{J_{\varrho 2}} = 2\pi \frac{E_1}{E_2}, \tag{11,1}$$

wenn wieder $E = J_\varrho\, w/h$ die J_ϱ entsprechende Ergiebigkeit ist.

Da auch die Potentiallinien enger zusammenrücken, so würde das zwischen den Randkreisen der ursprünglichen Anordnung liegende Gebiet mehr Potentiallinien enthalten, und zwar ist die Zahl der Potentiallinien im gleichen Verhältnis wie die der Stromlinien vergrößert, nämlich wie E_2/E_1. Bei der durch die Änderung der Stromstärke J gegebenen Abbildung gehen daher die Randkreise des Bildes 18 mit den Radien r_a und r_i im allgemeinen in zwei Kreisbögen mit anderen Radien ϱ_a und ϱ_i über. Dabei muß die Poten-

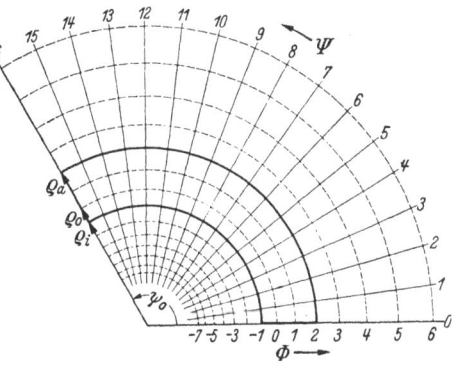

Bild 21. Radiale Strömung in einem Winkelraum

tialdifferenz zwischen den Kreisen ϱ_a und ϱ_i des Bildes 21 und den Kreisen r_a und r_i des Bildes 18 die gleiche sein. Diese errechnet sich aber gemäß Gl. (10,6) für die beiden Fälle zu

$$\Phi_a - \Phi_i = \frac{E_1}{2\pi}\ln\frac{r_a}{r_i} = \frac{E_2}{2\pi}\ln\frac{\varrho_a}{\varrho_i}. \tag{11,2}$$

Es muß also

$$\frac{\varrho_a}{\varrho_i} = \left(\frac{r_a}{r_i}\right)^{E_1/E_2} \tag{11,3}$$

sein. Das Ringgebiet des Bildes 18 geht also durch diese Abbildung in einen Ringsektor mit dem Zentriwinkel ψ_0 und dem Radienverhältnis ϱ_a/ϱ_i über, wobei ψ_0 und ϱ_a/ϱ_i sich aus den Gln. (11,1) und (11,3) berechnen. Die Lage dieses Gebietes hängt im übrigen noch von der Wahl der Nullstromlinie ($\Psi = 0$) und der Nullpotentiallinie ab. Läßt man die erstere mit den Strahlen $\varphi = 0$ (Bild 18) und $\psi = 0$ (Bild 21) zusammenfallen und wählt als Nullpotentiallinien die Kreise mit den Radien r_0 (Bild 18) bzw. ϱ_0 (Bild 21), so ist die Zuordnung entsprechender Punkte der beiden Netze mit den Koordinaten r und φ bzw. ϱ und ψ gegeben durch

$$\psi = \varphi\frac{E_1}{E_2}, \tag{11,4}$$

$$\frac{\varrho}{\varrho_0} = \left(\frac{r}{r_0}\right)^{E_1/E_2}. \tag{11,5}$$

Läßt man die Randkreise des Bildes 18 wieder gegen Null bzw. ∞ auseinander rücken, so rücken nach Gl. (11,5) auch die entsprechenden Kreise des Bildes 21 gegen Null bzw. ∞. Die ganze Ebene mit der Strömung nach Bild 18 wird dann durch die in Gl. (11,4) und (11,5) gegebene Beziehung auf einen vom Nullpunkt bis ins Unendliche sich erstreckenden Winkelraum mit dem Zentriwinkel $\psi_0 = 2\pi(E_1/E_2)$ abgebildet. Bei diesen Abbildungen werden beim Übergang von der Vollebene auf den Winkelraum die Winkelabstände gleichmäßig im Verhältnis $\psi_0/2\pi$ verkleinert.

12. Strömung in einem Winkelraum. Die in der vorigen Ziffer betrachteten Strömungen waren in beiden Fällen reine Radialströmungen, und zeigten an sich wenig Interessantes. Sie dienten nur zur Ableitung der Zuordnungsgleichungen. Nachdem aber die Zuordnung der einzelnen Punkte bekannt ist, kann man in einer der beiden Ebenen eine beliebige bekannte Strömung annehmen und auf Grund der Zuordnungsbeziehung die entsprechende Strömung in der anderen Ebene ermitteln.

Geht man von einer Parallelströmung in der xy-Ebene aus (Bild 22 links) und bildet diese Ebene auf einen Winkelraum mit dem Zentriwinkel ψ_0 ab, so erhält man die in Bild 22 rechts dargestellte Strömung. Der positive Teil der x-Achse geht je nachdem er als Strahl unter dem

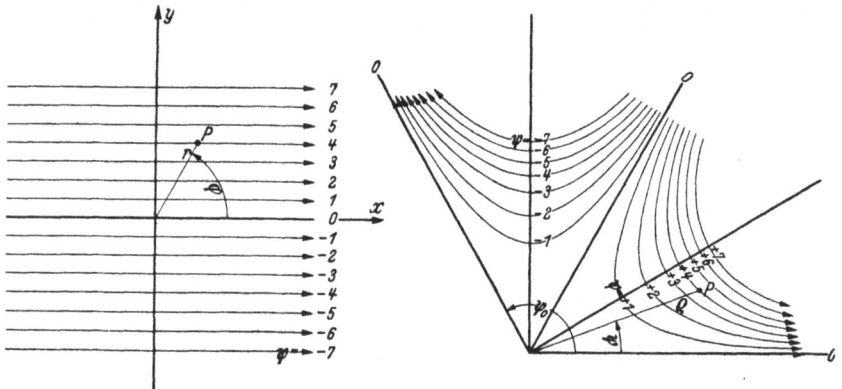

Bild 22. Konforme Abbildung einer Ebene mit Parallelströmung auf einen Winkelraum

Winkel $\varphi = 0$ oder $\varphi = 2\pi$ aufgefaßt wird, in die positive ξ-Achse oder in einen Strahl unter dem Winkel ψ_0 über, die negative x-Achse geht in einen Strahl unter dem Winkel $\psi = \psi_0/2$ über. Die von den Stromlinien rechtwinklig geschnittene y-Achse geht mit ihrem positiven Teil ($\varphi = \pi/2$) in einen Strahl unter dem Winkel $\psi = \psi_0/4$, mit ihrem negativen ($\varphi = 3\pi/2$) in einen unter dem Winkel $\psi = \frac{3}{4}\psi_0$ über. Die Strömung kommt längs des Strahles unter dem Winkel $\psi = \psi_0/2$ aus dem

12. Strömung in einem Winkelraum

Unendlichen und fließt längs der Strahlen unter den Winkeln $\psi = 0$ und $\psi = \psi_0$ wieder ins Unendliche ab. Die Strahlen unter dem Winkel $\psi = \psi_0/4$ und $\psi = \tfrac{3}{4}\psi_0$ werden von den Stromlinien rechtwinklig geschnitten.

Zur quantitativen Berechnung der Stromlinien dienen die Beziehungen (11,4) und (11,5). Darnach geht ein Punkt P der linken Ebene mit den Polarkoordinaten r und φ in einen Punkt P' der rechten Ebene mit den Polarkoordinaten

$$\varrho = \varrho_0 \left(\frac{r}{r_0}\right)^{1/n} \tag{12,1}$$

und

$$\psi = \frac{\varphi}{n} \tag{12,2}$$

über, wobei

$$n = \frac{E_2}{E_1} = \frac{2\pi}{\psi_0} \tag{12,3}$$

ist.

Für eine bestimmte Stromlinie im Abstande y von der x-Achse ist

$$r = \frac{y}{\sin \varphi} = \frac{y}{\sin n\,\psi}, \tag{12,4}$$

wobei der Abstand y eine die betreffende Stromlinie kennzeichnende Konstante ist. Damit wird

$$\varrho = \varrho_0 \left(\frac{r}{r_0}\right)^{1/n} = \varrho_0 \left(\frac{y}{r_0} \frac{1}{\sin(n\,\psi)}\right)^{1/n}, \tag{12,5}$$

wodurch der Zusammenhang der Polarkoordinaten ϱ und ψ der entsprechenden Stromlinie in der rechten Ebene gegeben ist.

Die Berechnung der Potentiallinien läßt sich in gleicher Weise durchführen wie die der Stromlinien. Es ergeben sich die gleichen Kurven nur um $\psi_0/4$ versetzt.

Ist die Stromdichte der Parallelströmung in der xy-Ebene j_0, so ist in einem Punkte xy das Potential $\Phi = j_0 x$ und die Stromfunktion $\Psi = j_0 y$. Die entsprechenden Punkte der $\varrho\psi$-Ebene haben das gleiche Potential und die gleiche Stromfunktion. Daher ergibt sich aus Gl. (12,5)

$$\Phi = j_0 x = j_0 r_0 (\varrho/\varrho_0)^n \cos n\,\psi,\quad \Psi = j_0 y = j_0 r_0 (\varrho/\varrho_0)^n \sin n\,\psi, \tag{12,6}$$

Hieraus findet man die radiale Komponente der Stromdichte $j_\varrho = d\Phi/d\varrho$ und die tangentiale Komponente $j_t = d\Phi/\varrho\,d\psi = -\partial\Psi/\partial\varrho$ sowie ihre Resultierende $j = \sqrt{j_\varrho^2 + j_t^2}$:

$$j_\varrho = \frac{j_0 r_0}{\varrho_0} n \left(\frac{\varrho}{\varrho_0}\right)^{n-1} \cos n\,\psi,\quad j_t = -\frac{j_0 r_0}{\varrho_0} n \left(\frac{\varrho}{\varrho_0}\right)^{n-1} \sin n\,\psi,$$
$$j = \frac{j_0 r_0}{\varrho_0} n \left(\frac{\varrho}{\varrho_0}\right)^{n-1}. \tag{12,7}$$

Die resultierende Stromdichte ist demnach auf jedem Kreis um den Nullpunkt jeweils konstant.

Da die Ränder $\psi = 0$ und $\psi = \psi_0$ Stromlinien sind und gleiche Potentialverteilung haben, kann man die gleichen Winkelräume mit den gleichen Strömungen ohne Störungen aneinander anschließen. Ist n eine ganze Zahl, so erfüllen die aufeinander folgenden n Winkelräume gerade die volle Ebene. Es ergibt sich eine Strömung, bei der auf n Strahlen der Strom nach dem Nullpunkt hin und auf n dazwischenliegenden Strahlen von ihm weg gerichtet ist. Die singuläre Stelle im Nullpunkt nennt man *Verzweigungspunkt* oder *Sattelpunkt*. Wir wollen die ganze Strömung als *Sattelpunktströmung* und eine der geraden Stromlinien mit nach außen gerichteter Strömung als ihre Achse bezeichnen.

In den Gln. (12,6) und (12,7) tritt die Konstante $j_0 \, r_0/\varrho_0^n$ auf. Sie ist ein Maß für die Stärke der betreffenden Sattelpunktströmung. Wir wollen sie mit S_n bezeichnen und erhalten somit

$$\Phi = S_n \varrho^n \cos n\varphi, \quad \Psi = S_n \varrho^n \sin n\varphi \quad \text{und} \quad j = S_n n \varrho^{n-1}. \quad (12,8)$$

Bei einer gegebenen n-teiligen Sattelpunktströmung ergibt sich diese Konstante S_n auf Grund von Gl. (12,8) aus der resultierenden Stromdichte j in den verschiedenen Radien ϱ zu

$$S_n = \frac{j_0 \, r_0}{\varrho_0^n} = \frac{j}{n \, \varrho^{n-1}}. \quad (12,9)$$

Besonders häufig tritt der Sonderfall $n = 2$, das ist $\psi_0 = 180°$ auf. Er stellt die Strömung gegen eine gerade Grenze dar (Bild 23). In diesem

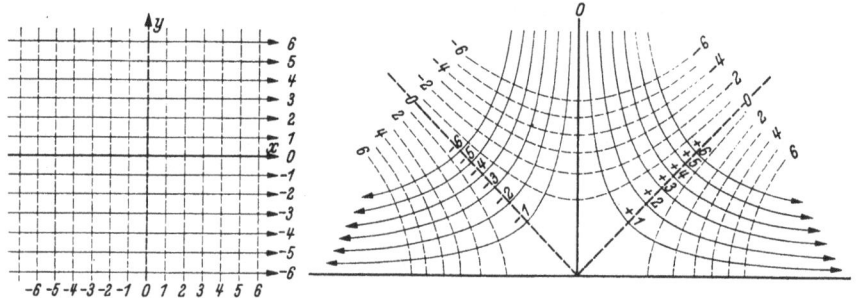

Bild 23. Konforme Abbildung einer vollen Ebene mit Parallelströmung auf eine Halbebene

Falle werden die rechtwinkligen Koordinaten einer Stromlinie $y = $ konst. auf Grund von Gl. (12,5)

$$\xi = \varrho \cos \psi = \varrho_0 \sqrt{\frac{y}{r_0}} \, \frac{\cos \psi}{\sqrt{\sin 2\psi}}, \quad (12,11)$$

$$\eta = \varrho \sin \psi = \varrho_0 \sqrt{\frac{y}{r_0}} \, \frac{\sin \psi}{\sqrt{\sin 2\psi}}. \quad (12,12)$$

Daraus ergibt sich

$$\xi\eta = \varrho_0^2 \frac{y}{r_0} \frac{\cos\psi\sin\psi}{\sin 2\psi} = \frac{1}{2}\varrho_0^2 \frac{y}{r_0} = \text{konst.} \qquad (12,13)$$

Dies ist aber die bekannte Gleichung einer gleichseitigen Hyperbel. Die Stromlinien sind also in diesem Falle Hyperbeln.

Die Potentiallinien dieser Strömung sind gegenüber den Stromlinien um 45° versetzt. Für die Potentiallinie $x = $ konst. gilt daher

$$\frac{1}{2}(\xi+\eta)(\xi-\eta) = \frac{1}{2}\varrho_0^2 \frac{x}{r_0} = \text{konst.} \qquad (12,14)$$

Ist die Stromdichte in der xy-Ebene j_0, so ist die Stromfunktion einer Stromlinie nach Gl. (12,13)

$$\Psi = j_0 y = j_0 \frac{2r_0}{\varrho_0^2} \xi\eta. \qquad (12.15)$$

Daraus ergeben sich die Komponenten der Stromdichte in der ξ- und η-Richtung zu

$$j_\xi = \partial \Psi/d\eta = j_0 \frac{2r_0}{\varrho_0^2} \xi \qquad (12,16)$$

und

$$j_\eta = -\partial \Psi/d\xi = -j_0 \frac{2r_0}{\varrho_0^2} \eta. \qquad (12,17)$$

Diese Komponenten sind demnach proportional der Koordinate in der Richtung der Strömungskomponente, aber in der dazu senkrechten Richtung konstant.

Die Überlagerung einer Parallelströmung in der ξ-Richtung mit der Stromdichte j'_ξ verlegt daher den Nullpunkt des Strömungsbildes, den Sattelpunkt, nach

$$\xi' = -\frac{j'_\xi}{j_0} \frac{\varrho_0^2}{2r_0} = -\frac{j'_\xi}{2S_2}, \qquad (12,18)$$

ändert aber sonst nichts am Strömungsbild. Die Überlagerung einer Parallelströmung in der η-Richtung mit der Stromdichte j'_η verlegt ihn entsprechend nach

$$\eta' = \frac{j'_\eta}{j_0} \frac{\varrho_0^2}{2r_0} = \frac{j'_\eta}{2S_2}. \qquad (12,19)$$

Eine Parallelströmung von der Stromdichte j' unter einem Winkel ϑ zur ξ-Richtung läßt sich in die beiden Komponenten $j'_\xi = j'\cos\vartheta$ und $j'_\eta = j'\sin\vartheta$ zerlegen und ergibt daher eine Verschiebung nach einem Punkt mit den Polarkoordinaten ϱ', χ', wobei

$$\varrho' = \frac{j'}{j_0} \frac{\varrho_0^2}{2r_0} = \frac{j'}{2S_2}, \quad \chi' = -\pi + \vartheta \qquad (12,20)$$

ist.

Wie schon im Anschluß an Gl. (12,7) erwähnt, ist die resultierende Stromdichte für alle Sattelpunktströmungen jeweils auf einen Kreis um den Nullpunkt konstant. Speziell für $n = 2$ ist sie auf einen Kreis mit dem Radius ϱ

$$j = 2j_0 \frac{r_0}{\varrho_0} \frac{\varrho}{\varrho_0} = 2S_2\varrho. \qquad (12{,}21)$$

Aber wegen der verschiedenen Vorzeichen der beiden Komponenten in Gl. (12,16) und (12,17) ist ihre Richtung zur x-Achse gerade entgegengesetzt geneigt, wie der Radius ϱ. Sie bildet daher mit dem unter einem Winkel ψ liegenden Radius den Winkel -2ψ. Damit ergeben sich aus Gl. (12,21) die Radial- und Tangentialkomponenten auf einem Kreise um den Nullpunkt mit dem Radius ϱ

$$j_\varrho = 2S_2\varrho\cos 2\psi, \quad j_t = -2S_2\varrho\sin 2\psi, \qquad (12{,}22)$$

was man auch unmittelbar aus den Gln. (12,7) und (12,9) für $n = 2$ erhält.

13. Strömung bei vorgegebener Verteilung des Potentials auf einem Kreisumfang. Diese Ergebnisse lassen sich noch nach einem anderen Gesichtspunkt verwerten. Betrachtet man in Bild 22 links nicht die gesamte Ebene, sondern nur das Innere eines Kreises vom Radius r_0 um den Nullpunkt (Bild 24), so ist für einen Randpunkt unter dem Winkel φ gegen die x-Achse

$$x = r_0\cos\varphi, \quad y = r_0\sin\varphi. \qquad (13{,}1)$$

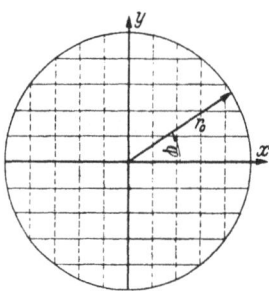

Bild 24. Kreisausschnitt aus einer Parallelströmung

Demgemäß sind bei einer Parallelströmung mit der Stromdichte j_0 Potential- und Stromfunktion für diesen Randpunkt

$$\Phi_R = j_0 r_0 \cos\varphi, \quad \Psi_R = j_0 r_0 \sin\varphi. \qquad (13{,}2)$$

Wenn man daher umgekehrt an einer leitenden Kreisscheibe auf dem Rande eine Potentialverteilung anbringt, welche wie $\cos\varphi$ verläuft, so entsteht im Inneren des Kreises eine Parallelströmung. Bei der vorher betrachteten Abbildung, bei der die volle Ebene in einen Winkelraum übergeht, geht der Vollkreis mit dem Radius r_0 in einen Kreissektor mit dem Zentriwinkel ψ_0 und dem Radius ϱ_0 über. Da die Winkel hierbei alle im Verhältnis

$$\frac{1}{n} = \frac{\psi_0}{2\pi} \qquad (13{,}3)$$

verkleinert werden, und entsprechende Punkte gleiches Potential haben, so ist das Potential am Außenrande des Sektors an einer Stelle unter dem Winkel ψ das gleiche wie beim Vollkreis unter dem Winkel $\varphi = n\psi$. Die Verteilung des Potentials am Außenrande des Sektors ist demnach gegeben durch

$$\Phi_R = j_0 r_0 \cos n\psi. \qquad (13{,}4)$$

13. Strömung bei vorgegebener Verteilung des Potentials

Wenn $n = 2\pi/\psi_0$ eine ganze Zahl ist, so erfüllen n aneinandergereihte Sektoren wieder den vollen Kreis, und die Strömung im Innern ist eine Sattelpunktströmung.

Die in Gl. (13,4) angegebene Formel für die Potentialverteilung auf dem Rande des ersten Sektors ($0 \leq n\psi \leq 2\pi$) gilt für den zweiten Sektor ($2\pi \leq n\psi \leq 4\pi$) und für alle folgenden, da nach Durchlaufen eines Sektors $n\psi$ immer um 2π zunimmt und daher $\cos n\psi$ immer wieder die gleichen Werte annimmt wie in den entsprechenden Punkten des ersten Sektors. Die Gl. (13,4) gilt daher auch für den Umfang des ganzen aus n Sektoren zusammengesetzten Kreises. Man kann also die Strömung in einem Kreise angeben, wenn das Potential auf dem Rande wie $\cos n\psi$, also periodisch nach einer cos-Funktion verteilt ist. Ein Kreis um den Nullpunkt mit dem Radius ϱ entspricht in der Parallelströmungsebene einem Kreis mit dem Radius

$$r = r_0 \left(\frac{\varrho}{\varrho_0}\right)^n, \tag{13,5}$$

auf dem die Verteilung des Potentials und der Stromfunktion gegeben ist durch

$$\Phi = j_0 r \cos\varphi, \quad \Psi = j_0 r \sin\varphi. \tag{13,6}$$

Demgemäß wird für einen Punkt mit den Polarkoordinaten ϱ, ψ

$$\Phi = j_0 r_0 \left(\frac{\varrho}{\varrho_0}\right)^n \cos n\psi, \tag{13,7}$$

$$\Psi = j_0 r_0 \left(\frac{\varrho}{\varrho_0}\right)^n \sin n\psi. \tag{13,8}$$

Damit ist die Verteilung des Potentials und der Stromfunktion in der ganzen Kreisfläche gegeben. Ebensogut wie nach $\cos n\psi$, kann das Potential natürlich auch nach $\sin n\psi$ verteilt angenommen werden. Dies bedeutet ja nur eine Winkelverschiebung der Verteilung. In den Formeln sind dann nur cos durch sin und sin durch -cos zu ersetzen.

Auf Grund der in Ziffer 8 erwähnten Möglichkeit der Überlagerung von elektrischen Strömungsfeldern erlangt dieses Ergebnis dadurch noch besondere Bedeutung, daß man jede praktisch vorkommende Verteilung $F(\psi)$ durch eine sog. Fourieranalyse[1] in eine Summe solcher sinus- und cosinus-Verteilungen zerlegen kann.

$$F(\psi) = a_0 + a_1 \cos\psi + a_2 \cos 2\psi + a_3 \cos 3\psi + \cdots$$
$$+ b_1 \sin\psi + b_2 \sin 2\psi + b_3 \sin 3\psi + \cdots \tag{13,9}$$

---

[1] Vgl. z. B. Hütte, 28. Aufl., I. Bd. S. 107. Berlin: W. Ernst u Sohn 1955; RUNGE-KÖNIG: Numerisches Rechnen, Berlin: Springer 1924.

Die Koeffizienten der einzelnen Glieder ergeben sich dabei aus der Beziehung:

$$\left. \begin{aligned} a_0 &= \frac{1}{2\pi} \int_0^{2\pi} F(\psi)\, d\psi, \\ a_n &= \frac{1}{\pi} \int_0^{2\pi} F(\psi) \cos(n\psi)\, d\psi, \\ b_n &= \frac{1}{\pi} \int_0^{2\pi} F(\psi) \sin(n\psi)\, d\psi. \end{aligned} \right\} \quad (13,10)$$

Für die praktische Durchführung einer solchen Analyse gibt es außerdem noch mechanische Verfahren mittels besonderer Apparate, z. B. des harmonischen Analysators[1] nach MADER-OTT und numerische Verfahren, von denen insbesondere das von ZIPPERER mittels vorbereiteter Schablonen[2] erwähnt sei.

Durch diese Zerlegung in Verbindung mit dem obigen Ergebnis ist man daher in der Lage, für fast jede beliebige praktisch mögliche[3] Verteilung des Potentials auf dem Rande eines Kreises die zugehörige Strömung im Innern des Kreises zu berechnen. Die gleiche Möglichkeit besteht, wenn statt der Verteilung des Potentials die der Stromfunktion auf dem Rande des Kreises gegeben ist. Statt der letzteren kann auch die Verteilung der durch den Kreisrand ein- und austretenden Stromstärken (Normalkomponenten der Stromdichte) gegeben sein, aus denen sich die Stromfunktion durch eine einfache Integration ergibt. Ebenso kann statt der Potentialverteilung die Verteilung der Tangentialkomponente der Stromdichte gegeben sein[4].

Ein Beispiel möge die praktische und quantitative Durchführung dieses Berechnungsverfahrens zeigen. Dabei soll eine Verteilung des Potentials auf einem Kreisrand nach Bild 25 zugrunde liegen. Diese

---

[1] Vgl. z. B. WILLERS, F. A.: Mathematische Instrumente. München: R. Oldenbourg 1943; NYSTRÖM, E. J.: Über den Gebrauch des harmonischen Analysators Mader-Ott. Soc. Scient. Fennica, Comment. phys. math. 9. (1938) 14; MEYER ZUR CAPELLEN: Mathematische Instrumente. Leipzig: Akad. Verlagsges. 1941.

[2] ZIPPERER, L.: Tafeln zur harmonischen Analyse. Berlin: Springer 1922. — HUSSMANN, A.: Rechnerische Verfahren zur harmonischen Analyse und Synthese. Berlin: Springer 1938.

[3] Ausgeschlossen sind z. B. Verteilungen, bei denen das Potential an einzelnen Stellen unendlich wird.

[4] Es ist erforderlich, daß eine der beiden Funktionen Potential- oder Stromfunktion (oder deren Differentialquotient) über den *ganzen* Rand gegeben ist. Nicht lassen sich in dieser Weise sog. gemischte Randwertaufgaben behandeln, bei denen auf einem Teil des Randes die Stromfunktion auf dem übrigen Teil das Potential gegeben ist, wie z. B. bei dem in Ziffer 7 für die experimentelle Lösung gewählten Beispiel (vgl. Ziffer 25).

13. Strömung bei vorgegebener Verteilung des Potentials

kann etwa auf folgende Weise entstehen: Eine kreisförmige Scheibe aus Konstantan mit dem spez. Widerstand[1]

habe die Dicke
$$w = 5 \cdot 10^{-5} \, \Omega\text{cm}$$
$$h = 0{,}2 \text{ mm} = 0{,}02 \text{ cm}$$

und den Durchmesser
$$d = 20 \text{ cm}.$$

Damit wird
$$\frac{w}{h} = \frac{5 \cdot 10^{-5}}{0{,}02} = \frac{1}{400} \, \Omega. \tag{13,11}$$

Diese Scheibe ist mit einem Rand von konstantem Querschnitt umgeben, der so gut leitet, daß dagegen die Leitfähigkeit der Scheibe vernachlässigbar ist[2]. An zwei einander gegenüberliegenden Stellen sind jeweils in einem Winkelbereich von 60° kräftige Stromzuführungen, an denen

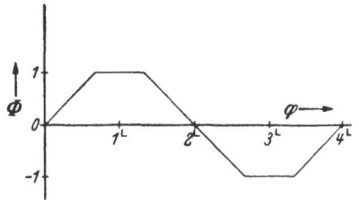
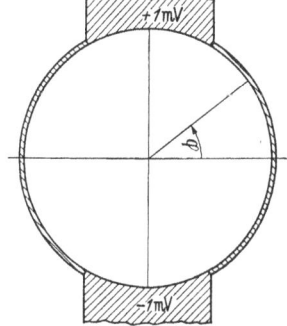

Bild 25. Vorgegebene Verteilung des Potentials längs des Kreisumfangs

Bild 26. Anordnung zur Verwirklichung der Potentialverteilung nach Bild 25

die Spannung ± 1 Millivolt (mV) $= \pm 10^{-3}$ Volt angelegt ist (Bild 26). Da zwischen diesen Zuleitungen in dem leitenden Rand die Spannung linear abfällt, ergibt sich längs des Scheibenrandes die in Bild 25 dargestellte Potentialverteilung in mV. Die Fourierreihe für diese Randverteilung lautet

$$\Phi_R = \frac{6}{\pi^2} \sqrt{3} \left[\sin \varphi - \frac{1}{5^2} \sin 5\varphi + \frac{1}{7^2} \sin 7\varphi - \frac{1}{11^2} \sin 11\varphi + \cdots \right]. \tag{13,12}$$

---

[1] Dies bedeutet, daß ein Würfel von 1 cm Kantenlänge den angegebenen Widerstand in Ω (Ohm) hat. Für die numerischen Berechnungen ist es wichtig, die systematische Abhängigkeit der Einheiten untereinander zu berücksichtigen. Wenn man z. B. Volt und Ampere als Einheiten gewählt hat, so nimmt man für den Widerstand zweckmäßig Ohm als Einheit, da sonst für die *Zahlenwerte* nicht mehr die einfache Beziehung: Spannung = Widerstand × Stromstärke gilt.

[2] Durch diese etwas ungewöhnliche Anordnung wird erreicht, daß das Potential längs des *ganzen* Umfangs festgelegt ist, was gemäß Fußnote 4, S. 34, nötig ist.

Demgemäß ergibt sich für das Potential in einem Punkte mit den Koordinaten r [cm], φ

$$\Phi = \frac{6}{\pi^2}\sqrt{3}\left[\frac{r}{10}\sin\varphi - \frac{1}{5^2}\left(\frac{r}{10}\right)^5\sin 5\varphi + \right.$$
$$\left. + \frac{1}{7^2}\left(\frac{r}{10}\right)^7\sin 7\varphi - \frac{1}{11^2}\left(\frac{r}{10}\right)^{11}\sin 11\varphi + \cdots\right] \quad (13,13)$$

und für die Stromfunktion

$$\Psi = -\frac{6}{\pi^2}\sqrt{3}\left[\frac{r}{10}\cos\varphi - \frac{1}{5^2}\left(\frac{r}{10}\right)^5\cos 5\varphi + \right.$$
$$\left. + \frac{1}{7^2}\left(\frac{r}{10}\right)^7\cos 7\varphi - \frac{1}{11^2}\left(\frac{r}{10}\right)^{11}\cos 11\varphi + \cdots\right]. \quad (13,14)$$

Die sich hieraus ergebenden Strom- und Potentiallinien sind in Bild 27 dargestellt. Da nach Gl. (13,11) $w/h = 1/400\ \Omega$ ist, ergibt sich für den Strom, der zwischen der y-Achse und einer Stromlinie mit der Stromfunktion Ψ hindurchströmt,

$$J = \frac{h}{w}\Psi = 400\Psi \text{ Milliampere}$$
$$= 0{,}4\Psi \text{ Ampere.} \quad (13,15)$$

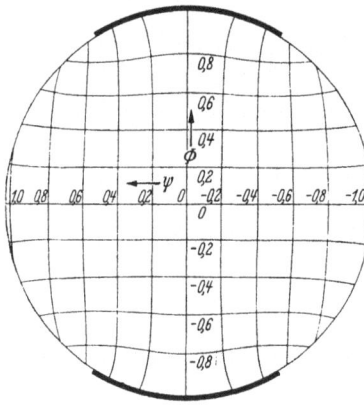

Bild 27. Strom- und Potentiallinien im Innern des Kreises bei der nach Bild 25 gegebenen Potentialverteilung am Kreisrand

Ψ erreicht seinen Höchstwert im Punkt $r = 10$ cm, $\varphi = 0$ mit $\Psi_{max} = 1{,}03$ mV und seinen Mindestwert im Punkte $r = 10$ cm, $\varphi = \pi$ mit $\Psi_{min} = -1{,}03$ mV. Der gesamte durch die Platte fließende Strom ist demnach

$$J_g = \frac{h}{w}(\Psi_{max} - \Psi_{min})$$
$$= 824 \text{ Milliampere} = 0{,}824 \text{ Ampere.}$$

Vom Radius r_0 der Scheibe ist die Stromstärke unabhängig, da bei einer Vergrößerung des Durchmessers die Verlängerung der Stromlinien durch ihren größeren Abstand ausgeglichen wird.

Dritter Abschnitt

Weitere Beispiele und Folgerungen

14. Einfache Beispiele zur Überlagerung von Strömungen. Nach Ziffer 8 sind für die Überlagerung von Strömungen 2 Verfahren möglich. Man kann entweder die Stromdichten geometrisch wie beim Kräfteparallelogramm zusammensetzen, oder man kann die Stromfunktionen und Potentiale addieren. Das erstere Verfahren ist zweckmäßig, wenn nur in wenigen einzelnen Punkten die resultierende Strömung interessiert. Es ist aber ziemlich unbequem, wenn man es für viele Punkte durchführen muß, um ein größeres Strömungsfeld aufzubauen. Hierfür ist die Addition der Stromfunktionen und Potentiale günstiger. Diese ist andererseits umständlicher, wenn man nur in wenigen einzelnen Punkten Stärke und Richtung der resultierenden Strömung ermitteln will. Man muß dann immer ein größeres Feld in der Umgebung der betreffenden Punkte aufbauen und kann erst aus der Größe und Lage einer Masche Größe und Richtung der Stromdichte ermitteln. In der Regel braucht man aber für die Zwecke der konformen Abbildung größere Netzgebiete.

Dabei läßt sich die Überlagerung von 2 Strömungen, nach dem in Ziffer 8 geschilderten Verfahren in besonders einfacher Weise graphisch ausführen, indem man die Stromlinien bzw. Potentiallinien der beiden zu überlagernden Strömungen übereinander zeichnet und in den entstehenden Rauten die resultierenden Strom- bzw. Potentiallinien als diagonal verlaufende Kurven einzeichnet.

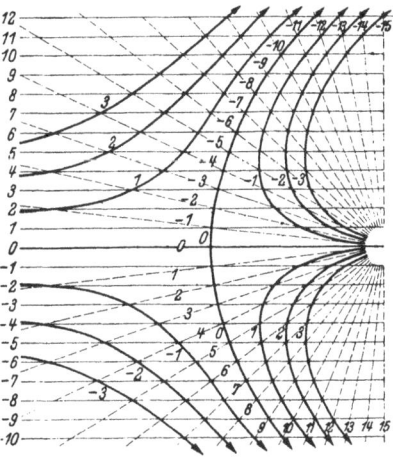

Bild 28. Überlagerung einer Parallelströmung und einer Quellströmung

Ein besonders einfaches Beispiel hierfür ist die Überlagerung einer Quelle und einer Parallelströmung, die in Bild 28 dargestellt ist. Die Stromlinien der Parallelströmung sind dünn ausgezogen, die der Quellströmung dünn gestrichelt. Die Stromfunktionen der einzelnen Stromlinien sind angeschrieben. Dabei ist als Nullstromlinie der Quellströmung diejenige gewählt, welche der Parallelströmung gerade entgegengesetzt verläuft, und als Nullstromlinie der Parallelströmung diejenige, welche durch den Quellpunkt geht, also mit der Nullstromlinie der Quellströmung zusammenfällt. Die resultierenden Stromlinien sind stark ausgezogen.

Als weiteres Beispiel sind in Bild 29 die Stromlinien gezeichnet, welche entstehen, wenn man in einer unendlich ausgedehnten Ebene in einem Punkte den Strom $J_{g1} = 12\,h/w$ Ampere zu- und in einem Punkte B den Strom $J_{g2} = 6\,h/w$ Ampere abführt. (Die Differenz von $6\,h/w$ Ampere fließt ins Unendliche ab.) Würde man diese Strömung jeweils nur in einem der Punkte A oder B zu- bzw. abführen, so würde man reine Quell- bzw. Senkenströmungen mit radial gerichteten Stromlinien erhalten. Die Ergiebigkeit der Quelle im Punkte A ist dabei $E_A = 12$ Volt, im Punkte B (Senke) $E_B = -6$ Volt. Die Stromlinien

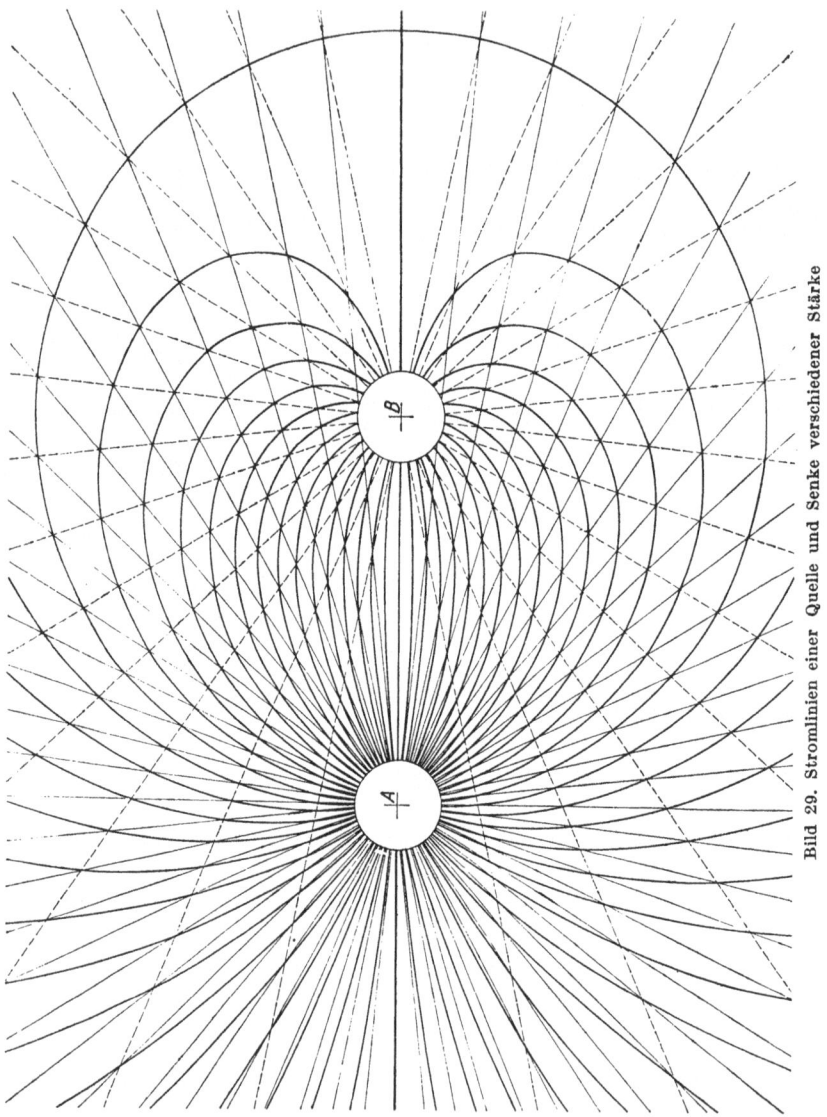

Bild 29. Stromlinien einer Quelle und Senke verschiedener Stärke

dieser beiden Strömungen sind demnach leicht aufzuzeichnen. Um eine genügende Anzahl zu erhalten, sind die Abstände so gewählt, daß zwischen je zweien der Strom $J_0 = 0{,}2\, h/w$ Ampere fließt, die Stromfunktion also von Stromlinie zu Stromlinie um 0,2 Volt zunimmt. Die von

14. Einfache Beispiele zur Überlagerung von Strömungen

A ausgehenden radialen Stromlinien sind dünn ausgezogen, die auf den Punkt B zugehenden dünn gestrichelt, die resultierenden dick ausgezo-

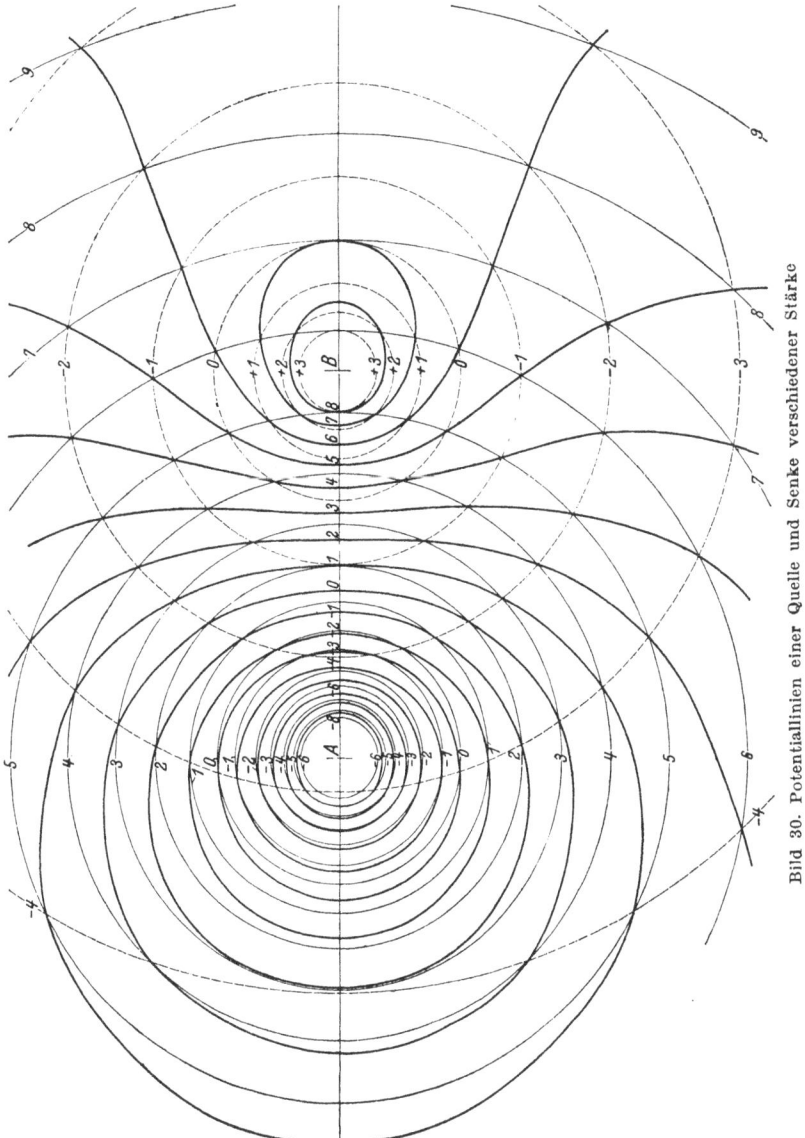

Bild 30. Potentiallinien einer Quelle und Senke verschiedener Stärke

gen. In gleicher Weise kann man die Potentiallinien konstruieren (Bild 30). Die Potentiallinien der Teilströmungen sind Kreise um den Punkt A (dünn ausgezogen) bzw. B (dünn gestrichelt). Die resultierenden Potentiallinien sind dick ausgezogen.

Sind mehr als 2 Strömungen zu überlagern, so kann man in der angegebenen Weise zunächst die Resultierende von zweien aufzeichnen, dann dieser eine dritte überlagern usw. Je mehr Überlagerungen vorzunehmen sind, um so unbequemer und ungenauer wird aber dieses graphische Verfahren. Es ist dann vielfach einfacher, Stromfunktion und Potential in den einzelnen Punkten rechnerisch zu ermitteln.

15. Die einfache symmetrische Quell-Senken-Strömung. Bei dem eben behandelten Beispiel flossen in den Punkten A und B ungleiche Strom-

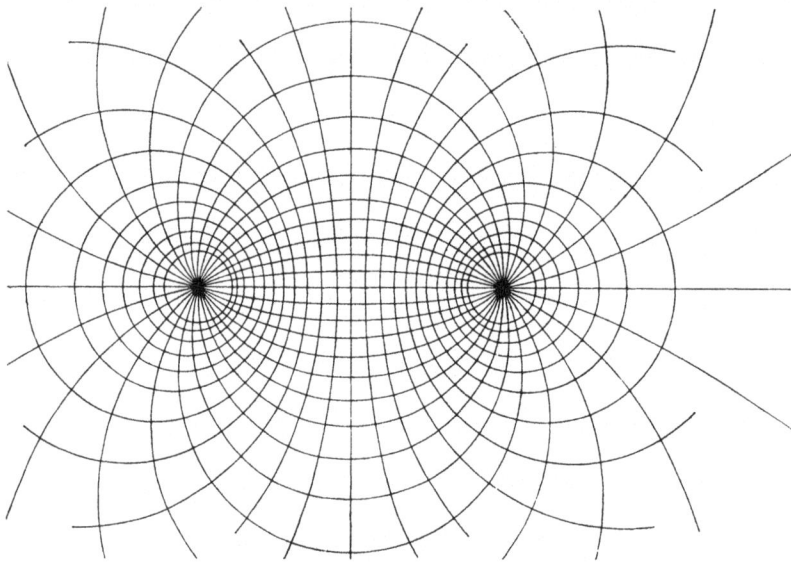

Bild 31. Symmetrische Quell-Senken-Strömung

mengen zu und ab. Wenn man in B die gleiche Strommenge abführt, die in A zugeführt wird, so wird die Strömungsfigur symmetrisch (Bild 31). Man kann sie nach dem besprochenen graphischen Verfahren ermitteln. Wegen der besonderen Bedeutung, die dieser symmetrischen Quell-Senken-Strömung zukommt, soll sie aber auch rechnerisch untersucht werden. Insbesondere wird dabei die Gestalt der Strom- und Potentiallinien bestimmt werden. Das Potential in einem Punkte C (Bild 32), der vom Quellpunkt A die Entfernung r_1 und vom Senkenpunkt B die Entfernung r_2 hat, setzt sich aus dem Potential der Quelle A und dem der Senke B zusammen. Wenn die Ergiebigkeit dieser Quelle und Senke $\pm E$ ist, so ist nach Gl. (10,6) der erstere Anteil

$$\Phi_1 = \frac{E}{2\pi} \ln \frac{r_1}{r_0}, \tag{15,1}$$

der letztere

$$\Phi_2 = \frac{-E}{2\pi} \ln \frac{r_2}{r_0'}. \tag{15,2}$$

15. Die einfache symmetrische Quell-Senken-Strömung

Dabei sind r_0 und r_0' die an sich willkürlichen Radien, bei denen die Potentiale der einzelnen Quellströmungen jeweils Null sein sollen. Für das resultierende Potential im Punkte C ergibt sich demnach

$$\Phi = \Phi_1 + \Phi_2 = \frac{E}{2\pi}\left(\ln\frac{r_1}{r_0} - \ln\frac{r_2}{r_0'}\right) = \frac{E}{2\pi}\left(\ln\frac{r_1}{r_2} + \ln\frac{r_0'}{r_0}\right). \quad (15,3)$$

$\ln r_0'/r_0$ ist eine Konstante, von deren Wahl die Nullpotentiallinie abhängt. Ist $r_0 = r_0'$, so wird diese Konstante Null. Das Potential wird dann Null, wenn auch $r_1 = r_2$ ist, d. h. für die Symmetrielinie zwischen der Quelle und Senke. Ist $r_0 \neq r_0'$, wird das Potential der Symmetrielinie

$$\Phi_s = \frac{E}{2\pi}\ln\frac{r_0'}{r_0} \quad (15,4)$$

und für irgendeinen anderen Punkt

$$\Phi = \Phi_s + \frac{E}{2\pi}\ln\frac{r_1}{r_2}. \quad (15,5)$$

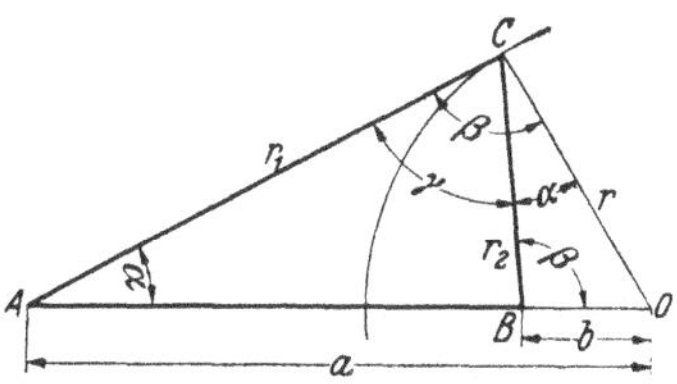

Bild 32. Zur Berechnung der Potentiallinien in einer symmetrischen Quell-Senken-Strömung

Auf einer Linie konstanten Potentials muß $(E/2\pi)\ln(r_1/r_2) =$ konst. und damit auch $r_1/r_2 =$ konst. sein. Alle Punkte, deren Entfernungen r_1 und r_2 von zwei gegebenen Punkten A und B in einem festen Verhältnis stehen, liegen auf einem Kreise. Um dies zu zeigen, ist in Bild 32 die Gerade CO so gezogen, daß $\sphericalangle ACO = \sphericalangle CBO = \beta$ ist. Der Punkt O liegt auf der Verlängerung der Verbindungsgeraden AB. Es seien die Strecken

$$OA = a, \; OB = b, \; OC = r.$$

Wegen der Gleichheit der Winkel

$$\sphericalangle ACO = \sphericalangle CBO$$

und

$$\sphericalangle AOC = \sphericalangle COB$$

ist

$$\triangle ACO \sim \triangle CBO. \quad (15,6)$$

Es verhalten sich daher

$$\frac{AC}{OC} = \frac{r_1}{r} = \frac{BC}{OB} = \frac{r_2}{b} \quad (15,7)$$

und

$$\frac{BC}{OC} = \frac{r_2}{r} = \frac{AC}{OA} = \frac{r_1}{a}. \quad (15,8)$$

Durch Multiplikation dieser beiden Gleichungen ergibt sich

$$\frac{r_1 r_2}{r^2} = \frac{r_2 r_1}{ab} \quad (15,9)$$

oder

$$r^2 = ab \quad (15,10)$$

und durch Division derselben

$$\frac{r_1}{r_2} = \frac{r_2}{r_1}\frac{a}{b} \quad (15,11)$$

oder
$$\frac{a}{b} = \left(\frac{r_1}{r_2}\right)^2 = \text{konst.} \tag{15,12}$$

Aus Gl. (15,12) ergibt sich, daß bei gegebenen Punkten A und B (Entfernung $= a - b =$ konst.) und gegebenem Verhältnis r_1/r_2 auch der Punkt O festliegt. Man findet

$$OA = a = (a-b)\frac{r_1^2}{r_1^2 - r_2^2} = \frac{a-b}{1 - (r_2/r_1)^2}, \tag{15,13}$$

$$OB = b = (a-b)\frac{r_2^2}{r_1^2 - r_2^2} = \frac{a-b}{(r_1/r_2)^2 - 1}. \tag{15,14}$$

Hieraus und aus Gl. (15,10) ergibt sich, daß auch $OC = r =$ konst. ist, und zwar ist
$$r = \sqrt{ab} = \frac{a-b}{r_1/r_2 - r_2/r_1}. \tag{15,15}$$

Die Potentiallinien sind demnach Kreise, deren Mittelpunkte und Radien gemäß Gl. (15,13) bis (15,15) von dem Verhältnis r_1/r_2 abhängen. Das Verhältnis r_1/r_2 ist nach Gl. (15,5) für ein gegebenes Potential Φ

$$\frac{r_1}{r_2} = e^{\frac{2\pi}{E}(\Phi - \Phi_s)}, \tag{15,16}$$

wobei Φ_s das Potential der Symmetrielinie bedeutet.

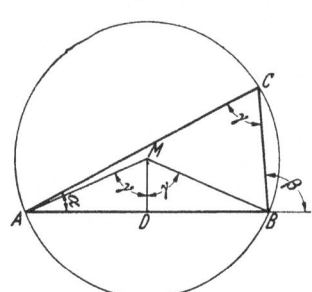

Bild 33. Zur Berechnung der Stromlinien in einer symmetrischen Quell-Senken-Strömung

Die Stromlinien ergeben sich gleichfalls als Kreise. Die Stromfunktionen in einem Punkte C (Bild 33), welche von der Quelle im Punkte A bzw. der Senke im Punkte B herrühren, sind

$$\Psi_1 = \frac{E}{2\pi}(\alpha - \alpha_0)$$
und
$$\Psi_2 = \frac{-E}{2\pi}(\beta - \beta_0), \tag{15,17}$$

wobei α und β die Winkel der Strahlen CA und CB mit der Richtung AB sind (Bild 33); α_0 und β_0 sind die entsprechenden Winkel derjenigen Strahlen, denen die Stromfunktion Null zugeteilt ist. Die Stromfunktion der resultierenden Strömung ist also

$$\Psi = \Psi_1 + \Psi_2 = \frac{E}{2\pi}(\alpha - \beta) - \frac{E}{2\pi}(\alpha_0 - \beta_0) = -\frac{E}{2\pi}\gamma + \Psi_0, \tag{15,18}$$

wobei $\gamma = \beta - \alpha$ der $\sphericalangle ACB$ und $\Psi_0 = E/2\pi(\beta_0 - \alpha_0)$ die Stromfunktion der Verlängerung der Geraden AB über B hinaus ist. Für eine Stromlinie ist die Stromfunktion und damit der Winkel γ konstant. Nach dem Satz vom Peripheriewinkel liegen demnach alle Punkte mit der gleichen Stromfunktion Ψ auf einem Kreise durch die Punkte A und B. Der Mittelpunkt M dieses Kreises liegt auf der Mittelsenkrechten zu AB, also auf der Symmetrielinie. Da der zu dem Peripheriewinkel γ gehörige Zentriwinkel 2γ ist, so ergibt sich die Entfernung des Mittelpunktes M von der Geraden AB zu

$$MD = \frac{AB}{2}\cot\gamma. \tag{15,19}$$

Dabei ist
$$\gamma = -2\pi\frac{\Psi - \Psi_0}{E}. \tag{15,20}$$

Die Strom- und Potentiallinien einer symmetrischen Quell-Senken-Strömung bestehen demnach aus 2 Scharen sich rechtwinklig schneidender Kreise. Dabei enthält jede Schar auch einen Kreis, bei dem der Kreisradius unendlich wird, der Kreis also in eine Gerade ausartet.

Durch Vertauschung von Strom- und Potentiallinien erhält man an Stelle von Quelle und Senke ein Wirbelpaar mit sich entgegengesetzt drehenden Wirbeln. Auch für dieses sind demnach die Strom- und Potentiallinien Kreise mit den gleichen geometrischen Beziehungen.

16. Strömung bei gegebener Quellverteilung auf einem Kreise. Wenn man auf einem Kreise eine Quelle und eine gleich starke Senke anordnet, so ist der Kreis Stromlinie, da er ja zu der Schar von Kreisen gehört, welche durch die Quelle und Senke gehen, die nach Ziffer 15 alle Stromlinien sind. Bringt man weitere Quellen und gleich starke Senken an, so ist für jedes Quell-Senken-Paar der Kreis Stromlinie, und daher bleibt er es auch für die Überlagerung all dieser Quell-Senken-Strömungen. Man kann auf dem Kreisumfang irgendwie kontinuierlich oder diskontinuierlich verteilte Quellen und Senken anordnen; immer wird der Kreis Stromlinie sein, wenn nur der Mittelwert der Quellen über dem Kreisumfang Null ist (Senken sind dabei als negative Quellen gerechnet). Man kann dann nämlich jeder positiven Quelle eine ebenso starke negative zuordnen und so die ganze Verteilung in Paare von gleich starken Quellen und Senken aufteilen, deren Überlagerung den Kreis als Stromlinie ergibt.

Ist der Mittelwert der auf dem Kreis verteilten Quellen nicht Null, kann man diesen Mittelwert als gleichmäßig über den Kreis verteilte Quellbelegung absondern. Ihr Strömungsfeld ist außerhalb des Kreises identisch mit dem Feld einer einzelnen Quelle von gleicher Ergiebigkeit im Mittelpunkt des Kreises. Im Innern des Kreises ist es Null. Nach Abtrennung dieser gleichmäßigen Belegung ist die Summe der verbleibenden Quellbelegung Null. Für sie ist also der Kreis Stromlinie.

Da in unmittelbarer Nähe einer Quelle die von ihr ausgehenden Stromlinien gleichmäßig über alle Richtungen verteilt sind, so geht bei einer auf dem Kreisrand liegenden Quelle die eine Hälfte der Stromlinien in das Außengebiet, die andere Hälfte in das Innengebiet. Ist demnach auf einem kleinen Stück ds des Kreisumfangs die Ergiebigkeit der darauf verteilten Stromquellen dE, so fließt die Hälfte dieses Stromes außerhalb, die andere Hälfte innerhalb des Kreises nach den entsprechenden Senken. Unmittelbar innerhalb und außerhalb des Kreises muß deshalb als Wirkung der Quellen längs der Erstreckung ds normal zum Kreisrande eine Komponente der Stromdichte

$$j_n = \frac{1}{2} \frac{dE}{ds} \qquad (16,1)$$

vorhanden sein. Bei positivem dE/ds ist sie innerhalb des Kreises nach dem Kreismittelpunkt hin, außerhalb von ihm weg gerichtet. Zu dieser Normalkomponente tragen nur die auf dem betrachteten Stückchen ds liegenden Quellen bei; alle übrigen auf dem Kreisumfang verteilten Quellen und Senken sind ohne Einfluß auf die Normalkomponente an dieser Stelle, da für sie das Stückchen ds als Teil des Kreises Stromlinie ist, also keine Stromkomponente in radialer Richtung hat. Gl. (16,1) stellt demnach den sehr einfachen Zusammenhang zwischen einer Quellverteilung dE/ds auf einem Kreis und der davon herrührenden Normalkomponente der Stromdichte j_n am Kreisumfang her. Wenn nun bei irgendeiner Strömung innerhalb eines Kreises die Normalkomponenten längs des Kreisumfangs gegeben sind, so ist nach Ziffer 13 die ganze Strömung festgelegt. Zu ihrer Berechnung kann man die Strömung als Wirkung einer nach Gl. (16,1) leicht angebbaren Quellverteilung auffassen und in jedem Punkt nach dem Verfahren der Überlagerung berechnen.

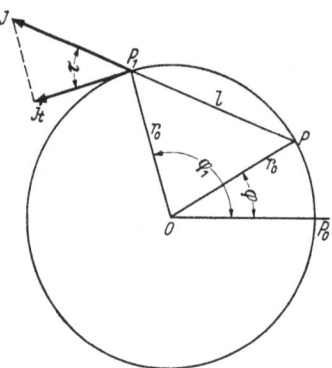

Bild 34. Einfluß einer Quelle auf dem Kreisrand auf die Stromdichte in einem Punkte P_1 des Kreisrandes

Zunächst möge diese Berechnung für Punkte des *Kreisumfangs* durchgeführt werden. Der Radius des Kreises sei r_0. In einem Punkte P des Umfangs mit den Polarkoordinaten $r_0\,\varphi$ befinde sich eine Quelle mit der Ergiebigkeit E (Bild 34). In einem Punkte P_1 des Kreisrandes mit den Polarkoordinaten $r_0\,\varphi_1$ erzeugt sie ein Potential

$$\Phi_R = \frac{E}{2\pi} \ln \frac{l}{l_0} \qquad (16,2)$$

und eine in Richtung PP_1 fallende Stromdichte

$$j = \frac{E}{2l\pi}. \qquad (16,3)$$

16. Strömung bei gegebener Quellverteilung auf einem Kreise

Dabei ist
$$l = 2r_0 \left| \sin\frac{\varphi_1 - \varphi}{2} \right| \quad (16,4)$$

der Abstand $P_1 P$ und $l_0 = 2r_0 |\sin(\varphi_0 - \varphi)/2|$ der Abstand des Punktes P von dem in $r_0 \varphi_0$ liegenden Punkte P_0, dem das Potential Null zugeteilt werden soll. Aus Gl. (16,2) und (16,4) ergibt sich die in Richtung des Kreisumfangs fallende Tangentialkomponente der Stromdichte

$$j_t = \frac{d\Phi}{r_0 d\varphi_1} = \frac{E}{4r_0\pi} \cot\frac{\varphi_1 - \varphi}{2}. \quad (16,5)$$

Das gleiche Ergebnis erhält man auch aus Gl. (16,3): Der Winkel zwischen der Richtung von j und der Tangente an dem Kreis ist

$$\tau = \frac{\varphi_1 - \varphi}{2} \quad (16,6)$$

und somit
$$j_t = j \cos\tau = \frac{E}{4r_0\pi} \cot\frac{\varphi_1 - \varphi}{2}. \quad (16,7)$$

Ist die Verteilung der Normalkomponente j_n als Funktion des Winkels φ für alle Punkte P des Kreisumfangs gegeben, so ist damit nach Gl. (16,1) auch die Verteilung der entsprechenden Quellen von der Ergiebigkeit je Längeneinheit $dE/r_0 d\varphi = 2 j_n$ gegeben. Durch diese Quellbelegung ergibt sich auf Grund der Gln. (16,2) und (16,4) im Randpunkte P_1 das Potential

$$\Phi_{1R} = \int_0^{2\pi} \frac{2j_n}{2\pi} \ln\frac{|\sin(\varphi - \varphi_1)/2|}{|\sin(\varphi - \varphi_0)/2|} r_0 d\varphi$$

$$= \Phi_0 + \frac{r_0}{\pi} \int_0^{2\pi} j_n \ln\left|\sin\frac{\varphi - \varphi_1}{2}\right| d\varphi. \quad (16,8)$$

Dabei ist
$$\Phi_0 = -\frac{r_0}{\pi} \int_0^{2\pi} j_n \ln\left|\sin\frac{\varphi - \varphi_0}{2}\right| d\varphi \quad (16,9)$$

eine Konstante, welche den Nullpunkt von Φ in den willkürlich wählbaren Punkt P_0 verlegt, der in $r_0 \varphi_0$ liegt.

Die Stromfunktion längs des Kreisrandes ist

$$\Psi = r_0 \int_0^\varphi j_n d\varphi. \quad (16,10)$$

Auf Grund dieser letzteren Beziehung kann man das Integral für Φ_{1R} nach Gl. (16,8) durch partielle Integration noch umformen und erhält

$$\Phi_{1R} = \Phi_0 - \frac{1}{\pi} \Psi \ln\left|\sin\frac{\varphi - \varphi_1}{2}\right| \Big|_0^{2\pi} + \frac{1}{2\pi} \int_0^{2\pi} \Psi \cot\frac{\varphi - \varphi_1}{2} d\varphi. \quad (16,11)$$

III. Weitere Beispiele und Folgerungen

Der erstere Ausdruck hat bei den Integrationsgrenzen $\varphi = 0$ und $\varphi = 2\pi$ den gleichen Wert. Er verschwindet daher für diese Grenzen. Es bleibt daher für das Potential bei gegebener Verteilung der Stromfunktion die Beziehung

$$\Phi_{1R} = \Phi_0 + \frac{1}{2\pi} \int_0^{2\pi} \Psi \cot \frac{\varphi - \varphi_1}{2} d\varphi. \tag{16,12}$$

Für die Tangentialkomponente j_t der Stromdichte ergibt sich aus Gl. (16,7) durch eine entsprechende Integration

$$j_{t1} = -\frac{1}{2\pi} \int_0^{2\pi} j_n \cot \frac{\varphi - \varphi_1}{2} d\varphi. \tag{16,13}$$

Der Zusammenhang zwischen Tangential- und Normalkomponenten ist demnach bis auf das Vorzeichen der Gleiche wie zwischen Potential und Stromfunktion.

Da man Strom- und Potentiallinien vertauschen kann, so gelten die Gln. (16,12) und (16,13) auch, wenn man j_t und j_n bzw. Φ und Ψ unter Beachtung der in Ziffer 7 angegebenen Vorzeichenregel vertauscht. Es ist also

$$\Psi_{1R} = \frac{1}{2\pi} \int_0^{2\pi} \Phi \cot \frac{\varphi - \varphi_1}{2} d\varphi \tag{16,14}$$

$$j_{n1} = \frac{1}{2\pi} \int_0^{2\pi} j_t \cot \frac{\varphi - \varphi_1}{2} d\varphi. \tag{16,15}$$

Hiermit kann man demnach auch aus der Verteilung der Tangentialkomponenten die der Normalkomponenten und aus der Verteilung des Potentials die der Stromfunktionen berechnen.

Für den Außenraum des Kreises kann man die gleichen Überlegungen anstellen und erhält die gleichen Beziehungen, wobei j_n positiv zu rechnen ist, wenn der Strom vom Kreisrande weggerichtet ist und j_t die in Bild 34 gezeichnete Richtung hat. Die Stromfunktion Ψ wechselt dabei ihr Vorzeichen.

Bei der Auswertung der rechtsstehenden Integrale in den Gln. (16,12) bis (16,15) ist es unbequem, daß für $\varphi = \varphi_1$ der Integrand unendlich wird. Man kann dies vermeiden, wenn man berücksichtigt, daß aus Symmetriegründen

$$\int_0^{2\pi} \cot \frac{\varphi - \varphi_1}{2} d\varphi = 0 \tag{16,16}$$

sein muß. Wenn man nämlich diese letztere Gleichung mit dem konstanten Wert $j_{n1}/2\pi$ multipliziert und zu Gl. (16,13) addiert, so erhält

16. Strömung bei gegebener Quellverteilung auf einem Kreise

man

$$j_{t1} = -\frac{1}{2\pi}\int_0^{2\pi} (j_n - j_{n1}) \cot\frac{\varphi - \varphi_1}{2} d\varphi. \qquad (16{,}17)$$

In dieser Gleichung geht für $\varphi \to \varphi_1$ die Differenz $j_n - j_{n1} \to 0$, und zwar bei stetiger Verteilung von j_n und seines ersten Differentialquotienten mindestens linear mit $(\varphi - \varphi_1)$. Da $\cot\frac{\varphi - \varphi_1}{2}$ wie $\frac{1}{\varphi - \varphi_1} \to \infty$ geht, so bleibt das Produkt $(j_n - j_{n1}) \cot\frac{\varphi - \varphi_1}{2}$ endlich. Entsprechend ist es in den Gln. (16,12), (16,14) und (16,15), wenn man Ψ durch $\Psi - \Psi_1$, Φ durch $\Phi - \Phi_1$ und j_t durch $j_t - j_{t1}$ ersetzt.

Für einen Punkt P_1 *im Innern des Kreises* ergibt sich bei gegebener Verteilung der Normalkomponente j_n bzw. der Quellverteilung $\frac{dE}{r_0\,d\varphi} = 2j_n$ nach Gl. (10,6) das Potential

$$\Phi_1 = \frac{r_0}{2\pi}\int_0^{2\pi} 2j_n \ln\frac{r}{s}(\varphi)\,d\varphi \qquad (16{,}18)$$

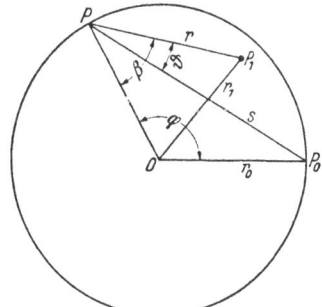

Bild 35. Einfluß einer Quelle auf dem Kreisrand auf Potential und Stromfunktion in einem Punkte P_1 innerhalb des Kreises

und nach Gl. (10,3) die Stromfunktion

$$\Psi_1 = \frac{r_0}{2\pi}\int_0^{2\pi} 2j_n\,\vartheta\,d\varphi. \qquad (16{,}19)$$

Dabei ist (Bild 35) r der Abstand des veränderlichen Randpunktes P vom Punkte P_1, s der Abstand des Punktes P von dem das Nullpotential und die Nullstromfunktion festlegenden Punkte P_0, und ϑ der $\sphericalangle P_0PP_1$. Wir wollen der Einfachheit halber als den Punkt P_0, in dem Potential und Stromfunktion Null sein sollen, den Randpunkt mit der Winkelkoordinate $\varphi = 0$ wählen. Für andere Festlegungen sind nur die Werte Φ_0 und Ψ_0 zu addieren, die im Punkte P_0 gelten sollen.

Durch partielle Integration ergibt sich ähnlich wie in Gl. (16,12)

$$\Phi_1 = \frac{1}{\pi}\int_0^{2\pi} \Psi\left(\frac{dr}{r\,d\varphi} - \frac{ds}{s\,d\varphi}\right) d\varphi \qquad (16{,}20)$$

und

$$\Psi_1 = \frac{1}{\pi}\int_0^{2\pi} \Psi\frac{d\vartheta}{d\varphi} d\varphi. \qquad (16{,}21)$$

Auf Grund der geometrischen Zusammenhänge (Bild 35) lassen sich die hier auftretenden Differentialquotienten ermitteln, und es ergibt

sich
$$\Phi_1 = \frac{1}{\pi}\int_0^{2\pi} \Psi\left(\frac{r_0}{r}\sin\beta - \frac{1}{2}\cot\frac{\varphi}{2}\right)d\varphi \qquad (16,22)$$

$$\Psi_1 = \frac{1}{\pi}\int_0^{2\pi} \Psi\left(\frac{r_0}{r}\cos\beta - \frac{1}{2}\right)d\varphi = \frac{1}{2\pi}\int_0^{2\pi} \Psi\frac{r_0^2 - r_1^2}{r^2}d\varphi. \qquad (16,23)$$

Dabei bedeutet β den $\sphericalangle P_1 P O$, d. h. den Winkel zwischen den Fahrstrahlen vom veränderlichen Randpunkt P nach dem Punkte P_1 und nach dem Kreismittelpunkt O (Bild 35) und r_1 den Abstand des Punktes P_1 vom Kreismittelpunkt.

Anstatt auf einem Kreisrande können die Normalkomponenten j_n bzw. die Ψ-Werte auch auf einer geraden Linie gegeben sein, da diese ja nichts anderes als ein Kreis mit unendlich großem Radius ist. Man kann dann auf die gleiche Weise die zugehörigen Werte der Tangentialkomponenten j_t und der Potentiale und Stromfunktionen unmittelbar berechnen. Man kommt aber zu dem gleichen Ergebnis, wenn man in den betreffenden Gleichungen den Kreisradius $\to \infty$ gehen läßt. Wählt man als Rand die x-Achse, so nimmt die Gl. (16,17) für die Tangentialkomponente auf der x-Achse im Punkte x_1 folgende Form an:

$$j_{t1} = -\frac{1}{\pi}\int_{-\infty}^{+\infty}\frac{j_n}{x-x_1}dx = -\frac{1}{\pi}\int_{-\infty}^{+\infty}\frac{j_n - j_{n1}}{x-x_1}dx. \qquad (16,24)$$

Das Potential in einem Punkte im Abstand x_1 von der y-Achse und y_1 von der x-Achse wird entsprechend Gl. (16,22)

$$\Phi_1 = \frac{1}{\pi}\int_{-\infty}^{+\infty}\Psi\left(\frac{x-x_1}{(x-x_1)^2 + y_1^2} - \frac{x}{x^2+a^2}\right)dx. \qquad (16,25)$$

Für Punkte auf der x-Achse ist nur $y_1 = 0$ zu setzen. Man wird dann aber auch wieder zweckmäßig Ψ durch $\Psi - \Psi_1$ ersetzen. Die Stromfunktion außerhalb der x-Achse im Punkte $x_1 y_1$ wird entsprechend Gl. (16,23)

$$\Psi_1 = \frac{1}{\pi}\int_{-\infty}^{+\infty}\Psi(x)\frac{y_1}{(x-x_1)^2 + y_1^2}dx. \qquad (16,26)$$

In Gl. (16,25) ist durch das Glied $\frac{1}{\pi}\int_{-\infty}^{\infty}\frac{x}{x^2+a^2}$, das eine Integrationskonstante darstellt, der Nullpunkt von Φ_1 in den Punkt $x = 0, y = a$ verlegt. Eine solche Festlegung ist hier in vielen Fällen notwendig, da die Integrale ohne diese Glieder wegen der Erstreckung ins Unendliche oft selbst unendlich werden. Aber auch wenn dies nicht selbst der Fall ist, erleichtern diese Glieder die Auswertung der Integrale, da für große x die Differenz der Glieder in den Klammern stark $\to 0$ geht. Man könnte den Nullpunkt der Funktion anstatt in den Abstand a von der x-Achse auch auf einen Punkt der x-Achse selbst, z. B. in den Nullpunkt verlegen. Man hat dann aber die Unbequemlichkeit, daß der Integrand an dieser Stelle unendlich wird.

In Ziffer 13 hatten wir bereits ein Verfahren kennengelernt, um aus einer gegebenen Verteilung des Potentials (bzw. der Stromfunktion) auf dem Umfang eines Kreises die Strömung im Innern zu berechnen. Hierbei wurde die Potentialverteilung durch harmonische Analyse in eine Fourierreihe zerlegt. Hier steht uns jetzt in der Deutung der Strömung als Feld einer Quellverteilung auf dem Kreisrande ein weiteres Verfahren zur Behandlung der gleichen Aufgabe zur Verfügung. Wenn sich die gegebene Verteilung auf dem Rande durch wenige Glieder einer Fourierreihe darstellen läßt, so ist im allgemeinen das Fourierverfahren bequemer. Ist das aber nicht der Fall, so muß man bei dem Fourierverfahren entweder sehr viele Glieder verwenden, oder durch Weglassung der höheren Glieder Ungenauigkeiten in Kauf nehmen. In diesem Falle ist im allgemeinen das Verfahren der Quellverteilung einfacher bzw. genauer, wenn nicht die erforderlichen Integrationen durch hohe Spitzen in der Verteilungskurve zu sehr erschwert sind. In Ziffer 45 werden diese Verfahren von einem allgemeineren Standpunkt behandelt und Richtlinien für ihre zweckmäßige Verwendung gegeben werden.

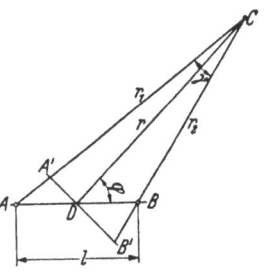

Bild 36
Zur Erläuterung geometrischer Beziehungen, wenn $r \gg l$

17. Der Dipol und höhere Pole. Wenn bei der symmetrischen Quell-Senken-Strömung der gegenseitige Abstand l der Quelle und Senke sehr klein ist gegenüber den Abständen r_1 und r_2 eines Punktes C (Bild 36), so lassen sich die Ausdrücke für das Potential und die Stromfunktion in diesem Punkte vereinfachen. Verbindet man den Punkt C mit dem in der Mitte zwischen Quelle A und Senke B gelegenen Punkte D, und bezeichnet den Abstand CD mit r sowie den Winkel, welchen r mit der Geraden AB bildet, mit φ, so wird der Winkel zwischen r_1 und r_2

$$\gamma \approx \frac{l}{r} \sin \varphi, \qquad (17,1)$$

wie man mit Hilfe der auf CD senkrecht stehenden Hilfsgeraden $A'B' \approx r\gamma \approx l \sin \varphi$ aus Bild 36 ablesen kann, und die Differenz der Entfernungen

$$r_1 - r_2 \approx AA' + BB' \approx l \cos \varphi. \qquad (17,2)$$

Damit ergeben sich bei einer Ergiebigkeit $\pm E$ der Quelle und Senke für die Stromfunktion und das Potential im Punkte C nach Gl. (15,18) und (15,5) die Ausdrücke

$$\Psi = -\frac{E}{2\pi}\gamma \approx -\frac{E\,l}{2\pi}\frac{\sin\varphi}{r}, \qquad (17,3)$$

$$\Phi = \frac{E}{2\pi}\ln\frac{r_1}{r_2} = \frac{E}{2\pi}\ln\left(1 + \frac{r_1-r_2}{r_2}\right) \approx \frac{E}{2\pi}\frac{r_1-r_2}{r} \approx \frac{E\,l}{2\pi}\frac{\cos\varphi}{r}. \qquad (17,4)$$

Die Werte des Potentials und der Stromfunktion sind, wie man sieht, dem Produkte $E\,l$ proportional. In großer Entfernung ändert sich daher die Strömung nicht, wenn man den Abstand von Quelle und Senke verkleinert und gleichzeitig die Ergiebigkeit von der Quelle zur Senke entsprechend vergrößert. Man kann deshalb auch den Abstand $l \to 0$ und die Ergiebigkeit $E \to \infty$ gehen lassen. Wenn man dabei nur dafür sorgt, daß $E\,l$ konstant bleibt, so ändert sich an der Strömung in großer Entfernung nichts. Die Gln. (17,3) und (17,4) für Ψ und Φ gelten zwar nur näherungsweise, der prozentuale Fehler ist aber um so kleiner, je kleiner das Verhältnis l/r ist. Wenn man jetzt $l \to 0$ gehen läßt, so geht auch der prozentuale Fehler der Gln. (17,3) und (17,4) gegen Null, und die Gleichungen werden genau richtig.

Man nennt eine derartige Strömung, welche durch beliebig starke Annäherung einer Quelle und einer gleich starken Senke unter gleichzeitiger Vergrößerung der Ergiebigkeit entsteht, einen *Dipol*. Das für die Stärke des Dipols maßgebende Produkt aus der Ergiebigkeit E und dem Abstand l heißt das Moment des Dipols

$$M = E\,l. \qquad (17,5)$$

Wie bei allen einfachen symmetrischen Quell-Senken-Strömungen bestehen auch beim Dipol sowohl die Stromlinien wie auch die Potentiallinien aus Kreisen. Da aber Quell- und Senkenpunkt unendlich nahe zusammengerückt sind, gehen die Stromlinien jetzt nicht mehr durch zwei getrennte feste Punkte, sondern haben in dem einen Punkte eine gemeinsame Tangente. Die Potentiallinien liefen bei endlichem Abstand von Quelle und Senke sämtlich zwischen diesen beiden Punkten hindurch. Beim Zusammenrücken von Quelle und Senke auf einen Punkt berühren sich daher auch alle Potentiallinien in diesem Punkt. Das System der Stromlinien und das der Potentiallinien werden einander kongruent; sie sind nur um 90° gegeneinander verdreht (Bild 37). Zur eindeutigen Verständigung wollen wir die gerade Stromlinie des Dipols als seine Achse und als Achsenrichtung die Richtung der Strömung auf dieser Achse bezeichnen.

Für die in Bild 37 dargestellte Dipolströmung (Achsenrichtung entgegen der x-Richtung) seien wegen der großen praktischen Bedeutung dieser Strömung außer den in Gl. (17,3) und (17,4) an-

17. Der Dipol und höhere Pole

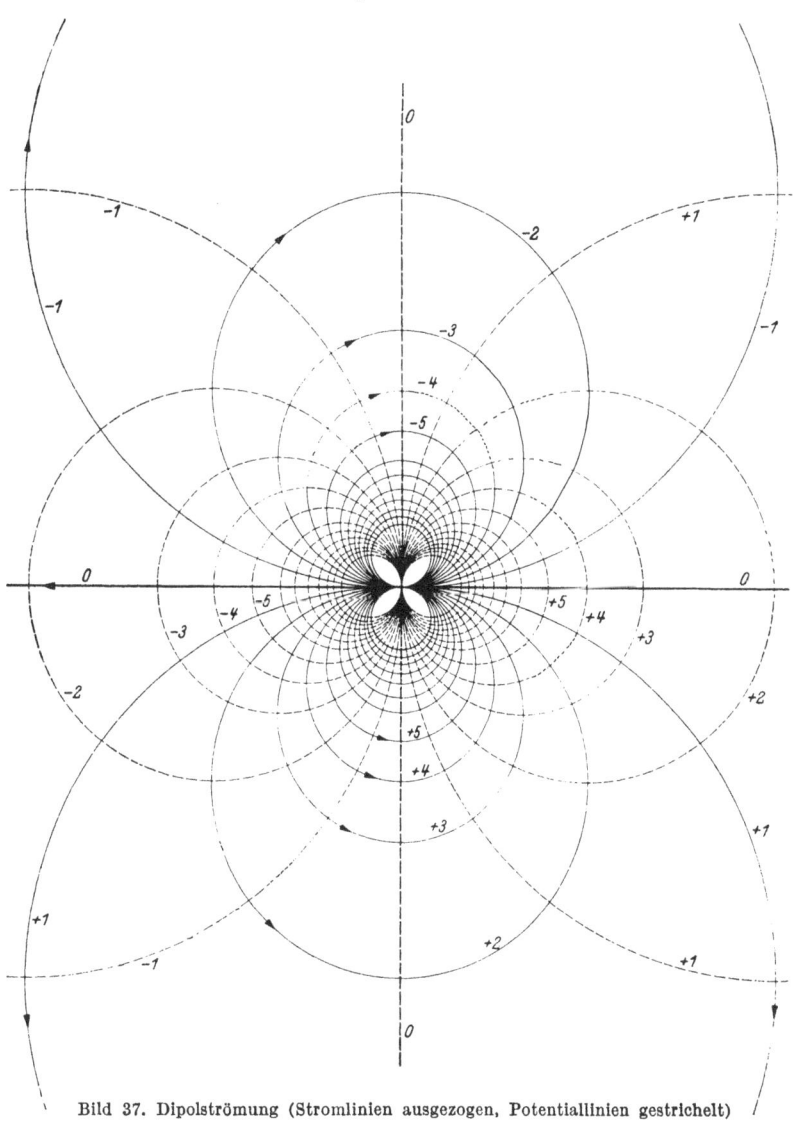

Bild 37. Dipolströmung (Stromlinien ausgezogen, Potentiallinien gestrichelt)

gegebenen Werten für Potential und Stromfunktion auch noch die Komponenten der Stromdichte j in radialer und tangentialer Richtung (j_r, j_t) sowie entgegen der Richtung der Dipolachse und senkrecht dazu (j_x, j_y) angegeben.

$$j_r = \frac{\partial \Phi}{\partial r} = -\frac{M}{2r^2\pi}\cos\varphi; \quad j_t = \frac{\partial \Phi}{r\,\partial\varphi} = -\frac{M}{2r^2\pi}\sin\varphi,$$
$$j_x = \frac{\partial \Phi}{\partial x} = -\frac{M}{2\pi r^2}\cos 2\varphi; \quad j_y = \frac{\partial \Phi}{\partial y} = -\frac{M}{2r^2\pi}\sin 2\varphi.$$
(17,6)

III. Weitere Beispiele und Folgerungen

Ein Wirbelpaar mit entgegengesetzten gleich starken Wirbeln ergibt das gleiche System von Kreisen für die Strom- und Potentiallinien wie das Quell-Senken-Paar, nur sind Strom- und Potentiallinien vertauscht. Daher erhält man durch den gleichen Grenzübergang beim Zusammenrücken der Wirbel ebenfalls die Dipolströmung und kann sie also auch als Grenzfall eines Wirbelpaars auffassen. Wenn man aber als Dipolachse die Richtung Senke—Quelle bezeichnet, so steht bei einer Auffassung des Dipols als Wirbelpaar die Verbindungslinie dieser Wirbel senkrecht zur Dipolachse.

Ordnet man auf einem Kreis vom Durchmesser l in gleichen Abständen n Quellen und n Senken gleicher Stärke E an, so kann man für diese Anordnung die gleiche Überlegung anstellen, wie sie für 1 Quelle und 1 Senke eben dargelegt wurde. Man erhält dann beim Grenzübergang $l \to 0$, $l^n E = M_n =$ konst. entsprechend eine $2n$-symmetrische Anordnung, einen $2n$-teiligen Pol. Zu der gleichen Anordnung kommt man auch, wenn man die halbe Dipolströmung in einen entsprechenden Winkelraum $\psi_0 = \pi/n$ nach Ziffer 12 zusammenfaltet. Als Achse einer $2n$-teiligen Polströmung wollen wir eine der geraden Stromlinien bezeichnen, auf der die Strömung nach außen gerichtet ist. Für einen solchen $2n$-teiligen Pol ist dann, wenn man φ von der jeweiligen Achsrichtung aus zählt.

$$\Phi = -\frac{M_n}{2\pi} \frac{\cos n\varphi}{r^n}, \quad \Psi = \frac{M_n}{2\pi} \frac{\sin n\varphi}{r^n},$$

$$j_r = \frac{\partial \Phi}{\partial r} = \frac{n M_n}{2\pi} \frac{\cos n\varphi}{r^{n+1}}, \quad j_t = \frac{\partial \Phi}{r \partial \varphi} = \frac{n M_n}{2\pi} \frac{\sin n\varphi}{r^{n+1}}. \tag{17,7}$$

Ist die Achsrichtung um den Winkel $\pi/2n$ gegen die Richtung von $\varphi = 0$ verdreht, so ist $\cos n\varphi$ durch $-\sin n\varphi$ und $\sin n\varphi$ durch $\cos n\varphi$ zu ersetzen. Ist sie um den Winkel π/n verdreht, so gelten die obigen Formeln überall mit umgekehrten Vorzeichen, wie z. B. in Gl. (17,6). Die resultierende Stromdichte

$$j = \sqrt{j_r^2 + j_t^2} = \frac{n M_n}{2\pi r^{n+1}} \tag{17,8}$$

ist auf jedem Kreis um den Nullpunkt konstant. Bei einer gegebenen $2n$-teiligen Polströmung ergibt sich, ähnlich wie die Sattelpunktkonstante S_n nach Gl. (12,9), das die Stärke der Strömung angebende Polmoment M_n aus der resultierenden Stromdichte in den verschiedenen Radien r zu

$$M_n = 2\pi j \frac{r^{n+1}}{n}. \tag{17,9}$$

Bei einer Parallelströmung mit der Stromdichte j_0 ist auf einem Kreis in einem Punkt unter dem Winkel φ zur Strömungsrichtung die Normalkomponente zum Kreisrand $j_r = j_0 \cos\varphi$. Bei einer Dipolströmung nach Bild 37 vom Moment M ist auf einem Kreis vom Radius r um den Nullpunkt in einem Punkte unter dem Winkel φ nach Gl. (17,6) $j_r = -\dfrac{M}{2r^2\pi}\cos\varphi$. Wenn man daher die beiden Strömungen überlagert, so heben sich die Normalkomponenten auf, wenn

$$M = j_0\, 2r^2\pi \qquad (17,10)$$

ist und die Dipolachse entgegen der Richtung der Parallelströmung liegt. Der Kreisrand wird also Stromlinie. Umgekehrt kann man schließen, daß eine Parallelströmung von der Stromdichte j_0 durch einen nichtleitenden Kreisrand vom Radius r eine Störung erfährt, die durch einen Dipol nach Gl. (17,10) dargestellt wird. Die Tangentialkomponenten am Kreisrand der beiden überlagerten Strömungen (Parallelströmung und Dipolströmung) sind gleich und gleichgerichtet. Sie addieren sich und ergeben
$$j_t = -2j_0\sin\varphi. \qquad (17,11)$$

Bei einer einfachen Sattelpunktströmung ($n = 2$, Bild 23) von der Stärke S_2 ist auf einem Kreis vom Radius r um den Sattelpunkt die Normalkomponente zum Kreisrand in einem Punkte unter dem Winkel φ zur Sattelpunktachse nach Gl. (12,22) $j_r = 2S_2\, r\cos 2\varphi$. Bei einem Quadrapol vom Moment M_2 und einer Achsrichtung senkrecht zur Sattelpunktachse ist sie nach Gl. (17,8) $j_r = -2\dfrac{M_2\cos 2\varphi}{2\pi r^3}$. Die Normalkomponenten heben sich also bei einer Überlagerung auf, wenn

$$M_2 = 2\pi\, S_2\, r^4 \qquad (17,12)$$

ist. Durch Überlagerung einer Parallelströmung von der Stromdichte j' und der Richtung $-\vartheta$ zur Sattelpunktachse wird nach Gl. (12,20) der Sattelpunkt um die Strecke $b = j'/2S_2$ in Richtung $\pi + \vartheta$ verschoben. Damit liegt dann der Mittelpunkt des Kreises in der Entfernung b vom Sattelpunkt in Richtung ϑ zur Achse des Sattelpunktes. Um die Normalkomponenten dieser überlagerten Parallelströmung zu beseitigen, ist jetzt nach Gl. (17,10) im Kreismittelpunkt noch ein Dipol vom Moment $M = 2r^2\pi\, j' = 4r^2\pi\, b\, S_2$ und der Achsenrichtung $\pi - \vartheta$ anzuordnen. Für einen nichtleitenden Kreis vom Radius r, dessen Mittelpunkt sich in einer Sattelpunktströmung von der Stärke $S_2 = j/2r$ in einer Entfernung b vom Sattelpunkt in Richtung ϑ befindet, ergeben sich demnach durch Überlagerung der einzelnen Einflüsse die Tangentialkomponenten am Kreisrand

$$j_t = -4S_2[r\sin 2\varphi - b\sin(\varphi + \vartheta)]. \qquad (17,13)$$

18. Konforme Abbildung einer Halbebene auf das Äußere oder Innere eines Kreises. Wenn man in zwei an sich gleichen Quell-Senken-Strömungen die Nullpotentiallinie verschieden wählt (Bild 38), etwa in der

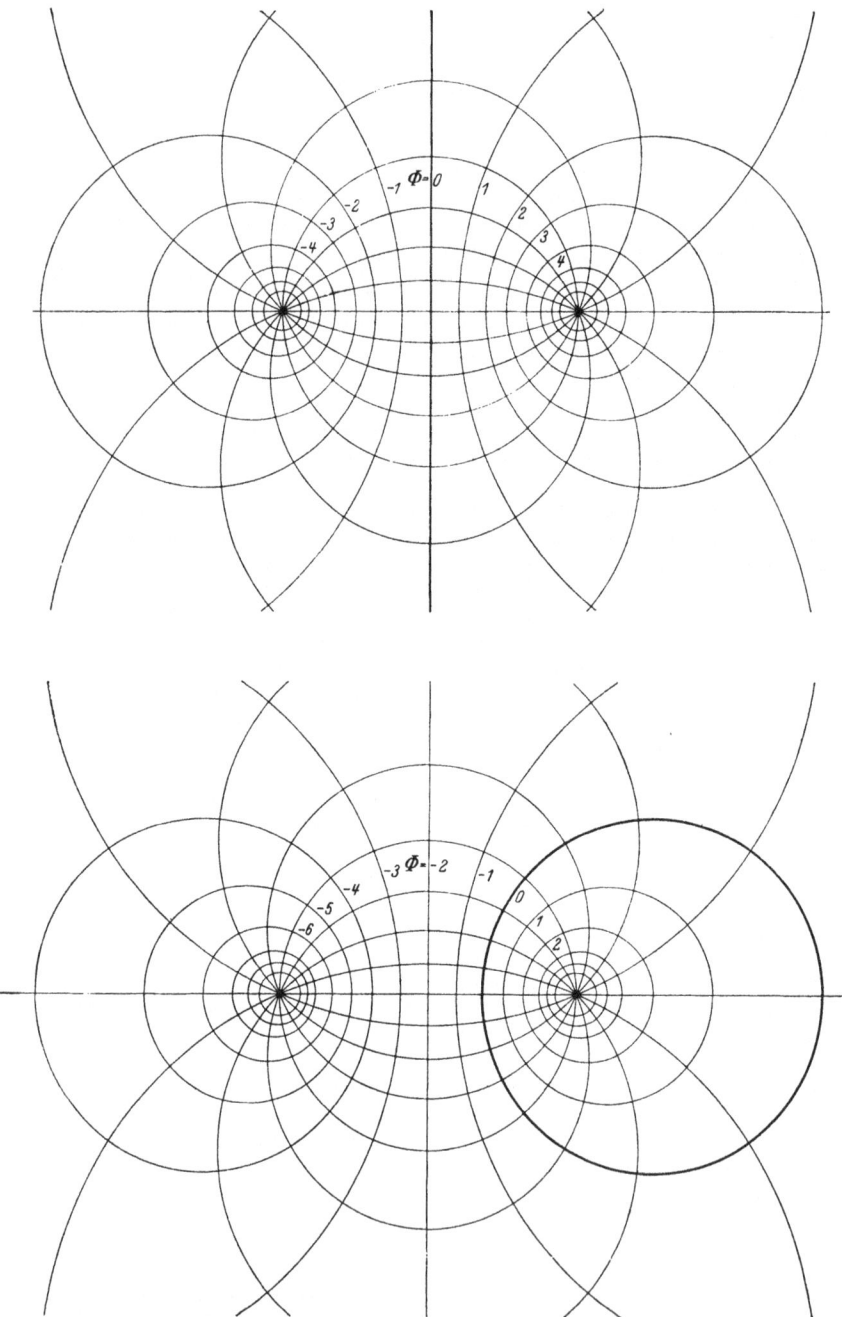

Bild 38. Konforme Abbildung einer Geraden auf einen Kreis durch verschiedene Zuordnung der Stromlinien in einem Quell-Senken-System

Weise, daß man in der oberen Strömung die Symmetrielinie (Kreis mit unendlichem Radius), in der unteren einen der Kreise mit Null bezeichnet (in Bild 38 durch dicke Linien bezeichnet), so erhält man, wenn man außerdem 2 Stromlinien einander zuordnet, eine bestimmte Zuordnung der sich entsprechenden Punkte. Wenn man bei der unteren Strömung den Nullkreis rechts von der Symmetrielinie gewählt hat, so erstrecken sich die Potentiallinien innerhalb dieses Kreises trotz der Verschiebung des Nullpunktes über die Werte von Null bis Unendlich, wie die Potentiallinien rechts von der Symmetrielinie der oberen Strömung. Da außerdem die Zahl der Stromlinien in beiden Strömungen die gleiche ist, so kann man jedem Punkt rechts der Symmetrielinie der oberen Strömung einen Punkt innerhalb des Nullkreises der unteren Strömung eindeutig zuordnen. Ebenso ergibt sich eine eindeutige Zuordnung der Punkte links von der Symmetrielinie der oberen Strömung zu den Punkten außerhalb des Nullkreises der unteren Strömung. Man erhält demnach durch diese Zuordnung eine Abbildung der ganzen rechten Halbebene auf das Gebiet innerhalb eines Kreises und der ganzen linken Halbebene auf das ganze Gebiet außerhalb des Kreises. Hätte man den Nullkreis links von der Symmetrielinie gewählt, so hätte sich eine Abbildung der rechten Halbebene auf das Äußere und der linken Halbebene auf das Innere des Kreises ergeben. Vergleicht man 2 Strömungen, bei denen der Nullkreis einmal rechts und einmal links von der Symmetrielinie liegt, so erhält man die Abbildung des Inneren eines Kreises auf das Äußere eines Kreises, und umgekehrt.

Es drängt sich nun die Frage auf, ob es gleichgültig ist, welchen der Potentiallinienkreise man als Nullkreis wählt. Abgesehen von der absoluten Größe der verschiedenen Kreise, die sich durch eine ähnliche Vergrößerung oder Verkleinerung ausgleichen ließe, bestehen zwischen den verschiedenen Kreisen auch noch andere Unterschiede. Man erkennt dies sofort, wenn man die Verteilung der Stromlinien in den verschiedenen Kreisen betrachtet (Bild 38). Wählt man einen Kreis, dessen Radius im Verhältnis zum Abstand von Quelle und Senke sehr klein ist, so sind die Stromlinien auf seinem Rande annähernd gleichmäßig verteilt. Wählt man dagegen einen verhältnismäßig großen Kreis, so sind die Stromlinien auf der Seite seines Randes, welcher der Symmetrielinie zugekehrt ist, wesentlich stärker zusammengedrängt, als auf der entgegengesetzten Seite. Die gleichmäßig verteilten Punkte des einen Kreises entsprechen also ungleichmäßig verteilten Punkten des anderen. Später wird in Ziffer 24 und 54 auf einem einfacheren Wege gezeigt werden, daß man die Zuordnung von 3 Punkten des Kreisumfangs willkürlich fordern kann und daß dann die Abbildung eindeutig festgelegt ist.

19. Konforme Abbildung eines Kreisbogenzweiecks auf einen Kreis. In zwei symmetrischen Quell-Senken-Systemen ungleicher Stärke sei die Ergiebigkeit der Quellen $\pm E$ bzw. $\pm E'$, wobei $|E| < |E'|$ sein möge. Ordnet man in den beiden Strömungsebenen Punkte gleichen Potentials und gleicher Stromfunktion einander zu, so kann man der vollen Ebene mit dem schwächeren Quell-Senken-System nur einen Teil der anderen zuordnen, da diese ja mehr Stromlinien enthält. Die Potentiale erstrecken sich in beiden Ebenen von $-\infty$ bis $+\infty$. Man kann also jeder Potentiallinie der einen Ebene eine der anderen zuordnen.

Da die Stromlinien in Kreisbogen verlaufen, kann man in dem schwächeren System mit der Ergiebigkeit $\pm E$ 2 Stromlinien auswählen, welche zusammen einen vollen Kreis ergeben, etwa den in Bild 39 oben stark ausgezogenen Kreis. Die diesen Randkreis bildenden beiden Stromlinien stoßen an der Quelle und Senke unter dem Winkel π aneinander. Von der Ergiebigkeit E fließt die Hälfte in das Innere dieses Kreises und die andere Hälfte in das Außengebiet. Ordnet man den im Innengebiet verlaufenden Stromlinien des Systems mit der Ergiebigkeit $\pm E$ Stromlinien im anderen System mit der Ergiebigkeit $\pm E'$ zu, so erfüllen in diesem System die von der Quelle austretenden zugeordneten Stromlinien in der nächsten Nähe der Quelle einen Winkelraum mit dem Eckwinkel

$$\delta = \frac{E}{E'}\pi \qquad (19,1)$$

entsprechend den Überlegungen in Ziff. 11. Das gleiche gilt für den Eintritt der Stromlinien in die Senke. Das Innengebiet des Kreises geht also in das Innengebiet einer Figur über, die von 2 Kreisbogen mit dem Eckwinkel δ gebildet wird, eines sog. *Kreisbogenzweiecks* (Bild 39 Mitte).

Welches Kreisbogenpaar man wählt, ist an sich gleich, wenn es nur den Eckwinkel δ bildet. Die Zuordnung entsprechender Punkte in den beiden Gebieten Kreis und Kreisbogenzweieck erhält man durch Vergleich der Potentiale und Stromfunktionen. Ist die Entfernung eines Punktes der Kreisebene von der Quelle r_1 und von der Senke r_2, so ist sein Potential nach Gl. (15,5), wenn man der Symmetrielinie das Potential Φ_0 gibt,

$$\Phi = \frac{E}{2\pi}\ln\frac{r_1}{r_2} + \Phi_0. \qquad (19,2)$$

Bilden die Verbindungslinien r_1 und r_2 miteinander den Winkel γ, so ist die Stromfunktion nach Gl. (15,18)

$$\Psi = -\frac{E}{2\pi}\gamma + \Psi_0. \qquad (19,3)$$

Dabei ist der geraden Stromlinie in der Verlängerung der Verbindungslinie von Quelle und Senke der Wert Ψ_0 zuerteilt. Sind die entsprechenden Abstände und Winkel für einen Punkt der Kreisbogenzweieckebene r_1', r_2', γ', so sind Potential und Stromfunktion

$$\Phi = \frac{E'}{2\pi}\ln\frac{r_1'}{r_2'} + \Phi_0', \quad \Psi = -\frac{E'}{2\pi}\gamma' + \Psi_0'. \qquad (19,4)$$

19. Konforme Abbildung eines Kreisbogenzweiecks

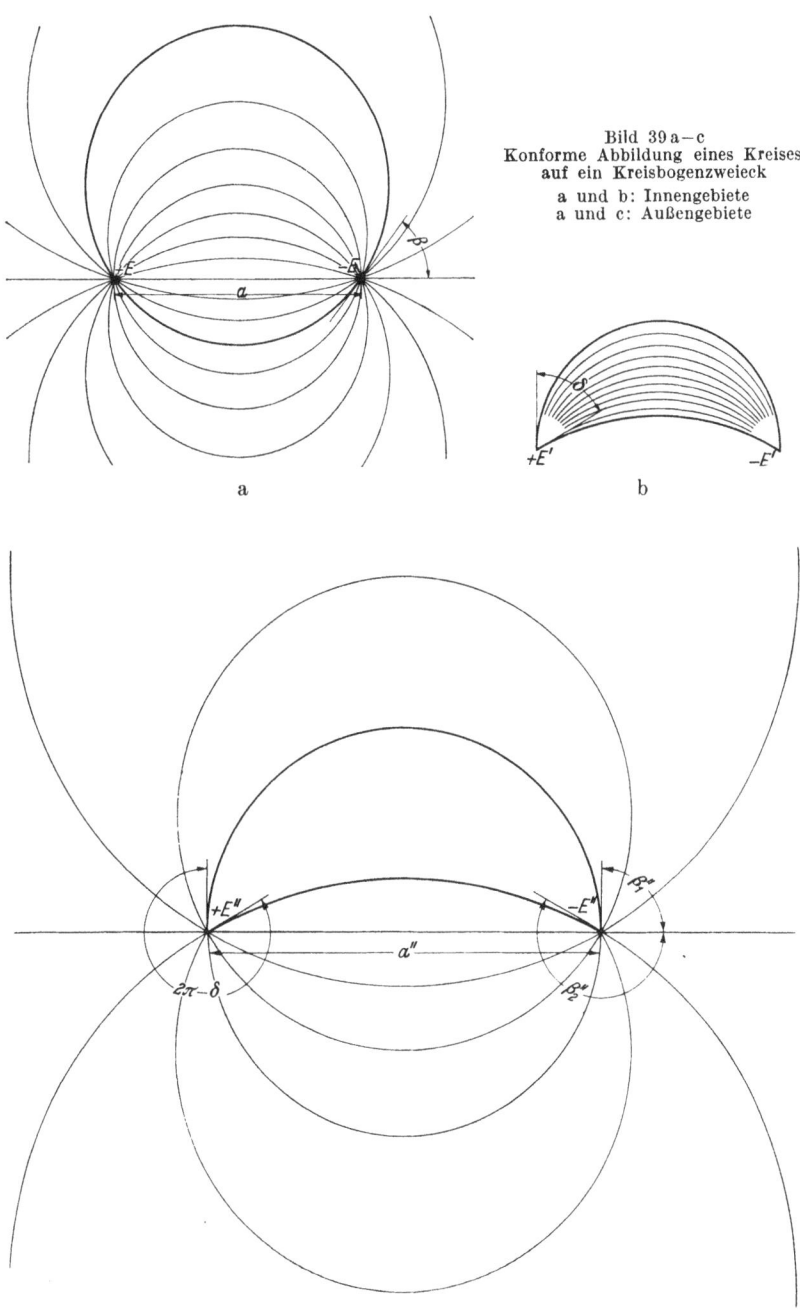

Bild 39 a–c
Konforme Abbildung eines Kreises
auf ein Kreisbogenzweieck
a und b: Innengebiete
a und c: Außengebiete

Für entsprechende Punkte müssen Potential und Stromfunktion gleich sein. Man erhält daher für ihre Zuordnung die Bedingungen

$$\frac{r'_1}{r'_2} = K \left(\frac{r_1}{r_2}\right)^{E/E'}, \tag{19,5}$$

$$\gamma' = \gamma \frac{E}{E'} + C, \tag{19,6}$$

wobei

$$K = e^{(\Phi_0 - \Phi'_0) 2\pi/E'} \quad \text{und} \quad C = (\Psi_0 - \Psi'_0) \frac{2\pi}{E'} \tag{19,7}$$

willkürliche Konstante sind, von denen C die verschiedenen möglichen Kreisbogenzweiecke und K verschiedene Zuordnungen der Potentiallinien innerhalb eines Kreisbogenzweiecks unterscheidet.

Soll das Äußere des Kreises in das Äußere eines Kreisbogenzweiecks mit dem Eckwinkel δ des Innengebietes übergehen (Bild 39), so muß jetzt der Winkel π am Kreis in den Winkel $2\pi - \delta$ am Kreisbogenzweieck übergehen. Dazu muß die Ergiebigkeit der Quell-Senken-Strömung in der Ebene des Kreisbogenzweiecks E'' werden, und zwar muß entsprechend Gl. (19,1)

$$2\pi - \delta = \frac{E}{E''}\pi \quad \text{oder} \quad \frac{E}{E''} = 2 - \frac{\delta}{\pi} \tag{19,8}$$

sein. Die Gln. (19,2) bis (19,7) bleiben bestehen. Nur ist darin E/E' durch E/E'' gemäß Gl. (19,8) zu ersetzen.

Vielfach besteht nun bei der Abbildung der Außengebiete die Forderung, daß das Unendliche bei der Abbildung unverändert bleiben soll. Damit liegt dann mit der Wahl des Kreises auch das Kreisbogenzweieck (Konstante C) und die Zuordnung der Potentiallinien (Konstante K) fest. Da sich ein Quell-Senken-System mit der Quellstärke E und dem Abstand der Senke und Quelle a im Unendlichen wie ein Dipol vom Moment $E a$ verhält, so muß man zunächst verlangen, daß für die Abstände a und a'' von Quelle und Senke in beiden Systemen die Beziehung gilt

$$E a = E'' a''. \tag{19,9}$$

Außerdem muß die Verbindungslinie der Quelle und Senke in beiden Ebenen parallel sein. Wir wollen sie mit der x-Achse zusammenfallen lassen. Ferner müssen die ins Unendliche gehenden, also die in der x-Achse bzw. y-Achse verlaufenden Strom- und Potentiallinien in beiden Ebenen einander zugeordnet sein. Damit wird $\Phi_0 = \Phi'_0$ also $K = 1$ und $\Psi_0 = \Psi'_0$ also $C = 0$. Die Gln. (19,5) und (19,6) vereinfachen sich dann zu

$$\frac{r'_1}{r'_2} = \left(\frac{r_1}{r_2}\right)^{E/E''}, \quad \gamma' = \gamma \frac{E}{E''}. \tag{19,10}$$

Schneidet der Randkreis der Kreisebene die x-Achse, also die Verbindungslinie Quelle und Senke unter dem Winkel β bzw. $\pi - \beta$ (Bild 39 oben), so schneiden die Kreise des entsprechenden Kreisbogenzweiecks die x-Achse unter den Winkeln

$$\beta_1'' = \beta \frac{E}{E''} \quad \text{bzw.} \quad \beta_2'' = (\pi - \beta) \frac{E}{E''}. \tag{19,11}$$

Diese Abbildung eines Kreises auf ein Kreisbogenzweieck wird später von einem allgemeinen Standpunkt noch einmal behandelt werden (Ziffer 62 und 63). Dort wird auch ein bequemes Hilfsmittel zur praktischen Durchführung dieser Abbildung angegeben werden.

20. Prinzip der Spiegelung. Ist eine Strömung symmetrisch zu einer geraden Linie, so daß diese Stromlinie ist, so kann man, ohne an der Strömung etwas zu ändern, die Symmetrielinie durch einen isolierenden Rand ersetzen. Ist die Symmetrielinie Potentiallinie, so kann man sie durch einen sehr stark leitenden Rand[1] ersetzen. Umgekehrt läßt sich die Aufgabe, die Strömung in einer durch einen isolierenden oder stark leitenden geraden Rand begrenzten Ebene zu ermitteln, meistens dadurch lösen, daß man die Ebene durch Spiegelung an dem begrenzenden Rand ergänzt und dafür den Rand selbst fortfallen läßt. Die Mathematiker bezeichnen dieses Verfahren als „analytische Fortsetzung durch das Schwarzsche Spiegelungsprinzip". Ist der gerade Rand Stromlinie (isolierender Rand), so sind alle Quellen als Quellen, alle Senken als Senken, alle Wirbel als entgegengesetzt drehende Wirbel zu spiegeln; ist er Potentiallinie (stark leitender Rand), so sind alle Quellen als Senken, alle Senken als Quellen und alle Wirbel als gleichsinnig drehende Wirbel zu spiegeln. Außerdem sind in beiden Fällen alle sonstigen etwa vorhandenen Störungen der Strömung spiegelbildlich wiederzugeben, sei es nun, daß es sich um isolierende oder stark leitende Begrenzungen handelt.

Auf eine symmetrische Strömung kann man die in der Ziffer 18 besprochene konforme Abbildung anwenden, wobei die Symmetriegerade in einen Kreis übergeht, die rechts von ihr liegende Halbebene auf das Innere, und die linke Halbebene auf das Äußere des Kreises abgebildet wird. Zwei spiegelbildlich zur Symmetrieachse liegende Punkte gehen daher in 2 Punkte über, von denen der eine außerhalb, der andere innerhalb des Kreises liegt. Entspreneno der Spiegelung an einer Geraden spricht man von einer Spiegelung am Kreise, wenn bei einer konformen Abbildung des Kreises auf eine Gerade eine gewöhnliche Spiegelung an dieser Geraden entsteht[2].

---

[1] Die Leitfähigkeit des Randes muß sehr groß im Vergleich mit der der Fläche sein, die er begrenzt, so daß der Widerstand des Randes gegen den der Fläche vernachlässigt werden kann.

[2] Außer der hier besprochenen gibt es noch andere konforme Abbildungen, bei denen der Kreis in eine Gerade übergeht, so z. B. bei den periodischen Strömungen nach Bild 17 bis 19 oder 146 oder 234. Bei allen diesen Abbildungen entstehen aus der Kreisspiegelung normale Spiegelungen an der betreffenden Geraden.

III. Weitere Beispiele und Folgerungen

Während bei der Spiegelung an einer Geraden die Lage des Spiegelbildes eines bestimmten Punktes ohne weiteres selbstverständlich ist, muß man für die Spiegelung am Kreise eine Regel suchen, nach der man das Spiegelbild eines Punktes in einfacher Weise finden kann. Denkt man sich bei der Spiegelung eines Punktes an einer Geraden in dem betreffenden Punkt eine Quelle und in seinem Spiegelbild eine Senke angebracht, so erhält man eine Strömung nach Bild 31, wobei die Symmetrielinie Potentiallinie ist. Bildet man, entsprechend Bild 38, diese Strömungsebene konform so ab, daß die Gerade in einen Kreis

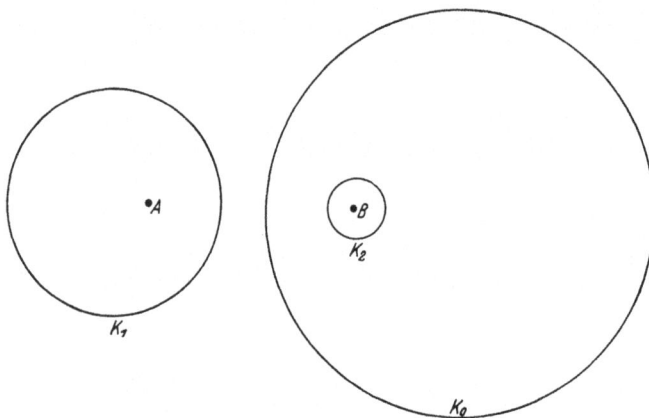

Bild 40. Spiegelung des Kreises K_1 am Kreise K_0

übergeht, so liegt der Punkt mit der Quelle außerhalb und der mit der Senke innerhalb des Kreises (oder umgekehrt), und der Kreis muß als Abbild einer Potentiallinie wieder eine Potentiallinie sein. Nun sind bei dieser Quell-Senken-Anordnung alle Potentiallinien Kreise. Man kann daher irgendeinen davon als den Kreis ansehen, an dem die Spiegelung erfolgt. Nach der Überlegung in Ziffer 15 liegen der Mittelpunkt des Kreises und die Quelle und Senke auf einer Geraden, und zwischen den Abständen a und b des Quell- und Senkenpunktes vom Kreismittelpunkt und dem Radius des Kreises besteht die Beziehung (15,10)

$$a\,b = r^2.$$

Da nun der Senkenpunkt das Spiegelbild des Quellpunktes am Kreise ist, und umgekehrt, so ergibt sich die Regel, daß bei der Spiegelung eines Punktes A an einem Kreise vom Radius r das Spiegelbild B des Punktes mit dem Mittelpunkt O und dem Punkt A auf einer Geraden liegt, und daß

$$OB = \frac{r^2}{OA} \qquad (20,1)$$

ist (Gesetz der reziproken Radien).

20. Prinzip der Spiegelung

Ein Kreis geht bei der Spiegelung an einem Kreise wieder in einen Kreis über. Man kann dies leicht einsehen, wenn man die Kreise als Potentiallinien einer Quell-Senken-Strömung auffaßt. In Bild 40 möge K_0 der Kreis sein, an dem der Kreis K_1 gespiegelt werden soll. In den Kreisen K_0 und K_1 lassen sich die Quelle A und die Senke B so bestimmen, daß K_0 und K_1 Potentiallinien sind (vgl. das in Ziff. 55 hierfür angegebene Verfahren). Die Senke B ist dann das Spiegelbild der Quelle A am Kreis K_0. Das Spiegelbild der Potentiallinie K_1 ist ebenfalls eine Potentiallinie, also ein Kreis K_2.

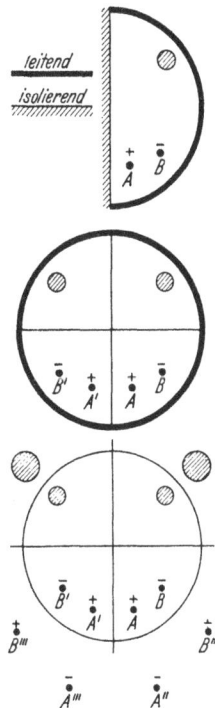

Bild 41 zeigt ein Beispiel für eine solche Spiegelungsaufgabe. Eine Halbkreisfläche aus leitendem Material ist an ihrer kreisförmigen Begrenzung durch einen wesentlich stärker leitenden Rand eingefaßt. Die gerade Begrenzung ist stromundurchlässig. An einer Stelle ist ein kreisförmiges Loch angebracht. Im Punkte A wird Strom zugeführt, im Punkte B abgeführt. Nach dem Spiegelungsprinzip erhält man die gleiche Stromverteilung, wenn man die Fläche durch Spiegelung an der geraden Begrenzung ergänzt. Dadurch ergibt sich ein voller Kreis, dessen Umfang durch einen wesentlich stärker leitenden Rand eingefaßt ist. Stromzu- und -abführung sind jetzt doppelt vorhanden, nämlich an den ursprünglichen Stellen und an den symmetrisch dazu gelegenen Stellen. Am Spiegelungspunkt A' der Stromzuführungsstelle A befindet sich wieder eine Stromzuführung von der gleichen Stärke, ebenso in B', dem Spiegelungspunkt von B, eine gleich starke Stromabführung. Wäre die gerade Begrenzung des Halbkreises von einem sehr stark leitenden Rand eingefaßt

Bild 41. Ergänzung eines Halbkreises durch Spiegelung zum Vollkreis und zur vollen Ebene

gewesen (so daß hier das Potential konstant ist), so hätte man in A' die Stromabführung und in B' die Zuführung anordnen müssen. Das kreisförmige Loch erscheint im Spiegelbild ebenfalls als kreisförmiges Loch.

Da der Kreisrand stark leitend angenommen ist, also eine Potentiallinie darstellt, müssen die Quellen als Senken gespiegelt werden und umgekehrt. Man erhält so die in Bild 41 unten dargestellte Anordnung mit je 4 Quellen, Senken und kreisförmigen Löchern. Eine einfache Lösung der Aufgabe ist in diesem Falle allerdings auch nach dieser Ergänzung zu einer vollen Ebene noch nicht möglich, da die vier kreisförmigen Löcher Schwierigkeiten machen. Wäre die Aufgabe ohne das

Loch im Halbkreis, Bild 41 oben, gegeben gewesen, so hätten sich nach der zweimaligen Spiegelung nur 4 Quellen und 4 Senken in einer vollen Ebene ergeben, deren Strömungsfeld sich leicht durch Überlagerung (Ziffer 14) ermitteln läßt.

Wenn man eine Quelle im Außengebiet an einem nichtleitenden Kreisrand spiegelt, der also Stromlinie werden muß, so ergibt sich zu einem Quellpunkt im Außenraum auf Grund der Spiegelung ein Quellpunkt im Innenraum. Man sieht aber sofort, daß für eine solche Anordnung von 2 Quellen der Kreis niemals Stromlinie sein kann, da alle Stromlinien ins Unendliche verlaufen. Dieser scheinbare Widerspruch klärt sich folgendermaßen auf. Wenn man an irgendeiner Stelle (Quelle) Strom zuführt, so muß dieser Strom auch wieder abgeführt werden. Man muß also irgendwo auch noch eine Senke anordnen. Durch die Spiegelung am Kreis erhält man daher im Innern des Kreises außer der gespiegelten Quelle auch noch eine gespiegelte Senke. Wenn man nun die Senke im Außenraum immer weiter hinausrückt, so wandert ihr Spiegelbild gemäß Gl. (20,1) immer mehr auf den Mittelpunkt des Kreises zu. Eine einzelne Quelle hat nun physikalisch den Sinn, daß die zugehörige Senke so weit entfernt ist, daß ihr Strömungsfeld in dem betrachteten Gebiet keine Rolle mehr spielt. Bei der Spiegelung am Kreis tritt diese weit entfernte Senke aber als Senke im Kreismittelpunkt in Erscheinung, und mit dieser Senke im Mittelpunkt wird der Kreis tatsächlich Stromlinie. Man muß ganz allgemein beachten, daß bei einer Spiegelung am Kreis der Kreismittelpunkt das Spiegelbild des unendlich fernen Punktes ist, und daß daher das Verhalten der Strömung im Unendlichen, das an sich sonst belanglos sein kann, hier zur Auswirkung kommt.

Eine Parallelströmung kann man sich auch folgendermaßen entstanden denken: Bei einer symmetrischen Quell-Senken-Strömung ist im mittleren Teil die Strömung nahezu geradlinig und parallel. Je weiter man die Quelle und Senke auseinanderrückt, um so gerader werden die Stromlinien, um so weiter rücken sie auch auseinander, d. h., um so kleiner wird die Stromstärke. Wenn man aber mit der Vergrößerung des Abstandes der Quelle und Senke gleichzeitig ihre Ergiebigkeit entsprechend vergrößert, so bleibt die Stromdichte j im Mittelpunkt endlich. Ist $\pm E$ die Ergiebigkeit der Quelle bzw. Senke und ihr Abstand a, so ist in der Mitte zwischen beiden (Abstand $a/2$ von der Quelle und Senke) die Stromdichte

$$j = 2\frac{E}{2\pi a/2} = 2\frac{E}{a\pi}. \tag{20,2}$$

Bringt man in diese Strömung einen isolierenden Kreis vom Radius r, so erscheinen die Spiegelbilder dieser Quelle und Senke als Quelle und

Senke im Abstand $b/2 = \dfrac{r^2}{a/2}$ vom Kreismittelpunkt, wobei

$$E\,b = 4r^2 \frac{E}{a} = 4r^2 j \frac{\pi}{2} = 2r^2 \pi j \qquad (20,3)$$

ist. Bei dem Grenzübergang $a \to \infty$, $b \to 0$ rücken demnach Quelle und Senke im Kreismittelpunkt zu einem Dipol (Ziffer 17) von der Stärke

$$M = E\,b = 2r^2 \pi j \qquad (20,4)$$

zusammen. Als Spiegelbild des Unendlichen am Kreise ergibt sich also bei einer Parallelströmung ein Dipol im Kreismittelpunkt.

Umgekehrt kann man die Strömung um einen Kreis in einer Parallelströmung durch Überlagerung einer Dipolströmung über die Parallelströmung darstellen, wobei das Moment des Dipols durch Gl. (20,4) gegeben ist. Zu dem gleichen Ergebnis führten in Ziff. 17 etwas andere Überlegungen. Die dort gefundene Gl. (17,10) stimmt mit Gl. (20,4) überein.

Bringt man in eine unendlich ausgedehnte ebene Strömung eine nichtleitende gerade oder kreisförmige Wand, so ist dies gleichbedeutend mit der Überlagerung der gespiegelten Strömung. Da diese spiegelnde Wand die gleichen Potentiale und Stromfunktionen aufweist wie die ursprüngliche Strömung, letztere nur mit entgegengesetzten Vorzeichen, verdoppeln sich längs der Wand die Werte der Potentiale. Die Stromfunktion wird an der Wand Null. Bei einer stark leitenden Wand verdoppeln sich an der Wand die Stromfunktionen, während das Potential Null wird.

Hat die stark oder nichtleitende Wand eine andere Form als Gerade oder Kreis, so wird man versuchen, sie konform auf eine Gerade oder einen Kreis abzubilden. In dieser Abbildung läßt sich dann ihr Einfluß durch das Spiegelungsverfahren ermitteln und nach Rückabbildung auf die ursprüngliche Form auch deren Einfluß finden. In Ziff. 2 und 3 wurde gezeigt, wie man die Oberfläche einer Kugel auf eine volle Ebene konform abbilden kann. Man kann daher auch auf solchen Kugelflächen oder allgemein auf gekrümmten geschlossenen Flächen, die sich auf eine volle Ebene abbilden lassen, das Spiegelungsverfahren anwenden.

21. Aneinandergrenzende Gebiete verschiedener Leitfähigkeit. Im vorigen Abschnitt war gezeigt, wie eine Spiegelung vorzunehmen ist, wenn der gerade oder kreisförmige Rand an ein Gebiet mit unendlich großer oder unendlich kleiner Leitfähigkeit angrenzt. Man muß sich aber noch die Frage vorlegen, wie sich eine Strömung verhält, wenn 2 Gebiete verschiedener Leitfähigkeit aneinandergrenzen, von denen keines die Leitfähigkeit Null oder Unendlich hat. Wir wollen uns auf den Fall beschränken, daß die Grenze eine Gerade ist, welche die ganze Ebene in 2 Halbebenen teilt. Die meisten anderen Fälle lassen sich, wie schon erwähnt, hierauf zurückführen. Man kommt auch hierbei durch geeignete Spiegelungen zum Ziel.

In Ziffer 6 wurde durch passende Wahl der Einheiten erreicht, daß die Strom- und Potentiallinien ein Quadratmaschennetz bilden. Ohne diese besondere Festsetzung der Konstanten würden sie im allgemeinen ein Netz von ähnlichen Rechtecken bilden. Wenn nun 2 Gebiete verschiedener Leitfähigkeit aneinandergrenzen, so kann man in einem die Konstanten so wählen, daß Quadratmaschen entstehen. Ist im anderen Gebiet die Leitfähigkeit[1] das μ-fache wie im ersten, so ist bei gleichem Stromlinienabstand[2] die Potentialdifferenz je Längeneinheit im zweiten Gebiet das $1/\mu$-fache wie im ersten. Der Abstand der Linien gleicher Potentialdifferenz (Potentiallinien) also das μ-fache. Strom- und Potentiallinien bilden daher im zweiten Gebiet Rechtecke mit dem Seitenverhältnis μ, und zwar verhält sich der Abstand der Potentiallinien zu dem der Stromlinien wie μ.

Da die Strommenge, welche aus einem Gebiet an die Grenze des anderen kommt, in diesem in gleicher Größe weiterfließen muß, so setzt sich jede Stromlinie an der Grenze ohne Versetzung fort[2]. Da außerdem an der Grenzlinie in beiden Gebieten jeweils gleiches Potential herrschen muß, so laufen auch die Potentiallinien ohne Versetzung durch die Grenze. Im allgemeinen erleiden aber sowohl die Strom- wie die Potentiallinien an der Grenze einen Knick.

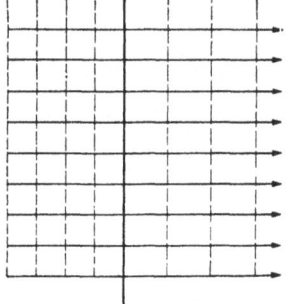

Bild 42. Strömung senkrecht zur Grenze verschiedener Leitfähigkeit

Treffen die Stromlinien senkrecht zur Grenzgeraden auf (Bild 42), so sind die Potentiallinien parallel zur Grenzlinie. Die Stromlinien laufen dann in der gleichen Richtung und mit gleichem Abstand weiter[2]. Nur der Abstand der Potentiallinien vergrößert sich an der Grenze auf das μ-fache (Bild 42). Sind die Stromlinien parallel der Grenze und die Potentiallinien senkrecht dazu, so laufen die letzteren unverändert weiter, während sich der Abstand der Stromlinien auf das $1/\mu$-fache verkleinert (Bild 43). Treffen die Stromlinien unter dem Winkel α_1 zur

---

[1] Die Leitfähigkeit in diesem Sinne kann durch das Material (spez. Widerstand w), aber auch durch die Dicke h der leitenden Schicht beeinflußt werden. Sie ist proportional h/w.

[2] Wir kennzeichnen hier zweckmäßig die Stromlinien durch den zwischen ihnen und der Null-Stromlinie fließenden Strom J und nicht wie sonst durch die Stromfunktion $\Psi = J w/h$ (Gl. 6,6). Da sich nämlich w/h an der Grenze ändert, würde sich auch die Stromfunktion Ψ einer durchlaufenden Stromlinie ändern, während der Strom J unverändert weitergeht.

21. Aneinandergrenzende Gebiete verschiedener Leitfähigkeit

Grenzlinie auf (Bild 44), so laufen sie unter einem anderen Winkel α_2 zur Grenzlinie weiter (Bild 44). Durch den Übergang vom Richtungswinkel α_1 auf α_2 müssen aus den quadratischen Maschen im ersten Gebiet Rechtecke mit dem Seitenverhältnis μ im zweiten Gebiet werden. Hier-

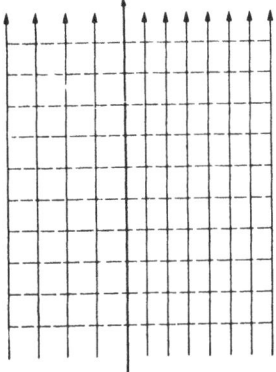
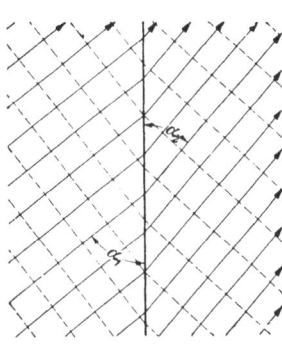

Bild 43. Strömung parallel zur Grenze verschiedener Leitfähigkeit

Bild 44. Strömung schräg zur Grenze verschiedener Leitfähigkeit

durch ist bei gegebenem Winkel α_1 der Winkel α_2 bestimmt. Ist der Abstand der Stromlinien im ersten Gebiet a_1, so ergibt eine einfache geometrische Überlegung, daß er im zweiten Gebiet

$$a_2 = a_1 \frac{\sin \alpha_2}{\sin \alpha_1} \qquad (21,1)$$

wird. Die Potentiallinien, deren Abstand im ersten Gebiet ebenfalls a_1 ist, bilden mit der Grenzlinie die Winkel $(\pi/2) - \alpha_1$ und $(\pi/2) - \alpha_2$. Demgemäß wird entsprechend Gl. (21,1) ihr Abstand im zweiten Gebiet

$$l_2 = a_1 \frac{\cos \alpha_2}{\cos \alpha_1} \qquad (21,2)$$

und somit das Rechteckverhältnis

$$\frac{l_2}{a_2} = \mu = \frac{\cot \alpha_2}{\cot \alpha_1} \quad \text{oder} \quad \cot \alpha_2 = \mu \cot \alpha_1. \qquad (21,3)$$

Mit diesem Brechungsgesetz der Strom- und Potentiallinien kann man die Fortsetzung einer Strömung finden, wenn ihr Verlauf in dem einen Gebiet bekannt ist. Im allgemeinen ist aber der Verlauf in keinem der beiden Gebiete mit den von uns bisher benützten Mitteln ohne weiteres anzugeben, da die Nachbarschaft des Gebietes mit anderer Leitfähigkeit die Strömung im ersten Gebiete bereits wesentlich beeinflußt. Man kann aber den Strömungsverlauf durch Spiegelungsverfahren ermitteln. Als Beispiel betrachten wir die Strömung, welche entsteht, wenn in dem einen Gebiet eine einfache Quelle gegeben ist. Andere Beispiele lassen sich in ganz ähnlicher Weise durchführen.

66   III. Weitere Beispiele und Folgerungen

Ordnet man im Punkte P_1 (Bild 45) eine Quelle von der Stärke J', und im spiegelbildlich gelegenen Punkte P_2 eine Senke gleicher Stärke,

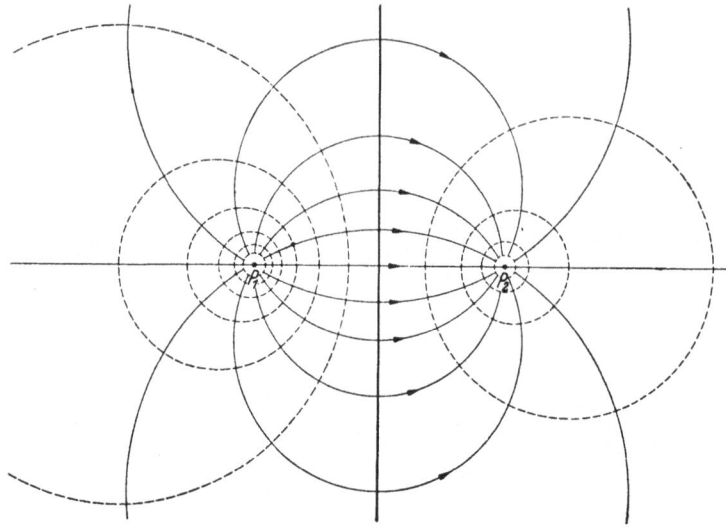

Bild 45
Quelle und Senke gleicher Ergiebigkeit symmetrisch zur Grenze verschiedener Leitfähigkeit

also eine Quelle von der Stärke $-J'$ an, so verlaufen die Stromlinien vollständig symmetrisch. Da sie senkrecht auf die Grenzfläche auftreffen,

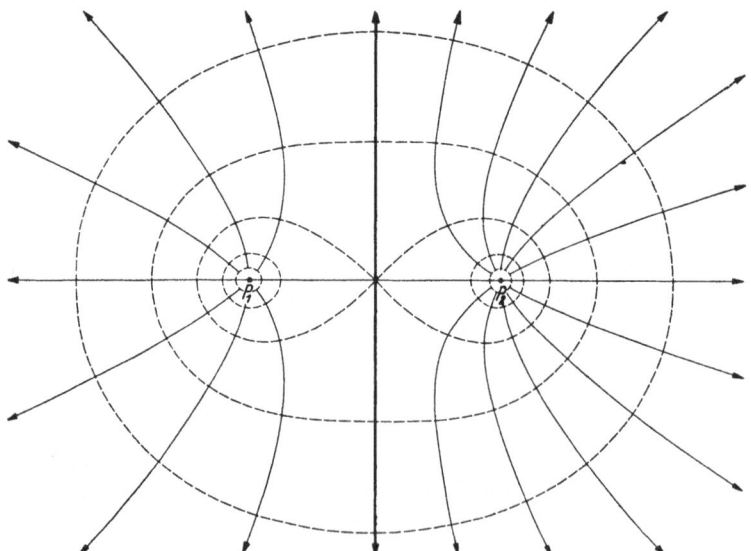

Bild 46. Quellenpaar symmetrisch zur Grenze verschiedener Leitfähigkeit. Die Quellstärken verhalten sich wie die Leitfähigkeiten

21. Aneinandergrenzende Gebiete verschiedener Leitfähigkeit 67

so ist die verschiedene Leitfähigkeit der beiden Gebiete ohne Einfluß auf ihren Verlauf. Nur die Potentiallinien haben in beiden Gebieten verschiedene Abstände. Ordnet man nun im Punkte P_2 (Bild 46) eine Quelle von der Stärke J', und im Punkte P_1 eine Quelle von der Stärke $J'' = J'/\mu$ an, so wird die Grenze in beiden Gebieten Stromlinie, und die Potentiallinien laufen ungestört durch. (Man beachte, daß in beiden Fällen in der linken Halbebene Quadratmaschen, in der rechten Halb-

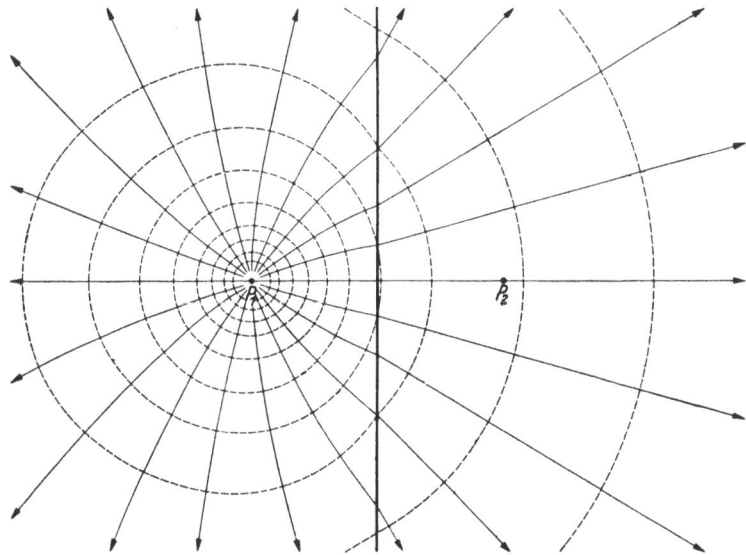

Bild 47. Einzelquelle in der Nähe der Grenze verschiedener Leitfähigkeit

ebene Rechteckmaschen vom Seitenverhältnis μ entstehen.) Überlagert man die beiden Stromlinienbilder, so heben sich die Quelle und Senke im Punkte P_2 fort. Es bleibt nur im Punkte P_1 eine Quelle von der Stärke $J = J' + J'' = J'\left(1 + \dfrac{1}{\mu}\right)$ bestehen, und das entstehende Stromlinienbild stellt das Feld dieser Quelle dar (Bild 47).

Um nun, ausgehend von der Quelle mit der Stärke J, das Strömungsfeld im ersten Gebiet zu erhalten, muß man die beiden Teilströmungen der linken Hälfte der Bilder 45 und 46 herstellen. Man erhält sie, wenn man in einer vollen Ebene mit konstanter Leitfähigkeit ein Quell-Senken-System mit der Stärke $\pm J' = \pm J \dfrac{\mu}{1+\mu}$ und ein Quellenpaar von der Stärke $J'' = J \dfrac{1}{1+\mu}$ überlagert. Dies ergibt im Punkte P_1 eine Quelle von der Stärke $J = J' + J''$ und im Punkte P_2 eine Senke von der Stärke $-J' + J'' = -J \dfrac{\mu-1}{\mu+1}$. Man muß also, um den Einfluß des zweiten Gebietes mit seiner anderen Leitfähigkeit auf die Strömung im ersten Gebiet darzustellen im Spiegelungspunkt P_2 eine Senke von der Stärke $-J^* = -J\dfrac{\mu-1}{\mu+1}$ hinzufügen.

Betrachtet man die beiden Teilströmungen im rechten Gebiet der Bilder 45 und 46, so ist hier im Punkte P_2 einmal eine Quelle und einmal eine Senke von der Stärke $+J'$ bzw. $-J'$, die sich bei der Überlagerung aufheben. Im Punkte P_1 wurde zur Darstellung dieser Teilströmungen beide Male eine Quelle von der Stärke J' angeordnet, welche bei der Überlagerung eine Quelle von der Stärke $2J' = J\dfrac{2\mu}{1+\mu}$ ergibt. Das Strömungsfeld im zweiten Gebiet ist daher so, als wenn es von einer Quelle im Punkte P_1 von der Stärke $J\dfrac{2\mu}{1+\mu}$ herrühren würde. Die Stromlinien sind demnach in diesem Gebiet gerade Strahlen vom Quellpunkt P_1 aus. Die Differenz der Ersatzquellstärke $J\dfrac{2\mu}{1+\mu}$ und der wirklichen Quellstärke J ist $J\left(\dfrac{2\mu}{1+\mu}-1\right) = J\dfrac{\mu-1}{\mu+1} = J^*$, also ebenso groß wie die Ergänzungssenke, welche im Punkte P_2 anzubringen war.

Man kann daher zusammenfassend folgende Regel aufstellen:

Befindet sich im Gebiete 1 eine Quelle von der Stärke J, so wird der Einfluß des Nachbargebietes mit der μ-fachen Leitfähigkeit im Gebiet 1 durch Anordnung einer Senke von der Stärke $-J^* = -J\dfrac{\mu-1}{\mu+1}$ im Spiegelungspunkte P_2 und für das Gebiet 2 durch Anordnung einer zusätzlichen Quelle von der Stärke $J^* = J\dfrac{\mu-1}{\mu+1}$, also insgesamt einer Quelle von der Stärke $J + J^* = J\dfrac{2\mu}{\mu+1}$, im Quellpunkt P_1 dargestellt. Da sich durch Überlagerung von einzelnen Quellen komplizierte Strömungen aufbauen lassen, so lassen sich auch diese nach der angegebenen Regel behandeln. Liegen die Quellen alle in einem der beiden Gebiete, so ist die Strömung in diesem Gebiete durch den Einfluß der im anderen Gebiet gespiegelten Quellen in ihrem Verlauf stark verändert. Aber im anderen Gebiet verläuft sie ebenso, wie wenn beide Gebiete gleiche Leitfähigkeit hätten, nur die Stärke der Strömung ist im Verhältnis $2\mu/(1+\mu)$ geändert.

Die geschilderten einfachen Zusammenhänge setzen voraus, daß man die Quellen oder anderen Singularitäten an der Grenze der verschiedenen Leitfähigkeit in einfacher Weise spiegeln kann. Außer bei einer geradlinigen Grenze ist das auch noch bei einer kreisförmigen der Fall. Bei anders geformten Grenzen muß man diese erst durch konforme Abbildung in eine Gerade oder einen Kreis überführen.

22. Konforme Abbildung eines Kreises auf einen Kreisbogen. In Ziffer 19 wurde das Innere oder Äußere eines Kreises auf das Innere

22. Konforme Abbildung eines Kreises auf einen Kreisbogen

oder Äußere eines Kreisbogenzweiecks abgebildet. Läßt man dabei den Kantenwinkel δ des Kreisbogenzweiecks Null werden, so geht das Kreisbogenzweieck in einen einfachen Kreisbogen über. Man kann daher mit den dort abgeleiteten Formeln, wenn man $\delta = 0$ setzt, auch das Äußere eines Kreises auf das Äußere eines Kreisbogens abbilden. Wir wollen aber diese Abbildung auch noch auf eine andere Weise ableiten, um dabei ein Verfahren kennenzulernen, das sich auch in vielen anderen Fällen mit Nutzen anwenden läßt (vgl. Ziff. 65 und 87).

Bei einer einfachen Quellströmung sind die Stromlinien radial verlaufende Geraden und die Potentiallinien Kreise (Bild 48 oben). Bringt man in dieses Strömungsfeld einen sehr stark leitenden Kreis, so daß der Kreisumfang konstantes Potential hat, so werden die Potentiallinien alle so abgebogen, daß sie um den Kreis herumlaufen (Bild 48 unten). Nur eine Potentiallinie, welche das gleiche Potential hat wie der Kreis, trifft in 2 Punkten A und B auf den Kreis auf. Zwischen diesen beiden Punkten, den sog. *Verzweigungspunkten*, teilt sie sich in 2 Äste, welche längs des Kreisumfangs weiterlaufen.

Da in dem Gebiet außerhalb des Kreises die gleichen Strom- und Potentiallinien vorkommen, wie bei der Potentialströmung ohne den störenden Kreis und keine anderen, so ist durch die beiden Strömungsfelder der Quelle allein und der Quelle mit leitendem Kreis eine konforme Abbildung des Gebietes außerhalb des Kreises auf die ganze Ebene gegeben. Dabei entspricht jedem Punkt des Gebietes außerhalb des Kreises ein Punkt der Ebene und umgekehrt. Der Potentiallinie, welche auf den Kreis auftrifft und sich längs des Kreises verzweigt, entspricht in der Ebene mit der Einzelquelle ein voller Kreis, der dasselbe Potential hat. Dabei entsprechen die Punkte des Kreisumfangs einem Teil dieser kreisförmigen Potentiallinie ($A_1 B_1$, Bild 48 oben), die auf den Kreis auftreffende Potentiallinie entspricht dem übrigen Teil der betreffenden Potentiallinie.

Welche Punkte sich entsprechen, ergibt sich durch Vergleich der Stromfunktion in den beiden Strömungen. Da nun die Stromlinien in dem unteren Bogen AB des Kreises eintreten und in dem oberen Bogen AB desselben wieder austreten, so gehört zu jedem Punkt des unteren Bogens einer des oberen, welcher die gleiche Stromfunktion hat. In der reinen Quellströmung entspricht zwei solchen Punkten des Kreises mit gleicher Stromfunktion nur ein Punkt der betreffenden Potentiallinie. Der Umfang des Kreises wird demnach bei dieser Abbildung auf einen Kreisbogen $A_1 B_1$ zusammengedrückt, wobei der Teil des Kreisumfangs oberhalb AB und der Teil unterhalb AB aufeinander zu liegen kommen. Wenn man in die reine Quellströmung längs des Bogens $A_1 B_1$ einen dünnen Blechstreifen einlegt, so ändert sich an der Strömung nichts, da ja das Potential längs dieser Linie ohnehin konstant ist. Man kann

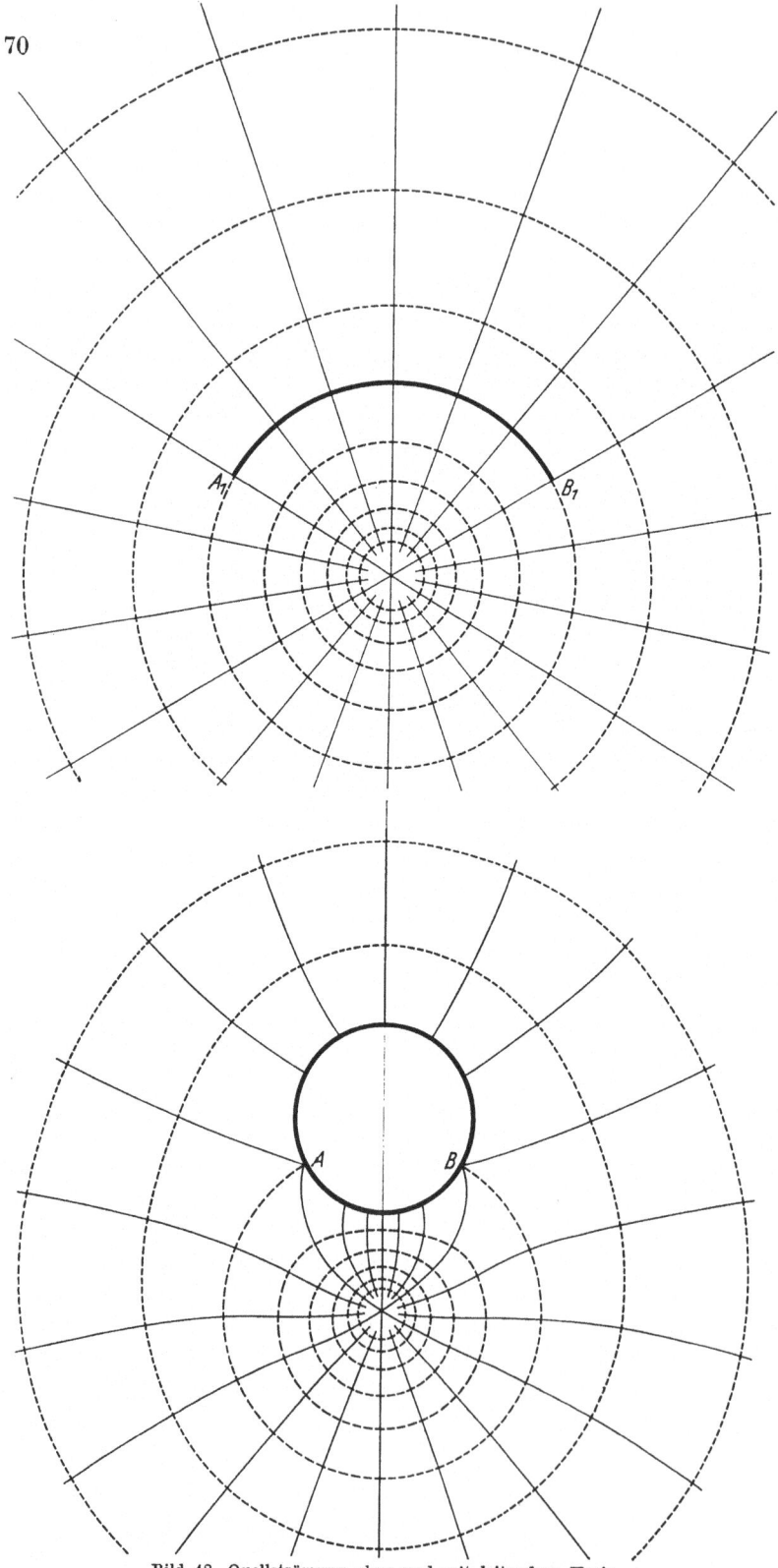

Bild 48. Quellströmung ohne und mit leitendem Kreis

22. Konforme Abbildung eines Kreises auf einen Kreisbogen

aber jetzt physikalisch klarer sagen: Der obere Teil des Kreises entspricht der Oberseite des Bleches, der untere der Unterseite.

Um nun die Zuordnung der Punkte quantitativ zu erhalten, muß man die Strömung um den Kreis berechnen. Auf Grund des Spiegelungsprinzips ist dies leicht möglich. Ist r_0 der Radius des Kreises, und a der Abstand der Quelle vom Kreismittelpunkt, so spiegelt sich nach Gl. (20,1) die Quelle im Abstand

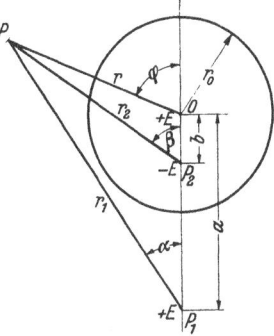

Bild 49
Kreis mit gespiegelten Quellen

$$b = \frac{r_0^2}{a} \qquad (22,1)$$

vom Mittelpunkt, und zwar als Senke. Außerdem spiegelt sich die im Unendlichen befindliche Senke im Kreismittelpunkt als Quelle (Bild 49). Die Ergiebigkeit aller dieser Quellen und Senken hat gleichen Betrag. Sie sei $\pm E$. Für die einfache Quelle ohne die Störung durch den Kreis ist das Potential in einem Punkte P im Abstand r_1 von der Quelle P_1

$$\Phi = \frac{E}{2\pi} \ln \frac{r_1}{\varrho}, \qquad (22,2)$$

wobei ϱ den Radius bezeichnet, bei dem das Potential Null festgelegt ist. Als Störung durch den Kreis kommt der Einfluß durch die gespiegelten Quellen hinzu. Für den Punkt P, der von der Quelle P_1 den Abstand r_1, von ihrem Spiegelbild P_2 den Abstand r_2 und vom Kreismittelpunkt O den Abstand r hat, ergibt sich daher als Potential

$$\Phi = \frac{E}{2\pi} \ln \frac{r_1 \, r}{r_2 \, \varrho'}, \qquad (22,3)$$

wobei ϱ' wieder eine zunächst willkürliche Konstante ist. Verlangt man, daß die Potentiale in großer Entfernung $r \to \infty$ in beiden Fällen übereinstimmen, so muß, da dann $\ln \frac{r}{r_2} \to 0$ geht,

$$\varrho' = \varrho \qquad (22,4)$$

sein. Für die Quellströmung mit dem Kreis ergibt sich daher, wenn das Unendliche unverändert bleiben soll,

$$\Phi = \frac{E}{2\pi} \ln \frac{r_1}{r_2} \frac{r}{\varrho}. \qquad (22,5)$$

Für einen Punkt C des Kreises (Bild 50) ist nach Gl. (15,12) das Verhältnis

$$\frac{r_1}{r_2} = \sqrt{\frac{a}{b}}$$

und nach Gl. (15,10)

$$r_0 = \sqrt{a\,b}.$$

Mithin wird das Potential des Kreises

$$\Phi_K = \frac{E}{2\pi} \ln \sqrt{\frac{a}{b}} \frac{\sqrt{ab}}{\varrho} = \frac{E}{2\pi} \ln \frac{a}{\varrho} \qquad (22,6)$$

also gleich dem Potential der reinen Quellströmung im Abstand a von der Quelle. Die Entfernung des Quellpunktes vom Kreismittelpunkt ist demnach gleich dem Radius des Kreisbogens $A'B'$, der in den Kreis übergehen soll.

Als Stromlinie mit der Stromfunktion Null wollen wir die vom Kreismittelpunkt aus sich von den anderen Quellpunkten weg erstreckende Symmetriegerade wählen (in Bild 49 und 50 senkrecht nach oben gerichtet). Bezeichnet man die Winkel der Fahrstrahlen r_1, r_2, r von den einzelnen Quellen zum Aufpunkt mit der Symmetriegeraden mit α, β, φ, so ist die Stromfunktion dieses Punktes

$$\Psi = \frac{E}{2\pi}(\alpha - \beta + \varphi). \qquad (22,7)$$

Für einen Punkt C des Kreises ist aber, nach Gl. (15,6),

$$\sphericalangle P_1 C O = \sphericalangle C P_2 O = \beta,$$

und da in dem $\triangle P_1 C O$ die Summe aller Winkel π sein muß, so ergibt sich

$$\alpha + (\pi - \varphi) + \beta = \pi \qquad (22,8)$$

oder

$$\alpha = \varphi - \beta. \qquad (22,9)$$

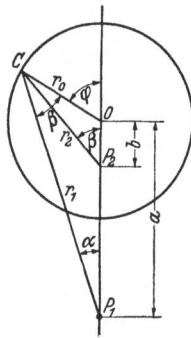

Bild 50. Kreis mit gespiegelten Quellen

Dies in Gl. (22,7) eingesetzt, ergibt für die Punkte des Kreises

$$\Psi_K = \frac{E}{2\pi} 2\alpha. \qquad (22,10)$$

Ein vom Quellpunkt ausgehender Strahl unter dem Winkel α gegen die Mittellinie, der den Kreis trifft, schneidet ihn im allgemeinen in 2 Punkten C und C' (Bild 51). Diese beiden Punkte haben nach Gl. (22,10) gleiche Stromfunktion, fallen also bei der Abbildung auf den Kreisbogen zusammen. Der entsprechende Punkt liegt auf dem Kreisbogen unter dem Winkel 2α von der Mittellinie entfernt. Der Radius des Kreisbogens ist, wie schon festgestellt, gleich dem Abstand a des Kreismittelpunktes von der Quelle, wenn die Verhältnisse im Unendlichen unverändert bleiben sollen, sonst kann er natürlich beliebig sein, da man die Figur ja ähnlich vergrößern oder verkleinern kann.

Zieht man von dem Quellpunkt A aus die Tangenten an den Kreis, welche die Winkel $\pm \alpha_0$ gegen die Mittellinie bilden, so ist α_0 der größte Winkel, den ein Strahl haben kann, der den Kreis gerade noch trifft.

22. Konforme Abbildung eines Kreises auf einen Kreisbogen

Die Winkelerstreckung des Kreisbogens, die in den Kreis übergeht, ist demnach

$$\vartheta_0 = 4\alpha_0. \qquad (22{,}11)$$

Wird $\alpha > \alpha_0$, so trifft der Strahl nicht mehr auf den Kreis, sondern auf die freie Potentiallinie, welche sich am Kreis verzweigt. Die Berührungs-

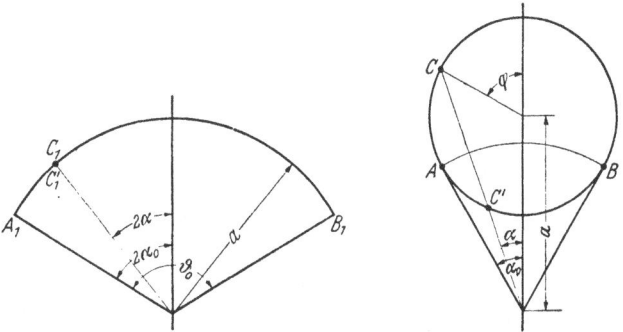

Bild 51. Zuordnung von Punkten des Kreises und des Kreisbogens

punkte der Tangenten sind also die Stellen, wo die auf den Kreis auftreffende Potentiallinie in den Kreis übergeht, also die Verzweigungspunkte A und B.

Läßt man die Entfernung des Quellpunktes vom Kreis immer größer werden, so nähert sich die Strömung immer mehr einer Parallelströmung, in welcher sich der Kreis befindet (vgl. Ziffer 20). Der Bogen, auf den der Kreis abgebildet wird, geht im Grenzfall in ein Geradenstück über, dessen Länge entsprechend Gl. (22,11) $4r_0$ ist (Bild 52). Die beiden Verzweigungspunkte A und B am Kreise liegen auf dem zur Strömung senkrechten Durchmesser. Ein Punkt des Kreises unter dem Winkel φ entspricht einem Punkt der Geraden im Abstande

$$x = -2r_0 \sin\varphi \qquad (22{,}12)$$

von der Symmetrielinie, was sich aus der entsprechenden Zuordnung nach Gl. (22,10) ergibt.

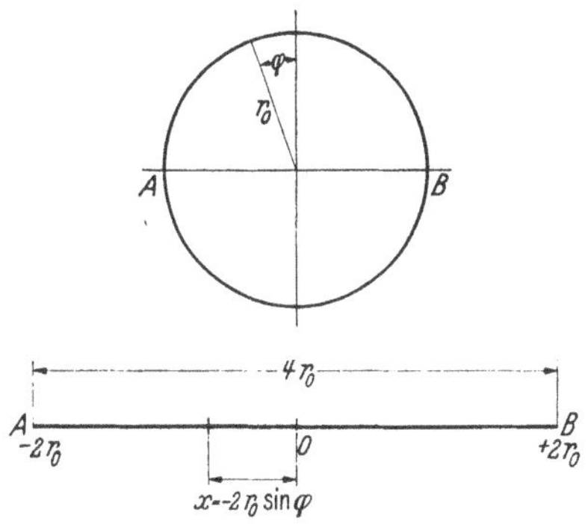

Bild 52
Abbildung eines Kreises auf eine Gerade

Hiermit haben sich für die Zuordnung der Punkte des Kreises und der des Kreisbogens sehr einfache Zusammenhänge ergeben. Für die übrigen Punkte der Ebene sind die Zuordnungsgesetze nicht ganz so einfach, aber in entsprechender Weise auch leicht zu berechnen (für den Sonderfall der Geraden vgl. Ziffer 27). Wir werden später in Ziffer 56 noch ein einfacheres Verfahren für diese in der Flugtechnik viel benützte Abbildung kennenlernen, so daß sich hier ein näheres Eingehen erübrigt.

Vierter Abschnitt

Allgemeine Erkenntnisse

23. Riemannsche Flächen. Bei manchen konformen Abbildungen geht eine unendlich ausgedehnte Ebene wieder in eine unendlich ausgedehnte Ebene über, wobei einem Punkte der einen Ebene immer ein und nur ein Punkt der anderen Ebene entspricht und umgekehrt. Man nennt solche Abbildungen umkehrbar eindeutig. Als Beispiel sei auf die in Ziffer 18 behandelte Abbildung hingewiesen, wobei die eine Halbebene auf das Innere, die andere auf das Äußere eines Kreises abgebildet wird. Vielfach wird aber eine volle Ebene nicht wieder auf eine volle Ebene, sondern nur auf einen Teil derselben abgebildet. Man erinnere sich an die in Ziffer 10 und 11 besprochenen Abbildungen, bei denen der vollen Ebene ein Parallelstreifen (Bild 19) bzw. ein Winkelraum (Bild 22) entsprach. In diesem Falle entspricht wohl jedem Punkt der ersten Ebene ein Punkt der zweiten, aber nicht jedem Punkt der zweiten ein Punkt der ersten. Es liegt nun die Frage nahe, was es mit diesen Punkten außerhalb des Parallelstreifens bzw. des Winkelraums für eine Bewandtnis hat. Der Parallelstreifen möge als besonders einfaches Beispiel zur Erörterung dieser Frage dienen.

Für die Zuordnung der Punkte des Parallelstreifens von der Breite y_0 bei der Parallelströmung und der Punkte der vollen Ebene bei der Quellströmung bestehen die in Gl. (10,7) und (10,8) angegebenen Beziehungen, welche man auf Grund von Gl. (10,9) auch in der Form

$$\varphi = 2\pi \frac{y}{y_0} \qquad (23,1)$$

$$r = r_0 e^{2\pi x/y_0} \qquad (23,2)$$

schreiben kann. Uns interessiert hier vor allem die erste dieser Gleichungen. Wenn man in diese Formel Werte von $y > y_0$, also für Punkte außerhalb des Parallelstreifens, einsetzt, erhält man Werte von $\varphi > 2\pi$. Der Ordinate $y = y_0 + y'$ entspricht ein Winkel $\varphi = 2\pi + 2\pi y'/y_0 = 2\pi + \varphi'$, wobei $\varphi' = 2\pi y'/y_0$ der y' entsprechende Winkel ist. Nun fällt ein Strahl unter dem Winkel $2\pi + \varphi'$ mit dem Strahl unter dem

Winkel φ' zusammen. Wenn man daher die den Stromlinien zwischen y_0 und $2y_0$ entsprechenden radialen Stromlinien zeichnet, so fallen diese mit den Stromlinien zusammen, welche die Abbildung des Streifens zwischen 0 und y_0 darstellen. Dasselbe gilt für die Abbildung der Streifen zwischen $2y_0$ und $3y_0$, zwischen $3y_0$ und $4y_0$ usw., welchen die Winkelbereiche $\varphi = 4\pi$ bis 6π, 6π bis 8π usw. entsprechen. Die Abbildungen all dieser Streifen stellen immer wieder die gleiche Wiederholung der Abbildung des Streifens zwischen 0 und y_0 dar.

Physikalisch kann man diesen allgemeinen Zusammenhang etwa folgendermaßen verwirklichen. Man ordnet mehrere leitende Flächen übereinander an. In jeder fließt vom Nullpunkt aus ein Strom J in radialer Richtung ins Unendliche. Dann kann man festlegen, daß das Strom- und Potentialliniennetz der obersten Fläche die Abbildung des Streifens zwischen $y = 0$ und $y = y_0$ ist, das Netz der darunterliegenden zweiten Fläche die Abbildung des Streifens zwischen y_0 und $2y_0$, die dritte die des Streifens zwischen $2y_0$ und $3y_0$ usw. Entsprechend kann man als Abbildungen der Streifen unterhalb der x-Achse noch Flächen über der Ausgangsfläche aufbauen. Auf diese Weise läßt sich jedem Punkt der Parallelströmungsebene umkehrbar eindeutig ein ganz bestimmter Punkt einer der Radialströmungsebenen zuordnen. Betrachtet man 2 Punkte der Parallelströmungsebene, welche gleiches Potential haben (gleichen Abstand von der y-Achse) und in der y-Richtung um ein ganzes Vielfaches der Strecke y_0, also um $n\,y_0$ auseinanderliegen ($n =$ ganze Zahl), dann liegen die ihnen entsprechenden Punkte der Radialströmung in zwei verschiedenen Ebenen genau übereinander. Der zweite Punkt liegt in der n-ten Ebene unterhalb dem ersten. Auf diese Weise ergibt sich also eine umkehrbar eindeutige Zuordnung aller Punkte.

Um die Übereinstimmung mit den analytischen Zusammenhängen zu vervollständigen, müssen wir an dem Strömungsmodell noch eine kleine Änderung anbringen. Wenn man in der Parallelströmungsebene in der y-Richtung weiterschreitet, so kommt man beim Überschreiten der Stromlinie $y = y_0$ vom ersten Streifen in den zweiten. Wenn man aber in der Radialströmungsebene den entsprechenden Weg macht, der in einer Umschlingung des Nullpunktes besteht, so kommt man nach Durchlaufen aller Winkel von 0 bis 2π wieder zu dem bereits durchlaufenen Gebiet, das die Abbildung des ersten Streifens ist. Um zu der Abbildung des zweiten Streifens zu gelangen, muß man von der ersten Radialströmungsebene zur zweiten übergehen. Um nun diesen Übergang zwangläufig jeweils nach einem Umlauf von 2π zu erreichen, schneiden wir alle Radialströmungsflächen längs der positiven x-Achse, also längs der Stromlinie $\varphi = 0$ auf und verbinden jeweils das Ende der einen Fläche mit dem Anfang der folgenden (Bild 53). Die einzelnen bisher getrennten Flächen werden dadurch zu einer Schraubenfläche mit sehr kleiner Steigung verbunden. Wenn man in der ersten Fläche sämtliche Winkel von 0 bis 2π durchlaufen hat, so kommt man wegen des Schnittes nicht mehr an den Anfang zurück, sondern gelangt unmittelbar an den Anfang der darunterliegenden Fläche, in der man die Winkel 2π bis 4π durchläuft, um dann auf die dritte Fläche zu kommen usw. Es ist übrigens nicht nötig, daß der Schnitt in den Flächen gerade längs der x-Achse erfolgt, er kann längs jeder beliebigen sich nicht überschneidenden Kurve erfolgen, welche vom Nullpunkt ausgeht und im Unendlichen endigt. Die den einzelnen Ebenen entsprechenden Streifen der Parallelströmungsebene sind dann nicht mehr von parallelen Geraden, sondern von irgendwelchen sich identisch wiederholenden Kurven im Abstand y_0 begrenzt.

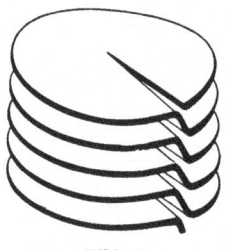

Bild 53
RIEMANNsche Fläche

Diese Aufteilung einer Abbildungsfläche in mehrere übereinanderliegende Blätter kommt immer dann in Frage, wenn der gleiche Punkt verschiedenen Punkten einer anderen Abbildungsebene entspricht, so daß die Zuordnung nicht umkehrbar eindeutig wäre. Man kann ja z. B. nicht ohne weiteres unterscheiden, ob die Radialströmung die Abbildung des ersten oder des zweiten oder irgendeines anderen Streifens der Parallelströmung ist, da alle diese Abbildungen genau die gleiche Radialströmung ergeben. Es ist das Verdienst von RIEMANN[1], durch Einführung der geschilderten übereinanderliegenden Blätter eine eindeutige Zuordnung aller Punkte ermöglicht zu haben. Man nennt deshalb solche Flächen ,,RIEMANNsche Flächen" und ihre einzelnen übereinanderliegenden Teile ,,RIEMANNsche Blätter".

Bei den betrachteten Strömungen, Parallelströmung in Richtung der x-Achse und Quellströmung, ergab sich in jedem RIEMANNschen Blatt ein identisch gleiches Strömungsbild. Man kann daher am Übergangsschlitz die Strömung nach Belieben in der ursprünglichen RIEMANNschen Ebene, oder in der darunterliegenden oder in einer beliebigen anderen fortsetzen. Im allgemeinen ist das aber nicht der Fall. Zur Erläuterung ist in Bild 54 der Parallelstreifen mit den zur x-Achse parallelen Geraden 0 bis 8 wie bisher auf die volle Ebene abgebildet. Dabei gehen diese Geraden in Strahlen 0 bis 8 über, wobei die Strahlen 0 und 8 zusammenfallen. Die zur y-Achse parallelen Geraden erscheinen als Kreise, von denen die den Geraden 0 und -1 entsprechenden Kreise eingezeichnet sind. Wenn man nun z. B. in diesen einen Parallel-

---

[1] RIEMANN, B.: Grundlagen für eine allgemeine Theorie der Funktionen einer veränderlichen komplexen Größe. Dissertation Göttingen 1851. Gesammelte Werke, 2. Aufl., 3. Leipzig: B. G. Teubner 1892.

streifen eine Quelle anordnet (Bild 54 oben) und den Streifen, der die Quelle enthält, in gleicher Weise wie bisher auf die ganze Ebene abbildet, so ergeben sich die in Bild 54 unten durch ausgezogene Linien dargestellten Stromlinien. Setzt man nun die Stromlinien über den oberen und unteren Rand des Streifens fort (gestrichelte Linien), so

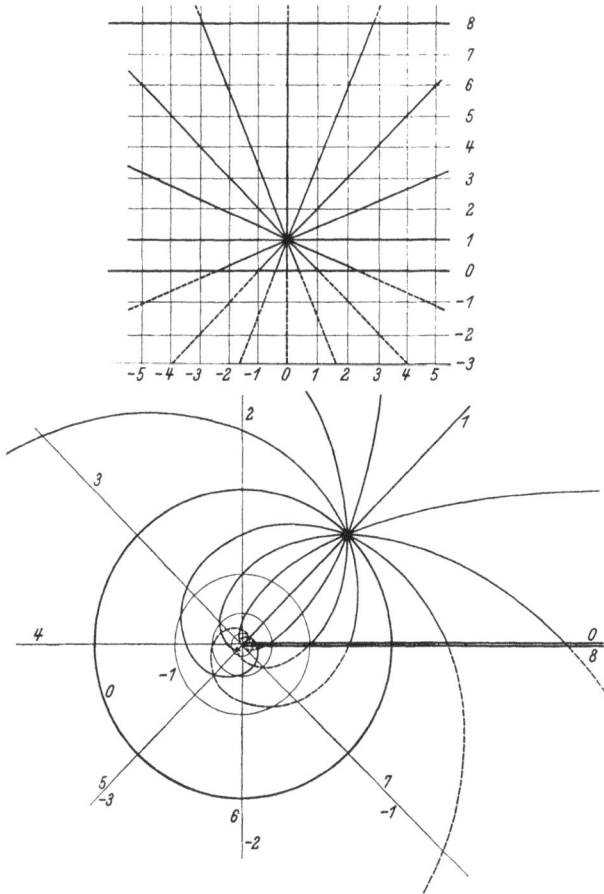

Bild 54. Abbildung einer Ebene mit einer Quellströmung auf eine RIEMANNsche Fläche

setzen sie sich in der Abbildung in den benachbarten RIEMANNschen Blättern fort, wie die gestrichelten Linien in Bild 54 unten zeigen. Man ersieht, daß der Verlauf der Stromlinien in diesen benachbarten RIEMANNschen Blättern ein ganz anderer ist als im ersten Blatt. Dies kann man auch ohne weiteres einsehen, wenn man beachtet, daß die Quelle nur in einem Streifen und damit auch nur in dem einen diesem Streifen entsprechenden RIEMANNschen Blatt vorkommt, während die übrigen Streifen und die ihm entsprechenden RIEMANNschen Blätter keine Quelle enthalten, und daß in jedem Streifen wegen der verschiedenen Entfernung von der Quelle das Strömungsbild anders aussieht und dementsprechend auch in den einzelnen RIEMANNschen Blättern.

Betrachtet man in solchen Fällen eines der RIEMANNschen Blätter für sich, so ergibt sich am Übergangsschlitz eine Unstetigkeit, die man als eine Belegung des Schlitzes mit Quellen und Wirbeln deuten kann. Die Quellbelegung je Längeneinheit ist die Summe der vom Schlitz weg gerichteter Normalkomponenten der Stromdichte auf beiden Seiten des Schlitzes, die Wirbelbelegung entsprechend der Unterschied der Tangentialkomponenten.

24. Existenzbetrachtungen. Im allgemeinen sind die Aufgaben, welche auf konforme Abbildungen führen, derart, daß die Strömung (bzw. ein anderer Vorgang) im Innern eines irgendwie begrenzten Gebietes bestimmt werden soll, wenn am Rande des Gebietes gewisse Forderungen, die sog. Randbedingungen, gegeben sind. Bei elektrischen Strömen kann z. B. die Verteilung des Potentials oder der Stromfunktion auf dem Rande vorgeschrieben sein. Ist der Rand ein Kreis, so ist die Aufgabe verhältnismäßig leicht lösbar, z. B. durch das in Ziffer 13 angegebene Verfahren der Fourierentwicklung, oder das in Ziffer 16 angegebene Integrationsverfahren. Hat der Rand des Gebietes eine andere Gestalt, so wird man versuchen, ihn auf einen Kreis konform abzubilden, um dann die Vorgänge im Innern des Kreises zu berechnen und schließlich die gefundenen Werte durch die konforme Abbildung wieder auf das ursprüngliche Gebiet zu übertragen. Da tritt nun die Frage auf, ob es überhaupt immer möglich ist, irgendein gegebenes Gebiet auf irgendein anderes Gebiet, insbesondere auf einen Kreis, konform abzubilden, und ob diese Aufgabe nur auf eine oder auf mehrere Arten zu lösen ist, bzw. ob man noch Nebenforderungen erfüllen kann.

Nach Ziffer 7 kann man die konforme Abbildung zweier Gebiete dadurch bewerkstelligen, daß man in jedem eine elektrische Strömung herstellt und die Punkte mit gleichem Potential und gleicher Stromfunktion einander zuordnet. Um Strömungen herzustellen, welche uns die konforme Abbildung vermitteln sollen, kann man wie in Ziffer 9 in beiden Gebieten je zwei getrennte Stücke des Randes AB und CD bzw. $A'B'$ und $C'D'$ (Bild 55) isolierend und die dazwischenliegenden Stücke BC und DA bzw. $B'C'$ und $D'A'$ leitend machen, und an die leitenden Stücke eine Potentialdifferenz anlegen, so daß ein Strom von dem einen leitenden Randstück nach dem anderen fließt. Damit nun jedem Punkt des einen Gebietes ein Punkt des anderen und umgekehrt eindeutig zugeordnet ist, muß jede Potentiallinie und jede Stromlinie des einen Gebietes auch im anderen vorhanden sein, d. h., die Zahl der Strom-

24. Existenzbetrachtungen

und Potentiallinien muß in beiden Gebieten die gleiche sein. Wählt man zunächst die vier sich entsprechenden Punkte $ABCD$ bzw. $A'B'C'D'$ der beiden Ränder beliebig, so kann man zwar die Zahl der Potentiallinien in beiden Gebieten ohne weiteres dadurch zur Übereinstimmung bringen, daß man in beiden Fällen die gleiche Potentialdifferenz anlegt. Die Stromstärke, welche sich dann ergibt, wird aber im allgemeinen in beiden Gebieten verschieden sein und damit auch die Zahl der Stromlinien. Um auch diese zur Übereinstimmung zu bringen, muß man eines der leitenden Randstücke vergrößern oder verkleinern. Man kann dabei von den Punkten $ABCD$ und $A'B'C'D'$ alle festhalten, bis auf einen, den man zur Vergrößerung oder Verkleinerung eines Randstücks verschieben muß. Mit einer Verschiebung eines Punktes kommt man aber auf alle Fälle aus: Wenn man z. B. den Punkt B' an A' heranrückt, dann wächst die Stromstärke und geht im Grenzfall $\to \infty$. Wenn man umgekehrt den Punkt B' an C' heranrückt, so sinkt die Stromstärke und geht im Grenzfall $\to 0$. Durch Verschieben des Punktes B'

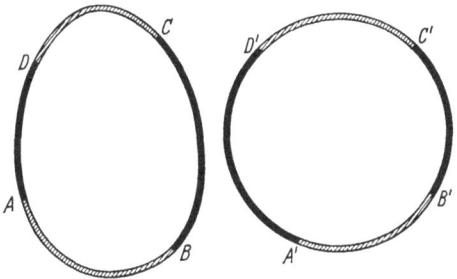

Bild 55
Zuordnung zweier stromdurchflossener Gebiete

kann man also alle Stromstärken zwischen 0 und ∞ erreichen, und demnach auch jene, welche in dem ersten Gebiet herrscht, womit dann die konforme Abbildung der beiden Gebiete ermöglicht ist.

Bei der eben angestellten Überlegung war stillschweigend vorausgesetzt, daß die betrachteten Gebiete schlicht und einfach zusammenhängend sind. Die erstere Eigenschaft besagt, daß in dem Gebiet kein Teil einen anderen überdeckt. Ist das nicht der Fall (Bild 56 und 57), so kann man mittels der Vorstellung der RIEMANNschen Blätter die sich überdeckenden Teile voneinander trennen. Ist die Anordnung der sich überdeckenden Gebietsteile so, daß man sie in nebeneinanderliegende Gebiete deformieren kann, so spricht man von schlichtartigen Gebieten (Bild 56). Man kann die beiden Lappen A und B durch Verkleinern aus den Löchern des darüberliegenden Gebietes herausziehen. Man kann in ihnen ohne weitere Schwierigkeiten Strömungen wie in einem schlichten Gebiet erzeugen. Die konforme Abbildung ist daher auch für solche schlichtartige Gebiete immer möglich, nur ist sie nicht mehr ohne weiteres eindeutig, da einem Punkt der sich überdeckenden Teile verschiedene Punkte des anderen Gebietes entsprechen, je nachdem, zu welchem der übereinanderliegenden RIEMANNschen Blätter man ihn rechnet. Man erreicht aber Eindeutigkeit, wenn man für jeden Punkt

80 IV. Allgemeine Erkenntnisse

außer seiner Lage auf der Fläche auch noch das RIEMANNsche Blatt angibt, zu dem er gehört.

Wenn aber die beiden Lappen A und B des Bildes 56 unterhalb des darüberliegenden Gebietsstücks untereinander verbunden sind (Bild 57), so lassen sie sich nicht mehr durch Verkleinerung aus den Löchern des darüberliegenden Gebietes herausziehen. Das Gebiet ist jetzt nicht mehr schlichtartig[1]. Wenn man in einem solchen Gebiet einen Strom von einem Randstück zu einem anderen erzeugt, so fließt ein Teil des Stromes durch die Verbindungsbrücke der Lappen A und B. In einem

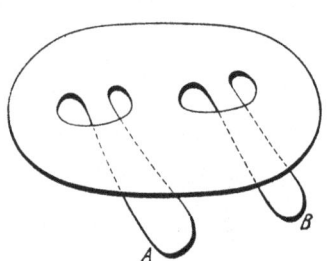
Bild 56. Schlichtartiges Gebiet

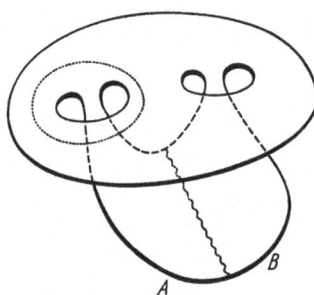
Bild 57. Nichtschlichtartiges Gebiet

schlichten Gebiet besteht für diesen Sonderweg kein Analogon, und deshalb läßt sich ein solches nicht schlichtartiges Gebiet nicht auf ein schlichtes konform abbilden. Man kann es aber auf ein anderes, nicht schlichtartiges Gebiet von gleicher Art[2] abbilden.

Einfach zusammenhängend nennt man solche Gebiete, welche keine Löcher enthalten. Ein Gebiet mit einem Loch im Innern heißt zweifach zusammenhängend, weil man von einem Punkt A zu einem anderen B auf 2 Gruppen von Wegen gelangen kann, von denen die eine auf der einen Seite des Loches, die andere auf der anderen Seite des Loches vorbeigeht (Weg I und II in Bild 58). Hat das Gebiet n Löcher, so

---

[1] Schlichte und schlichtartige Gebiete werden durch jede beliebige in sich zurückkehrende Schnittlinie in zwei getrennte Teile zerlegt (man schneidet ein Loch aus). Bei nicht schlichtartigen Gebieten gibt es in sich zurückkehrende Schnittlinien, durch welche keine vollständige Trennung in 2 Teile erfolgt. Die in Bild 57 punktiert gezeichnete Kreislinie schneidet aus dem oberen Gebietsteil ein rundes Loch aus. Der innere Teil dieses Loches hängt aber durch die Verbindungsbrücke AB noch mit dem äußeren Teil zusammen.

[2] Man unterscheidet nicht schlichte Gebiete von verschiedenem Geschlecht. Gebiete von gleichem Geschlecht lassen sich aufeinander konform abbilden. Ausführlicheres siehe z. B. F. KLEIN: Über Riemanns Theorie der algebraischen Funktionen und ihrer Integrale. Ges. Math. Abh. Bd. III, 501. Berlin: Springer 1923; W. F. OSGOOD: Lehrbuch der Funktionentheorie, Bd. 1, 5. Aufl. Leipzig: B. G. Teubner 1928.

nennt man es entsprechend $(n + 1)$-fach zusammenhängend. Für die konforme Abbildung von zwei zweifach zusammenhängenden Gebieten mittels elektrischer Stromfelder genügt es nicht mehr, in den beiden Gebieten die gleiche Anzahl Potential- und Stromlinien zu haben, sondern es muß auch der rechts oder links vom Loch vorbeigehende Teil der Stromlinien in beiden Gebieten gleich sein, und von den Potentiallinien der vor und hinter dem Loch liegende Teil sowie der auf den Lochrand auftreffende Teil (Bild 59, Stromliniengruppen I und II und Potentialliniengruppen a, b, c). Die richtige Verteilung der Stromlinien auf

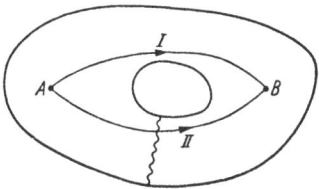

Bild 58
Zweifach zusammenhängendes Gebiet

die beiden Seiten des Loches läßt sich im wesentlichen dadurch erreichen, daß man das leitende Stück $B'C'$ im ganzen verschiebt. Die Gesamtzahl der Stromlinien (die Stromstärke) beeinflußt man im wesentlichen durch Änderung der Länge des leitenden Stückes $B'C'$ (oder $A'D'$). Durch Verschiebung von 2 Punkten (B' und C') hat man es demnach in der Hand, sowohl die richtige Stromstärke als auch die richtige Verteilung auf die beiden durch das Loch getrennten Verbindungswege zu erreichen. Die Verteilung der Potentiallinien läßt sich dadurch beeinflussen, daß man das Verhältnis der Länge der leitenden Stücke $B'C'$ und $A'D'$ ändert, da in der Nähe des kürzeren Stückes die Stromlinien und damit auch die Potentiallinien enger zusammenrücken. Durch Verkleinerung des Stückes $B'C'$ würde man z. B. die Potentiallinien nach diesem Stück hin verschieben. Da aber

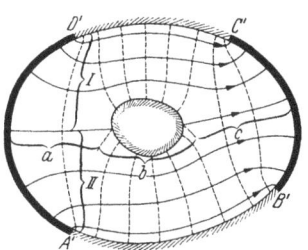

Bild 59. Strömung in einem zweifach zusammenhängenden Gebiet

durch diese Maßnahme auch die Stromstärke verkleinert würde, so muß diese letztere Wirkung durch gleichzeitige Vergrößerung des Stückes $A'D'$ ausgeglichen werden, wodurch ebenfalls eine Verschiebung der Potentiallinien nach $B'C'$ hin aber gleichzeitig eine Vergrößerung der Stromstärke eintritt. Man muß also außer den Punkten B' und C' auch noch einen Punkt des Stückes $A'D'$, z. B. D', verschieben. Es bleibt jetzt nur noch ein Punkt (A') willkürlich. Durch diese Maßnahme läßt sich aber nur das Verhältnis der vor und hinter dem Loch liegenden Potentiallinien (Gruppe a und c, in Bild 59) beeinflussen. Die Forderung, daß eine bestimmte Anzahl Potentiallinien auf den Rand des Loches auftrifft, läßt sich durch Maßnahmen am äußeren Rande des Gebietes nicht erfüllen. Diese Zahl hängt lediglich von der Größe des Loches ab. Schrumpft das Loch zu einem

Punkt zusammen, so geht die Anzahl $\to 0$ (der Punkt hat ein bestimmtes Potential) und dehnt sich das Loch so weit aus, daß es den Außenrand in 2 Punkten berührt, so können alle Potentiallinien auf den Lochrand auftreffen. Zweifach zusammenhängende Gebiete kann man demnach nur dann konform aufeinander abbilden, wenn die Größe der Löcher in einer bestimmten Beziehung zueinander steht. Ist diese Voraussetzung erfüllt, so kann einem willkürlich gewählten Punkt des einen Randes ein willkürlich gewählter Punkt des anderen zugeordnet werden.

Bei mehr als zweifach zusammenhängenden Gebieten treten für jedes neue Loch drei weitere Bedingungen hinzu (Anteil des neuen Verbindungswegs an den Stromlinien und an den Potentiallinien und Anzahl der auf den neuen Lochrand auftreffenden Potentiallinien). Da bei zweifach zusammenhängenden Gebieten nur noch ein willkürlicher Punkt übriggeblieben ist, so kann man diese neuen Forderungen im allgemeinen nicht mehr befriedigen. Man muß für jedes weitere Loch nicht nur die Größe, sondern auch die Lage (2 Koordinaten) in einem der beiden Gebiete frei lassen.

Schrumpft bei zweifach zusammenhängenden Gebieten das Loch auf einen Punkt zusammen, so ist der Anteil der Potentiallinien, welche auf den Lochrand auftreffen, Null. Bei solchen Gebieten ist demnach die Forderung der einander entsprechenden Lochgröße erfüllt, sie lassen sich stets aufeinander abbilden, wobei die Punkte, in welche die ausgearteten Löcher übergingen, einander zugeordnet sind. Wegen dieser Zuordnung je eines Punktes im Innern, für welche gleiches Potential und gleiche Stromfunktion verlangt wird, verhalten sich solche Gebiete wie zweifach zusammenhängende. Man kann daher nur noch je einen Punkt auf den Rändern willkürlich zuordnen. Anstatt der drei willkürlichen Randpunkte bei einfach zusammenhängenden Gebieten kann man demnach auch einen Randpunkt und einen Punkt im Innern willkürlich vorgeben. Daß der Punkt im Innern 2 Randpunkte ersetzt, hängt mit den Bestimmungsstücken zusammen: Ein Randpunkt ist durch eine Angabe festgelegt, z. B. die Entfernung längs des Randes von einem auf dem Rande liegenden Festpunkt. Für einen Punkt im Innern sind 2 Angaben nötig, z. B. die beiden Koordinaten des Punktes in einem festen Koordinatensystem. Anstatt eines Randpunktes kann man auch sonst eine durch eine einzige Angabe ausdrückbare Forderung stellen. So ist z. B. die Abbildung von zwei einfach zusammenhängenden Gebieten eindeutig festgelegt, wenn je ein Punkt im Innern und eine von dem Punkt ausgehende Richtung einander zugeordnet sind (Bild 60).

Für diese Überlegungen hatten wir in den aufeinander abzubildenden Gebieten jeweils durch Anlegen einer Potentialdifferenz an 2 Randstücke ein elektrisches Strömungsfeld erzeugt. Die daraus gewonnenen Folgerungen würden hinfällig für solche Gebiete, in denen dies nicht möglich wäre. Tatsächlich kann man sich Berandungen von Gebieten ausdenken, bei denen man solche Stromfelder nicht erzeugen kann[1]. Praktisch kommen aber solche Berandungen nicht vor, sie haben nur theoretisches Interesse. Wenn man von diesen Ausnahmefällen absieht, ergibt sich aus den geschilderten Überlegungen folgender Schluß (RIEMANNscher Abbildungssatz):

Schlichte oder schlichtartige, einfach zusammenhängende Gebiete lassen sich, abgesehen von praktisch bedeutungslosen Ausnahmefällen, stets eindeutig konform aufeinander abbilden. Dabei können je drei einander zugeordnete Randpunkte oder ein Randpunkt und ein Punkt im Innern

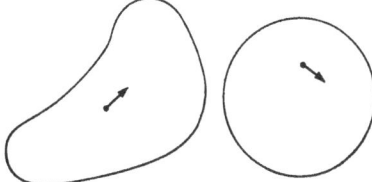

Bild 60. Zuordnung von 2 Punkten und 2 Richtungen

oder ein Punkt und eine Richtung im Innern oder allgemein drei unabhängige Bestimmungsstücke willkürlich gewählt werden.

Vielfach kann man mehrfach zusammenhängende oder nicht schlichte und nicht schlichtartige Gebiete dadurch der konformen Abbildung zugänglich machen, daß man sie durch passende Schnitte in schlichte oder schlichtartige, einfach zusammenhängende Gebiete verwandelt. Bild 57 und 58 zeigen solche Beispiele, in denen dies durch die als Wellenlinien gezeichneten Schnitte erreicht ist. Es ist dabei aber zu beachten, daß die Schnittränder dann selbst einen Teil des Randes des erzeugten einfach zusammenhängenden Gebietes bilden. Man kann diese zerschnittenen Gebiete jetzt grundsätzlich, z. B. auf einen Kreis, abbilden. Für die praktische Verwertung dieser Möglichkeit steht aber meist hindernd im Wege, daß man z. B. zur Berechnung einer Strömung die Randbedingung für den *ganzen* Rand braucht und für die Schnittränder diese Randbedingungen im allgemeinen unbekannt sind. Nur in besonderen Fällen lassen sich die Schnitte so legen, daß auch für sie die Randbedingungen bekannt sind, so insbesondere, wenn gewisse Symmetrieverhältnisse vorliegen. Von dieser Möglichkeit werden wir bei den konformen Abbildungen in Ziffer 70 und 80 Gebrauch machen.

25. Die Potentialgleichung $\Delta \Phi = 0$. Daß elektrische Ströme in flächenhaften Leitern konforme Abbildungen darstellen, beruht auf der Eigentümlichkeit, daß die Strom- und Potentiallinien bei geeigneter Wahl der Einheiten ein Quadratmaschennetz bilden (Ziffer 6). Man kann nun von einem allgemeineren Standpunkte aus fragen, welche geometrischen Eigenschaften die Stromlinien bzw. die Potentiallinien haben müssen, damit man sie durch eine orthogonale Kurvenschar zu einem

---

[1] Vgl. z. B. HURWITZ-COURANT: Allgemeine Funktionentheorie und elliptische Funktionen. 3. Aufl. Berlin: Springer 1929.

Quadratmaschennetz ergänzen kann. Daß nicht jede beliebige Kurvenschar diese Eigenschaft besitzt, zeigen die Beispiele in Bild 61 und 62.

Bild 61 zeigt ausgezogen eine Kurvenschar. Die Kurven bestehen aus Geradenstücken, die unter einem Winkel zusammenstoßen, die Ecken sind passend gerundet. Versucht man, diese Linien als Potentiallinien aufzufassen und die zugehörigen Stromlinien zu zeichnen (gestrichelt), dann geht das dort, wo die angeblichen Potentiallinien gerade sind, sehr gut, aber man weiß nicht, wie man die Stromlinien weiterziehen soll, sobald man in das Knickgebiet kommt. Nur wenn man in diesem Gebiet den überschüssigen Strom ableiten kann, ist es möglich, die erste Kurvenschar wirklich als Potentiallinien aufzufassen. Ähnlich ist es bei dem in Bild 62 dargestellten Fall. Die ausgezogenen Linien sollen auch

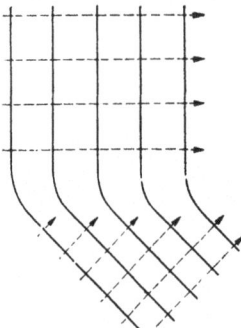
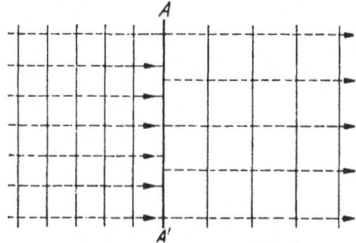

Bild 61 u. 62. Linien, welche sich nicht überall als Quadratnetze fortsetzen lassen

hier wieder Potentiallinien darstellen. Versucht man jetzt Stromlinien so zu zeichnen, daß zwischen je zweien der gleiche Strom J_0 durchfließt, daß sie also mit den Potentiallinien Quadratmaschen bilden, so kann man sie für die linke und die rechte Hälfte allein leicht konstruieren. Die beiden Stromnetze passen aber an der Linie AA' nicht aneinander. Erst wenn man auf der Linie AA' den von links zuviel kommenden Strom abführt, ist der Anschluß der Netze möglich.

Die beiden Beispiele zeigen deutlich: Man kann nur dann eine Kurvenschar als Potentiallinien auffassen, wenn für jedes beliebig herausgegriffene Gebiet die zugeführte Strommenge gleich der abgeführten ist. Man bezeichnet diese Forderung als Kontinuitätsbedingung. Wir wollen versuchen, eine kurze Formel für diese Kontinuitätsbedingung aufzustellen. Bild 63 zeigt ein kleines rechteckiges, nach den Koordinaten x und y ausgerichtetes Gebiet mit den Seitenlängen λ_x und λ_y. Die Komponenten der Stromdichte in diesen Achsenrichtungen seien j_x und j_y. Bei einer Schichtdicke h und einem spez. Widerstand w wird dann links der Strom $j_x \lambda_y h/w$ zugeführt, rechts $\left(j_x + \dfrac{\partial j_x}{\partial_x} \lambda_x\right) \lambda_y h/w$ abgeführt; von unten wird $j_y \lambda_x h/w$ zugeführt, oben wird $\left(j_y + \dfrac{\partial j_y}{\partial_y} \lambda_y\right) \lambda_x h/w$

25. Die Potentialgleichung $\Delta\Phi = 0$

abgeführt. Soll die Kontinuität gewahrt werden, dann muß

$$\left(j_x + \frac{\partial j_x}{\partial x}\lambda_x - j_x\right)\lambda_y + \left(j_y + \frac{\partial j_y}{\partial y}\lambda_y - j_y\right)\lambda_x = 0 \qquad (25,1)$$

oder

$$\frac{\partial j_x}{\partial x} + \frac{\partial j_y}{\partial y} = 0 \qquad (25,2)$$

sein. Nun ist aber nach Gl. (8,3) und (8,4)

$$j_x = \frac{\partial \Phi}{\partial x} \quad \text{und} \quad j_y = \frac{\partial \Phi}{\partial y}; \qquad (25,3)$$

damit ergibt sich als Kontinuitätsbedingung die Gleichung

$$\frac{\partial^2 \Phi}{\partial x^2} + \frac{\partial^2 \Phi}{\partial y^2} = 0.$$

Für den links stehenden Ausdruck ist zur Abkürzung die Schreibweise $\Delta\Phi$ gebräuchlich. Die Bedingung, daß sich eine Funktion Φ als Poten-

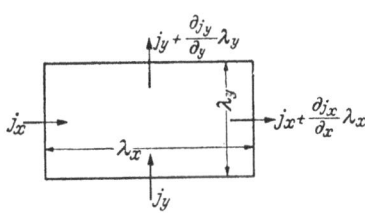

Bild 63. Zur Kontinuitätsbedingung

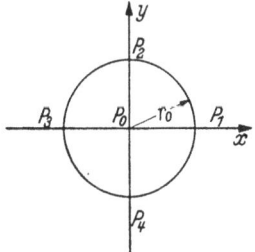

Bild 64
Mittelwertbildung über 4 Kreispunkte

tial eines elektrischen Stromes auffassen läßt, ist also

$$\Delta\Phi = \frac{\partial^2 \Phi}{\partial x^2} + \frac{\partial^2 \Phi}{\partial y^2} = 0. \qquad (25,4)$$

Man nennt diese Gleichung deshalb *Potentialgleichung*.

Da man Strom- und Potentiallinien vertauschen kann, so gilt für die Stromfunktion Ψ die gleiche Bedingung

$$\Delta\Psi = \frac{\partial^2 \Psi}{\partial x^2} + \frac{\partial^2 \Psi}{\partial y^2} = 0. \qquad (25,5)$$

Man kann die Kontinuitätsbedingung auch noch in einer etwas anderen Form formulieren: Auf dem Umfang eines Kreises mit dem Radius r sei der Verlauf des Potentials Φ gegeben. Damit die Kontinuität erfüllt ist, muß ebensoviel Strom in den Kreis hinein- wie herausfließen. Dies ist der Fall, wenn das Integral der radial nach außen gerichteten Normalkomponente der Stromdichte $j_r = \partial\Phi/\partial r$ über dem Kreisumfang Null ist. Es muß also

$$\int_0^{2\pi} \left(\frac{\partial \Phi}{\partial r}\right) r\, d\varphi = 0 \qquad (25,6)$$

IV. Allgemeine Erkenntnisse

sein. Da hierbei der Radius r konstant ist, so kann man dafür auch schreiben

$$\int_0^{2\pi} \left(\frac{\partial \Phi}{\partial r}\right) d\varphi = 0. \qquad (25,7)$$

Da weiterhin diese Bedingung für jeden Radius r gilt, können wir sie auch für alle konzentrischen Kreise innerhalb eines Kreises r_1 aufstellen und über r integrieren:

$$\int_0^{r_1}\int_0^{2\pi} \frac{\partial \Phi}{\partial r} d\varphi\, dr = \int_0^{2\pi} (\Phi - \Phi_0)\, d\varphi = 0, \qquad (25,8)$$

wobei das Integral von 0 bis 2π über diesen Kreis zu erstrecken ist und Φ_0 das Potential im Mittelpunkt dieses Kreises (untere Integralgrenze: $r = 0$) bedeutet. Man kann dieses Ergebnis anschaulich auch so verstehen: Die Strommenge, die vom Mittelpunkte nach einem Bogenstück $r\,d\varphi$ des Randes hinströmt, ist proportional der Spannungsdifferenz $\Phi - \Phi_0$. Gl. (25,8) besagt, daß die ganze Strommenge, die nach dem Rand hin fließt, Null sein muß.

Aus Gl. (25,8) ergibt sich

$$\int_0^{2\pi} \Phi\, d\varphi = 2\pi \Phi_0. \qquad (25,9)$$

Die Kontinuität ist also nur dann erfüllt, wenn das Potential Φ_0 im Mittelpunkt der Mittelwert der Potentiale auf dem Kreisrand ist. Daraus folgt, daß die Potentialfunktion weder ein Maximum noch ein Minimum im Innern des Bereichs haben kann, in dem sie definiert ist.

Auch die zuerst aufgestellte Bedingung

$$\Delta \Phi = \frac{\partial^2 \Phi}{\partial x^2} + \frac{\partial^2 \Phi}{\partial y^2} = 0$$

kann man als Forderung einer Mittelwertbildung auffassen (Bild 64). In einem Punkte P_0 herrsche das Potential Φ_0; in den 4 Punkten P_1, P_2, P_3, P_4, die von P_0 in der x- und y-Richtung um die kleine Strecke r_0 entfernt sind, seien die Potentiale $\Phi_1, \Phi_2, \Phi_3, \Phi_4$. Entwickelt man das Potential vom Punkt P_0 aus in eine Taylorreihe, so erhält man

$$\left.\begin{aligned}
\Phi_1 &= \Phi_0 + \left(\frac{\partial \Phi}{\partial x}\right)_0 r_0 + \frac{1}{2}\left(\frac{\partial^2 \Phi}{\partial x^2}\right)_0 r_0^2 + \cdots \\
\Phi_2 &= \Phi_0 + \left(\frac{\partial \Phi}{\partial y}\right)_0 r_0 + \frac{1}{2}\left(\frac{\partial^2 \Phi}{\partial y^2}\right)_0 r_0^2 + \cdots \\
\Phi_3 &= \Phi_0 - \left(\frac{\partial \Phi}{\partial x}\right)_0 r_0 + \frac{1}{2}\left(\frac{\partial^2 \Phi}{\partial x^2}\right)_0 r_0^2 + \cdots \\
\Phi_4 &= \Phi_0 - \left(\frac{\partial \Phi}{\partial y}\right)_0 r_0 + \frac{1}{2}\left(\frac{\partial^2 \Phi}{\partial y^2}\right)_0 r_0^2 + \cdots
\end{aligned}\right\} \qquad (25,10)$$

25. Die Potentialgleichung $\Delta \Phi = 0$

Der Mittelwert dieser 4 Potentiale ist

$$\frac{1}{4}(\Phi_1 + \Phi_2 + \Phi_3 + \Phi_4) = \Phi_0 + \frac{r_0^2}{4}\left[\left(\frac{\partial^2 \Phi}{\partial x^2}\right)_0 + \left(\frac{\partial^2 \Phi}{\partial y^2}\right)_0\right] + \cdots. \quad (25,11)$$

Wenn der Radius r_0 des Kreises hinreichend klein ist, so kann man die höheren Glieder vernachlässigen. $\Delta \Phi = \dfrac{\partial^2 \Phi}{\partial x^2} + \dfrac{\partial^2 \Phi}{\partial y^2}$ bezeichnet dann also bis auf den Faktor $r_0^2/4$ die Abweichung des Mittelwertes $(\Phi_1 + \Phi_2 + \Phi_3 + \Phi_4)/4$ vom Wert in der Mitte. Soll diese Abweichung Null sein, dann muß $\Delta \Phi = 0$ sein.

Nun wundert man sich vielleicht, daß $\Delta \Phi = 0$ eine Aussage über das Potential in nur 4 Punkten ist, während die Bedingung 25,9

$$\int_0^{2\pi} \Phi \, d\varphi = 2\pi \, \Phi_0$$

die Werte Φ auf einem ganzen Kreis einbezieht. In Bild 65 ist z. B. auf dem Rande eines Kreises eine Verteilung des Potentials Φ dargestellt, bei der in den 4 Richtungen $\pm x$, $\pm y$ jeweils ein Maximum und in den vier dazwischenliegenden Richtungen $\pm x'$, $\pm y'$ ein Minimum liegt. In diesem Falle ist offenbar der Mittelwert der Potentiale in den 4 Schnittpunkten des Kreises mit der x- und y-Achse größer als der Mittelwert des ganzen Kreisumfangs. Wählt man aber die Achsen x' und y' als Koordinatenachsen, die um 45° gegen das erste Koordinatensystem gedreht sind, so ist der Mittelwert der Potentiale in den 4 Schnittpunkten mit diesen Achsen kleiner als der Mittelwert des ganzen Kreises.

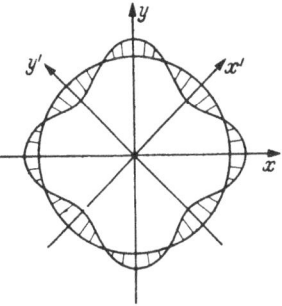

Bild 65. Potentialverteilung auf einem Kreise

Zu dem gleichen Ergebnis kommt man auch durch folgende Überlegung. Man kann $\dfrac{\partial^2 \Phi}{\partial x^2}$ bzw. $\dfrac{\partial^2 \Phi}{\partial y^2}$ als ein Maß der Krümmung der über die x-y-Ebene aufgetragenen Φ-Fläche in der x- bzw. y-Richtung auffassen. Die Gleichung $\Delta \Phi = 0$ besagt dann, daß das Mittel aus diesen Krümmungsmaßen in zwei zueinander senkrechten Richtungen Null sein muß. Dabei ist es auch hierbei gleichgültig, welche zwei zueinander

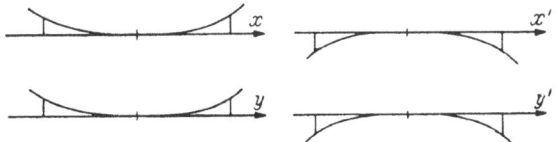

Bild 66. Potentialverteilung auf 4 Durchmessern

88   IV. Allgemeine Erkenntnisse

senkrechte Richtungen man wählt. In Bild 66 sind zwei derartige Schnitte einmal in der x- und y-Richtung und einmal in der x'- und y'-Richtung aufgezeichnet. Dem Augenschein nach hat man den Eindruck, daß im ersteren Falle, wo beide Schnittlinien mit ihrer hohlen Seite nach oben zeigen, $(\partial^2\Phi/\partial x^2) + (\partial^2\Phi/\partial y^2) > 0$ und im zweiten Falle, wo beide nach unten zeigen, <0 ist, daß also der Wert von $\Delta\Phi$ von der Wahl der Koordinaten abhängig sei.

Die Erklärung dieser scheinbaren Widersprüche liegt darin, daß $\partial^2\Phi/\partial x^2$ und $\partial^2\Phi/\partial y^2$ nur das Verhalten des Potentials in einem unendlich kleinen Gebiet beschreiben, während wir einen Kreis von endlichem Radius betrachtet haben. Für diesen ist die schärfere Bedingung $\int_0^{2\pi} \Phi\, d\varphi = 2\pi\, \Phi_0$ erforderlich. Da aber dieses der Anschauung etwas widersprechende Verhalten doch zu einer weiteren Klarstellung herausfordert, so wollen wir für ein auf dem Rand eines Kreises beliebig gegebenes Potential das Verhalten im Mittelpunkt genauer betrachten.

Die Unterlagen für eine solche Betrachtung sind in Ziffer 13 gegeben. Wir drücken das Potential durch eine Fourierreihe

$$\Phi = \Phi_0 + a_1 \cos\varphi + a_2 \cos 2\varphi + a_3 \cos 3\varphi + \cdots$$
$$+ b_1 \sin\varphi + b_2 \sin 2\varphi + b_3 \sin 3\varphi + \cdots \qquad (25{,}12)$$

aus und betrachten zunächst das Verhalten einer Teilströmung, welche am Rande den Verlauf

$$\Phi_n = a_n \cos n\varphi + b_n \sin n\varphi \qquad (25{,}13)$$

hat. Die Gesamtströmung ergibt sich durch Überlagerung solcher Teilströmungen. Nach dem in Ziffer 13 gefundenen Ergebnis ist das Potential dieser Teilströmung im Innern des Kreises für einen Punkt mit den Polarkoordinaten r und φ gegeben durch den Ausdruck

$$\Phi_n = \left(\frac{r}{r_0}\right)^n (a_n \cos n\varphi + b_n \sin n\varphi), \qquad (25{,}14)$$

wobei r_0 den Radius des Kreisrandes bedeutet. Durch zweimaliges Differenzieren nach r ergibt sich

$$\frac{\partial^2 \Phi_n}{\partial r^2} = n(n-1)\frac{r^{n-2}}{r_0^n}(a_n \cos n\varphi + b_n \sin n\varphi). \qquad (25{,}15)$$

Dieser Ausdruck, welcher das Krümmungsmaß der Φ-Fläche in radialer Richtung darstellt, wird wegen des Faktors r^{n-2} im Mittelpunkt des Kreises, d. h. für $r = 0$ immer Null, wenn $n > 2$ ist. Alle Teilströmungen, welche den Fouriergliedern mit $n > 2$ entsprechen, d. h. welche mehr als 2 Maxima und Minima auf dem Kreisumfang haben, tragen also zur Krümmung der Fläche im Mittelpunkt überhaupt nichts bei. Diese Teilströme spielen sich zum weitaus größten Teil in der Nähe des Randes ab, da hier ja die Wege zum Ausgleich der Potentialunterschiede am kürzesten sind. Sie klingen nach innen zu so stark ab, daß sie keinen Einfluß auf die Potentialverteilung in der nächsten Umgebung des Mittelpunktes mehr haben. Für die beiden Fourierglieder mit $n = 1$ wird $\partial^2\Phi/\partial r^2$ wegen des Faktors $(n-1)$ in Gl. (25,15) ebenfalls Null. Auf die Krümmung im Mittelpunkt ist demnach nur die Teilströmung

$$\Phi_2 = a_2 \cos 2\varphi + b_2 \sin 2\varphi \qquad (25,16)$$

von Einfluß. Es ist dies die gleiche Sattelpunktströmung, welche bereits in Ziffer 12 (Bild 23) behandelt wurde. Wenn man die dort dargestellte

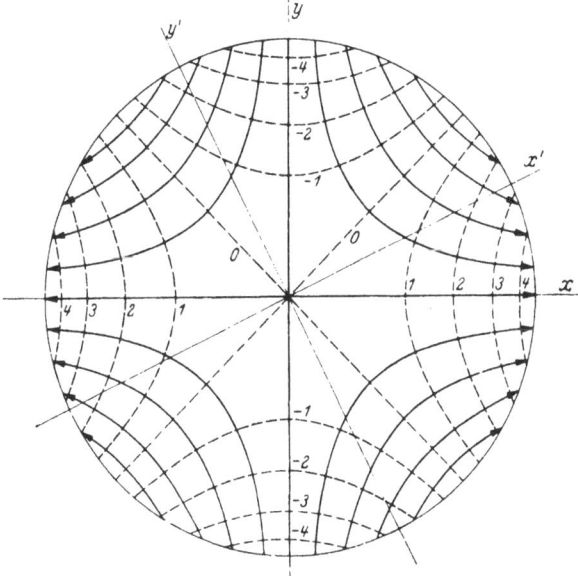

Bild 67. Strom- und Potentiallinien zu einer Potentialverteilung am Kreisrand, welche proportional $\cos 2\varphi$ ist

Halbebene zu einer vollen Ebene ergänzt, so entsteht eine Strömung, welche von zwei entgegengesetzten Seiten auf den Mittelpunkt zu, und senkrecht dazu nach zwei entgegengesetzten Seiten abströmt (Bild 67). Bei dieser Verteilung des Potentials ergeben sich für zwei beliebige, zueinander senkrechte Schnitte x', y' (Bild 67) immer zwei kongruente Schnittfiguren, von denen die eine nach oben, die andere nach unten gekrümmt ist. Die Summe der Krümmung $(\partial^2\Phi/\partial x'^2) + (\partial^2\Phi/\partial y'^2)$ ist demnach hier auch dem Augenschein nach Null.

Die Eigenschaft einer flächenhaften elektrischen Strömung, welche ihren Zusammenhang mit konformen Abbildungen bedingt, findet nach den vorstehenden Überlegungen mathematisch ihren Ausdruck darin, daß gewisse Größen dieser Strömung, nämlich das Potential Φ und die

Stromfunktion Ψ der Gleichung $\varDelta\Phi = 0$ bzw. $\varDelta\Psi = 0$ genügen. Man kann daher auch bei anderen physikalischen Vorgängen immer dann einen Zusammenhang mit konformen Abbildungen erwarten, wenn bei diesen Vorgängen eine Größe Φ der Gleichung $\varDelta\Phi = 0$ genügt. Im folgenden V. Abschnitt werden einige solcher Vorgänge besprochen werden, ohne daß damit die Reihe derselben vollständig erschöpft wäre. Außer solchen Vorgängen, welche durch die Gleichung $\varDelta\Phi = 0$ dargestellt werden, sind vielfach auch noch solche der Behandlung durch konforme Abbildungen zugänglich, welche der Gleichung $\varDelta\Psi = $ konst. genügen. Wir werden in Ziffer 34 bis 36 und 40 bis 42 auch Beispiele hierfür kennenlernen.

Im allgemeinen besteht die Aufgabe darin, die physikalischen Vorgänge, die der Gleichung $\varDelta\Psi = 0$ bzw. $\varDelta\Phi = $ konst. genügen, in irgendeinem Gebiet zu berechnen, wobei am Rande des Gebietes gewisse Bedingungen, die sog. *Randbedingungen*, zu erfüllen sind, z. B. daß der Rand stromundurchlässig oder vollkommen leitfähig ist. Zur Lösung der Aufgabe bildet man das Gebiet konform auf einen Kreis ab, so daß jetzt die Randbedingungen am Kreisumfang gegeben sind und die in Ziffer 13 und 16 geschilderten Verfahren anwendbar werden. Erforderlich ist, daß die Randbedingungen nicht nur längs eines Teiles des Randes, sondern längs des ganzen Randes gegeben sind.

Je nachdem, welche Größen längs des Randes gegeben sind, unterscheidet man verschiedene Randwertaufgaben. Ist das Potential gegeben, so spricht man von einer Randwertaufgabe erster Art. Ist das Potentialgefälle $\partial\Phi/\partial n$, bei unseren elektrischen Beispielen also die Stromdichte, senkrecht zum Rand gegeben, so liegt eine Randwertaufgabe zweiter Art vor. Integriert man diese Stromdichte längs des Randes, so erhält man die durch den Rand fließende Strommenge, also die Stromfunktion Ψ. Da für die Stromfunktion aber ebenfalls die Gleichung $\varDelta\Psi = 0$ gilt, so ist damit die Aufgabe zweiter Art auf eine erster Art zurückgeführt.

Wesentlich schwieriger ist die Randwertaufgabe dritter Art, bei der längs des Randes teilweise das Potential und teilweise das Potentialgefälle $\partial\Phi/\partial n$ oder lineare Kombinationen von beiden $a\Phi + b(\partial\Phi/\partial n)$ gegeben sind. Allgemeine Verfahren zur Lösung dieser Aufgaben dritter Art sind nicht bekannt. Vielfach liegt der Sonderfall vor, daß längs des Randes stückweise $\Phi = $ konst. und stückweise $\partial\Phi/\partial n = 0$ (oder $\Psi = $ konst.) gegeben ist (stark leitende und isolierende Randstücke). Ein Beispiel hierfür war in Ziffer 9 gegeben und wurde dort mittels des elektrischen experimentellen Verfahrens gelöst. Rechnerisch kann man solchen Aufgaben manchmal in der Weise beikommen, daß man den Rand auf eine eckige Kontur abbildet. In einem Rechteck, das parallel zu 2 Begrenzungsseiten vom Strom durchflossen wird, hat man

z. B. eine triviale Lösung einer Randwertaufgabe dritter Art: 2 Seiten stromundurchlässig, an den beiden anderen Seiten jeweils $\Phi = $ konst. Konforme Abbildungen solcher Rechtecke werden in Ziffer 68 und 69 sowie im Abschnitt X behandelt werden. Doch sind die durch derartige Wege gegebenen Möglichkeiten auf Sonderfälle beschränkt.

Fünfter Abschnitt

Auftreten der konformen Abbildung in anderen Gebieten der Physik

26. Wärmeleitung. Die Wärmeleitung unterliegt ganz ähnlichen Gesetzen wie die Leitung elektrischer Ströme. Man kann in einem flächenhaften Leiter Linien konstanter Temperatur und Stromlinien senkrecht dazu ziehen, ganz analog den elektrischen Potential- und Stromlinien. Ist l der Abstand zweier Linien mit den Temperaturen T_1 und T_2 und a der Abstand zweier Stromlinien, so ist bei einer Schichtdicke h der leitenden Fläche die Wärmemenge $\dot{Q}$, die in der Zeiteinheit zwischen diesen beiden Stromlinien fließt, proportional dem Temperaturgefälle $(T_1 - T_2)/l$ und umgekehrt proportional dem Querschnitt $a h$:

$$\dot{Q} = \frac{T_1 - T_2}{l} a h \lambda. \tag{26,1}$$

Dabei ist λ eine Materialkonstante, die man Wärmeleitfähigkeit nennt. Diese Beziehung entspricht ganz dem in Gl. (6,3) gegebenen Zusammenhang zwischen elektrischem Strom und elektrischer Spannung. λ entspricht dabei dem reziproken elektrischen spez. Widerstand $1/w$. Um unseren Potentialbegriff Φ auch hier zu verwenden, brauchen wir nur

$$T_1 - T_2 = \Phi_2 - \Phi_1 \tag{26,2}$$

zu setzen. Dabei lassen wir das Potential mit abnehmender Temperatur zunehmen, um die in der Fußnote 2 S. 10 erwähnte Forderung zu erfüllen, daß das Potential in Strömungsrichtung zunehmen soll.

Wegen dieser Übereinstimmung in den Grundgesetzen kann man alle bei den elektrischen Stromfeldern angestellten Überlegungen auch auf die Wärmeströmung übertragen. Wenn man analog Gl. (6,6) den Stromlinien eine Stromfunktion

$$\Psi = \frac{\dot{Q}}{h \lambda} \tag{26,3}$$

zuordnet, so bilden die jeweils um gleiche Unterschiede Ψ_0 und Φ_0 von Stromfunktion und Potential fortschreitenden Strom- und Potentiallinien Quadratmaschennetze. Der elektrischen Stromdichte j entspricht eine Wärmestromdichte

$$j = \frac{\Psi_0}{a}. \tag{26,4}$$

Bei der praktischen Behandlung von Aufgaben der Wärmeströmung besteht aber doch gegenüber den entsprechenden elektrischen Aufgaben ein Unterschied. Während sich elektrisch isolierende oder stark leitende Ränder ziemlich leicht hinreichend gut verwirklichen lassen, ist es sehr viel schwerer, Ränder mit ausreichender Undurchlässigkeit für Wärme und Ränder mit sehr hoher Leitfähigkeit herzustellen. Meistens werden die Ränder eine gewisse Leitfähigkeit haben. Es kommen dann die in Ziffer 21 erörterten Spiegelungsgesetze zur Geltung, wenn auch vielfach nur in Form von kleinen Korrekturen. Außerdem ist es auch schon schwierig, überhaupt die Strömung vollständig in einer Schicht von gegebener Dicke verlaufen zu lassen, da man die Begrenzungsflächen dieser Schicht oft nicht hinreichend wärmeundurchlässig machen kann. In dieser Hinsicht ist es günstig, wenn die Schicht einigermaßen dick ist, so daß der in ihr verlaufende Wärmestrom groß ist gegenüber den Wärmeverlusten an den Begrenzungsflächen der Schicht.

27. Elektrostatische und magnetische Felder. Zwei elektrisch geladene Körper stoßen sich ab, wenn sie gleichsinnig, d. h. beide entweder positiv oder beide negativ geladen sind; sie ziehen sich an, wenn sie ungleichsinnig, d. h. der eine positiv, der andere negativ geladen sind. Für hinreichend kleine Körper, deren Abmessungen gegenüber ihrem Abstand vernachlässigt werden können (punktförmige Ladungen), ist die abstoßende Kraft K gegeben durch die Formel

$$K = k \frac{Q_1 Q_2}{r^2}, \tag{27,1}$$

wobei Q_1 und Q_2 die Ladungen der beiden Körper, und r ihren Abstand bedeuten. k ist eine vom Zwischenmedium abhängige Konstante, die sog. Dielektrizitätskonstante. Man pflegt die Einheit der Ladung so zu wählen, daß für den leeren Raum (praktisch auch für Luft) $k = 1$ wird. Die Richtung der Kraft fällt mit der Richtung des Abstandes r zusammen. Sind mehrere geladene Körper vorhanden, so überlagern sich die jeweils auf einen der Körper mit der Ladung Q von allen anderen ausgeübten Kräfte geometrisch, d. h., sie setzen sich nach dem Kräfteparallelogramm zu einer resultierenden Kraft K zusammen. Dividiert man diese resultierende Kraft durch die Ladung Q des betreffenden Körpers, so erhält man eine Größe

$$\mathfrak{E} = K/Q, \tag{27,2}$$

die man elektrische *Feldstärke* nennt. Sie hat die gleiche Richtung wie die Kraft K und hängt nur von der Größe und Verteilung der verschiedenen anderen Ladungen ab. Linien, deren Tangenten überall in Richtung der Feldstärke liegen, nennt man *Kraftlinien*.

Bewegt man einen Körper mit der Ladung Q in einem irgendwie zusammengesetzten Felde von einem Punkte A nach einem anderen Punkte B, so muß man, je nach der Richtung der auf den Probekörper wirkenden Kraft, entweder Arbeit leisten oder Arbeit gewinnen. Diese Arbeit hängt bei gegebenem Felde nur von der Lage der beiden Punkte A und B, nicht aber von dem Wege ab, auf dem man den Körper von A nach B bewegt. Würde man nämlich auf zwei verschiedenen Wegen verschiedene Arbeit leisten müssen, so würde man ein Perpetuum mobile erhalten, indem man den Körper auf dem einen Wege, der die geringere Arbeit erfordert, hin- und auf dem anderen Wege, der dann eine größere Arbeit liefert, zurückbewegt. Dabei würde sich demnach ein Arbeitsgewinn ergeben, der sich durch beliebige Wiederholung dieses Kreislaufs dauernd vermehren ließe. Die bei der Bewegung der Einheitsladung von A nach B zu leistende oder zu gewinnende Arbeit ist also eine für die beiden Punkte in dem betreffenden Felde eigentümliche Größe; man nennt sie die Potentialdifferenz der beiden Punkte. Wenn man irgendeinem Punkte des Feldes das Potential Null zuteilt, so hat jeder andere Punkt des Feldes ein bestimmtes Potential, das gleich der Arbeit ist, welche beim Verschieben der Einheitsladung von dem willkürlichen Nullpunkt nach dem betreffenden Punkt frei wird.

Für die konforme Abbildung interessieren nur zweidimensionale Kraftfelder. Solche entstehen durch zylindrische Ladungsverteilungen. Die einfachste Form einer solchen Ladungsverteilung, aus der man durch Zusammensetzung beliebig kompliziertere aufbauen kann, ist die unendlich lange gerade Linie mit konstanter Ladungsbelegung.

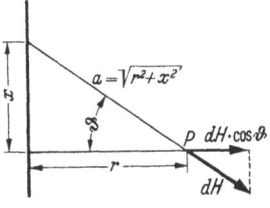

Bild 68
Zur Berechnung der Feldstärke eines geraden Leiters

Ist die Ladung je Längeneinheit q, so bewirkt ein Element dx der Geraden in einem Punkte P im Abstand r von der Geraden, und im Abstande $a = \sqrt{r^2 + x^2}$ von dem Element (Bild 68) eine Feldstärke

$$d\mathfrak{E} = \frac{q\,dx}{a^2}. \tag{27,3}$$

Bei der Summierung der Wirkungen aller Elemente heben sich die Komponenten der Feldstärke parallel zur Geraden aus Symmetriegründen fort. Es summieren sich nur die in die radiale Richtung fallenden Komponenten $d\mathfrak{E}\cos\vartheta$. Dabei ist $\tan\vartheta = \dfrac{x}{r}$, mithin $dx = \dfrac{r}{\cos\vartheta^2}\,d\vartheta$ und $a = \dfrac{r}{\cos\vartheta}$. Die radial gerichtete Feldstärke der ganzen Geraden ergibt sich demnach durch Integration der Wirkungen der Elemente zu

$$\mathfrak{E} = \int_{-\infty}^{+\infty} \frac{q\,dx}{a^2} \cos\vartheta = \frac{q}{r} \int_{-\pi/2}^{+\pi/2} \cos\vartheta\,d\vartheta = \frac{2q}{r}. \tag{27,4}$$

In einer Schnittebene senkrecht zur geladenen Achse sind die Kraftlinien gerade Strahlen wie die Stromlinien einer Quelle. Zwischen einer Nullkraftlinie und einer dazu unter einem Winkel φ verlaufenden fließt ein *Kraftfluß* $\mathfrak{E}\,r\,\varphi$. Ganz entsprechend der Stromfunktion bei elektrischen Strömen in einer leitenden Platte (Gl. 10,3) kann man auch hier eine Kraftfunktion

$$\Psi = \mathfrak{E}\,r\,\varphi = 2q\,\varphi \tag{27,5}$$

definieren. Der Stromdichte j entspricht die Feldstärke $\mathfrak{E}$, die man entsprechend als Kraftliniendichte bezeichnen kann.

Die Potentialflächen sind Zylinderflächen mit dem geladenen geraden Faden als Achse. Die Potentialdifferenz zwischen 2 Punkten mit den Abständen r und r_0 von der Achse ist

$$\Phi - \Phi_0 = \int_{r_0}^{r} \mathfrak{E}\,dr = 2q \ln\frac{r}{r_0}. \tag{27,6}$$

Diese Potentialverteilung ist die gleiche wie nach Gl. (10,6) bei der radialen Strömung einer Quelle von der Ergiebigkeit E in einer leitenden Platte, wenn man

$$2q = \frac{E}{2\pi} \tag{27,7}$$

macht. Kraft- und Potentiallinien bilden dann auch das gleiche Quadratmaschennetz wie Strom- und Potentiallinien bei der entsprechenden radialen Strömung.

Durch Überlagerung solcher Kraftlinien- und Potentialfelder ergeben sich die gleichen Felder wie durch Überlagerung von entsprechenden Stromlinien- und Potentialfeldern. Da sich bei letzteren durch solche Überlagerungen immer wieder Quadratmaschennetze ergeben, bei denen die Gleichung $\Delta\Phi = 0$ erfüllt ist, so ist dies auch bei den Kraftlinien- und Potentialfeldern der Fall, welche durch Überlagerung von parallelen geradlinigen Ladungen entstehen. Da sich nun alle Ladungsverteilungen, welche ebene Kraftlinienfelder ergeben, aus solchen parallelen geradlinigen Elementen zusammensetzen, so sind die ebenen Felder stets durch Quadratmaschennetze aus Kraft- und Potentiallinien darstellbar, sind also durch konforme Abbildung ineinander überzuführen.

Ein Beispiel für ein Feld, welches sich durch einfache Überlagerung von elementaren Ladungen errechnen läßt, ist in Bild 69 dargestellt. Es ist das Kraftlinienfeld von sieben parallelen Drähten in symmetri-

27. Elektrostatische und magnetische Felder

scher Anordnung, von denen die äußeren 6 Drähte je Längeneinheit gleiche Ladung und der mittlere die entgegengesetzte 6fache Ladung haben.

In einem leitenden Körper ist die elektrische Ladung beweglich. Infolge der gegenseitigen Abstoßung der einzelnen Ladungsteilchen drängt sich die Ladung stets an die Oberfläche des Körpers und verteilt sich dort so, daß die Oberfläche eine Fläche konstanten Potentials

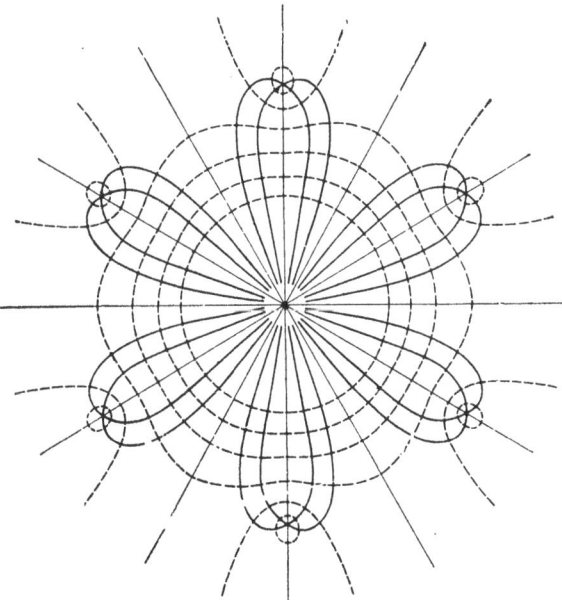

Bild 69. Kraft- und Potentiallinien im Felde eines Drahtes mit sechs ihn umgebenden Drähten

wird. Wären nämlich auf der Oberfläche Potentialunterschiede vorhanden, so würden auf die Ladungsteile Kräfte wirken, welche diese so weit verschieben, bis Gleichgewicht, d. h. konstantes Potential vorhanden ist. Bei einem geladenen Körper von endlicher Ausdehnung ist daher die Verteilung der Ladung nicht von vornherein bekannt, so daß man das Feld durch Überlagerung bestimmen könnte. Das Feld bestimmt sich hierbei vielmehr aus der Bedingung, daß das Potential auf der Oberfläche konstant ist. Bei zweidimensionalen Anordnungen läßt sich hieraus das Feld durch konforme Abbildung ermitteln. Man bildet das Außengebiet des Körperquerschnittes auf das Außengebiet eines Kreises ab. Das zugehörige Feld ist dann bekannt: Die Potentiallinien sind konzentrische Kreise, die Kraftlinien radiale Strahlen. Durch die umgekehrte Abbildung, durch die der Kreis in den Umriß des Körperquerschnittes übergeht, geht das Feld des Kreises in das Feld des

Körpers über. In der folgenden Ziffer ist als Beispiel das Feld eines geladenen geraden Blechstreifens ermittelt.

Ganz entsprechend wie die eben betrachteten elektrostatischen Felder verhalten sich magnetische Felder. In ihnen erfährt ein Magnetpol eine Kraft nach denselben Gesetzen wie eine elektrische Ladung in einem elektrostatischen Felde. Der Ladung entspricht die Polstärke der elektrischen Feldstärke, den elektrischen Kraftlinien und dem elektrischen Potential entsprechen die magnetische Feldstärke, die magnetischen Kraftlinien und das magnetische Potential, der Dielektrizitätskonstante die Permeabilität. Die magnetischen Kraftlinien gehen von gewissen Stellen eines magnetischen Körpers aus und laufen wieder an anderen Stellen in denselben hinein.

Bei ferromagnetischen Stoffen, z. B. Eisen, ist die Permeabilität sehr viel größer als in Luft. Für den Kraftlinienverlauf im Innern solcher Körper liegen daher ganz ähnliche Voraussetzungen vor wie für den Stromlinienverlauf in leitenden Flächen, die von einem nichtleitenden Rand umgeben sind. Nur kommt es hier häufig vor, daß die Kraftlinien nicht vollständig im Innern des ferromagnetischen Körpers verlaufen, so daß sie irgendwo in Luft austreten. Hier spielt dann der Unterschied in der Permeabilität die gleiche Rolle wie die verschiedene Leitfähigkeit bei elektrischen Stromfeldern, und die in Ziffer 21 abgeleiteten Gesetze lassen sich auf den Kraftlinienverlauf übertragen.

Magnetische Felder sind auch in der Umgebung eines stromdurchflossenen Leiters vorhanden (elektromagnetische Felder). Bei einem geraden Leiter, den wir uns unendlich dünn vorstellen wollen, sind die Kraftlinien konzentrische Kreise, deren Mittelpunkt im Leiter liegt. Das Kraft- und Potentiallininennetz in einer zum Leiter senkrechten Schnittfläche entspricht dem Strom- und Potentialliniennetz eines Wirbels.

Während bei allen bisher betrachteten Fällen die Kraftlinien irgendwo einen Anfang und ein Ende hatten, treten im Felde eines stromdurchflossenen Leiters Kraftlinien auf, welche in sich geschlossene Kurven bilden. Wenn man auf einer Kraftlinie in Richtung der Feldstärke weitergeht, so wächst das Potential ständig an. Bei den bisher betrachteten Fällen wächst das Potential vom Anfang der Stromlinie bis zu ihrem Ende. Jeder Stelle der Stromlinie kommt daher nach Festlegung des Nullpotentials ein bestimmter Potentialwert zu. Bei den in sich geschlossenen Kraftlinien, wie sie im elektromagnetischen Feld auftreten, wächst das Potential ebenfalls beim Fortschreiten längs der Kraftlinie an. Da man dabei aber wieder an den Ausgangspunkt zurückkommt, erhält man für diesen neben dem Ausgangspotential auch noch einen höheren Potentialwert, und so oft man die geschlossene Kraftlinie umfährt, steigt das Potential um einen bestimmten Betrag. Das Potential ist daher auch nach Festlegung des Nullpotentials nicht mehr

28. Das elektrostatische Feld eines geladenen ebenen Blechstreifens 97

eindeutig, sondern jedem Punkte kommen unendlich viele Potentialwerte zu. Dies widerspricht unserer früheren Überlegung, welche zu dem Begriff des Potentials führt, wonach das Linienintegral der Stromdichte bzw. der Feldstärke längs eines Weges von einem Punkte zu einem anderen, von der Wahl des Weges unabhängig bzw. für einen geschlossenen Weg Null sein soll. Hier ist jetzt eine Einschränkung nötig. Das Linienintegral ist nur dann vom Wege unabhängig, wenn die Wege auf der gleichen Seite des stromführenden Leiters vorbeigehen; und für einen geschlossenen Weg ist es nur dann Null, wenn der Weg den Leiter nicht umschlingt. Wir haben uns mit solchen Mehrdeutigkeiten bereits beschäftigt und in dem Kunstgriff der RIEMANNschen Blätter ein Mittel zu ihrer Beseitigung kennengelernt (Ziffer 23).

Man könnte meinen, daß solche Kraftlinien mit ständig wachsendem Potential ein perpetuum mobile ergeben, dessen Unmöglichkeit uns oben ja gerade auf die Existenz des Potentials führte. Tatsächlich würde man auch durch Herumführen eines Magnetpols um einen Leiter beliebig Leistung gewinnen. Dem stehen aber 2 Hindernisse entgegen: einmal gibt es einzelne Magnetpole nicht; man muß stets einen Nordpol und einen Südpol gleichzeitig herumführen, und der Arbeitsgewinn bei dem einen wird durch einen gleich großen Arbeitsaufwand beim anderen aufgehoben. Außerdem treten bei der Bewegung eines Magnetpols in der Nähe eines Leiters in letzterem elektrische Spannungen auf, so daß die Aufrechterhaltung des Stromes in dem Leiter mit Arbeitsaufwand oder Arbeitsgewinn verbunden ist.

28. Das elektrostatische Feld eines geladenen ebenen Blechstreifens. Der Blechstreifen sei so lang, daß man in dem betrachteten Gebiet den

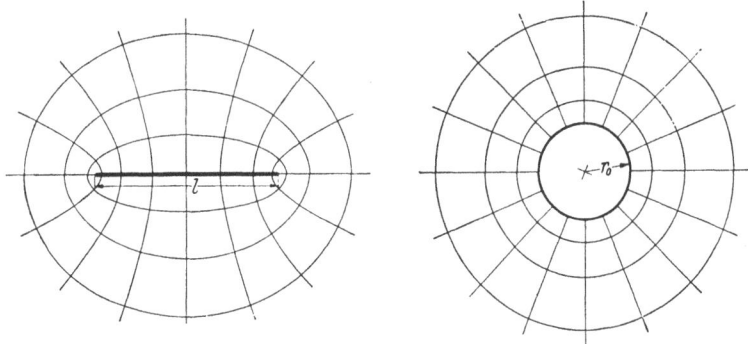

Bild 70
Konforme Abbildung des Feldes eines ebenen Streifens auf das Feld eines Kreiszylinders

Einfluß der Enden vernachlässigen, den Streifen also als unendlich lang ansehen kann. Seine Breite l (Bild 70) sei überall die gleiche. Dann ändert sich das Feld in Richtung der Längserstreckung des Streifens nicht. Es genügt, wenn man einen Querschnitt senkrecht zur Längserstreckung des Streifens betrachtet (ebenes, zweidimensionales Feld). Potential- und Kraftlinien des Feldes bilden ein Quadratmaschennetz. Die Oberfläche des Bleches hat konstantes Potential, ist also selbst Potentiallinie; die Kraftlinien treffen senkrecht zur Oberfläche auf. Bildet man das Feld konform auf den Außenraum eines Kreises ab, so ist dieser Kreis wieder Potentiallinie. Die übrigen Potentiallinien werden dazu konzentrische Kreise, die Kraftlinien radial verlaufende Geraden, wie das uns bereits geläufige Feld einer Quelle.

Um die Gestalt der Kraft- und Potentiallinien in der Umgebung des Blechstreifens zu finden, muß man das bekannte Feld im Außenraum des Kreises konform so abbilden, daß der Kreis in eine gerade Strecke übergeht. Diese Abbildung wurde in Ziffer 22 bereits durchgeführt. Wir wollen aber hier diesen Sonderfall etwas eingehender behandeln und dazu auch die Abbildungszusammenhänge von einem anderen Gesichtspunkte aus betrachten. Kreis und gerade Strecke mögen sich in einer Parallelströmung parallel der geraden Strecke befinden. Diese wird durch die gerade Strecke nicht beeinflußt, ist also eine ungestörte Parallelströmung. Wenn die Stromdichte der Parallelströmung j_0 ist, so ist Potential und Stromfunktion in einem Punkt der Ebene mit der geraden Strecke mit den Koordinaten ξ und η

$$\Phi = j_0\,\xi,\ \Psi = j_0\,\eta. \tag{28,1}$$

Die Strömung um den Kreis vom Radius r_0 ergibt sich nach Gl. (17,10) oder (20,4) durch Überlagerung eines Dipols von dem Moment

$$M = 2\pi\,r_0^2\,j_0 \tag{28,2}$$

über die Parallelströmung. In einem Punkte mit den Koordinaten

$$x = r\cos\varphi,\ y = r\sin\varphi$$

der Ebene des umströmten Kreises sind Potential und Stromfunktion der Parallelströmung $j_0\,x$ bzw. $j_0\,y$. Die entsprechenden Werte für die Dipolströmung wurde in Gl. (17,3) und (17,4) zu $M\cos\varphi/2r\pi$ bzw. $-M\sin\varphi/2r\pi$ ermittelt. Für die Strömung um den Kreis ergibt sich demnach mit $M = 2\pi r_0^2 j_0$ der Gl. (28,2)

$$\Phi = j_0\,r\cos\varphi + \frac{M}{2r\pi}\cos\varphi = j_0\left(r + \frac{r_0^2}{r}\right)\cos\varphi, \tag{28,3}$$

$$\Psi = j_0\,r\sin\varphi - \frac{M}{2r\pi}\sin\varphi = j_0\left(r - \frac{r_0^2}{r}\right)\sin\varphi. \tag{28,4}$$

Punkte mit gleichem Potential und gleicher Stromfunktion sind entsprechende Punkte der konformen Abbildung. Durch Vergleich der

28. Das elektrostatische Feld eines geladenen ebenen Blechstreifens

Gln. (28,3) und (28,4) mit (28,1) ergibt sich hiernach

$$\xi = \left(r + \frac{r_0^2}{r}\right)\cos\varphi, \quad \eta = \left(r - \frac{r_0^2}{r}\right)\sin\varphi. \tag{28,5}$$

Durch diese Abbildung gehen konzentrische Kreise ($r =$ konst.) und Radien ($\varphi =$ konst.) der x,y-Ebene in konfokale Ellipsen und Hyperbeln der ξ,η-Ebene über. Man kann dies leicht einsehen: Für konstantes r (Kreise in der x,y-Ebene) kann man

$$r + \frac{r_0^2}{r} = a \tag{28,6}$$

und

$$r - \frac{r_0^2}{r} = b \tag{28,7}$$

setzen, wobei a und b ebenfalls Konstante sind. Man erhält dann aus Gl. (28,5)

$$\frac{\xi^2}{a^2} = \cos^2\varphi, \tag{28,8}$$

$$\frac{\eta^2}{b^2} = \sin^2\varphi \tag{28,9}$$

und durch Addition, da $\sin^2\varphi + \cos^2\varphi = 1$ ist,

$$\frac{\xi^2}{a^2} + \frac{\eta^2}{b^2} = 1. \tag{28,10}$$

Dies ist aber die bekannte Gleichung einer Ellipse mit den Hauptachsen $2a$ und $2b$ (Bild 71). Die Brennpunkte dieser Ellipsen liegen nach bekannten Gesetzen in einer Entfernung vom Mittelpunkt

$$\varepsilon = \sqrt{a^2 - b^2} = \sqrt{4r_0^2} = 2r_0. \tag{28,11}$$

Ihre Lage ist unabhängig von dem Radius r des der Ellipse entsprechenden Kreises. Die Brennpunkte sind also für alle Ellipsen die gleichen, und zwar fallen sie mit den Endpunkten der Geraden zusammen, in

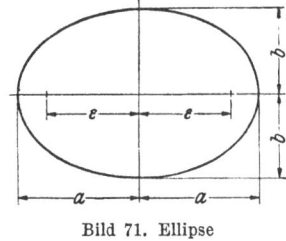

Bild 71. Ellipse

welche der Kreis mit dem Radius r_0 bei der konformen Abbildung übergeht. Da unser Blechstreifen die Breite l hat, so ist

$$l = 2\varepsilon = 4r_0. \tag{28,12}$$

Weiterhin kann man aus den Gln. (28,6) bis (28,9) die Beziehung

$$\frac{\xi^2}{\cos^2\varphi} - \frac{\eta^2}{\sin^2\varphi} = 4r_0^2 \tag{28,13}$$

7*

ableiten. Für konstantes φ ist dies die Gleichung einer Hyperbel. Die Radien der x, y-Ebene ($\varphi =$ konst.) gehen demnach in Hyperbeln über. Der Abstand der Brennpunkte vom Mittelpunkt ist

$$\varepsilon = 2r_0 \sqrt{\cos^2\varphi + \sin^2\varphi} = 2r_0. \qquad (28,14)$$

Die Brennpunkte sind demnach unabhängig von φ, also für alle Hyperbeln die gleichen, und fallen außerdem mit den Brennpunkten der Ellipsen zusammen. Die Kraft- und Potentiallinien bilden demnach ein Netz von konfokalen Hyperbeln und Ellipsen.

Bemerkung. Bei dem vorliegenden Blechstreifen, aber auch beim Kreiszylinder und anderen Zylindern von beliebigem Querschnitt, ergibt sich bei unendlicher Länge des Zylinders die merkwürdige Folgerung, daß die Potentialdifferenz gegenüber den unendlich fernen Punkten unendlich wird, falls man überhaupt dem Zylinder je Längeneinheit eine endliche Ladung erteilt. Das bedeutet, daß die Kapazität je Längeneinheit eines solchen Körpers Null ist. In Wirklichkeit ist das natürlich niemals der Fall, da die Voraussetzung der unendlichen Länge der Zylinder niemals erfüllt ist und bei endlicher Länge auch die Potentialdifferenz gegenüber dem Unendlichen endlich bleibt. Auch die Anwesenheit anderer Körper mit entgegengesetzter Ladung beschränkt das Anwachsen des Potentials mit der Entfernung (vgl. das Beispiel der Ziff. 27, Bild 69).

29. Flüssigkeitsbewegung mit Strömungspotential. Es liegt nahe, strömende Flüssigkeit mit strömender Elektrizität zu vergleichen und die für die elektrischen Vorgänge gefundenen Gesetzmäßigkeiten auf die Flüssigkeitsbewegung zu übertragen. Die Stromlinien der Flüssigkeitsbewegung entsprechen den elektrischen Stromlinien, die Geschwindigkeiten den Stromdichten. Entsprechend dem elektrischen Potential könnte man ein Geschwindigkeitspotential $\Phi = \int v_s\, ds$ formulieren, wobei v_s die Komponente der Strömungsgeschwindigkeit ist, die in Richtung ds fällt. Daß dies aber zum mindesten nicht in allen Fällen möglich ist, zeigt folgendes Beispiel.

In Bild 72 ist eine Parallelströmung entlang einer Wand dargestellt, bei der die Geschwindigkeit vom Werte Null an der Wand linear ansteigt. Eine solche Strömung ist durchaus möglich und kommt auch praktisch in der Nachbarschaft von festen Wänden regelmäßig vor. Wenn die Strömung eine Potentialströmung wäre, so müßte die Linie FF', die alle Stromlinien senkrecht schneidet, eine Potentiallinie sein, die wir als Nullpotentiallinie wählen wollen. A_1 und A_2 sind Punkte dieser Linie. Die Geschwindigkeiten in ihnen seien v_1 und v_2. Im Punkte B_1, der auf der durch A_1 gehenden Stromlinie liegt und von A_1 um die Strecke s entfernt ist, wäre das Potential dann durch $v_1 s$ gegeben. Der Punkt B_2,

29. Flüssigkeitsbewegung mit Strömungspotential

der von A_2 auch um s entfernt ist, ergäbe $v_2 s$. Die Gerade $B_1 B_2$ steht wiederum senkrecht zu allen Stromlinien. Für sie ergibt sich aber, da $v_1 \neq v_2$ ist, kein konstantes Potential.

In dem gewählten Beispiel ist das Integral $\int_{A_1}^{B_1} v\, ds$ vom Wege abhängig; man kann nämlich den Weg $A_1 B_1$ nicht durch $A_1 A_2 + A_2 B_2 + B_2 B_1$ ersetzen, weil

$$\int_{A_1}^{B_1} = v_1 s \neq \int_{A_1}^{A_2} + \int_{A_2}^{B_2} + \int_{B_2}^{B_1} = 0 + v_2 s + 0 = v_2 s \qquad (29,1)$$

ist. Daraus folgt, daß das $\oint v\, ds$ über den geschlossenen Weg $A_1 B_1 B_2 A_2 A_1$ von Null verschieden ist.

Für diese Strömung existiert demnach überhaupt kein Potential. Es läßt sich also auch kein Quadratmaschennetz aus Strom- und Potentiallinien zeichnen.

Es gibt aber auch sehr viele Flüssigkeitsströmungen, bei denen ein Geschwindigkeitspotential existiert. Man nennt solche Strömungen Potentialströmungen. Wenn

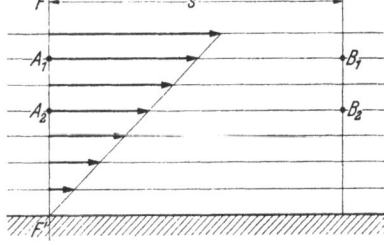

Bild 72. Strömung in der Nähe einer Wand

es sich dabei um ebene Strömungen handelt, so kann man zu ihrer Berechnung auch das Hilfsmittel der konformen Abbildung anwenden.

Um nun zu erkennen, wann eine Potentialströmung vorliegt, müssen wir uns mit dem Linienintegral

$$\Gamma = \oint v_s\, ds \qquad (29,2)$$

der sog. *Zirkulation*, näher befassen. Dieses Integral muß ja in der Potentialströmung Null sein und stellt daher ein Maß für die Abweichung von der Potentialströmung dar.

Wenn man in der Flüssigkeit eine kreisförmige Linie auswählt und feststellt, daß das Linienintegral $\oint v_s\, ds$ längs dieser Linie $\neq 0$ ist, so bedeutet dies, daß die mittlere Tangentialgeschwindigkeit längs dieser Linie von Null verschieden ist, die Flüssigkeit also eine drehende Bewegung ausführt. Man nennt deshalb eine Strömung mit oder ohne Zirkulation auch eine *sich drehende* bzw. eine *drehungsfreie* Strömung.

Ist um einen kleinen Kreis vom Radius r die Zirkulation Γ, so ist die mittlere Tangentialgeschwindigkeit am Kreisumfang

$$\bar{u} = \Gamma / 2 r \pi. \qquad (29,3)$$

Das Teilchen dreht sich daher mit einer durchschnittlichen Winkelgeschwindigkeit

$$\omega = \bar{u}/r = \Gamma/2r^2\pi = \Gamma/2F, \qquad (29,4)$$

wobei $F = r^2\pi$ die umschlungene Fläche ist. Diese Drehgeschwindigkeit der Teilchen kann von Ort zu Ort wechseln. Wenn man aber die Fläche F beliebig klein wählt, so kann man im Bereich dieser Fläche die Winkelgeschwindigkeit als hinreichend konstant ansehen. Insbesondere ergibt sich im Grenzfalle verschwindend kleiner Fläche die örtliche Winkelgeschwindigkeit

$$\omega = \frac{1}{2}\frac{d\Gamma}{dF}. \qquad (29,5)$$

Zu diesem Begriff der Drehung kann man auch auf folgende Weise gelangen: Sind u und v die Geschwindigkeitskomponenten eines von Ort zu Ort verschiedenen Geschwindigkeitsvektors $\mathfrak{c}$ in der x- und y-Richtung, so ist die Zirkulation um ein Teilchen $dF = dx\,dy$

$$\begin{aligned}d\Gamma &= u\,dx + \left(v + \frac{\partial v}{\partial x}dx\right)dy - \left(u + \frac{\partial u}{\partial y}dy\right)dx - v\,dy \\ &= \frac{\partial v}{\partial x}dx\,dy - \frac{\partial u}{\partial y}dy\,dx = \left(\frac{\partial v}{\partial x} - \frac{\partial u}{\partial y}\right)dF,\end{aligned} \qquad (29,6)$$

$$\frac{d\Gamma}{dF} = \frac{\partial v}{\partial x} - \frac{\partial u}{\partial y}. \qquad (29,7)$$

Man bezeichnet die Größe $\dfrac{\partial v}{\partial x} - \dfrac{\partial u}{\partial y}$ als *Rotation* des Geschwindigkeitsvektors $\mathfrak{c}$, sie ist das Doppelte der Winkelgeschwindigkeit:

$$\frac{\partial v}{\partial x} - \frac{\partial u}{\partial y} = \mathrm{rot}\,\mathfrak{c} = \frac{d\Gamma}{dF} = 2\omega. \qquad (29,8)$$

Hat die Strömung ein Potential Φ, so ist $u = \partial\Phi/\partial x$ und $v = \partial\Phi/\partial y$, also $\partial v/\partial x = \partial u/\partial y = \partial^2\Phi/(\partial x\,\partial y)$, und damit die Drehgeschwindigkeit

$$\omega = \frac{1}{2}\left(\frac{\partial v}{\partial x} - \frac{\partial u}{\partial y}\right) = 0. \qquad (29,9)$$

Wenn man demnach Potentiallinien nur in dehnungsfreien Strömungen zeichnen kann, so kann man doch in jeder Strömung, auch in sich drehenden, Stromlinien zeichnen und ihnen eine Stromfunktion Ψ zuordnen, welche die Flüssigkeitsmenge angibt, die in einer Schicht von der Dicke Eins zwischen ihr und der Nullstromlinie hindurchströmt. Man kann dann auch die Geschwindigkeitskomponenten u in x-Richtung, und v in y-Richtung durch diese Stromfunktion ausdrücken. Es ist

$$u = \frac{\partial\Psi}{\partial y}, \quad v = -\frac{\partial\Psi}{\partial x}, \qquad (29,10)$$

Bildet man jetzt aber

$$\Delta\Psi = \frac{\partial^2\Psi}{\partial x^2} + \frac{\partial^2\Psi}{\partial y^2} = -\frac{\partial v}{\partial x} + \frac{\partial u}{\partial y}, \qquad (29,11)$$

so ergibt sich für $\Delta\Psi$ nicht mehr der Wert Null wie in der Potentialströmung, sondern nach Gl. (29,8)

$$\Delta\Psi = -2\omega, \qquad (29,12)$$

wobei ω im allgemeinen von Ort zu Ort verschieden ist.

Außer den Potentialströmungen lassen sich auch noch solche Strömungen, bei denen die Drehung ω im ganzen Gebiet konstant ist, bei denen also

$$\Delta\Psi = \text{konst.} \qquad (29,13)$$

ist, mit dem Verfahren der konformen Abbildung behandeln. Einige Beispiele dazu werden in Ziffer **36** gebracht. Im allgemeinen liegt aber das Hauptanwendungsgebiet der konformen Abbildung bei Flüssigkeitsströmungen, bei denen Potentialströmung, also keine Drehung vorliegt.

An sich kann die Drehung jeden beliebigen Wert haben. Eine Strömung, in der sie überall den Wert Null hat, ist daher unter den vielen möglichen Strömungen ein ganz besonderer Ausnahmefall. Man könnte nun denken, daß dieser Ausnahmefall so unwahrscheinlich ist, daß er

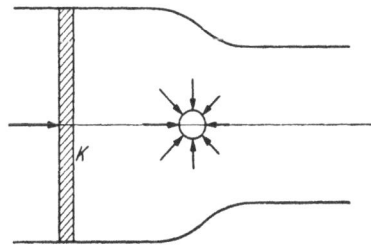

Bild 73. Erzeugung einer Flüssigkeitsbewegung durch Druckkräfte

praktisch keine Bedeutung hat. In Wirklichkeit ist aber gerade dieser Sonderfall außerordentlich häufig. Wenn man nämlich eine zunächst ruhende Flüssigkeit durch Ausübung von Druckkräften in Bewegung setzt, z. B. durch Eindrücken des Kolbens K bei einer Anordnung gemäß Bild 73, so entsteht im größten Teil des Flüssigkeitsgebietes eine drehungsfreie Strömung. Um dies einzusehen, müssen wir etwas näher auf den Mechanismus der in den Flüssigkeiten wirkenden Kräfte und auf die Eigenschaften der Flüssigkeiten eingehen.

30. Entstehung von Flüssigkeitsbewegungen. Um einem Flüssigkeitsteilchen eine Drehung zu erteilen, muß man ein Drehmoment ausüben. Denkt man sich aus der Flüssigkeit einen kleinen Kreiszylinder herausgeschnitten, so wirken die Drücke auf die Oberfläche alle radial nach innen (Bild 74), ergeben also kein Drehmoment. Man kann deshalb durch reine Druckkräfte, das sind Kräfte, welche jeweils senkrecht zu einer betrachteten Fläche unabhängig von deren Richtung wirken, niemals eine Drehung in einer Flüssigkeit erzeugen. Ein Drehmoment können nur Kräfte ausüben, welche tangential zur Oberfläche des Zylinders wirken (Bild 75), sog. Schubkräfte.

Solche Schubkräfte treten in Flüssigkeiten infolge einer Materialeigenschaft derselben, der *Zähigkeit*, bei Deformationen der Teilchen auf. Bei einer Bewegung, wie in Bild 76 oben dargestellt, wird ein ursprünglich rechtwinkliges Teilchen wegen der größeren Geschwindigkeit der oberen Fläche in ein Parallelogramm übergehen (Bild 76 unten). Zur Aufrechterhaltung dieser Verformung sind in der Grund- und Deckfläche entgegengesetzte Schubkräfte T nötig, deren Größe der Geschwindigkeit der Verformung proportional ist. Als Maß der Verformungsgeschwindigkeit kann man die Winkelgeschwindigkeit $d\varphi/dt$ einführen, mit der sich ein zur Grundfläche senkrechter Stromfaden (z. B. AD in Bild 76) gegen die Grundfläche neigt. Im vorliegenden Beispiel ist $d\varphi/dt = \partial u/\partial y$, also gleich der Zunahme der Geschwindigkeitskomponente in x-Richtung u je Längeneinheit der y-Richtung. Da die Grundfläche aber selbst eine Drehung ausführen kann und für die Schubkraft nur die relative Winkelgeschwindigkeit maßgebend ist, so ist der Ausdruck $d\varphi/dt$ allgemeiner, nämlich gleich $(\partial u/\partial y) + (\partial v/\partial x)$, wobei v die Geschwindigkeitskomponente in der y-Richtung bezeichnet. Außer der Verformungsgeschwindigkeit ist die Schubkraft der Größe der Grundflächen F und einer Materialkonstante, der *Zähigkeit* μ, proportional:

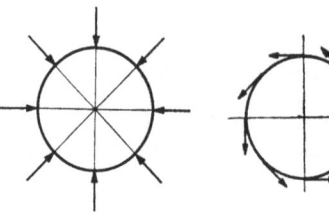

Bild 74. Drücke auf einen Kreiszylinder

Bild 75. Schubkräfte an einem Kreiszylinder

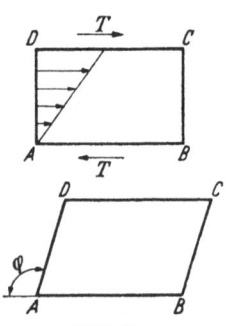

Bild 76
Verformung eines Rechtecks in ein Parallelogramm

$$T = \mu F \frac{d\varphi}{dt} = \mu F \left(\frac{\partial u}{\partial y} + \frac{\partial v}{\partial x} \right). \quad (30{,}1)$$

Um uns den Einfluß dieser Schubkräfte an einem Beispiel klarzumachen, wählen wir eine Strömung, welche unter dem Namen *Potentialwirbel* bekannt ist. Sie stimmt überein mit der in Bild 20 dargestellten elektrischen Strömung oder mit dem magnetischen Kraftlinienfeld in der Umgebung eines geraden Leiters. Die Stromlinien sind konzentrische Kreise, die Geschwindigkeit u nimmt umgekehrt proportional dem Radius r ab:

$$u\,r = \text{konst.} = k. \quad (30{,}2)$$

Wenn man den Mittelpunkt der Kreise ausschließt, so ist diese Strömung drehungsfrei, wie sich aus der Übereinstimmung mit der erwähnten elektrischen Strömung und dem Magnetfeld ergibt. Man kann es aber auch ohne Schwierigkeit unmittelbar einsehen, wenn man die Zirkulation um das Teilchen $ABCD$ (Bild 77) berechnet. Die radialen Strecken BC und DA liefern zur Zirkulation keinen Beitrag, da in ihrer Richtung keine Geschwindigkeit vorhanden ist. Die Längen der Bogen AB und CD sind

$$AB = r_1 \psi, \quad CD = r_2 \psi, \qquad (30,3)$$

die Geschwindigkeiten

$$u_1 = \frac{k}{r_1}, \quad u_2 = \frac{k}{r_2}. \qquad (30,4)$$

Die Zirkulation wird demnach

$$\Gamma = AB\, u_1 - CD\, u_2 = \psi k - \psi k = 0. \qquad (30,5)$$

Wir wollen nun ein kleines Teilchen ($ABCD$) auf seiner Wanderung verfolgen (Bild 77). Es nimmt nach einiger Zeit die Gestalt $A'B'C'D'$ an. Die Seiten AB und DC drehen sich mit der Winkelgeschwindigkeit

$$\omega_1 = \frac{u}{r} = \frac{k}{r^2}, \qquad (30,6)$$

die Seiten AD und BC mit

$$\omega_2 = \frac{du}{dr} = -\frac{k}{r^2}. \qquad (30,7)$$

Die Drehung der Seiten gegeneinander (entsprechend $\partial\varphi/\partial t$ in Gl. (30,1)) ist dann

$$\omega = \omega_1 - \omega_2 = \frac{2k}{r^2}, \qquad (30,8)$$

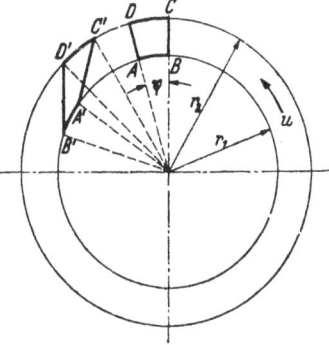

Bild 77. Verformung eines Teilchens in einem Potentialwirbel

und die im Radius r auf ein Flächenelement von der Länge $r\,d\psi$ wirkende Schubkraft für eine Schicht von der Dicke h

$$dT = \mu \frac{2k}{r^2} h\, r\, d\psi. \qquad (30,9)$$

Die gesamten, längs eines Kreises vom Radius r wirkenden Schubkräfte üben ein Drehmoment von der Größe

$$M = \int r\, dT = \int_0^{2\pi} r^2 \mu \frac{2k}{r^2} h\, d\psi = 4\pi \mu k h \qquad (30,10)$$

aus. Dieses ist, wie man sieht, vom Radius r des Kreises unabhängig. Auf ein Ringgebiet zwischen den Radien r_1 und r_2 üben demnach die Schubkräfte am äußeren Rande (r_2) genau das gleiche, aber entgegengesetzte Drehmoment aus wie am inneren Rande (r_1). Die Geschwindigkeit in diesem Ringgebiet wird daher durch die Schubkräfte weder verzögert noch beschleunigt, bleibt also ungestört. Es läßt sich nun ganz allgemein zeigen[1], daß immer dann, wenn eine Potentialströmung vorliegt, die Schubkräfte keine Änderung dieser Strömung bewirken, die Strömung also Potentialströmung bleibt.

Setzt man nun eine ruhende Flüssigkeit durch Ausübung von Drücken (z. B. durch Bewegung des Kolbens K in Bild 73) in Bewegung, so ist zunächst überhaupt keine Geschwindigkeit vorhanden, und damit fehlen die Schubkräfte vollständig. Die geringe Bewegung, welche durch die erste Beschleunigung infolge der Druckkräfte entsteht, ist demnach eine Potentialbewegung. Mit zunehmender Geschwindigkeit treten jetzt zwar auch allmählich Schubkräfte auf. Da aber die erste entstehende Bewegung eine Potentialbewegung ist, so stören diese Schubkräfte die Bewegung nicht, sie bleibt also Potentialbewegung, auch wenn die Schubkräfte mit zunehmender Geschwindigkeit beliebig groß werden.

Bei diesem Ergebnis drängt sich die Frage auf, wie denn danach die in der Natur immerhin häufig zu beobachtenden Wirbelbewegungen entstehen können. Dazu ist zu beachten, daß die vorstehenden Überlegungen nur im Innern der Flüssigkeit gelten, wo jedes Teilchen ringsum von Flüssigkeit und Potentialströmung umgeben ist. Dort, wo die Flüssigkeit an eine feste Wand oder an eine freie Oberfläche grenzt, ist der geschilderte Ausgleich der Drehmomente nicht mehr vorhanden. Hier werden die Teilchen zunächst in einer dünnen Randschicht in Drehung versetzt. Nun herrscht aber in dieser Schicht keine Potentialbewegung mehr, damit ist auch für die daran angrenzende nächste Schicht die Voraussetzung für den Ausgleich der Drehmomente beseitigt. Auch sie wird in Drehung versetzt, und so wandert vom Rande der Flüssigkeit her eine die Potentialbewegung störende Drehung in die Flüssigkeit hinein.

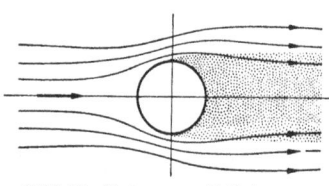

Bild 78. Strömung mit Totwasser

Die Geschwindigkeit, mit der sich diese Störung vom Rande her ausbreitet, ist im allgemeinen klein. Wenn die Flüssigkeit z. B. einen Körper umströmt, so wird meist nur eine ganz dünne Schicht an der Oberfläche des Körpers in Drehung versetzt. Diese Schicht wandert dann hinter dem Körper in Form von Wirbeln mit der Strömung weiter. Die Störung ist demnach auf eine dünne Schicht an der Körperoberfläche, die *Grenzschicht*, und auf ein schlauchförmiges Gebiet hinter dem Körper, das *Totwasser*, beschränkt

---

[1] PRANDTL, L., u. O. TIETJENS: Hydro- und Aeromechanik. 2. Bd., 69. Berlin: Springer 1931.

(Bild 78). Im ganzen übrigen Raum ist Potentialströmung zu erwarten.

31. Drücke in einer strömenden Flüssigkeit. Bernoullische Gleichung.

In einer zähen Flüssigkeit herrschen bei einer Verformung in verschiedenen Richtungen im allgemeinen verschiedene Spannungen. Man versteht dann unter „Druck" den Mittelwert der Druckspannung in drei aufeinander senkrechten Richtungen. Bei verschwindender Zähigkeit sind die Spannungen nach allen Richtungen gleich und stellen den Druck an dieser Stelle dar. Da wir uns hier nur für Potentialströmungen interessieren, beschränken wir uns ohnehin auf Flüssigkeiten mit sehr kleiner Zähigkeit, so daß wir auf die erwähnten Unterschiede der Spannungen in den verschiedenen Richtungen nicht einzugehen brauchen.

In einer reibungsfreien Flüssigkeit finden auch keine Energieverluste (Umsetzung mechanischer Energie in Wärme) statt. Dieser Umstand ermöglicht es, einen einfachen Zusammenhang zwischen Druck und Geschwindigkeit aufzustellen. Befindet sich ein kleines Flüssigkeitsteilchen vom Volumen V in einer Flüssigkeit mit konstantem Druck p, so heben sich die auf seine Oberfläche wirkenden Druckkräfte gerade auf. Besteht aber in irgendeiner Richtung s ein Druckanstieg $\partial p/\partial s$[1], so sind die Druckkräfte auf der einen Seite des Teilchens größer als auf der anderen; das Teilchen erfährt eine Kraft in dieser Richtung

$$K = -V \frac{\partial p}{\partial s}. \tag{31,1}$$

Solche Druckgradienten sind auch schon in ruhender Flüssigkeit vorhanden, indem der Druck unter dem Einfluß der Schwere von oben nach unten zunimmt:

$$p = p_0 + \gamma h \tag{31,2}$$

(p_0 = Druck in einer willkürlich gewählten waagerechten Nullebene;
p = Druck in einer Ebene, welche um die Höhe h unterhalb dieser Nullebene liegt;
γ = Wichte = Gewicht der Raumeinheit der betreffenden Flüssigkeit).
Die sich hieraus ergebende Kraft ist als hydrostatischer (archimedischer) Auftrieb bekannt. Da sie für ein Flüssigkeitsteilchen von gleichem spez. Gewicht wie die umgebende Flüssigkeit gleich und entgegengesetzt dem Gewicht des Teilchens ist, so heben sich Gewicht und Auftrieb gerade auf; das Teilchen bleibt in Ruhe. In einer bewegten Flüssigkeit sind aber noch andere Druckgradienten vorhanden, welche den Bewegungszustand des Teilchens ändern. Da in sehr vielen Fällen nur der Zusammenhang zwischen Druck und Bewegungszustand interessiert, kann man den Einfluß der Schwere einerseits auf den Druck, und andererseits auf

---

[1] Die Ausdehnung des Teilchens soll so klein sein, daß in seinem Bereich $\partial p/\partial s$ als konstant angesehen werden kann.

das Gewicht, der sich ja gerade aufhebt, außer acht lassen. Man betrachtet daher vielfach nicht den wirklichen Druck p_wirkl, sondern einen auf ein Nullniveau reduzierten Druck

$$p_\text{red} = p_\text{wirkl} - \gamma h \tag{31,3}$$

und braucht dann auch die Wirkung der Schwerkraft auf jedes Flüssigkeitsteilchen nicht mehr zu beachten. Wir wollen uns für die folgenden Überlegungen gleichfalls diese Vereinfachung zunutze machen und unter Druck den erwähnten reduzierten Druck verstehen.

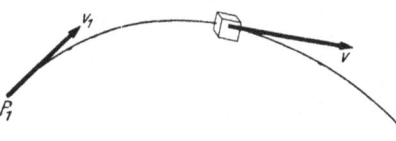

Bild 79. Beschleunigung eines Teilchens durch ein Druckgefälle

Ein kleines Teilchen vom Rauminhalt V bewege sich längs der Stromlinie s (Bild 79) mit der Geschwindigkeit v. Ist der Druck p längs der Stromlinie nicht konstant, so erfährt das Teilchen nach Gl. (31,1) eine Kraft

$$K = -V \frac{\partial p}{\partial s}$$

in Richtung seiner Bewegung. Da seine Masse

$$m = \varrho V \tag{31,4}$$

ist (ϱ = Dichte der Flüssigkeit), so wird ihm durch diese Kraft eine Beschleunigung

$$\frac{dv}{dt} = \frac{K}{m} = -\frac{1}{\varrho} \frac{\partial p}{\partial s} \tag{31,5}$$

erteilt. Ist die Strömung stationär, d. h. ist die Geschwindigkeit nur von Ort zu Ort verschieden, in jedem einzelnen festen Punkt des Raumes aber konstant, so ergibt sich der zeitliche Verlauf der Geschwindigkeit eines Teilchens aus dem Verlauf seiner Bahn und der Geschwindigkeitsverteilung auf dieser Bahn. In der Zeit dt legt das Teilchen den Weg

$$ds = v\, dt \tag{31,6}$$

zurück. Längs dieses Weges ändert sich die Geschwindigkeit v um

$$dv = \frac{\partial v}{\partial s} ds = \frac{\partial v}{\partial s} v\, dt. \tag{31,7}$$

Die Änderung der Geschwindigkeit des Teilchens in der Zeiteinheit wird demnach

$$\frac{dv}{dt} = v \frac{\partial v}{\partial s}. \tag{31,8}$$

Setzt man diesen Wert von dv/dt in Gl. (31,5) ein, so ergibt sich

$$v \frac{\partial v}{\partial s} = -\frac{1}{\varrho} \frac{\partial p}{\partial s}. \tag{31,9}$$

31. Drücke in einer strömenden Flüssigkeit

Beide Seiten dieser Gleichung stellen jetzt Änderungen längs des Weges s dar. Durch Integration längs der Bahn s zwischen einem festen Punkt P_1 mit den Größen v_1 und p_1 und einem beliebigen Punkte P ergibt sich

$$\frac{\varrho}{2}(v^2 - v_1^2) = p_1 - p \tag{31,10}$$

oder

$$p + \frac{\varrho}{2}v^2 = p_1 + \frac{\varrho}{2}v_1^2 = \text{konst.} = p_g. \tag{31,11}$$

Diese einfache Beziehung zwischen Druck und Geschwindigkeit ist unter der Bezeichnung *Bernoullische Gleichung* bekannt[1]. Die Größe $(\varrho/2)v^2$ stellt die kinetische Energie der Raumeinheit dar. Staut sich die Strömung an einer Stelle so weit, daß die Geschwindigkeit auf Null sinkt, so steigt der Druck gegenüber einer Stelle mit der Geschwindigkeit v um $(\varrho/2)v^2$ und nimmt den Wert p_g an. Man bezeichnet deshalb die Größe $(\varrho/2)v^2 = q = p_d$ auch als *Staudruck* oder als *dynamischen Druck*, weil sie die größtmögliche Drucksteigerung durch dynamische Wirkung darstellt. Der Druck $p_g = p + \frac{\varrho}{2}v^2$ wird als *Gesamtdruck* bezeichnet. Zur Unterscheidung von diesen Begriffen nennt man den tatsächlichen Druck p auch *statischen Druck*.

Man kann den Sinn dieser BERNOULLIschen Gleichung auch energetisch folgendermaßen verstehen: Um ein Teilchen vom Rauminhalt V aus einem Gebiet mit dem Druck p_1 in ein Gebiet mit dem Druck p zu verschieben, ist die Arbeit

$$A = V(p - p_1) \tag{31,12}$$

erforderlich. Da keine äußere Energiequelle für eine solche Verschiebung zur Verfügung steht, so geht diese Arbeit zu Lasten (oder zugunsten) der kinetischen Energie $\frac{\varrho V}{2}v^2$ des Teilchens. Diese ändert sich demnach um den Betrag

$$\frac{\varrho V}{2}(v^2 - v_1^2) = -A = V(p_1 - p). \tag{31,13}$$

Dies ist aber nach Division mit V die BERNOULLIsche Gleichung (31,11). Aus dieser Überlegung ergibt sich der Charakter dieser Gleichung als

---

[1] Bei der Anwendung aller derartiger Beziehungen zur Berechnung der Zahlenwerte ist darauf zu achten, daß man die Einheiten konsequent nach einem einheitlichen System wählt. Legt man z. B. das technische Maßsystem (m, kp, s) zugrunde, so sind die Geschwindigkeiten in m/s, die Dichte ϱ in kp s^2/m^4 und die Drücke in kp/m^2 (also nicht z. B. in at oder bar oder Torr) einzusetzen. Die Dichte von Wasser ist in diesem Maßsystem 102 kp s^2/m^4 und die von Luft etwa $^1/_8$ kp s^2/m^4. 1 kp (Kilopond) = Gewicht von 0,001 m^3 Wasser ist die Krafteinheit im technischen Maßsystem. Im physikalischen Maßsystem (cm, g, s) sind die entsprechenden Einheiten für Geschwindigkeit, Dichte und Druck: cm/s, g/cm^3 und Dyn/cm^2. Die Dichte des Wassers ist dabei 1 g/cm^3, die der Luft etwa $^1/_8 \cdot 10^{-2}$ g/cm^3.

der einer Energiegleichung. Infolgedessen ersieht man auch, daß ihre Gültigkeit auf Vorgänge ohne Energieverluste beschränkt ist.

Bei der Ableitung der BERNOULLIschen Gleichung war vorausgesetzt, daß die Strömung stationär ist. Trifft diese Voraussetzung nicht zu, so ändert sich die Geschwindigkeit mit der Zeit an einem im Raume festen Punkte. Die Zunahme der Geschwindigkeit in der Zeiteinheit sei $\partial v/\partial t$[1]. Diese Geschwindigkeitsänderung kommt zu der in Gl.(31,8) angegebenen von der räumlichen Verschiebung herrührenden Geschwindigkeitszunahme eines Teilchens hinzu. Für nicht stationäre Bewegung ist also

$$\frac{dv}{dt} = v\frac{\partial v}{\partial s} + \frac{\partial v}{\partial t}. \quad (31,14)$$

Damit ergibt sich durch Einsetzen in Gl. (31,5) und Integration anstatt der einfachen BERNOULLIschen Gleichung (31,10) die verallgemeinerte Form

$$\frac{\varrho}{2}(v^2 - v_1^2) + \varrho \int_{P_1}^{P} \frac{\partial v}{\partial t} ds = p_1 - p. \quad (31,15)$$

Da nun

$$\int_{P_1}^{P} v\,ds = \Phi - \Phi_1 \quad (31,16)$$

die Potentialdifferenz der Punkte P und P_1 darstellt, so kann man die *verallgemeinerte Bernoullische Gleichung* auch in der Form

$$p + \frac{\varrho}{2}v^2 + \varrho\frac{\partial \Phi}{\partial t} = p_1 + \frac{\varrho}{2}v_1^2 + \varrho\frac{\partial \Phi_1}{\partial t} = \text{konst.} = p_g \quad (31,17)$$

schreiben.

Der durch die BERNOULLISche Gleichung gegebene Zusammenhang zwischen Geschwindigkeit und Druck gilt zunächst nur jeweils für eine Stromlinie. An sich könnte die Konstante p_g von Stromlinie zu Stromlinie verschieden sein. Wir haben aber bereits bei Beginn unserer Strömungsbetrachtungen (Bild 72) festgestellt, daß man nur dann ein Strömungspotential aufstellen kann, wenn zwischen den Geschwindigkeiten verschiedener Stromlinien ganz bestimmte Beziehungen bestehen. Auch die Druckunterschiede von Stromlinie zu Stromlinie sind durch die Zentrifugalkräfte der strömenden Flüssigkeit eindeutig festgelegt. Bei quantitativer Verfolgung dieser Bedingungen findet man, daß die Konstante p_g der BERNOULLIschen Gleichung nicht nur längs einer Stromlinie, sondern auch von Stromlinie zu Stromlinie, also im ganzen Flüssigkeitsgebiet, in dem Potentialströmung herrscht, konstant ist.

---

[1] Es ist zu unterscheiden $\partial v/\partial t$ die Geschwindigkeitsänderung an einem festgehaltenen Raumpunkt und dv/dt die Geschwindigkeitsänderung eines im Raume sich bewegenden bestimmten Teilchens.

Einfacher als durch rechnerische Verfolgung der erwähnten Beziehungen erhält man dieses Ergebnis durch folgende Überlegung: Man kann sich jede Potentialströmung durch die Wirkung von Druckkräften aus einer ruhenden Flüssigkeit entstanden denken. In der ruhenden Flüssigkeit herrscht dann ein Druck p_g, welcher die Konstante der BERNOULLIschen Gleichung darstellt. Da nun in einer ruhenden Flüssigkeit der Druck überall der gleiche ist, sonst würde durch die Druckunterschiede die Ruhe gestört, so muß auch in der daraus entstandenen Strömung die Konstante der BERNOULLIschen Gleichung überall dieselbe sein.

32. Geschwindigkeits- und Druckverteilung um zylindrische Körper, insbesondere ebene Platten. Durch die BERNOULLIsche Gleichung ist die Aufgabe, den Druck an einer Stelle der Strömung zu finden, auf die Bestimmung der Geschwindigkeit an dieser Stelle zurückgeführt. Für

Bild 80. Strömung längs einer Platte

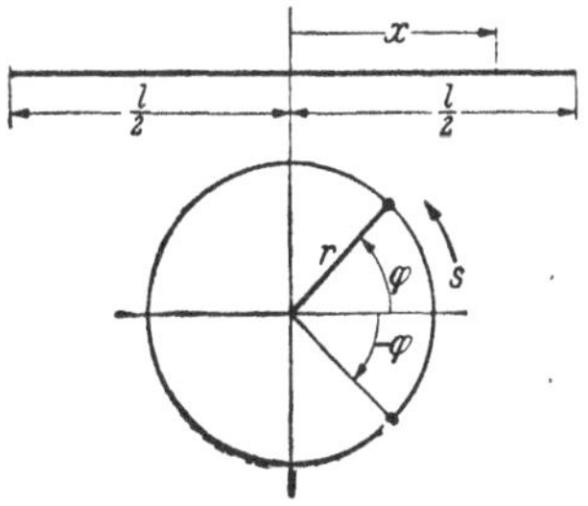

Bild 81. Abbildung der Platte von der Breite l auf einen Kreis vom Radius $r = l/4$

diese steht aber bei ebener Strömung die konforme Abbildung als geeignetes Verfahren zur Verfügung. Einige Beispiele mögen die Anwendung zeigen. Befindet sich eine dünne ebene Platte so in einer Parallelströmung mit der Geschwindigkeit v_∞, daß ihre Ebene mit der Strömungsrichtung zusammenfällt (Bild 80), so stört die Platte die Strömung nicht. Die Geschwindigkeit ist längs ihrer Oberfläche überall konstant $v = v_\infty$. Demgemäß ist nach der BERNOULLIschen Gleichung (31,11) auch der Druck konstant. Bildet man nun diese Platte nach dem in Ziff. 22 geschilderten Verfahren auf einen Kreis ab (Bild 81; vgl. auch Ziff. 28), so geht die Platte von der Breite l in einen Kreis vom Radius $r = l/4$ über; und einem Punkt im Abstand x von der Plattenmitte entsprechen 2 Punkte des Kreises, deren Radien die Winkel $+\varphi$ und $-\varphi$ mit der x-Achse bilden. Dabei ist

$$x = \frac{l}{2} \cos \varphi. \tag{32,1}$$

Einem Streckenelement

$$dx = -\frac{l}{2} \sin \varphi \, d\varphi \tag{32,2}$$

entspricht am Kreis ein Streckenelement

$$ds = r\,d\varphi = \frac{l}{4}\,d\varphi. \tag{32,3}$$

Das Maßstabsverhältnis bei der Abbildung ist demnach

$$\frac{dx}{ds} = -2\sin\varphi. \tag{32,4}$$

Da die Potentiallinien bei der konformen Abbildung in diesem Maßstabsverhältnis zusammenrücken und die Geschwindigkeiten umgekehrt proportional den Abständen der Potentiallinien sind (Ziffer 6 und 29), so ändern sich die Geschwindigkeiten bei der Abbildung umgekehrt wie die Maßstabsverhältnisse. Bezeichnet man die Geschwindigkeit w auf dem Kreise dann als positiv, wenn sie die Richtung des wachsenden Winkels φ hat, so verhält sie sich demnach zu der Geschwindigkeit $v = v_\infty$ an dem entsprechenden Punkte der Platte wie

$$\frac{w}{v} = \frac{w}{v_\infty} = \frac{dx}{ds} = 2\sin(-\varphi). \tag{32,5}$$

Da der Maßstab bei dieser Abbildung im Unendlichen unverändert geblieben ist, so ist die Zuströmungsgeschwindigkeit im Unendlichen in der Ebene des Kreises w_∞ die gleiche wie in der Ebene der Platte: $w_\infty = v_\infty$. Somit ergibt sich

$$w = 2w_\infty \sin(-\varphi). \tag{32,6}$$

Die Geschwindigkeit ist an den einander gegenüberliegenden Symmetriepunkten A und B (Bild 82) auf der Anström- und Abflußseite Null. Man nennt solche Punkte *Staupunkte*, da in ihnen die Strömung bis zur Geschwindigkeit Null gestaut ist. Im vorderen Staupunkt (A) teilt sich die Strömung, der eine Teil fließt der oberen Hälfte, der andere der unteren Hälfte des Zylinders entlang. Im hinteren Staupunkt (B) vereinigen sich die beiden Teilströme wieder. Vom vorderen Staupunkte an steigt der Betrag der Geschwindigkeit längs des Kreises proportional $|\sin\varphi|$, d. h. proportional dem Abstande der Kreispunkte von der x-Achse an und erreicht in den Scheitelpunkten C und D ($\sin\varphi = \pm 1$) ein Maximum, das doppelt so groß ist wie die Geschwindigkeit im Unendlichen:

$$|w|_{\max} = 2w_\infty \tag{32,7}$$

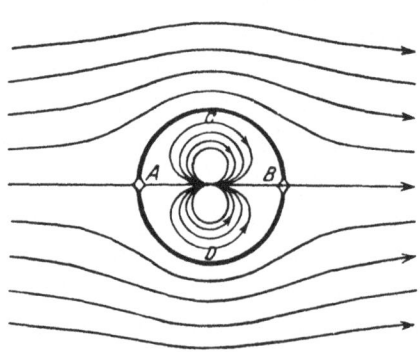

Bild 82. Strömung um einen Kreiszylinder

32. Geschwindigkeits- und Druckverteilung um zylindrische Körper

und fällt dann wieder bis zum hinteren Staupunkt auf Null ab. Gegenüber dem Druck im Unendlichen p_∞ ist der Druck in den Staupunkten um den größten möglichen Betrag, den Staudruck im Unendlichen $q_\infty = (\varrho/2)\, w_\infty^2$ erhöht. Dort herrscht also der größte Druck, der in der Flüssigkeit auftreten kann, nämlich der Gesamtdruck p_g der Strömung:

$$p_{\max} = p_g = p_\infty + (\varrho/2)\, w_\infty^2 \,. \qquad (32,8)$$

Bei $\varphi = \pm 30°$ und bei $\varphi = \pm 150°$ herrscht die gleiche Geschwindigkeit und damit der gleiche Druck wie im Unendlichen und in den Punkten C und D herrscht der tiefste auftretende Druck

$$p_{\min} = p_g - 4 q_\infty = p_\infty - 3 (\varrho/2)\, w_\infty^2 \,. \qquad (32,9)$$

Geht man nun von der Strömung um den Kreiszylinder aus, so kann man durch Abbildung des Kreises auf eine andere Umrißfigur die Strömung und damit auch die Druckverteilung um diese erhalten. Wir wollen als Beispiel die uns bereits geläufige Abbildung des Kreises auf eine ebene Strecke behandeln, wobei diese Strecke aber verschiedene Lagen zur Strömungsrichtung haben soll. Zunächst möge die Strecke lotrecht stehen, also senkrecht zur Strömungsrichtung. Dabei gehen die Punkte C und D in die Endpunkte der Strecke über (Bild 83). Die Länge der Strecke wird wieder $l = 4r$, wenn das Unendliche unverändert bleiben soll. Der Zusammenhang entsprechender Punkte ist der gleiche wie bei Bild 81, von dem wir ausgingen; man muß sich nur die Figuren um 90° gedreht denken. Einem Punkt des Kreises unter dem Winkel φ zur x-Achse entspricht ein Punkt der Strecke im Abstande

$$y = 2r \sin\varphi \qquad (32,10)$$

von der Mitte. Das Maßstabsverhältnis ist

$$\frac{dy}{ds} = 2\cos\varphi \,. \qquad (32,11)$$

Da die Geschwindigkeit am Kreis im Punkte φ nach Gl. (32,6)

$$w = 2 w_\infty \sin(-\varphi)$$

ist, so wird sie an der Platte

$$v_1 = -2 w_\infty \frac{\sin\varphi}{2\cos\varphi} = - v_{1\infty}\, \mathrm{tg}\,\varphi. \qquad (32,12)$$

Dabei ist $v_{1\infty}$ die Geschwindigkeit im Unendlichen in der Plattenebene. Da das Unendliche un-

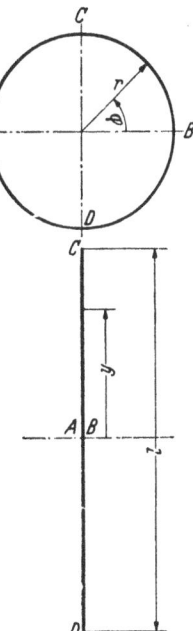

Bild 83. Konforme Abbildung eines Kreises auf eine lotrechte Strecke

Betz, Konforme Abbildung, 2. Aufl.

verändert blieb, ist sie gleich w_∞, der Geschwindigkeit im Unendlichen der Kreisebene. Drückt man noch φ nach Gl. (32,10) durch y aus, so ergibt sich die Geschwindigkeitsverteilung

$$v_1 = \pm v_{1\infty} \frac{y}{\sqrt{\left(\frac{l}{2}\right)^2 - y^2}}, \quad (32,13)$$

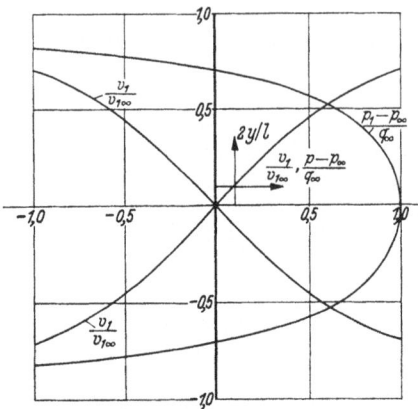

Bild 84. Geschwindigkeits- und Druckverteilung bei einer senkrecht angeströmten Platte

wobei die Geschwindigkeit in Richtung der positiven y-Achse als positiv bezeichnet ist und das positive Vorzeichen für die Vorderseite das negative für die Rückseite der Platte gilt. Die Druckverteilung ist demgemäß nach der BERNOULLIschen Gleichung (31,10)

$$p_1 = p_\infty + \frac{\varrho}{2}(w_{1\infty}^2 - w_1^2)$$
$$= p_\infty + q_\infty\left(1 - \frac{y^2}{\left(\frac{l}{2}\right)^2 - y^2}\right),$$
$$(32,14)$$

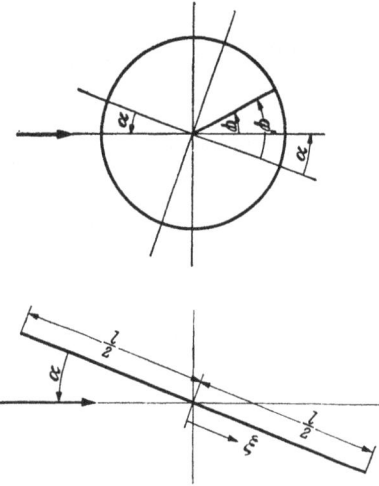

Bild 85. Schräg angeströmte Platte und ihre konforme Abbildung auf einen Kreis

wobei $q_\infty = \frac{\varrho}{2} v_{1\infty}^2$ wieder den Staudruck der Geschwindigkeit im Unendlichen bedeutet. Diese Verteilungen sind in Bild 84 dargestellt. An den Kanten der Platte wird die Geschwindigkeit und der Unterdruck unendlich. In Wirklichkeit treten an solchen Stellen Störungen der Potentialströmung auf, wodurch die Geschwindigkeiten und Drücke endlich bleiben.

Um eine unter dem Anstellwinkel α schräg angeströmte Platte zu erhalten, muß man die für die Abbildung maßgebende Symmetrielinie des Kreises unter dem Winkel α gegen die Stromrichtung legen (Bild 85). Ein Punkt des Kreises unter dem Winkel φ gegen die Stromrichtung liegt unter dem Winkel

$$\varphi' = \varphi + \alpha \qquad (32,15)$$

32. Geschwindigkeits- und Druckverteilung um zylindrische Körper

gegenüber der Abbildungssymmetrielinie. Von dem ersteren Winkel hängt nach Gl. (32,6) die Geschwindigkeit am Kreis

$$w = 2w_\infty \sin(-\varphi)$$

ab, von dem letzteren entsprechend Gl. (32,4) das Maßstabsverhältnis

$$\frac{d\xi}{ds} = -2\sin\varphi'. \qquad (32,16)$$

Dabei bedeutet

$$\xi = \frac{l}{2}\cos\varphi' \qquad (32,17)$$

den Abstand eines Punktes der Platte von ihrer Mitte. Die Geschwindigkeit an der Platte ergibt sich danach entsprechend wie bei den bisherigen Überlegungen zu

$$v_2 = v_{2\infty} \frac{\sin\varphi}{\sin\varphi'}. \qquad (32,18)$$

Drückt man φ durch φ' und dann letzteres durch die Ordinate ξ der Platte aus, so wird

$$\begin{aligned} v_2 &= v_{2\infty}\frac{\sin(\varphi'-\alpha)}{\sin\varphi'} \\ &= v_{2\infty}\left(\cos\alpha - \sin\alpha\,\frac{\cos\varphi'}{\sin\varphi'}\right) \\ &= v_{2\infty}\left(\cos\alpha \pm \sin\alpha\,\frac{\xi}{\sqrt{\left(\frac{l}{2}\right)^2 - \xi^2}}\right), \end{aligned}$$
$$(32,19)$$

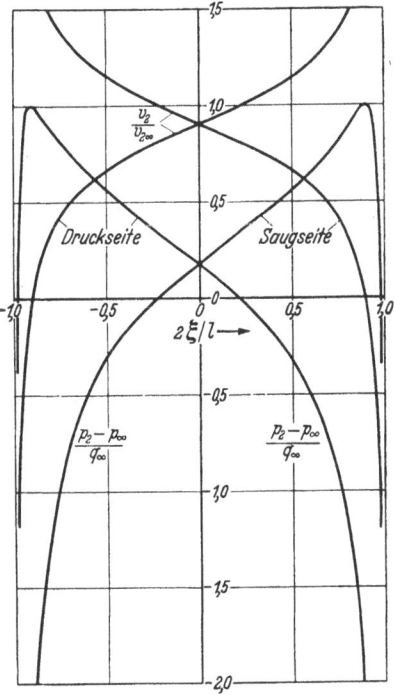

Bild 86. Strömungsverlauf bei einer schräg angeströmten Platte und Geschwindigkeitsverteilung auf der Platte

wobei das obere Vorzeichen im letzten Ausdruck für die Anströmseite, das untere für die Abströmseite gilt. Zu dem gleichen Ergebnis kann man auch gelangen, wenn man die Anströmung in 2 Komponenten $w_{2\infty}\cos\alpha$ längs der Platte und $w_{2\infty}\sin\alpha$ senkrecht zur Platte zerlegt. Die erstere ergibt die konstante Geschwindigkeit längs der Platte $v_{2\infty}\cos\alpha$, die letztere nach Gl. (32,13) $\pm v_{2\infty}\sin\alpha\,\dfrac{\xi}{\sqrt{\left(\frac{l}{2}\right)^2 - \xi^2}}$. Durch Überlagerung ergibt sich der in Gl. (32,19) angegebene Ausdruck.

In Bild 86 ist die sich danach ergebende Strömung und die Verteilung der Geschwindigkeiten und Drücke dargestellt.

33. Zirkulationsströmung und der Auftrieb von Tragflügeln. Bei den eben behandelten Beispielen zeigt die Verteilung der Drücke stets solche Symmetrieeigenschaften, daß sich keine resultierende Kraft auf den umströmten Körper ergibt. In dem Beispiel der schräg angeströmten Platte ergibt sich allerdings ein reines Moment, welches die Platte quer zur Strömung zu drehen sucht. (Dieser Effekt wird z. B. zur Messung der Schallintensität mittels der RAYLEIGHschen Scheibe benützt). Erfahrungsgemäß tritt nun aber bei schräg gestellten Platten eine wesentliche Kraft senkrecht zur Strömung auf, der sog. Auftrieb[1]. Um ihn zu erhalten, muß die Strömung weniger symmetrisch verlaufen als bei den bisherigen Überlegungen. Tatsächlich sind außer den bisher betrachteten noch andere Formen der Umströmung möglich. So kann z.B. um einen Kreiszylinder die Flüssigkeit auch in Form von Kreisen herumströmen (Bild 87). Auch diese Strömung ist uns bereits geläufig (Ziffer 10, Bild 20). Die Geschwindigkeit nimmt umgekehrt proportional mit dem Radius ab:

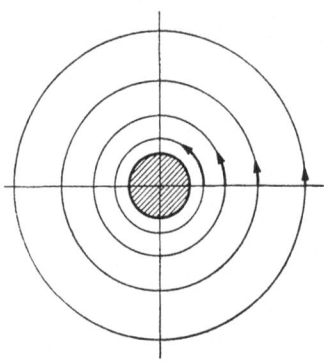

Bild 87. Zirkulationsströmung

$$w_\Gamma = \frac{\Gamma}{2 r \pi}. \tag{33,1}$$

Dabei ist Γ, die sog. Zirkulation um den Zylinder, eine die Stärke der Strömung kennzeichnende Größe. Auf dem umströmten Kreise vom Radius r_0 ist die Geschwindigkeit

$$w_\Gamma = \frac{\Gamma}{2 r_0 \pi} \tag{33,2}$$

konstant, und damit ist auch der Druck konstant. Eine Kraft auf den Zylinder entsteht also auch bei dieser Strömung nicht.

Wenn man aber jetzt die früher betrachtete symmetrische Strömung und die Zirkulationsströmung überlagert, so erhält man eine unsymmetrische Geschwindigkeitsverteilung. Bei positiver Zirkulation Γ (Strö-

---

[1] Der Widerstand, eine Kraft in der Bewegungsrichtung, ist mit einer Arbeitsleistung verbunden. In einer Potentialströmung, in der ja kein Energieverlust auftritt (BERNOULLIsche Gleichung), kann man bei stationärer Bewegung auch keinen Widerstand erwarten. Der Auftrieb, der senkrecht zur Bewegungsrichtung steht, bedingt bei stationärer Bewegung keine Arbeitsumsetzung, er ist daher auch bei Potentialströmung möglich.

mung entgegen dem Uhrzeigersinn) addieren sich im unteren Teil des Zylinders die Geschwindigkeiten, im oberen subtrahieren sie sich. Die resultierende Geschwindigkeit an der Zylinderoberfläche ergibt sich aus Gl. (32,6) und (33,2) zu

$$w = -2w_\infty \sin\varphi + \frac{\Gamma}{2r_0\pi}. \qquad (33,3)$$

Dabei ist die Geschwindigkeitsrichtung entgegen dem Uhrzeigersinn positiv gerechnet. Die Staupunkte ($v = 0$) liegen jetzt unter Winkeln φ_0 gegen die Anströmrichtung, für welche die Beziehung gilt

$$\sin\varphi_0 = \frac{\Gamma}{4w_\infty r_0 \pi}. \qquad (33,4)$$

Der Verlauf einer solchen Strömung, jedoch mit negativer Zirkulation Γ, ist in Bild 88 dargestellt. Da die Geschwindigkeit der Zirkulationsströmung im Unendlichen $\to 0$ geht, so besteht für die aus der Über-

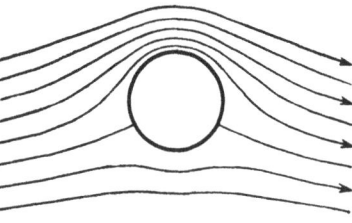

Bild 88. Strömung um einen Kreiszylinder mit negativer Zirkulation

lagerung entstandene unsymmetrische Strömung im Unendlichen die gleiche Zuströmung wie bei der symmetrischen[1].

Für diese unsymmetrische Strömung wird die Druckverteilung um den Zylinder

$$\begin{aligned}p - p_\infty &= \frac{\varrho}{2} w_\infty^2 \left[1 - \left(\frac{w}{w_\infty}\right)^2\right] \\ &= \frac{\varrho}{2} w_\infty^2 \left[1 - 4\sin^2\varphi - \frac{\Gamma^2}{4r_0^2 \pi^2 w_\infty^2} + \frac{2\Gamma}{r_0 \pi w_\infty}\sin\varphi\right].\end{aligned} \qquad (33,5)$$

Die Resultierende in der x-Richtung

$$W = -\int_0^{2\pi} p\, r_0 \cos\varphi\, d\varphi$$

---

[1] Bei strengerer mathematischer Betrachtung muß man allerdings feststellen, daß die unsymmetrische Strömung im Unendlichen eine Singularität hat, welche einem Wirbel entspricht von gleicher, aber entgegengesetzter Zirkulation wie um den Zylinder. Tatsächlich entsteht ein solcher Wirbel beim Anfahren eines Flügels und wandert vom Flügel ab. Befindet sich dieser Anfahrwirbel in großer Entfernung, so werden die zu ihm gehörigen Geschwindigkeiten in der Umgebung des Flügels sehr klein gegenüber der Parallelströmung und damit für den Strömungsvorgang bedeutungslos. Im Grenzfall, daß der Wirbel ins Unendliche gerückt ist, verschwindet sein Geschwindigkeitsfeld vollständig. Dieser im Unendlichen liegende Wirbel tritt aber in Erscheinung, wenn bei einer konformen Abbildung oder bei einer Spiegelung am Kreis das Abbild des unendlichfernen Punktes ins Endliche rückt.

ist Null, was sich aus der Symmetrie zur y-Achse unmittelbar ergibt. Die Resultierende in der y-Richtung (der Auftrieb) wird

$$A = -\int_0^{2\pi} p\, r_0 \sin\varphi\, d\varphi = -\frac{\varrho}{2} w_\infty^2 \int_0^{2\pi} \frac{2\Gamma}{r_0\,\pi\,w_\infty} r_0 \sin^2\varphi\, d\varphi = -\varrho\, w_\infty\, \Gamma. \quad (33,6)$$

Bildet man den Kreis mit dieser unsymmetrischen Strömung in der bisherigen Weise auf eine gerade Strecke ab und berechnet die Druckverteilung, so ergibt sich als Resultierende wieder der gleiche Auftrieb[1]

$$A = -\varrho\, v_\infty\, \Gamma. \quad (33,7)$$

Man kann nun zeigen, daß jeder zylindrische Körper, der mit der Geschwindigkeit v_∞ angeströmt wird, einen Auftrieb nach Gl. (33,7) erfährt, wenn gleichzeitig eine Zirkulationsströmung mit der Zirkulation Γ vorhanden ist. Diesen allgemeinen Satz haben, unabhängig voneinander, KUTTA und JOUKOWSKY gefunden. Man bezeichnet ihn daher als KUTTA-JOUKOWSKYschen Satz, und die Gl. (33,7) als KUTTA-JOUKOWSKYsche Gleichung.

Die Zirkulation läßt sich, entsprechend wie in Gl. (29,2), als Linienintegral der Geschwindigkeit längs einer den Zylinder umschlingenden geschlossenen Kurve definieren

$$\Gamma = \oint v_s\, ds, \quad (33,8)$$

wobei v_s die in Richtung des Wegelementes ds fallende Komponente der Geschwindigkeit v sein soll.

Für die symmetrische Strömung um den Kreis ist dieses Integral Null, wie sich ohne weiteres aus der Symmetrie ergibt. Da es sich durch die konforme Abbildung nicht ändert, so gilt das gleiche auch für jede andere Umrißfigur, deren Strömung durch konforme Abbildung aus der symmetrischen Strömung um den Kreis gewonnen wurde.

Bei einem Kreiszylinder liegt im allgemeinen[2] kein Grund zu einer unsymmetrischen Strömung vor. Bei Körpern mit scharfer Hinterkante,

---

[1] An den umströmten Plattenkanten treten dabei unendliche Geschwindigkeiten und entsprechend unendliche Unterdrücke auf. Bei Durchführung eines Grenzüberganges, wobei man an der Kante eine Abrundung vorsieht und diese $\to 0$ gehen läßt, erkennt man, daß der $\to -\infty$ gehende Druck an einer umströmten Kante eine endliche Saugkraft auf die Kante in Richtung der Plattenebene ausübt. Die Resultierende aus dieser Saugkraft und den senkrecht zur Platte stehenden Druckkräften steht senkrecht zur Anströmrichtung und stellt den Auftrieb dar. Vgl. z. B. GRAMMEL, R.: Die hydrodynamischen Grundlagen des Fluges. Braunschweig: Vieweg 1917, S. 20.

[2] Ein Grund liegt z. B. dann vor, wenn der Zylinder rotiert. Er erfährt dann bei Anströmung tatsächlich einen Auftrieb, der sogar recht erheblich sein kann (Magnuseffekt).

34. Nichtstationäre Vorgänge. Drehung um eine Achse

wie sie bei Tragflügeln fast stets vorhanden ist, stellt sich eine solche Zirkulation ein, daß sich die Strömungen der Ober- und Unterseite gerade an der Hinterkante wieder zusammenschließen, daß also keine Umströmung der scharfen Hinterkante stattfindet (Bild 89). Dies besagt, daß bei der Abbildung des Flügelprofils auf einen Kreis der Punkt des Kreises, welcher der Hinterkante entspricht, Staupunkt sein muß. Durch diese Bedingung ist bei derartigen Profilen die Größe der Zirkulation festgelegt[1]. Für die ebene Platte mit dem Anstellwinkel α (Bild 85) liegt der der Hinterkante entsprechende Punkt des Kreises unter dem Winkel $\varphi_0 = -\alpha$ zur x-Achse. Dort herrscht bei symmetrischer Strömung die Geschwindigkeit

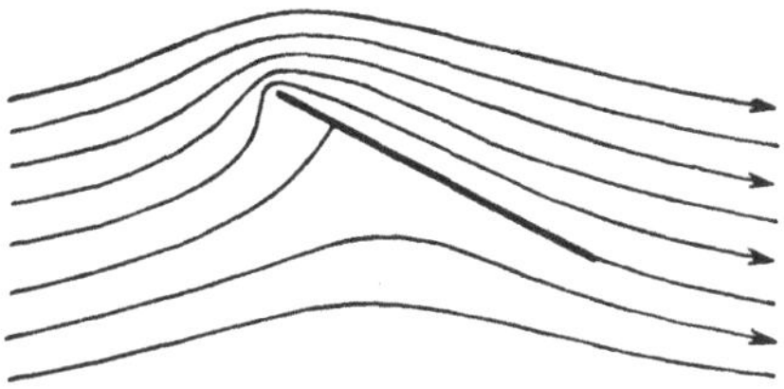

$$w_0 = 2 w_\infty \sin\alpha. \qquad (33,9)$$

Bild 89. Strömung um eine ebene Platte mit glattem Abfluß an der Hinterkante

Damit dieser Punkt Staupunkt wird, muß diese Geschwindigkeit durch die Geschwindigkeit der Zirkulationsströmung

$$w_\Gamma = \frac{\Gamma}{2 r_0 \pi} \qquad (33,10)$$

aufgehoben werden:

$$w_0 + w_\Gamma = 0. \qquad (33,11)$$

Daraus ergibt sich

$$\Gamma = -2 r_0 \pi w_0 = -4 r_0 \pi w_\infty \sin\alpha. \qquad (33,12)$$

Die gleiche Zirkulation findet in der Plattenebene um die Platte statt. Da $l = 4 r_0$ und die Anströmgeschwindigkeit im Unendlichen $v_\infty = w_\infty$ ist, so wird die Zirkulation um die Platte

$$\Gamma = -l \pi v_\infty \sin\alpha \qquad (33,13)$$

und der Auftrieb

$$A = -\varrho v_\infty \Gamma = \frac{\varrho}{2} v_\infty^2 \, l \, 2\pi \sin\alpha. \qquad (33,14)$$

Ähnliche einfache Beziehungen lassen sich auch für andere Profilformen aufstellen[2].

34. Nichtstationäre Vorgänge. Drehung um eine Achse. Unter den Strömungsaufgaben spielen jene eine große Rolle, bei denen sich ein Körper in ruhender Flüssigkeit bewegt. Für einen Beobachter, welcher mit der Flüssigkeit ruht, ist ein solcher Vorgang nicht stationär, da der

---

[1] Infolge der Oberflächenreibung ist die tatsächlich entstehende Zirkulation und damit auch der Auftrieb etwas kleiner, als sich nach diesen Überlegungen ergibt, die ja reibungsfreie Strömungen voraussetzen.

[2] Vgl. z. B. Hütte, 28. Aufl., I. Bd., 807 Berlin: W. Ernst u. Sohn 1955.

Körper an ihm vorbeiwandert und demnach ein mit der Zeit sich änderndes Bild bietet. In vielen Fällen kann man den Vorgang dadurch stationär machen, daß man ein Koordinatensystem wählt, welches sich mit dem Körper mitbewegt. Dabei ist zu beachten, daß in einem irgendwie beschleunigten System zusätzliche Trägheitskräfte auftreten, welche bei der Berechnung der Drücke zu berücksichtigen sind. Am einfachsten liegen die Verhältnisse, wenn sich ein Körper geradlinig mit konstanter Geschwindigkeit in unendlich ausgedehnter Flüssigkeit bewegt. In diesem Falle ist die Mitbewegung des Koordinatensystems mit dem Körper gleichbedeutend mit der Überlagerung einer Parallelströmung. Da hierbei das mitbewegte Koordinatensystem konstante Geschwindigkeit hat, treten beim Übergang von dem einen zu dem anderen System keine Beschleunigungen und damit keine zusätzlichen Trägheitskräfte auf. Die in dem stationären System auftretenden Drücke sind identisch mit den in dem instationären System auftretenden. Bei der Berechnung der Drücke im letzteren ist zu beachten, daß hier nicht die einfache BERNOULLIsche Gleichung (31,11), sondern die verallgemeinerte (31,17) gilt.

Auch in dem sehr häufigen Falle, wenn der Körper eine Drehung mit konstanter Winkelgeschwindigkeit um irgendeine feste Achse ausführt, läßt sich die Strömung stationär machen, indem man ein mit dem Körper sich mitdrehendes Koordinatensystem einführt. Hierbei ist aber zu beachten, daß bei der Drehung Zentrifugal- und Corioliskräfte auftreten, so daß die Drücke der stationären Strömung nicht ohne weiteres mit denen der umlaufenden Strömung identisch sind. Vor allem aber bedeutet hier der Übergang vom nicht stationären zum stationären (sich mitdrehenden) Koordinatensystem die Überlagerung einer konstanten Drehung über die gesamte Bewegung. Jedes Flüssigkeitsteilchen, das in der nichtstationären Strömung drehungsfrei war, dreht sich im stationären System relativ zu den umlaufenden Koordinatenachsen mit einer Winkelgeschwindigkeit, die gleich und entgegengesetzt der Winkelgeschwindigkeit ist, mit der die Koordinatenachsen umlaufen. Wenn die nichtstationäre Strömung drehungsfrei, also eine Potentialströmung ist, so ist die stationäre Bewegung wegen der überlagerten Drehung keine Potentialströmung. In Bild 90 und 91 ist zur Erläuterung ein kleiner Kreiszylinder dargestellt, der in einer sonst ruhenden Flüssigkeit auf einer Kreisbahn umläuft. Bild 90 zeigt die nichtstationäre Potentialströmung: Hier ist die Flüssigkeit im wesentlichen in Ruhe, nur in der Nähe des Zylinders strömt die bei seiner Bewegung vorne verdrängte Flüssigkeit an ihm vorbei nach hinten. In Bild 91 ist die stationäre Bewegung dargestellt: Der Körper ruht, die Flüssigkeit dreht sich im wesentlichen wie ein starrer Körper, wobei die Geschwindigkeiten proportional der Entfernung von der Drehachse zunehmen. Durch den Zylinder ist diese Bewegung in seiner Umgebung etwas gestört.

34. Nichtstationäre Vorgänge. Drehung um eine Achse

Für die Anschauung bietet es sicher viele Vorteile, eine Strömung stationär zu machen. Bei der Drehung eines Körpers um eine Achse treten aber dabei die erwähnten Nebenumstände auf, welche die theoretische Behandlung der stationären Bewegung erschweren. Insbesondere ist der Umstand sehr unangenehm, daß man es nicht mehr mit einer Potentialbewegung zu tun hat. Man zieht daher bei solchen rotierenden Bewegungen für die theoretische Behandlung vielfach vor, die nicht-

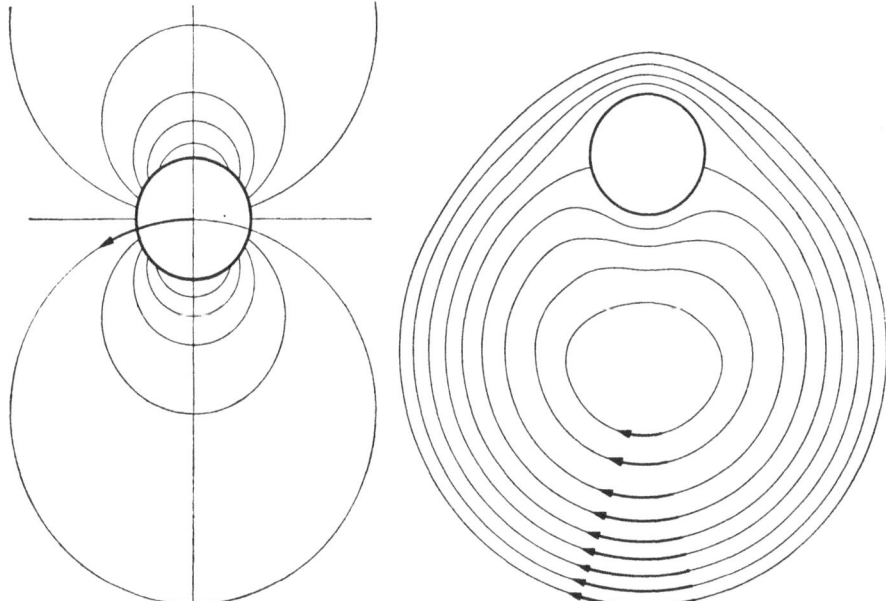

Bild 90. Kreiszylinder auf einer Kreisbahn. Nichtstationäre Potentialströmung

Bild 91. Kreiszylinder auf einer Kreisbahn. Stationäre Relativströmung

stationäre, dafür aber drehungsfreie Strömung zu betrachten. Eine nichtstationäre Bewegung ist für jeden Zeitpunkt verschieden. Man kann sie immer nur für irgendeinen herausgegriffenen Zeitpunkt ermitteln (entsprechend einer Momentaufnahme). Bei solchen Vorgängen, welche stationär gemacht werden können, sind diese Momentaufnahmen allerdings alle kongruent und nur räumlich gegeneinander verschoben. Die Berechnung solcher nichtstationärer Vorgänge kann man in folgender Weise vornehmen:

Wenn sich ein Körper irgendwie in gegebener Weise in einer Flüssigkeit bewegt, so kann man für jeden Punkt seiner Oberfläche in einem bestimmten Zeitpunkt die Geschwindigkeit angeben. In Bild 92 drehe sich z. B. der dargestellte Körper in dem betreffenden Augenblick um den Momentanpol M mit der Winkelgeschwindigkeit ω. Ein Punkt P

seiner Oberfläche im Abstand r vom Pol M hat dann die Geschwindigkeit $r\omega \perp r$. Diese Geschwindigkeit kann man in Komponenten normal und tangential zur Oberfläche zerlegen. Die tangentialen Komponenten haben auf die Strömung keinen Einfluß. Dagegen bewirken die normalen Komponenten ein Wegdrängen der Flüssigkeit. Wie aus Bild 92 zu ersehen, ist die Normalkomponente

$$v_n = r\omega \sin\lambda. \qquad (34,1)$$

Hierbei bedeutet λ den Winkel zwischen dem Fahrstrahl r von der Drehachse M zum betrachteten Punkte P und der Normalen zur Körperoberfläche. Die Flüssigkeit hat an der betreffenden Stelle die gleiche Normalkomponente der Geschwindigkeit wie der Körper. Dagegen stimmt die Tangentialkomponente v_t der Strömung im allgemeinen nicht mit der des betreffenden Körperpunktes überein, da sich die Flüssigkeit ja entlang der Körperoberfläche bewegt.

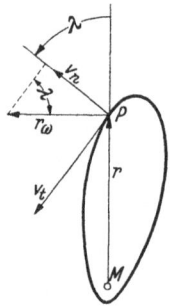

Bild 92
Geschwindigkeiten von Oberflächenpunkten eines sich drehenden Körpers

Man kennt also von der Flüssigkeitsbewegung längs eines gegebenen Randes (der Körperoberfläche) die Normalkomponenten der Geschwindigkeit. Durch sie ist die dazugehörige Strömung eindeutig bestimmt und für zweidimensionale Strömungen, auf die wir uns ja, wie immer, beschränken, haben wir auch Lösungsmethoden bereits kennengelernt: Man braucht nur den Körperumriß konform auf einen Kreis abzubilden, wobei sich die Größe der Normalkomponente umgekehrt proportional wie das Maßstabsverhältnis bei der Abbildung ändert. Damit ist die Aufgabe auf die in Ziffer 13 und 16 behandelte Aufgabe zurückgeführt, die Strömung zu berechnen, wenn die Normalkomponenten (bzw. die Stromfunktion) längs eines Kreises gegeben ist. Durch Zurückabbildung der zum Kreis gefundenen Strömung auf die ursprüngliche Ebene ergibt sich die gesuchte Strömung bei der Bewegung des Körpers.

Aus der Verteilung der Geschwindigkeit v längs der Körperoberfläche ergibt sich auch die Druckverteilung und daraus die resultierende Kraft. Man muß dabei nur beachten, daß wir es hier mit einer nicht stationären Strömung zu tun haben und deshalb die verallgemeinerte BERNOULLIsche Gleichung (31,17)

$$p + \frac{\varrho}{2} v^2 + \varrho \frac{\partial \Phi}{\partial t} = \text{konst.} = p_g$$

verwenden müssen, welche sich von der einfachen BERNOULLIschen Gleichung (31,11) durch das zusätzliche Glied $\varrho\, \partial\Phi/\partial t$ unterscheidet. Da das Instationäre bei dem mit der konstanten Winkelgeschwindigkeit ω umlaufenden Körper darin besteht, daß sich das sonst unveränderte Strömungsbild mit der Winkelgeschwindigkeit ω dreht, so ist

$$\frac{\partial \Phi}{\partial t} = -r\omega \frac{\partial \Phi}{\partial s} = -r\omega v_s. \tag{34,2}$$

Dabei bedeutet s den Bogen, den der betrachtete Punkt infolge der Drehung beschreibt, und v_s die Geschwindigkeitskomponente in Richtung dieses Bogens, also senkrecht zum Fahrstrahl r. Ist $v_n = r\omega \sin\lambda$ (Gl. 34,1) die Normalkomponente und v_t die nach dem geschilderten Verfahren berechnete Tangentialkomponente der Geschwindigkeit, so ist

$$v_s = v_n \sin\lambda + v_t \cos\lambda = r\omega \sin^2\lambda + v_t \cos\lambda. \tag{34,3}$$

Damit wird der Druck

$$\left.\begin{aligned}p &= p_g - \frac{\varrho}{2}\left[(r\omega \sin\lambda)^2 + v_t^2 - 2r\omega(r\omega \sin^2\lambda + v_t \cos\lambda)\right] \\ &= p_g - \frac{\varrho}{2}\left[v_t(v_t - 2r\omega \cos\lambda) - (r\omega)^2 \sin^2\lambda\right] \\ &= p_g - \frac{\varrho}{2}\left[(v_t - r\omega \cos\lambda)^2 - (r\omega)^2\right].\end{aligned}\right\} \tag{34,4}$$

Im Unendlichen ist $v = 0$ und $\partial \Phi/\partial t = 0$. Damit wird dort der Druck

$$p_\infty = p_g. \tag{34,5}$$

Mit dem geschilderten Verfahren kann man auch in jedem beliebigem Punkt der Strömungsebene die Geschwindigkeit v nach Größe und Richtung ermitteln. Ist r' der Abstand eines Punktes vom Momentanpol M und dort τ der Winkel zwischen der Strömungsrichtung und dem Radius r', so wird der Druck iu diesem Punkt

$$p = p_g - \frac{\varrho}{2} v^2 + \varrho r' \omega v \sin\tau. \tag{34,6}$$

35. Strömung durch ein umlaufendes Schaufelrad. Als Beispiel für die Berechnung derartiger Strömungen um umlaufende Körper möge die Strömung durch ein Zentrifugalpumpenrad mit 18 geraden radialen Schaufeln konstanter Breite h (Bild 93) untersucht werden. Die Schaufeln erstrecken sich vom Innenradius r_i bis zum Außenradius r_a. Wir wollen

$$r_i = 0{,}5\, r_a$$

annehmen. Das Rad möge mit der Winkelgeschwindigkeit ω umlaufen. In der Sekunde ströme die Flüssigkeitsmenge $\dot{Q}$ von innen nach außen durch das Rad. Diese Flüssigkeit wird im allgemeinen aus einer Zuleitung in axialer Richtung zuströmen und vor dem Laufrad in radialer Richtung umgelenkt werden. Statt dessen wollen wir für die theoretische Behandlung annehmen, daß die Flüssigkeit aus einer Quelle kommt, die auf der Achse linienförmig verteilt ist, so daß sich eine ebene Strömung ergibt. Ist die Breite der Schaufeln in axialer Richtung h, so ist die Ergiebigkeit der Quelle je Längeneinheit

$$E = \dot{Q}/h. \tag{35,1}$$

Diese Strömung läßt sich in 3 Teilströmungen zerlegen, welche getrennt behandelt werden können und durch Überlagerung die tatsächliche Strömung ergeben. Diese 3 Teilströmungen sind folgende:

1. Die radiale Durchflußströmung durch das ruhende Rad.
2. Die von der Drehung des Rades herrührende, nicht stationäre Verdrängungsströmung.
3. Eine Zirkulationsströmung um die einzelnen Schaufeln von der Stärke, daß gerade ein Umströmen der Austrittskanten der Schaufeln vermieden wird.

Die radiale Durchflußströmung durch das Rad ist im vorliegenden Falle bei den geraden, radial stehenden Schaufeln besonders einfach.

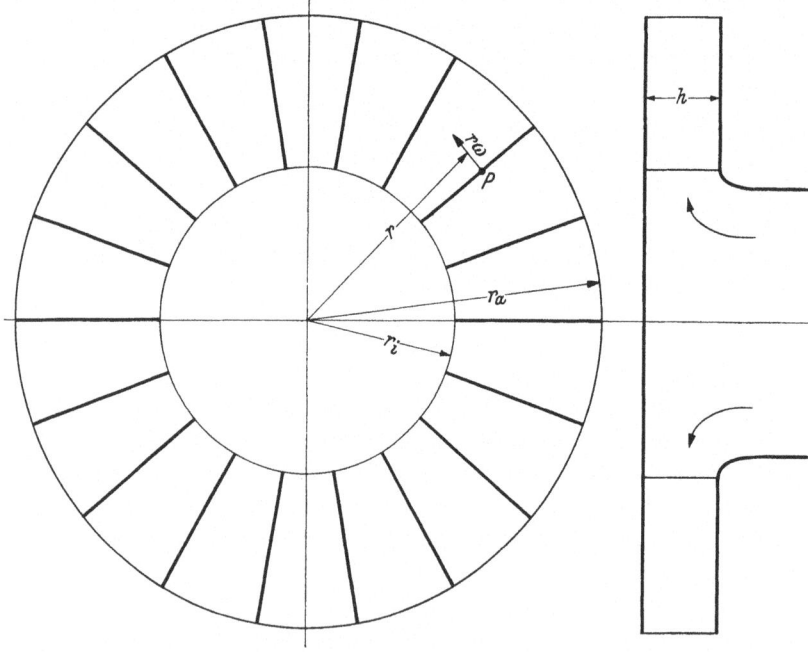

Bild 93. Schaufelrad

Sie ist eine ungestörte Quellströmung mit der radial gerichteten Geschwindigkeit

$$v_Q = \frac{E}{2r\pi} = \frac{\dot{Q}}{2hr\pi}. \tag{35,2}$$

35. Strömung durch ein umlaufendes Schaufelrad

Uns interessiert hier am meisten die 2. Teilströmung: Ein Punkt der Schaufeln im Abstande r von der Achse hat die Geschwindigkeit

$$u = r\omega. \tag{35,3}$$

Da diese senkrecht zu den Schaufeln gerichtet ist, so ist sie zugleich die Normalgeschwindigkeit an dieser Stelle. Zur weiteren Behandlung bilden wir zunächst einen Sektor von $2\pi/18$, der eine Schaufel enthält, auf die volle Ebene ab (Ziffer 11). Dadurch führen wir das 18 schaufelige Rad auf ein einschaufeliges zurück. Dabei werden alle Zentriwinkel auf das 18 fache vergrößert und alle Radienverhältnisse in die 18. Potenz erhoben. Die den Punkten des Schaufelrades entsprechenden Punkte der einschaufeligen Abbildung mögen mit dem Index 1 bezeichnet werden. Ein Punkt im Abstand r geht dann in einen Punkt mit dem Abstand

$$r_1 = r_{a_1}\left(\frac{r}{r_a}\right)^{18} \tag{35,4}$$

über. Der Maßstab der Einzelschaufel und damit der Radius r_{a1} kann beliebig gewählt werden. Wir wollen der Einfachheit halber $r_{a1} = r_a$ wählen. Der innerste Punkt der Schaufeln (die Eintrittskante) mit dem Radius r_i geht in einen Punkt mit dem Radius $r_{i1} = r_a\left(\frac{r_i}{r_a}\right)^{18}$ über[1]. Die Normalgeschwindigkeit ist auf der Vorderseite der Schaufel $u = r\omega$, auf der Rückseite $-r\omega$. Sie geht in die Geschwindigkeit

$$u_1 = u\frac{dr}{dr_1} = \frac{u}{18\left(\frac{r}{r_a}\right)^{17}} = \frac{u}{18\left(\frac{r_1}{r_a}\right)^{17/18}} = \pm\frac{\omega r_a}{18}\left(\frac{r_a}{r_1}\right)^{8/9} \tag{35,5}$$

über. Wir wollen im folgenden der Einfachheit halber zunächst nur die Vorgänge auf der Vorderseite der Schaufeln betrachten, für die das obere Vorzeichen gilt, und nachträglich die Ergebnisse auf die Verhältnisse auf der Rückseite übertragen. Diese Geschwindigkeiten entsprechen, wie man sieht, nicht einer einfachen Drehung der Einzelplatte, bei der die Geschwindigkeiten proportional r_1 sein müßten. Die ebene Einzelplatte kann man nun nach den in Ziff. 22 und 28 behandelten Verfahren in einen Kreis vom Radius

$$r_0 = \frac{r_a - r_{i1}}{4} = \frac{r_a}{4}\left[1 - \frac{r_{i1}}{r_a}\right] = \frac{r_a}{4}\left[1 - \left(\frac{r_i}{r_a}\right)^{18}\right]$$

$$= \frac{r_a}{4}[1 - 0{,}5^{18}] \approx \frac{r_a}{4} \tag{35,6}$$

---

[1] Für unser Beispiel ist $r_i/r_a = 0{,}5$, mithin $r_{i1}/r_a = 0{,}5^{18} \approx 4 \cdot 10^{-6}$. Solche extremen Größenverhältnisse treten vielfach bei der Behandlung von Schaufelrädern mittels konformer Abbildung auf. Sie erfordern meist besondere Maßnahmen bei der Berechnung der Strömungsvorgänge.

und dem Abstand des Mittelpunktes von der Achse

$$m = \frac{r_a + r_{i1}}{2} = \frac{r_a}{2}[1 + 0{,}5^{18}] \approx \frac{r_a}{2} \qquad (35{,}7)$$

abbilden (Bild 94). Kennzeichnet man einen Punkt dieses Kreises durch den Winkel φ, den sein Radius mit der Richtung der Platte bildet, so entspricht gemäß Gl. (22,12) einem solchen Punkte des Kreises ein Punkt der Platte im Abstande

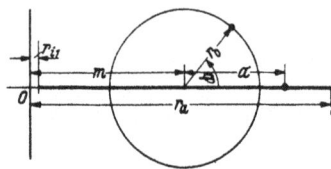

Bild 94
Abbildung der 18 Schaufeln des Schaufelrades auf eine einzige Schaufel und dieser auf einen Kreis. Der Abstand r_{i1} ist in Wirklichkeit noch sehr viel kleiner als hier dargestellt

$$a = 2r_0 \cos\varphi$$

vom Mittelpunkt des Kreises oder im Abstande

$$r_1 = a + m = 2r_0 \cos\varphi + m \quad (35{,}8)$$

von der Drehachse. War u_1 die Geschwindigkeit im Punkte r_1, so geht sie bei der Abbildung der Platte auf den Kreis in die Normalgeschwindigkeit zum Kreisrand

$$u_2 = -u_1 \frac{dr_1}{r_0\, d\varphi} = 2u_1 \sin\varphi \quad (35{,}9)$$

über. In Bild 95, 96 und 97 sind für die Vorderseite der Schaufel die Verteilungen von u, u_1 und u_2 über die zugehörigen Werte von r,

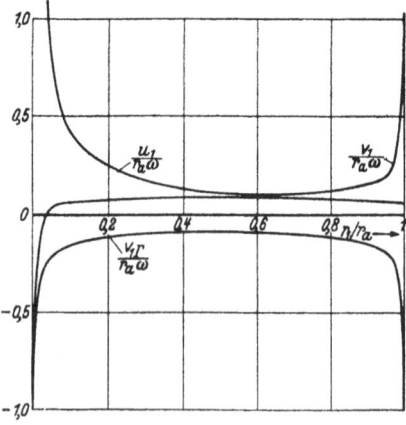

Bild 95. Geschwindigkeiten an den Schaufeln des Schaufelrades nach Bild 93

Bild 96. Geschwindigkeiten in der Ebene der einzelnen Schaufel nach Bild 94

35. Strömung durch ein umlaufendes Schaufelrad

r_1 und φ dargestellt, wobei statt der Geschwindigkeiten selbst ihr Verhältnis zur Umfangsgeschwindigkeit des Schaufelrades $r_a \omega$ aufgetragen ist. Nach den Überlegungen in Ziffer 16 sind mit dieser Verteilung der

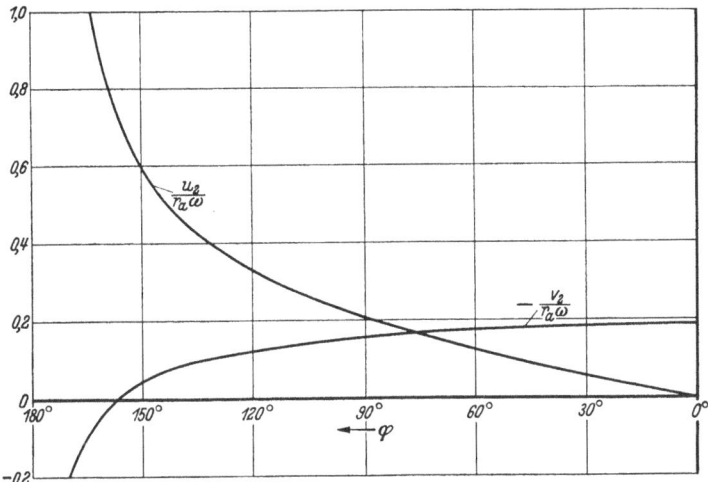

Bild 97. Geschwindigkeiten in der Ebene des Kreises nach Bild 94

Normalgeschwindigkeiten u_2 Tangentialgeschwindigkeiten v_2 auf dem Kreis verbunden, deren Größe in einem Punkte φ_1 sich nach Gl. (16,13) zu

$$v_2 = \frac{1}{2\pi} \int_0^{2\pi} u_2 \cot \frac{\varphi - \varphi_1}{2} d\varphi \qquad (35,10)$$

ergibt. Durch Rückabbildung des Kreises auf die Ebene der einzelnen Platte geht diese Geschwindigkeit nach Gl. (35,9) in

$$v_1 = -v_2/2\sin\varphi_1 = -v_2\bigg/\sqrt{4 - \left(\frac{r_1 - m}{r_0}\right)^2} \qquad (35,11)$$

und durch Abbildung auf die ursprüngliche Ebene der 18 Schaufeln nach Gl. (35,5) in die von der Drehbewegung herrührende Tangentialgeschwindigkeit

$$v_D = 18 v_1 \left(\frac{r}{r_a}\right)^{17}. \qquad (35,12)$$

längs der Schaufeln des Schaufelrades über.

Die Verteilung der Tangentialgeschwindigkeiten v_D, v_1 und v_2 ist in den Bildern 95 bis 97 in gleicher Weise wie die der Normalgeschwindigkeiten für die Vorderseite der Schaufel dargestellt.

Die dritte Teilströmung, die Zirkulationsströmung, ist in der Ebene, in der die Schaufel auf einen Kreis abgebildet ist (mit Index 2 bezeichnet), eine Strömung in konzentrischen Kreisen mit der Geschwindigkeit $\Gamma/(2r\pi)$. Die Zirkulation Γ stellt sich dabei so ein, daß sie zusammen mit der von der Drehung herrührenden Verdrängungsströmung an den Schaufelaußenkanten glatten Abfluß ergibt. In der Strömung um den Kreis muß daher im Punkte $\varphi = 0$ ein Staupunkt, also die Geschwindigkeit Null sein. Da die Verdrängungsströmung in diesem Punkte die Tangentialgeschwindigkeit

$$v_{2A} = -0{,}192\, r_a\, \omega \qquad (35{,}13)$$

hat, so muß, um sie zu Null zu ergänzen,

$$\frac{\Gamma}{2r_0\pi} = -v_{2A} = 0{,}192\, r_a\, \omega \qquad (35{,}14)$$

sein. Da nach Gl. (35,6) $r_0 \approx \dfrac{r_a}{4}$ ist, so ergibt sich

$$\Gamma = -2r_0\pi\, v_{2A} \approx 0{,}096\, r_a^2\, \pi\, \omega. \qquad (35{,}15)$$

Die Übertragung des auf dem Kreis konstanten, von der Zirkulation herrührenden Geschwindigkeitsanteils auf die anderen Ebenen geschieht in gleicher Weise wie bei der Verdrängungsströmung. Der Verlauf dieses Anteils v_Γ und $v_{1\Gamma}$ in den anderen Ebenen ist ebenfalls in den Bildern 95 und 96 eingezeichnet. In Bild 95 ist schließlich auch noch die Summe $v_D + v_\Gamma$ der von der Verdrängungsströmung und von der Zirkulation herrührenden Tangentialgeschwindigkeit eingezeichnet.

Sowohl die Verdrängungs- wie die Zirkulationsströmung haben in unserem Beispiel auf der Vorder- und Rückseite der Schaufeln gleiche, aber entgegengesetzte Geschwindigkeiten. Die radiale Durchflußströmung dagegen hat nach Gl. (35,2) auf beiden Seiten der Schaufeln sowohl gleich große wie gleichgerichtete Geschwindigkeiten. Die Gesamtströmung, die sich durch Überlagerung dieser Durchflußströmung über die beiden anderen Anteile ergibt, ist daher auf der Vorder- und Rückseite verschieden. Wenn man unter v_D und v_Γ die Geschwindigkeiten auf der Vorderseite versteht, so wird die Gesamtgeschwindigkeit auf der Vorderseite

$$v_V = v_Q + |(v_D + v_\Gamma)|, \qquad (35{,}16)$$

auf der Rückseite

$$v_R = v_Q - |(v_D + v_\Gamma)|. \qquad (35{,}17)$$

Zu dem Geschwindigkeitsunterschied trägt die radiale Durchflußströmung nichts bei. Er ist nur durch die beiden anderen Anteile bestimmt und ist das Doppelte der in Bild 95 dargestellten Summengeschwindigkeit $v_D + v_\Gamma$. Dieser Geschwindigkeitsunterschied zwischen Vorder- und Rückseite der Schaufel stellt zugleich die Verteilung der Zirkulation über die Schaufel dar:

$$\frac{\partial \Gamma}{\partial r} = v_V - v_R = 2|(v_D + v_\Gamma)|. \qquad (35{,}18)$$

35. Strömung durch ein umlaufendes Schaufelrad

Die Absolutgeschwindigkeit an einer Stelle der Schaufelvorder- bzw. -rückseite ist

$$c_V = \sqrt{v_V^2 + (r\omega)^2} \quad \text{bzw.} \quad c_R = \sqrt{v_R^2 + (r\omega)^2}. \tag{35,19}$$

Aus den Geschwindigkeiten v_V und v_R lassen sich die Drücke auf Vorder- und Rückseite gemäß Gl. (34,4) berechnen. Da in unserem Falle $\cos\lambda = 0$ und $\sin\lambda = 1$ sowie $v_t = v_V$ bzw. v_R ist, ergibt sich

$$p_V = p_0 - \frac{\varrho}{2}[v_V^2 - (r\omega)^2] \tag{35,20}$$

bzw.

$$p_R = p_0 - \frac{\varrho}{2}[v_R^2 - (r\omega)^2]. \tag{35,21}$$

Der Druckunterschied ist demnach

$$p_V - p_R = \frac{\varrho}{2}(v_R^2 - v_V^2) = 2\varrho\, v_Q |(v_D + v_\Gamma)| \tag{35,22}$$

und das Moment um die Drehachse, das die auf ein Schaufelstück $h\,dr$ wirkende Druckdifferenz ausübt

$$dM = r(p_R - p_V)h\,dr. \tag{35,23}$$

Das gesamte auf sämtliche n (= 18) Schaufeln wirkende Drehmoment, das von der Antriebsmaschine aufzubringen ist, beträgt demnach unter Verwendung von Gl. (35,2), (35,18) und (35,22)

$$M = -2n\varrho h\int_{r_i}^{r_a} |(v_D + v_\Gamma)|\, r\, v_Q\, dr = -\frac{\varrho n \dot{Q}}{\pi} \int_{r_i}^{r_a} |(v_D + v_\Gamma)|\, dr$$

$$= -\frac{\varrho n \dot{Q} \Gamma}{2\pi}. \tag{35,24}$$

Man kann dieselben Ergebnisse für die Kräfte und Momente auch einfach mittels des Kutta-Joukowskyschen Satzes (33,7) erhalten. Nach diesem ist die Kraft auf ein Schaufelelement dr

$$dK = -\varrho\, v_Q \frac{\partial \Gamma}{\partial r} h\,dr. \tag{35,25}$$

Unter Beachtung von Gl. (35,2) und (35,18) wird demnach

$$dM = r\,dK = -\varrho \frac{\dot{Q}}{2\pi} \frac{d\Gamma}{dr} dr \tag{35,26}$$

und

$$M = -n\varrho \frac{\dot{Q}}{2\pi} \int_{r_i}^{r_a} \frac{d\Gamma}{dr} dr = -n\frac{\varrho \dot{Q} \Gamma}{2\pi}. \tag{35,27}$$

Γ ist die Zirkulation um eine Schaufel, $n\Gamma$ die um sämtliche n Schaufeln. Für unser Beispiel ergab sich nach Gl. (35,15)

$$\Gamma = 0{,}096\, r_a^2\, \pi\, \omega.$$

Für das Moment M kann man mittels der Austrittsfläche $2 r_a \pi h$ und der Umfangsgeschwindigkeit $r_a \omega$ einen dimensionslosen Beiwert

$$c_m = \frac{M}{\dfrac{\varrho}{2}\, 2 r_a \pi h\, (r_a \omega)^2\, r_a} = \frac{M}{\varrho\, h\, r_a^4\, \pi\, \omega^2} \qquad (35{,}28)$$

bilden. Durch Einsetzen der Werte aus Gl. (35,27) und (35,15) ergibt sich

$$c_m = n\, \frac{\dot Q}{2 h\, r_a^2\, \pi\, \omega}\, \frac{\Gamma}{r_a^2\, \pi\, \omega} = 1{,}73\, \frac{\dot Q}{2 h\, r_a^2\, \pi\, \omega}. \qquad (35{,}29)$$

Der letzte Ausdruck stellt dabei das Verhältnis der Durchflußgeschwindigkeit am Umfang $\dfrac{\dot Q}{2 h\, r_a\, \pi}$ zur Umfangsgeschwindigkeit $r_a \omega$ dar.

Die Zuströmung zu den Schaufeln haben wir drallfrei angenommen. Für das Gebiet $r < r_i$ ist daher die durchschnittliche Tangentialgeschwindigkeit auf einem Kreise um den Mittelpunkt

$$\bar u = 0. \qquad (35{,}30)$$

Für das Gebiet außerhalb der Schaufeln ($r > r_a$) ist das Linienintegral einer die Schaufeln umschlingenden Linie gleich der Zirkulation um sämtliche Schaufeln, also

$$\oint u\, r\, d\varphi = \bar u\, 2 r \pi = n\, \Gamma. \qquad (35{,}31)$$

Die Flüssigkeit hat demnach nach ihrem Austritt aus dem Schaufelrad einen Drall mit der mittleren Umlaufgeschwindigkeit

$$\bar u = \frac{n\, \Gamma}{2 r \pi}. \qquad (35{,}32)$$

Ist die Zuströmung zum Schaufelrad nicht drallfrei, wie wir es in diesem Beispiel angenommen haben, so kann man ohne Schwierigkeit dem Rechnung tragen, indem man auf der Achse außer der Quelle auch noch einen Wirbel Γ_0 anordnet, der ohne das Schaufelrad eine zusätzliche Drallgeschwindigkeit

$$u_{Dr} = \frac{\Gamma_0}{2 r \pi} \qquad (35{,}33)$$

ergeben würde. Zu den drei bereits behandelten Teilströmungen kommt dann diese noch als vierte hinzu. Sie ergibt auch eine Umströmung der Austrittskante, ist also ebenso wie die Verdrängungsströmung für die Größe der Zirkulation Γ um die Schaufeln maßgebend. In der Ebene mit der einzelnen Platte erscheint dieser Wirbel mit der Zirkulation $\Gamma_{01} = \Gamma_0/n$. Die weitere Behandlung wird in Ziff. 52 geschildert.

In diesem Beispiel wurde eine möglichst einfache Schaufelform gewählt, um die Rechnung nicht unnötig unübersichtlich zu machen. Mit dem in Ziffer 22 angegebenen Abbildungsverfahren lassen sich in gleicher Weise auch noch Schaufeln behandeln, welche bei der Abbildung auf die Ebene mit einer Schaufel (Ebene mit dem Index 1) Kreisbogen ergeben. Später werden wir noch Verfahren kennenlernen, durch die man Schaufeln von der Form von Stücken logarithmischer Spiralen (Ziffer 65) und schließlich auch beliebige Formen (Ziffer 74) in ähnlicher Weise behandeln kann.

36. Strömungen mit konstanter Drehung. Um die bei der Drehung eines Körpers entstehende Bewegung stationär zu machen, führt man ein mit der Winkelgeschwindigkeit ω umlaufendes Koordinatensystem ein. Dabei ergeben sich die Strömungsgeschwindigkeiten in jedem Punkt in einfacher Weise, indem man zu den Geschwindigkeiten der nichtstationären Potentialströmung die der Drehung entgegengesetzte Geschwindigkeit $r\omega$ vektoriell überlagert. Da in dieser Strömung sich jedes Teilchen mit der Winkelgeschwindigkeit $-\omega$ dreht, genügt die Strömung nach den Überlegungen von Ziffer 29 anstatt der Potentialgleichung der Gleichung

$$\Delta \Psi = 2\omega = \text{konst.} \tag{36,1}$$

Man hat durch dieses Verfahren demnach die Möglichkeit auch solche Strömungen zu behandeln; zunächst allerdings nur für den Sonderfall, daß sich die ungestörte Strömung wie ein starrer Körper dreht. Da man der nichtstationären Potentialströmung beliebige stationäre oder nichtstationäre Potentialströmungen überlagern kann und dadurch wieder drehungsfreie Strömungen erhält, so kann man auch der umlaufenden Strömung mit konstanter Drehung, die sich ja nur durch ein anderes Koordinatensystem daraus ergibt, Potentialströmungen überlagern und erhält wieder Strömungen mit konstanter Drehung. Man kann dies auch insofern einsehen, weil ja jedes Teilchen, das durch die überlagerte Potentialströmung unter Beibehaltung seiner Drehung an eine andere Stelle verschoben wird, dadurch an der Verteilung der Drehung nichts ändert, da diese ja überall den gleichen Wert hat. Durch solche Überlagerungen kann man daher aus der einfachen Drehung wie ein starrer Körper beliebige andere Strömungen mit konstanter Drehung ableiten.

Wenn man z. B. der Drehströmung wie ein starrer Körper eine Sattelpunktströmung von der Art nach Bild 23 mit um $-45°$ gegenüber einer x-Achse verdrehten Achse überlagert, für welche entsprechend Gl. (12,14) die Stromfunktion

$$\Psi = \frac{\omega}{2}(x+y)(y-x) \tag{36,2}$$

ist, so wird die y-Komponente der Rotationsbewegung

$$v_y = -\omega x \qquad (36,3)$$

durch die entsprechende Komponente der überlagerten Strömung

$$-\frac{\partial \Psi}{\partial x} = -\frac{\omega}{2}[(y-x) - (x+y)] = \omega x \qquad (36,4)$$

gerade aufgehoben und die x-Komponente ωy durch die entsprechende Komponente der überlagerten Strömung

$$\partial \Psi/\partial y = \omega y \qquad (36,5)$$

gerade verdoppelt, also auf

$$v_x = 2\omega y \qquad (36,6)$$

erhöht. Die Strömung geht also in eine Scherströmung parallel der x-Richtung entsprechend Bild 72 über.

Bei solchen Überlagerungen ist allerdings zu beachten, daß dabei in den einzelnen Flüssigkeitsteilchen meist Corioliskräfte auftreten, die durch eine entsprechende Änderung der Druckverteilung aufgenommen werden. Im allgemeinen werden die längs einer geschlossenen Linie wirkenden Corioliskräfte im Mittel Null sein. Ist dies aber nicht der Fall, so wird die Flüssigkeit längs dieser Linie beschleunigt. Die gefundene Strömung ist nicht mehr stationär, sie bleibt in dieser Form nicht bestehen, sondern formt sich um. Man kann diese Erscheinung leicht einsehen, wenn man versucht, der Strömung, die sich wie ein starrer Körper dreht, eine Quellströmung mit der Quelle in der Drehachse zu überlagern. Hierbei wird jeder kreisförmige Ring im Abstand r von der Achse, der mit der Geschwindigkeit $r\omega$ umläuft, nach außen aufgeweitet, so daß sein Radius r zunimmt. Dabei bleibt aber sein Impulsmoment konstant, und seine Umlaufgeschwindigkeit nimmt mit der Zeit wegen des wachsenden Radius ab, während doch bei der anfänglichen Strömung die Geschwindigkeit nach außen zunimmt.

Weiterhin ist zu beachten, daß aus den singulären Stellen der überlagerten Potentialströmung (Dipol, Quadrapol u. a.) drehungsfreie Flüssigkeit austritt und Flüssigkeit mit Drehung verschwindet. Dadurch entstehen in der Umgebung dieser Punkte drehungsfreie Gebiete. Dies stört nicht, wenn die resultierende Strömung die Umströmung einer geschlossenen Kontur darstellt. In diesen meist vorliegenden Fällen verbleibt die ganze aus der singulären Stelle austretende Flüssigkeit im Innern dieser Kontur, und die interessierende Strömung außerhalb behält ihre Drehung vollständig bei.

Zur Erläuterung der durch solche Überlagerungen gegebenen Möglichkeiten mögen als besonders einfache Beispiele die Strömnngen mit konstanter Drehung um einen Kreiszylinder und um eine ebene Platte

36. Strömungen mit konstanter Drehung

behandelt werden. In einer wie ein starrer Körper mit der Winkelgeschwindigkeit ω umlaufenden Strömung ist im Abstand r von der Achse die Geschwindigkeit $r\omega$ und senkrecht zum Radius gerichtet. Bringt man in diese Strömung einen Kreis vom Radius a, dessen Mittelpunkt auf der y-Achse im Abstand $y = b$ von der Drehachse liegen möge, so ergeben sich am Kreisrand die Normal- und Tangentialkomponenten der Geschwindigkeit

$$w_{n0} = b\omega\cos\varphi, \quad w_{t0} = -b\omega\sin\varphi - a\omega. \tag{36,7}$$

Dabei ist φ der Winkel am Kreisbogen von der x-Richtung aus gerechnet. Um die Normalkomponente zum Verschwinden zu bringen, so daß der Kreisrand Stromlinie wird, muß man im Kreismittelpunkt nach Gl. (17,10) einen Dipol vom Moment

$$M = 2 b\omega a^2 \pi \tag{36,8}$$

anordnen und die zugehörige Dipolströmung überlagern. Die Tangentialkomponente dieser Dipolströmung ist am Kreisrand nach Gl. (17,6) $-b\omega\sin\varphi$. Zusammen mit der ungestörten Tangentialkomponente nach Gl. (36,7) ergibt dies

$$w_t = -2b\omega\sin\varphi - a\omega. \tag{36,9}$$

In den Staupunkten ist $w_t = 0$. Ihre Lage ergibt sich daher aus Gl. (36,9) zu

$$\sin\varphi_{\text{Staup.}} = -\frac{a}{2b}. \tag{36,10}$$

In einer scherenden Parallelströmung mit der konstanten Drehung $-\omega$ ist nach Gl. (36,6) die Geschwindigkeit auf einer Stromlinie im Abstand y von der x-Achse $v = 2y\omega$. Bringt man in diese Strömung wieder einen Kreis mit dem Radius a, dessen Mittelpunkt im Abstand $y = b$ von der x-Achse liegen möge, so sind die ungestörten Normal- und Tangentialkomponenten zum Kreisrand in einem Punkte unter dem Winkel φ zur Stromrichtung

$$\begin{aligned}w_{n0} &= 2b\omega\cos\varphi + a\omega\sin 2\varphi,\\ w_{t0} &= -2b\omega\sin\varphi - 2a\omega\sin^2\varphi = -2b\omega\sin y - a\omega(1-\cos 2\varphi).\end{aligned} \tag{36,11}$$

Zur Beseitigung des ersten Gliedes der Normalkomponente ist im Kreismittelpunkt ein Dipol vom Moment $M = 4b\omega a^2\pi$ mit seiner Achse entgegen der Stromrichtung und zur Beseitigung des zweiten Gliedes nach Gl. (17,7) ein Quadrupol vom Moment $M_2 = a^4\omega\pi$ mit einer um $-45°$ zur Stromrichtung geneigten Achse anzuordnen[1]. Durch die ent-

---

[1] REICHARDT, H.: Über die Umströmung zylindrischer Körper in einer geradlinigen Couetteströmung. Mitt. aus dem Max-Planck-Institut für Strömungsforschung Nr. 9 (1954).

sprechenden Dipol- und Quadrupolströmungen wird die Störung durch den Kreis dargestellt. Auf dem Kreisrand sind nach Gl. (17,7) die Beiträge dieser beiden Strömungen zur Tangentialkomponente $-M\sin\varphi/2a^2\pi = -2b\omega\sin\varphi$ und $-2M_2\cos2\varphi/2a^3\pi = a\omega\cos2\varphi$. Die resultierende Tangentialgeschwindigkeit wird demnach

$$w_t = -4b\omega\sin\varphi - a\omega(1 - 2\cos2\varphi)$$
$$= -4b\omega\sin\varphi \pm a\omega(1 - 4\sin^2\varphi). \tag{36,12}$$

Das gleiche Ergebnis hätte man auch aus Gl. (36,9) durch die Überlagerung der vorher erwähnten Sattelpunktströmung im Nullpunkt mit den Tangentialkomponenten $-b\omega\sin\varphi + a\omega\cos2\varphi$ sowie den Strömungen des dazugehörenden Dipols und Quadrupols im Kreismittelpunkt mit den Tangentialkomponenten $-b\omega\sin\varphi$ und $a\omega\cos2\varphi$ erhalten.

Aus $w_t = 0$ ergeben sich, wenn $b/a < 3/4$ ist, 4 Staupunkte, sonst 2. Ihre Lage ist durch

$$\sin\varphi_{\text{Staup.}} = \frac{1}{2}\left[\pm\sqrt{1 + \left(\frac{b}{a}\right)^2} - \frac{b}{a}\right] \tag{36,13}$$

bestimmt.

In einer scherenden Parallelströmung mit der konstanten Drehung $-\omega$ befinde sich eine ebene Platte von der Länge l. Sie sei um den Anstellwinkel α gegen die Stromrichtung geneigt. Ihr Mittelpunkt befinde sich im Abstand $y = b$ von der Nullstromlinie (Bild 98). In einem Punkt der Platte im Abstand ξ vom Mittelpunkt sind dann Normal- und Tangentialkomponente der ungestörten Strömung

$$v_{n0} = \pm 2\omega(b - \xi\sin\alpha)\sin\alpha,$$
$$v_{t0} = 2\omega(b - \xi\sin\alpha)\cos\alpha. \tag{36,14}$$

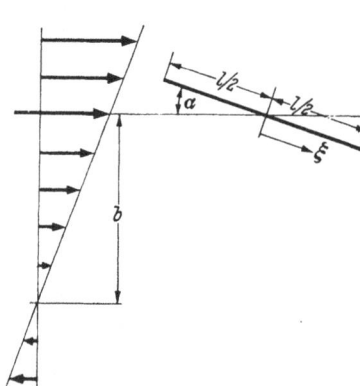

Bild 98
Ebene Platte in einer Scherströmung

Die der Platte entsprechende Gerade kann man nach dem in Ziffer 22 und 28 geschilderten Verfahren auf einem Kreis vom Radius $a = l/4$ abbilden. Die Lage eines Kreispunktes sei wieder durch den Winkel φ bezeichnet, den der zu ihm gezogene Radius gegenüber der Anströmrichtung bildet. Die Hinterkante der Platte fällt dann in den Punkt $\varphi = -\alpha$. Für einen Punkt ξ der Geraden gilt nach Gl. (22,12)

$$\xi = 2a\cos(\varphi + \alpha) = (l/2)\cos(\varphi + \alpha). \tag{36,15}$$

36. Strömungen mit konstanter Drehung

Der Ähnlichkeitsmaßstab der Normalkomponenten ist für die einzelnen Punkte $\pm d\xi/a\, d\varphi = \mp 2\sin(\varphi+\alpha)$. Damit gehen die Normalkomponenten an der Platte in die entsprechenden Komponenten am Kreisrand

$$w_n = -v_{n0}\, 2\sin(\varphi+\alpha)$$
$$= 4b\omega \sin\alpha \sin(\varphi+\alpha) + 4a\omega \sin^2\alpha \sin 2(\varphi+\alpha) \quad (36,16)$$

über. Um diese Normalkomponenten zu beseitigen, sind im Kreismittelpunkt ein Dipol vom Moment $M = 8b\omega a^2 \pi \sin\alpha$ mit der Achsenrichtung $-(\pi/2+\alpha)$ und ein Quadrupol vom Moment $M^2 = 8\pi a^4 \omega \sin^2\alpha$ mit der Achsenrichtung $(\pi/4)-\alpha$ anzubringen. Die zugehörige Strömung ergibt am Kreisrand die Tangentialkomponenten

$$w_t = 4b\omega \sin\alpha \cos(\varphi+\alpha) + 4a\omega \sin^2\alpha \cos 2(\varphi+\alpha). \quad (36,17)$$

In dem der Hinterkante entsprechenden Punkt $\varphi = -\alpha$ würde dies $w'_{t\alpha} = 4b\omega \sin\alpha + 4a\omega \sin^2\alpha$ ergeben. Da aber hier wegen der KUTTA-JOUKOWSKYschen Abflußbedingung (Ziffer 33) die Tangentialgeschwindigkeit Null sein muß, ist noch eine Zirkulation $\Gamma = -2a\pi w'_{t\alpha}$ zu überlagern, welche die konstante Tangentialgeschwindigkeit $w'_{t\Gamma} = -w'_{t\alpha}$ ergibt. Damit wird die Tangentialgeschwindigkeit am Kreis

$$w_t = -4b\omega \sin\alpha[1-\cos(\varphi+\alpha)]$$
$$-4a\omega \sin^2\alpha[1-\cos 2(\varphi+\alpha)]. \quad (36,18)$$

Die Rückabbildung auf die Gerade ergibt die Geschwindigkeit längs der Platte

$$v'_t = \pm 4b\omega \sin\alpha \frac{1-2\xi/l}{\sqrt{1-(2\xi/l)^2}} \pm 4a\omega \sin^2\alpha \frac{2-2(2\xi/l)^2}{\sqrt{1-(2\xi/l)^2}}$$
$$= \pm 4b\omega \sin\alpha \sqrt{\frac{1-2\xi/l}{1+2\xi/l}} \pm 2l\omega \sin^2\alpha \sqrt{1-(2\xi/l)^2}. \quad (36,19)$$

Dabei gilt das obere Vorzeichen (+) für die Oberseite, das untere (−) für die Unterseite der Platte. Zusammen mit der bereits vorhandenen Tangentialkomponente v_{t0} nach Gl. (36,14) ergibt sich die resultierende Tangentialkomponente

$$v_t = v_{t0} + v'_t = 2b\omega\left[\cos\alpha \pm 2\sin\alpha\left(\frac{\sqrt{1-(2\xi/l)^2}}{1+(2\xi/l)}\right)\right] -$$
$$- l\omega \sin\alpha\left[(2\xi/l)\cos\alpha \mp 2\sin\alpha \sqrt{1-(2\xi/l)^2}\right]. \quad (36,20)$$

So lange man sich nur für die Geschwindigkeiten auf der Oberfläche interessiert, braucht man die hier angegebenen Dipol- und Quadrapolströmungen nicht ausdrücklich zu verwenden. Nach der Bemerkung in Ziffer 13 erhält man aus der durch $\sin n\varphi$ und $\cos n\varphi$ ausgedrückten Verteilung der Normalkomponenten am Kreis die zugehörigen Tangentialkomponenten am Kreis einfach dadurch, daß man $\sin n\varphi$ durch

$-\cos n\,\varphi$ und $\cos n\,\varphi$ durch $\sin n\,\varphi$ ersetzt. Für die Ermittlung der Strömung außerhalb des Kreisrandes sind aber jeweils die betreffenden Felder der Polströmungen zur Überlagerung nötig.

In einer nicht drehungsfreien Strömung ändert sich zwar der Gesamtdruck von Stromlinie zu Stromlinie, aber nach den Überlegungen von Ziffer 31 bleibt er auf jeder Stromlinie konstant. Da nun die umströmte Körperkontur Stromlinie ist, so kann man aus der gefundenen Geschwindigkeitsverteilung auf Grund der BERNOULLIschen Gleichung auch die Druckverteilung längs der Körperkontur berechnen. Ist p_g der Druck in den Staupunkten, in denen $v_t = 0$ ist, so ist er in den anderen Punkten

$$p = p_g - \left(\frac{\varrho}{2}\right) v_t^2. \tag{36,21}$$

37. Sehr zähe Flüssigkeiten. Bei den bisher betrachteten Strömungen konnte der Einfluß der Zähigkeit gegenüber den Trägheitskräften vernachlässigt werden (Ziffer 30). Aber auch der andere extreme Fall, wenn die Zähigkeit so groß ist, daß ihr gegenüber die Trägheit vernachlässigt werden kann, führt auf eine Potentialgleichung. Es läßt sich dann nämlich zeigen, daß der Druck p in einem Punkte gleich dem Mittelwert der Drücke in seiner Umgebung sein muß. Entsprechend den Überlegungen in Ziffer 25 bedeutet das aber, daß

$$\Delta p = 0 \tag{37,1}$$

ist[1].

Die Linien konstanten Druckes und die dazu senkrechten Kraftlinien spielen demnach die gleiche Rolle wie die Potential- und Stromlinien bei elektrischen Strömen oder bei drehungsfreien Flüssigkeitsströmungen. Sie bilden bei geeigneter Wahl der Einheiten Quadratnetze, lassen sich also durch konforme Abbildung ineinander überführen.

Leider läßt sich aber diese Möglichkeit nur selten praktisch verwerten. Während nämlich bei den elektrischen Vorgängen und bei den Potentialströmungen in der Regel eine Vorschrift über das Potential oder die Stromfunktion am Rande des betrachteten Gebietes vorliegt (daß z.B. der Rand Stromlinie ist), ist über den Druck meistens nichts Entsprechendes bekannt. Eine Ausnahme bilden jene Vorgänge, in denen die Flüssigkeit durch poröse feste Körper fließt (z. B. bei der Grundwasserströmung). Hierbei ist die Strömung nur durch das Druckgefälle, nicht aber durch die Bewegung der Nachbarschicht bedingt, so daß die bei anderen zähen Strömungen auftretenden Schubspannungen fortfallen. Die Stromlinien stehen in diesem Falle senkrecht zu den Linien konstanten Druckes, und die Geschwindigkeiten sind proportional dem

---

[1] Formelmäßige Ableitung, s. etwa SCHLICHTING, H.: Grenzschichttheorie. Karlsruhe: G. Braun 1958, 91/92.

Druckgefälle, also umgekehrt proportional dem Abstand der Linien konstanten Druckes. Die Geschwindigkeiten verhalten sich demnach gegenüber diesen Linien geradeso wie bei einer Potentialströmung gegenüber den Potentiallinien. Da nun die Drücke außerdem noch der Potentialgleichung genügen, so stimmt die Strömung mit einer Potentialströmung überein[1].

Ähnlich wie beim Durchströmen poröser Körper verhält sich die Flüssigkeit, wenn sie zwischen zwei parallelen Wänden in geringem Abstande voneinander strömt. Auch hier überwiegt der Widerstand, den sie durch die Oberflächenreibung an den Wänden findet, gegenüber den Einflüssen der Nachbarstromlinien, so daß die Stromlinien den Druckgradienten folgen und mit den Stromlinien der Potentialströmung übereinstimmen. HELE SHAW[2] hat dieses Verhalten benutzt, um ebene Potentialströmungen um feste Körper zu veranschaulichen. Er läßt die Flüssigkeit, welche streifenweise gefärbt ist, zwischen 2 Glasplatten um eingebaute Hindernisse herumströmen. Die Farbstreifen geben dann ein deutliches Bild der Stromlinien. Bild 99 zeigt ein so gewonnenes Stromlinienbild[3]. Durch Vergleich der Strömung bei verschiedenen Hindernissen kann das Verfahren zur experimentellen Durchführung von konformen Abbildungen benützt werden, wozu allerdings das Bild noch durch die zu den Stromlinien senkrechten Linien konstanten Druckes ergänzt werden muß. Das Verfahren ist naturgemäß nicht sehr genau, es gibt aber rasch einen guten Überblick über den Verlauf der Abbildung.

Bild 99. HELE-SHAW-Strömung um eine schräge Platte[3]

38. Elastische Probleme. Wenn man einen Körper durch Kräfte belastet, so ändert er seine Form. Bei elastischem Material und bei hinreichend kleinen Belastungen sind die Formänderungen der Belastung proportional. Im folgenden wollen wir uns auf vollkommen elastische Vorgänge beschränken, bei denen die Voraussetzungen der Proportionalität erfüllt sind. Die auf ein Flächenelement im Innern eines Körpers wirkende Kraft kann man in eine Komponente senkrecht zur Fläche und in eine in die Fläche fallende Komponente zerlegen. Erstere nennt

---

[1] Über die Anwendung der konformen Abbildung in solchen Fällen vgl. etwa HOPF, L. u. E. TREFFTZ: Grundwasserströmung in einem abfallenden Gelände mit Abfanggraben. Zeitschr. f. angew. Math. u. Mech. 1 (1921) 290; H. F. ROSSBACH: Über Grundwasserströmungen. Ing.-Arch. 7 (1936) 41.

[2] HELE SHAW: Trans. Inst. Nav. Arch. 40 (1898) 25.

[3] Nach R. W. POHL: Einführung in die Mechanik, Akustik und Wärmelehre. Berlin/Göttingen/Heidelberg: Springer 1959.

man Normalkraft, letztere Schubkraft. Auf Flächenelemente der Oberfläche des Körpers können im allgemeinen, nämlich wenn man von den meist unerheblichen Reibungskräften absieht, nur Normalkräfte wirken. Die Kräfte je Flächeneinheit heißen Spannungen. Die Normalspannungen σ bezeichnet man als positiv, wenn es sich um Zugspannungen, und negativ, wenn es sich um Druckspannungen handelt. Während die Normalspannungen durch ihre Größe festgelegt sind, ist bei den Schubspannungen τ außer ihrer Größe auch noch ihre Richtung in der betreffenden Fläche zur Kennzeichnung nötig. Anstatt Größe und Richtung kann man auch zwei zueinander senkrechte Komponenten der Schubspannung angeben. Wegen des linearen Zusammenhangs zwischen Kräften bzw. Spannungen und Formänderungen bei vollkommen elastischen Vorgängen kann man die Einflüsse der einzelnen Spannungskomponenten auf die Formänderungen getrennt betrachten und einander überlagern.

Wir denken uns aus einem beanspruchten Körper ein rechtwinkliges Element herausgetrennt, das so klein sein möge, daß man die Spannungen in ihm als konstant ansehen kann (Bild 100). Die Kanten dieses Elementes seien a, b, c und mögen in den Richtungen der Koordinatenachsen x, y, z liegen. Wirkt auf eine der Begrenzungsflächen, z. B. $BB'C'C$ eine Normalspannung (σ_x), so muß auf der gegenüberliegenden Fläche $(AA'D'D)$ die gleiche Normalspannung herrschen, falls auf das Element sonst keine Kräfte parallel zur x-Achse wirken. Ist diese Voraussetzung für einen Körper mit endlichen Abmessungen nicht erfüllt, so trifft sie bis auf seltene Sonderfälle immer zu, wenn man die Kantenlänge $a \to 0$ gehen läßt. Die Zugspannungen bewirken eine Verlängerung der Kanten, zu denen sie parallel sind, σ_x z. B. verlängert die Kanten a um

$$\delta_a = a\,\sigma_x/E, \qquad (38,1)$$

wobei E eine Materialkonstante ist, die man als Elastizitätsmodul bezeichnet. Außerdem bewirken sie eine Verkleinerung des zu ihnen senkrechten Querschnittes (Verkürzung der Kanten b und c). Druckkräfte haben die gleiche Wirkung, nur mit entgegengesetzten Vorzeichen.

Wirkt in einer Fläche, z. B. $DCC'D'$, eine Schubspannungskomponente τ senkrecht zur z-Achse, so muß auf der gegenüberliegenden Seite $(ABB'A')$ die gleiche Schubspannung in entgegengesetzter Richtung wirken (Bild 100). Die erforderliche Voraussetzung, daß sonst keine Kräfte in der gleichen Richtung vorhanden sind, läßt sich wieder durch hinreichende Verkleinerung des Körperelementes erreichen. Die Schubkräfte in diesen Flächen sind

$$T_1 = \tau\,a\,c. \qquad (38,2)$$

38. Elastische Probleme

Sie sind zwar gleich und entgegengesetzt, ergeben aber ein Drehmoment um die z-Achse

$$T_1 b = \tau\, a\, b\, c, \qquad (38,3)$$

das durch Schubkräfte T_2 in den Flächen $AA'D'D$ und $BB'C'C$ aufgehoben werden muß. Gleichgewicht ist dann vorhanden, wenn in diesen Flächen die gleiche Schubspannung herrscht wie in den beiden Ausgangsflächen. Ihr Drehmoment ist dann nämlich

$$T_2 a = \tau\, a\, b\, c = T_1 b. \qquad (38,4)$$

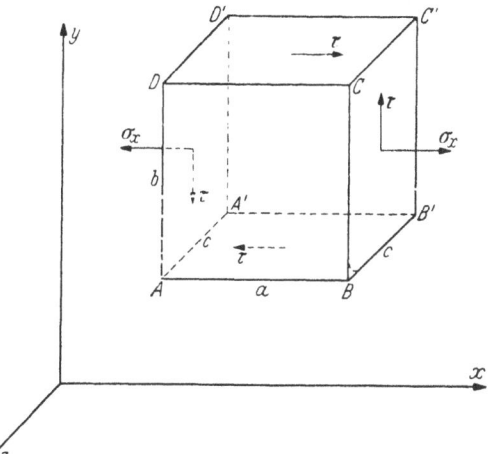

Bild 100. Normal- und Tangentialspannungen

In zwei rechtwinklig zusammenstoßenden Flächen sind demnach die zur Schnittlinie der beiden Flächen senkrechten Komponenten der Schubspannung gleich. Die Richtung der Schubkräfte ist in beiden Flächen entweder auf die Schnittlinie zu oder von ihr fort gerichtet.

Diese senkrecht zur z-Achse wirkenden Schubspannungen τ bewirken eine Verformung des ursprünglich rechtwinkligen Querschnittes $ABCD$ zu einer Raute (Rhombus) ABC_1D_1 (Bild 101). Als Maß für die Verformung dient die Änderung γ der ursprünglich rechten Winkel. Für diese Winkeländerung gilt die einfache Beziehung

$$\gamma = \sphericalangle DAD_1 = \tau/G. \qquad (38,5)$$

Dabei ist G wieder eine Materialkonstante, die man als Schubmodul bezeichnet.

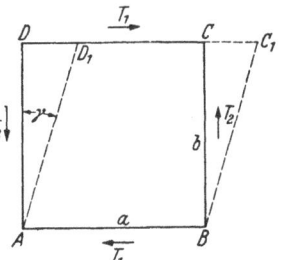

Bild 101. Verformung eines Rechtkantes unter der Wirkung von Schubkräften

Zur vollständigen Festlegung des Spannungszustandes in einem Punkte muß man für drei zueinander senkrechte Flächenelemente jeweils die Normalspannung und die Schubspannungskomponenten, also insgesamt 3 Normalspannungen und 6 Schubspannungen, angeben. Man bezeichnet derartige Größen als Tensoren. Wegen der erwähnten Zusammenhänge der Schubspannungen in je zwei senkrecht zueinander stehenden Flächen sind von den 6 Schubspannungskomponenten je zwei einander gleich, so daß sich die erforderliche Zahl der Angaben auf 6 (3 Normal- und 3 Schubspannungen) erniedrigt. Ist in einer Richtung die Spannung konstant, so besteht ein ebener Spannungszustand. Für diesen ist, abgesehen von dieser konstanten Spannung, der Spannungszustand durch 3 Angaben (2 Normal- und 1 Schubspannung) gegeben.

Die Größe der Normal- und Schubspannungen ändert sich mit der Richtung der Flächenelemente, auf welche man sie bezieht. Man kann in jedem Punkt drei zueinander senkrechte Richtungen angeben, in denen die Schubspannung verschwindet. Die sich dann ergebenden 3 Normalspannungen bezeichnet man als Hauptspannungen, und die Linien, welche den Richtungen dieser Hauptspannungen folgen, als Hauptspannungstrajektorien.

Die Elastizitätsgesetze haben manche Eigenschaften, welche bei ebenen Spannungszuständen die Verwendungsmöglichkeit der konformen Abbildung nahezulegen scheinen. Aber bis jetzt sind die dabei auftretenden Schwierigkeiten, die meistens auf ungeeigneten Randbedingungen beruhen, nur in wenigen Fällen überwunden. Auf einige derselben werden wir in der folgenden Ziffer kurz eingehen. Im großen und ganzen ist aber für die allgemeine Behandlung des ebenen Spannungszustandes die konforme Abbildung noch nicht das bequeme und übersichtliche Hilfsmittel, das sie z. B. bei elektrischen und strömungstechnischen Vorgängen ist. Es gibt aber einige wichtige Sonderaufgaben der Elastizitätslehre, bei denen die konforme Abbildung ein gut brauchbares Hilfsmittel ist: die Torsion zylindrischer Stäbe und die Durchbiegung gespannter Membranen. Diese beiden Aufgaben werden in Ziffer 40 bis 42 etwas ausführlicher behandelt werden.

39. Der ebene Spannungszustand. Die Hauptspannungstrajektorien bilden beim ebenen Spannungszustand ein Netz von sich rechtwinklig kreuzenden Linien. Sie haben also eine gewisse Ähnlichkeit mit den früher betrachteten Strom- und Potentiallinien. Sie unterscheiden sich aber wesentlich von diesen, indem die Netzmaschen im allgemeinen keine Quadrate sind, sondern Rechtecke, deren Seitenverhältnis von Ort zu Ort wechselt. Bild 102 zeigt ein Beispiel. Durch konforme Abbildung geht zwar ein Netz sich rechtwinklig kreuzender Linien wieder in ein derartiges Netz über und kann als Bild von Spannungstrajektorien aufgefaßt werden. Es ist aber sehr schwierig, zu einem gegebenen Netz von Spannungstrajektorien die zugehörige Belastung zu finden, und noch schwieriger, die konforme Abbildung so zu wählen, daß das entstehende

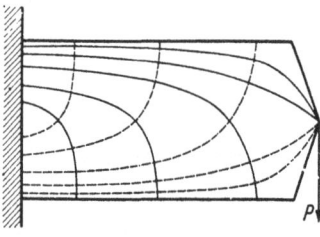

Bild 102. Hauptspannungstrajektorien in einem Balken der an einem Ende eingespannt und am freien Ende mit einer Kraft P belastet ist

Netz einer vorgegebenen Belastung entspricht, was doch meistens die Aufgabe wäre. Etwas eingehender hat man den Sonderfall behandelt, daß die Spannungstrajektorien Quadratnetze bilden[1], die ja bei der konformen Abbildung wieder in Quadratnetze übergehen. Die Schwierigkeit der Erfüllung der Randbedingungen bleibt aber auch hier im allgemeinen bestehen, und nur in besonderen Fällen[2] läßt sich die konforme Abbildung auf derartige Probleme anwenden.

Eine Verwendungsmöglichkeit der konformen Abbildung scheint zunächst auch durch folgende Eigenschaft des ebenen Spannungszustandes nahegelegt zu werden. Die Summe der Hauptspannungen $\sigma_1 + \sigma_2$ bzw. die mittlere Spannung $\sigma_m = (\sigma_1 + \sigma_2)/2$ genügen der Potentialgleichung

$$\Delta \sigma_m = 0. \tag{39,1}$$

Dies hängt mit der Forderung zusammen, daß die einzelnen Flächenteilchen, welche durch die Spannungen ihre Form und Größe ändern, lückenlos und stetig aneinandergrenzen müssen. Da σ_m der Potentialgleichung genügt, geht die Verteilung von σ_m, die zu irgendeinem ebenen Spannungszustand gehört, durch die konforme Abbildung wieder in die entsprechende Verteilung eines anderen Spannungszustandes über (Ziffer 25). Leider kann man von der Möglichkeit, auf diese Weise neue Spannungsverteilungen zu finden, nur selten in einfacher Weise Gebrauch machen: Einmal ist im allgemeinen nicht die mittlere Spannung σ_m am Rande gegeben, sondern meist die Normalkomponente der Spannung. Dann ist durch die Kenntnis der mittleren Spannung in der Regel die gestellte Aufgabe noch nicht gelöst, da noch die Spannungskomponenten selbst zu ermitteln sind.

Immerhin hat es nicht an Versuchen gefehlt, das Verfahren der konformen Abbildung zur Ermittlung ebener Spannungszustände zu verwerten[3,4,5]. Auch der umgekehrte Weg, die Verschiebung der Teilchen bei einem ebenen Spannungszustand zur experimentellen Lösung von Randwertaufgaben zu benützen, ist vorgeschlagen worden[6]. Eine nicht unwichtige Anwendung ergibt sich in Verbindung mit dem spannungs-

---

[1] WEGNER, U.: Über den Zusammenhang von Strömungs- und Spannungsproblemen. Ing.-Arch. 5 (1934) 449.
[2] NEUBER, H.: Der ebene Stromlinienspannungszustand mit lastfreiem Rand. Ing.-Arch. 6 (1935) 325.
[3] FÖPPL, L.: Konforme Abbildung ebener Spannungszustände. Z. angew. Math. Mech. 11 (1931) 81.
[4] JUNG, H.: Über eine Anwendung der Fouriertransformation in der Elastizitätstheorie. Ing.-Arch. 18 (1950) 263.
[5] FÖPPL, L.: Zur konformen Abbildung ebener elastischer Spannungszustände. Forsch. Ing.-Wes. 26 (1960) Nr. 6, 173—178.
[6] BARTA, J.: Die Darstellung ebener Potentialströmungen mittels einer elastischen Scheibe. Ing.-Arch. 6 (1935) 396.

optischen Verfahren, durch das man die Differenz der Hauptspannungen $\sigma_1 - \sigma_2$ experimentell ermitteln kann. Aus den Aussagen über $\sigma_1 + \sigma_2$, die sich durch konforme Abbildung gewinnen lassen, erhält man dann bequem die Hauptspannungen selbst.

40. Torsion zylindrischer Stäbe. Wenn man einen zylindrischen Stab verdrillt (tordiert), so bleibt eine Achse, die Stabachse, unverändert, während alle übrigen, ursprünglich der Stabachse parallelen Erzeugenden die Form von Schraubenlinien annehmen, die sich um die Stabachse herumwinden. Sind 2 Querschnitte des Stabes im Abstande l voneinander um den Winkel $l\vartheta$ gegeneinander verdreht (Bild 103), so ist der Neigungswinkel einer solchen im Abstande r von der Stabachse befindlichen Schraubenlinie gegenüber ihrer ursprünglichen, zur Stabachse parallelen Richtung

$$\gamma' = r\vartheta \qquad (40,1)$$

Bild 103. Verformung in einem tordierten Zylinder

(Bild 103). Bei einer solchen Verdrillung wirken in jedem senkrecht zur Achse gelegten Querschnitt Schubspannungen, welche der Verdrehung einen Widerstand entgegensetzen. Diese Schubspannungen interessieren vor allem deshalb, weil von ihnen einerseits das Drehmoment abhängt, welches zur Verdrehung des Querschnittes um einen bestimmten Winkel $l\vartheta$ nötig ist (Torsionssteifigkeit), und weil andererseits die größte auftretende Schubspannung für die Festigkeit des Stabes bei der Verdrehung (Torsionsfestigkeit) maßgebend ist.

Diese Schubspannungen hängen, wie in Ziff. 38 an Hand von Bild 101 dargelegt, mit den Verformungen der einzelnen Körperelemente des Stabes zusammen, und da die Verformungen selbst durch den geometrischen Zusammenhang der Elemente untereinander und mit der Oberfläche des Stabes gewissen Bedingungen unterliegen, so hängen auch die Schubspannungen außer vom Verdrehwinkel auch noch von der Querschnittsform des Stabes ab.

Denkt man sich einmal den Stab aus lauter dünnen Drähten parallel zur Achse zusammengesetzt, die sich gegeneinander ohne Widerstand verschieben können, so kann sich jedes Element unabhängig vom Nachbarelement um den Winkel γ' drehen (Bild 104 links). Eine nennenswerte Verformung der einzelnen Elemente tritt dann nicht auf und damit auch keine Schubspannung. Ein solches Bündel von Drähten ist daher sehr wenig torsionssteif. Bei einem massiven Stabe müssen aber die Teilchen stetig aneinander anschließen, dadurch ist die Drehung der ursprünglich zur Stabachse senkrechten Flächenelemente behindert. Jede Neigung dieser Flächenelemente bedingt nämlich eine Verwölbung der ursprünglich ebenen, senkrecht zur Stabachse liegenden Querschnittsflächen, da ja die Neigung nichts anderes ist als das Gefälle der entstandenen verwölbten Fläche (Bild 104 rechts). Bei kreis- oder kreisringförmigen Stabquerschnitten bleiben die Querschnitte in hinreichender Entfernung von den Stabenden bei der Verdrehung eben, verwölben sich also nicht, da aus Symmetriegründen alle Punkte der Fläche gleichwertig sind und somit eine Berg- und Talbildung ausgeschlossen ist. Die Schubspannungen hängen dann nur von dem Neigungswinkel der Erzeugenden γ' ab. Nach Gl. (38,5) ergeben sie sich zu

$$\tau' = G\gamma' = Gr\vartheta \qquad (40,2)$$

und sind senkrecht zu dem vom Mittelpunkt der Kreis- bzw. Kreisringfläche gezogenen Fahrstrahl r.

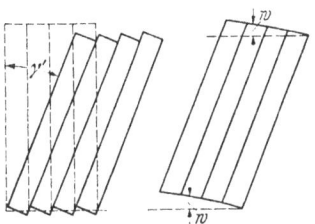

Bild 104. Verformung eines Bündels von Drähten und eines zusammenhängenden Stabes

Bei allen anderen Querschnittsformen tritt aber eine Verwölbung der Querschnittsfläche ein. Diese hängt wesentlich von der Form des Querschnittes ab. Sie ist um so stärker, je mehr die Umrißform des Querschnittes von der Kreisform abweicht und hat entsprechend größere Abweichungen der Schubspannungen von der nach Gl. (40,2) zur Folge. Während die Neigung der Erzeugenden immer in einer Ebene senkrecht zum Fahrstrahl erfolgt, ist das bei den Elementen der Querschnittsfläche durchaus nicht der Fall. Das geht schon daraus hervor, daß bei einer Verwölbung die einzelnen Stellen verschieden hoch gegenüber dem Mittelpunkt der Fläche liegen und zu diesem Mittelpunkt hin also in Richtung des Fahrstrahls ein Gefälle haben. Die Drehung der Querschnittselemente erfolgt daher im allgemeinen um eine Achse, die mit dem Fahrstrahl einen Winkel bildet.

Ein Punkt der ursprünglich ebenen Querschnittsfläche möge sich infolge der Verwölbung um die Höhe w in Richtung der Stabachse verschoben haben. Die Neigung eines Flächenelementes in Richtung eines irgendwie liegenden Wegelementes ds ist dann

$$\gamma''_s = \partial w/\partial s. \qquad (40,3)$$

Zur Ermittlung der Verwölbung denken wir uns aus dem verdrillten Stab einen kleinen Kreiszylinder herausgetrennt, dessen Achse parallel der Stabachse liegt (Bild 105). Die Höhe dieses Zylinders sei h, der Radius des Grund- und Deckkreises r. Ein Punkt des Umfangs sei durch den Winkelabstand φ von einer Nullrichtung aus gekennzeichnet. Nun betrachten wir die Kräfte, welche auf dieses Element parallel zur Stabachse wirken. Die Zug- oder Druckspannungen auf die Grund- und Deckfläche sind gleich, heben sich also auf. Die Schubspannungen in der Grund- und Deckfläche sind senkrecht zur Achse, bringen also ebenfalls keinen Beitrag. In axialer Richtung wirken nur die axialen Komponenten τ_z der Schubspannungen auf der Mantelfläche, die längs des Zylinderumfangs veränderlich, also eine Funktion von φ sind. Damit der Zylinder im Gleichgewicht ist, muß die von diesen Schubspannungen herrührende axiale Kraft

$$T'_z = h\,r \int_0^{2\pi} \tau_z\, d\varphi = 0 \qquad (40,4)$$

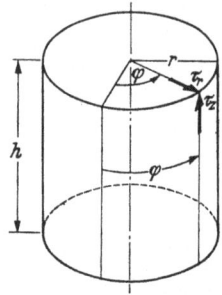

Bild 105. Schubspannungen an einem kleinen Zylinderelement

sein. Nun ist aber nach den Ausführungen in Ziffer 38 die Schubspannungskomponente τ_z, die ja senkrecht zum Rande des Grund- und Deckkreises steht, gleich der radialen Schubspannungskomponente τ_r am Rande des Grund- und Deckkreises, da diese ja ebenfalls senkrecht zum Kreisrande steht (Bild 105).

Da die von der Verdrillung der Erzeugenden herrührenden Schubspannungen nach Gl. (40,2) aus Symmetriegründen keine axiale Kraft ergeben, kann man sie zunächst abtrennen und braucht für die Gleichgewichtsbedingung nur den Einfluß der Verwölbung w zu betrachten. Für diese ist aber die radiale Schubspannungskomponente τ_r proportional der Neigung der verwölbten Querschnittsfläche in radialer Richtung, also

$$\tau_r = \tau_z = G\,\frac{\partial w}{\partial r}. \qquad (40,5)$$

Auf Grund der Bedingung (40,4) muß demnach

$$\int_0^{2\pi} \frac{\partial w}{\partial r}\, d\varphi = 0 \qquad (40,6)$$

sein. Da dies für alle axialen Zylinder mit beliebigem Radius r gilt, kann man über r integrieren und erhält, wenn w_0 die Höhe der Verwölbung im Mittelpunkt des Kreiszylinders ist,

$$\int_0^{2\pi} (w - w_0)\, d\varphi = 0 \qquad (40,7)$$

oder

$$w_0 = \frac{1}{2\pi} \int_0^{2\pi} w\, d\varphi. \qquad (40,8)$$

Die Verwölbungshöhe w in irgendeinem Punkte ist also stets der Mittelwert der Höhen auf einem Kreise um diesen Punkt. Dies ist aber nach

40. Torsion zylindrischer Stäbe

den Ausführungen in Ziffer 25 die Bedingung, daß w der Potentialgleichung

$$\Delta w = 0 \qquad (40,9)$$

genügt. Man kann daher die Verwölbungshöhe so wie jede Funktion, welche der Potentialgleichung genügt, ermitteln, wenn ihre Werte oder deren Ableitungen $\partial w/\partial n$ am Rande bekannt sind. Als wichtigstes Hilfsmittel dafür dient nach Ziffer 25 die konforme Abbildung des Randes auf einen Kreis.

Die erforderlichen Randwerte ergeben sich aus folgender Überlegung: Da die Oberfläche des Stabes frei von Schubspannungen ist, so treten auch senkrecht zur Oberfläche keine Schubspannungen auf, und damit bleibt die Querschnittsfläche an ihrem Rande auch nach der Verformung senkrecht zur Oberfläche. Die als Randbedingung benötigte Neigung der Querschnittsfläche ist daher gleich der bei der Verformung entstehenden Neigung der Oberfläche. Diese ergibt sich aber auf Grund einfacher geometrischer Beziehungen:

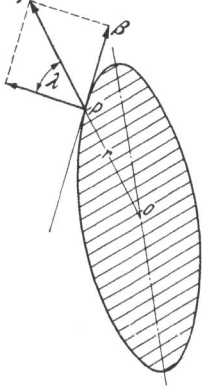

Bild 106. Zerlegung der Drehvektoren am Rande eines tordierten Stabes

Eine Erzeugende, die durch einen Punkt P des Randes im Abstand r von der Drehachse geht, ist um den Winkel $\gamma' = r\vartheta$ geneigt. Ihre Drehung erfolgt um den Radius r als Achse. In Bild 106 ist dieser Drehwinkel als Vektor in Richtung seiner Drehachse r aufgetragen. Man kann nun diese Drehung in 2 Komponenten zerlegen, deren Drehachsen tangential und normal zur Staboberfläche liegen. Weicht die Normale zur Körperoberfläche von der Richtung des Radius r um einen Winkel λ ab (Abweichung vom Kreisquerschnitt), so ist die Drehung um die in die tangentiale Richtung fallende Achse an dieser Stelle

$$\beta = \gamma' \sin \lambda = r\vartheta \sin \lambda. \qquad (40,10)$$

Dies ist aber die Neigung der Staboberfläche und damit gleichzeitig die Neigung der verwölbten Querschnittsfläche

$$\frac{\partial w}{\partial n} = -\beta = -r\vartheta \sin \lambda. \qquad (40,11)$$

Diese Randbedingung zusammen mit der Gleichung $\Delta w = 0$ ermöglicht die Berechnung von w. In der folgenden Ziffer 41 wird an einem Beispiel eine solche Rechnung durchgeführt.

Wenn man die Verwölbungshöhen w als Potentiale auffaßt, so stellen die Höhenschichtlinien $w = \text{konst.}$ Potentiallinien dar. Der von der Verwölbung herrührende Anteil der Schubspannung ist senkrecht zu diesen Potentiallinien gerichtet und entspricht der zu dieser Potentialverteilung gehörenden Stromdichte. Da die Höhe w der Potentialgleichung genügt, kann man zu den Höhenschichtlinien auch ein System dazu senkrechter Linien so zeichnen, daß ein Quadratmaschennetz entsteht. Diese Linien verlaufen dann überall in Richtung der von der Verwölbung herrührenden Schubspannung; ihr Abstand ist umgekehrt proportional den Spannungen. Man kann ihnen eine Spannungsfunktion X'' zuordnen, für welche ebenfalls die Potentialgleichung

$$\Delta X'' = 0 \qquad (40{,}12)$$

gilt, und aus der sich die Spannungskomponenten zu

$$\tau_x'' = G \frac{\partial X''}{\partial y}, \qquad \tau_y'' = -G \frac{\partial X''}{\partial x} \qquad (40{,}13)$$

errechnen.

Zu diesem von der Verwölbung herrührenden Anteil der Schubspannungen kommt noch der von der schraubenförmigen Neigung der ursprünglich parallel zur Achse laufenden Geraden hinzu. Diese sind senkrecht zum jeweiligen von der Drehachse aus gezogenen Fahrstrahl r gerichtet und haben nach Gl. (40,2) die Größe

$$\tau' = G\, r\, \vartheta.$$

Die zugehörigen Spannungslinien sind Kreise. Man kann ihnen eine Spannungsfunktion mit dem willkürlichen Nullkreisradius R

$$X' = -\int_r^R r\, \vartheta\, dr = (R^2 - r^2) \frac{\vartheta}{2} \qquad (40{,}14)$$

zuordnen, aus der sich die Spannungskomponenten

$$\tau_x' = G \frac{\partial X'}{\partial y}, \qquad \tau_y' = -G \frac{\partial X'}{\partial x} \qquad (40{,}15)$$

errechnen. Für diese Spannungsfunktion ist aber $\Delta X' \neq 0$, nämlich

$$\Delta X' = -\frac{\partial^2 (x^2 + y^2)\, \vartheta}{2\, \partial x^2} - \frac{\partial^2 (x^2 + y^2)\, \vartheta}{2\, \partial y^2} = -2\,\vartheta. \qquad (40{,}16)$$

Durch Überlagerung der beiden Anteile der Schubspannungen erhält man die resultierende Schubspannung τ, deren Komponenten sich aus der Spannungsfunktion

$$X = X' + X'' \qquad (40{,}17)$$

zu

$$\tau_x = G \frac{\partial X}{\partial y}, \qquad \tau_y = -G \frac{\partial X}{\partial y} \qquad (40{,}18)$$

errechnen.

Für die Spannungsfunktion X wird

$$\Delta X = -2\,\vartheta, \qquad (40{,}19)$$

sie folgt also derselben Differentialgleichung wie bei der stationär gemachten drehenden Bewegung eines Körpers in einer Flüssigkeit [Gl. (36,1)]. Statt der Winkelgeschwindigkeit ω tritt hier der Verdrehwinkel ϑ auf. Der nicht stationär gemachten Strömung entspricht der von der Verwölbung herrührende Anteil der Schubspannungen. Auch die Randbedingung für diesen Anteil nach Gl. (40,11) ist identisch mit der Randbedingung der entsprechenden Strömung nach Gl. (34,1), wenn man $\partial w/\partial n$ durch die Normalkomponente der Geschwindigkeit v_n und ϑ durch ω ersetzt.

41. Torsion einer abgeflachten Welle. Von einer kreisrunden Welle vom Durchmesser D bzw. vom Radius $R = D/2$ sei gemäß Bild 107 ein Segmentstück mit dem Zentriwinkel $90°$ abgeschnitten. Verdreht man diese Welle um die Wellenmitte O[1], so erleidet der kreisförmige Teil des Randes nur eine Verschiebung in sich, während sich der ebene Teil verwindet. Hier ist nach Gl. (40,11)

$$\frac{\partial w}{\partial n} = \frac{\partial X''}{\partial x} = -x\,\vartheta, \qquad (41,1)$$

wobei x die Entfernung eines Punktes des ebenen Randstücks von der Symmetrieebene bedeutet. X'' entspricht dabei der Stromfunktion einer Strömung, deren Normalkomponente der Stromdichte auf dem ebenen Teil des Randes durch die Gl. (41,1) gegeben ist, während der kreisförmige Teil Stromlinie ist.

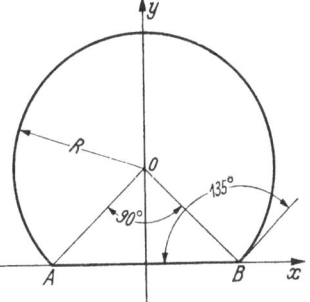

Bild 107
Kreisrunde Welle mit Abflachung

Zur Bestimmung des Verlaufs der Spannungsfunktion X'' kann man den Wellenquerschnitt konform auf einen vollen Kreis oder auf eine Halbebene abbilden. Da der Querschnitt ein Kreisbogenzweieck darstellt, wobei nur der eine Kreisbogen in eine Gerade ausgeartet ist, kann man diese Abbildung nach den in Ziffer 19 abgeleiteten Regeln durchführen. Der Kantenwinkel ist in unserem Falle

$$\delta = 135° = 3\pi/4. \qquad (41,2)$$

Zur Durchführung der konformen Abbildung denken wir uns in dem Eckpunkte A eine Quelle von der Stärke E und in dem Eckpunkte B

---

[1] Die Schubspannungen ergeben dann als Resultierende außer dem Drehmoment auch noch eine Einzelkraft, die durch eine Führung der Welle aufgenommen werden muß. Ohne diese Führung würde sich die Achse O zu einer sehr steilen Schraubenlinie verwinden. Gerade bliebe dann eine Achse, die etwas oberhalb O liegt. Der Unterschied der beiden Verformungen ist eine gegenseitige Parallelverschiebung zweier Querschnitte, welche durch die erwähnte Führungskraft rückgängig gemacht wird.

eine von der Stärke $-E$ (Senke) angebracht, und vergleichen die dazugehörige Quell-Senken-Strömung mit einer entsprechenden Quell-Senken-Strömung mit den Quellstärken $\pm E'$, wobei

$$E' = E\frac{\delta}{\pi} = \frac{3}{4}E \qquad (41,3)$$

ist. Der bequemeren Rechnung wegen wählen wir den Maßstab so, daß $AB = A'B' = 2$, also der Wellenradius $R = \sqrt{2}$ ist. Die spätere Umrechnung auf beliebige Wellenradien ergibt sich einfach durch Multi-

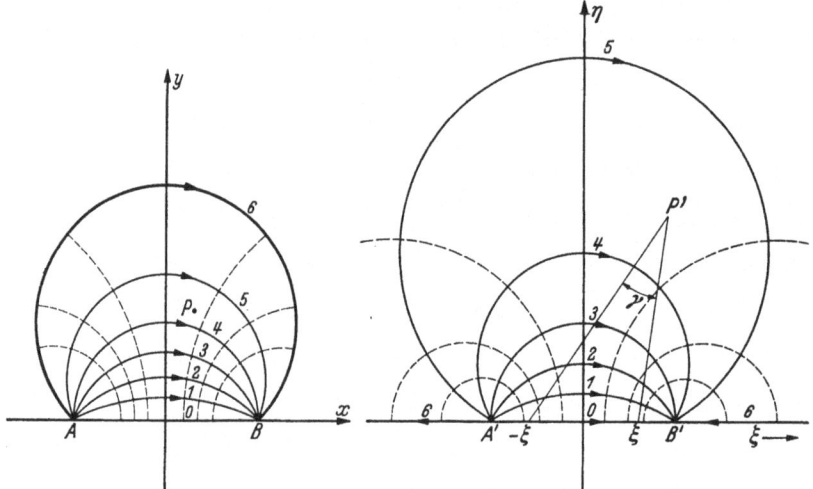

Bild 108. Konforme Abbildung des Wellenquerschnittes auf eine Halbebene

plikation aller Längen mit $R/\sqrt{2}$. In Bild 108 sind einige Strom- und Potentiallinien der beiden Quell-Senken-Strömungen wiedergegeben. Sowohl die Stromlinien wie die Potentiallinien sind Kreise. Daher ist auch der Rand des Querschnittes unserer abgeflachten Welle durch 2 Stromlinien 0 und 6 gegeben und entspricht bei der konformen Abbildung Stromlinien des Quell-Senken-Systems E'. Dabei ist aber durch den Übergang von E auf E' der Kantenwinkel $\delta = 135°$ auf einen Winkel $180°$ vergrößert, d. h., die dem Rand entsprechenden Stromlinien stoßen in dem E'-System ohne Knick aneinander.

Welche Stromlinie des E'-Systems wir dem Rand zuordnen, ist gleichgültig. Wir wollen die wählen, welche in eine Gerade ausgeartet ist, also in der ξ-Achse verläuft. Damit wird der Querschnitt auf eine Halbebene abgebildet. Von den Potentiallinien ordnen wir die Symmetrielinien in den beiden Ebenen, also die y- und η-Achse einander zu. Damit ist die Zuordnung der einzelnen Punkte in den beiden Ebenen eindeutig festgelegt.

41. Torsion einer abgeflachten Welle

Zunächst sind nun die Randbedingungen, die Normalkomponente $-x\vartheta$, auf die E'-Ebene zu übertragen. Ein Punkt des Randes AB im Abstand x von der Symmetrielinie hat das Potential

$$\Phi = \frac{E}{2\pi} \ln \frac{1+x}{1-x}. \tag{41,4}$$

Ein Punkt des Randes $A'B'$ im Abstand ξ von der Symmetrielinie hat das Potential

$$\Phi = \frac{E'}{2\pi} \ln \frac{1+\xi}{1-\xi}. \tag{41,5}$$

Da entsprechende Punkte gleiches Potential haben und nach Gl. (41,3) $E' = (3/4) E$ ist, so ergibt sich für entsprechende Punkte ξ und x

$$\frac{3}{4} \ln \frac{1-\xi}{1+\xi} = \ln \frac{1-x}{1+x}. \tag{41,6}$$

Das Maßstabsverhältnis wird

$$\frac{d\xi}{dx} = \frac{4}{3} \frac{1-\xi^2}{1-x^2}. \tag{41,7}$$

Zur Ermittlung der zugeordneten Punkte x und ξ benützt man zweckmäßig das in Ziffer 63 ausführlich beschriebene Hilfsmittel eines ein für allemal gezeichneten Quell-Senken-Netzes, aus dem man die Werte von $\ln \frac{1-x}{1+x}$ bzw. $\ln \frac{1-\xi}{1+\xi}$ ohne weiteres ablesen kann. Zu je zwei zugeordneten Werten x und ξ kann man dann nach Gl. (41,7) auch das Maßstabsverhältnis $d\xi/dx$ und daraus die Randbedingung

$$\frac{\partial X''}{\partial \xi} = \frac{\partial X''}{\partial x} \frac{dx}{d\xi} = -x\vartheta \frac{dx}{d\xi} \tag{41,8}$$

punktweise berechnen. Wenn man diese Randbedingung als Normalkomponente einer Strömung auffaßt, so kann man diese Strömung durch eine Quellbelegung längs der Strecke $A'B'$ von der Ergiebigkeit $2\frac{\partial X''}{\partial \xi}$ je Längeneinheit aufbauen. X'' ergibt sich dann als Stromfunktion dieser Strömung. Für einen Punkt P' im Innern des Gebietes der E'-Ebene berechnet sich nach Gl. (15,18) X'' zu

$$X''_{P'} = -\frac{1}{\pi} \int_0^1 \gamma \frac{\partial X''}{\partial \xi} d\xi. \tag{41,9}$$

Dabei ist γ der in Radiant ($90° = \pi/2$) gemessene Winkel der Fahrstrahlen vom Punkte P' nach dem laufenden Punkte ξ der Strecke $A'B'$ und dem dazu symmetrischen Punkte $-\xi$.

Bei der Abbildung auf die E-Ebene geht der Wert $X''_{P'}$ unverändert über, so daß sich für den dem Punkt P' entsprechenden Punkt P

$$X''_P = X''_{P'} \qquad (41,10)$$

ergibt.

Auf diese Weise kann man zu jedem Punkt des Querschnittes der Welle die Spannungsfunktion X'' berechnen. Der Verlauf ist in Bild 109

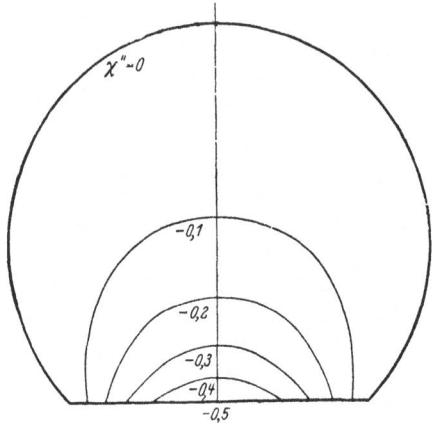

Bild 109. Anteil der Spannungsfunktion für $R\,\vartheta = 1$, der von der Verwölbung des Querschnittes herrührt

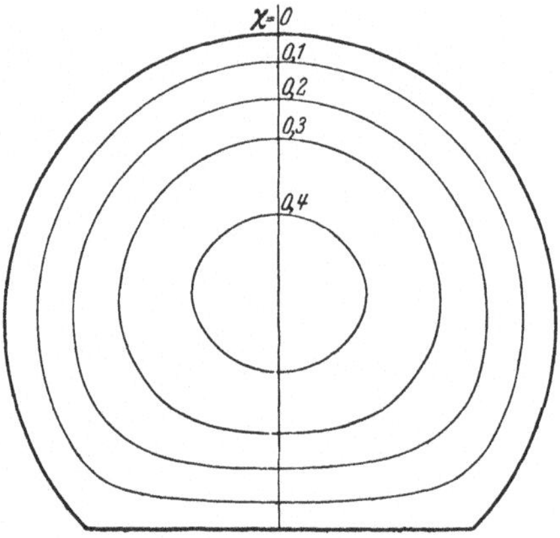

Bild 110. Verlauf der vollständigen Spannungsfunktion für $R\,\vartheta = 1$

dargestellt. Fügt man noch die Spannungsfunktion der Verdrehung bei unverwölbten Querschnitten nach Gl. (40,14)

$$X' = (R^2 - r^2)\,\vartheta/2$$

hinzu, so ergibt sich die gesamte Spannungsfunktion

$$X = X' + X''. \qquad (41,11)$$

Ihren Verlauf zeigt Bild 110. Durch die Überlagerung von X' und X'' haben sich die Normalkomponenten der Spannung am Rande überall aufgehoben. Der Rand ist selbst Spannungslinie geworden.

Das Moment, das zum Verdrehen einer Welle um den Winkel ϑ je Längeneinheit nötig ist, ergibt sich als Moment der Schubkräfte um die Drehachse. An einem Flächenelement $dF = r\,d\varphi\,dr$ wirkt senkrecht zum Radius r die Schubkraftkomponente

$$T_t = -G\frac{\partial X}{\partial r}r\,d\varphi\,dr. \qquad (41,12)$$

Ihr Moment ist rT_t, und das Gesamtmoment ist daher

$$M = -G\int\!\!\int \frac{\partial X}{\partial r}\,r^2\,dr\,d\varphi = 2G\int\!\!\int X\,r\,dr\,d\varphi, \qquad (41,13)$$

wobei das Doppelintegral über die ganze Querschnittsfläche zu erstrecken ist. Für eine volle Welle ist nach Gl. (40,14) $\partial X/\partial r = -r\vartheta$ bzw. $X = (R^2 - r^2)\vartheta/2$. Da die Integrale über die volle Kreisfläche zu erstrecken sind, so ergibt sich für die volle Welle vom Radius R

$$M_0 = G\vartheta \int_0^R \int_0^{2\pi} r^3\, dr\, d\varphi = \frac{\pi}{2} G\vartheta R^4. \tag{41,14}$$

Bei nicht kreisförmigen Wellen hat der Anteil $\partial X'/\partial r = -r\vartheta$ die gleiche Form wie bei der vollen kreisrunden Welle, aber die Integration erstreckt sich jetzt nicht mehr über einen vollen Kreis. Für unsere abgeflachte Welle ergibt sich als Anteil der Spannungsfunktion X' zum Moment

$$M' = G\vartheta \int_0^R \int_{\pi/4}^{7\pi/4} r^3\, dr\, d\varphi + G\vartheta \int_0^{R/\sqrt{2}\cos\varphi} \int_{-\pi/4}^{\pi/4} r^3\, dr\, d\varphi$$

$$= \frac{3}{8}\pi G\vartheta R^4 + \frac{1}{8} G\vartheta R^4 \int_0^{\pi/4} \frac{d\varphi}{\cos^4\varphi} = \left(\frac{3}{4} + \frac{1}{3\pi}\right) M_0 = 0{,}856\, M_0. \tag{41,15}$$

Der Anteil von X'' muß durch punktweise Berechnung der Schubspannungsmomente $Gr\dfrac{\partial X''}{\partial r}$ und Integration über die Querschnittsfläche bestimmt werden. Er ergibt sich zu

$$M'' = -0{,}063\, M_0. \tag{41,16}$$

Das gesamte Drehmoment ist dann

$$M = M' + M'' = 0{,}793\, M_0. \tag{41,17}$$

42. Die gespannte Membran und ihre Verwendung zur anschaulichen experimentellen Herstellung von konformen Abbildungen. Spannt man über einen Rand, der eine räumlich gekrümmte geschlossene Kurve darstellt, eine elastische Membran, z. B. eine Gummihaut oder eine Seifenhaut, so entsteht eine Fläche, die durch Angabe ihrer Höhe $h(x, y)$ über einer ebenen Grundfläche beschrieben wird (Bild 111). Die Bedingung, daß an jedem Punkt der Fläche $h(x, y)$ die dort angreifenden Kräfte im Gleichgewicht sein müssen, ergibt eine

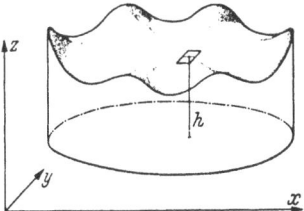

Bild 111. Über einen gewellten Rand gespannte Membran

Gleichung für $h(x, y)$. Wir wollen dabei voraussetzen, daß die Membran so dünn ist, daß ihre Biegungssteifigkeit vernachlässigbar klein ist. Außerdem soll die in der Membranfläche wirkende Spannung σ

überall und nach allen Richtungen konstant sein. Insbesondere sollen die Erhebungen h so klein sein, daß durch sie keine zusätzlichen Spannungen erzeugt werden.

Wir denken uns aus der Membran ein kleines Rechteck mit den Seiten a in der x-Richtung und b in der y-Richtung und dem Mittelpunkt P herausgeschnitten. Ist die Fläche in einem Schnitt durch P senkrecht b gekrümmt (Bild 112), so ergeben die an den Seiten b an-

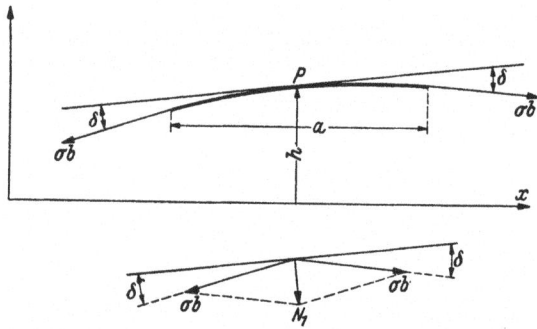

Bild 112. Kräfte an einem kleinen Element der Membran

greifenden, von der Zugspannung σ herrührenden Kräfte σb eine Resultierende senkrecht zur Tangentialebene im Punkte P. Die Größe dieser Resultierenden ist nach Bild 112

$$N_1 = 2\sigma b \sin\delta, \qquad (42,1)$$

wobei δ den Winkel bezeichnet, den die Richtung der Spannkraft am Rande des Rechtecks mit der Tangentialebene im Punkte P bildet. Wenn man die Neigungen der Membran überall als klein voraussetzt, so stellt $\sin\delta$ den Unterschied der Neigungen $\partial h/\partial x$ im Punkte P und auf dem im Abstand $a/2$ davon befindlichen Rande dar. Setzt man a und b als so klein voraus, daß man die Krümmungen der Fläche innerhalb des Rechtecks $a\,b$ als konstant ansehen kann, so ist

$$\sin\delta = \frac{a}{2}\frac{\partial^2 h}{\partial x^2} \qquad (42,2)$$

und damit

$$N_1 = \sigma\,a\,b\,\frac{\partial^2 h}{\partial x^2}. \qquad (42,3)$$

Entsprechend ergeben die Zugspannungen an den Rechteckseiten a eine resultierende Normalkraft

$$N_2 = \sigma\,a\,b\,\frac{\partial^2 h}{\partial y^2}. \qquad (42,4)$$

Wenn auf die Membran keine äußeren Kräfte einwirken, so müssen die von den Spannungen auf das Rechteck ausgeübten Kräfte senkrecht

42. Die gespannte Membran

zur Tangentialebene die Resultierende Null ergeben. Die durch die Krümmung in der x-Richtung bedingte Kraft N_1 muß durch eine entgegengesetzte Krümmung in dazu senkrechter Richtung bzw. die dadurch entstehende Kraft N_2 ausgeglichen werden. Man erhält demnach

$$N_1 + N_2 = \sigma\, a\, b \left(\frac{\partial^2 h}{\partial x^2} + \frac{\partial^2 h}{\partial y^2} \right) = 0 \tag{42,5}$$

oder

$$\Delta h = 0. \tag{42,6}$$

Herrscht auf der einen Seite der Membran ein höherer Druck als auf der anderen, so wirkt senkrecht zur Membran der Druckunterschied p, welcher auf das kleine Rechteck ab die Normalkraft

$$N = p\, a\, b \tag{42,7}$$

ausübt. In diesem Falle müssen die von der Spannung herrührenden Normalkräfte mit dieser Druckkraft im Gleichgewicht sein

$$N_1 + N_2 = \sigma\, a\, b\, \Delta h = p\, a\, b \tag{42,8}$$

oder

$$\Delta h = \frac{p}{\sigma} = \text{konst.} \tag{42,9}$$

Die Fläche der gespannten Membran folgt demnach bei gleichem Druck auf beiden Seiten der Potentialgleichung $\Delta h = 0$ und bei ungleichem Druck der Gleichung $\Delta h =$ konst., entsprechend Gl. (36,1) und (40,19). In beiden Fällen sind die Lösungsverfahren geschildert, wobei als wesentliches Hilfsmittel die konforme Abbildung des Randes auf einen Kreis diente.

Wichtiger als die Lösung dieser Aufgabe ist aber der Umstand, daß umgekehrt in der verhältnismäßig leicht herzustellenden Membranfläche ein Mittel zur Verfügung steht, um andere Aufgaben, welche den Gleichungen $\Delta \Phi = 0$ oder $\Delta \Phi =$ konst. genügen, in bequemer und anschaulicher Weise experimentell zu lösen. Insbesondere bildet die gespannte Membran auch ein bequemes Mittel, um durch Änderung der Form des Randes konforme Abbildungsaufgaben rasch und anschaulich zu lösen. Eine drehungsfreie Parallelströmung wird dabei durch eine ebene Membranfläche dargestellt, welche schräg zur waagerechten Grundfläche steht (Bild 113). Die Linien konstanter Höhe, die den Stromlinien (oder den Potentiallinien) entsprechen, sind dann parallele Gerade. Ein umströmter Körper, auf dessen Rand die Stromfunktion konstant sein muß, läßt sich durch waagerechte Einspannung des Körperrandes darstellen (Bild 114). Durch Heben und Senken der den Körper darstellenden Einspannung ergibt sich das Analogon einer Zirkulationsströmung (Bild 115 und 116). Auf den Zusammenhang der Membranform mit den Schubspannungen eines tordierten Stabes wurde schon 1903 von PRANDTL[1] hingewiesen (Membrangleichnis). Eine ausführliche Darstellung der Verwendung der Membran für allgemeine Aufgaben hat BAUERSFELD[2] gegeben.

Als Material für die Membran verwendet man meist entweder Gummi oder eine aus Seifenlösung oder Flüssigkeiten mit ähnlich hohen Kapillarspannungen hergestellte Haut. Die Gummimembran hat den Vorteil größerer Unempfindlichkeit, die Seifenhaut den, daß die Voraussetzung gleichmäßiger Spannung leichter zu erfüllen ist.

Bei der Gummimembran kann man die Höhen h durch Abtasten punktweise ausmessen. Bequemer und an-

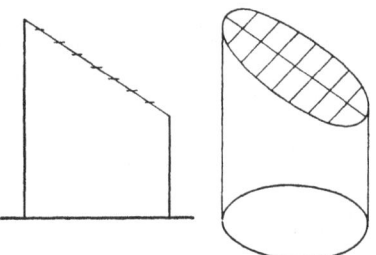
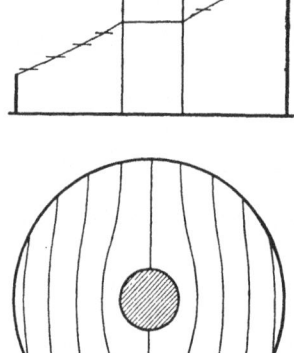

Bild 113. Darstellung einer Parallelströmung durch die Form der Membran

Bild 114. Darstellung der symmetrischen Strömung um einen Kreis

schaulicher ist es aber, wenn man nach einem Vorschlag von BAUERSFELD[2] durch Beleuchten der Membranfläche mit parallelen Lichtschichten Linien konstanter Höhe, also die Stromlinien sichtbar macht.

Bei der Seifenhaut verwendet man meist die Spiegelung auftreffender Lichtstrahlen zur Bestimmung der Neigung der Membranfläche anstatt der Messung ihrer Höhe. Da im allgemeinen gerade diese Neigung für praktische Aufgaben gebraucht wird (Strömungsgeschwindigkeit oder Torsionsspannung) und sie bei Ausmessung der Höhen erst durch Differentiation gefunden werden muß, so ist die direkte Bestimmung der Neigung meist vorteilhafter, außerdem läßt sie sich wesentlich genauer ausführen als die Höhenmessung. Für die technische Durchführung dieser Neigungsermittlung gibt es eine Reihe von Verfahren: So kann man an der Membran ein rechtwinkliges Liniennetz spiegeln und aus

---

[1] PRANDTL, L.: Phys. Z. 4 (1903) 758 und J.-Ber. d. Deutschen Math. Ver. 13 (1904) 31.

[2] BAUERSFELD, W.: Über eine Erweiterung des Prandtlschen Membrangleichnisses. Ing.-Arch. 5 (1934) 69.

42. Die gespannte Membran

der Verschiebung der gespiegelten Linien die Neigung ausmessen. Versuchsanordnungen für einigermaßen genaue Messungen sind u. a. von QUEST[1] und von THIEL[2] beschrieben. Ersterer benützt den Reflexionswinkel, letzterer macht von der mit Bärlappsamen bestreuten Seifenhaut stereophotographische Aufnahmen und wertet diese mit einem Stereoplanigraphen aus. Ein selbsttätiges Verfahren ist von REICHENBÄCHER[3] angewandt worden. Dabei wird ein Lichtstrahl an der Seifenhaut ge-

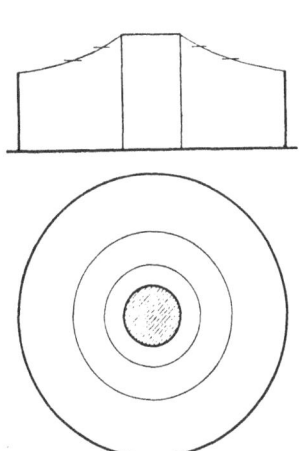 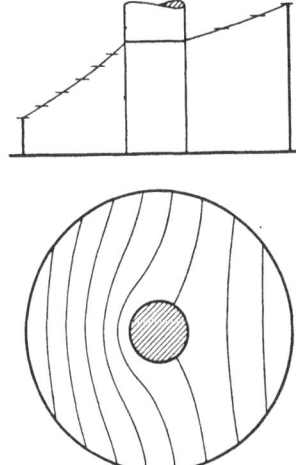

Bild 115. Darstellung der reinen Zirkulationsströmung um einen Kreis

Bild 116. Darstellung einer Strömung mit Zirkulation um einen Kreis

spiegelt und trifft bei bestimmten Spiegelungswinkeln eine Photozelle, welche eine automatische Registrierung der Stellen bewirkt, bei denen sie erregt wird, bei denen also die vorgegebenen Neigungswinkel der Membran vorliegen. Durch Verbinden dieser Punkte erhält man Linien konstanter Neigung bzw. konstanter Strömungsgeschwindigkeit oder Schubspannung.

Wir haben hiermit insgesamt drei verschiedene experimentelle Verfahren von technischer Bedeutung zur Darstellung von Stromlinien und damit auch zur Durchführung konformer Abbildungen kennengelernt: 1. Die Ausmessung eines elektrischen Strömungsfeldes (Ziffer 9); 2. das HELE-SHAW-Verfahren der Strömung zwischen parallelen Glasplatten (Ziffer 37); 3. das eben geschilderte Membranverfahren. Das elektrische

---

[1] QUEST, H.: Eine experimentelle Lösung des Torsionsproblems. Ing.-Arch. 4 (1933) 510.

[2] THIEL, A.: Photogrammetrisches Verfahren zur versuchsmäßigen Lösung von Torsionsaufgaben. Ing.-Arch. 5 (1934) 417.

[3] REICHENBÄCHER, H.: Selbsttätige Ausmessung von Seifenhautmodellen. Ing.-Arch. 7 (1936) 257.

Verfahren ist bei zweckmäßiger Einrichtung das genaueste, es hat aber den Nachteil, daß man die Strom- und Potentiallinien nicht unmittelbar sehen kann. Das HELE-SHAW-Verfahren ist verhältnismäßig einfach und anschaulich, es dürfte aber kaum höheren Anforderungen an Genauigkeit genügen. Das Membranverfahren ist ebenfalls anschaulich und auch einfach, solange man keine großen Anforderungen an Genauigkeit stellt. Die Genauigkeit läßt sich aber auch steigern, wenn man kompliziertere Einrichtungen in Kauf nimmt. Doch ist die Genauigkeit durch die Mängel in den Materialeigenschaften der Membran begrenzt.

Sechster Abschnitt

Zusammenhang der konformen Abbildung mit der Theorie der komplexen Funktionen

43. Grundbegriffe und Rechenregeln[1]. Ein Punkt einer Ebene läßt sich durch seine Koordinaten x und y festlegen. Man kann nun diese beiden Koordinaten zu einem Begriff zusammenfassen, indem man der einen Koordinate x einen reellen, der anderen y einen imaginären, d. h. mit $i = \sqrt{-1}$ multiplizierten Wert beilegt. Der Punkt ist dann durch eine einzige komplexe Koordinate

$$z = x + iy \qquad (43,1)$$

gegeben. Anstatt durch die rechtwinkligen Koordinaten x und y kann man den Punkt auch durch die Polarkoordinaten r und φ bestimmen (Bild 117). Da $x = r\cos\varphi$ und $y = r\sin\varphi$ ist, so ist die komplexe Koordinate

$$z = r(\cos\varphi + i\sin\varphi). \qquad (43,2)$$

Man kann mathematisch zeigen, daß

$$\cos\varphi + i\sin\varphi = e^{i\varphi} \qquad (43,3)$$

ist[2]. Deshalb kann man auch schreiben

$$z = x + iy = re^{i\varphi}. \qquad (43,4)$$

---

[1] Zur Einführung vgl. etwa K. KNOPP: Elemente der Funktionentheorie (Sammlung Göschen), und K. KNOPP: Funktionentheorie I. Teil (Sammlung Göschen).

[2] Der Beweis kann z. B. in der Weise geführt werden, daß man einerseits $\cos\varphi$ und $\sin\varphi$ und andererseits $e^{i\varphi}$ in Potenzreihen nach φ entwickelt und zeigt, daß $\cos\varphi + i\sin\varphi$ dieselbe Reihe ergibt wie $e^{i\varphi}$. Oder man bildet das Integral $\int_1^z \frac{dz}{z} = \ln z$ und zeigt, daß dasselbe $\ln r + i\varphi$ ergibt.

43. Grundbegriffe und Rechenregeln

Den Abstand
$$r = \sqrt{x^2 + y^2} \tag{43,5}$$
vom Nullpunkt bezeichnet man als Betrag, den Winkel
$$\varphi = \arctan y/x \tag{43,6}$$
als Richtungswinkel oder Argument der komplexen Zahl z. Für den Betrag einer komplexen Zahl z ist auch die Schreibweise $|z|$ und für das Argument $\arg z$ gebräuchlich.

Da zu einer komplexen Größe stets 2 Angaben, der reelle und der imaginäre Teil gehören, so ist die Zusammenfassung der beiden gewöhnlichen Koordinaten zu einer einzigen komplexen Koordinate zunächst nur äußerlich eine Vereinfachung. Es zeigt sich aber, daß diese Art der Darstellung doch auch rechnerische Vorteile bietet, indem man mit komplexen Zahlen unter Beachtung der bekannten Rechenregeln ebenso operieren kann, wie mit einfachen reellen Zahlen.

Wenn man zwei komplexe Zahlen
$$z_1 = x_1 + i y_1 \quad \text{und} \quad z_2 = x_2 + i y_2$$
addiert, so erhält man
$$z_3 = z_1 + z_2 = x_1 + x_2 + i(y_1 + y_2). \tag{43,7}$$

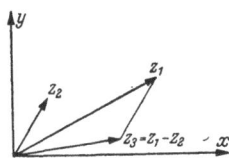

Bild 117. Komplexe Koordinaten

Führt man diese Operation in der Koordinatenebene zeichnerisch aus (Bild 118), so sieht man, daß man die beiden vom Nullpunkt nach den Punkten z_1 und z_2 führenden Strecken unter Parallelverschiebung aneinanderfügen muß, um den Punkt z_3 zu erhalten. Die Operation ist

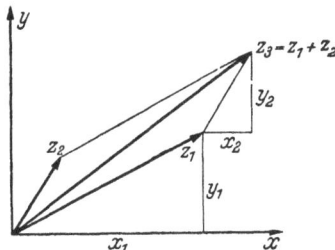

Bild 118. Addition komplexer Größen Bild 119. Subtraktion komplexer Größen

also die gleiche, wie die Addition von Kräften bzw. allgemeiner von Vektoren durch das bekannte *Kräfteparallelogramm*. Man spricht daher auch von den *Vektoren* z_1, z_2 usw.

Die *Subtraktion* zweier komplexer Zahlen $z_3 = z_1 - z_2$ bietet nichts besonders Beachtenswertes. Der Vektor z_2 wird einfach mit dem negativen Vorzeichen, d. h. in umgekehrter Richtung an den Vektor z_1 angefügt (Bild 119).

Addiert man zu allen Punkten der Ebene bzw. zu den sie festlegenden komplexen Zahlen eine *konstante* komplexe Zahl a, so bedeutet das eine Verschiebung aller Punkte in gleicher Richtung und um die gleiche Strecke relativ zum Nullpunkt des Koordinatensystems (Bild 120 links). Man kann dies auch so deuten, daß dadurch bei festgehaltenen Punkten der Ebene der Nullpunkt des Koordinatensystems in um-

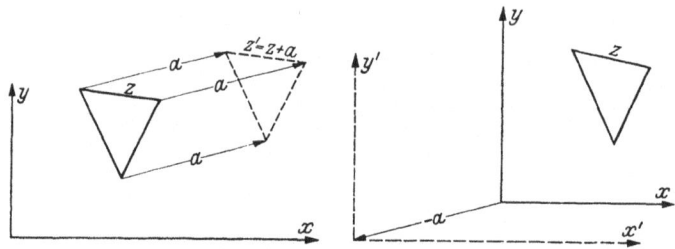

Bild 120. Addition einer Konstanten

gekehrter Richtung, also um $-a$, verschoben wird (Bild 120 rechts).

Multipliziert man eine komplexe Zahl $z = x + iy$ mit der *imaginären Einheit* i:

$$iz = i(x + iy) = ix - y, \qquad (43,8)$$

so bedeutet dies, wie man aus Bild 121 ersieht, eine Drehung des Vektors z um einen rechten Winkel entgegen dem Uhrzeigersinn. Die Multi-

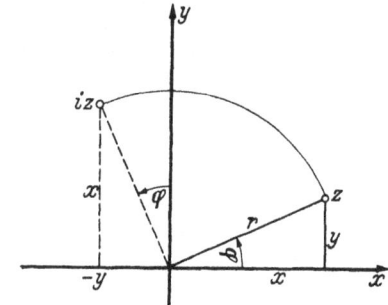 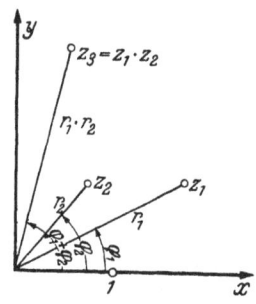

Bild 121. Multiplikation mit i Bild 122. Multiplikation zweier komplexer Größen

plikation eines Systems von komplexen Zahlen mit i bedeutet demnach eine *Drehung* der entsprechenden Figur um $90° = \pi/2$ entgegen dem Uhrzeigersinn.

Die Bedeutung der *Multiplikation* einer komplexen Zahl z_1 mit einer anderen *komplexen Zahl* z_2 erkennt man am einfachsten, wenn man die Darstellung in Polarkoordinaten $z_1 = r_1 e^{i\varphi_1}$, $z_2 = r_2 e^{i\varphi_2}$ wählt. Dann ist nämlich

$$z_1 z_2 = r_1 e^{i\varphi_1} r_2 e^{i\varphi_2} = r_1 r_2 e^{i(\varphi_1 + \varphi_2)}. \qquad (43,9)$$

43. Grundbegriffe und Rechenregeln

Man muß also die Entfernungen vom Nullpunkt, die Beträge, multiplizieren ($r_1 r_2$) und die Richtungswinkel, die Argumente, addieren ($\varphi_1 + \varphi_2$) (Bild 122).

Bei der Division
$$\frac{z_1}{z_2} = \frac{r_1 e^{i\varphi_1}}{r_2 e^{i\varphi_2}} = \frac{r_1}{r_2} e^{i(\varphi_1 - \varphi_2)} \tag{43,10}$$

werden die Beträge dividiert (r_1/r_2) und die Richtungswinkel voneinander subtrahiert ($\varphi_1 - \varphi_2$).

Die Multiplikation bzw. Division eines Punktsystems mit einer konstanten komplexen Zahl $c = r_0 e^{i\varphi_0}$ bedeutet demnach eine ähnliche Vergrößerung des Systems im Verhältnis $r_0:1$ bzw. $1:r_0$ und eine gleichzeitige Drehung des Systems um den Winkel φ_0 entgegen bzw. im Uhrzeigersinn.

Für $c = i = e^{i\pi/2}$ ergibt sich als Sonderfall die oben bereits unmittelbar abgeleitete Regel, daß die Multiplikation mit i eine Drehung um den Winkel $\pi/2$ entgegen dem Uhrzeigersinn bedeutet.

Bei der geometrischen Deutung der Multiplikation und Division ist zu beachten, daß r_1, r_2 Längen bedeuten, ihr Produkt $r_1 r_2$ also eine Fläche darstellt. Um diese selbst wieder als Länge auftragen zu können, muß man festlegen, welche Länge der Flächeneinheit entsprechen soll. Ist r_0 diese Einheitslänge, so wird die die Fläche $r_1 r_2$ darstellende Länge

$$r_3 = \frac{r_1 r_2}{r_0}. \tag{43,11}$$

Ähnliche Schwierigkeiten treten bei vielen Operationen auf, die man auf die komplexen Größen anwendet, z. B. $\sin z$, $\ln z$, wenn man die Größen als gerichtete Strecken deuten will. Man umgeht diese Schwierigkeiten, wenn man alle Vektoren durch Division mit einem Vergleichsvektor a dimensionslos macht und die Rechenoperation dann nur mit diesen dimensionslosen Größen ausführt. Man erhält dann auch stets nur dimensionslose Ergebnisse, die durch Multiplikation mit dem Vergleichsvektor a wieder auf die Ausgangsdimension gebracht werden. Der Vektor a braucht dabei durchaus nicht reell zu sein. Anstatt der Gleichung

$$z_3 = z_1 z_2 \tag{43,12}$$

würde man mit dem Bezugsvektor $a = r_0 e^{i\varphi_0}$ schreiben

$$\frac{z_3}{a} = \frac{z_1}{a} \frac{z_2}{a} \tag{43,13}$$

und erhält daraus die beiden reellen Beziehungen (Bild 123)

$$\frac{r_3}{r_0} = \frac{r_1 r_2}{r_0^2} \quad \text{und} \quad \varphi_3 - \varphi_0 = (\varphi_1 - \varphi_0) + (\varphi_2 - \varphi_0), \tag{43,14}$$

$$r_3 = \frac{r_1 r_2}{r_0}, \quad \varphi_3 = \varphi_1 + \varphi_2 - \varphi_0. \tag{43,15}$$

160   VI. Zusammenhang mit komplexen Funktionen

Die Längen r werden in Vielfachen von r_0 und die Winkel $\varphi - \varphi_0$ von der Richtung nach a aus gemessen. Das Ergebnis für r_3 ist dasselbe wie bei der Überlegung, die zu Gl. (43,11) führte. Es ist nur insofern allgemeiner, als der Vergleichsvektor auch komplex sein kann und dadurch auch eine Verschiebung der Winkel eintreten kann.

Da der Vergleichsvektor a ganz willkürlich ist und die geometrische Deutung der Ergebnisse wesentlich von diesem Vergleichsvektor abhängt, so muß man bei der geometrischen Darstellung der Ergebnisse durch Vektoren immer auch den Vergleichsvektor angeben, auf den sich die Darstellung bezieht (Bild 123). Man kann aber als Vergleichsvektor die Längeneinheit wählen, also $a = 1$ setzen. Er tritt dann in den Gleichungen nicht in Erscheinung. Anstatt $r_1 r_2 / r_0$ steht dann einfach $r_1 r_2$. Man muß sich dabei aber klar sein, daß $r_1 r_2$ mit einer Länge zu dividieren ist, die man nur gleich der Längeneinheit, also gleich Eins, gesetzt hat. Aber auch hier hängt das Ergebnis wesentlich davon ab, wie groß der Vektor ist, den man gleich Eins gesetzt hat. Man muß

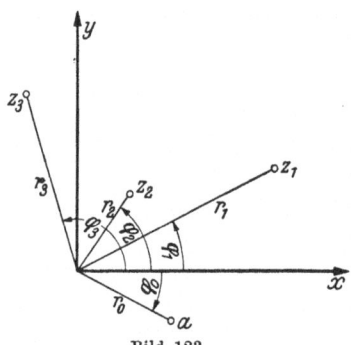

Bild 123
Multiplikation von Verhältniswerten

daher, um ein derartiges Vektorendiagramm sinnvoll zu machen, auch hier den Punkt eintragen, den man als Eins bezeichnet (Bild 122). Die Verwendung eines allgemeinen Vergleichsvektors a hat aber den Vorteil, daß durch die Mitführung dieser Größe in den Gleichungen von vornherein klare Verhältnisse geschaffen werden. Außerdem ist man dadurch von der Wahl der Längeneinheit und von der Richtung der reellen Achse unabhängig. Die Darstellung ist also gegen Maßstabsänderungen und gegen Drehung des Koordinatensystems invariant. Wegen der einfacheren Schreibweise begnügt man sich aber meist mit dem Vergleichsvektor $a = 1$ und der Festlegung des Punktes 1.

Wir werden im folgenden im allgemeinen diese einfachere Schreibweise verwenden und nur da, wo es zur größeren Klarheit insbesondere hinsichtlich der Dimensionen beiträgt, die allgemeinere Schreibweise benützen.

Man kann die auf den Vergleichsvektor 1 bezogenen Gleichungen auch so auffassen, daß die darin auftretenden Größen z, r usw. gar nicht geometrische, sondern dimensionslose Größen darstellen, also bereits das Verhältnis einer geometrischen Größe zu einer geometrischen Vergleichsgröße a ($z = z_{\text{geometrisch}}/a$). Mit diesen dimensionslosen Größen kann man dann ohne logische Schwierigkeit beliebige Rechenoperationen ausführen. Man muß sich nur bei solchen Operationen, z. B. $\sin z$, darüber klar sein, daß hier die betreffende Größe z nicht eine Länge oder eine andere Dimension, sondern eine dimensionslose Größe darstellt, die aber ebenso wie die dimensionslosen Resultate der Operation durch Multiplikation mit einer Einheitslänge (a oder 1) als Länge gedeutet werden kann.

Anstatt vom Nullpunkt des Koordinatensystems kann man die Vektoren auch von einem beliebigen Punkt b der Ebene aus rechnen, wenn man an Stelle von z die Differenz $z - b$ setzt (Bild 124). Da sich bei einer Parallelverschiebung des Koordinatensystems z und b stets um gleiche Beträge ändern, so bleibt $z - b$ unabhängig von einer Verschiebung des Koordinatensystems. Im Zusammenhang mit der eben erwähnten Unabhängigkeit gegen Maßstabsänderung und Drehung des Koordinatensystems ist daher folgende Darstellung vollständig vom Koordinatensystem unabhängig:

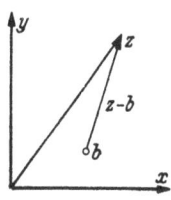

Bild 124
Verschiebung des Nullpunktes

$$\frac{z_3 - b}{a} = \frac{z_2 - b}{a} \cdot \frac{z_1 - b}{a}. \qquad (43,16)$$

44. Zuordnung durch komplexe Funktionen. Ebenso wie die eben geschilderten einfachen Operationen der Addition und Multiplikation kann man auf eine komplexe Zahl auch eine beliebig komplizierte Operation

$$\zeta = f(z) \qquad (44,1)$$

anwenden und erhält zu einem bestimmten Wert z_0 einen bestimmten Wert ζ_0 (oder wie z. B. beim Ziehen von Quadratwurzeln auch mehrere). Wenn man nun in einer Ebene Werte von z aufträgt und in einer anderen Ebene die aus diesen Werten errechneten ζ-Werte, so ist dadurch in den beiden Ebenen eine Zuordnung von Punkten gegeben, also eine Abbildung der einen Ebene auf die andere. Wenn die Funktion mehrdeutig ist (z. B. $\zeta = \pm \sqrt{z}$), so ist auch die Abbildung mehrdeutig: abgesehen vom Nullpunkt entsprechen z. B. bei der Abbildung $\zeta = \pm \sqrt{z}$ jedem Punkt in der z-Ebene 2 Punkte in der ζ-Ebene. Umgekehrt kann, wie z. B. bei $\zeta = z^2$, auch 2 Punkten der z-Ebene ein Punkt der ζ-Ebene entsprechen (vgl. Bild 129 und 133). Man kann diese Mehrdeutigkeit dadurch ausschließen, daß man von den mehrdeutigen Werten durch eine an sich willkürliche Vorschrift nur je einen auswählt und die anderen in besondere RIEMANNsche Blätter (Ziffer 23) verlegt.

Wir wollen uns auf differenzierbare Funktionen beschränken (andere kommen in der praktischen Anwendung auch kaum vor). Dann kann man den Differentialquotienten

$$\frac{d\zeta}{dz} = f'(z) \qquad (44,2)$$

Betz, Konforme Abbildung, 2. Aufl.

bilden. Ebenso wie $f(z)$ ist auch $f'(z)$ eine Funktion von z und hat für einen bestimmten Wert von z, z. B. für z_0, einen ganz bestimmten komplexen Wert (evtl. mehrere, von denen wir aber wieder durch eine Vorschrift einen auswählen), gleichgültig, in welcher Richtung man bei der Differentiation fortschreitet. Es sei

$$\left(\frac{d\zeta}{dz}\right)_0 = f'(z_0) = \varrho\, e^{i\tau}, \qquad (44,3)$$

wobei ϱ und τ für den bestimmten Punkt z_0 Konstante sind.

Geht man von dem Punkte z_0 zu einem sehr nahe gelegenen Punkt $z_1 = z_0 + \varDelta_1 z$ über[1], so werden den Punkten z_0 und z_1 zwei Punkte der ζ-Ebene ζ_0 und ζ_1 entsprechen, deren Abstand

$$\varDelta_1 \zeta = \left(\frac{d\zeta}{dz}\right)_0 \varDelta_1 z = f'(z_0)\, \varDelta_1 z \qquad (44,4)$$

(Bild 125) ist. Die kleine Strecke $\varDelta_1 \zeta$ ist das durch die Funktion $\zeta = f(z)$ gegebene Abbild der kleinen Strecke $\varDelta_1 z$, die Länge von $\varDelta_1 z$ möge ε_1 sein und mit der reellen Achse (x-Achse) den Winkel σ einschließen. Man kann dann schreiben

$$\varDelta_1 z = \varepsilon_1 e^{i\sigma}. \qquad (44,5)$$

Da nach Gl. (44,3) $f'(z_0) = \varrho\, e^{i\tau}$ gesetzt ist, so wird aus Gl. (44,4)

$$\varDelta_1 \zeta = f'(z_0)\, \varDelta_1 z = \varrho\, e^{i\tau} \varepsilon_1 e^{i\sigma} = \varrho\, \varepsilon_1 e^{i(\sigma+\tau)}. \qquad (44,6)$$

Das besagt: Die kleine Strecke $\varDelta_1 \zeta$, die Abbildung der Strecke $\varDelta_1 z$ ist gegenüber $\varDelta_1 z$ in der Länge ϱ-fach vergrößert und um den Winkel τ entgegen dem Uhrzeigersinn gedreht. Die beiden die Änderung darstellenden Größen ϱ und τ sind nur eine Funktion des Punktes z_0, sie sind aber unabhängig von der Richtung von $\varDelta_1 z$. Man kann daher von z_0 aus auch zu einem anderen Nachbarpunkte $z_2 = z_0 + \varDelta_2 z$ übergehen und erhält als Abbildung in der ζ-Ebene einen entsprechenden Punkt $\zeta_2 = \zeta_0 + \varDelta_2 \zeta$ (Bild 125), wobei $\varDelta_2 \zeta$ wieder die ϱ-fache Länge von $\varDelta_2 z$ hat und um den gleichen Winkel τ gedreht ist. Wenn β der Winkel zwischen $\varDelta_1 z$ und $\varDelta_2 z$ ist, so ist der Winkel zwischen $\varDelta_1 \zeta$ und $\varDelta_2 \zeta$ ebenfalls β, da die beiden Schenkel ja um den gleichen Winkel τ gedreht wurden. Das durch die 3 Punkte $\zeta_0 \zeta_1 \zeta_2$ gebildete kleine Dreieck ist demnach dem entsprechenden Dreieck $z_0 z_1 z_2$ der z-Ebene geometrisch ähn-

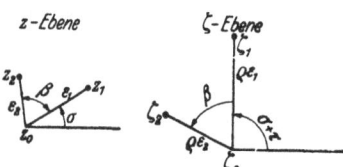

Bild 125. Umgebung von 2 Punkten, die durch eine analytische Funktion einander zugeordnet sind

---

[1] $\varDelta$ mit darauffolgenden Buchstaben bedeutet hier, wie auch gelegentlich im folgenden, eine kleine Größe und ist nicht zu verwechseln mit dem Operator $\varDelta = \partial^2/\partial x^2 + \partial^2/\partial y^2$, der in der Gleichung $\varDelta \varPhi = 0$ und ähnlichen Gleichungen auftritt.

44. Zuordnung durch komplexe Funktionen

lich, da sich die Seiten $\zeta_0\zeta_1$ und $\zeta_0\zeta_2$ ähnlich den Seiten z_0z_1 und z_0z_2 verhalten und der von ihnen eingeschlossene Winkel in beiden Dreiecken der gleiche ist. *Durch die Funktion $\zeta = f(z)$ wird demnach eine Abbildung vermittelt, welche in kleinen Teilen ähnlich, also konform ist.* Die Möglichkeit, konforme Abbildungen durch Funktionen der komplexen Koordinaten herzustellen, ist von weitreichender Bedeutung. Da man ja Funktionen in beliebiger Zahl und für beliebige Zusammenhänge aufstellen kann, ergeben sich dadurch außerordentlich viele und vielseitige Möglichkeiten für konforme Abbildungen. Im folgenden werden einige der wichtigsten derartigen Anwendungen geschildert. Sie sind am Schluß des Buches übersichtlich zusammengestellt.[1]

Von der Funktion $f(z)$, welche die Abbildung vermittelt, war nur vorausgesetzt, daß sie differenzierbar ist, und daß ihr Differentialquotient $f'(z)$ nicht Null oder Unendlich ist[2]. Sonst würde nämlich das Maßstabsverhältnis 0 oder ∞ und die Richtung unbestimmt werden, so daß unsere Überlegungen hinfällig werden. Nun hat im allgemeinen jede Funktion eine oder mehrere Stellen, wo ihr Differentialquotient Null oder Unendlich ist. Man kann durch diese Funktionen nur solche Gebiete konform aufeinander abbilden, in denen keine solche Null- oder Unendlichkeitsstellen des Differentialquotienten vorkommen. Im allgemeinen handelt es sich nur um eine geringe Zahl von einzelnen Punkten, welche aus diesem Grunde von der konformen Abbildung ausgeschlossen sind. Diese Ausnahmepunkte (singuläre Punkte) sind nicht eine Eigentümlichkeit des speziellen Verfahrens der Abbildung durch komplexe Funktionen, sondern liegen im Wesen der konformen Abbildung. Wir haben einen solchen Ausnahmepunkt z. B. auch schon bei der Abbildung eines Winkelraums auf einen anderen (Ziffer 11) kennengelernt, wo ja im Eckpunkt des Winkelraums der Winkel zwischen zwei dort zusammenlaufenden Strahlen geändert wird, was der Forderung der Winkeltreue widerspricht. An allen anderen Stellen bleiben die Winkel unverändert.

Für die Erzielung der konformen Abbildung war wesentlich, daß der Differentialquotient der Abbildungsfunktion von der Richtung des Fortschreitens unabhängig ist. Diese Eigentümlichkeit der Differentialquotienten mag auf den ersten Blick verwunderlich erscheinen. An sich

---

[1] Eine sehr ausführliche systematische Zusammenstellung von solchen konformen Abbildungen enthält das Buch: H. KOBER: Dictionary of conformal representation. Dover Publications, Inc. 1957.

[2] Die Mathematiker nennen eine Funktion, welche in dem betrachteten Gebiet einen Differentialquotienten besitzt, der nicht unendlich ist, „regulär analytisch" oder auch einfach nur „analytisch" oder „regulär". Für die Zwecke der konformen Abbildung sind demnach nur solche regulär analytische Funktionen verwendbar. Darüber hinaus besteht aber noch die Forderung, daß der Differentialquotient auch nicht Null sein darf.

könnte man sich durchaus vorstellen, daß beim Fortschreiten in der Richtung von z_0 auf z_2 das Verhältnis $\Delta_2\zeta/\Delta_2 z$ ein anderes sei als das Verhältnis $\Delta_1\zeta/\Delta_1 z$ beim Fortschreiten in der Richtung von z_0 auf z_1. Daß die beiden Verhältnisse gleich sind, rührt daher, daß der Zusammenhang zwischen der ζ-Ebene und der z-Ebene nicht durch eine beliebige Funktion der Koordinaten x und y dargestellt wird, sondern durch eine analytische Funktion nur der speziellen Kombination $z = x + iy$ allein (nicht etwa z. B. von $x - iy$). Dies bedeutet eine außerordentliche Einschränkung der an sich möglichen Zuordnungsfunktionen, und nur diese besondere Auswahl unter den Zuordnungsfunktionen hat die Eigenschaft, konforme Abbildungen zu ergeben.

45. Das komplexe Potential. Wenn in einer z-Ebene eine Parallelströmung mit der Stromdichte j_0 parallel der x-Achse verläuft und man dem Nullpunkt des Koordinatensystems das Potential und die Stromfunktion Null zuteilt, so ist in einem Punkte $z = x + iy$ das Potential

$$\Phi = j_0 x \tag{45,1}$$

und die Stromfunktion

$$\Psi = j_0 y. \tag{45,2}$$

Ebenso wie man aus den Koordinaten x und y die komplexe Koordinate $z = x + iy$ bilden kann, hat es auch einen Sinn, Potential und Stromfunktion zu einer komplexen Größe, dem sog. komplexen Potential

$$\varPhi = \Phi + i\Psi \tag{45,3}$$

zusammenzufassen. Im Falle der Parallelströmung wird dann

$$\varPhi = \Phi + i\Psi = j_0(x + iy) = j_0 z. \tag{45,4}$$

Hat man nun in einer ζ-Ebene irgendeine beliebige Strömung, so läßt sich diese durch konforme Abbildung auf eine z-Ebene in eine Parallelströmung überführen, in der $\varPhi = j_0 z$ ist, oder, einfacher ausgedrückt, die ζ-Ebene auf eine $\varPhi$-Ebene abbilden. In der z-Ebene und in der ζ-Ebene haben entsprechende Punkte gleiches Potential und gleiche Stromfunktion, also auch gleiches komplexes Potential $\varPhi$. Ist die Abbildung durch die Funktion

$$z = f(\zeta) \tag{45,5}$$

bestimmt, so läßt sich zu jedem Punkt ζ der entsprechende Punkt z berechnen, und da in diesem das komplexe Potential $\varPhi = j_0 z = j_0 f(\zeta)$ ist, so läßt sich für jeden Punkt das komplexe Potential als Funktion der komplexen Koordinate angeben

$$\varPhi(\zeta) = j_0 f(\zeta). \tag{45,6}$$

45. Das komplexe Potential

Man ersieht hieraus, daß sich für irgendeine beliebige Strömung das komplexe Potential als Funktion der komplexen Koordinaten darstellen läßt, und daß jede Funktion der komplexen Koordinaten sich als komplexes Potential einer Strömung deuten läßt.

Ebenso wie $\frac{dz}{d\zeta} = f'(\zeta)$, ist auch $\frac{d\varPhi}{d\zeta} = j_0 f'(\zeta)$ für jeden Punkt ζ eine nur von ζ abhängige komplexe Größe, also unabhängig von der Richtung $d\zeta$, in der die Differentiation ausgeführt wurde (vgl. Ziffer 44, Bild 125). Wir wollen nun untersuchen, welche physikalische Bedeutung dieser Differentialquotient hat. Da $\partial\varPhi/\partial s$ die Komponente der Stromdichte in Richtung ds und $\partial\varPsi/\partial s$ die Komponente in der dazu senkrechten Richtung bedeuten, so ist zu erwarten, daß auch der Differentialquotient des komplexen Potentials $\partial\varPhi/\partial\zeta$ mit der Stromdichte im Zusammenhang steht.

Wenn bei der konformen Abbildung ein Punkt z der z-Ebene, in der $\varPhi = j_0 z$ ist, in einen Punkt ζ übergeht und für diesen Punkt der Differentialquotient

$$\frac{d\zeta}{dz} = \varrho\, e^{i\tau} \qquad (45,7)$$

ist, so geht ein kleines Gebiet in der Umgebung dieses Punktes der z-Ebene in ein kleines Gebiet der ζ-Ebene über, das im Maßstab ϱ-fach vergrößert und um den Winkel τ entgegen dem Uhrzeigersinn gegenüber dem Gebiet der z-Ebene gedreht ist (es ist $\varDelta\zeta = \varDelta z\,\varrho\,e^{i\tau}$, vgl. Ziffer 44). Da hiernach in der ζ-Ebene die Potentiallinien den ϱ-fachen Abstand wie in der z-Ebene haben, so ist der Betrag der Stromdichte im Verhältnis $1/\varrho$ geändert. Da die Stromdichte in der z-Ebene j_0 war, so ist die Stromdichte im Punkte ζ der ζ-Ebene j_0/ϱ. Die Richtung der Strömung ist in der z-Ebene parallel der x-Achse. Wegen der erwähnten Drehung um den Winkel τ bildet sie in der ζ-Ebene mit der ξ-Achse den Winkel τ. Man kann die Stromdichte deshalb nach Größe und Richtung als Vektor in komplexer Form durch den Ausdruck

$$j = \frac{j_0}{\varrho} e^{i\tau} \qquad (45,8)$$

angeben. Da oben $d\zeta/dz = \varrho\, e^{i\tau}$ gesetzt wurde, so ist

$$\frac{d\varPhi}{d\zeta} = j_0 \frac{dz}{d\zeta} = \frac{j_0}{\varrho} e^{-i\tau}. \qquad (45,9)$$

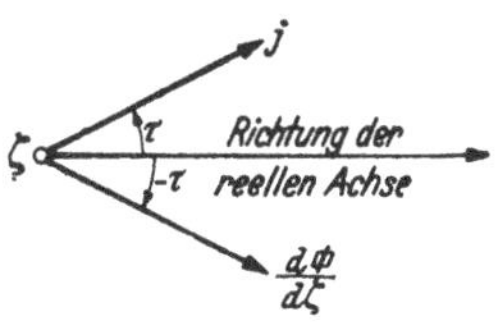

Dieser Vektor stimmt mit dem der Stromdichte bis auf das Vorzeichen von τ überein (Bild 126).

Bild 126. Zusammenhang zwischen der Stromdichte j und dem Differentialquotienten des komplexen Strömungspotentials

Der Differentialquotient des komplexen Potentials stellt demnach den an der reellen Achsrichtung gespiegelten Vektor des Potentialgefälles (Stromdichte bei elektrischen, Geschwindigkeit bei Flüssigkeitsströmungen) dar.

VI. Zusammenhang mit komplexen Funktionen

Man bezeichnet Vektoren, welche durch Spiegelung an der reellen Achse (x-Achse) auseinander hervorgehen, als konjugiert zueinander. Der konjugiert komplexe Wert von $z = x + iy = r e^{i\varphi}$ ist $\bar{z} = x - iy = r e^{-i\varphi}$. Wie man leicht ersieht, ist

$$z + \bar{z} = 2x, \quad z\bar{z} = r^2 = |z|^2,$$
$$z - \bar{z} = 2iy, \quad z/\bar{z} = e^{2i\varphi}. \tag{45,10}$$

Bezeichnet man mit $\bar{j}$ den konjugiert komplexen Vektor der Stromdichte j in der ζ-Ebene, so ist

$$\bar{j} = \frac{d\varPhi}{d\zeta}. \tag{45,11}$$

$d\varPhi/d\zeta$ ist ebenso wie $\varPhi$ selbst eine analytische Funktion von ζ und damit auch $\bar{j}$. Die Stromdichte j selbst läßt sich aber nicht als Funktion von ζ ausdrücken, sondern nur ihre an der reellen Achsrichtung gespiegelten Vektoren.

Sind j_1 und j_2 die Vektoren der Stromdichte in zwei einander zugeordneten Punkten einer ζ_1-Ebene und einer ζ_2-Ebene und $\bar{j}_1$ und $\bar{j}_2$ die entsprechenden konjugierten Werte, so verhält sich, wie man aus Gl. (45,11) ersieht,

$$\frac{\bar{j}_1}{\bar{j}_2} = \frac{d\zeta_2}{d\zeta_1} = \mu e^{i\nu}. \tag{45,12}$$

Da die Beträge $|j|$ und $|\bar{j}|$ gleich sind, so wird demnach

$$\left|\frac{j_1}{j_2}\right| = \left|\frac{d\zeta_2}{d\zeta_1}\right| = \mu. \tag{45,13}$$

Diese Beziehung wurde bereits in Gl. (32,5) benützt. Sind τ_1 und τ_2 die Richtungswinkel von j_1 und j_2 gegen die reelle Achse, so ist

$$\tau_2 - \tau_1 = \nu, \tag{45,14}$$

also gleich dem Richtungswinkel von $d\zeta_2/d\zeta_1$.

Bei vielen Anwendungen der konformen Abbildung ist die Aufgabe zu lösen, zu einem auf einem Rand gegebenen Realteil einer analytischen Funktion den Imaginärteil zu finden, oder umgekehrt zu einem Imaginärteil den Realteil. Dabei kann es sich um Potential- und Stromfunktion handeln, vielfach aber auch um Normal- und Tangentialkomponente der Stromdichte bzw. Strömungsgeschwindigkeit, oder z. B. auch um den Logarithmus des (irgendwie dimensionslos gemachten) Betrags und den Richtungswinkel der Stromdichte. Die beiden grundsätzlichen Verfahren hierfür wurden in Ziffer 13 und 16 geschildert. In beiden Fällen bildet man den Rand, auf dem die eine Funktion gegeben ist, auf einen Kreis ab. Bei dem einen Verfahren zerlegt man die gegebene Funktion

45. Das komplexe Potential

in eine Fourierreihe und braucht dann nur sin durch ±cos und cos durch ∓sin zu ersetzen, um aus dem Realteil (Potential) den Imaginärteil (die Stromfunktion) zu erhalten. Dabei gelten die oberen Vorzeichen, wenn die Funktion außerhalb des Randkreises, die unteren, wenn sie innerhalb desselben frei von Singularitäten ist, also im einen Falle nach Potenzen von $1/z$, im andern nach Potenzen von z entwickelt werden kann. Bei dem anderen Verfahren ergibt sich der Imaginärteil J_1 im Punkte φ_1 aus der Verteilung des Realteils R und der Realteil R_1 im Punkte φ_1 aus der Verteilung des Imaginärteils durch eine Integration längs des Kreisumfangs (POISSON-Integral). Nach Gln. (16,12) und (16,14) ist

$$J_1 = \pm \frac{1}{2\pi} \int_0^{2\pi} R \cot \frac{\varphi - \varphi_1}{2} d\varphi$$
$$= \pm \frac{1}{2\pi} \int_0^{2\pi} [R - R_1] \cot \frac{\varphi - \varphi_1}{2} d\varphi,$$
(45,15)

$$R_1 = \mp \frac{1}{2\pi} \int_0^{2\pi} J \cot \frac{\varphi - \varphi_1}{2} d\varphi$$
$$= \mp \frac{1}{2\pi} \int_0^{2\pi} [J - J_1] \cot \frac{\varphi - \varphi_1}{2} d\varphi.$$
(45,16)

Bezüglich der Vorzeichen gilt das gleiche wie eben angegeben.

Für die praktische Ausführung des Fourierverfahrens ist unbequem, daß man vielfach sehr viele Glieder braucht, um genügende Genauigkeit zu erhalten. Bei dem Integrationsverfahren ist hinderlich, daß die zu integrierende Funktion oft starke lokale Extremwerte aufweist, deren Integration Schwierigkeiten macht. Es ist daher vielfach zweckmäßig, die beiden Verfahren zu kombinieren, indem man zunächst den Hauptteil der Funktion einschließlich der extremen Teile durch eine harmonische Reihe mit wenig Gliedern erfaßt und für sich umrechnet und den verhältnismäßig kleinen Rest durch das Integrationsverfahren behandelt.

Wegen der Häufigkeit dieser Aufgabe sind von MANGLER und WALZ auch graphische Hilfsmittel zur Erleichterung der Rechnung ausgearbeitet worden[1]. Eine wesentliche Vereinfachung ergibt sich, wenn von der gegebenen und von der gesuchten Funktion nicht der ganze Verlauf, sondern nur die Werte in bestimmten, gleichmäßig über den Kreisumfang verteilten Punkten interessieren. Teilt man den Kreisumfang in $2N$

---

[1] MANGLER. W., u. A. WALZ: Zur numerischen Auswertung des Poisson-Integrals. ZAMM. 18 (1938), 309.

gleiche Teile, so ist die Lage der $2N$ Teilpunkte durch die Richtungswinkel

$$\varphi_n - \varphi_0 = n \frac{\pi}{N} \tag{45,17}$$

gegeben, wobei n die ganzen Zahlen von 0 bis $2N - 1$ bedeuten. Eine Funktion, deren Werte in diesen $2N$ Punkten gegeben sind, ist nur dann eindeutig festgelegt, wenn sie nur $2N$ willkürliche Konstante enthält, die eben durch die $2N$ Werte bestimmt werden. Die Beschränkung auf die Festlegung von $2N$ Werten bedeutet daher bei einer harmonischen Reihe die Beschränkung auf N sin- und N cos-Glieder. Die Konstanten der einzelnen Glieder der harmonischen Reihen lassen sich durch bekannte Summenausdrücke aus den Werten in den $2N$ Punkten darstellen. Durch Vertauschen von sin und cos unter Beachtung der erwähnten Vorzeichen ergibt sich aus der Reihe für den Realteil die für den Imaginärteil und umgekehrt. Da diese selbst eine Summe darstellt, ergeben sich für die Werte des Imaginärteils in den N Punkten wieder Summenausdrücke, welche aus den Werten des Realteils in diesen Punkten aufgebaut sind. Bezeichnet man die Werte des Real- und Imaginärteils im n-ten Teilpunkt φ_n mit R_n und J_n, so ist

$$J_n = \sum_{m=0}^{N-1} K_{nm} R_m. \tag{45,18}$$

Die Konstanten K_{nm} dieser Summen lassen sich für bestimmte Teilungszahlen N ein für allemal berechnen. Sie sind z. B. für $N = 18$ von WITTICH[1] mitgeteilt. Eine noch einfachere Darstellung gab GARRICK[2] mit der Form

$$J_n = \sum_{m=0}^{2N-1} A_m R_{m+n} \quad \text{mit} \quad A_m = \frac{1 - (-1)^m}{2N} \cot \frac{\varphi_m}{2} \tag{45,19}$$

Siebenter Abschnitt

Abbildung durch einfache Funktionen

46. Die Funktion $\zeta = z^n$, $z = \zeta^{1/n}$. Wenn man $z = r e^{i\varphi}$ und $\zeta = \varrho e^{i\psi}$ setzt, so ergibt sich für $\zeta = z^n$ die Beziehung $\varrho e^{i\psi} = r^n e^{ni\varphi}$, also $\varrho = r^n$ und $\psi = n\varphi$. Diese Abbildung haben wir bereits in Zif-

---

[1] WITTICH, H.: Bemerkungen zur Druckverteilungsrechnung nach Theodorsen-Garrick. Jahrb. 1941 d. dtsch. Luftfahrtforsch. I, 52.
[2] GARRICK, I. E.: Conformal mapping in aerodynamics with emphasis on the method of successive conjugates. Washington: Proc. of a Symposium: Construction and application of conformal maps 1952.

46. Die Funktion $\zeta = z^n$

fer 11 und 12 kennengelernt, können uns daher hier auf eine kurze Zusammenstellung ihrer Haupteigenschaften beschränken. Vor allem aber sollen noch weitere Beispiele dieser Abbildung betrachtet werden.

Liegt in der z-Ebene ein aus konzentrischen Kreisen um den Nullpunkt und Radien gebildetes Quadratnetz vor, das man etwa als eine Quellströmung deuten kann, so ergeben sich besonders einfache und übersichtliche Abbildungsverhältnisse. Jeder Kreis der z-Ebene geht in der ζ-Ebene wieder in einen Kreis und jeder radiale Strahl wieder in einen radialen Strahl über. Einem Kreis mit dem Radius r der z-Ebene entspricht in der ζ-Ebene ein Kreis mit dem Radius $\varrho = r^n$. Einem Strahl unter dem Winkel φ gegen die x-Achse entspricht ein Strahl unter dem Winkel $\psi = n\varphi$ gegen die ξ-Achse. Der Kreis mit dem Radius 1 geht in sich selbst über. Ist $n > 1$, so gehen alle Kreise, deren Radien $r > 1$ sind, in größere ($\varrho > r$), und alle Kreise, deren Radien $r < 1$ sind, in kleinere ($\varrho < r$) über. Für $n < 1$ ist es umgekehrt. Durchläuft man einen Kreis der z-Ebene von seinem Schnittpunkte mit der x-Achse ausgehend, so durchlaufen die entsprechenden Punkte der ζ-Ebene den entsprechenden Kreis mit der n-fachen Winkelgeschwindigkeit. Wenn $n > 1$ ist, so wird ein Teil des vollen Kreises der z-Ebene auf den vollen Kreis der ζ-Ebene abgebildet. Die Abbildung der übrigen Teile des Kreises der z-Ebene liegt in der ζ-Ebene in anderen RIEMANNschen Blättern (Ziffer 23).

Es ist $d\zeta/dz = n z^{n-1}$. Im Punkte $z = 0$ wird dies 0 für $n > 1$ und ∞ für $n < 1$. Hier ist also ein singulärer Punkt, in dem man keine konforme Abbildung erwarten darf. Tatsächlich bilden in diesem Punkte 2 Radien in der ζ-Ebene den n-fachen Winkel miteinander, wie die entsprechenden Radien der z-Ebene, was der konformen oder winkeltreuen Abbildung widerspricht.

Geht man von einer Parallelströmung in der oberen Halbebene parallel der x-Achse aus, so geht diese in eine Strömung um ausspringende oder einspringende Ecken über, je nachdem $n > 1$ oder < 1 gewählt wird (Bild 127). Der Eckwinkel β ist auf der Strömungsseite gemessen $n\pi = n \cdot 180°$. Ist die Stromdichte der Parallelströmung in der z-Ebene j_0, so wird das komplexe Potential

$$\varPhi = j_0 z = j_0 \zeta^{1/n}. \tag{46,1}$$

Der Sonderfall $n = 1/2$, der die Strömung in einem rechten Winkel darstellt, wurde in Ziffer 12 bereits behandelt. Unter anderem ergab sich, daß hierbei sowohl die Stromlinien wie die Potentiallinien gleichseitige Hyperbeln sind. Allgemein erhält man durch $\zeta = z^{1/m}$ mit ganzzahligen Werten von m die in Ziffer 12 erörterten $2m$-teiligen Sattelpunktströmungen. Verwendet man anstatt der auf den Vergleichsvektor 1 bezogenen Beziehung $\zeta = z^{1/m}$ die allgemeinere $\zeta = a(z/a)^{1/m}$

gemäß den Ausführungen zu Gl. (43,13), so wird bei einer Stromdichte j_0 in der z-Ebene das komplexe Potential

$$\Phi = j_0 z = j_0 a (\zeta/a)^m \qquad (46,2)$$

und die auf jedem Radius $r = |\zeta|$ konstante resultierende Geschwindigkeit

$$j = \left|\frac{d\Phi}{d\zeta}\right| = j_0 m |(\zeta/a)|^{m-1}. \qquad (46,3)$$

Damit wird die in Ziffer 12 durch Gl. (12,9) definierte Stärke der $2m$-teiligen Sattelpunktströmung

$$S_m = \frac{j}{m \, r^{m-1}} = \frac{j_0}{|a|^{m-1}}. \qquad (46,4)$$

Wir wollen nun den Fall $n = 2$ etwas eingehender betrachten. Der Kantenwinkel wird hierbei 360° (Bild 127 unten rechts). Man erhält die Strömung um eine vom Nullpunkt nach rechts sich ins Unendliche erstreckende Gerade.

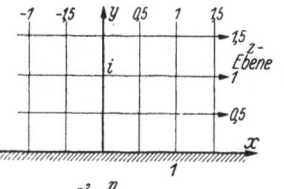

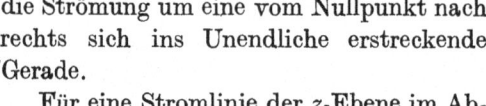

Für eine Stromlinie der z-Ebene im Abstand $y = a$ von der x-Achse ist

$$z = x + i a, \qquad (46,5)$$

wobei x alle Werte von $-\infty$ bis $+\infty$ durchläuft, während a konstant ist (Bild 128 links). Die entsprechenden Punkte der ζ-Ebene haben die komplexen Koordinaten

$$\zeta = \xi + i \eta = z^2 = x^2 + 2 i a x - a^2 \qquad (46,6)$$

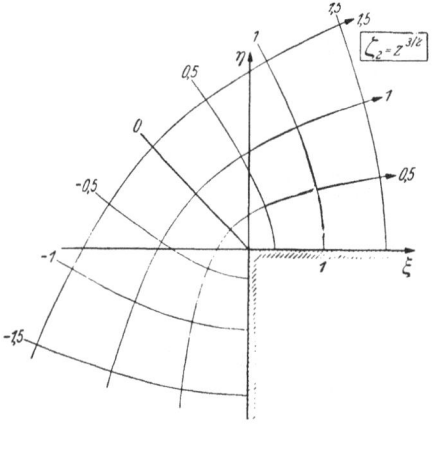

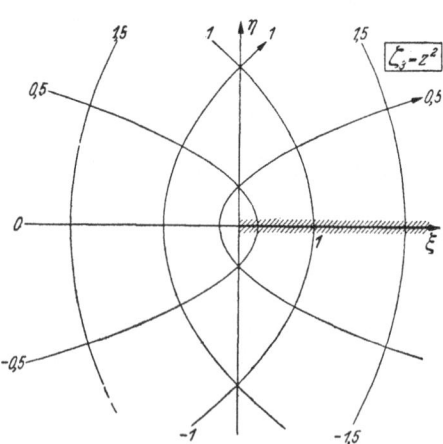

Bild 127. Konforme Abbildung einer Parallelströmung durch die Funktion $\zeta = z^n$

und demnach die rechtwinkligen Koordinaten

$$\xi = x^2 - a^2, \quad \eta = 2ax \tag{46,7}$$

durch Elimination von x ergibt sich

$$\xi = \frac{\eta^2}{4a^2} - a^2. \tag{46,8}$$

Dies ist die Gleichung einer Parabel. Die Stromlinien in der ζ-Ebene sind demnach Parabeln (Bild 128 rechts).

Zu dieser Erkenntnis kann man außer durch die vorstehende Rechnung auch auf folgendem, etwas anschaulicherem Wege gelangen (Bild 128). Ein Strahl in der z-Ebene, welcher vom Nullpunkt unter dem Winkel φ gegen die x-Achse ausgeht, schneidet auch die zur x-Achse

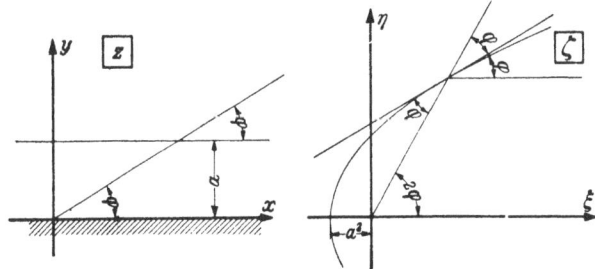

Bild 128. Abbildung einer zur x-Achse parallelen Geraden durch $\zeta = z^2$

parallele Stromlinie unter dem Winkel φ. Bei der Abbildung auf die ζ-Ebene bleibt der Strahl eine Gerade, aber der Winkel gegen die ξ-Achse wird verdoppelt, also 2φ. Alle übrigen Winkel, also auch der Schnittwinkel φ mit der Stromlinie, bleiben wegen der Konformität erhalten. Denkt man sich den Strahl in der ζ-Ebene als Lichtstrahl und die Stromlinie als spiegelnde Fläche, so wird der Strahl durch Spiegelung um den Winkel 2φ abgelenkt; er tritt also parallel zur x-Achse aus, gleichgültig, an welcher Stromlinie und an welchem Punkte der Stromlinie die Spiegelung erfolgt. Nun ist aus der Optik bekannt, daß ein parabolisch geformter Spiegel alle parallel zu seiner Achse ankommenden Strahlen in seinem Brennpunkt sammelt, und umgekehrt alle vom Brennpunkt ausgehenden Strahlen parallel zur Achse zurückwirft. Da unsere Kurven diese Eigenschaft haben, müssen es Parabeln sein, deren Brennpunkte sämtlich mit dem Nullpunkte der ζ-Ebene, also mit der umströmten Kante, zusammenfallen. Die Stromlinien sind eine Schar konfokaler Parabeln.

In ganz entsprechender Weise findet man, daß die Linien parallel zur y-Achse (die Potentiallinien der zur Veranschaulichung angenommenen Strömung) ebenfalls eine Schar konfokaler Parabeln ergeben,

172   VII. Abbildung durch einfache Funktionen

deren Brennpunkt ebenfalls der Nullpunkt der ζ-Ebene ist, welche aber den negativen Ast der ξ-Achse umschlingen.

47. Lemniskate, Cassinische Kurven, Kardioide. Bisher hatten wir die Abbildungsfunktion $\zeta = z^n$ auf Netze angewandt, welche symmetrisch zum Nullpunkt angeordnet sind. Wir wollen nunmehr auch eine unsymmetrische Anordnung betrachten. In der z-Ebene sei wieder ein aus Kreisen und Radien bestehendes Quadratnetz gegeben, bei dem aber der gemeinsame Mittelpunkt der Kreise (die Quelle) nicht mit dem

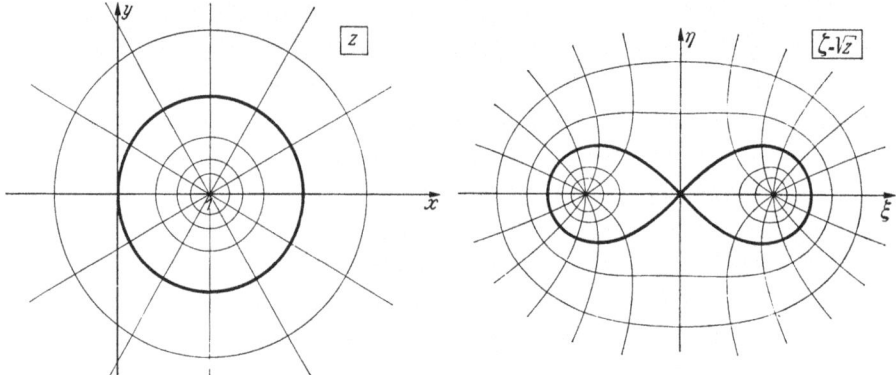

Bild 129. Abbildung einer Quellströmung durch $\zeta = \sqrt{z}$

Nullpunkt zusammenfällt, sondern im Punkte $z = 1$ auf der x-Achse liegen soll. Dieses Quadratnetz wollen wir einmal durch die Funktion $\zeta = \sqrt{z}$ und dann durch die Funktion $\zeta = z^2$ abbilden.

Bei der Abbildung

$$\zeta = \sqrt{z} \qquad (47,1)$$

(Bild 129) werden im Nullpunkt alle Winkel auf die Hälfte verkleinert. Die ganze z-Ebene geht in die halbe ζ-Ebene über. Wir wollen für diesen Übergang die z-Ebene längs der negativen x-Achse aufschlitzen, so daß diese bei der Winkelhalbierung einerseits in die positive, andererseits in die negative η-Achse übergeht und die z-Ebene auf die rechte Hälfte der ζ-Ebene abgebildet wird. Da die x-Achse und damit auch die η-Achse Stromlinie ist, so kann man die rechte Hälfte der ζ-Ebene an der η-Achse spiegeln und erhält so die linke Hälfte. Die Strömung in der ζ-Ebene ist danach das Feld von 2 Quellen. Die y-Achse der z-Ebene geht in der ζ-Ebene in eine im Nullpunkt geknickte Gerade unter 45° zur ξ-Achse über. Dementsprechend geht auch der durch den Nullpunkt der z-Ebene gehende Kreis mit dem Radius 1 (in Bild 129 dick gezeichnet), der die x-Achse ebenfalls rechtwinklig schneidet, in eine Kurve über, welche die ξ-Achse im Nullpunkte unter 45° trifft.

47. Lemniskate, CASSINIsche Kurven, Kardioide

Der dem Punkt $x = 2$ entsprechende Schnittpunkt mit der ξ-Achse bei $\xi = \sqrt{2}$ bleibt eine rechtwinklige Kreuzung.

Die genaue Form der Kurve, in welche gerade dieser Kreis übergeht, läßt sich leicht berechnen. In der z-Ebene bildet jeder Punkt $z = r\,e^{i\varphi}$ dieses Kreises mit dem Nullpunkt und dem Punkt $+2$ ein rechtwinkliges Dreieck, so daß

$$r = 2\cos\varphi \tag{47,2}$$

ist (Bild 130). In der ζ-Ebene sei der entsprechende Punkt $\zeta = \varrho\,e^{i\psi}$, dann ist für $\zeta = \sqrt{z}$

$$\varrho = \sqrt{r}, \quad \psi = \frac{\varphi}{2}. \tag{47,3}$$

In Verbindung mit Gleichung (47,2) ergibt dies

$$\varrho = \sqrt{2\cos\varphi}$$
$$= \sqrt{2}\sqrt{\cos 2\psi}. \tag{47,4}$$

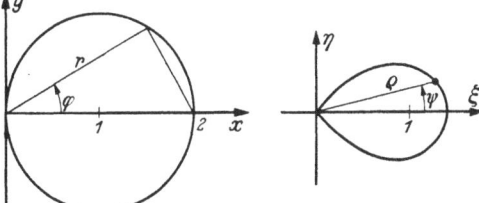

Bild 130. Zur Entstehung einer Lemniskate aus dem Einheitskreis durch den Nullpunkt

Man nennt diese Kurve *Lemniskate*. In ähnlicher Weise kann man auch für die Kurven, in welche die anderen Kreise übergehen, Gleichungen aufstellen, doch ergeben sich keine so einfachen Formeln. Man nennt diese Kurven CASSINIsche Kurven (Bild 129).

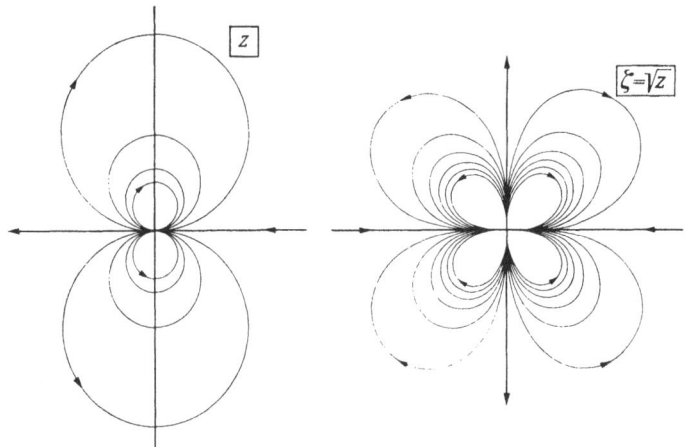

Bild 131. Dipol und Quadrupol

Bei dem in Ziffer 17 behandelten Dipol (Bild 37) sind alle Strom- und Potentiallinien Kreise, welche durch den Nullpunkt gehen und sich hier berühren. Unterwirft man eine solche Dipolfigur in der z-Ebene der Transformation $\zeta = \sqrt{z}$, so entsteht daraus ein Quadrupol (Bild 131).

174 VII. Abbildung durch einfache Funktionen

Da hierbei alle diese Kreise in Lemniskaten übergehen, stellen die Strom- und Potentiallinien des Quadrupols Scharen von Lemniskaten dar, die sich jeweils in den vier 90°-Sektoren wiederholen. Die Potentiallinien sind ebenfalls Lemniskaten, die nur gegenüber den die Stromlinien darstellenden um 45° verdreht sind.

Wendet man anstatt der speziellen Abbildungsfunktion $\zeta_2 = z^{1/2}$ die allgemeinere $\zeta_n = z^{1/n}$ auf den Dipol an, so erhält man für ganzzahlige

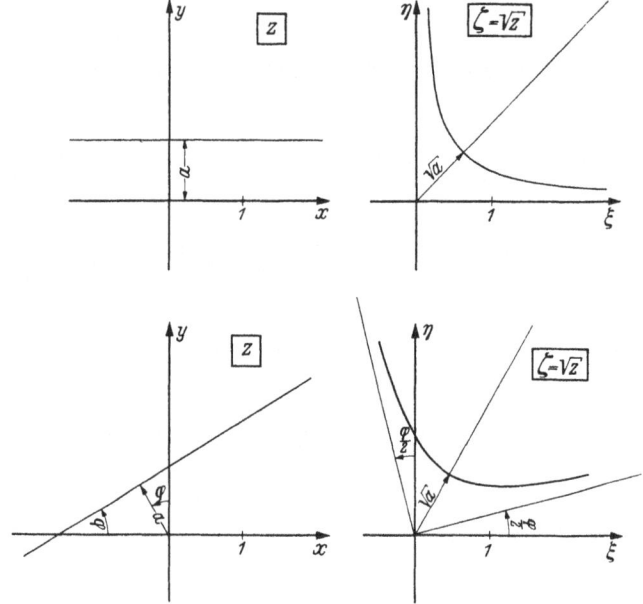

Bild 132. Abbildung einer Geraden im Abstand a vom Nullpunkt durch $\zeta = \sqrt{z}$

Werte von n höhere Pole, bei denen sich Strom- und Potentiallinien jeweils in $2n$ Sektoren von π/n wiederholen.

Nun kehren wir aber wieder zu der einfachen Quellströmung nach Bild 129 zurück.

Die vom Punkte $z = 1$ der z-Ebene ausgehenden geraden radialen Strahlen gehen in der ζ-Ebene in Hyperbeln über, welche selbst durch den Punkt $\zeta = 1$ gehen, deren Asymptoten aber durch den Nullpunkt der ζ-Ebene gehen. Nach den Überlegungen in Ziffer 12 geht jede Gerade der z-Ebene parallel zur x-Achse in der ζ-Ebene in eine Hyperbel über, deren Asymptoten die ξ- und η-Achsen sind (Bild 132 oben). Dreht man nun irgendeine Figur in der z-Ebene um den Nullpunkt um den Winkel φ, so beschreibt jeder Punkt einen zum Nullpunkt konzentrischen Kreisbogen. Die entsprechenden Bahnen der ζ-Ebene sind ebenfalls Kreisbogen um den Nullpunkt, nur mit dem halben Zentriwinkel $\varphi/2$.

47. Lemniskate, Cassinische Kurven, Kardioide

Es dreht sich demnach die ganze entsprechende Figur der ζ-Ebene um den Winkel $\varphi/2$ um den Nullpunkt. Eine Gerade der z-Ebene, welche mit der x-Achse den Winkel φ bildet, geht also in eine Hyperbel über, deren Asymptoten mit der ξ-Achse bzw. η-Achse die Winkel $\varphi/2$ bilden (Bild 132 unten).

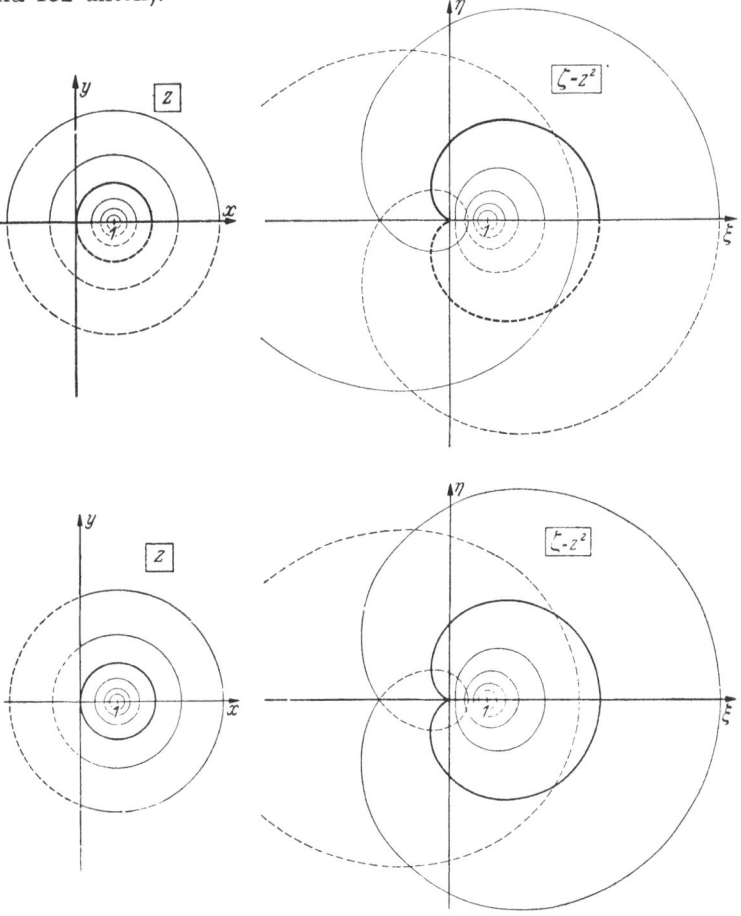

Bild 133 u. 134. Abbildung der Potentiallinien einer Quellströmung durch $\zeta = z^2$

Bei der Abbildung durch die Funktion
$$\zeta = z^2 \qquad (47,5)$$
geht eine Hälfte der z-Ebene in die ganze ζ-Ebene über, während die andere Hälfte ebenfalls in die ganze ζ-Ebene, aber in ein anderes Riemannsches Blatt derselben übergeht. Wie man die Hälften der z-Ebene trennt, ist beliebig, wenn nur die Trennungslinie durch den Nullpunkt geht. In Bild 133 ist die obere, in Bild 134 die rechte Hälfte der z-Ebene

jeweils einem RIEMANNschen Blatt der ζ-Ebenen zugeordnet und durch die ausgezogenen Kurven dargestellt. Die andere Hälfte der z-Ebene und das zugehörige RIEMANNsche Blatt ist in beiden Fällen durch gestrichelte Kurven gekennzeichnet. Bezüglich der Schnittpunkte des Kreises vom Radius 1 mit der x-Achse in den Punkten $z = 2$ und $z = 0$ gelten die entsprechenden Überlegungen wie bei dem vorigen Beispiel. Der Schnitt im Punkte $x = 2$ bleibt auch im Punkt $\zeta = 2^2 = 4$ rechtwinklig zur x-Achse. Dagegen werden im Punkte $\zeta = 0$ alle Winkel doppelt so groß wie in der z-Ebene. Das Abbild des durch den Nullpunkt gehenden Kreises der z-Ebene kommt daher an den Nullpunkt mit waagerechter Tangente heran, entsprechend dem tangentialen Anschmiegen des Kreises an die y-Achse, welche ja in den negativen Ast der ξ-Achse übergeht. Die übrigen Punkte dieses Kreises lassen sich auch leicht finden, indem man wieder, wie beim vorigen Beispiel, die Polarkoordinaten r, φ des Kreises in die Polarkoordinaten ϱ, ψ seiner Abbildungsfigur umrechnet gemäß Gleichung

$$\varrho = r^2, \quad \psi = 2\varphi. \tag{47,6}$$

Da nun gemäß Gl. (47,2) für den Kreis $r = 2\cos\varphi$ ist, so wird

$$\varrho = 4\cos^2\varphi = 4\cos^2\psi/2 = 2(1 + \cos\psi). \tag{47,7}$$

Man nennt diese Kurve eine *Kardioide* (Bild 134, stark ausgezogen).

In gleicher Weise lassen sich die Abbildungen der übrigen Kreise sowie der Radien punktweise berechnen. Die Kreise der z-Ebene, innerhalb und außerhalb des Einheitskreises ergeben in der ζ-Ebene Kurven innerhalb und außerhalb der Kardioide. Sie enthalten keine singulären

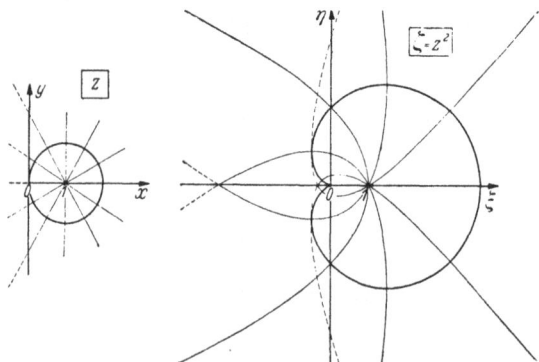

Bild 135. Abbildung der Stromlinien einer Quelle durch $\zeta = z^2$

Punkte. Die innerhalb verlaufenden schneiden daher den positiven Ast der ξ-Achse zweimal rechtwinklig, entsprechend den beiden rechtwinkligen Schnittpunkten der Kreise mit der x-Achse. Der negative Ast der ξ-Achse wird von den außerhalb der Kardioide verlaufenden Kurven nicht rechtwinklig geschnitten, da die Kreise der z-Ebene auch die y-Achse nicht rechtwinklig schneiden.

Eine Gerade der z-Ebene parallel zur x-Achse geht nach Gl. (46,8) und Bild 128 in eine Parabel über, deren Achse mit der ζ-Achse zusammenfällt und deren Brennpunkt der Nullpunkt der ζ-Ebene ist. Verdreht man nun in der z-Ebene eine Figur um den Winkel φ um den Nullpunkt, so verdreht sich bei der Abbildung $\zeta = z^2$ ihr Abbild in der ζ-Ebene um den Winkel 2φ um den Nullpunkt, entsprechend der Drehung um $\varphi/2$ der Hyperbeln beim vorigen Beispiel, bei dem $\zeta = \sqrt{z}$ war. Demgemäß gehen die radialen Strahlen unserer Ausgangsfigur (Bild 135 links) in Parabeln über, welche sämtlich den Nullpunkt als Brennpunkt haben und durch den Punkt $\zeta = 1$ gehen. Die Achsen dieser Parabel bilden mit der ξ-Achse den doppelten Winkel wie die Strahlen mit der x-Achse (Bild 135 rechts).

48. Die Funktion $\zeta = 1/z$, $z = 1/\zeta$. Die bisher betrachteten Beispiele von Potenzfunktionen hatten immer positive Exponenten. Wir wollen nun als einfachsten Fall einer Potenz mit negativem Exponenten die für sehr viele Aufgaben wichtige Funktion $\zeta = z^{-1} = 1/z$ untersuchen. Wie bei allen Potenzfunktionen werden auch durch diese alle Kreise um den Nullpunkt als Mittelpunkt wieder in Kreise mit dem gleichen Nullpunkt übergeführt. Aus

$$z = r\, e^{i\varphi} \tag{48,1}$$

folgt

$$\zeta = \varrho\, e^{i\psi} = \frac{1}{z} = \frac{1}{r} e^{-i\varphi} \tag{48,2}$$

also

$$\varrho = \frac{1}{r}, \quad \psi = -\varphi. \tag{48,3}$$

Der Kreis mit dem Radius Eins geht in sich selbst über. Da aber ein Punkt $P_0 = e^{i\varphi_0}$ dieses Einheitskreises in einen Punkt $P_0' = e^{-i\varphi_0}$ übergeht (Bild 136), der das Spiegelbild des Punktes P_0 an der x-Achse darstellt, so geht die obere Hälfte des Einheitskreises der z-Ebene in die untere Hälfte des Einheitskreises der ζ-Ebene über. Durchläuft ein Punkt der z-Ebene den Einheitskreis im positiven Sinne, so durchläuft sein Abbild den Einheitskreis der ζ-Ebene im umgekehrten Sinne. Die Kreise außerhalb des Einheitskreises gehen in solche innerhalb desselben über und umgekehrt. Das ganze Gebiet außerhalb des Einheitskreises in der z-Ebene wird auf das Gebiet innerhalb des Einheitskreises der ζ-Ebene abgebildet. Umgekehrt wird das Innere des Einheitskreises der z-Ebene auf das Äußere in der ζ-Ebene abgebildet. Die ganze z-Ebene wird auf die ganze ζ-Ebene eindeutig abgebildet. Der unendlich ferne

178 VII. Abbildung durch einfache Funktionen

Punkt der z-Ebene entspricht dem Nullpunkt der ζ-Ebene, und umgekehrt entspricht der Nullpunkt der z-Ebene dem unendlich fernen Punkt der ζ-Ebene. Außerdem gehen alle Punkte der oberen Halbebene der z-Ebene in solche der unteren Halbebene der ζ-Ebene über.

Die Überführung der z-Ebene in die ζ-Ebene kann man auch als eine doppelte Spiegelung auffassen (eine einfache Spiegelung ergibt, wie in Ziff. 7 ausgeführt, keine konforme Abbildung im strengen Sinne). Wenn man einen Punkt P_1 mit den Polarkoordinaten r und φ am Einheitskreis spiegelt, so hat das Spiegelbild die Koordinaten $1/r$ und φ.

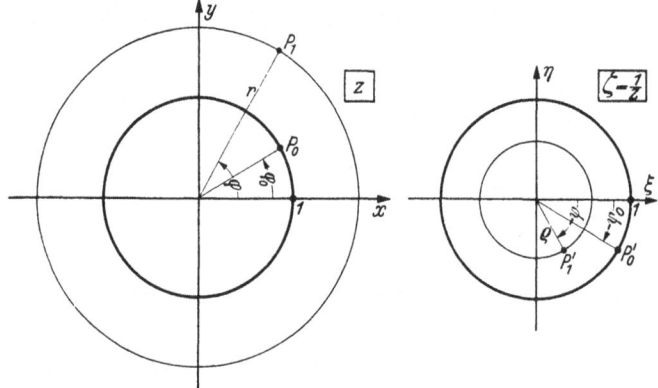

Bild 136. Abbildung von Kreisen um den Nullpunkt durch $\zeta = 1/z$

Spiegelt man diesen Punkt nun noch an der x-Achse, so erhält man einen Punkt mit den Koordinaten $1/r$ und $-\varphi$, also denselben Punkt, der sich durch die Abbildung $\zeta = 1/z$ ergibt.

Es ist zu beachten, daß beim Durchlaufen des Einheitskreises im positiven Sinne das Außengebiet in der z-Ebene rechts liegt, und daß beim entsprechenden Durchlaufen des Einheitskreises der ζ-Ebene im umgekehrten Sinne das Abbild des Außengebietes der z-Ebene, das innerhalb des Einheitskreises liegt, ebenfalls rechts liegt.

Um die Abbildungseigenschaften der Funktion $\zeta = 1/z$ gründlich kennenzulernen, werden wir die Abbildungen einer Reihe einfacher Kurven der z-Ebene konstruieren. Als erste wählen wir eine Parallele zur y-Achse (Bild 137). Die Gleichung der Geraden ist in Polarkoordinaten

$$r = \frac{a}{\cos \varphi}. \tag{48,4}$$

In der ζ-Ebene entspricht ihr eine Kurve mit den Polarkoordinaten $\varrho = 1/r$ und $\psi = -\varphi$. Ihr Zusammenhang wird demnach

$$\varrho = \frac{1}{r} = \frac{1}{a} \cos \varphi = \frac{1}{a} \cos \psi, \tag{48,5}$$

Diese Gleichung stellt einen Kreis durch den Nullpunkt mit dem Durchmesser $\varrho_0 = 1/a$ dar, dessen Mittelpunkt auf der ξ-Achse liegt. Dreht man die Gerade in der z-Ebene um den Winkel β (Bild 138), so beschreibt jeder Punkt derselben einen Kreisbogen vom Zentriwinkel β. Demgemäß beschreiben auch die entsprechenden Punkte der ζ-Ebene Kreisbogen vom Zentriwinkel β nur in der entgegengesetzten Richtung. Die ganze Abbildung führt also einfach eine Drehung in entgegengesetzter Richtung wie in der z-Ebene aus. Man erhält daher als Abbild der schrägen Geraden der z-Ebene in der ζ-Ebene wieder einen Kreis durch den Nullpunkt; aber der Kreismittelpunkt liegt jetzt auf einem Strahl, der um den Winkel $\beta' = -\beta$ gegen die ξ-Achse geneigt ist. In Formeln ergibt sich dieser Zusammenhang folgendermaßen

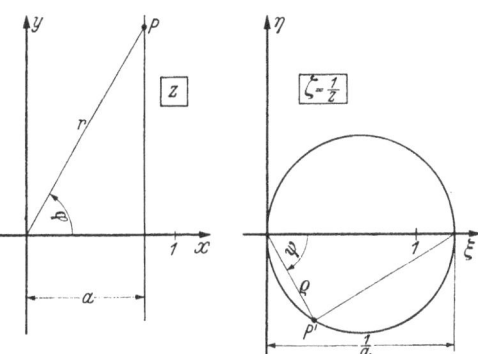

Bild 137. Abbildung einer Geraden parallel zur y-Achse durch $\zeta = 1/z$

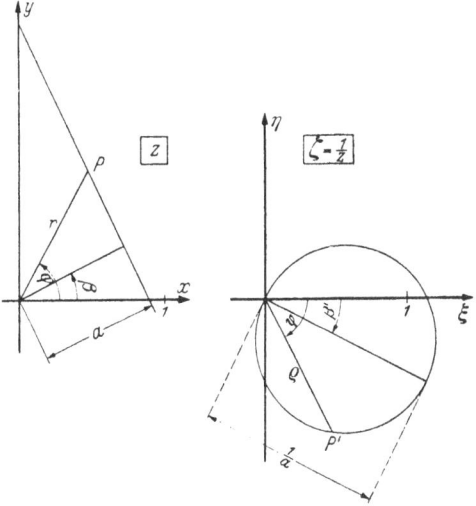

$$r = \frac{a}{\cos(\varphi - \beta)};$$
$$\varrho = \frac{1}{r} = \frac{1}{a}\cos(\varphi - \beta)$$
$$= \frac{1}{a}\cos(\psi - \beta'). \quad (48,6)$$

Auf Grund der vorstehenden Überlegungen kann man sofort die Abbildung einer Schar paralleler Geraden in der z-Ebene angeben.

Bild 138. Abbildung einer beliebigen Geraden durch $\zeta = 1/z$

Sie geht in der ζ-Ebene in eine Schar Kreise über, welche alle durch den Nullpunkt gehen (Bild 139). Schneidet die Geradenschar die x-Achse unter dem Winkel α, so ist die gemeinsame Tangente der Kreise im Nullpunkt, die Symmetriegerade der ζ-Ebene, um den Winkel $-\alpha$ gegen die ξ-Achse geneigt.

Man kann die Geraden in der z-Ebene auch als Stromlinien einer Parallelströmung deuten. Die Pfeile bezeichnen die Stromrichtung. Wie

180   VII. Abbildung durch einfache Funktionen

man sieht, quillt dann in der ζ-Ebene die Flüssigkeit aus dem Nullpunkt heraus und versinkt nach Durchlaufen der Fläche auch dort wieder. Wir haben eine derartige Strömung bereits in Ziffer 17 als Grenzübergang einer Quell-Senken-Strömung kennengelernt. Sie wird als Dipol bezeichnet. Wir haben sie ferner in Ziffer 20 durch Spiegelung einer Parallelströmung am Kreis erhalten, wobei die Achse entgegen der Parallelströmung gerichtet war. Zwischen diesem letzteren Auftreten

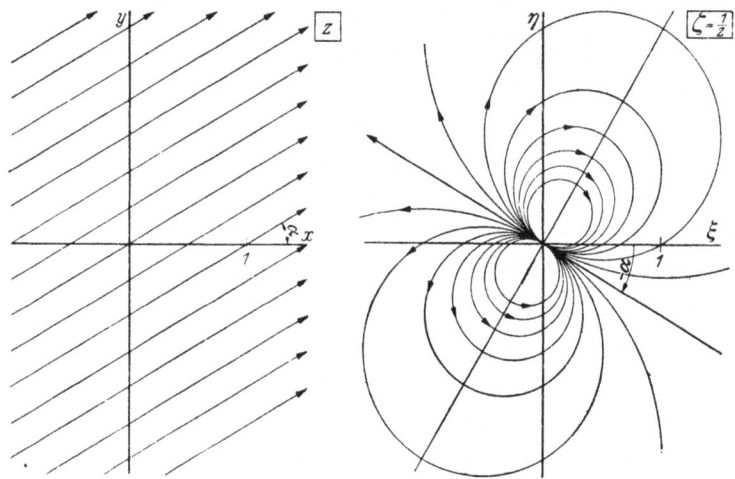

Bild 139. Dipol als Abbild einer Geradenschar

und dem jetzt gefundenen besteht ein unmittelbarer Zusammenhang, indem man die Abbildung $\zeta = 1/z$ ja durch eine doppelte Spiegelung einmal am Kreis und einmal an der x-Achse erhält. Wegen der letzteren Spiegelung ist die Dipolachse, die sich aus der Abbildung ergibt, nicht mehr der Strömung entgegengesetzt, sondern nach der anderen Seite der ξ-Achse gerichtet.

Zerlegt man die Strömung in der z-Ebene in eine parallel der x-Achse mit der Stromdichte $j_0 \cos\alpha$ und eine parallel der y-Achse mit der Stromdichte $j_0 \sin\alpha$, so ergibt sich das Potential der Strömung in der z-Ebene als Summe der Potentiale der beiden Strömungskomponenten

$$\Phi = j_0 z \cos\alpha - i j_0 z \sin\alpha = j_0 z e^{-i\alpha}. \qquad (48,7)$$

Damit ergibt sich auf Grund der Abbildung $\zeta = 1/z$ das Potential der Dipolströmung zu

$$\Phi = \frac{j_0}{\zeta}(\cos\alpha - i \sin\alpha) = \frac{j_0}{\zeta} e^{-i\alpha}. \qquad (48,8)$$

Andererseits kann man das komplexe Potential des Dipols auch durch sein Moment M ausdrücken. Setzt man $\zeta = r(\cos\varphi + i \sin\varphi) = r e^{i\varphi}$,

48. Die Funktion $\zeta = 1/z$

so ist $\varphi + \alpha$ der Richtungswinkel von ζ gegenüber der Richtung der negativen Dipolachse. Damit erhält man unter Verwendung der Werte von Φ und $i\Psi$ nach Gl. (17,3) und (17,4)

$$\Box = \Phi + i\Psi = \frac{M[\cos(\varphi+\alpha) - i\sin(\varphi+\alpha)]}{2\pi r} = \frac{M e^{-i\alpha}}{2\pi \zeta}. \tag{48,9}$$

Demnach ergibt sich durch Vergleich von Gl. (48,8) und (48,9) für das Moment des Dipols, der durch die Abbildung $\zeta = 1/z$ aus der Potentialströmung entsteht

$$M = 2\pi j_0 \tag{48,10}$$

unabhängig von der Richtung α der Strömung j_0 bzw. $\pi - \alpha$ der Dipolachse.

Zur besseren Klarheit hinsichtlich der Dimensionen verwendet man entsprechend Gln. (43,11) bis (43,15) besser die allgemeinere Form der Abbildung

$$\frac{\zeta}{a} = \frac{a}{z}. \tag{48,11}$$

Dabei kann $a = r_0 e^{i\tau}$ ein beliebiger komplexer Vektor sein. Damit wird aus Gl. (48,8)

$$\Box = j_0 \frac{a^2}{\zeta} e^{-i\alpha} = j_0 \frac{a}{\zeta} r_0 e^{i(\tau-\alpha)}. \tag{48,12}$$

In der verallgemeinerten Form der Gl. (48,9) ist wieder $\zeta = r e^{i\varphi}$ und damit $\zeta/a = (r/r_0) e^{i(\varphi-\tau)}$. Die Richtung der Dipolachse wird $\pi + (2\tau - \alpha)$, die der negativen also $(2\tau - \alpha)$. Der Richtungswinkel von ζ gegenüber der negativen Dipolachse wird demnach $\varphi - 2\tau + \alpha$. Damit ergibt sich gemäß Gl. (17,3) und (17,4) entsprechend wie bei Gl. (48,9)

$$\Box = \frac{M}{2\pi r} e^{-i(\varphi - 2\tau + \alpha)} = \frac{M}{2\pi r_0} \frac{a}{\zeta} e^{i(\tau-\alpha)}. \tag{48,13}$$

Durch Vergleich der Gl. (48,12) und (48,13) findet man jetzt das Dipolmoment

$$M = 2\pi j_0 r_0^2, \tag{48,14}$$

Es ist nur noch zusätzlich von der Länge r_0 des Vergleichsvektors abhängig, aber unabhängig von seiner Richtung τ und von der Richtung $\pi + 2\tau - \alpha$ der Dipolachse.

Für die folgende Überlegung wollen wir die allgemeinere Form (48,11) der Abbildung verwenden.

Durch die Abbildung $\zeta_n = a(\zeta_1/a)^{1/n}$ geht bei ganzzahligen Werten von n ein Dipol der ζ_1-Ebene in einen $2n$-teiligen Pol über. Da andererseits der Dipol durch die Abbildung $\zeta_1 = a^2/z$ aus einer Parallelströmung in der z-Ebene entsteht, so geht diese Parallelströmung durch

$$\zeta_n = a(z/a)^{-1/n}, \quad z = a(a/\zeta_n)^n \qquad (48{,}15)$$

unmittelbar in eine $2n$-teilige Polströmung über. Ist wieder die Stromdichte der Parallelströmung in der z-Ebene j_0, ihre Richtung zur x-Achse α und der Vergleichsvektor $a = r_0 e^{i\tau}$, so werden die komplexen Potentiale gegenüber dem bei $z = 0$ bzw. $\zeta = \infty$

$$\varPhi_n = j_0 z e^{-i\alpha} = j_0 a \left(\frac{a}{\zeta_n}\right)^n e^{-i\alpha} = j_0 \frac{r_0^{n+1}}{\zeta_n} e^{i[(n+1)\tau - \alpha]}. \qquad (48{,}16)$$

Die negative Achsrichtung dieses $2n$-teiligen Poles wird $\beta_n = \tau + (\tau - \alpha)/n$. Ist M_n das Moment des Poles, so ergibt sich nach Gl. (17,7) bei dieser Achsrichtung mit $\zeta_n = r e^{i\varphi}$

$$\varPhi_n = \frac{M_n}{2\pi r^n} e^{-in(\varphi - \beta_n)} = \frac{M_n}{2\pi \zeta_n^n} e^{in\beta_n} = \frac{M_n}{2\pi \zeta_n^n} e^{i[(n+1)\tau - \alpha]}. \qquad (48{,}17)$$

Durch Vergleich dieser beiden Gleichungen für $\varPhi$ ergibt sich

$$M_n = 2\pi j_0 r_0^{n+1},$$

ebenfalls wieder unabhängig von den Richtungswinkeln α und τ.

Bildet man nun eine Parallelströmung in der z-Ebene mit der Stromdichte j_0, einmal durch $\zeta_{Sn} = a(z/a)^{1/n}$ auf eine ζ_{Sn}-Ebene, und einmal durch $\zeta_{Pn} = a(z/a)^{-1/n}$ auf eine ζ_{Pn}-Ebene ab, so entsteht bei ganzzahligen Werten von n in der einen Ebene eine $2n$-teilige Sattelpunktströmung und in der anderen eine $2n$-teilige Polströmung. Das komplexe Potential der beiden Strömungen ist

$$\varPhi = j_0 z e^{-i\alpha} = j_0 a (\zeta_{Sn}/a)^n e^{-i\alpha} = j_0 a (\zeta_{Pn}/a)^{-n} e^{-i\alpha}. \qquad (48{,}18)$$

Zwischen den beiden Ebenen besteht demnach die Beziehung

$$\zeta_{Sn} = \frac{a^2}{\zeta_{Pn}}. \qquad (48{,}19)$$

Auf dem Kreis um den Nullpunkt mit dem Radius $r_0 = |a|$ ist in beiden Ebenen die resultierende Stromdichte

$$|j| = \left|\frac{d\varPhi}{d\zeta_{Sn}}\right|_{r_0} = \left|\frac{d\varPhi}{d\zeta_{Pn}}\right|_{r_0} = n j_0. \qquad (48{,}20)$$

Die kennzeichnenden Größen sind

$$S_n = \frac{|j|}{n r_0^{n-1}} = \frac{j_0}{r_0^{n-1}} \quad \text{und} \quad M_n = 2\pi |j| \frac{r_0^{n+1}}{n} = 2\pi j_0 r_0^{n+1}. \qquad (48{,}21)$$

Sind in einer Ebene eine $2n$-teilige Sattelpunktströmung und in einer anderen eine $2n$-teilige Polströmung gegeben, deren Achsen die Richtung φ_1 und $\pi + \varphi_2$ haben, und ist r_0 der Radius, auf dem die resultierende Stromdichte in beiden Strömungen gleich ist, so bestehen die Beziehungen (48,18) bis (48,21), wenn man

$$a = r_0 \, e^{i(\varphi_1 + \varphi_2)/2} \tag{48,22}$$

setzt.

49. Weitere Beispiele. Quell-Senken-System. Bei einer einzelnen Quelle im Punkte z_0 der z-Ebene sind die Stromlinien Gerade, die von z_0 nach ∞ verlaufen (Bild 140 links). Durch die Abbildung $\zeta = 1/z$ gehen sie in der ζ-Ebene in Kreise über, welche alle durch den z_0 entsprechenden

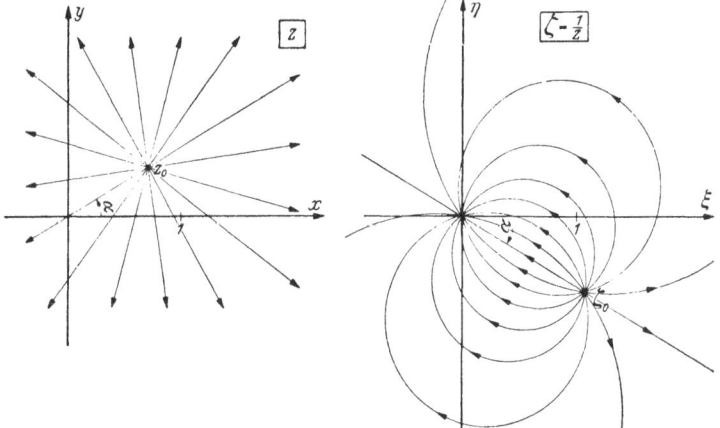

Bild 140. Quellsenkenströmung als Abbild einer Quellströmung

Punkt $\zeta_0 = 1/z_0$ und durch den $z = \infty$ entsprechenden Punkt $\zeta = 0$ gehen. Da bei dieser Abbildung in den Punkten ζ_0 und $\zeta = 0$ keine Winkeländerungen gegenüber z_0 und ∞ eintreten[1], so bleibt im Punkt ζ_0 eine Quelle von gleicher Ergiebigkeit wie in z_0 bestehen. Im Punkte $\zeta = 0$ erscheint die im Unendlichen der z-Ebene befindliche Senke (Bild 140 rechts). Daß die Stromlinien hierbei in Kreise übergehen, stimmt mit unseren früheren Feststellungen über die Form der Stromlinien in einem einfachen Quell-Senken-System überein.

Die Potentiallinien in einem einfachen Quell-Senken-System sind nach den Überlegungen in Ziffer 15 gleichfalls Kreise. Da die Potentiallinien der einfachen Quelle der z-Ebene Kreise waren, so gehen diese Kreise durch die Abbildung $\zeta = 1/z$ wieder in Kreise über. Da man aber jeden beliebigen Kreis der z-Ebene als Potentiallinie einer in seinem

---

[1] Für den Punkt ζ_0 folgt dies aus der allgemeinen Winkeltreue. Für den Punkt $\zeta = 0$, der an sich singulär ist ($d\zeta/dz = 0$), läßt sich die Übereinstimmung der Winkel leicht einsehen, wenn man die Richtungen der Stromlinien in der Umgebung von $\zeta = 0$ betrachtet.

Mittelpunkt befindlichen Quelle auffassen kann, so folgt, daß *jeder beliebige Kreis der z-Ebene durch die Abbildung $\zeta = 1/z$ in einen Kreis (bzw. eine Gerade) der ζ-Ebene* übergeführt wird. In Gerade (Kreise mit unendlich großem Radius) gehen jene Kreise über, welche durch den Nullpunkt der z-Ebene gehen.

Wegen der Wichtigkeit dieser Eigenschaft der Abbildung $\zeta = 1/z$ möge dieselbe noch auf einem anderen Wege abgeleitet werden. Bild 141 zeigt links einen Kreis in der z-Ebene. Auf ihm sollen $z_0 = r_0 e^{i\varphi_0}$ der

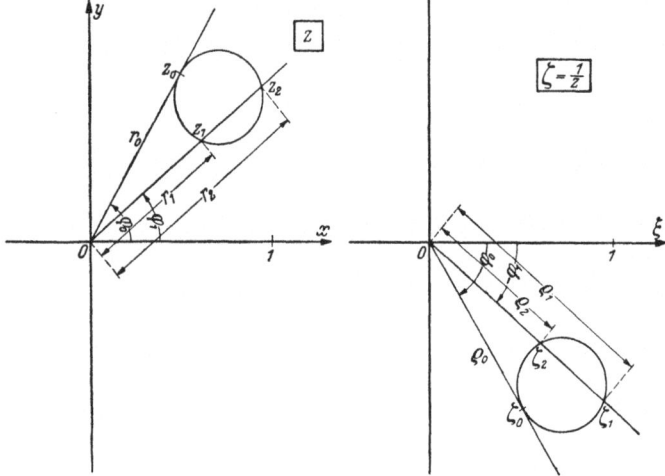

Bild 141. Zum Nachweis, daß durch $\zeta = 1/z$ Kreise in Kreise übergehen

Berührungspunkt der vom Nullpunkt an den Kreis gezogenen Tangente, und $z_1 = r_1 e^{i\varphi_1}$ sowie $z_2 = r_2 e^{i\varphi_1}$ die Schnittpunkte einer vom Nullpunkt ausgehenden Geraden mit dem Kreis sein. Auf Grund eines elementaren geometrischen Satzes besteht zwischen den Radien der 3 Punkte die Beziehung

$$r_1 r_2 = r_0^2. \tag{49,1}$$

Überträgt man diese 3 Punkte durch die Funktion $\zeta = 1/z$ in die ζ-Ebene, so ergibt sich für die entsprechenden Punkte $\zeta_0 = \varrho_0 e^{-i\varphi_0}$, $\zeta_1 = \varrho_1 e^{-i\varphi_1}$, $\zeta_2 = \varrho_2 e^{-i\varphi_1}$

$$\varrho_1 \varrho_2 = \frac{1}{r_1 r_2} = \frac{1}{r_0^2} = \varrho_0^2. \tag{49,2}$$

Außerdem ist

$$\frac{\varrho_1}{\varrho_0} = \frac{r_0}{r_1} = \frac{r_2}{r_0} \quad \text{und} \quad \frac{\varrho_2}{\varrho_0} = \frac{r_0}{r_2} = \frac{r_1}{r_0} \tag{49,3}$$

sowie

$$\sphericalangle z_0 \, O \, z_1 = \varphi_0 - \varphi_1 = \sphericalangle \zeta_0 \, O \, \zeta_2. \tag{49,4}$$

Daraus ergibt sich die Ähnlichkeit folgender Dreiecke

$$\triangle O z_0 z_1 \sim \triangle O \zeta_0 \zeta_2 \tag{49,5}$$

und in gleicher Weise

$$\triangle O z_0 z_2 \sim \triangle O \zeta_0 \zeta_1. \tag{49,6}$$

Da man für weitere Kreispunkte z_3, z_4 usw. dieselben Überlegungen durchführen kann, so ergibt sich, daß das ganze Bild des Kreises diesem selber ähnlich sein muß, also ebenfalls ein Kreis ist. Man findet daher auch auf diesem Wege, daß durch die Funktion $\zeta = 1/z$ Kreise stets in Kreise übergeführt werden.

50. Die Funktion $\zeta = e^z$, $z = \ln \zeta$. Einem Punkt $z = x + iy$ entspricht ein Punkt $\zeta = \varrho\, e^{i\psi} = e^{x+iy} = e^x e^{iy}$. Es ist also

$$\varrho = e^x, \quad x = \ln \varrho, \quad \psi = y. \tag{50,1}$$

Wir haben diese Abbildung bereits durch die Gl. (10,7) und (10,8) kennengelernt. Durch sie geht eine Parallelströmung in der z-Ebene parallel zur x-Achse in eine Quellströmung in der ζ-Ebene über. Der vollen ζ-Ebene entspricht ein Streifen der z-Ebene, z. B. ein Streifen parallel zur x-Achse zwischen $y = 0$ und $y = 2\pi$. Die Geraden $y =$ konst. gehen in Gerade durch den Nullpunkt der ζ-Ebene über, die Geraden $x =$ konst. in Kreise um $\zeta = 0$ als Mittelpunkt. Ist die Stromdichte in der z-Ebene j, so ist der in dem Streifen von der Breite 2π fließende Strom und damit die Ergiebigkeit der Quelle in der ζ-Ebene

$$E = 2\pi j. \tag{50,2}$$

Das komplexe Potential in der z-Ebene ist

$$\varPhi = jz, \tag{50,3}$$

in der ζ-Ebene ist es, da $z = \ln \zeta$ und $\zeta = \varrho\, e^{i\psi}$ ist

$$\varPhi = j \ln \zeta = \frac{E}{2\pi} \ln \zeta = \frac{E}{2\pi}(\ln \varrho + i\psi). \tag{50,4}$$

Dies ist demnach das komplexe Potential einer Quelle mit der Ergiebigkeit E. Zu dem gleichen Ergebnis kommt man auch, indem man Potential und Stromfunktion nach Gl. (10,6) und (10,3) als Real- und Imaginärteil zum komplexen Potential zusammenfügt.

Zeichnet man in die z-Ebene eine Gerade unter dem Winkel ι gegen die x-Achse, dann schneidet diese alle Geraden $y =$ konst. unter demselben Winkel ι (Bild 142 links); ihr Abbild in der ζ-Ebene muß daher mit allen Geraden durch den Nullpunkt der ζ-Ebene denselben Winkel ι bilden, d. h. aber, daß sie in eine logarithmische Spirale übergeht (Bild 142 rechts). Dies kann man auch leicht durch folgende Rechnung erkennen: Schneidet die Gerade die y-Achse im Abstande y_0 von der x-Achse, so ist die Gleichung der Geraden

$$y = y_0 + x \tan\iota \quad \text{oder} \quad x = (y - y_0) \cot\iota. \tag{50,5}$$

In der ζ-Ebene geht dieser Schnittpunkt in den Schnittpunkt der Kurve mit dem Einheitskreis über. Er liegt im Punkte

$$\zeta_0 = e^{i y_0}. \tag{50,6}$$

Nach Gl. (50,1) wird für das Abbild der Geraden in der ζ-Ebene

$$\psi = y, \quad \psi_0 = y_0 \tag{50,7}$$

$$\varrho = e^x = e^{(y-y_0)\cot\iota} = e^{(\psi-\psi_0)\cot\iota} = \varrho_0 \, e^{\psi \cot\iota}. \tag{50,8}$$

Dabei ist

$$\varrho_0 = e^{-\psi_0 \cot\iota} \tag{50,9}$$

der Abstand des Schnittpunktes der Kurve mit der ξ-Achse vom Nullpunkt. Da nach Gl. (50,8)

$$\frac{d\varrho}{\varrho \, d\psi} = \cot\iota \tag{50,10}$$

ist, ersieht man, daß der Winkel der Kurve mit den Radien konstant, nämlich gleich ι ist. Parallelen zu diesen Geraden in der z-Ebene ergeben gleiche Spiralen, nur um entsprechende Winkel verdreht.

Das Bild des Geradenstücks zwischen $y = 0$ und $y = 2\pi$ liegt in einem RIEMANNschen Blatt, das des Stückes zwischen $y = 2\pi$ und

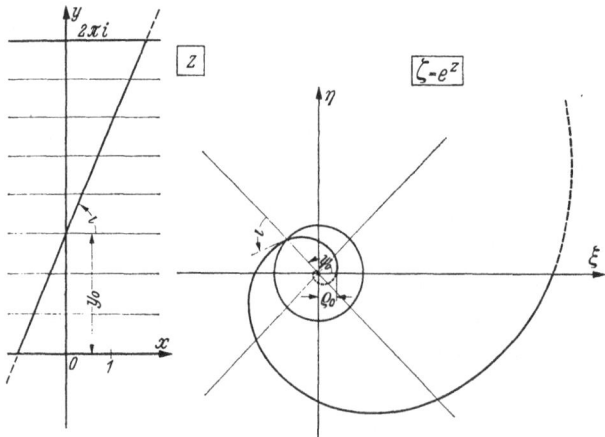

Bild 142. Abbildung einer Geraden auf eine logarithmische Spirale durch $\zeta = e^z$

$y = 4\pi$ in einem nächsten, usf. Es ist aber nicht notwendig, den Übergang von einem RIEMANNschen Blatt zum anderen, den sog. Schlitz in die positive ξ-Achse zu legen. Man kann z. B. auch eine Spirale selber als Schlitz auffassen, dann entspricht der vollen ζ-Ebene ein schräger Streifen von der Breite $2\pi \cos\iota$ (Bild 143). Zur y-Achse parallele Geraden werden, wie schon gesagt, zu Kreisen. In dem Blatt der RIEMANN-schen Fläche, das Bild 143 zeigt, sind dann nur die Stücke AB und CD sichtbar, sie ergeben schon Vollkreise, die Fortsetzung von AB und CD nach beiden Seiten liegt in den anderen Blättern.

Man kann diesen Zusammenhängen auch eine anschauliche strömungsphysikalische Deutung geben: Wir verwenden dabei die Bezeich-

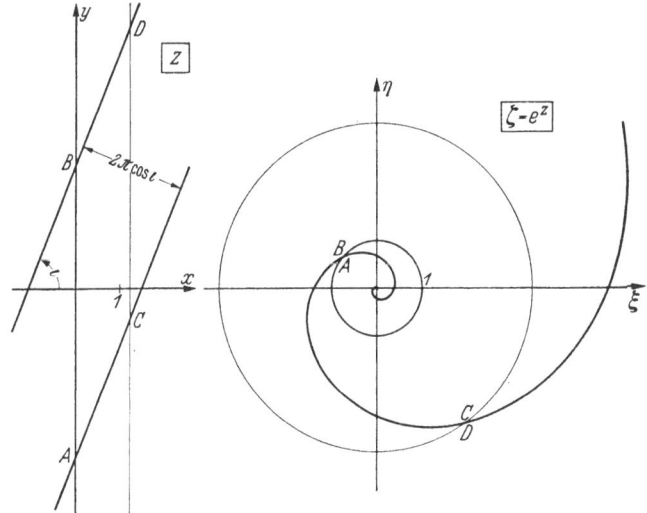

Bild 143. Abbildung eines schrägen Parallelstreifens auf eine volle Ebene

nungen für Flüssigkeitsströmungen, da die vorliegende Abbildung hauptsächlich für diese von praktischer Bedeutung ist. Durch die Transformation $\zeta = e^z$ geht eine Strömung parallel der x-Achse mit der konstanten Geschwindigkeit v in eine Strömung über, deren Stromlinien alle radial vom Nullpunkt der ζ-Ebene ausgehen, d. h. in eine Quellströmung. Die Ergiebigkeit der Quelle ist $E = 2\pi v$. Ihr komplexes Potential ist

$$\Phi_1 = \frac{E}{2\pi} \ln\zeta = v \ln\zeta, \qquad (50,11)$$

Eine Strömung parallel der y-Achse mit der konstanten Geschwindigkeit u wird zu einer Wirbelströmung (kreisförmige Stromlinien) mit der Zirkulation $\Gamma = 2\pi u$. Ihr komplexes Potential ist

$$\Phi_2 = -i u z = -i u \ln\zeta = -\frac{\Gamma}{2\pi} i \ln\zeta. \qquad (50,12)$$

188   VII. Abbildung durch einfache Funktionen

Die Überlagerung beider Strömungen in der z-Ebene ergibt eine schräge Parallelströmung unter dem Winkel ι zur x-Achse, wobei

$$\tan\iota = \frac{u}{c} \tag{50,13}$$

ist. Ihr entspricht in der ζ-Ebene eine Überlagerung von Quelle und Wirbel, die man als *Wirbelquelle* bezeichnet. Die Geschwindigkeitskomponenten sind in radialer Richtung

$$v_r = \frac{E}{2r\pi} = \frac{v}{r} \tag{50,14}$$

und in tangentialer Richtung

$$v_t = \frac{\Gamma}{2r\pi} = \frac{u}{r}. \tag{50,15}$$

Das Verhältnis beider

$$\frac{v_r}{v_t} = \frac{v}{u} = \frac{E}{\Gamma} = \cot\iota \tag{50,16}$$

ist konstant. Die Stromlinien sind also logarithmische Spiralen. Das komplexe Potential der Wirbelquelle ergibt sich durch Addition der Gl. (50,11) und (50,12) zu

$$\Phi = \Phi_1 + \Phi_2 = \frac{E - i\Gamma}{2\pi}\ln\zeta = (v - iu)\ln\zeta. \tag{50,17}$$

Hat die Parallelströmung in der z-Ebene die Geschwindigkeit c, so sind ihre Komponenten $v = c\cos\iota$ und $u = c\sin\iota$. Die entsprechenden Komponenten der Wirbelquelle also $E = 2\pi v = 2\pi c\cos\iota$ und $\Gamma = 2\pi u = 2\pi c\sin\iota$. Von dieser Parallelströmung geht ein von 2 Stromlinien begrenzter Streifen von der Breite $2\pi\cos\iota$ in die volle ζ-Ebene über (Bild 144). Da die geraden Stromlinien in dem Streifen der z-Ebene von $-\infty$ bis $+\infty$ durchlaufen, laufen auch die entsprechenden spiraligen Stromlinien der ζ-Ebene von 0 bis ∞ durch. Eine von ihnen kann man als Schlitz entsprechend den beiden Rändern des Streifens in der z-Ebene wählen.

Die Potentiallinien ergeben in der ζ-Ebene ebenfalls logarithmische Spiralen aber mit dem Winkel $\iota \pm \pi/2$ zu den Radien (Bild 144). Von ihnen erscheint in dem einen RIEMANNschen Blatt der ζ-Ebene jeweils nur das Abbild des quer durch den Streifen der z-Ebene verlaufenden Stückes. Sie schließen aber am Schlitz der ζ-Ebene nicht aneinander an wie die Kreise im Bild 143. Beim Überschreiten des Schlitzes tritt vielmehr ein Potentialsprung $\Delta\Phi = 2\pi c\sin\iota$ auf. Anstatt des den Stromlinien folgenden Streifens der z-Ebene kann man auch einen um 90° gedrehten von der Breite $2\pi\sin\iota$ wählen. In ihm würden die geraden Potentiallinien und ihre spiraligen Abbilder in der ζ-Ebene durchlaufen und die Stromlinien am Schlitz, der jetzt mit einer Potentiallinie zu-

50. Die Funktion $\zeta = e^z$, $z = \ln \zeta$

sammenfällt, unstetig werden. Für die meisten Aufgaben ist aber das Bild mit den durchlaufenden Stromlinien anschaulicher.

Bei den vorstehenden Formeln war als Höhe des Streifens der z-Ebene, der in die volle ζ-Ebene übergeht, 2π zugrunde gelegt, um möglichst einfache Formeln zu erhalten. Will man von einer allgemeineren Höhe t dieses Streifens ausgehen, so braucht man nur die z-Ebene durch Multiplikation aller Längen mit $2\pi/t$ auf die Normgröße mit der

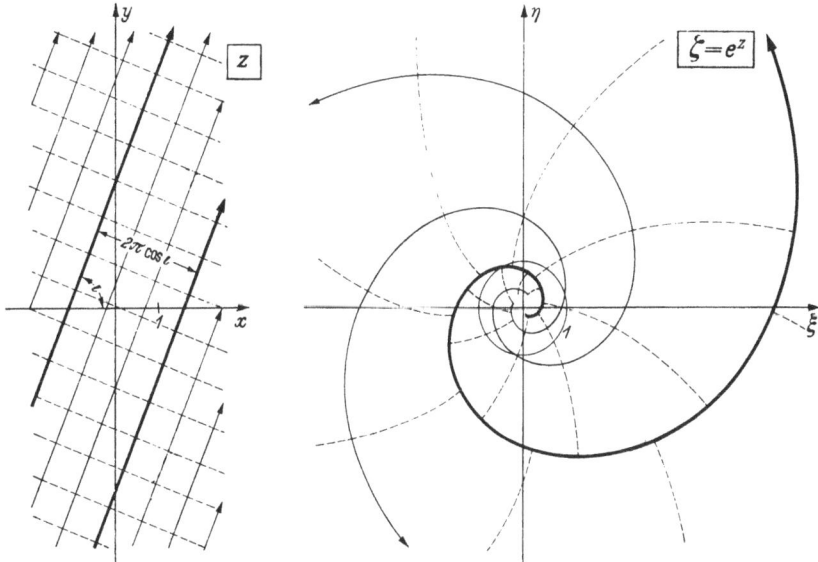

Bild 144. Abbildung einer schrägen Parallelströmung auf eine Wirbelquelle

Streifenbreite 2π zu reduzieren. Man muß also in den Formeln z durch $2\pi z/t$, x durch $2\pi x/t$ und y durch $2\pi y/t$ ersetzen. Die Abbildungsfunktion erhält demnach die allgemeinere Form

$$\zeta = e^{2\pi z/t}. \tag{50,18}$$

Die Stromdichten j bzw. die Strömungsgeschwindigkeiten u und v werden durch diese Ähnlichkeitstransformation im Verhältnis $t/2\pi$ geändert. j, u und v sind daher durch $j\, t/2\pi$, $u\, t/2\pi$ und $v\, t/2\pi$ zu ersetzen. Mit diesen geänderten Größen bleiben alle Formeln bestehen. Die Größen der ζ-Ebene und die Werte von ϖ, E und Γ bleiben dabei unverändert.

Diese für beliebige Streifenhöhen t gültige Darstellung hat den Vorteil, daß man jederzeit die Dimension der einzelnen Ausdrücke erkennen kann. Bei der einfacheren Schreibweise, bei der $t/2\pi = 1$ gesetzt ist, ist das nicht der Fall, da ja die Länge 1 als Faktor in den Formeln fortfällt.

51. Quellen- und Wirbelreihen.

Das Hauptanwendungsgebiet der Abbildung $\zeta = e^z$ ist die Behandlung der Strömung um periodisch angeordnete Körper, die vor allem in der Theorie der Kreiselräder auftreten. Wir wollen zunächst das Feld einer unendlichen Reihe von Quellen untersuchen, die auf der y-Achse im Abstande 2π angeordnet sind und in den Punkten $z_n = i\, n\, 2\pi$ liegen (n alle ganzen Zahlen von $-\infty$ bis $+\infty$) (Bild 145 links). Die Ergiebigkeit jeder Quelle sei E. In großer

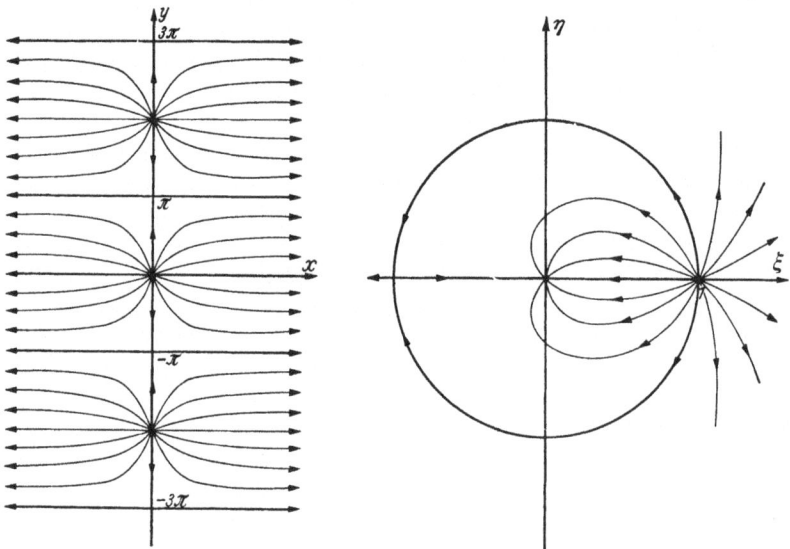

Bild 145. Abbildung einer Quellenreihe auf zwei einzelne Quellen durch $\zeta = e^z$

Entfernung seitlich von der Quellenreihe wird die Strömungsgeschwindigkeit konstant. Da von jeder Quelle auf einen Streifen von der Breite 2π nach jeder Seite die Hälfte der Ergiebigkeit abfließt, so ist die Strömungsgeschwindigkeit in großer Entfernung

$$v_0 = \pm \frac{E}{4\pi}. \tag{51,1}$$

Potential und Stromfunktion werden daher dort

$$\varPhi = \varPhi + i\varPsi = v_0 z = \pm \frac{E}{4\pi} z. \tag{51,2}$$

In unmittelbarer Nähe einer Quelle an der Stelle $z_n = i\, n\, 2\pi$ verhält sich die Strömung wie bei einer einzelnen Quelle. Potential und Stromfunktion sind daher nach Gl. (50,4)

$$\varPhi = \varPhi + i\varPsi = \frac{E}{2\pi} \ln(z - z_n). \tag{51,3}$$

51. Quellen- und Wirbelreihen

Um nun das Feld in den übrigen Gebieten zu ermitteln, kann man die z-Ebene, welche die Quellenreihe enthält, durch die Funktion $\zeta = e^z$ auf eine ζ-Ebene abbilden. Dabei geht die x-Achse in den positiven Teil der ξ-Achse über. Es entsprechen sich

$$x = -\infty \quad 0 \quad +\infty$$
$$\xi = \quad 0 \quad 1 \quad +\infty.$$

Bei der gewählten Anordnung der Quellen in den Punkten $z = i n 2\pi$ erscheinen bei der Abbildung alle Quellen im Punkte $\zeta = 1$. Die ζ-Ebene sei das Abbild eines Streifens der z-Ebene zwischen $y = -\pi$ und $y = +\pi$. Sie enthält nur die eine in diesem Streifen liegende Quelle. Die Abbildungen der anderen Streifen mit ihren Quellen liegen in anderen RIEMANNschen Blättern. Da der Strömungsvorgang in der z-Ebene nach jeder Periode 2π in der y-Richtung sich genau wiederholt, sind die einzelnen Blätter der RIEMANNschen Fläche der ζ-Ebene identisch, und jedes Blatt paßt auch in sich an den Schlitzrändern ohne Unstetigkeit zusammen. Daher kann man jedes Blatt für sich, ohne Rücksicht auf die anderen Blätter, betrachten, ohne daß in ihm beim Überschreiten der Schlitzränder eine Unstetigkeit auftritt.

Man muß aber noch beachten, daß die von den Quellen kommende Strömung in der z-Ebene je zur Hälfte auf der einen und der anderen Seite der Reihe im Unendlichen in entsprechenden Senken verschwindet. Man kann daher in jedem der in eine volle ζ-Ebene übergehenden Streifen der z-Ebene jeweils der zugehörigen Quelle von der Stärke E 2 Senken von halber Stärke zuordnen, von denen die eine auf der rechten Seite ($z = +\infty$), die andere auf der linken ($z = -\infty$) liegt. Bei der Abbildung auf die ζ-Ebene verbleiben die auf der rechten Seite der z-Ebene befindlichen Senken ebenfalls im Unendlichen, aber die auf der linken Seite befindlichen erscheinen in der ζ-Ebene im Nullpunkt. Daher tritt dort in jedem RIEMANNschen Blatt eine Senke von der Stärke $-E/2$ auf. Man erhält daher in jedem Blatt der ζ-Ebene eine Strömung, die sich aus einer Quellströmung mit der Stärke E vom Punkt $\zeta = 1$ aus und einer Senkenströmung mit der Stärke $-E/2$ vom Punkt $\zeta = 0$ aus zusammensetzt. Das komplexe Potential dieser Strömung ist nach Gl. (50,4)

$$\Phi = \frac{E}{2\pi} \ln(\zeta - 1) - \frac{E}{4\pi} \ln \zeta = \frac{E}{2\pi} \ln\left(\sqrt{\zeta} - \frac{1}{\sqrt{\zeta}}\right). \tag{51,4}$$

In einem Punkte z der z-Ebene ist das komplexe Potential das gleiche wie in dem entsprechenden Punkte ζ der ζ-Ebene. Man kann daher das Potential in der z-Ebene angeben, wenn man nur in Gl. (51,4) ζ durch z ausdrückt, also $\zeta = e^z$ einführt. Damit wird

$$\Phi = \frac{E}{2\pi} \ln(e^{z/2} - e^{-z/2}). \tag{51,5}$$

Wie man sich leicht überzeugen kann, geht dieser Ausdruck für sehr große Werte von x und für sehr kleine Werte von $|z|$ bzw. $|z - 2in\pi|$ in die in Gl. (51,2) und (51,3) angegebenen asymptotischen Ausdrücke über.

Um dieses komplexe Potential $\varpi = \Phi + i\Psi$ in das Potential Φ und die Stromfunktion Ψ aufzuteilen, muß man den vorstehenden Ausdruck in Real- und Imaginärteil zerlegen. Es ist

$$\left.\begin{aligned}e^{z/2} - e^{-z/2} &= e^{x/2}e^{iy/2} - e^{-x/2}e^{-iy/2} \\ &= \cos(y/2)(e^{x/2} - e^{-x/2}) + i\sin(y/2)(e^{x/2} + e^{-x/2}) \\ &= 2\cos(y/2)\sinh x/2 + i\,2\sin(y/2)\cosh x/2\,.\end{aligned}\right\} \quad (51,6)$$

Dieser Ausdruck hat die Form $a + ib$, wobei

$$a = 2\cos y/2 \cdot \sinh x/2, \quad b = 2\sin y/2 \cdot \cosh x/2 \qquad (51,7)$$

ist[1]. Um ihn logarithmieren zu können, bringen wir ihn auf die Form $\varrho\,e^{i\varphi}$; dabei ist nach Gl. (43,5) und (43,6)

$$\varrho = \sqrt{a^2 + b^2}, \qquad \varphi = \arctan\frac{b}{a} \qquad (51,8)$$

und demnach

$$\ln(a + ib) = \ln\varrho + i\varphi = \frac{1}{2}\ln(a^2 + b^2) + i\arctan\frac{b}{a}. \qquad (51,9)$$

Damit ergibt sich als Real- und Imaginärteil von ϖ

$$\left.\begin{aligned}\Phi &= \frac{E}{4\pi}\ln 4(\sin^2 y/2 + \sinh^2 x/2), \\ \Psi &= \frac{E}{2\pi}\arctan\frac{\tan y/2}{\tanh x/2}\,.\end{aligned}\right\} \qquad (51,10)$$

Besteht die Reihe anstatt aus Quellen von der Ergiebigkeit E aus Wirbeln von der Zirkulation Γ, so geht die Berechnung des Strömungsfeldes genau so vor sich; man muß nur Γ an Stelle von E setzen und Φ und Ψ vertauschen. Für die Wirbelreihe ist demnach

$$\left.\begin{aligned}\Phi &= \frac{\Gamma}{2\pi}\arctan\frac{\tan y/2}{\tanh x/2}, \\ \Psi &= -\frac{\Gamma}{4\pi}\ln 4(\sin^2 y/2 + \sinh^2 x/2).\end{aligned}\right\} \qquad (51,11)$$

Dabei ist Γ positiv genommen, wenn die Wirbel entgegen dem Drehsinn des Uhrzeigers umströmt werden.

---

[1] Über die Hyperbelfunktionen sinh, cosh, tanh s. etwa Hütte, 28. Aufl.,1. Bd., 75 Berlin: W. Ernst u. Sohn 1955, oder die ausführlicheren Tafeln in K. HAYASHI: Fünfstellige Funktionentafeln. Berlin: Springer 1936. Vgl. auch die Abbildung durch diese Funktionen Ziffer 59 und 60.

Die Geschwindigkeitskomponenten u in y-Richtung und v in x-Richtung ergeben sich aus

$$u = \partial \Phi / \partial y, \quad v = \partial \Phi / \partial x. \tag{51,12}$$

52. Strömung durch ein gerades Flügelgitter. Ein weiteres Beispiel für die Anwendung der Abbildung periodischer auf einfache Anordnungen ist die ebenfalls in der Theorie der Kreiselräder auftretende Strömung durch Flügelgitter (Bild 146 links). Die Aufgabe eines solchen Gitters besteht in der Regel darin, die hindurchströmende Flüssigkeit

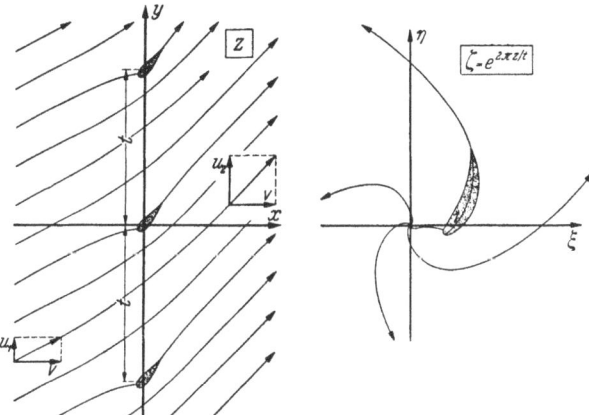

Bild 146. Abbildung eines Flügelgitters auf einen einzelnen Flügel

aus ihrer ursprünglichen Richtung abzulenken, wobei sich der Druck der Flüssigkeit ändert (beabsichtigte Wirkung bei Pumpen) und Kräfte auf das Gitter ausgeübt werden (beabsichtigte Wirkung bei Turbinen).

Wir wollen unser Koordinatensystem so legen, daß die y-Achse in Gitterrichtung, d. h. parallel zu den Verbindungslinien einander entsprechender Flügelpunkte liegt. Die Geschwindigkeitskomponente v in x-Richtung, also senkrecht zur Gitterrichtung, muß weit vor und hinter dem Gitter die gleiche sein, weil in einem Streifen von gleicher Breite die gleiche Menge zu- und abfließen muß. Dagegen kann die Geschwindigkeitskomponente u parallel zur Gitterrichtung vor und hinter dem Gitter verschieden sein. Sie sei vor dem Gitter u_1, hinter ihm u_2. Nach der BERNOULLIschen Gleichung (31,10) ergibt sich dann als Differenz der Drücke p_1 vor und p_2 hinter dem Gitter

$$p_1 - p_2 = \frac{\varrho}{2}(u_2^2 - u_1^2). \tag{52,1}$$

Ist t die Teilung des Gitters, d. i. der Abstand entsprechender Punkte benachbarter Flügel voneinander, so ist die auf einen Teilungsabschnitt und damit auf den darin befindlichen einzelnen Flügel des Gitters wirkende Kraft in der x-Richtung

$$P_x = (p_1 - p_2)\,t = \frac{\varrho}{2}(u_2^2 - u_1^2)\,t = \varrho\left(\frac{u_1+u_2}{2}\right)(u_2 - u_1)\,t. \quad (52,2)$$

Die in der y-Richtung auf jeden Flügel wirkende Kraft findet man als Differenz der Impulse je Teilungsabschnitt vor und hinter dem Gitter zu

$$P_y = -\varrho\,v(u_2 - u_1)\,t. \qquad (52,3)$$

Zur Ermittlung der Strömung bilden wir die z-Ebene mit dem Gitter zunächst durch $z' = 2\pi z/t$ auf eine geometrisch ähnliche z'-Ebene ab, in der die Gitterteilung 2π anstatt t ist. Die z'-Ebene bilden wir weiterhin durch die Funktion $\zeta = e^{z'} = e^{2\pi z/t}$ ab. Dabei geht jeweils ein Streifen der z'-Ebene von der Breite 2π bzw. der z-Ebene von der Breite t, der also immer gerade einen Flügel enthält, in die volle ζ-Ebene über. Man erhält daher in gleicher Weise wie bei der Quellen- oder Wirbelreihe in dieser Ebene nur einen einzigen Flügel. Die Form dieses Flügels weicht infolge der Abbildung natürlich erheblich von der Form der Gitterflügel ab (Bild 146 rechts). Die schräge Parallelströmung weit vor dem Gitter geht in die Strömung aus einer Wirbelquelle (Ziffer 50, Bild 144) über, die im Punkte $\zeta = 0$, dem Bildpunkt von $z = -\infty$ liegt. Die Stromlinien in der Nähe des Punktes $\zeta = 0$ sind also logarithmische Spiralen. Die Stärke der Quelle ist dabei

$$E = v\,t \qquad (52,4)$$

und die Stärke des Wirbels

$$\Gamma_1 = u_1\,t. \qquad (52,5)$$

Die schräge Parallelströmung weit hinter dem Gitter geht ebenfalls in logarithmische Spiralen über, die zu einer Wirbelquelle gehören, deren Quellkomponente die gleiche Stärke $E = v\,t$ hat, deren Wirbelkomponente aber

$$\Gamma_2 = u_2\,t \qquad (52,6)$$

ist. Die Zirkulation um den Flügel stellt den zusätzlichen Wirbel dar, der die geänderte Zirkulation im Abstrom bedingt. Die Zirkulation um den Flügel ist demnach

$$\Gamma = \Gamma_2 - \Gamma_1 = (u_2 - u_1)\,t. \qquad (52,7)$$

Diese Zirkulation und damit die Ablenkung der Strömung $u_2 - u_1$ stellen sich so ein, daß die Strömung an der Hinterkante der Flügel glatt abfließt (Ziffer 33).

Für die weitere Behandlung der Strömung muß man nun den in der ζ-Ebene entstandenen Flügel auf einen Kreis oder eine unendliche Gerade abbilden. Man kann dann durch Spiegelung der Wirbelquelle (E, Γ_1) im Nullpunkte und der Wirbelquelle $(-E, -\Gamma_2)$ im Unendlichen am Kreis bzw. an der Geraden die Strömung durch Überlagerung berechnen.

52. Strömung durch ein gerades Flügelgitter

Um mit den uns bis jetzt geläufigen Abbildungen auszukommen, wollen wir als Beispiel ein Gitter behandeln, das aus ebenen Flächen von der Tiefe l besteht, die parallel zur x-Achse liegen (Bild 147 oben). Zur Vereinfachung wählen wir den Maßstab von vornherein so, daß die Teilung $t = 2\pi$ ist. Die y-Achse möge durch die Flügelmitten, der Nullpunkt in die Mitte eines Flügels gelegt sein, so daß Hinter- und Vorderkante dieses Flügels in den Punkten $z = \pm l/2$ liegen (Bild 147 oben). Durch die Abbildung $z_I = e^z$ erscheint in der z_I-Ebene nur dieser Flügel. Er ist wieder eine gerade Strecke, die auf der x_I-Achse liegt und sich von $z_I = e^{-l/2}$ bis $z_I = e^{+l/2}$ erstreckt (Bild 147 unten). Seine Länge ist also

$$l_I = e^{l/2} - e^{-l/2} = 2\sinh l/2.$$

Von den beiden Komponenten der An- und Abströmgeschwindig-

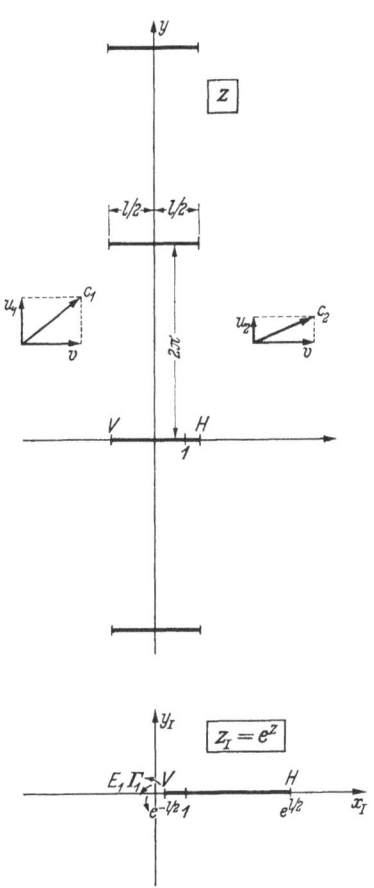

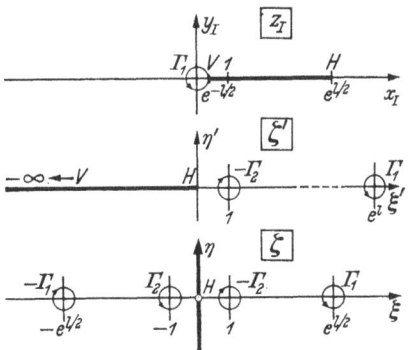

Bild 147. Abbildung eines Gitters mit ebenen, senkrecht zur Gitterrichtung stehenden Schaufeln auf eine einzelne ebene Schaufel

Bild 148. Abbildung des Außengebietes der einzelnen Schaufel auf eine Halbebene

keit v und u_1 bzw. u_2 wird die Strömung mit der Geschwindigkeit v durch das Gitter überhaupt nicht beeinflußt, da sie ja parallel zu den Flügelflächen ist. Sie stellt in der ganzen z-Ebene eine einfache Parallelströmung dar. Auch auf die Größe der Zirkulation um die Flügel hat sie keinen Einfluß, da sie ohnehin an der Hinterkante glatt abfließt. Man braucht daher nur die Strömungskomponente u und die Zirkulationsströmung zu betrachten.

Durch unsere Abbildung rückt der unendliche ferne Punkt $z = -\infty$ in den Punkt $z_I = 0$ und erscheint hier als Wirbelquelle. Da wir aber die Komponente v der Anströmungsgeschwindigkeit ausschalten, so bleibt bei $z_I = 0$ nur ein einfacher Wirbel mit der Zirkulation $\Gamma_1 = 2\pi u_1$ (Bild 148). Man kann nun zur Berechnung der Strömung die Platte mit dem schon mehrfach angewandten Verfahren (Ziffer 22) auf einen Kreis abbilden. Wir wollen hier aber eine etwas andere Abbildung wählen, um die inzwischen kennengelernten funktionen-theoretischen Verfahren anzuwenden. Die Platte geht dabei in eine unendliche Gerade über. Die Ebenen mit den Abbildungen auf einen Kreis und auf eine Gerade lassen sich nach Ziffer 18 ineinander überführen.

Durch die Abbildung $\tau = l_I/(z_I - e^{-l/2})$ rückt der in $z_I = e^{-l/2}$ liegende Vorderkantenpunkt V ins Unendliche und der in $z_I = e^{l/2}$ liegende Hinterkantenpunkt H in den Punkt $\tau = 1$. Durch

$$\zeta' = 1 - \tau = \frac{z_I - e^{l/2}}{z_I - e^{-l/2}}, \qquad (52,8)$$

wird er in den Nullpunkt der ζ'-Ebene verschoben. Das Abbild des Flügels erstreckt sich nun längs der negativen ξ'-Achse von $\xi' = 0$ bis $\xi' = -\infty$. Der im Nullpunkt der z_I-Ebene liegende Wirbel Γ_1 erscheint im Punkte $\xi' = e^l$, und der Wirbel Γ_2 im Unendlichen der z_I-Ebene erscheint im Punkte $\xi' = 1$ (Bild 148).

Durch die weitere Abbildung

$$\zeta = \pm \sqrt{\zeta'} = \pm i \sqrt{\frac{e^{l/2} - z_I}{z_I - e^{-l/2}}} = \pm i \sqrt{\frac{e^{l/2} - e^z}{e^z - e^{-l/2}}} \qquad (52,9)$$

geht die ζ'-Ebene in die rechte Halbebene der ζ-Ebene über. Die negative ξ'-Achse mit dem Flügel wird aufgespalten und geht mit ihrer Oberseite in die positive, mit ihrer Unterseite in die negative η-Achse über (Bild 148). Da die η-Achse als Abbild des Profils eine undurchlässige Wand darstellt, ist die linke Halbebene der ζ-Ebene das Spiegelbild der rechten. Der Nullpunkt der z_I-Ebene mit dem Wirbel Γ_1 fällt auf die ξ-Achse in die Punkte $\xi = \pm e^{l/2}$ und der unendlich ferne Punkt mit dem Wirbel $-\Gamma_2$ nach $\xi = \pm 1$.

Der Hinterkante H der Platte entspricht der Nullpunkt der ζ-Ebene. In ihm muß ein Staupunkt liegen, d. h. die Geschwindigkeit Null sein. Die beiden Wirbel $\mp \Gamma_2$ liefern in diesem Punkt die nach oben gerichtete Geschwindigkeit Γ_2/π, die Wirbel $\pm \Gamma_1$ die nach unten gerichtete Geschwindigkeit $\Gamma_1/\pi e^{l/2}$. Damit die Geschwindigkeit Null wird, muß demnach

$$\Gamma_2 = \Gamma_1 e^{-l/2} \qquad (52,10)$$

und die Zirkulation um die Platte

$$\Gamma = \Gamma_2 - \Gamma_1 = -\Gamma_1(1 - e^{-l/2}) \qquad (52,11)$$

sein. Praktisch interessiert an einem derartigen Gitter vor allem die ablenkende Wirkung auf die Strömung. Sie ist gegeben durch das Verhältnis der Geschwindigkeitskomponenten u_2 und u_1 hinter und vor dem Gitter. Dieses ist

$$\frac{u_2}{u_1} = \frac{\Gamma_2}{\Gamma_1} = e^{-l/2}. \tag{52,12}$$

In der ζ-Ebene ergibt sich gegenüber dem im Unendlichen liegenden Vorderkantenpunkt V in einem Punkte η der η-Achse als Einfluß der Wirbel Γ_1 und $-\Gamma_2$ und ihrer Spiegelbilder $-\Gamma_1$ und $+\Gamma_2$ die Potentialdifferenz

$$\begin{aligned}\Phi &= \frac{\Gamma_1}{\pi} \operatorname{arc cot} \frac{\eta}{e^{l/2}} - \frac{\Gamma_2}{\pi} \operatorname{arc cot} \eta \\ &= \frac{\Gamma_1}{\pi} \left[\operatorname{arc cot} \frac{\eta}{e^{l/2}} - e^{-l/2} \operatorname{arc cot} \eta \right].\end{aligned} \tag{52,13}$$

Das gleiche Potential herrscht in dem entsprechenden Punkt x des Flügels in der z-Ebene, der sich für $\zeta = i\eta$ aus Gl. (52,9) ergibt. Man erhält so die Potentialverteilung über den Flügel

$$\Phi = \frac{\Gamma_1}{\pi} \left[\pm \operatorname{arc cot} e^{-l/2} \sqrt{\frac{e^{l/2} - e^x}{e^x - e^{-l/2}}} \mp e^{-l/2} \operatorname{arc cot} \sqrt{\frac{e^{l/2} - e^x}{e^x - e^{-l/2}}} \right]. \tag{52,14}$$

Dabei gilt das obere Vorzeichen für die Oberseite, das untere für die Unterseite des Flügels. Dazu kommt noch infolge der abgetrennten Geschwindigkeitskomponente v das Potential $\Phi_v = v\,x$.

In den vorstehenden Rechnungen war zur Vereinfachung die Teilung $t = 2\pi$ gesetzt. Für eine beliebige Teilung muß man nach den Ausführungen am Schluß von Ziffer 50 in den Formeln nur die Längen z, x und y der z-Ebene durch $2\pi z/t$, $2\pi x/t$ und $2\pi y/t$ und die Geschwindigkeiten u und v der z-Ebene durch $u\,t/2\pi$ und $v\,t/2\pi$ ersetzen. Die allgemeinere Abbildungsfunktion lautet demnach $\zeta = e^{2\pi z/t}$. Die Größen der ζ-Ebene und die Werte von Φ, E und Γ bleiben dann unverändert.

Achter Abschnitt

Einige zusammengesetzte Funktionen

53. Die Funktion $\zeta = \sqrt{1-z^2}$, $z = \sqrt{1-\zeta^2}$. Durch aufeinanderfolgende Abbildungen durch einfache Funktionen wurden bereits im vorigen Abschnitt gelegentlich zusammengesetzte Abbildungsfunktionen aufgebaut. Durch einen ähnlichen Aufbau aus einfachen Funktionen sollen nun in diesem Abschnitt die Abbildungseigenschaften einiger häufig vorkommender zusammengesetzter Funktionen untersucht werden. Wir wollen vorerst die Funktion $\zeta_1 = \sqrt{z^2 - 1}$ und ihre Umkehrung $z = \sqrt{\zeta_1^2 + 1}$ betrachten, bei der das Unendliche unverändert bleibt (für $z \to \infty$ geht $\zeta_1/z \to 1$). Die Funktion $\zeta = \sqrt{1 - z^2}$ geht dann aus ζ_1 durch Multiplikation (oder Division) mit i hervor:

$$\zeta = i\zeta_1 = i\sqrt{z^2 - 1} = \sqrt{1 - z^2}. \quad (53,1)$$

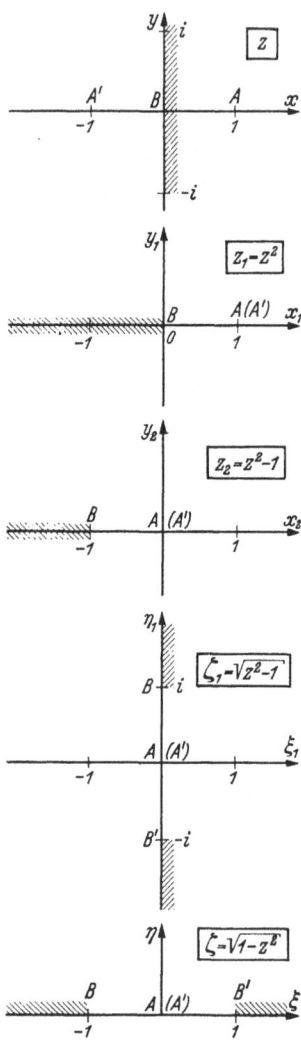

Bild 149. Entwicklung der Abbildung $\zeta = \sqrt{1 - z^2}$ aus einfacheren Abbildungen

Diese Multiplikation mit i bedeutet aber nach Ziffer 43 nur eine Drehung um 90° entgegen dem Uhrzeigersinn bzw. die Division eine entgegengesetzte Drehung.

Wir bilden zunächst die z-Ebene durch die Funktion $z_1 = z^2$ auf eine z_1-Ebene ab. Geht man dabei von der rechten Halbebene der z-Ebene aus, so wird diese auf die volle z_1-Ebene abgebildet, die linke Hälfte ergibt die gleiche z_1-Ebene in einem anderen RIEMANNschen Blatt. Der Übergangsschlitz (entsprechend der y-Achse der z-Ebene) wird der negative Teil der x_1-Achse. In Bild 149 sind die sich entsprechenden Ränder durch Schraffur und die sich entsprechenden Punkte durch gleiche Buchstaben bezeichnet. Die Punkte ± 1 der z-Ebene sind mit A und A' bezeichnet. In der z_1-Ebene fallen beide Punkte nach $+1$, dabei liegt A' im 2. RIEMANNschen Blatt, was durch die Klammer angedeutet werden soll. Punkt B bleibt Nullpunkt.

Verschiebt man in der z_1-Ebene den Nullpunkt des Koordinatensystems um die Einheit nach rechts, so daß der Punkt A (A') in den Nullpunkt und der Punkt B nach -1 rückt, so bedeutet das den Übergang zu einer z_2-Ebene, wobei

$$z_2 = z_1 - 1 = z^2 - 1 \quad (53,2)$$

ist (Bild 149). Wenn man jetzt von dieser Ebene durch die Abbildung

$$\zeta_1 = \sqrt{z_2} \quad (53,3)$$

53. Die Funktion $\zeta = \sqrt{1-z^2}$

zur ζ_1-Ebene übergeht, so muß man die z_2-Ebene wieder aufschlitzen und die Schlitzränder auseinanderklappen, so daß wieder eine Halbebene entsteht. Der Schlitz reicht jetzt aber nicht mehr nur bis zum Punkt B, sondern bis zum Nullpunkt der z_2-Ebene, d. i. bis zum Punkt $A(A')$. Um diesen Punkt erfolgt jetzt die Aufklappung. Die Lage der Punkte in der ζ_1-Ebene ist aus Bild 149 zu ersehen. Der Punkt B tritt in der ζ_1-Ebene zweimal auf, da $\sqrt{-1} = \pm i$ ist. Die linke Hälfte der ζ_1-Ebene ist identisch mit der rechten, da wegen der Zweideutigkeit der Wurzel $\sqrt{z_2}$ zu jedem Werte z_2 ein Wert $+\zeta_1$ und ein entsprechender $-\zeta_1$ gehört.

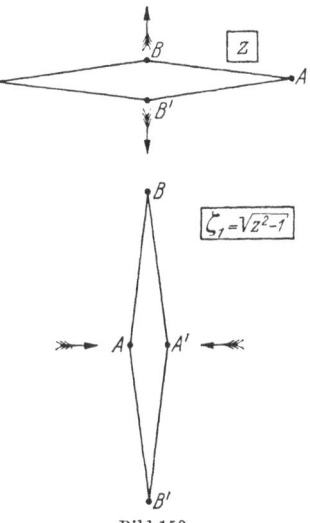

Bild 150
Anschauliche Darstellung der Verformung bei der Abbildung $\zeta = \sqrt{z^2-1}$

Das Kennzeichnende dieser Abbildung ist das Zusammenrücken der Punkte A und A' der z-Ebene von ± 1 nach dem Nullpunkt in der ζ_1-Ebene und das Auseinanderrücken des Nullpunktes B der z-Ebene nach $\pm i$ in der ζ_1-Ebene. Wenn man die Punkte $A'BB'A$ als Eckpunkte von vier gelenkig verbundenen Stücken gemäß Bild 150 auffaßt, so besteht die Umformung darin, daß man das zuerst waagerecht zusammengefaltete Viereck an den Punkt B und B' nach oben und unten auseinanderzieht, bis es lotrecht zusammengefaltet ist. Die Umkehrung der Abbildung durch die Funktion

$$z = \sqrt{\zeta_1^2 + 1} \tag{53,4}$$

besteht in einem waagerechten Auseinanderziehen. Für diese anschauliche Darstellung des Abbildungsvorgangs haben wir immer den Wurzelwert gewählt, bei dem Punkte der oberen bzw. unteren Hälfte der ζ_1-Ebene Punkten der oberen bzw. unteren Hälfte der z-Ebene zugeordnet sind. Das entgegengesetzte Vorzeichen der Wurzel ergibt jeweils ein zweites RIEMANNsches Blatt, in dem die gleichen Figuren, nur um 180° gedreht, vorliegen. In beiden RIEMANNschen Blättern der ζ_1-Ebene erhält man einen Schlitz $-i$ bis $+i$, bzw. in der z-Ebene einen Schlitz von -1 bis $+1$. Beim Überschreiten dieser Schlitze können Unstetigkeiten auftreten. Durch andere Fortsetzung der RIEMANNschen Blätter kann man die Schlitze aber auch anders legen, z. B. in der ζ_1-Ebene längs der η-Achse von $+i$ nach $i\infty$ und von $-i$ nach $-i\infty$ bzw. in der z-Ebene von 1 bis ∞ und von -1

bis $-\infty^1$. In diesem Fall erhält man beim Überschreiten der Geraden von $-i$ bis $+i$ bzw. von -1 bis $+1$ eine stetige Fortsetzung, dafür aber gegebenenfalls eine unstetige an den neuen Schlitzrändern.

Um die Abbildung $\zeta = \sqrt{1 - z^2}$ zu erhalten, ist, wie schon gesagt, die ζ_1-Ebene in der einen oder anderen Richtung noch um $90°$ zu drehen. Danach ergeben sich die in Bild 149 unten dargestellten räumlichen Zusammenhänge. Die Punkte A und A' (± 1) gehen nach dem Nullpunkt. Der Nullpunkt $B(B')$ geht nach ± 1. Im Unendlichen findet eine Drehung um $90°$ statt.

54. Lineare Transformation $\zeta = \dfrac{\alpha + \beta z}{\gamma + \delta z}$, $z = \dfrac{\alpha - \gamma \zeta}{\delta \zeta - \beta}$. Bei der in Ziffer 49 behandelten Abbildungsfunktion $\zeta = 1/z$ spielt der Punkt 1 eine ausgezeichnete Rolle; so geht er z. B. bei der Abbildung in sich selbst über. Da aber der diesem Punkt beigelegte Koordinatenwert Eins von der zufälligen Wahl des Maßstabs und der Lage der Koordinatenachsen abhängt, so kann man, entsprechend den Überlegungen am Schlusse der Ziffer 43, ohne an den geometrischen Zusammenhängen etwas zu ändern, die Abbildungsfunktion auch in der allgemeinen dimensionslosen Form

$$\frac{\zeta}{a} = \frac{a}{z-b} \quad \text{oder} \quad \zeta = \frac{a^2}{z-b} \tag{54,1}$$

schreiben. Dabei ist nur das Koordinatensystem anders gewählt. Verschiebt man nämlich den Koordinatenanfangspunkt gemäß Bild 151 vom Punkte 0 um die Strecke b in den Punkt B, dreht die x-Achse parallel zu der Strecke $OA = a$ und verkleinert die Figur im Verhältnis $1:a$, so geht z in $z' = \dfrac{z-b}{a}$ über (Bild 151), und es ist

$$\zeta' = \frac{\zeta}{a} = \frac{a}{z-b} = \frac{1}{z'}. \tag{54,2}$$

Bei der Abbildung nach Gl. (54,2) geht nach Ziffer 49 jeder Kreis der z'-Ebene in einen Kreis der ζ'-Ebene über und damit auch jeder Kreis der z-Ebene in einen Kreis der ζ-Ebene, da ja die Verschiebung und Drehung der Koordinatenachsen beim Übergang von der z- zur z'-Ebene und die Multiplikation mit dem konstanten Faktor a beim Übergang von der ζ'- zur ζ-Ebene den Kreis nur verschiebt und ähnlich vergrößert.

---

[1] Das würde sich z. B. ergeben, wenn man die z-Ebene zunächst durch $z'^2 = z^2/(z^2-1)$ auf eine z'-Ebene abbildet und nun ganz entsprechend $\zeta_1' = \sqrt{z'^2 - 1}$ bildet. Dabei liegt jetzt der Schlitz der ζ_1'-Ebene zwischen $-i$ und $+i$. Durch die Abbildung $1/\zeta_1' = 1/\sqrt{z^2/(z^2-1) - 1} = \sqrt{z^2 - 1} = \zeta_1$ erhält man hieraus wieder die ζ_1-Ebene. Dabei ist aber der Schlitz von $-i$ bis $+i$ der ζ_1'-Ebene auf i bis $i\infty$ und $-i$ bis $-i\infty$ der ζ_1-Ebene verlagert.

54. Lineare Transformation $\zeta = (\alpha + \beta z)/(\gamma + \delta z)$

Wendet man die gleiche Abbildungsfunktion nur mit anderen Konstanten a_1 statt a und b_1 statt b auf die ζ-Ebene an, bildet also die ζ-Ebene durch die Funktion

$$\zeta_1 = \frac{a_1^2}{\zeta - b_1} \tag{54,3}$$

auf die ζ_1-Ebene ab, so erhält man in der entstehenden ζ_1-Ebene zu jedem Kreis der ζ-Ebene und damit auch zu jedem Kreis der z-Ebene wieder einen Kreis. Durch Elimination von ζ ergibt sich die Abbildungsfunktion

$$\zeta_1 = \frac{a_1^2}{a^2/(z-b) - b_1} = \frac{a_1^2 z - a_1^2 b}{a^2 + b_1 b - b_1 z} = \frac{\alpha_1 + \beta_1 z}{\gamma_1 + \delta_1 z}, \tag{54,4}$$

welche die z-Ebene unmittelbar in die ζ_1-Ebene überführt. Dabei sind $\alpha_1, \beta_1, \gamma_1$ und δ_1 beliebige Konstante, welche im vorliegenden Falle die Werte

$$\alpha_1 = -a_1^2 b, \quad \beta_1 = a_1^2, \quad \gamma_1 = a^2 + b_1 b, \quad \delta_1 = -b_1 \tag{54,5}$$

haben. Durch die Abbildungsfunktion $\zeta_1 = \frac{\alpha_1 + \beta_1 z}{\gamma_1 + \delta_1 z}$ wird demnach ebenfalls jeder Kreis der z-Ebene in einen Kreis der ζ_1-Ebene übergeführt. Sie ist allgemeiner als die Abbildung $\zeta = \frac{a^2}{z-b}$, da letztere nur einen

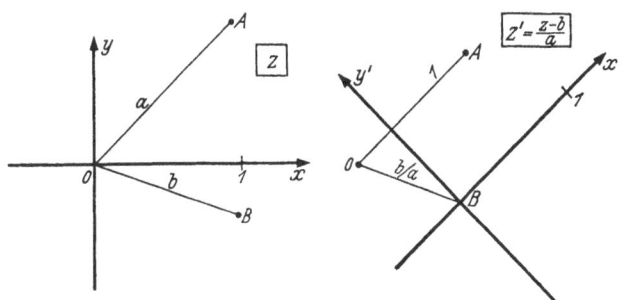

Bild 151. Zurückführung der Abbildung $\zeta = \frac{a^2}{z-b}$ auf $\zeta' = 1/z'$

Sonderfall ($\beta_1 = 0$) darstellt. Wendet man die gleiche Abbildung mit beliebigen anderen Konstanten auf die ζ_1-Ebene an, so ergibt sich nichts Neues mehr, indem

$$\zeta_2 = \frac{a_2 + b_2 \zeta_1}{c_2 + d_2 \zeta_1} \tag{54,6}$$

durch Elimination von ζ_1 mittels Gl. (54,4) die Form

$$\zeta_2 = \frac{\alpha_2 + \beta_2 z}{\gamma_2 + \delta_2 z} \tag{54,7}$$

annimmt.

VIII. Einige zusammengesetzte Funktionen

Die Funktion

$$\zeta = \frac{\alpha + \beta z}{\gamma + \delta z} \qquad (54{,}8)$$

ist die allgemeinste Funktion von z, welche eine lineare Gleichung für z darstellt. Man nennt sie deshalb eine *lineare Funktion* oder, genauer, eine *lineare gebrochene Funktion* von z. Die Abbildung durch eine solche Funktion nennt man eine *lineare Transformation*. Durch sie gehen Kreise der z-Ebene in Kreise der ζ-Ebene über. Von den 4 Konstanten $\alpha, \beta, \gamma, \delta$ der linearen Funktion sind nur drei wesentlich, da man Zähler und Nenner der Funktion mit einer dieser Konstanten, falls diese nicht gerade Null ist, dividieren und so eine der Konstanten gleich Eins setzen kann. Durch Division mit α ergibt sich z. B. $\zeta = \frac{1 + \beta' z}{\gamma' + \delta' z}$, wobei $\beta' = \beta/\alpha$, $\gamma' = \gamma/\alpha$ und $\delta' = \delta/\alpha$ ist[1]. Da die Funktion demnach drei willkürliche komplexe (bzw. sechs reelle) Konstanten hat, so kann man 3 Punkten der z-Ebene (z_1, z_2, z_3) willkürlich 3 Punkte der ζ-Ebene ($\zeta_1, \zeta_2, \zeta_3$) zuordnen und die 3 Konstanten β' γ' δ' so bestimmen, daß die Funktion gerade diese Zuordnung bewirkt. Zur Bestimmung der drei komplexen Konstanten stehen die drei komplexen Gleichungen

$$\zeta_1 = \frac{1 + \beta' z_1}{\gamma' + \delta' z_1}, \qquad \zeta_2 = \frac{1 + \beta' z_2}{\gamma' + \delta' z_2}, \qquad \zeta_3 = \frac{1 + \beta' z_3}{\gamma' + \delta' z_3} \qquad (54{,}9)$$

zur Verfügung. Da durch 3 Punkte ein Kreis bestimmt ist und bei der Abbildung Kreise in Kreise übergehen, so geht der Kreis durch z_1, z_2, z_3 in den Kreis durch $\zeta_1, \zeta_2, \zeta_3$ über. Man kann demnach bei der Abbildung eines Kreises auf einen anderen durch eine lineare Transformation 3 Punkte der Kreise einander willkürlich zuordnen. Bei den Überlegungen über die Existenz der Abbildungen (Ziffer 24) hat sich ergeben, daß man bei der konformen Abbildung eines Gebietes auf ein anderes stets 3 Randpunkte willkürlich einander zuordnen kann. Da nun die lineare Transformation die Abbildung eines Kreises auf einen beliebigen anderen vermittelt und dabei gerade die willkürliche Zuordnung von 3 Randpunkten zuläßt, so ersieht man, daß sie die allgemeinste Form der konformen Abbildung von Kreisen auf Kreise darstellt.

Durch die Funktion $\zeta = \frac{1}{z}$ bzw. $\zeta = \frac{a^2}{z - b}$ wird die ganze z-Ebene eindeutig auf die ganze ζ-Ebene abgebildet. Da nun die lineare Transformation durch mehrmalige Wiederholung dieser Abbildung entsteht, so geht auch bei ihr die ganze z-Ebene eindeutig in die ganze ζ-Ebene über.

---

[1] Ist $\alpha = 0$, so dividiert man mit einer der anderen Konstanten β, γ, δ, die $\neq 0$ ist und macht dadurch diese andere Konstante zu Eins. Im übrigen gelten dann die weiteren Überlegungen genauso wie in dem obigen Beispiel.

Man kann die allgemeine lineare Funktion nach Gl. (54,8) auch in der Form

$$\zeta = c\,\frac{z-a}{z-b} \qquad (54{,}10)$$

schreiben, wobei $a = -\dfrac{\alpha}{\beta}$, $b = -\dfrac{\gamma}{\delta}$ und $c = \dfrac{\beta}{\delta}$ ist. Bei dieser Darstellung ist c ein Maßstabsfaktor, der kein besonderes Interesse bietet. Durch den Faktor $z - a$ wird der Punkt $z = a$ in den Nullpunkt und durch den Faktor $1/(z - b)$ der Punkt $z = b$ ins Unendliche der ζ-Ebene verlegt. Eine solche Verlegung ist vielfach erwünscht. Dann wird man diese Darstellung wählen.

55. Konforme Abbildung zweier Kreise auf zwei andere Kreise. Durch eine lineare Transformation gehen alle Kreise wieder in Kreise über. Demnach gehen 2 Kreise der einen Ebene in 2 Kreise der anderen über. Da es sich hierbei um zweifach zusammenhängende Gebiete (Ziffer 24) handelt, sind besondere Überlegungen nötig. 2 Kreise, die sich nicht schneiden, kann man stets als 2 Potentiallinien eines Quell-Senken-Systems auffassen, wobei Quelle und Senke gleiche, aber sonst beliebige Ergiebigkeit haben. Sind in 2 Ebenen z und ζ je 2 Kreise K_1 und K_2 bzw. k_1 und k_2 gegeben, so gehört in jeder Ebene zu den beiden Kreisen ein Quell-Senken-System (Bild 152). Wenn man die Ergiebigkeit dieser Quell-Senken-Systeme in beiden Ebenen gleich wählt, so lassen sie

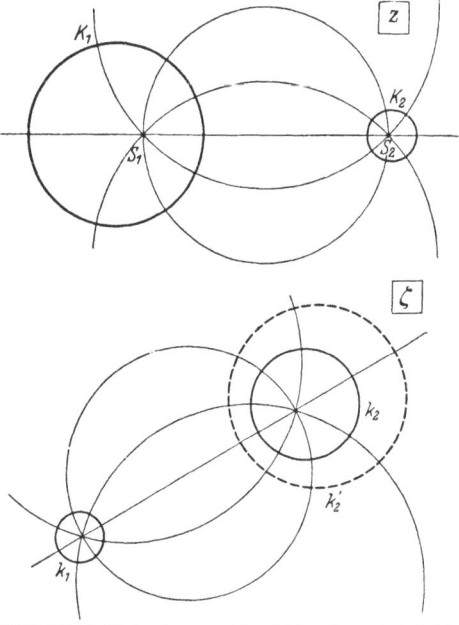

Bild 152. 2 Kreise lassen sich nicht auf zwei beliebige andere Kreise konform abbilden

sich durch eine lineare Transformation ineinander überführen. Man kann auch noch dem einen der beiden Kreise der ζ-Ebene, z. B. k_1, das gleiche Potential geben wie dem Kreis K_1 der z-Ebene, und einem bestimmten Punkte dieses Kreises die gleiche Stromfunktion wie einem entsprechenden Punkte des Kreises K_1. Dadurch sind die beiden Kreise K_1 und k_1 und je ein Punkt auf ihnen einander zugeordnet. Durch die Festlegung der Ergiebigkeit der Quell-Senken-Systeme und des Potentials der

VIII. Einige zusammengesetzte Funktionen

Kreise K_1 und k_1 ist aber auch das Potential der Kreise K_2 und k_2 eindeutig festgelegt. Im allgemeinen wird sich dann ergeben, daß das Potential der Kreise K_2 und k_2 nicht das gleiche ist, daß sich diese beiden Kreise also nicht entsprechen, d. h. bei der konformen Abbildung nicht ineinander übergehen. Der Kreis K_2 geht bei dieser linearen Transformation vielmehr in einen anderen Kreis k_2' der ζ-Ebene über. Man ersieht hieraus, daß sich die beiden Kreise der z-Ebene durch eine lineare Transformation nicht auf zwei beliebige Kreise der ζ-Ebene abbilden lassen daß diese Kreise vielmehr noch Bedingungen über ihre Lage oder Größe erfüllen müssen. In Ziffer 24 wurde ganz allgemein gezeigt, daß bei der Abbildung zweifach zusammenhängender Gebiete solche Nebenbedingungen erforderlich sind, damit eine konforme Abbildung möglich ist. Die beiden Kreise sind ein Beispiel dafür. Die Beschränkung liegt also nicht etwa nur bei der Abbildung durch eine lineare Transformation vor.

Wenn man verlangt, daß der Kreis K_1 in den gegebenen Kreis k_1 übergehen soll, so kann man von dem Kreis k_2, in den der Kreis K_2 übergehen soll, nur noch etwa die Größe, z. B. den Durchmesser oder die Lage, z. B. den Ort des Mittelpunktes, aber nicht beides vorgeben.

Solche Aufgaben kommen durchaus vor (Bild 226). Es kann z. B. verlangt sein, daß zwei gegebene Kreise in zwei andere übergehen sollen, deren Durchmesser in einem bestimmten Verhältnis stehen. In diesem Falle sucht man sich aus den Potentiallinien der zu den Ausgangskreisen gehörenden Quell-Senken-Strömung der z-Ebene zwei aus, deren Potentialdifferenz die gleiche ist wie bei den Ausgangskreisen und deren Durchmesser in dem verlangten Verhältnis stehen. Man kann diese leicht finden, indem man z. B. verschiedene Kreispaare mit gleicher Potentialdifferenz auswählt und ihre Potentiale (oder andere kennzeichnende Größen) abhängig vom Durchmesserverhältnis als Kurve aufträgt. Aus dieser Kurve kann man dann die Kennzeichen der Kreise mit dem verlangten Durchmesserverhältnis ablesen. Durch ähnliche Vergrößerung kann man dann den einen der beiden Kreise auf eine gewünschte Größe bringen und durch Festlegung der Nullstromlinie je einen bestimmten Punkt der beiden sich entsprechenden Kreise einander zuordnen.

Eine andere häufige Aufgabe ist die, zwei gegebene Kreise in zwei konzentrische Kreise zu verwandeln. Hierzu braucht man nur den einen Quell- oder Senken-Punkt (S_1 oder S_2) durch eine lineare Transformation

$$\zeta = 1/(z - S_1) \quad \text{oder} \quad \zeta = 1/(z - S_2) \qquad (55,1)$$

ins Unendliche zu verlegen. Man erhält dann eine einfache Quellströmung, deren Potentiallinien konzentrische Kreise sind. Durch ähnliche Vergrößerung kann man auch hier dem einen der beiden Kreise einen beliebigen Durchmesser geben und durch Wahl der Nullstromlinie je einen Punkt der beiden sich entsprechenden Kreise einander zuordnen.

55. Konforme Abbildung zweier Kreise auf zwei andere Kreise

Bei diesen Umformungen gingen wir davon aus, daß uns die Lage der zu den beiden gegebenen Kreisen gehörigen Quell- und Senken-Punkte S_1 und S_2 bekannt ist. Leider ist es nicht ganz einfach, zu zwei gegebenen Kreisen diese beiden Punkte zu finden. Verhältnismäßig leicht ist diese Aufgabe, wenn die beiden Kreise gleich groß sind. Der Radius dieser beiden Kreise sei r, der Abstand ihrer Mittelpunkte $M_1 M_2 = l$ (Bild 153). Der Kreis, der die Verbindungslinie der Quelle S_1 und Senke S_2 zum Durchmesser hat, stellt eine Stromlinie dar, schneidet also die Kreise, die ja Potentiallinien sein sollen, senkrecht. Ist P_1 ein solcher Schnittpunkt, M_1 der Mittelpunkt des zugehörigen Kreises, und O der

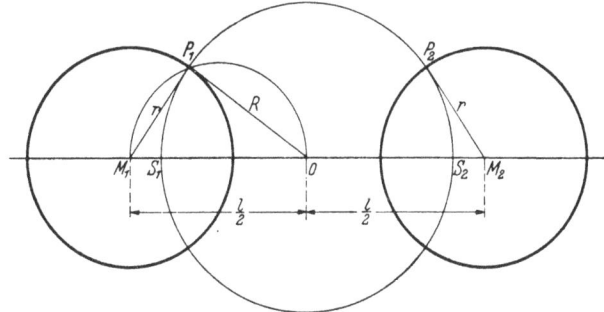

Bild 153. Ermittlung der Quell-Senken-Punkte zu zwei gleich großen Kreisen

Mittelpunkt des Stromlinienkreises, also die Mitte zwischen Quelle und Senke, so ist $OP_1 M_1$ ein rechtwinkliges Dreieck, das sich leicht konstruieren läßt, z. B. durch einen Halbkreis über OM_1. Dieser geht durch den Punkt P_1. Damit ist der Radius des Kreises um O

$$R = \sqrt{\left(\frac{l}{2}\right)^2 - r^2}$$

und somit $OS_1 = OS_2 = R$ gefunden.

Sind die Kreise ungleich groß, so kann man den einen Kreis auf eine Gerade abbilden, indem man einen Punkt desselben ins Unendliche verlegt, z. B. durch die Funktion

$$\zeta = 1/(z-a), \qquad (55{,}2)$$

wobei a ein Punkt dieses Kreises ist. Diese Gerade ist nun Symmetrielinie der Strömung, da ja alle Stromlinien auf ihr senkrecht stehen, und durch Spiegelung wird die Aufgabe auf die mit zwei gleich großen Kreisen zurückgeführt. Man findet damit die Quell-Senken-Punkte S_1 und S_2 in der ζ-Ebene. Durch Rückabbildung auf die z-Ebene ergibt sich deren Lage in der z-Ebene.

206 VIII. Einige zusammengesetzte Funktionen

Rascher kommt man vielfach durch ein rechnerisches Verfahren zum Ziel[1]. In Bild 154 sind wieder die Mittelpunkte der beiden Kreise mit M_1 und M_2, die gesuchten Quell- und Senken-Punkte mit S_1 und S_2, die Mitte der Verbindungslinie $S_1 S_2$ mit O, und die Schnittpunkte des Kreises mit $S_1 S_2$ als Durchmesser mit den beiden gegebenen Kreisen mit P_1 und P_2 bezeichnet. Weiterhin seien die Radien der beiden Kreise r_1 und r_2, die Abstände $OM_1 = l_1$, $OM_2 = l_2$, $M_1 M_2 = l_1 + l_2 = l$ und $OS_1 = OS_2 = R$.

Aus den rechtwinkligen Dreiecken $M_1 P_1 O$ und $M_2 P_2 O$ ergibt sich

$$l_1^2 = R^2 + r_1^2, \quad l_2^2 = R^2 + r_2^2, \tag{55,3}$$

also

$$l_1^2 - l_2^2 = (l_1 - l_2)\, l = (2l_1 - l)\, l = r_1^2 - r_2^2 \tag{55,4}$$

$$2 l_1 = l + (r_1^2 - r_2^2)/l \tag{55,5}$$

und entsprechend

$$2 l_2 = l - (r_1^2 - r_2^2)/l. \tag{55,6}$$

Mit diesen Größen ergibt sich aus den gegebenen Mittelpunkten M_1 und M_2 und den Radien r_1 und r_2 der Mittelpunkt O des Quell-Senken-

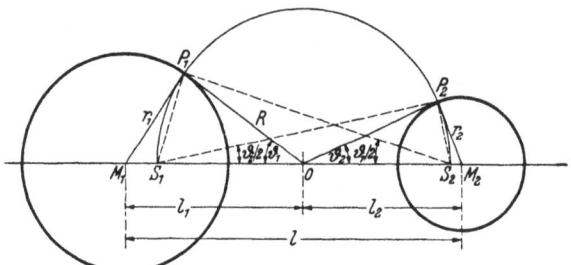

Bild 154. Ermittlung der Quell-Senken-Punkte zu zwei ungleich großen Kreisen

Systems. Da $R = OS_1 = OS_2 = OP_1 = OP_2$ ist, ergibt sich diese Größe aus den rechtwinkligen Dreiecken $M_1 P_1 O$ und $M_2 P_2 O$ zu

$$R = \sqrt{l_1^2 - r_1^2} = \sqrt{l_2^2 - r_2^2}. \tag{55,7}$$

Die Abstände der Quell- bzw. Senken-Punkte S_1 und S_2 von den Kreismittelpunkten M_1 und M_2 werden danach

$$M_1 S_1 = l_1 - R, \quad M_2 S_2 = l_2 - R. \tag{55,8}$$

Der Abstand der Punkte S_1 und S_2 voneinander wird

$$S_2 - S_1 = 2R = l \sqrt{1 - 2\frac{r_1^2 + r_2^2}{l^2} + 2\left(\frac{r_1^2 - r_2^2}{l^2}\right)}. \tag{55,9}$$

---

[1] Ein anderes Verfahren ist von M. LAGALLY: ZAMM. 9 (1929) 304, angegeben.

55. Konforme Abbildung zweier Kreise auf zwei andere Kreise

Bei diesen Umformungen gingen wir davon aus, daß uns die Lage der zu den beiden gegebenen Kreisen gehörigen Quell- und Senken-Punkte S_1 und S_2 bekannt ist. Leider ist es nicht ganz einfach, zu zwei gegebenen Kreisen diese beiden Punkte zu finden. Verhältnismäßig leicht ist diese Aufgabe, wenn die beiden Kreise gleich groß sind. Der Radius dieser beiden Kreise sei r, der Abstand ihrer Mittelpunkte $M_1 M_2 = l$ (Bild 153). Der Kreis, der die Verbindungslinie der Quelle S_1 und Senke S_2 zum Durchmesser hat, stellt eine Stromlinie dar, schneidet also die Kreise, die ja Potentiallinien sein sollen, senkrecht. Ist P_1 ein solcher Schnittpunkt, M_1 der Mittelpunkt des zugehörigen Kreises, und 0 der

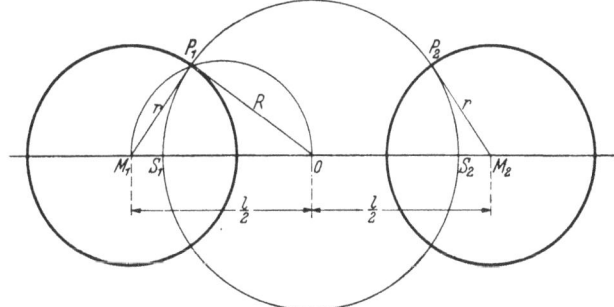

Bild 153. Ermittlung der Quell-Senken-Punkte zu zwei gleich großen Kreisen

Mittelpunkt des Stromlinienkreises, also die Mitte zwischen Quelle und Senke, so ist $0 P_1 M_1$ ein rechtwinkliges Dreieck, das sich leicht konstruieren läßt, z. B. durch einen Halbkreis über $0 M_1$. Dieser geht durch den Punkt P_1. Damit ist der Radius des Kreises um 0

$$R = \sqrt{\left(\frac{l}{2}\right)^2 - r^2}$$

und somit $0 S_1 = 0 S_2 = R$ gefunden.

Sind die Kreise ungleich groß, so kann man den einen Kreis auf eine Gerade abbilden, indem man einen Punkt desselben ins Unendliche verlegt, z. B. durch die Funktion

$$\zeta = 1/(z - a), \tag{55,2}$$

wobei a ein Punkt dieses Kreises ist. Diese Gerade ist nun Symmetrielinie der Strömung, da ja alle Stromlinien auf ihr senkrecht stehen, und durch Spiegelung wird die Aufgabe auf die mit zwei gleich großen Kreisen zurückgeführt. Man findet damit die Quell-Senken-Punkte S_1 und S_2 in der ζ-Ebene. Durch Rückabbildung auf die z-Ebene ergibt sich deren Lage in der z-Ebene.

206 VIII. Einige zusammengesetzte Funktionen

Rascher kommt man vielfach durch ein rechnerisches Verfahren zum Ziel[1]. In Bild 154 sind wieder die Mittelpunkte der beiden Kreise mit M_1 und M_2, die gesuchten Quell- und Senken-Punkte mit S_1 und S_2, die Mitte der Verbindungslinie $S_1 S_2$ mit 0, und die Schnittpunkte des Kreises mit $S_1 S_2$ als Durchmesser mit den beiden gegebenen Kreisen mit P_1 und P_2 bezeichnet. Weiterhin seien die Radien der beiden Kreise r_1 und r_2, die Abstände $OM_1 = l_1$, $OM_2 = l_2$, $M_1 M_2 = l_1 + l_2 = l$ und $OS_1 = OS_2 = R$.

Aus den rechtwinkligen Dreiecken $M_1 P_1 O$ und $M_2 P_2 O$ ergibt sich

$$l_1^2 = R^2 + r_1^2, \quad l_2^2 = R^2 + r_2^2, \tag{55,3}$$

also

$$l_1^2 - l_2^2 = (l_1 - l_2) l = (2l_1 - l) l = r_1^2 - r_2^2 \tag{55,4}$$

$$2l_1 = l + (r_1^2 - r_2^2)/l \tag{55,5}$$

und entsprechend

$$2l_2 = l - (r_1^2 - r_2^2)/l. \tag{55,6}$$

Mit diesen Größen ergibt sich aus den gegebenen Mittelpunkten M_1 und M_2 und den Radien r_1 und r_2 der Mittelpunkt 0 des Quell-Senken-

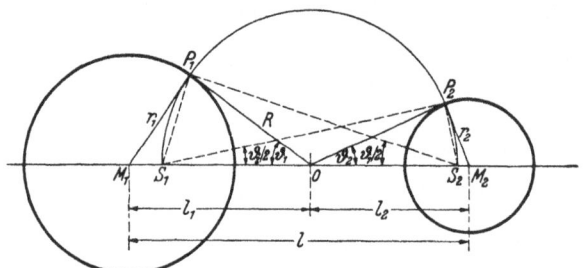

Bild 154. Ermittlung der Quell-Senken-Punkte zu zwei ungleich großen Kreisen

Systems. Da $R = OS_1 = OS_2 = OP_1 = OP_2$ ist, ergibt sich diese Größe aus den rechtwinkligen Dreiecken $M_1 P_1 O$ und $M_2 P_2 O$ zu

$$R = \sqrt{l_1^2 - r_1^2} = \sqrt{l_2^2 - r_2^2}. \tag{55,7}$$

Die Abstände der Quell- bzw. Senken-Punkte S_1 und S_2 von den Kreismittelpunkten M_1 und M_2 werden danach

$$M_1 S_1 = l_1 - R, \quad M_2 S_2 = l_2 - R. \tag{55,8}$$

Der Abstand der Punkte S_1 und S_2 voneinander wird

$$S_2 - S_1 = 2R = l \sqrt{1 - 2\frac{r_1^2 + r_2^2}{l^2} + 2\left(\frac{r_1^2 - r_2^2}{l^2}\right)}. \tag{55,9}$$

---

[1] Ein anderes Verfahren ist von M. LAGALLY: ZAMM. 9 (1929) 304, angegeben.

Für weitere Rechnungen ist es zweckmäßig, die Winkel ϑ_1 und ϑ_2 einzuführen, welche die Tangenten von 0 an die beiden Kreise $0P_1$ und $0P_2$ mit der Verbindungslinie der Mittelpunkte bilden. Sie ergeben sich unter Verwendung von Gl. (55,5) und (55,6) aus den Beziehungen

$$\sin \vartheta_1 = r_1/l_1 = 2r_1/[l + (r_1^2 - r_2^2)/l] \tag{55,10}$$

$$\sin \vartheta_2 = r_2/l_2 = 2r_2/[l - (r_1^2 - r_2^2)/l]. \tag{55,11}$$

Es ist dann
$$R = r_1 \cot \vartheta_1 = r_2 \cot \vartheta_2. \tag{55,12}$$

Wenn man den unendlich fernen Punkt als Nullpunkt des komplexen Potentials $\varpi = \Phi + i\Psi$ der Quell-Senken-Strömung wählt, so ist bei einer Ergiebigkeit E dies komplexe Potential in einem beliebigen Punkte z nach Gl. (50,4)

$$\varpi = \frac{E}{2\pi} \ln \frac{z - S_1}{z - S_2}. \tag{55,13}$$

Das Potential Φ ist für jeden der beiden Kreise K_1 und K_2 konstant. Für die Punkte P_1 und P_2 und damit für die Kreise K_1 und K_2 ergeben sich die Potentiale

$$\Phi_1 = \frac{E}{2\pi} \ln \frac{P_1 S_1}{P_1 S_2}, \qquad \Phi_2 = \frac{E}{2\pi} \ln \frac{P_2 S_1}{P_2 S_2}. \tag{55,14}$$

Da $S_1 P_1 S_2$ und $S_1 P_2 S_2$ rechtwinklige Dreiecke und die

$$\sphericalangle P_1 S_2 S_1 = \vartheta_1/2, \qquad \sphericalangle P_2 S_1 S_2 = \vartheta_2/2 \tag{55,15}$$

sind, so wird
$$\Phi_1 = \frac{E}{2\pi} \ln \tan \vartheta_1/2, \qquad \Phi_2 = \frac{E}{2\pi} \ln \cot \vartheta_2/2. \tag{55,16}$$

56. Die Funktion $\zeta = z + \dfrac{1}{z}$, $z = \dfrac{\zeta}{2} \pm \sqrt{\left(\dfrac{\zeta}{2}\right)^2 - 1}$, Abbildung eines Kreises auf eine gerade Strecke. Die konforme Abbildung durch die Funktion $\zeta = z + \dfrac{1}{z}$ hat in der Flugtechnik eine große praktische Bedeutung gefunden, weil durch sie bei geeigneter Wahl der Koordinaten ein Kreis in tragflügelartige Konturen übergeführt werden kann. Für sehr große z geht $1/z \to 0$, also $\zeta/z \to 1$. Das heißt, im Unendlichen wird durch die Abbildung nichts geändert. Wenn man einen umströmten Kreis durch diese Funktion auf ein Flügelprofil abbildet, so ist die Zuströmung zum Flügel in großer Entfernung die gleiche wie für den Kreis. Die Abbildung eines Kreises auf tragflügelartige Profile wird in Ziffer 58 und allgemeinen in Ziffer 76 behandelt werden. Wir werden zuvor zwei einfachere Sonderfälle, die Abbildung auf eine gerade Strecke und auf einen Kreisbogen, behandeln.

Wendet man die Funktion $\zeta = 1/z$ zunächst auf Punkte des Einheitskreises um den Nullpunkt an, so entspricht einem Punkt $z = e^{i\varphi}$ ein

Punkt $1/z = e^{-i\varphi}$, der ebenfalls auf dem Einheitskreis, aber spiegelbildlich auf der entgegengesetzten Seite der x-Achse liegt (Bild 155). Zur Bildung der Summe $z + 1/z$ sind die Strecken vom Nullpunkt nach den Punkten z und $1/z$ zu einem Parallelogramm zu ergänzen. Wegen der symmetrischen Lage der Punkte z und $1/z$ liegt der resultierende Punkt $z + 1/z$ auf der x-Achse, und zwar doppelt so weit von der y-Achse entfernt als die Punkte z und $1/z$. Rechnerisch ergibt sich der Zusammenhang wie folgt:

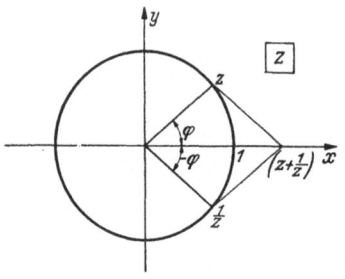

Bild 155. Konforme Abbildung des Einheitskreises auf ein Stück der x-Achse durch $\zeta = z + 1/z$

$$z = \cos\varphi + i\sin\varphi,$$
$$\frac{1}{z} = \cos\varphi - i\sin\varphi, \qquad (56{,}1)$$
$$\zeta = z + \frac{1}{z} = 2\cos\varphi. \qquad (56{,}2)$$

Alle Punkte des Einheitskreises der z-Ebene gehen demnach in Punkte der ξ-Achse der ζ-Ebene über. Wenn der Punkt z die obere Hälfte des Einheitskreises von $z = +1$ bis $z = -1$ durchläuft, so durchläuft der Punkt ζ die Strecke der ξ-Achse von $\zeta = +2$ bis $\zeta = -2$. Wandert der Punkt auf der unteren Hälfte des Einheitskreises weiter von $z = -1$ bis $z = +1$, so wandert der Punkt ζ wieder die gleiche Strecke der ξ-Achse zurück von $\zeta = -2$ bis $\zeta = +2$.

Geht man in der z-Ebene von einem außerhalb des Einheitskreises liegenden, zu ihm konzentrischen Kreise aus, dessen Radius r sein möge, so ist

$$z = r(\cos\varphi + i\sin\varphi), \qquad \frac{1}{z} = \frac{1}{r}(\cos\varphi - i\sin\varphi), \qquad (56{,}3)$$
$$\zeta = z + \frac{1}{z} = \left(r + \frac{1}{r}\right)\cos\varphi + i\left(r - \frac{1}{r}\right)\sin\varphi. \qquad (56{,}4)$$

Die Koordinaten der dem Kreis entsprechenden Kurve in der ζ-Ebene sind demnach

$$\xi = \left(r + \frac{1}{r}\right)\cos\varphi, \qquad \eta = \left(r - \frac{1}{r}\right)\sin\varphi. \qquad (56{,}5)$$

Damit wird

$$\frac{\xi^2}{\left(r + \frac{1}{r}\right)^2} + \frac{\eta^2}{\left(r - \frac{1}{r}\right)^2} = \cos^2\varphi + \sin^2\varphi = 1. \qquad (56{,}6)$$

Dies ist aber die Gleichung einer Ellipse mit den Hauptachsen $r + \frac{1}{r}$ und $r - \frac{1}{r}$. Die zum Einheitskreis konzentrischen Kreise gehen also in Ellipsen über, welche die dem Einheitskreis entsprechende Strecke von

$\zeta = -2$ bis $\zeta = +2$ umschließen. Diese Strecke selbst kann man als ausgeartete Ellipse dieser Schar, deren eine Hauptachse gegen Null gegangen ist, auffassen. Diese Abbildung haben wir bereits in Ziffer 28 kennengelernt, wo wir sie zur Ermittlung des elektrischen Feldes eines geraden Metallstreifens suchten. Dort ergab sich weiterhin: Die allen konzentrischen Kreisen entsprechenden Ellipsen sind konfokal; ihre Brennpunkte liegen in den Punkten $\zeta = -2$ und $\zeta = +2$. Allen radialen Strahlen, die vom Nullpunkte der z-Ebene ausgehen, entsprechen in der ζ-Ebene konfokale Hyperbeln von der Gl. (28,13)

$$\frac{\xi^2}{\cos^2\varphi} - \frac{\eta^2}{\sin^2\varphi} = 4.$$

Die gemeinsamen Brennpunkte der Hyperbeln sind wieder die Punkte $\zeta = -2$ und $\zeta = +2$ (Bild 70).

Läßt man die Kreise der z-Ebene vom Einheitskreis bis ins Unendliche wachsen, so überdecken sie das ganze Gebiet außerhalb des Einheitskreises. Die entsprechende Schar der Ellipsen wächst dann von der Strecke von $\zeta = -2$ bis $\zeta = +2$ ebenfalls ins Unendliche, überdeckt also die ganze ζ-Ebene. Durch die Funktion $\zeta = z + 1/z$ wird demnach das Außengebiet des Einheitskreises auf die ganze ζ-Ebene abgebildet. Der Einheitskreis wird dabei gleichsam auf eine Linie zusammengedrückt, so daß sein Innengebiet verschwindet.

Wäre man von einem Punkt z im Innern des Einheitskreises ausgegangen, so hätte sich zu jedem Punkt z der gleiche Wert ζ ergeben, wie für den außerhalb des Kreises liegenden Punkt $1/z$. Konzentrische Kreise innerhalb des Einheitskreises entsprechen konzentrischen Kreisen außerhalb, geben daher bei der Abbildung auf die ζ-Ebene die gleichen Ellipsen wie diese. Da jedem Punkt z innerhalb des Einheitskreises ein, und nur ein Punkt $1/z$ außerhalb entspricht und umgekehrt, so überdeckt auch die Abbildung des Gebietes innerhalb des Einheitskreises der z-Ebene die ganze ζ-Ebene. Man braucht daher zur Abbildung der ganzen z-Ebene in der ζ-Ebene 2 RIEMANNsche Blätter. Man kann die Aufteilung der z-Ebene auf diese beiden Blätter so vornehmen, daß das eine die Abbildung des Gebietes außerhalb des Einheitskreises der z-Ebene, das andere die des Innengebietes enthält. Beim Überschreiten des Einheitskreises der z-Ebene muß man in der ζ-Ebene von einem Blatt auf das andere kommen. Da nun dem Einheitskreis die Strecke der ξ-Achse von -2 bis $+2$ entspricht, so muß man längs dieser Strecke die ζ-Ebene aufschlitzen und hier die Verbindung der beiden Ebenen herstellen. Ähnlich wie bei den früher betrachteten Fällen der RIEMANNschen Blätter ist man aber auch hier nicht gezwungen, den Schlitz gerade so zu legen, wie eben geschildert. Man kann dafür jede Verbindungslinie der Punkte $\zeta = -2$ und $\zeta = +2$ wählen. Man erhält dann nur

VIII. Einige zusammengesetzte Funktionen

in der z-Ebene nicht mehr den Einheitskreis als Grenze für die den beiden RIEMANNschen Blättern entsprechenden Gebiete, sondern eine andere Kurve, die aber immer durch die Punkte $z = +1$ und $z = -1$ gehen muß. Wir kommen darauf am Schluß von Ziffer 57 noch etwas ausführlicher zurück.

Geht man von einem elliptischen Rand aus, so kann man nach dem vorstehenden das Außengebiet der Ellipse der ζ-Ebene auf das Außengebiet eines Kreises der z-Ebene abbilden, das sich leicht weiter behandeln läßt. Das Innengebiet der Ellipse geht aber durch das geschilderte Abbildungsverfahren in einen Kreisring der z-Ebene zwischen dem Einheitskreis und dem der Ellipse entsprechenden Kreis über. Dies ist ein zweifach zusammenhängender Bereich (Ziffer 24), in dem die Behandlung der Vorgänge erheblich umständlicher ist. Daher bietet das Innengebiet einer Ellipse wesentlich größere Schwierigkeiten als das Außengebiet. Die Behandlung derartiger Gebiete wird in Ziffer 80 gegeben werden.

Bei der Abbildung $\zeta = z + 1/z$ spielen die Punkte $z = +1$ und $z = -1$ bzw. die ihnen entsprechenden $\zeta = +2$ und $\zeta = -2$ eine aus-

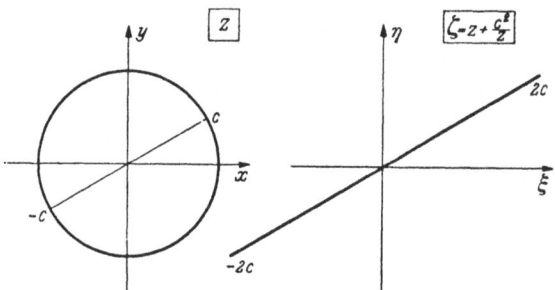

Bild 156. Allgemeinere Abbildung durch $\zeta = z + c^2/z$

gezeichnete Rolle. Um von der speziellen Lage dieser ausgezeichneten Punkte unabhängig zu werden, braucht man nur gemäß den Ausführungen in Ziffer 43 die Abbildungsfunktion in der etwas allgemeineren Form

$$\zeta = z + \frac{c^2}{z} \tag{56,7}$$

zu schreiben. An die Stelle der Punkte $z = \pm 1$ treten jetzt in gleicher Rolle die Punkte $z = \pm c$. Ein Kreis mit dem Durchmesser von $-c$ bis $+c$ geht bei dieser Abbildung in die gerade Strecke von $-2c$ bis $+2c$ über (Bild 156). Ist insbesondere $c = \pm i$, also

$$\zeta = z - \frac{1}{z} \tag{56,8}$$

so geht der Kreis in ein Stück der η-Achse von $-2i$ bis $+2i$ über. Man kann demnach durch die beiden Abbildungen

$$\zeta_1 = \frac{1}{2}\left(z + \frac{1}{z}\right) \quad \text{und} \quad \zeta_2 = \frac{1}{2}\left(z - \frac{1}{z}\right) \tag{56,9}$$

den Kreis nach Belieben auf die ξ-Achse oder auf die η-Achse zusammenklappen (Bild 157). Durch Vergleich von ζ_1 und ζ_2 ergibt sich dann die in Ziffer 53 behandelte und in Bild 150 veranschaulichte Abbildung. In der Tat ist

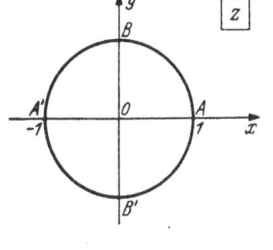

$$\zeta_1^2 = \frac{1}{4}\left(z^2 + 2 + \frac{1}{z^2}\right),$$

$$\zeta_2^2 = \frac{1}{4}\left(z^2 - 2 + \frac{1}{z^2}\right), \tag{56,10}$$

$$\zeta_1^2 - \zeta_2^2 = 1, \quad \zeta_2 = \sqrt{\zeta_1^2 - 1}. \tag{56,11}$$

57. Abbildung eines Kreises auf ein Stück eines Kreisbogens. Wir wollen nun in der z-Ebene einen Kreis betrachten, der ebenfalls durch die Punkte $z = +1$ und $z = -1$ geht, dessen Mittelpunkt aber oberhalb der x-Achse liegt. Auch in diesem Falle entspricht einem Punkte z dieses Kreises ein Punkt $1/z$, der auf dem gleichen Kreise liegt. Man kann dies leicht durch folgende Überlegung einsehen.

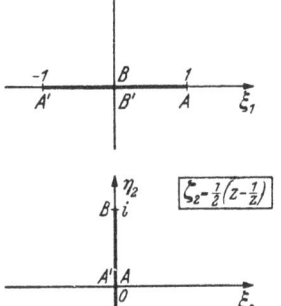

Zieht man in einem Kreise 2 Sehnen A_1A_2 und P_1P_2, welche sich im Punkte 0 schneiden (Bild 158), so ist nach einem bekannten Satze der Geometrie

$$OP_1 \cdot OP_2 = OA_1 \cdot OA_2. \tag{57,1}$$

Macht man $OA_1 = OA_2 = 1$, so wird $OP_2 = \frac{1}{OP_1}$. Außerdem ist die Mittelsenkrechte zu A_1A_2, die Gerade B_1OB_2, eine Symmetrielinie für den Kreis und die Achse A_1A_2. Klappt man die Strecke OP_2 um diese Symmetrielinie um, so geht P_2 in den Punkt P_3 über, der aus Symmetriegründen wieder auf dem Kreise liegt. Ist $\sphericalangle A_2OP_1 = \varphi$, so ist auch

Bild 157. Abbildung des Einheitskreises auf eine waagerechte und eine senkrechte Strecke. Zusammenhang mit der Abbildung durch $\zeta_2 = \sqrt{\zeta_1^2 - 1}$ gemäß Bild 150

$$\sphericalangle A_2OP_3 = -\sphericalangle A_1OP_2 = -\varphi, \tag{57,2}$$

wie sich an Hand von Bild 158 leicht aus den Symmetrieeigenschaften ersehen läßt. Wählt man nun A_1A_2 als x-Achse und B_1B_2 als y-Achse unseres Koordinatensystems, so haben die Punkte A_1 und A_2 die

Koordinaten $z = -1$ bzw. $z = +1$. Der Punkt P_1 habe die Koordinate $z_1 = r\,e^{i\varphi}$. Der Punkt P_3 wird dann nach dem obigen

$$z_3 = \frac{1}{r}e^{-i\varphi} = \frac{1}{z_1}. \qquad (57,3)$$

Da er auf dem Kreise liegt und die Überlegung für jeden beliebigen Punkt P_1 des Kreises gilt, so liegt demnach für jeden Punkt z des Kreises der entsprechende Punkt $1/z$ ebenfalls auf dem Kreise. Jedem Punkt z oberhalb der x-Achse entspricht ein Punkt $1/z$ unterhalb und umgekehrt.

Um den Punkt $\zeta = z + \dfrac{1}{z}$ zu konstruieren, muß man die Vektoren z und $1/z$ zu einem Parallelogramm ergänzen (Bild 159). Für den Kreispunkt $z = 1$ ergibt sich wie beim vorigen Beispiel ein auf der x-Achse

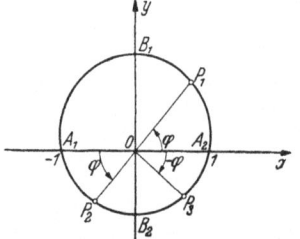
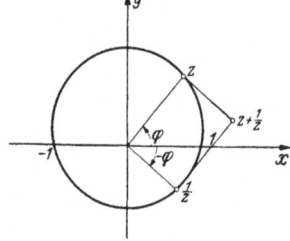

Bild 158. Alle Kreise durch die Punkte $+1$ und -1 gehen durch die konforme Abbildung $z' = 1/z$ in sich selbst über

Bild 159. Konforme Abbildung eines durch die Punkte ± 1 gehenden Kreises durch $\zeta = z + 1/z$

liegender Punkt $\zeta = 2$, ebenso $\zeta = -2$ für $z = -1$. Für die dazwischenliegenden Punkte des Kreises liegen aber die zugehörigen Punkte ζ nicht mehr auf der x-Achse, sondern oberhalb derselben, wenn der Mittelpunkt des Kreises oberhalb der x-Achse liegt. Wandert der Punkt z längs des oberen Teiles des Kreises von $+1$ bis -1, so durchläuft der entsprechende Punkt ζ eine Kurve von $+2$ bis -2. Da nun zu jedem Punkt z des oberen Teiles ein Punkt $1/z$ des unteren gehört und umgekehrt, und ein Ausgangspunkt z das gleiche ζ ergibt wie ein Ausgangspunkt $1/z$, so fällt die Abbildung des unteren Kreisteils der z-Ebene in der ζ-Ebene mit der des oberen zusammen. Wenn daher der Punkt z von $z = -1$ weiter längs des unteren Teiles des Kreises nach $z = +1$ zurückwandert, so läuft der entsprechende Punkt ζ die gleiche Kurve wie vorher von $\zeta = -2$ bis $\zeta = +2$ zurück.

Wenn man die Koordinaten der Kurve berechnet, in welche der obere und untere Kreisteil übergehen, so zeigt sich, daß diese Kurve ein Kreisbogen ist. Anstatt diese etwas umständliche Rechnung durchzuführen, kann man sich auch in Anlehnung an das beim Kreisbogenzweieck in Ziffer 19 benützte Verfahren in einfacherer Weise über die Form dieser Kurve Aufschluß verschaffen, wobei man gleichzeitig einen

57. Abbildung eines Kreises auf ein Stück eines Kreisbogens

tieferen Einblick in die Eigenschaften der Abbildung gewinnt. Bringt man in der ζ-Ebene in den Punkten $+2$ und -2 eine Quelle bzw. eine

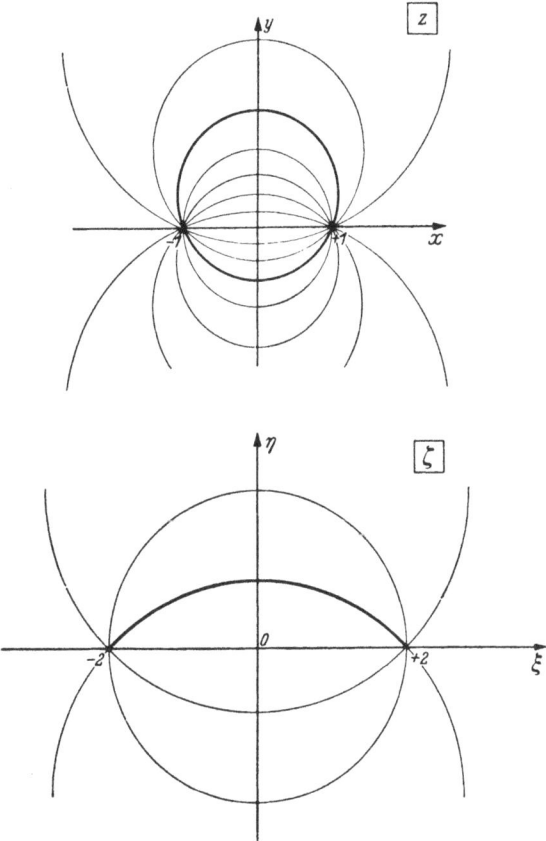

Bild 160. Konforme Abbildung eines Quell-Senken-Systems durch $\zeta = z + 1/z$

Senke von der Ergiebigkeit $\pm E$ an (Bild 160 unten), so ist das komplexe Potential der zugehörigen Strömung nach Gl. (50,4)

$$\varPhi = \frac{E}{2\pi} \ln \frac{\zeta - 2}{\zeta + 2}. \tag{57,4}$$

Bildet man die ζ-Ebene auf die z-Ebene durch $\zeta = z + 1/z$ ab, so wird in der z-Ebene

$$\varPhi = \frac{E}{2\pi} \ln \frac{z + \dfrac{1}{z} - 2}{z + \dfrac{1}{z} + 2} = \frac{E}{2\pi} \ln \frac{(z-1)^2}{(z+1)^2} = \frac{2E}{2\pi} \ln \frac{z-1}{z+1}. \tag{57,5}$$

Dieses stellt aber das Potential einer Quell-Senken-Strömung dar, mit einer Quelle von der Ergiebigkeit $2E$ in $z = 1$ und einer Senke gleicher Ergiebigkeit in $z = -1$ (Bild 160 oben). Durch diese Abbildung geht also die Quelle und Senke in den Punkten $\zeta = 2$ und $\zeta = -2$ wieder in eine Quelle und eine Senke in den entsprechenden Punkten $z = 1$ und $z = -1$ über. Aber die Ergiebigkeit der Quelle und Senke ist in der z-Ebene doppelt so groß wie in der ζ-Ebene. Da nun in der z-Ebene jeder Kreis durch $z = 1$ und $z = -1$ Stromlinie ist, so ist es auch der Kreis, dessen Abbildung wir betrachten. Demnach muß auch die Kurve,

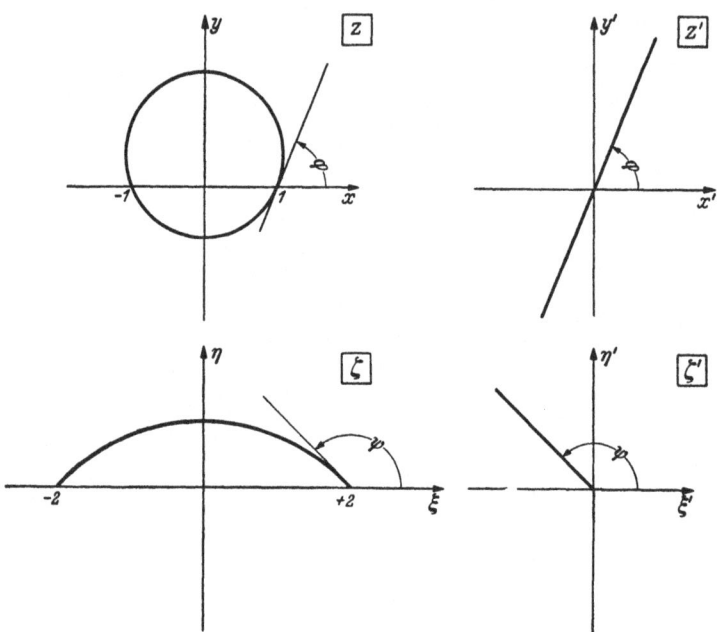

Bild 161. Konforme Abbildung von Kreis und Kreisbogen auf Gerade

in die er in der ζ-Ebene übergeht, Stromlinie sein. Da aber auch in dieser Ebene alle Stromlinien Kreisbogen sind, so muß diese Kurve ein Kreisbogen sein.

Wir wollen hier noch eine Überlegung anschließen, die uns das Verhalten der singulären Punkte $z = \pm 1$ bei dieser Abbildung noch klarer macht. Bildet man sowohl die z-Ebene wie die ζ-Ebene durch eine lineare Transformation (Ziffer 54) so ab, daß der eine singuläre Punkt $z = -1$ bzw. $\zeta = -2$ ins Unendliche und der andere $z = 1$ bzw. $\zeta = 2$ in den Nullpunkt rücken (Bild 161), so erhält man in beiden Fällen eine einfache Quellströmung. Die betreffenden Abbildungsfunktionen lauten nach Gl. (54,10)

$$z' = \frac{z-1}{z+1}, \quad \zeta' = \frac{\zeta-2}{\zeta+2}. \tag{57,6}$$

57. Abbildung eines Kreises auf ein Stück eines Kreisbogens

Drückt man ζ in dem Ausdruck für ζ' durch z aus, so wird

$$\zeta' = \frac{z + \frac{1}{z} - 2}{z + \frac{1}{z} + 2} = \left(\frac{z-1}{z+1}\right)^2 = z'^2. \tag{57,7}$$

Der Kreis der z-Ebene war in der z'-Ebene in eine Gerade (Stromlinie der Quelle) übergegangen, welche die x'-Achse unter dem gleichen Winkel φ schneidet, unter dem der Kreis bei $z = 1$ die x-Achse schneidet (in der Umgebung von $z = 1$ ist $z' \approx \frac{1}{2}(z-1)$). Der Kreisbogen der ζ-Ebene geht in der ζ'-Ebene in einen geraden Strahl über, der mit der ξ'-Achse den gleichen Winkel ψ bildet, unter dem der Kreisbogen bei $\zeta = 2$ die ξ-Achse trifft. Aus der Gl. (57,7) ersieht man nun, daß zwischen der ζ'- und der z'-Ebene die einfache, uns bereits aus Ziffer 46 geläufige Beziehung $\zeta' = z'^2$ besteht. Darnach geht die dem Kreis entsprechende Gerade durch Zusammenklappen in den dem Kreisbogen entsprechenden Strahl über, wobei sich die Winkel im Nullpunkt verdoppeln, so daß also

$$\psi = 2\varphi \tag{57,8}$$

ist.

Bei diesem Zusammenklappen geht die eine Hälfte der z'-Ebene in die volle ζ'-Ebene über. Daher erscheint in der ζ'-Ebene nur die Hälfte der Stromlinien der z'-Ebene von der im Nullpunkt liegenden Quelle. So wird auch verständlich, was sich nach Gl. (57,5) ergab, daß in der z-Ebene in den Punkten $z = \pm 1$ eine Quelle und Senke von der doppelten Ergiebigkeit anzubringen war wie in der ζ-Ebene in den Punkten $\zeta = \pm 2$. In der z-Ebene verläuft nämlich die Hälfte der Stromlinien im Innern des Kreises und verschwindet bei der Abbildung mit diesem im zweiten RIEMANNschen Blatt.

Wir müssen nun noch einige geometrische Beziehungen zwischen dem Ausgangskreis der z-Ebene und dem Kreisbogen der ζ-Ebene aufstellen: Liegt der Mittelpunkt des Kreises der z-Ebene um die Höhe h über der x-Achse (Bild 162), so ist der Kreisradius $r_0 = \sqrt{1 + h^2}$ und für die Schnittpunkte des Kreises mit der y-Achse ergeben sich die Werte $z_o = i(h + r_0)$ und $z_u = 1/z_o = i(h - r_0)$. Die Punkte gehen in der ζ-Ebene in den Scheitel des Kreisbogens über. Für diesen ergibt sich

$$\zeta_m = z_o + \frac{1}{z_o} = z_u + \frac{1}{z_u} = i(h \pm r_0) + i(h \mp r_0) = 2ih. \tag{57,9}$$

Die Pfeilhöhe des Kreisbogens ist demnach $2h$ (Bild 162). Zwischen dem Radius R des Kreisbogens und der Pfeilhöhe $2h$ besteht die bereits in Bild 158 benützte geometrische Beziehung $(2R - 2h)2h = 2^2$.

216   VIII. Einige zusammengesetzte Funktionen

Daraus ergibt sich
$$R = h + \frac{1}{h} = \frac{1+h^2}{h}.\qquad(57,10)$$

Der größte Winkel, den der Radius R mit der η-Achse bildet bzw. der Winkel, unter dem der Kreisbogen im Punkte $\zeta = 2$ die ξ-Achse trifft, sei ψ_0. Für ihn gilt

$$\sin\psi_0 = \frac{2}{R} = \frac{2h}{1+h^2}.\qquad(57,11)$$

Bezeichnet man in der z-Ebene den Winkel, unter dem der nach $z = 1$ gezogene Radius r_0 die x-Achse trifft, mit φ_0, so ist

$$\tan\varphi_0 = h \qquad(57,12)$$

$$\sin\varphi_0 = \frac{h}{\sqrt{1+h^2}}.\qquad(57,13)$$

Wie man sich leicht durch Nachrechnung überzeugt, wird

$$\sin 2\varphi_0 = \frac{2h}{1+h^2} = \sin\psi_0,\qquad(57,14)$$

also

$$\psi_0 = 2\varphi_0.\qquad(57,15)$$

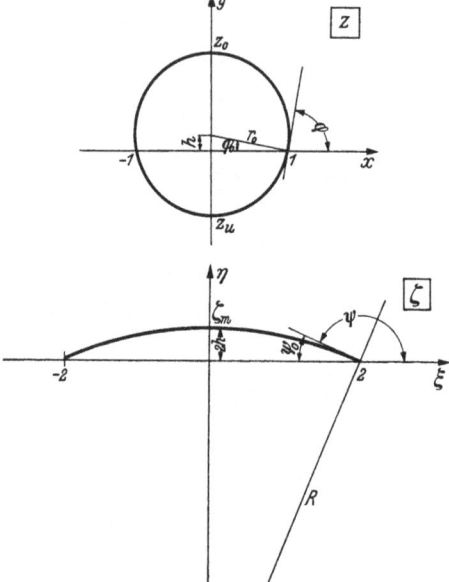

Bild 162. Zusammenhang zwischen der Lage des Kreismittelpunktes und der Wölbung des Kreisbogens

Diese Winkel hängen mit dem in Bild 161 definierten durch $\psi_0 = 180° - \psi$ und $\varphi_0 = 90° - \varphi$ zusammen.
Damit stimmten Gl. (57,8) und (57,15) überein.

Jedem Punkt z eines Kreises durch die Punkte ± 1 der z-Ebene entspricht nach Gl. (57,3) ein Punkt $1/z$, der auf dem gleichen Kreise liegt. Daher entspricht jedem Punkte z außerhalb des Kreises ein Punkt $1/z$ innerhalb des Kreises. Das Gebiet außerhalb des Kreises der z-Ebene wird auf das Gebiet außerhalb des Kreisbogens, also auf die volle ζ-Ebene abgebildet. Da aber jedem Punkte z im Innern des Kreises ein Punkt $1/z$ außerhalb zugeordnet ist, der bei der Abbildung $\zeta = z + 1/z$ den gleichen Wert ζ ergibt und dem ganzen Innengebiet gerade das ganze Außengebiet entspricht, so wird auch das ganze Innengebiet des Kreises auf die volle ζ-Ebene abgebildet. Die Abbildungen des Innen- und Außengebietes liegen in 2 RIEMANNschen Blättern, welche längs des Kreisbogens von $\zeta = -2$ bis $\zeta = +2$ zusammenhängen. Wir haben bereits in der vorigen Ziffer betont, daß der Schlitz zwischen den beiden RIEMANNschen Blättern irgendeine Kurve zwischen den Punkten $\zeta = -2$ und $\zeta = 2$ sein könne und haben hier ein Beispiel für einen anderen Schlitz.

An sich kann man in der z-Ebene anstatt des oberhalb der x-Achse gelegenen Kreisteils eine beliebige Kurve von $z = -1$ bis $z = +1$ ziehen. Wenn man nun zu allen Punkten z dieser Kurve die zugehörigen Punkte $1/z$ sucht, so ergeben diese ebenfalls eine Kurve von $z = -1$ bis $z = +1$. Die beiden Kurven zusammen ergeben eine geschlossene Kurve. Wenn man von den Fällen absieht, in denen sich die Kurve überschneidet, so entspricht dann jedem Punkt z außerhalb dieser Kurve ein Punkt $1/z$ innerhalb, da ja jedem Punkt der Kurve selbst wieder ein Punkt der Kurve entspricht. Jedem Punkt außerhalb entspricht also ein Punkt innerhalb, der dem gleichen Punkt ζ in einem anderen RIEMANNschen Blatt entspricht. Der Schlitz, durch den die beiden Blätter zusammenhängen, ist jetzt durch die Abbildung unserer willkürlichen Kurve gegeben. Voraussetzung ist nur, daß die Kurve durch die Punkte $z = -1$ und $z = +1$ geht, da sonst die $1/z$-Kurve nicht an sie anschließen und somit keine geschlossene Kurve entstehen würde. Dementsprechend muß der Übergangsschlitz in der ζ-Ebene von den Punkten $\zeta = -2$ und $\zeta = +2$ ausgehen, kann aber im übrigen ganz beliebig verlaufen.

58. Joukowsky-Profile. Eine Kurve in der z-Ebene, welche den bisher betrachteten Ausgangskreis der Kreisbogenabbildung umschlingt, geht in der ζ-Ebene in eine Kurve über, welche den Kreisbogen umschlingt. Zieht man in der z-Ebene einen Kreis II, welcher den bisher betrachteten Kreis I im Punkte $z = +1$ von außen berührt (Bild 163), so geht dieser in eine Kurve über, welche den Kreisbogen im Punkte $\zeta = 2$ ebenfalls berührt, dort also eine Spitze hat, im übrigen aber den Kreisbogen umschlingt. Wenn der neue Kreis nicht wesentlich größer als der durch die Punkte ± 1 gehende ist, so entsteht aus ihm in der ζ-Ebene eine Kurve, welche große Ähnlichkeit mit den Tragflügelprofilen der Flugzeuge hat. Diese Abbildung eines Kreises auf derartige tragflügelartige Profile wurde zuerst von dem russischen Professor N. JOUKOWSKY angegeben[1]. Die durch diese Abbildung entstehenden Profile werden deshalb JOUKOWSKY-Profile genannt. Die Abbildung des Kreises auf den Kreisbogen ist unabhängig voneinander von JOUKOWSKY in Rußland und von KUTTA[2] in Deutschland gefunden worden. Sie wird

---

[1] JOUKOWSKY, N.: Über die Konturen der Tragflächen der Drachenflieger. Z. Flugtechn. 1(1910) 281; 3 (1912) 81.
[2] KUTTA, W. M.: Auftriebskräfte in strömenden Flüssigkeiten. Illustr. aeron. Mitteilungen (1902) 133. — KUTTA, W. M.: Über eine mit den Grundlagen des Flugproblems in Beziehung stehende zweidimensionale Strömung. Sitzungsbericht d. Bayr. Akad. d. Wiss., math.-phys. Klasse, München 1910, 2. Abh. u. 1911 S. 65.

teils nach JOUKOWSKY, teils nach KUTTA benannt und vielfach auch nach beiden als KUTTA-JOUKOWSKYsche Abbildung bezeichnet.

Die praktische Durchführung der JOUKOWSKYschen Abbildung ist etwa die folgende[1]. Man geht von einem Kreis II aus, der durch den Punkt $z = +1$ geht, und dessen Mittelpunkt M oberhalb der x-Achse und links neben der y-Achse liegt (Bild 163). Die Wahl dieses Mittelpunktes ist ausschlaggebend für die Form des JOUKOWSKY-Profils, und zwar sind folgende Größen maßgebend: Verbindet man den Kreismittel-

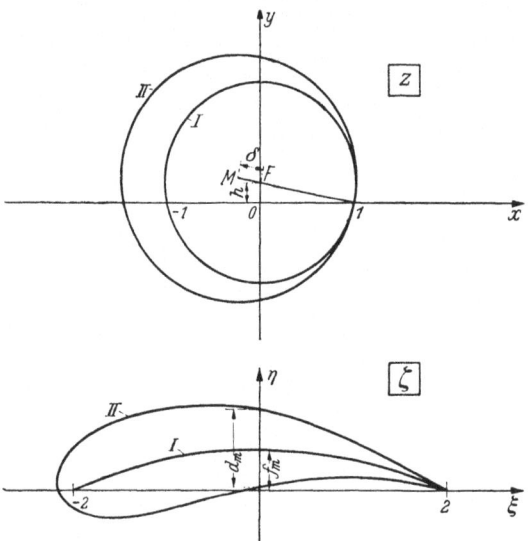

Bild 163. Konforme Abbildung eines Kreises auf ein JOUKOWSKY-Profil

punkt mit dem Punkt $+1$, so schneidet die Verbindungsgerade die y-Achse im Punkte F, dem Mittelpunkt des Kreises I, der bei der Abbildung in den Kreisbogen übergeht. Der Abschnitt OF der y-Achse sei h, der Abschnitt MF der Verbindungsgeraden sei δ. Wie man sich leicht an Hand der Konstruktion überzeugen kann, wird dann gemäß Gl. (57,9) der Wölbungspfeil des vom Profil umschlungenen Kreisbogens, des sog. Skeletts,

$$f_m = 2h \qquad (58,1)$$

und die Dicke des Profils in der Mitte

$$d_m \approx 4\delta. \qquad (58,2)$$

Man kann also von vornherein den Mittelpunkt so wählen, daß man ein Profil mit bestimmter Pfeilhöhe f_m und bestimmter Dicke d_m in der Mitte erhält.

---

[1] TREFFTZ, E.: Graphische Konstruktion Joukowskischer Tragflächen. Z. Flugtechn. 4 (1913) 130.

58. Joukowsky-Profile

Bildet man den Ausgangskreis durch die Funktion $z' = 1/z$ ab, so ergibt sich wieder ein Kreis (Kreis III, Bild 164), der durch den Punkt $z = +1$ geht und dort den Ausgangskreis berührt. Sein Mittelpunkt M' liegt also auf der Geraden von M nach $+1$. Man braucht daher nicht zu jedem Punkt z des Ausgangskreises den reziproken Wert des Betrags zu berechnen. Es genügt dies für einen einzigen Punkt zu tun, etwa für den Punkt S auf der x-Achse, als dessen Abbild sich der Punkt S' auf der x-Achse ergibt[1]. Damit ist der Kreis III festgelegt. Da für jeden

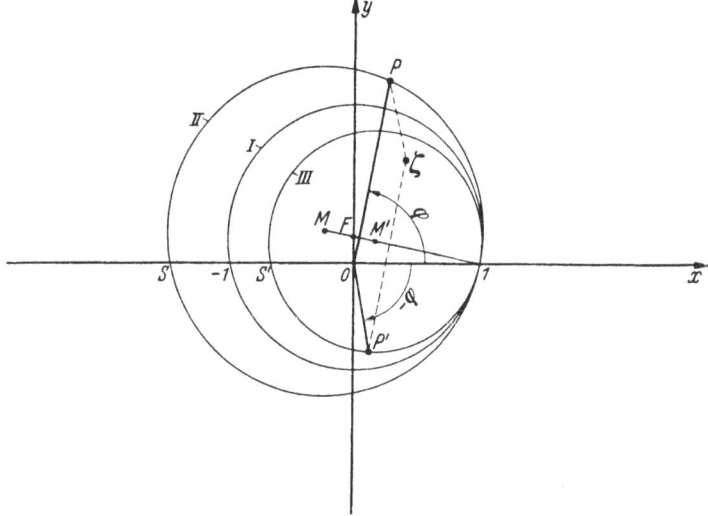

Bild 164. Konstruktion eines JOUKOWSKY-Profils

Punkt P des Ausgangskreises II die Abbildung $z' = 1/z$ auf dem Kreise III liegt, braucht man, um den entsprechenden Punkt P' zu finden, nur den Winkel φ des Strahles nach dem Punkt z negativ an die x-Achse anzutragen, um damit den Punkt $z' = 1/z$ auf dem Kreis III zu finden. Die leicht auszuführende Ergänzung der Strahlen z und z' zu einem Parallelogramm liefert jeweils einen Punkt $\zeta = z + 1/z$ des JOUKOWSKY-Profils.

Der Wert der JOUKOWSKY-Profile für die flugtechnische Forschung liegt vor allem darin, daß man ohne großen Arbeitsaufwand Profile erhält, für welche sich die Druckverteilung längs der Oberfläche leicht berechnen läßt. Die Ermittlung der Druckverteilung geschieht im wesentlichen nach dem gleichen Verfahren, das in Ziffer 32 und 33 geschildert ist. Zwischen dem Druck p und der Geschwindigkeit v an irgendeiner

---

[1] Man kann den Mittelpunkt M' auch leicht unmittelbar finden, da $\sphericalangle MOF = \sphericalangle M'OF$ ist.

Stelle einer Potentialströmung besteht die BERNOULLIsche Beziehung (31,11)

$$p + \frac{\varrho}{2} v^2 = p_\infty + \frac{\varrho}{2} v_\infty^2. \tag{58,3}$$

Dabei bedeuten ϱ die Dichte der Flüssigkeit, p_∞ und v_∞ Druck und Geschwindigkeit im Unendlichen. Durch diese Gleichung wird die Ermittlung der Drücke auf die Berechnung der Geschwindigkeiten zurückgeführt. Ist v_z die Geschwindigkeit in einem Punkte des Kreises der z-Ebene, und v_ζ die Geschwindigkeit in dem entsprechenden Punkte des JOUKOWSKY-Profils, so besteht zwischen beiden die Beziehung (45,13)

$$\frac{v_z}{v_\zeta} = \left| \frac{d\zeta}{dz} \right|. \tag{58,4}$$

Da $\zeta = z + 1/z$ ist, wird

$$\frac{d\zeta}{dz} = 1 - \frac{1}{z^2} = \frac{1}{z}\left(z - \frac{1}{z}\right). \tag{58,5}$$

Diese Größen lassen sich aus der Konstruktion (Bild 164) ohne weiteres abmessen. Es ist $z = 0P$, $z - 1/z = P'P$. Demnach wird

$$\frac{v_z}{v_\zeta} = \frac{PP'}{0P}. \tag{58,6}$$

Die Geschwindigkeit v_z auf dem Ausgangskreis ist proportional der Anströmgeschwindigkeit v_∞. Ihre Verteilung hängt von dem Anstellwinkel α ab, unter dem das Profil bzw. der Kreis angeströmt wird, d.h. von dem Winkel α, den die Richtung der Geschwindigkeit im Unendlichen v_∞ mit der x-Achse bzw. ξ-Achse bildet. (Da die Abbildung das Unendliche unverändert läßt, sind dieser Winkel und der Betrag v_∞ der Geschwindigkeit in der z-Ebene und in der ζ-Ebene gleich.) Wäre keine Zirkulation vorhanden, so würde sich am Kreise eine zur Anströmung symmetrische Strömung ausbilden. Die Staupunkte würden demnach in den Endpunkten T_1 und T_2 des unter dem Winkel α gegen die x-Achse geneigten Durchmessers liegen (Bild 165). Die Geschwindigkeitsverteilung wäre dann nach Gl. (32,6), wenn man Geschwindigkeiten entgegen dem Uhrzeigersinn positiv rechnet,

$$v = -2 v_\infty \sin \psi, \tag{58,7}$$

wobei ψ der Winkel eines vom Kreismittelpunkt ausgehenden Fahrstrahls mit dem Durchmesser $T_1 T_2$ ist. Nun stellt sich infolge der scharfen Hinterkante des Flügelprofils eine Zirkulation Γ ein, bei der gerade keine Umströmung der Hinterkante eintritt. Dies ist der Fall, wenn der hintere Staupunkt in der z-Ebene in den der Hinterkante entsprechenden Punkt $z = +1$ fällt. Die Zirkulation $\varGamma$ bewirkt auf dem Kreise eine konstante Geschwindigkeit

$$v_\varGamma = \frac{\varGamma}{2 r_0 \pi}, \qquad (58{,}8)$$

wobei r_0 den Radius des Kreises bedeutet. Die Überlagerung der beiden Geschwindigkeiten muß im Punkte $z = 1$ die Geschwindigkeit Null ergeben. Mit $\varphi_0 = \arctan h$ ist für diesen Punkt $\psi = -(\alpha + \varphi_0)$ (Bild 165). Somit muß

$$v_\varGamma = \frac{\varGamma}{2 r_0 \pi} = -2 v_\infty \sin(\alpha + \varphi_0) \qquad (58{,}9)$$

werden. Die Geschwindigkeit in irgendeinem Punkte P des Kreises wird

$$v_z = v + v_\varGamma = -2 v_\infty [\sin \psi + \sin(\alpha + \varphi_0)], \qquad (58{,}10)$$

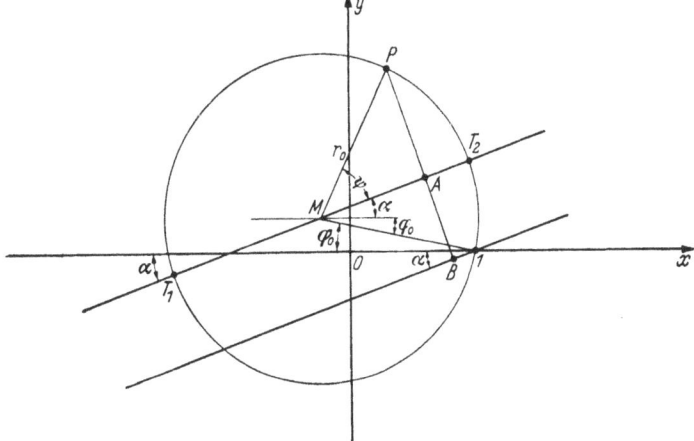

Bild 165. Graphische Ermittlung der Geschwindigkeit auf einem JOUKOWSKY-Profil

Zieht man durch den Punkt $z = 1$ eine Parallele zur Anströmrichtung und fällt vom Punkte P das Lot auf die Anströmrichtung, das den Durchmesser $T_1 T_2$ im Punkte A und die dazu Parallele durch den Punkt $z = 1$ im Punkte B trifft, so ist

$$PA = r_0 \sin \psi \quad \text{und} \quad AB = r_0 \sin(\alpha + \varphi_0), \qquad (58{,}11)$$

also

$$PB = r_0 [\sin \psi + \sin(\alpha + \varphi_0)]. \qquad (58{,}12)$$

Da $r_0 = MP$ ist, so ergibt sich

$$v_z = -2 v_\infty \frac{PB}{MP}. \qquad (58{,}13)$$

So kann man v_z und mittels der Gln. (58,6) und (58,3) auch v_ζ und den Druck durch einige leicht aus der Zeichnung abzumessende Strecken ermitteln.

Vielfach sind kinematische Anordnungen vorgeschlagen worden, welche die konforme Abbildung $\zeta = z + 1/z$ selbsttätig durchführen und daher rasch die Aufzeichnung von JOUKOWSKY-Profilen ermöglichen. Da aber die praktische Anwendung dieser Profile doch nur beschränkt ist und die geschilderte graphische Konstruktion auch rasch zum Ziele führt, haben derartige Apparate keine Verbreitung gefunden.

Eine Eigentümlichkeit der JOUKOWSKY-Profile ist die dünn auslaufende Hinterkante mit dem Kantenwinkel Null. Bei wirklichen Flügeln läßt sich diese Form aus Gründen der Festigkeit nur schwer angenähert herstellen. Im allgemeinen laufen Ober- und Unterseite eines Flügels hinten mit einem endlichen Kantenwinkel zusammen. Durch eine Erweiterung der JOUKOWSKYschen Abbildung kann man auch solche Profile durch konforme Abbildung erhalten, indem man als Skelett anstatt des Kreisbogens ein Kreisbogenzweieck verwendet (hierauf kommen wir in Ziffer 63 noch zurück; KÁRMÁN-TREFFTZ-Profile). Man kann das dünne Hinterende auch vermeiden, wenn man den Ausgangskreis nicht genau durch den Punkt $z = 1$ gehen läßt, sondern ihn etwas außerhalb vorbeiführt. Dann ergibt sich an der Hinterkante eine sehr kleine Abrundung, welche praktisch kaum merklich ist, aber für den Verlauf des Profils in der Nachbarschaft der Hinterkante sich doch durch eine merkliche Verdickung auswirkt[1]. Eine Konstruktion für eine noch schärfere Festlegung der Form in der Nähe der Hinterkante hat D. CUNSOLO[2] angegeben. Dabei wird die kleine Abrundung an der Hinterkante so bemessen, daß das durch die einfache JOUKOWSKY-Abbildung eines Kreises entstehende Profil das Kreisbogenzweieck mit den gewünschten Kantenwinkeln und der gewünschten Wölbung seiner Mittellinie in der Nähe der Hinterkante sowohl auf der Ober- wie auf der Unterseite gerade berührt. Dadurch schmiegt es sich dem gewünschten Hinterkantenwinkel sehr genau an. Weitere Verallgemeinerungen der Flügelabbildung, die vor allem Abweichungen von der Kreisbogenform des Skeletts bedeuten, sind von v. MISES[3] und im Anschluß daran von einigen anderen Verfassern angegeben worden. Ein von BETZ und KEUNE angegebenes Verfahren zur Behandlung allgemeinerer Profilformen, das

---

[1] BETZ, A.: Eine Verallgemeinerung der Schukowskyschen Flügelabbildung. Z. Flugtechn. 15 (1924) 100.

[2] CUNSOLO, D.: I Profili di Joukowski a punta arrotondata. L'Aerotecnica 32 (1952) 20.

[3] v. MISES, R.: Zur Theorie des Tragflächenauftriebs. Z. Flugtechn. 8 (1917) 157; 11 (1920) 68 u. 87.

sich aber auch für einfache JOUKOWSKY-Profile gut verwenden läßt, wird in Ziffer 64 geschildert.

Legt man um den Ausgangskreis z_I der z-Ebene mit dem Radius $r_I = \sqrt{1 + h^2}$, der bei der Abbildung in den Kreisbogen übergeht, einen vergrößerten Kreis $z_{II} = (1 + \lambda) z_I$ mit dem Nullpunkt als Ähnlichkeitszentrum, so umschlingt die ihm in der ζ-Ebene entsprechende Kurve den Kreisbogen in einer Form, die man als Überlagerung einer Ellipse über den Kreisbogen auffassen kann (Bild 166). Die größte Dicke dieses Profils ist

$$d = 2r_I[2\lambda - \lambda^2/(1 + \lambda)] \approx 4r_I \lambda,$$

die Länge $l = 4 + 2\lambda^2/(1 + \lambda) \approx 4$. Dabei gelten die jeweils zuletzt angegebenen Näherungswerte, wenn $\lambda \ll 1$ ist.

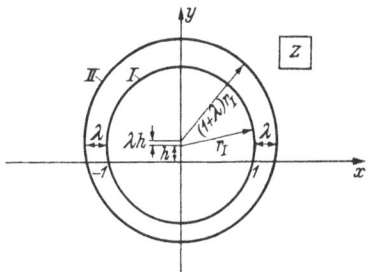

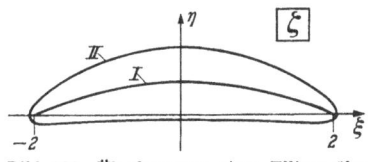

Bild 166. Überlagerung einer Ellipse über einen Kreisbogen

59. Kreis- und Hyperbelfunktionen.

Kreis- und Hyperbelfunktionen lassen sich durch die Exponentialfunktion ausdrücken, und zwar ist

$$\cos z = \frac{e^{iz} + e^{-iz}}{2}, \qquad \sin z = \frac{e^{iz} - e^{-iz}}{2i}, \tag{59,1}$$

$$\cosh z = \frac{e^z + e^{-z}}{2}, \qquad \sinh z = \frac{e^z - e^{-z}}{2}. \tag{59,2}$$

Betrachten wir als erstes Beispiel die Funktion $\cosh z$. Wir bilden zunächst die z-Ebene mittels der Funktion

$$z_1 = e^z \tag{59,3}$$

auf eine z_1-Ebene ab (Ziffer 50). Dabei geht ein Parallelstreifen der z-Ebene von der Breite 2π, der parallel der x-Achse liegt, in die volle z_1-Ebene über. Entsprechende Streifen gehen in andere RIEMANNsche Blätter über. Das in diesem Streifen liegende Stück AB der y-Achse geht in den Einheitskreis, die rechte Hälfte des Streifens in das Außengebiet, die linke in das Innengebiet dieses Kreises über. (Bild 167; die Schraffierung und der eingezeichnete Pfeil sollen die Verfolgung der zugeordneten Gebiete erleichtern. Aus räumlichen Gründen ist die z-Ebene in $1/4$ des Maßstabs der anderen Ebene dargestellt.) Um aus $z_1 = e^z$ die gesuchte Funktion $\zeta = \cosh z = \frac{1}{2}(e^z + e^{-z}) = \frac{1}{2}\left(z_1 + \frac{1}{z_1}\right)$ zu erhalten, muß man die Abbildung

$$\zeta = \frac{1}{2}\left(z_1 + \frac{1}{z_1}\right) \tag{59,4}$$

VIII. Einige zusammengesetzte Funktionen

durchführen. Diese Abbildung haben wir, abgesehen von dem Faktor 1/2, in Ziffer 56 kennengelernt. Durch sie wird der Einheitskreis auf die gerade Strecke der ξ-Achse von $\zeta = -1$ bis $\zeta = 1$ zusammengedrückt (Bild 167). Der Innenraum des Kreises, welcher der linken Hälfte des Streifens der z-Ebene entspricht, ist in ein zweites RIEMANNsches Blatt verschwunden, mit ihm die hintere Hälfte des Pfeiles. Dieses zweite RIEMANNsche Blatt, das die Abbildung der linken Hälfte des Streifens darstellt, sieht im übrigen genauso aus wie das erste, das die rechte Hälfte abbildet (Bild 167 unten). Durch die Funktion $\zeta = \cosh z$ wird demnach ein waagerecht liegender Halbstreifen der z-Ebene auf die volle ζ-Ebene abgebildet, und zwar in gleicher Weise sowohl der rechts wie der links von der y-Achse liegende. Linien parallel zur y-Achse der z-Ebene gehen in der z_1-Ebene in konzentrische Kreise (Ziffer 50), und diese in der ζ-Ebene in konfokale Ellipsen mit den Brennpunkten ± 1 über (Ziffer 56). Linien parallel zur x-Achse gehen in der z_1-Ebene in radiale Strahlen und in der ζ-Ebene in konfokale Hyperbeln mit den Brennpunkten ± 1 über (Bild 168). Dem Übergang

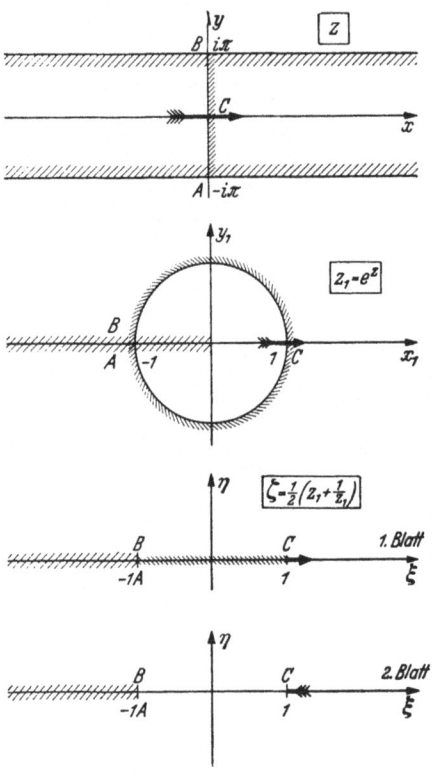

Bild 167. Entwicklung der konformen Abbildung durch $\zeta = \cosh z$ (z-Ebene in $^1/_4$ des Maßstabs der anderen Ebenen)

über die Gerade AB der z-Ebene entspricht in der ζ-Ebene der Übergang in ein anderes RIEMANNsches Blatt durch den Schlitz längs der Geraden von -1 bis $+1$. Dem Übergang über die Streifenränder $y = \pm \pi$ entspricht der Übergang in andere RIEMANNsche Blätter durch einen Schlitz, der sich längs der negativen ξ-Achse von -1 bis $-\infty$ erstreckt.

Wir haben den Parallelstreifen in der z-Ebene symmetrisch zur x-Achse, also zwischen $-i\pi$ und $+i\pi$ angenommen. Man kann ihn aber auch in Richtung der y-Achse beliebig verschieben. Dadurch ändert sich an der Abbildung in der ζ-Ebene nur der Übergangsschlitz zu den anderen RIEMANNschen Blättern. Dieser besteht dann im allgemeinen

59. Kreis- und Hyperbelfunktionen

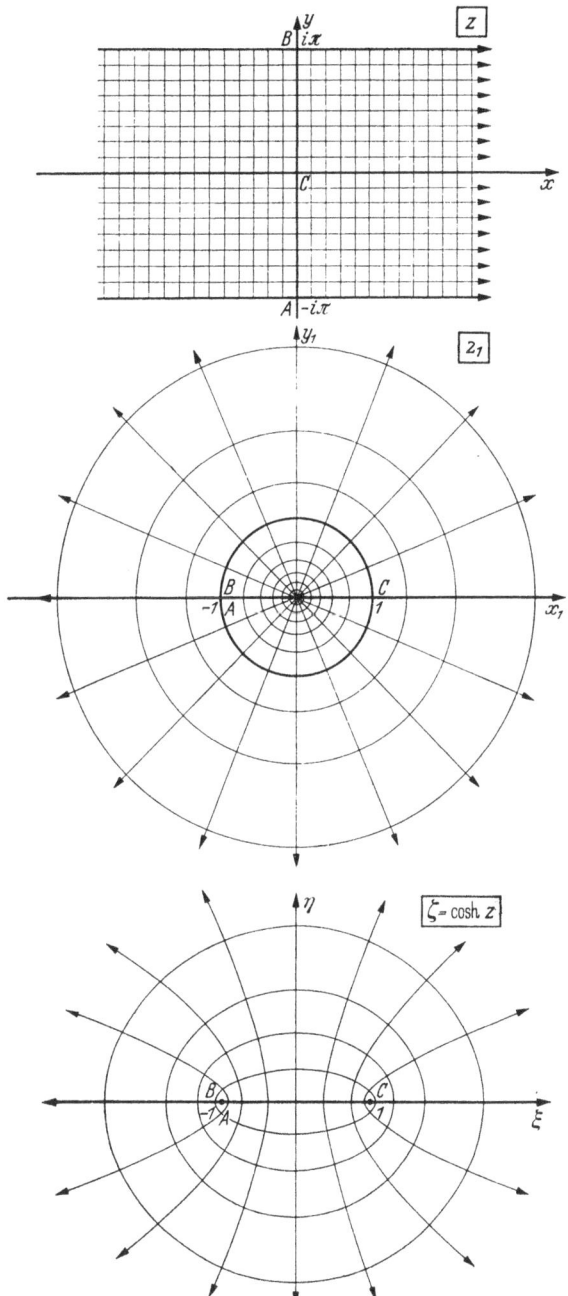

Bild 168. Konforme Abbildung eines Halbstreifens der z-Ebene auf die volle ζ-Ebene durch $\zeta = \cosh z$ (z-Ebene im halben Maßstab, ebenso in den Bildern 169, 171, 172, 173)

aus 2 Stücken, das eine ist, wie bisher, die gerade Strecke von $\zeta = -1$
bis $+1$, das andere liegt längs der Hyperbel, welche dem Rande des
Parallelstreifens entspricht. In Bild 169 sind 2 Beispiele für die Form
des Schlitzes bei verschiedenen Lagen des Streifens gezeichnet. Der
Parallelstreifen kann aber auch beliebig schräg liegen oder sogar durch
krummlinige Kurven begrenzt sein, wenn nur der Abstand zweier lot-

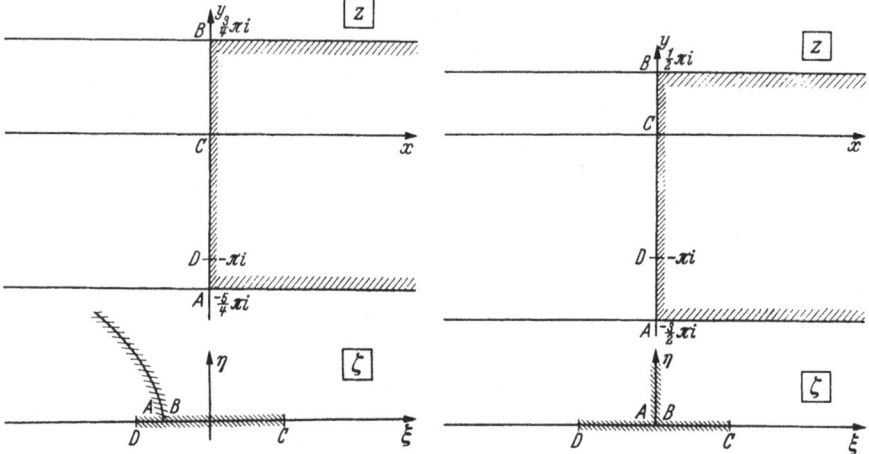

Bild 169. Verschiedene Lagen der Übergangsschlitze in der ζ-Ebene je nach der Begrenzung
der Streifen in der z-Ebene

recht übereinanderliegender Randpunkte überall 2π ist. Es ändert sich
dabei nur die Form der Schlitzkurve. Das Quadratmaschennetz selbst
bleibt unverändert.

Geht man von einer Parallelströmung in der z-Ebene (Bild 168) mit
der Stromdichte j_0 aus, so ist das komplexe Potential $\varPhi = j_0 z$. In der
z_1-Ebene ergibt sich dann eine einfache Quellströmung mit der Ergiebigkeit $E = 2\pi j_0$; das komplexe Potential ist in dieser Ebene $\varPhi = j_0 \ln z_1$.
Aus dem stark ausgezogenen Einheitskreis tritt der Strom mit der konstanten Stromdichte j_0 aus. In der ζ-Ebene geht dieser Einheitskreis
in die Strecke von $\xi = -1$ bis $+1$ über. Aus ihr treten die Stromlinien
mit einer Dichteverteilung

$$j = j_0 \left| \frac{dz_1}{d\zeta} \right| = \frac{j_0}{\sqrt{1-\xi^2}} \tag{59,5}$$

nach oben und unten hin aus. Dies entspricht einer Quellbelegung mit
der Ergiebigkeit je Längeneinheit $dE/d\xi = 2j$. Die Ergiebigkeit des
gesamten austretenden Stromes ist demnach

$$E = \int_{-1}^{+1} 2j\, d\xi = 2j_0 \int_{-1}^{+1} \frac{d\xi}{\sqrt{1-\xi^2}} = 2\pi j_0, \tag{59,7}$$

59. Kreis- und Hyperbelfunktionen

also gleich den Ergiebigkeiten des aus dem Einheitskreis der z_1-Ebene austretenden und des durch den Querschnitt des Streifens der z-Ebene hindurchfließenden Stromes. Das zu dieser Strömung gehörende Potential ist

$$\Phi = j_0 z = j_0 \operatorname{arcosh} \zeta. \tag{59,8}$$

Geht man in der z-Ebene von einer Reihe Quellen der Ergiebigkeit E auf der y-Achse mit der Periode 2π aus, wobei eine Quelle in den Nullpunkt fallen möge, so erhält man in der z_1-Ebene eine Einzelquelle von der Ergiebigkeit E im Punkte $z_1 = 1$ und eine Senke im Nullpunkt von der Ergiebigkeit $-E/2$. Durch die Abbildungen $\zeta = (1/2)(z_1 + 1/z_1)$ verschwindet das Innere des Einheitskreises in das zweite RIEMANNsche Blatt und mit ihm die Senke $-E/2$ im Nullpunkt sowie die Hälfte der Quelle im Punkte 1. Es bleibt daher in der ζ-Ebene nur eine Einzelquelle im Punkte $\zeta = 1$ von der Ergiebigkeit $E/2$ übrig (Bild 170).

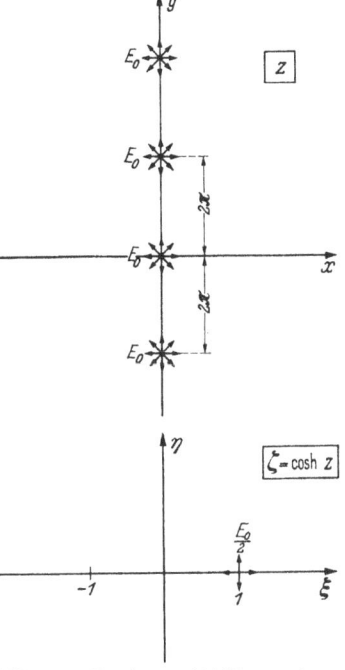

Bild 170. Konforme Abbildung einer Quellenreihe auf eine einzelne Quelle halber Ergiebigkeit durch $\zeta = \cosh z$ (z-Ebene in $1/5$ des Maßstabs der ζ-Ebene)

Das komplexe Potential ist demnach in der ζ-Ebene

$$\Phi = \frac{E}{4\pi} \ln(\zeta - 1). \tag{59,9}$$

In der z-Ebene ergibt es sich, indem man $\zeta = \cosh z$ einsetzt zu

$$\Phi = \frac{E}{4\pi} \ln(\cosh z - 1). \tag{59,10}$$

Dieser Ausdruck stimmt mit dem in Gl. (51,5) abgeleiteten bis auf eine Konstante, die nur den Nullpunkt der Zählung festlegt, überein, wie man sich durch Einsetzen von $\cosh z = (e^z + e^{-z})/2$ durch leichte Umrechnung überzeugen kann.

Hätte man in der z-Ebene die Quellenreihe so gelegt, daß der Koordinatennullpunkt in der Mitte zwischen 2 Quellen liegt, so hätte sich in der ζ-Ebene die Quelle im Punkte $\zeta = -1$ ergeben. Das komplexe Potential ist dann

$$\Phi = \frac{E}{4\pi} \ln(\zeta + 1) = \frac{E}{4\pi} \ln(1 + \cosh z). \tag{59,11}$$

Verdoppelt man in der z-Ebene die Zahl der Quellen mit der Ergiebigkeit E und legt sie so, daß sie in den Punkten $z = \pm i\left(\dfrac{\pi}{2} + n\pi\right)$

228 VIII. Einige zusammengesetzte Funktionen

(n = ganze Zahl) liegen, so ergibt sich in der ζ-Ebene eine Quelle im Nullpunkt von der Ergiebigkeit E. Das komplexe Potential ist dann

$$\varPhi = \frac{E}{2\pi} \ln \zeta = \frac{E}{2\pi} \ln \cosh z. \tag{59,12}$$

Geht man schließlich von einer Parallelströmung in der ζ-Ebene mit der Stromdichte j_0 parallel zur ξ-Achse aus, so erhält man in der z-Ebene eine Strömung gemäß Bild 171. Das komplexe Potential derselben ist

$$\varPhi = j_0 \zeta = j_0 \cosh z. \tag{59,13}$$

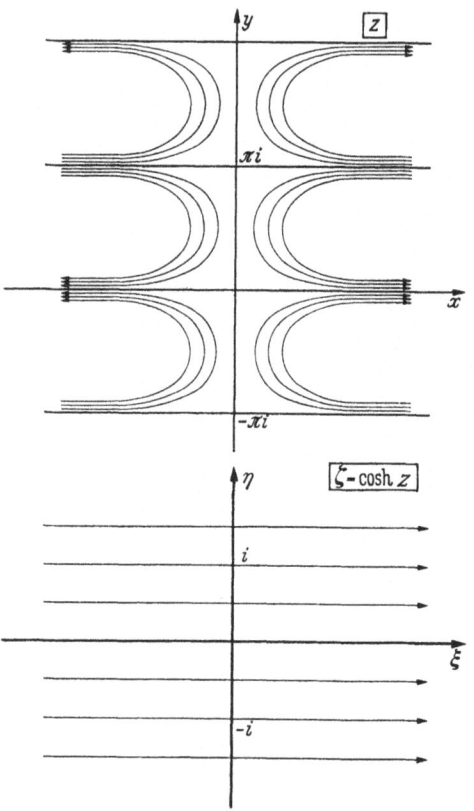

Bild 171. Abbildung einer Parallelströmung der ζ-Ebene durch $\zeta = \cosh z$

Es ist eine Strömung, welche periodisch abwechselnd auf die y-Achse hin und von ihr fort gerichtet ist.

Die Abbildung durch die Funktion

$$\zeta = \sinh z = \frac{e^z - e^{-z}}{2} \tag{59,14}$$

unterscheidet sich von der vorigen nur dadurch, daß beim Übergang von der z_1-Ebene zur ζ-Ebene (Bild 167) der Einheitskreis nicht zu einer waagerechten, sondern zu einer senkrechten Geraden zwischen $-i$ und $+i$ zusammengeklappt wird (Gl. (56,8)]. Die Abbildung des Halbstreifens mit seinem Quadratnetz erhält daher die in Bild 172 wiedergegebene Form. Man kann diese Form auch auf Grund der in Ziffer 53 behandelten Funktion aus der Abbildung $\zeta = \cosh z$ herleiten, wenn man beachtet, daß

ist.
$$\sinh z = \sqrt{\cosh^2 z - 1} \tag{59,15}$$

Die Kreisfunktionen

$$\cos z = \frac{e^{iz} + e^{-iz}}{2}, \quad \sin z = \frac{e^{iz} - e^{-iz}}{2i} \tag{59,16}$$

59. Kreis- und Hyperbelfunktionen

unterscheiden sich von den Hyperbelfunktionen dadurch, daß iz an Stelle von z tritt. Man muß daher die z-Ebene zuerst um 90° entgegen dem Uhrzeigersinn drehen (Multiplikation mit i), bevor man die Umformung genau wie bei den Hyperbelfunktionen vornehmen kann. Man bildet demnach nicht einen waagerechten, sondern einen senkrechten

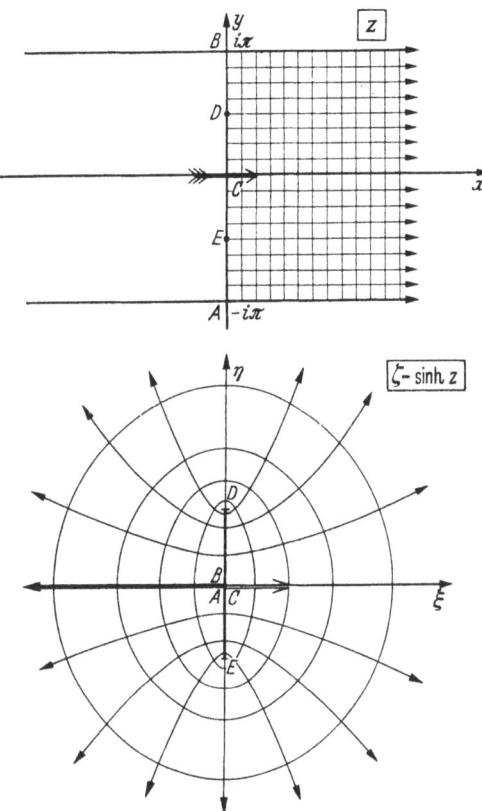

Bild 172
Konforme Abbildung eines Halbstreifens der z-Ebene auf die volle ζ-Ebene durch $\zeta = \sinh z$

Halbstreifen der z-Ebene auf die ζ-Ebene ab. Bei der Funktion $\sin z$ steht außerdem gegenüber der Funktion $\sinh iz$ im Nenner noch der Faktor i, d. h., man muß die für $\sinh iz$ erhaltene Abbildungsfigur (Bild 172) noch um 90° im Uhrzeigersinn drehen. Demgemäß ergeben sich für $\zeta_1 = \cos z$ und für $\zeta_2 = \sin z$ die in Bild 173 dargestellten Zusammenhänge. Auch hier ist der Zusammenhang der ζ_1- und ζ_2-Ebene auf Grund der in Ziffer 53 behandelten Funktion $\zeta_2 = \sqrt{1 - \zeta_1^2}$ leicht zu erkennen.

230 VIII. Einige zusammengesetzte Funktionen

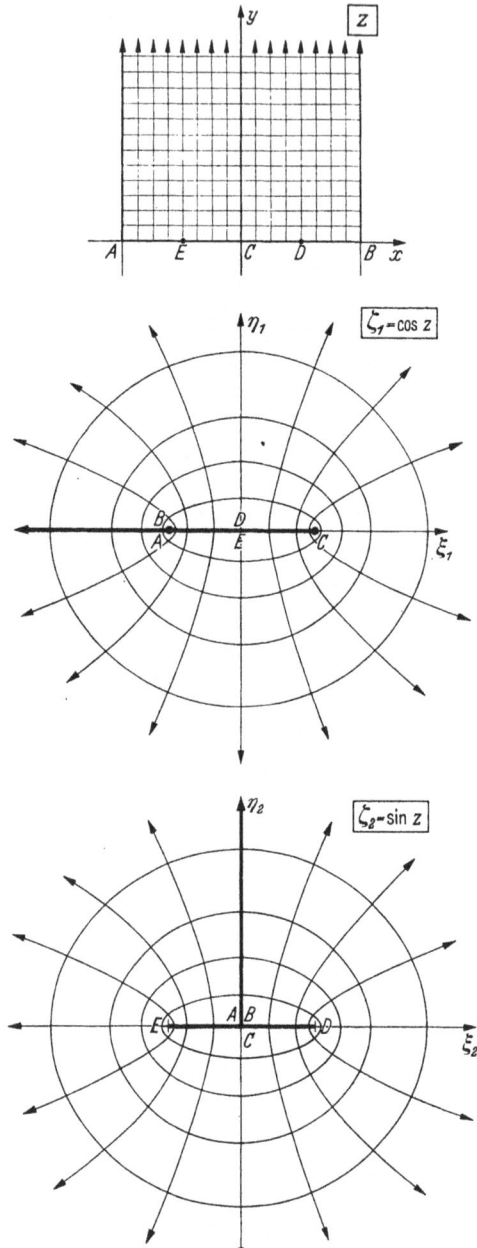

Bild 173. Konforme Abbildung eines Halbstreifens der z-Ebene auf die volle ζ_1- bzw. ζ_2-Ebene durch $\zeta_1 = \cos z$ bzw. $\zeta_2 = \sin z$

60. Die Funktionen $\tan z$, $\cot z$, $\tanh z$ **und** $\coth z$. Im Anschluß an die eben behandelten eng miteinander verwandten Abbildungen möge noch als ein etwas anders geartetes Beispiel die Abbildung durch die Funktion

$$\zeta = \tan z = \frac{e^{iz} - e^{-iz}}{i(e^{iz} + e^{-iz})}$$
$$= \frac{1}{i} \frac{e^{2iz} - 1}{e^{2iz} + 1} \qquad (60,1)$$

betrachtet werden. Durch die Hilfsabbildung

$$z_1 = e^{2iz} \qquad (60,2)$$

geht ein Streifen von der Breite π (also der Hälfte wie bei den bisherigen) parallel der y-Achse in die ganze z_1-Ebene über. Eine Parallelströmung längs dieses Streifens wird zu einer Quell bzw. Senkenströmung (Bild 174).

$$\zeta_1 = \frac{z_1 - 1}{z_1 + 1} \qquad (60,3)$$

stellt eine lineare Transformation dar, bei welcher der Senkenpunkt $z_1 = 0$ in den Punkt $\zeta_1 = -1$ und die unendlich ferne Quelle $z_1 = \infty$ nach $\zeta_1 = +1$ wandert, wie man leicht durch Einsetzen dieser Werte für z_1 in (Gl. 60,3) ausrechnen kann. Das entstehende Quadratnetz ist daher eine Quell-

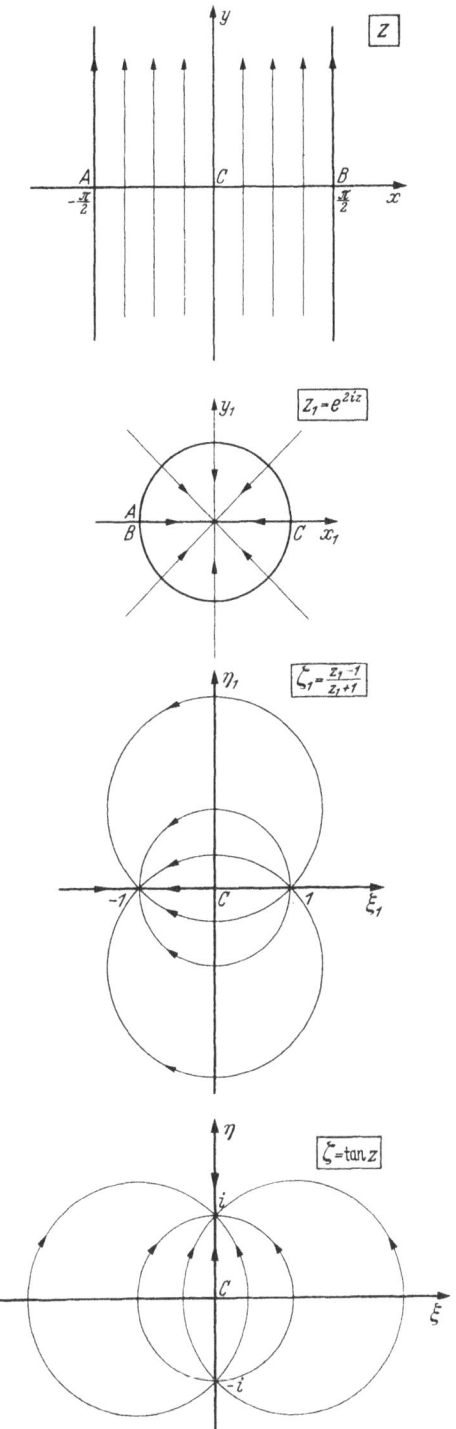

Bild 174. Entwicklung der Abbildung durch $\zeta = \tan z$

Senken-Strömung mit der Senke im Punkte $\zeta_1 = -1$ und der Quelle im Punkte $\zeta_1 = +1$ (Bild 174). ζ unterscheidet sich von ζ_1 nur noch durch den Faktor $1/i$. Man muß also nur die ζ_1-Ebene um 90° im Uhrzeigersinn drehen, um die Abbildung in der ζ-Ebene

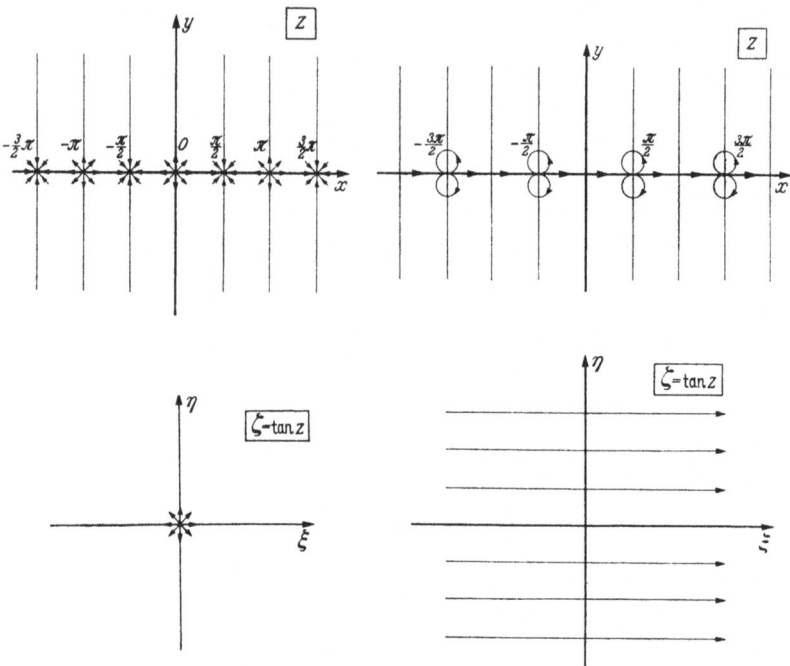

Bild 175. Konforme Abbildung einer Quell-Senken-Reihe auf eine einzelne Quelle durch $\zeta = \tan z$

Bild 176. Konforme Abbildung einer Dipolreihe auf eine Parallelströmung durch $\zeta = \tan z$

zu erhalten (Bild 174 unten). Durch die Funktion $\zeta = \tan z$ wird demnach ein Parallelstreifen (nicht ein Halbstreifen) von der Breite π (nicht 2π) auf die ganze ζ-Ebene abgebildet, wobei eine Parallelströmung längs des Streifens in eine Quell-Senken-Strömung von $\zeta = -i$ nach $\zeta = +i$ übergeht. Der Nullpunkt der z-Ebene geht in den Nullpunkt der ζ-Ebene über; die Punkte $A = -\pi/2$ und $B = +\pi/2$ der z-Ebene wandern in der ζ-Ebene ins Unendliche.

Eine Quelle von der Ergiebigkeit E im Nullpunkt der ζ-Ebene geht in der z-Ebene in eine Reihe Quellen gleicher Ergiebigkeit E auf der x-Achse in den Punkten $x = \pm n\pi$ (n = ganze Zahl) über (Bild 175). Die zugehörige Senke im Unendlichen der ζ-Ebene erscheint in der z-Ebene als eine Reihe von Senken auf der x-Achse in den Punkten $x = \pi/2 \pm n\pi$. Das komplexe Potential dieser Quell-Senken-Reihe ist demnach

$$\Phi = \frac{E}{2\pi} \ln \zeta = \frac{E}{2\pi} \ln \tan z. \qquad (60,4)$$

60. Die Funktionen $\tan z$, $\cot z$, $\tanh z$ und $\coth z$

Eine Parallelströmung in der ζ-Ebene parallel zur ξ-Achse mit der Stromdichte j_0 geht in der z-Ebene in eine Reihe von Dipolen auf der x-Achse in den Punkten $\pm(2n+1)\pi/2$ über (Bild 176). In der Umgebung des Punktes $z = \pi/2$ (und den entsprechenden Punkten $z = (2n+1)\pi/2$) wird nämlich, wenn man $z - \frac{\pi}{2} = \varepsilon$ setzt,

$$\zeta = \tan z = \tan\left(\frac{\pi}{2} + \varepsilon\right) = -\cot\varepsilon = -\frac{1}{\tan\varepsilon} \approx -\frac{1}{\varepsilon}. \qquad (60,5)$$

Nach Ziffer 48 geht aber bei der Abbildung $\zeta = 1/\varepsilon$ eine Parallelströmung der ζ-Ebene mit der Stromdichte j_0 in eine Dipolströmung mit dem Dipolmoment

$$M = 2\pi j_0 \qquad (60,6)$$

über. Das komplexe Potential dieser Dipolreihe ist

$$\varPhi = j_0 \zeta = j_0 \tan z = -\frac{M}{2\pi}\tan z. \qquad (60,7)$$

Um die entsprechenden Zusammenhänge für die Abbildungsfunktion

$$\zeta_2 = \cot z \qquad (60,8)$$

zu erhalten, braucht man nur die ζ-Ebene durch

$$\zeta_2 = \frac{1}{\zeta} \qquad (60,9)$$

auf eine ζ_2-Ebene abzubilden, da ja $1/\zeta = \cot z$ ist. Demgemäß ergeben sich die in den Bildern 177 bis 179 dargestellten Zuordnungen von Strömungen. Die der Parallelströmung in der ζ_2-Ebene entsprechende Dipolreihe in der z-Ebene ist gegenüber der Dipolreihe in Bild 176 um $\pi/2$ verschoben, gemäß der Beziehung

$$\cot z = \tan\left(z - \frac{\pi}{2}\right). \qquad (60,10)$$

Die Hyperbelfunktionen

$$\zeta_3 = \tanh z = \frac{e^z - e^{-z}}{e^z + e^{-z}} \quad \text{und} \quad \zeta_4 = \coth z = \frac{e^z + e^{-z}}{e^z - e^{-z}} \qquad (60,11)$$

unterscheiden sich von den Kreisfunktionen $\tan z$ und $\cot z$ durch einen Faktor i sowohl in der z-Ebene wie in der ζ-Ebene. Man erhält daher die gleichen Abbildungen wie in den Bildern 174 bis 179, nur mit dem Unterschied, daß sowohl die z-Ebene wie die ζ-Ebene um 90° gedreht ist.

234   VIII. Einige zusammengesetzte Funktionen

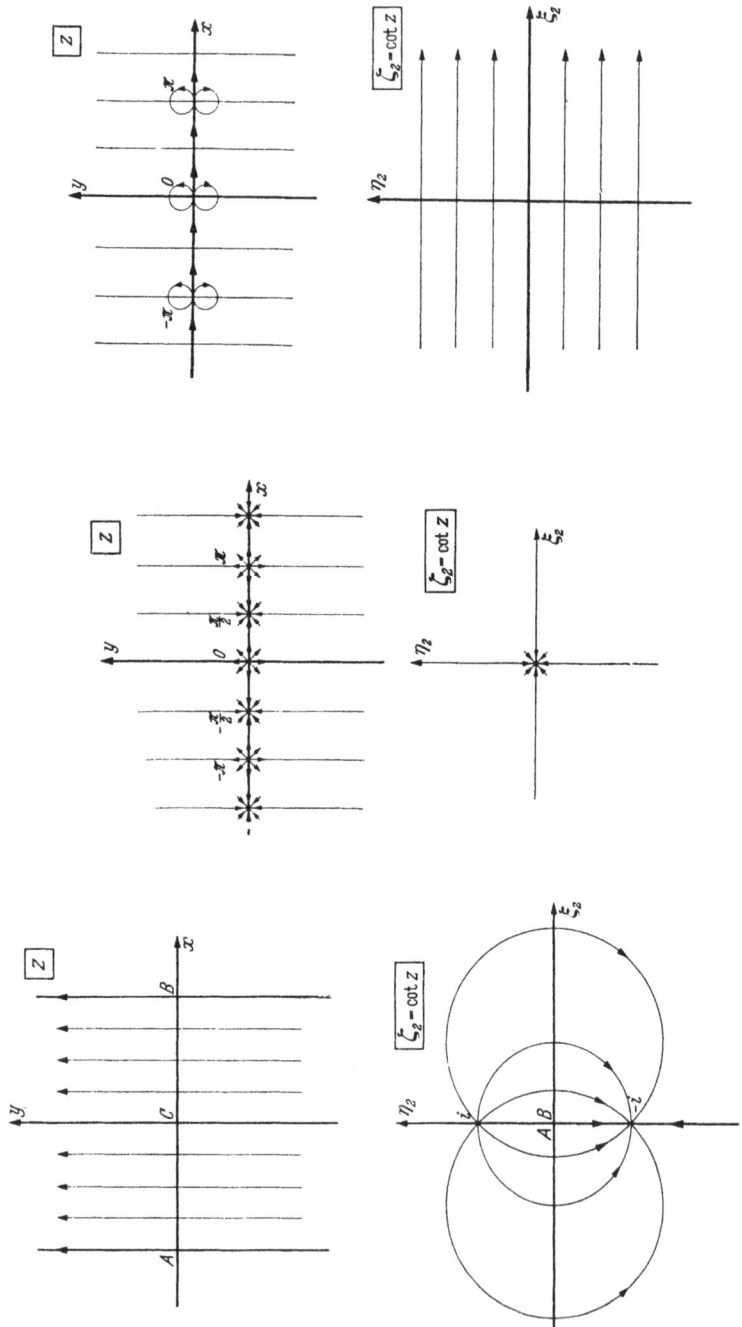

Bild 177. Konforme Abbildung einer Parallelströmung in einem Streifen auf eine Quell-Senken-Strömung durch $\zeta = \cot z$

Bild 178. Konforme Abbildung einer Quell-Senken-Reihe auf eine einzelne Senke durch $\zeta = \cot z$

Bild 179. Konforme Abbildung einer Dipolreihe auf eine Parallelströmung durch $\zeta = \cot z$

Neunter Abschnitt

Behandlung gegebener Abbildungsaufgaben

61. Die Glättung von Ecken. Die Beispiele in den beiden letzten Abschnitten gaben einen kleinen Überblick über die Abbildungen, die durch bestimmte Funktionen vermittelt werden. Im allgemeinen sind aber bei praktischen Aufgaben nicht die Abbildungseigenschaften gegebener Funktionen gesucht, sondern es wird verlangt, ein gegebenes Gebiet auf ein anderes (meist einen Kreis oder die Halbebene) abzubilden; und die Funktion, welche diese Abbildung leistet, muß gesucht werden. Diese Aufgabe ist erheblich schwieriger. Bei einer Reihe Aufgaben dieser Art kann man sich auf die bereits behandelten Abbildungen stützen, indem man sie nur für den gerade vorliegenden Zweck umformt oder verallgemeinert. In vielen Fällen muß man aber andere Wege beschreiten, die zu neuen, der betreffenden Aufgabe besonders angepaßten Funktionen führen.

Eine sehr häufig auftretende Aufgabe ist die Beseitigung von Ecken im Rande des abzubildenden Gebietes. Nach Ziffer 46 wird durch die Funktion $\zeta = z^n$ eine im Nullpunkt der z-Ebene liegende Ecke vom Öffnungswinkel π/n auf den Winkel π aufgebogen, wodurch die Ecke verschwindet. Wenn ein Gebiet mit Ecken vom Öffnungswinkel α, β usw. an den Stellen $z = a, z = b$ usw. vorliegt, welche bei der Abbildung verschwinden sollen, so muß sich die Abbildungsfunktion in der Nähe von $z = a$ wie $(z-a)^{\pi/\alpha}$, in der Nähe von $z = b$ wie $(z-b)^{\pi/\beta}$ usw. verhalten. Diese Bedingung genügt aber natürlich allein noch nicht, um die Abbildungsfunktion aufzustellen. Diese hängt vielmehr auch noch vom Verlauf des Randes zwischen den Ecken ab.

Eine derartige Beseitigung von Ecken haben wir bereits mehrfach angewandt. Bei der KUTTA-JOUKOWSKYschen Abbildung eines Kreises auf einen Kreisbogen (Ziffer 22 oder 56) liegt z. B. im Kreisbogen ein Rand mit 2 Ecken von je 360° vor, die im Kreis auf 180° zusammengebogen werden. Diese Abbildung läßt sich in dreifacher Richtung verallgemeinern: Einmal kann man anstatt des Eckwinkels von 360° einen beliebigen Winkel zugrunde legen. An Stelle des Kreisbogens tritt dann das Kreisbogenzweieck (Ziffer 19 oder 62). Ferner kann man anstatt des Kreisbogens andere Kurven zugrunde legen. In dieser Richtung ist insbesondere die Abbildung eines Stückes einer logarithmischen Spirale auf den Kreis oder die unendliche Gerade bekannt (Ziffer 65). Diese Abbildung ist hauptsächlich für die Turbinentheorie von Bedeutung; sie bietet aber auch durch die dabei angewandte Methode ein allgemeineres Interesse. Schließlich kann man auch noch die Zahl der Ecken

236 IX. Behandlung gegebener Abbildungsaufgaben

vermehren. Man kommt zur Abbildung von Vielecken, insbesondere von Rechtecken und von Kreisbogendreiecken[1].

62. Kreisbogenzweiecke. Die Abbildung eines Kreisbogenzweiecks auf einen Kreis wurde bereits in Ziffer 19 durchgeführt, soll aber hier noch einmal mit etwas anderen Mitteln behandelt werden. Wir gehen aus von einem Kreisbogenzweieck, dessen Ecken A und B in den Punkten $-a$ und $+a$ der ξ-Achse einer ζ-Ebene liegen. Die Kreisbogen treffen im Punkte $+a$ unter den Winkeln φ_1 und φ_2 zur ξ-Achse auf (Bild 180 oben). Der Eckwinkel des Zweiecks ist dann

$$\delta = \varphi_2 - \varphi_1. \qquad (62,1)$$

Durch die lineare Transformation

$$\zeta_1 = \frac{\zeta - a}{\zeta + a}, \qquad \zeta = a\frac{1 + \zeta_1}{1 - \zeta_1}$$

verlagert sich der eine Eckpunkt $\zeta = a$ nach $\zeta_1 = 0$ und der andere $\zeta = -a$ nach $\zeta_1 = \infty$. Die beiden Kreisbogen gehen in zwei gerade Strahlen vom Nullpunkt der ζ_1-Ebene aus über. Da bei dieser Abbildung die ξ-Achse in die ξ_1-Achse übergeht, bilden die beiden Strahlen mit der ξ_1-Achse die gleichen Winkel φ_1 und φ_2 wie die entsprechenden Kreisbogen mit der ξ-Achse. Daher schließen sie auch zwischen sich einen Winkelraum vom Öffnungswinkel δ ein. Das Innere des Kreisbogenzweiecks geht in das Innere dieses Winkelraums, das Äußere in das Außengebiet desselben über. Wir wollen zunächst das Innere betrachten.

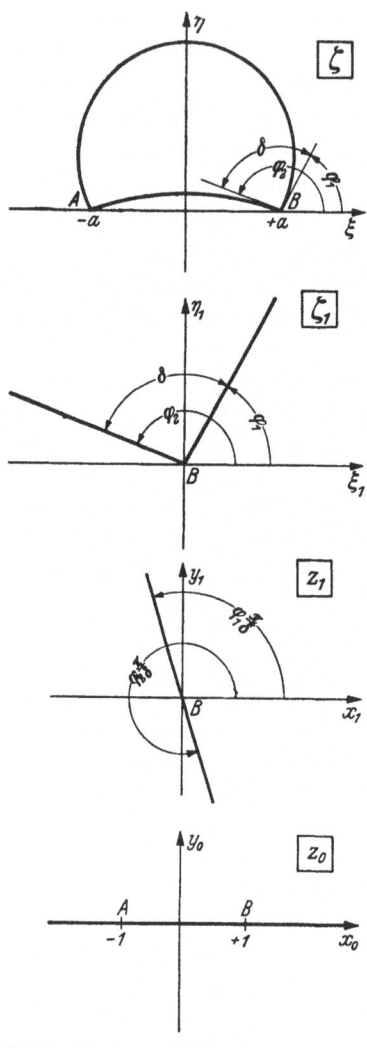

Bild 180. Konforme Abbildung des Inneren eines Kreisbogenzweiecks auf einen Winkelraum und eine Halbebene

---

[1] Vielecke können in den mannigfachsten Formen auftreten. Eine systematische Zusammenstellung der bekannten Abbildungsfunktionen für Vielecke, die von Geraden oder Kreisbogen begrenzt sind, findet sich in dem Buch W. v. KOPPENFELS u. F. STALLMANN: Praxis der konformen Abbildung. Berlin/Göttingen/Heidelberg: Springer 1959.

62. Kreisbogenzweiecke

Durch die Abbildung

$$z_1 = (\zeta_1)^{\pi/\delta} = \left(\frac{\zeta - a}{\zeta + a}\right)^{\pi/\delta} \qquad (62,2)$$

erweitert sich der Winkelraum δ auf π, so daß er in eine Halbebene der z_1-Ebene übergeht. Damit ist das Innere des Kreisbogenzweiecks auf eine Halbebene abgebildet, deren Rand die x_1-Achse unter dem Winkel $\varphi_1 \pi/\delta$ schneidet. Durch Multiplikation mit $e^{-i\varphi_1 \pi/\delta}$ dreht sich die z_1-Ebene um den Winkel $\varphi_1 \pi/\delta$ im Uhrzeigersinn, so daß das Abbild des Winkelraums bzw. des Inneren des Kreisbogenzweiecks in die obere Halbebene übergeht. Durch eine lineare Transformation

$$z_1 e^{-i\varphi_1 \pi/\delta} = \frac{z_0 - 1}{z_0 + 1}, \qquad z_0 = \frac{1 + z_1 e^{-i\varphi_1 \pi/\delta}}{1 - z_1 e^{-i\varphi_1 \pi/\delta}} \qquad (62,3)$$

wird diese so normiert, daß die Eckpunkte A und B in die Punkte $z_0 = -1$ und $z_0 = +1$ fallen.

Dreht man die z_1-Ebene anstatt um den Winkel $-\varphi_1 \pi/\delta$ um $\beta - \varphi_1 \pi/\delta$, so geht durch die lineare Transformation

$$z' = z_1 e^{i(\beta - \varphi_1 \pi/\delta)} = \frac{z-1}{z+1} \qquad (62,4)$$

der Rand der Halbebene in einen Kreis über, der durch die Punkte $z = +1$ und $z = -1$ geht und die x-Achse unter dem Winkel β schneidet (Bild 181). Wenn $0 < \beta < \pi$, so geht das Innere des Kreisbogenzweiecks in das Innere des Kreises über. Je nach der Wahl von β ergeben sich verschiedene Kreise, auf die das Innere des Kreisbogenzweiecks abgebildet wird. Die Mittelpunkte M dieser Kreise liegen auf der y-Achse im Abstande

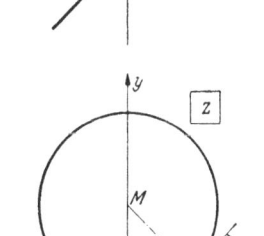

Bild 181. Konforme Abbildung der Halbebene auf das Innere eines Kreises

$$OM = \cot \beta \qquad (62,5)$$

über der x-Achse.

Entsprechend kann man das Äußere des Kreisbogenzweiecks auf die untere Halbebene oder auf das Äußere eines Kreises abbilden. Man braucht nur anstatt des Eckwinkels δ des Innengebietes den Eckwinkel $2\pi - \delta$ des Außengebietes einzusetzen. Wie schon in Ziffer 19 erwähnt, will man in der Regel das Außengebiet des Kreisbogens auf das Außengebiet eines Kreises so abbilden, daß dabei das Unendliche unverändert bleibt. Um dies zu erreichen, darf man zunächst die beim Innengebiet zulässigen beliebigen Drehungen um den Winkel $\beta - \varphi_1 \pi/\delta$, die beim Außengebiet $\beta - \varphi_1 \pi/(2\pi - \delta)$ lauten würden, nicht mehr vornehmen. Es ergibt sich einfach

oder
$$\frac{z-1}{z+1} = \left(\frac{\zeta-a}{\zeta+a}\right)^{\pi/(2\pi-\delta)} \tag{62,6}$$

$$\frac{\zeta-a}{\zeta+a} = \left(\frac{z-1}{z+1}\right)^{2-\delta/\pi}. \tag{62,7}$$

Dadurch ist eine gegenseitige Verdrehung der Gebiete im Unendlichen der ζ- und der z-Ebene vermieden. Außerdem müssen aber im Unendlichen auch die Maßstäbe gleich sein. Für sehr große Werte von z bzw. ζ kann man für Gl. (62,7) schreiben

$$\frac{1-a/\zeta}{1+a/\zeta} \approx 1 - 2a/\zeta = \left(\frac{1-1/z}{1+1/z}\right)^{2-\delta/\pi} \approx 1 - 2(2-\delta/\pi)/z. \tag{62,8}$$

Wenn z und ζ einander gleich sein sollen, so muß

$$a = 2 - \delta/\pi \tag{62,9}$$

sein, was mit den Überlegungen in Ziffer 19 übereinstimmt.

63. Kármán-Trefftz-Profile. Durch die eben behandelte Abbildung geht ein Kreis I der z-Ebene, welcher durch die Punkte $z = \pm 1$ geht, in der ζ-Ebene in ein Kreisbogenzweieck mit den Ecken in $\zeta = \pm a$ über (Bild 182). Ein Kreis II der z-Ebene, welcher diesen Kreis im Punkte $z = 1$ berührt, ihn im übrigen aber umschlingt, also etwas größer ist und daher den Punkt -1 in seinem Innern enthält, geht in der ζ-Ebene in eine Kurve über, welche das Kreisbogenzweieck umschlingt und dieses an der Stelle $\zeta = a$ berührt, also hier den gleichen Eckwinkel δ hat wie das Zweieck. Diese Abbildung wurde zuerst von v. Kármán und Trefftz angegeben[1]. Die Bildung dieser Profile entspricht der in Ziffer 58 behandelten Bildung der Joukowsky-Profile.

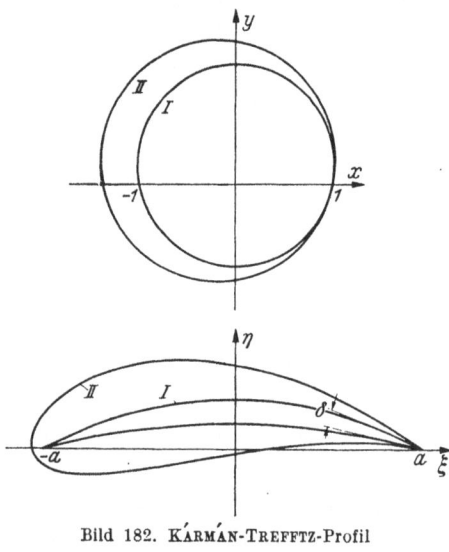

Bild 182. Kármán-Trefftz-Profil

---

[1] v. Kármán, Th., u. E. Trefftz: Potentialströmung um gegebene Tragflächenquerschnitte. Z. Flugtechn. 9 (1918) 111.

Letztere stellen nur einen Sonderfall dieser KÁRMÁN-TREFFTZ-Profile dar, bei denen der Eckwinkel des Kreisbogenzweiecks und damit der Profilhinterkante Null ist.

Wenn man mittels der Abbildungsfunktion (62,7) zu einzelnen Punkten z die zugehörigen ζ berechnen will, so ist das bei der Form der Abbildungsfunktion wegen der erforderlichen Potenzierung ziemlich umständlich. Man kann sich die Umrechnung aber sehr erleichtern, wenn man Gl. (62,7) unter Verwendung von Gl. (62,9) in der Form

$$\ln\frac{\zeta-a}{\zeta+a} = a\ln\frac{z-1}{z+1} \qquad (63,1)$$

schreibt und nach BETZ und KEUNE[1] eine einmalig anzufertigende Hilfszeichnung verwendet, welche zu jedem Punkt z die Funktion $\ln\frac{z-1}{z+1}$ abzulesen gestattet. In der ζ-Ebene tritt der Ausdruck $\ln\frac{\zeta-a}{\zeta+a}$ auf. Um aber die gleiche Hilfszeichnung auch für die ζ-Werte verwenden zu können, verkleinert man die ζ-Ebene auf eine Hilfsebene $\zeta' = \zeta/a$. Dadurch fallen in dieser Ebene die Eckpunkte des Kreisbogenzweiecks anstatt nach $\pm a$ nach $\zeta' = \pm 1$. Die Abbildungsfunktion (63,1) erhält dadurch die Form

$$\ln\frac{\zeta/a-1}{\zeta/a+1} = \ln\frac{\zeta'-1}{\zeta'+1} = a\ln\frac{z-1}{z+1}, \qquad (63,2)$$

so daß man die Werte $\ln\frac{\zeta'-1}{\zeta'+1}$ ebenfalls aus der Hilfszeichnung ablesen kann.

Die Hilfszeichnung stellt die Strom- und Potentiallinien eines Quell-Senken-Systems (Ziffer 15 und 49) dar, wobei sich im Punkte 1 eine Quelle und im Punkte -1 eine ebenso starke Senke befindet (Bild 183). Strom- und Potentiallinien sind beziffert und das Netz unter passender Wahl der Ergiebigkeit E so dicht gezeichnet, daß man zu jedem Punkt z dieser Ebene das Potential Φ und die Stromfunktion Ψ unmittelbar ablesen kann. Nun ist das komplexe Potential der Quell-Senken-Strömung in einem Punkte z

$$\Phi_z = \Phi_z + i\Psi_z = \frac{E}{2\pi}\ln\frac{z-1}{z+1}. \qquad (63,3)$$

Durch Ablesen von Φ und Ψ aus diesem Netz findet man also bis auf den Faktor $E/2\pi$ gerade den in der Abbildungsfunktion auftretenden Ausdruck $\ln\frac{z-1}{z+1}$. Man braucht nun nur die abgelesenen Werte von Φ_z und Ψ_z mit a zu multiplizieren und erhält dadurch das Potential Φ_ζ

---

[1] BETZ, A., u. F. KEUNE: Verallgemeinerte Kármán-Trefftz-Profile. Luftf.-Forsch. 13 (1936) 336.

240   IX. Behandlung gegebener Abbildungsaufgaben

und die Stromfunktion Ψ_ζ für den dem Punkt z entsprechenden Punkt ζ'

$$a\,\Phi_z = \frac{E}{2\pi}\,a \ln \frac{z-1}{z+1} = \frac{E}{2\pi} \ln \frac{\zeta'-1}{\zeta'+1} = \Phi_{\zeta'} = \Phi_\zeta. \qquad (63,4)$$

Die Lage des Punktes ζ' ist dann auf Grund der Werte Φ_ζ und Ψ_ζ in dem Quell-Senken-Netz ohne weiteres gegeben und durch ähnliche Vergrößerung auch die von $\zeta = a\,\zeta'$. Zur praktischen Durchführung wird

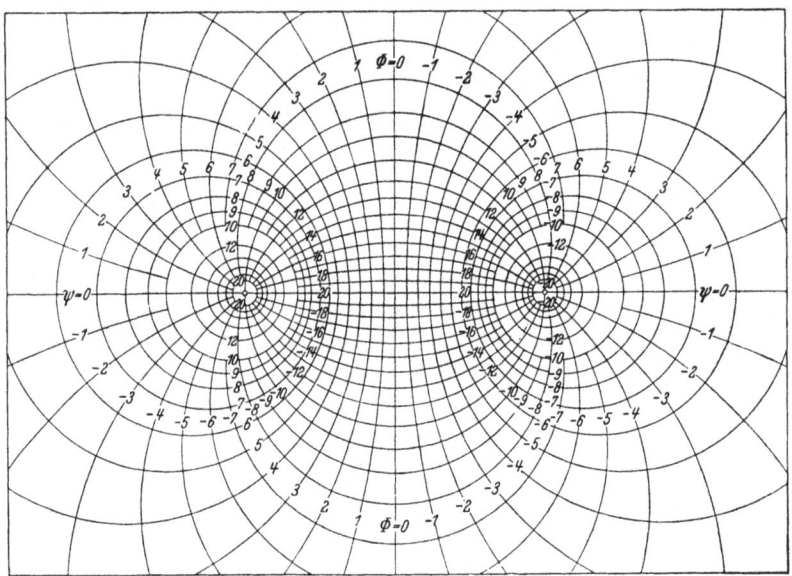

Bild 183. Beziffertes Quell-Senken-Netz

man zum Aufzeichnen der z-Ebene und der ζ'-Ebene durchscheinendes Papier verwenden, das man zur Ablesung oder Markierung der einzelnen Punkte auf das Quell-Senken-Netz auflegt.

Zur Berechnung der Geschwindigkeits- bzw. Druckverteilung wird zunächst die Geschwindigkeit v_z in der z-Ebene in gleicher Weise wie bei JOUKOWSKY-Profilen ermittelt [Gl. (58,10)]. Zur Umrechnung auf die Geschwindigkeit in der ζ-Ebene

$$v_\zeta = \frac{v_z}{|d\zeta/dz|} = \frac{v_z}{a|d\zeta'/dz|} \qquad (63,5)$$

braucht man den Betrag $\left|\dfrac{d\zeta'}{dz}\right|$. Nun ergibt sich durch Differenzieren von Gl. (63,2)

$$\frac{d\zeta'}{dz} = a\,\frac{(\zeta'+1)(\zeta'-1)}{(z+1)(z-1)}. \qquad (63,6)$$

Die vier in Klammern stehenden Ausdrücke stellen einfach die Entfernungen der Punkte ζ und z von den Punkten ± 1 dar. Sie lassen sich also ohne weiteres aus den Zeichnungen der z- und ζ'-Ebene entnehmen.

Für Punkte, die sehr nahe bei $+1$ oder -1 liegen (Flügelnase oder Hinterkante) wird die Ausmessung der Abstände und manchmal auch schon die Bestimmung der Punkte ζ selbst zu ungenau. Bezüglich des hier anzuwendenden Verfahrens sei auf die Originalarbeit (Fußnote S. 239) verwiesen.

64. Betz-Keune-Profile[1]. Die JOUKOWSKY-Profile, wie auch die eben behandelten KÁRMÁN-TREFFTZ-Profile haben als Skelett Kreisbogen. Profile dieser Art haben aber aerodynamische Eigenschaften, welche vielfach unerwünscht sind. So wandert insbesondere die resultierende Auftriebskraft bei ihnen mit zunehmendem Anstellwinkel nach vorne, was bei Flugzeugen eine Unstabilität zur Folge hat, die durch ein entsprechend größeres Höhenleitwerk ausgeglichen werden muß. Um die Profile in dieser Hinsicht zu verbessern, muß man ihnen einen sog. S-Schlag überlagern, wodurch die Wölbung im vorderen Teil des Profils verstärkt, im hinteren verringert wird (Bild 184). Man kann diese Überlagerung eines S-Schlages auch so auf-

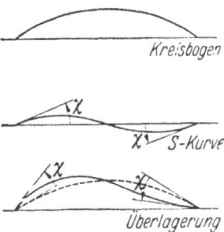

Bild 184. Überlagerung von Kreisbogenwölbung und S-Schlag

fassen, daß man das Profil in der Nähe seiner Enden um einen Winkel χ etwas verdreht, und zwar an beiden Enden im gleichen Sinne (Bild 184 unten). Bei der oben geschilderten Konstruktion der KÁRMÁN-TREFFTZ-Profile erhält man eine solche Verdrehung, wenn man die Ψ-Werte (die Stromfunktion) der Gl. (63,4) in der Nähe des Punktes $+1$ etwas erhöht und in der Nähe des Punktes -1 etwas erniedrigt. Um dies zu erreichen, muß man zu der Funktion der Gl. (63,4)

$$\Phi_{\zeta'} = \Phi_{\zeta'} + i\Psi_{\zeta'} = \frac{E}{2\pi} a \ln \frac{z-1}{z+1} \qquad (64,1)$$

noch eine Funktion addieren, welche im Punkte $+1$ positiv imaginär und im Punkte -1 negativ imaginär ist. Außerhalb der Kontur bzw. des Ausgangskreises muß sie regulär sein und im Unendlichen verschwinden. Eine solche Funktion ist

$$\Phi_D = \Phi_D + i\Psi_D = i\frac{M}{z}. \qquad (64,2)$$

Die Strom- und Potentiallinien dieser Funktion stellen eine Dipolströmung dar, wie aus den Darlegungen am Schluß der Ziffer 48 hervorgeht.

---

[1] Siehe Fußnote S. 239.

M ist das Moment des Dipols. Die Abbildungsfunktion lautet demnach

$$\ln\frac{\zeta'-1}{\zeta'+1} = a\ln\frac{z-1}{z+1} + i\frac{\mu}{z}, \qquad (64,3)$$

wobei $\mu = M\dfrac{2\pi}{E}$ ist. Die Stärke des überlagerten S-Schlages hängt von der Größe μ ab. Im Punkte $z = 1$ wird $i\dfrac{\mu}{z} = i\mu$, und in der nächsten Umgebung dieses Punktes geht die Abbildungsfunktion über in

$$\ln\frac{\zeta'-1}{2} = a\ln\frac{z-1}{2} + i\mu. \qquad (64,4)$$

Schreibt man den Abstand $\zeta' - 1$ des Punktes ζ' vom Punkte 1 in der Form $\varrho\,e^{i\tau}$ und bezeichnet den Wert, der sich bei gegebenem z für $\mu = 0$ ergibt, mit $\zeta_0' - 1 = \varrho\,e^{i\tau_0}$ (Bild 185), so wird

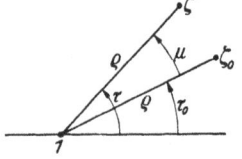

Bild 185
Winkelverdrehung in der Umgebung von $z = 1$

$$\ln\frac{\varrho}{2} + i\tau = \ln\frac{\varrho}{2} + i\tau_0 + i\mu \qquad (64,5)$$

oder

$$\tau = \tau_0 + \mu. \qquad (64,6)$$

Man erkennt daraus, daß der vom Punkte 1 nach dem nahegelegenen Punkte ζ' gezogene Vektor durch Hinzufügen des Korrekturgliedes $i\mu/z$ um den Winkel μ entgegen dem Uhrzeigersinn gedreht wird. Das gleiche ergibt sich in der nächsten Umgebung des Punktes $z = -1$ bzw. $\zeta' = -1$. Man ersieht daraus, daß der erzielte S-Schlag-Winkel

$$\chi = \mu \qquad (64,7)$$

ist.

Zur bequemen Berechnung der Funktion $i\mu/z$ kann man sich ein Dipolnetz mit bezifferten Potential- und Stromlinien zeichnen, das leicht anzufertigen ist, da es aus lauter Kreisen besteht (Bild 186). Das Moment des Dipols soll

$$M_0 = \frac{E}{2\pi} \qquad (64,8)$$

sein, wobei E die Quellstärke des für die Konstruktion der KÁRMÁN-TREFFTZ-Profile benützten Quell-Senken-Netzes ist. Die Achse des Dipols, von der aus die Stromfunktion gerechnet wird, soll in die negative y-Achse fallen. Mit diesem Netz liest man für die abzubildenden Punkte z die Potentiale und Stromfunktionen Φ_D und Ψ_D ab, multipliziert sie mit dem Faktor μ, der gemäß Gl. (64,7) gleich dem gewünschten S-Schlag-Winkel ist, und zählt diese Werte zu den aus dem Quell-Senken-Netz gefundenen und mit a multiplizierten Werten hinzu. Das Ergebnis stellt dann die Potentiale Φ_ζ und Stromfunktionen Ψ_ζ der

64. Betz-Keune-Profile

gesuchten Punkte der ζ'-Ebene und der ζ-Ebene dar:

$$\Phi_\zeta + i\Psi_\zeta = \Phi_{\zeta'} + i\Psi_{\zeta'} = a(\Phi_z + \Psi_z) + \mu(\Phi_D + i\Psi_D). \quad (64,9)$$

Setzt man für die komplexen Potentiale die sich dafür ergebenden Werte ein, so wird daraus

$$\frac{E}{2\pi}\ln\frac{\zeta'-1}{\zeta'+1} = \frac{E}{2\pi} a \ln\frac{z-1}{z+1} + i\mu\frac{M_0}{z}. \quad (64,10)$$

Da $M_0 = \dfrac{E}{2\pi}$ ist, wird hieraus die Abbildungsfunktion (64,3)

$$\ln\frac{\zeta'-1}{\zeta'+1} = a\ln\frac{z-1}{z+1} + i\frac{\mu}{z}.$$

Obwohl für $z \to \infty$ die Zusatzfunktion $i\mu/z \to 0$ geht, so geht sie

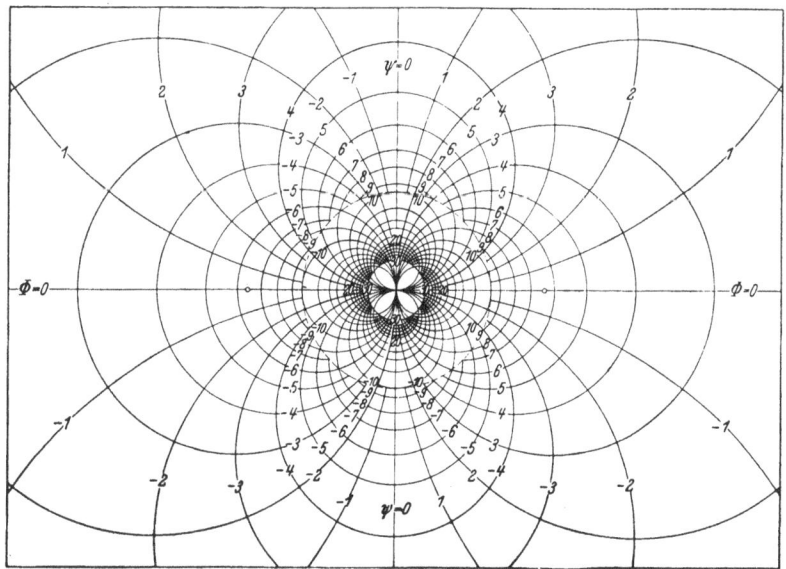

Bild 186. Beziffertes Dipolnetz

doch nur in gleicher Weise gegen Null wie die logarithmischen Glieder der Abbildungsfunktion, da ja für $z \to \infty$

$$\ln\frac{z-1}{z+1} \to -\frac{2}{z} \quad (64,11)$$

geht. Aus diesem Grunde bleibt durch die Zusatzfunktion das Unendliche nicht mehr unverändert. Für $z \to \infty$ geht die Abbildungsbeziehung [Gl. (64,3)] über in

$$\ln\frac{\zeta'-1}{\zeta'+1} \to -\frac{2}{\zeta'} = -a\frac{2}{z} + i\mu/z = -\frac{2a}{z}\left(1 - i\frac{\mu}{2a}\right). \quad (64,12)$$

Durch Vergleich der Grenzwerte (64,11) und (64,12) ersieht man, daß außer dem Ähnlichkeitsfaktor $a = \zeta/\zeta'$ durch die Zusatzfunktion nun auch noch der Faktor $(1 - i\mu/2a)$ auftritt. Da μ im allgemeinen sehr klein ist und $i\mu/2a$ senkrecht zu dem Vektor 1 steht, so bedeutet dieser Faktor keine nennenswerte Maßstabsänderung (Bild 187), wohl aber eine merkliche Drehung um einen Winkel

$$\varkappa = -\frac{\mu}{2a}. \qquad (64,13)$$

In der ζ-Ebene ist demnach der Anströmwinkel gegen die ξ-Achse um den Winkel

$$-\varkappa = \chi/2a = \chi/2(2 - \delta/\pi) \qquad (64,14)$$

größer als der Anströmwinkel gegen die x-Achse in der z-Ebene.

Man kann auch für diese BETZ-KEUNE-Profile in ähnlich einfacher Weise, wie bei den KÁRMÁN-TREFFTZ-Profilen, die Druckverteilung berechnen. Nähere Anweisung dazu ist in dem Originalartikel (Fußnote S. 239) gegeben.

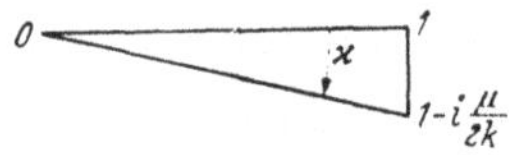

Bild 187
Addition einer kleinen imaginären Größe zum Vektor Eins

Soweit es sich um die Beeinflussung der Flügeleigenschaften handelt, wird es im allgemeinen für die praktischen Aufgaben genügen, dem Kreisbogen einen S-Schlag zu überlagern, der durch die Winkel an der Vorder- und Hinterkante bestimmt und durch Gl. (64,3) dargestellt ist. Man kann aber, falls es erforderlich ist, diese Zusatzfunktion auch noch verallgemeinern und dadurch die Form der Skelettlinie noch schärfer festlegen, indem man außer dem Glied $i\mu_1/z$ noch weitere Glieder $i\mu_\nu/z^\nu$ hinzufügt, so daß sich für die Abbildungsfunktion an Stelle von Gl. (64,3) die Beziehung

$$\ln\frac{\zeta-a}{\zeta+a} = \ln\frac{\zeta'-1}{\zeta'+1} = a\ln\frac{z-1}{z+1} + i\sum\frac{\mu_\nu}{z^\nu} \qquad (64,15)$$

ergibt. Dabei ist zu beachten, daß nur das Glied mit $\nu = 1$ die oben erwähnte Drehung im Unendlichen zur Folge hat, die Glieder mit $\nu > 1$ aber das Unendliche nicht beeinflussen.

Bei einer derartigen schärferen Beeinflussung der Form der Skelettlinie, muß man sich aber auch genauer über die entstehenden Formen Rechenschaft geben. Im allgemeinen sind ja die Profile ziemlich flach. Man kann sich daher für den Einfluß der einzelnen Glieder auf einen Bereich in der nächsten Umgebung der Profilsehne beschränken, in dem sich einigermaßen einfache Zusammenhänge ergeben. Für Punkte der ζ-Ebene in diesem Bereich liegen die entsprechenden Punkte der z-Ebene sehr nahe am Einheitskreis. Man kann daher die in den Zusatzgliedern auftretenden z-Werte angenähert auf den Einheitskreis selbst verlegen, also $z = e^{i\varphi}$ setzen. In der Nähe der Sehne, also im Bereich $-1 < \zeta' < 1$, $\eta' \ll 1$, ist weiterhin bei der Abbildung ohne die Ergänzungsglieder nach Gl. (63,4)

$$\frac{\partial \Psi}{\partial \eta'} = \frac{\partial \Phi}{\partial \xi'} = -\frac{E}{2\pi} \frac{2}{1-\xi'^2}. \tag{64,16}$$

Ein Glied $i\,\mu_\nu/z^\nu$ bringt nun einen Beitrag zum komplexen Potential

$$\Delta \Phi_\nu + i\,\Delta \Psi_\nu = i\frac{E}{2\pi} \frac{\mu_\nu}{z^\nu} = \frac{E}{2\pi} \mu_\nu (\sin \nu\varphi + i\cos \nu\varphi) \tag{64,17}$$

und bewirkt daher eine Verschiebung des betreffenden Punktes in der ζ'-Ebene um

$$\Delta \xi'_\nu = \frac{\Delta \Phi_\nu}{\partial \Phi/\partial \xi'} = -\mu_\nu \frac{1-\xi'^2}{2} \sin \nu\varphi \tag{64,18}$$

und

$$\Delta \eta'_\nu = \frac{\Delta \Psi_\nu}{\partial \Psi/\partial \eta'} = -\mu_\nu \frac{1-\xi'^2}{2} \cos \nu\varphi. \tag{64,19}$$

65. Stück einer logarithmischen Spirale (Königsche Abbildung). In Ziffer 50 war ein Schaufelgitter behandelt, das aus ebenen Schaufeln bestand, die senkrecht zur Gitterrichtung standen. Dabei entstand durch die Abbildung $z_I = e^z$ eine Ebene mit einer einzigen Schaufel, die gleichfalls eben war und deshalb leicht weiterbehandelt werden konnte. Wenn man von einem Gitter in der z-Ebene ausgeht, das zwar auch aus ebenen Schaufeln besteht, bei dem aber die Schaufeln schräg zur Gitterachse stehen (Bild 188), so ergibt sich durch die gleiche Abbildung in der z_I-Ebene eine Schaufelform, die ein Stück einer logarithmischen Spirale darstellt, da ja nach den Ausführungen in Ziffer 50 schräge Gerade in logarithmische Spiralen übergehen.

Man kann die Schaufelreihe der z-Ebene auch so abbilden, daß in einer z_N-Ebene mehrere Schaufeln auftreten (Bild 188). Diese Schaufeln haben dann ebenfalls die Form von logarithmischen Spiralen. Wählt man in der z-Ebene die Koordinaten so, daß die Schaufelmitten in die y-Achse fallen, und bezeichnet den Abstand entsprechender Punkte der Schaufeln, die Gitterteilung mit t, so bestehen zwischen den einzelnen Ebenen folgende Abbildungsfunktionen

$$z_I = e^{z\,2\pi/t}, \quad z_N = e^{z\,2\pi/nt}, \quad z_I = z_N^n. \tag{65,1}$$

Dabei ist n die Zahl der Schaufeln in der z_N-Ebene. Ist l die Länge der Schaufeln in der z-Ebene und ι ihr Richtungswinkel, so ist das Verhältnis der Entfernungen der Hinter- und Vorderkanten vom Nullpunkt in der z_I-Ebene (Bild 188) $(r_H/r_V)_I = e^{2\pi l \cos \iota/t}$ und in der z_N-Ebene $(r_H/r_V)_N = e^{2\pi l \cos \iota/nt}$. Der Winkelbereich, den die eine Schaufel der z_I-Ebene überdeckt, ist $\psi_0 = 2\pi l \sin \iota/t$. Von den

246   IX. Behandlung gegebener Abbildungsaufgaben

Schaufeln der z_N-Ebene überdeckt jede einzelne einen Winkelbereich ψ_0/n. Die Anordnung der z_N-Ebene mit n Schaufeln stellt ebenfalls ein Gitter dar, das man als *Kreisgitter* bezeichnet. Im Gegensatz dazu nennt man die Anordnung der z-Ebene *gerades Gitter*. Besteht dieses wie im vorliegenden Falle aus ebenen Schaufeln, so wird es als *Plattengitter* oder auch (nach WEINIG) als *Streckenprofilgitter* bezeichnet.

Diese Anordnungen stellen Grundformen von Schaufelanordnungen dar, denen eine ähnliche Bedeutung zukommt wie der ebenen Platte

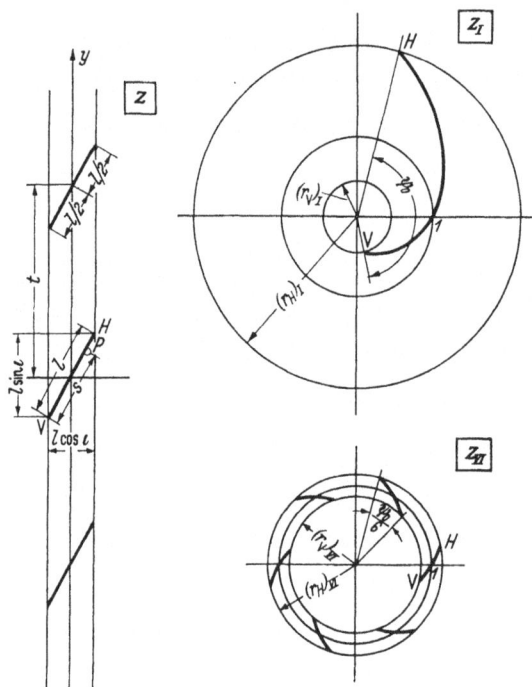

Bild 188. Konforme Abbildung eines geraden Gitters mit ebenen schrägen Schaufeln auf ein Kreisgitter oder eine einzelne Schaufel

bei einem einzelnen Flügel. Man kann nämlich leicht besonders einfache Strömungen angeben, welche durch diese Schaufelanordnungen nicht gestört werden. Bei dem geraden Gitter der z-Ebene ist es eine Parallelströmung unter dem gleichen Winkel ι zur x-Achse, den die Gitterschaufeln mit der x-Achse bilden. Bei den Rädern in den z_I- und z_N-Ebenen ist es eine radial nach außen (oder nach innen) gehende Strömung mit Drall, wie sie aus einer Wirbelquelle kommen würde, bei der die Zirkulation Γ und die Ergiebigkeit E im Verhältnis

$$\frac{\Gamma}{E} = \tan \iota \qquad (65{,}2)$$

stehen. Diese Grundformen lassen sich also auf eine einzelne Schaufel von der Form eines Stückes einer logarithmischen Spirale zurückführen, deren weitere Behandlung die Abbildung des Außenraums eines solchen Spiralenstücks auf das Äußere eines Kreises oder auf eine Halbebene nötig macht. Wir wollen zunächst die Abbildung auf einen Kreis vollziehen, weil hierbei das Unendliche unverändert bleiben kann.

Bei der äußerlich sehr ähnlichen Abbildung eines Kreisbogens auf einen Kreis (Ziffer 57) konnte man durch eine lineare Transformation den einen Endpunkt ins Unendliche verlegen, wodurch der Kreisbogen in eine Gerade überging, die sich leicht aufklappen ließ (Bild 161). Bei der logarithmischen Spirale ergibt die Verlegung eines Endpunktes ins Unendliche leider keine einfache Kurve. Auch der andere beim Kreisbogen eingeschlagene Weg, in den Endpunkten Quelle und Senke anzuordnen, ist nicht gangbar, da die logarithmische Spirale keine Stromlinie des Quell-Senken-Systems darstellt. Dagegen läßt sich aber das in Ziffer 22 für den Kreisbogen angewandte Verfahren auf unsere Aufgabe übertragen. Mit unwesentlichen Abweichungen wurde nach diesem Verfahren die vorliegende Aufgabe zuerst von KÖNIG[1] gelöst.

Legt man in den Nullpunkt der z_I-Ebene (Bild 188) eine Wirbelquelle von der Quellstärke E und der Zirkulation $\varGamma = E \tan \iota$, so ist das abzubildende Stück der logarithmischen Spirale Stromlinie. Durch das Potential $\varPhi$ und die Stromfunktion $\varPsi$ dieser Wirbelquelle ist jeder Punkt der z_I-Ebene eindeutig festgelegt. Nach Gl. (50,17) ist

$$\varpi = \varPhi + i\varPsi = \frac{E}{2\pi}\ln z_I - \frac{\varGamma}{2\pi}i\ln z_I = \frac{E}{2\pi}(1 - i\tan\iota)\ln z_I. \quad (65,3)$$

Da diese Funktion nach einem Umlauf um den Nullpunkt nicht auf die alten Werte zurückkommt, d. h., da die einzelnen RIEMANNschen Blätter nicht identisch sind, muß man eine von Null nach Unendlich verlaufende Unstetigkeitslinie wählen, die den Schlitz für den Übergang von einem zum nächsten RIEMANNschen Blatt darstellt. Zweckmäßig wählt man dazu eine Stromlinie, die der unser Kurvenstück enthalten-

---

[1] KÖNIG, E.: Potentialströmung durch Gitter. ZAMM. 2 (1922) 422. KÖNIG bildete die Spirale auf eine unendliche Gerade, ihr Außengebiet also auf eine Halbebene, ab. In späteren Arbeiten wurden auch andere Abbildungen verwandt. So bildete BUSEMANN in der Abhandlung: Das Förderhöhenverhältnis radialer Kreiselpumpen mit logarithmisch spiraligen Schaufeln [ZAMM. 8 (1928) 372], ähnlich unserer Darstellung die Spirale auf einen Kreis ab. Auch WEINIG (Die Strömung um die Schaufeln von Turbomaschinen. Leipzig: Joh. Ambr. Barth 1935) bildet sie auf einen Kreis ab, verlegt aber den unendlich fernen Punkt so, daß er mit dem ursprünglichen Nullpunkt symmetrisch zum Kreise liegt. Wir benützen im folgenden eine Abbildung auf einen Kreis, bei der das Unendliche unverändert bleibt. Auf eine Abbildung auf eine Gerade, die aber von der KÖNIGschen Abbildung etwas abweicht, kommen wir noch zurück.

248   IX. Behandlung gegebener Abbildungsaufgaben

den Stromlinie ungefähr gegenüberliegt. Die Potentiallinien laufen zwar ohne Knick über die Unstetigkeitslinie hinweg, ändern aber dabei ihren Wert um den Betrag Γ.

Denkt man sich die konforme Abbildung ausgeführt, so daß das Spiralenstück VH der z_1-Ebene in der ζ-Ebene zu einem Kreis erweitert ist, wobei das Unendliche unverändert bleiben und außer den Punkten V und H keine singulären Stellen auftreten sollen, so enthält das neue Strömungsbild wieder die gleiche Wirbelquelle, deren Stromlinien jetzt nur durch den Kreis deformiert sind (Bild 189). Wenn man diese Strömung um einen Kreis im Felde einer Wirbelquelle kennt, ist durch eine einfache Zuordnung der Potentiale die Abbildungsfunktion bestimmt.

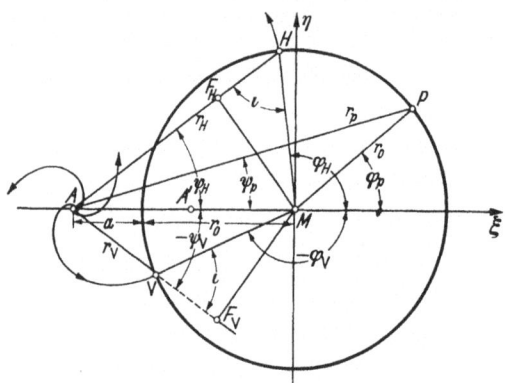

Bild 189. Kreis im Felde einer Wirbelquelle

Damit ein Kreis im Felde einer Wirbelquelle Stromlinie ist, muß man die Singularitäten am Kreis spiegeln, so daß das Innere des Kreises ein Spiegelbild des Äußeren wird. Dabei ist zu beachten, daß zu der gegebenen Wirbelquelle eine ebensolche mit entgegengesetzten Vorzeichen im Unendlichen gehört, welche die Strommengen, die aus der ersten kommen, wieder aufnimmt. Das Spiegelbild dieser Singularität im Unendlichen liegt im Kreismittelpunkt. Man erhält demnach Potential und Stromfunktion in der ζ-Ebene durch Überlagerung von 3 Wirbelquellen. Wir wollen den Kreismittelpunkt als Nullpunkt der ζ-Ebene wählen und die Wirbelquellen der Einfachheit halber auf der negativen ξ-Achse annehmen (Bild 189). Ist r_0 der Radius des Kreises und a der Abstand der außerhalb des Kreises im Punkte A liegenden Wirbelquelle vom Kreisrande, also $r_0 + a$ der Abstand vom Kreismittelpunkt, so liegt die gespiegelte Wirbelquelle im Punkte A' im Abstand $r_0^2/(r_0 + a)$ vom Mittelpunkt M und hat die Ergiebigkeit E und die Zirkulation $-\Gamma$. Das im Kreismittelpunkt M liegende Spiegelbild des Unendlichen ist eine Wirbelquelle von der Ergiebigkeit $-E$ und der Zirkulation Γ. Das komplexe Potential wird daher:

$$\varPhi = \frac{E}{2\pi}\left[(1 - i\tan\iota)\ln(\zeta + r_0 + a) + (1 + i\tan\iota)\ln\left(\zeta + \frac{r_0^2}{r_0 + a}\right) - (1 + i\tan\iota)\ln\zeta\right]. \quad (65,4)$$

65. Stück einer logarithmischen Spirale

Durch Vergleich mit der Gl. (65,3) ergibt sich die gesuchte Abbildungsfunktion, die man unter Verwendung von Gl. (65,1) auch gleich auf die z- und z_N-Ebene (Bild 187) ausdehnen kann,

$$\ln z_I = \ln(\zeta + r_0 + a) + \mu \ln\left(1 + \frac{r_0^2}{(r_0 + a)\zeta}\right) = n \ln z_N = z\, 2\pi/t \quad (65,5)$$

oder

$$z_I = (\zeta + r_0 + a)\left(1 + \frac{r_0^2}{(r_0 + a)\zeta}\right)^\mu = z_N^n = e^{z\, 2\pi/t}, \quad (65,6)$$

wobei

$$\mu = \frac{1 + i\tan\iota}{1 - i\tan\iota} = e^{2i\iota} = \cos 2\iota + i\sin 2\iota \quad (65,7)$$

ist.

Die praktische Berechnung kann etwa so vorgenommen werden, daß man sich das Strömungsfeld einer Quelle von der Ergiebigkeit E mit bezifferten Strom- und Potentiallinien aufzeichnet, den Nullpunkt dieses Netzes (die Quelle) der Reihe nach mit den Punkten $\zeta = r_0 + a$, $\zeta = \frac{r_0^2}{r_0 + a}$ und $\zeta = 0$ zur Deckung bringt und die Potentiale und Stromfunktionen $\Phi_1, \Phi_2, \Phi_3, \Psi_1, \Psi_2, \Psi_3$ für einen bestimmten Punkt ζ abliest, welche die Werte

$$\left.\begin{aligned}
\varpi_1 &= \Phi_1 + i\Psi_1 = \frac{E}{2\pi}\ln(\zeta + r_0 + a),\\
\varpi_2 &= \Phi_2 + i\Psi_2 = \frac{E}{2\pi}\ln\left(\zeta + \frac{r_0^2}{r_0 + a}\right),\\
\varpi_3 &= \Phi_3 + i\Psi_3 = \frac{E}{2\pi}\ln\zeta
\end{aligned}\right\} \quad (65,8)$$

ergeben. Aus diesen Werten bildet man dann

$$\varpi' = \frac{E}{2\pi}\ln z_I = \varpi_1 + (\cos 2\iota + i\sin 2\iota)(\varpi_2 - \varpi_3), \quad (65,9)$$

was durch Trennung in Real- und Imaginärteil

$$\Phi' = \Phi_1 + (\Phi_2 - \Phi_3)\cos 2\iota - (\Psi_2 - \Psi_3)\sin 2\iota \quad (65,10)$$

und

$$\Psi' = \Psi_1 + (\Psi_2 - \Psi_3)\cos 2\iota + (\Phi_2 - \Phi_3)\sin 2\iota \quad (65,11)$$

ergibt. Durch Aufsuchen dieses Wertes $\varpi' = \Phi' + i\Psi'$ auf dem Quellennetz ergibt sich der Punkt z_I, der dem Punkte ζ zugeordnet ist. ϖ' ist nicht zu verwechseln mit dem Wert ϖ der Gl. (65,3). Letzterer stellt das komplexe Potential der Wirbelquelle in der z_I-Ebene, ersteres das einer einfachen Quelle dar. Es ist

$$\varpi = \varpi'(1 - i\tan\iota). \quad (65,12)$$

Auf dem Kreis selbst ist die Berechnung dadurch erleichtert, daß die gespiegelten Wirbelquellen im Innern des Kreises die Normalkomponente der Stromdichte der äußeren Wirbelquelle gerade aufheben und ihre Tangentialkomponente gerade verdoppeln. Man braucht daher nur den Einfluß der einzigen Wirbelquelle im Punkte A auf die Tangentialkomponente betrachten und diesen verdoppeln.

Zur Kennzeichnung eines Punktes P des Kreises kann der Winkel φ zwischen dem vom Kreismittelpunkt M nach P gezogenen Radius mit der ξ-Achse dienen. Daneben ist auch noch der Winkel ψ wichtig, den ein von der Wirbelquelle A zu dem betreffenden Punkt gezogener Strahl mit der ξ-Achse bildet. Dabei sind die Winkel φ und ψ positiv, wenn der Punkt P oberhalb der ξ-Achse und negativ, wenn er darunterliegt. Die Punkte V und H auf dem Kreis, die der Vorder- und Hinterkante der Flügel entsprechen, sind entsprechend durch die Winkel φ_V und φ_H bzw. ψ_V und ψ_H gekennzeichnet.

Die Lage dieser Punkte ist dadurch bestimmt, daß sie Verzweigungspunkte (Staupunkte) der Strömung sind, und daß daher bei ihnen die Tangentialgeschwindigkeit auf dem Kreis Null sein muß. Diese Bedingung wird erfüllt, wenn der Winkel zwischen den Fahrstrahlen AV und MV und zwischen AH und MH jeweils gleich ι ist (Bild 189). Dann ist nämlich im Punkte V, dessen Entfernung von der Wirbelquelle r_V sein möge, der verdoppelte Einfluß der Quellkomponente E auf die Tangentialgeschwindigkeit $(E/r_V \pi) \sin \iota$ und der der Wirbelkomponente mit der Zirkulation $\Gamma = E \tan \iota$ ist $-(\Gamma/r_V \pi) \cos \iota = -(E/r_V \pi) \sin \iota$. Die beiden Einflüsse heben sich also gerade auf. Das gleiche gilt für den Punkt H, dessen Entfernung von der Wirbelquelle r_H ist.

Wegen des gleichen Winkels ι der Fahrstrahlen mit den Radien werden auch die Lote MF_V und MF_H vom Mittelpunkt M auf die Fahrstrahlen r_V und r_H gleich, und zwar ist

$$r_0 \sin \iota = MF_V = MF_H = (r_0 + a) \sin(-\psi_V) = (r_0 + a) \sin \psi_H. \qquad (65{,}13)$$

Daraus folgt

$$\psi_H = -\psi_V \qquad (65{,}14)$$

sowie

$$\sin \psi_H = \frac{r_0}{r_0 + a} \sin \iota = \frac{1}{1 + a/r_0} \sin \iota. \qquad (65{,}15)$$

Weiterhin ist

$$\varphi_V - \psi_V = \pi - \iota, \qquad \varphi_H - \psi_H = \iota. \qquad (65{,}16)$$

Dabei haben die Winkel φ_V und φ_H ebenso wie ψ_V und ψ_H entgegengesetzte Vorzeichen. Aus Gl. (65,13) ergibt sich bei gegebener Lage der Wirbelquelle zum Kreis (a/r_0) der Winkel $\psi_H = -\psi_V$. Durch Gl. (65,16) sind damit auch die Richtungswinkel φ_V und φ_H und somit die Lage der Punkte V und H, die der Vorder- und Hinterkante der Schaufeln entsprechen, festgelegt. Die Abstände dieser beiden Punkte von der Wirbelquelle ergeben sich zu

$$r_V = A F_V - V F_V = (r_0 + a) \cos \psi_H - r_0 \cos \iota, \qquad (65,17)$$

$$r_H = A F_H + F_H H = (r_0 + a) \cos \psi_H + r_0 \cos \iota. \qquad (65,18)$$

Bei den folgenden Betrachtungen über die Zuordnung der Punkte bei der Abbildung, wollen wir die ζ-Ebene mit der z-Ebene anstatt mit der z_I-Ebene in Beziehung setzen, da sich hierbei wegen der geraden Schaufelprofile der z-Ebene bequemere Größen ergeben als in der z_I-Ebene mit der logarithmischen Spirale. Die Umrechnung auf die z_I- oder z_N-Ebene läßt sich aber nach Gl. (65,1) sehr leicht durchführen.

In der z-Ebene herrsche eine Strömungsgeschwindigkeit c in Schaufelrichtung mit den Komponenten u und v in Gitterrichtung und senkrecht dazu. Damit ist $v = c \cos \iota = E/t$ und $u = c \sin \iota = \Gamma/t$. Für einen Punkt P der Schaufel im Abstand s von der Vorderkante V (Bild 188) ist dann der Potentialunterschied gegenüber der Vorderkante $\Phi = c s$. Im entsprechenden Punkte P des Kreises, dessen Entfernung von der Wirbelquelle $AP = r_P$ und dessen Richtungswinkel $PAM = \psi_P$ sein möge, ist er $\Phi = (E/\pi) \ln r_P/r_V + (\Gamma/\pi)(\psi_P - \psi_V)$. Da $c = E/t \cos \iota = \Gamma/t \sin \iota$ ist, ergibt sich durch Vergleich der beiden Potentialausdrücke

$$\frac{\pi s}{t} = \left(\ln \frac{r_P}{r_V} \right) \cos \iota + (\psi_P - \psi_V) \sin \iota. \qquad (65,19)$$

Zu jedem Wert s außer $s = 0$ (Vorderkante) und $s = l$ (Hinterkante) ergeben sich 2 Punkte P auf dem Kreisrande, von denen der eine der Saugseite, der andere der Druckseite der Schaufel entspricht. Legt man den Punkt P in die Hinterkante H, so wird $s = l$, $r_P = r_H$ und $\psi_P - \psi_V = 2\psi_H$. Aus Gl. (65,19) wird damit

$$\frac{\pi l}{t} = \left(\ln \frac{r_H}{r_V} \right) \cos \iota + 2 \psi_H \sin \iota. \qquad (65,20)$$

Da r_H/r_V und ψ_H sich nach Gl. (65,17), (65,18) und (65,15) durch a/r_0 ausdrücken lassen, gibt die Gleichung den Zusammenhang zwischen dem Abstand a der Wirbelquelle vom Kreisrand und der Länge l der Schaufel.

Hiernach kann man zu einer gegebenen Lage a/r_0 der Wirbelquelle und gegebenem Staffelungswinkel ι die zugehörige Länge der Schaufel leicht berechnen. Meist liegt aber die umgekehrte Aufgabe vor: Das Gitter mit dem Längenverhältnis l/t und dem Staffelungswinkel ι ist gegeben und die Abbildung auf die ζ-Ebene gesucht, wozu als wesentliche Größe die Lage a/r_0 der Wirbelquelle gefunden werden muß. Dazu müßte man Gl. (65,20) nach a/r_0 auflösen, was aber in geschlossenen Ausdrücken außerordentliche Schwierigkeiten bietet. Man kann etwa für einige Werte von a/r_0 die zugehörigen Längenverhältnisse l/t berechnen und das zu dem gegebenen l/t gehörige a/r_0 durch Interpolation finden. Aber für einige Sonderfälle läßt sich Gl. (65,20) exakt oder wenigstens mit guter Näherung nach a/r_0 auflösen. Für $\iota = 0$, den in Ziffer 52 bereits teilweise behandelten Sonderfall, wird $r_H = 2r_0 + a$ und $r_V = a$, $\psi_H = 0$. Damit wird aus Gl. (65,20)

$$\frac{\pi l}{t} = \ln\frac{2r_0 + a}{a} = \ln(1 + 2r_0/a). \tag{65,21}$$

Hieraus ergibt sich für $\iota = 0$ die einfache Beziehung:

$$\frac{1}{1 + a/r_0} = \frac{e^{\pi l/t} - 1}{e^{\pi l/t} + 1} = \tanh\frac{\pi l}{2t}. \tag{65,22}$$

Für $\iota = 90° = \pi/2$ wird $\sin\psi_H = 1(1 + a/r_0)$ und $(\ln r_H/r_V)\cos\iota = 0$ und somit

$$\frac{1}{1 + a/r_0} = \sin\frac{\pi l}{2t}. \tag{65,23}$$

Da sin und tanh nur wenig verschieden sind, kann man zwischen den beiden Grenzlösungen einen Übergang mit recht guter Annäherung bilden:

$$\frac{1}{1 + a/r_0} \approx \cos^2\iota \tanh\frac{\pi l}{2t} + \sin^2\iota \sin\frac{\pi l}{2t}. \tag{65,24}$$

Dies ist allerdings mit ausreichender Genauigkeit nur angängig, solange nicht $a/r_0 \ll \sin^2\iota$ ist. Aber für den Bereich $a/r_0 \ll \cos^2\iota$, der übrigens gar nicht selten auftritt, kann man Gl. (65,20) sehr stark vereinfachen. Es ist dann nämlich $\psi_H \approx \iota$, $r_V \approx a/\cos\iota$, $r_H \approx 2r_0 \cos\iota$ und damit $\pi l/t \approx \left(\ln\frac{2r_0 \cos^2\iota}{a}\right)\cos\iota + 2\iota\sin\iota$. Diese vereinfachte Beziehung kann man leicht nach (a/r_0) auflösen. Für $a/(r_0 \cos^2\iota) \ll 1$ ist darnach:

$$\frac{a}{r_0} = 2\cos^2\iota\, e^{-(\pi l/t \cos\iota) - 2\iota\tan\iota}. \tag{65,25}$$

In den Fällen, in denen $a/r_0 \ll 1$ ist, ist es vielfach auch zweckmäßig, das Schaufelprofil nicht auf einen Kreis, sondern in einer ζ'-Ebene auf eine Gerade abzubilden, wie es bereits in Ziffer 52 geschehen ist. Durch die einfache lineare Transformation

$$\frac{\zeta'}{a'} = -\left(1 + \frac{2r_0}{a}\right)\frac{\zeta + r_0}{\zeta - r_0} \tag{65,26}$$

mit dem beliebig wählbaren Maßstabsfaktor a' geht der Kreis in die η'-Achse, das Äußere des Kreises in die linke Halbebene und das Innere als Spiegelbild in die rechte Halbebene über. Die Wirbelquelle A der ζ-Ebene und ihr Spiegelbild A' erscheinen in der ζ'-Ebene in den Punkten $-a'$ und $+a'$ der ξ'-Achse. Da a' der willkürliche Faktor der

65. Stück einer logarithmischen Spirale

Gl. (65,26) ist, kann demnach der Abstand a' der Wirbelquelle von der η'-Achse beliebig gewählt werden. Außerdem tritt aber die im Unendlichen der ζ-Ebene liegende Wirbelquelle B und ihr Spiegelbild in den Punkten $\mp b' = \mp a'(1 + 2r_0/a)$ auf (Bild 190). Dabei ergibt sich r_0/a gemäß Gl. (65,24) aus dem Teilungsverhältnis l/t des Gitters.

Da diese Darstellung, wie schon erwähnt, hauptsächlich für kleine Werte von a/r_0 und damit von a'/b' in Betracht kommt, so fällt vielfach der Hinterkantenpunkt H sowohl beim Kreis der ζ-Ebene wie auf der η'-Achse der ζ'-Ebene in Entfernungen, die sehr groß gegen a bzw. a' sind. Daher kann man damit die Vorgänge in der hinteren Hälfte der Schaufel nur schwer verfolgen. Man braucht aber nur das Schaufelgitter um 180° zu drehen, also in den Abbildungsfunktionen z durch $-z$ zu ersetzen. Dann erhält man in einer $\tilde{\zeta}$- bzw. $\tilde{\zeta}'$-Ebene die gleichen Figuren wie in den entsprechenden ζ- bzw. ζ'-Ebenen. Nur sind die Punkte V und H sowie A und B vertauscht. Dadurch rückt die hintere Schaufelhälfte in den bequem zugänglichen und die vordere

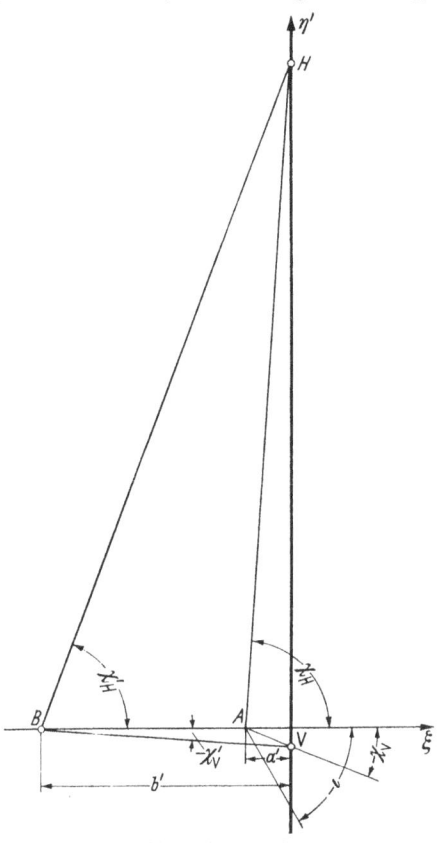

Bild 190. Abbildung der einzelnen Schaufel nach Bild 188 auf eine Gerade

in den unbequemen Bereich. Der Zusammenhang zwischen der $\tilde{\zeta}$- und ζ-Ebene sowie zwischen der $\tilde{\zeta}'$- und ζ'-Ebene ist jeweils durch eine lineare Transformation gegeben. Zwischen $\tilde{\zeta}$ und ζ lautet die Beziehung

$$\tilde{\zeta} = -\frac{\zeta(r_0 + a) + r_0^2}{\zeta + r_0 + a} \tag{65,27}$$

und zwischen $\tilde{\zeta}'$ und ζ'

$$\tilde{\zeta}' = \frac{a'b'}{\zeta'}. \tag{65,28}$$

Bezeichnet man in der ζ'-Ebene allgemein den Winkel, den ein Strahl AP, der von der Wirbelquelle A zu einem Punkte P der η'-Achse führt, mit der ξ'-Achse bildet, mit χ und den entsprechenden Winkel des Strahles BP mit χ' (Bild 190), so ist

$$\tan\chi' = \frac{a'}{b'}\tan\chi. \qquad (65{,}29)$$

Die Lage des der Vorderkante entsprechenden Punktes V ist durch die Winkel χ_V bzw. χ'_V gekennzeichnet und die des Hinterkantenpunktes H durch χ_H bzw. χ'_H.

In einem beliebigen Punkte P der η'-Achse ergibt sich aus dem Felde der Wirbelquellen in A und B, wobei der Einfluß ihrer Spiegelbilder eine Verdoppelung der Einflüsse der beiden linken Wirbelquellen bedeutet, die Geschwindigkeit

$$\begin{aligned}w &= \frac{\cos\chi}{\pi a'}(E\sin\chi + \Gamma\cos\chi) - \frac{\cos\chi'}{\pi b'}(E\sin\chi' + \Gamma\cos\chi') \\ &= \frac{E}{\pi a'}\left[\cos^2\chi(\tan\chi + \tan\iota) - \frac{a'}{b'}\cos^2\chi'(\tan\chi' + \tan\iota)\right]. \qquad (65{,}30)\end{aligned}$$

Die Punkte V und H, die den Vorder- und Hinterkanten der Schaufeln entsprechen, müssen Staupunkte sein. In ihnen ist also $w = 0$. Darum ergibt sich die Lage dieser Punkte als Funktion von ι, a' und b'. Allerdings ist ihre Ermittlung bei beliebig gegebenen Werten von ι, a' und b' im allgemeinen ziemlich mühsam. Da aber die Abbildung auf die Halbebene hauptsächlich für kleine Werte von $a'/b' = 1/(1 + 2r_0/a)$ in Frage kommt, kann man die Formeln fast stets sehr vereinfachen. Ist z. B. das Teilungsverhältnis $t/l < 2/3$, so wird $a'/b' < 0{,}01$. Damit rückt der Punkt B soweit hinaus, daß man den Einfluß dieser Wirbelquelle auf die Geschwindigkeiten vernachlässigen, also das rechte Glied der Gl. (65,30) weglassen kann. Für $w = 0$ ergibt sich dann $\tan\chi_V = -\tan\iota$ oder

$$\chi_V = -\iota. \qquad (65{,}31)$$

In weniger extremen Fällen, wenn etwa $a'/b' < 0{,}1$ ist, kann man $(a'/b')\tan\chi' = (a'/b')^2\tan\chi \approx 0$ setzen, wenigstens solange man jeweils im Bereich der halben Schaufellänge bleibt, so daß $\tan\chi$ nicht übermäßig groß wird. Wegen der erwähnten Vertauschungsmöglichkeiten der Schaufelhälften ist die Beschränkung auf diesen Bereich ja stets möglich. Damit weicht dann auch χ_V nur wenig von $-\iota$ ab, und man kann $(\tan\chi_V + \tan\iota)\,a'/b'$ ebenfalls vernachlässigen und $\cos^2\chi_V \approx \cos^2\iota$ setzen. Damit ergibt sich für diese kleinen Werte von a'/b' aus Gl. (65,30)

$$\tan\chi_V = \frac{b'}{a'}\tan\chi'_V \approx -\tan\iota\left(1 - \frac{a'}{b'\cos^2\iota}\right). \qquad (65{,}32)$$

Durch Vertauschung von Vorder- und Hinterkante ergibt sich auf Grund von Gl. (65,28)

$$\tan\chi_H = \frac{b'}{a'}\tan\chi'_H = -\frac{b'}{a'\tan\chi_V}. \qquad (65{,}33)$$

Zwischen der Lage eines Punktes P der η'-Achse und der Entfernung s des entsprechenden Punktes der Schaufel von der Vorderkante besteht analog Gl. (65,11) die Beziehung[1]

$$\frac{s\pi}{t} = \left(\ln\frac{\cos\chi_V}{\cos\chi}\frac{\cos\chi'}{\cos\chi'_V}\right)\cos\iota + [\chi - \chi_V - (\chi' - \chi'_V)]\sin\iota. \quad (65,34)$$

Auch hier erhält man für die Grenzfälle $\iota = 0$ und $\iota = \pi/2$, ähnlich wie in Gl. (65,22) und (65,23), einfache Beziehungen.

Von den dünnen Schaufeln kann man grundsätzlich auch zu Schaufeln mit endlicher Dicke übergehen, indem man etwa ähnlich wie beim Übergang vom Kreisbogen zum JOUKOWSKY-Profil (Ziffer 58) statt des Kreises mit dem Radius r_0 (Bild 189) einen etwas größeren Kreis zugrunde legt, der den Kreis mit dem Radius r_0 an der Stelle der Hinterkante H berührt. Man erhält dann als Abbild dieses Kreises eine das dünne Profil umschlingende Kontur. Wegen der schon erwähnten sehr verschiedenen Maßstabsverhältnisse am Vorder- und Hinterende der Schaufel ergibt sich auf diese Weise aber vielfach eine sehr unerwünschte Verteilung der Profildicke. Der Kopf am inneren Schaufelende wird im allgemeinen unverhältnismäßig dick. Aus diesem Grunde ist dieses beim JOUKOWSKY-Profil bewährte Verfahren für die vorliegende Aufgabe in der Regel nicht recht brauchbar. Dagegen werden wir in Ziffer 74 bis 75 ein Verfahren zur konformen Abbildung allgemeiner Formen kennenlernen, mit dem sich jede gewünschte Dickenverteilung und auch Abweichungen von der logarithmischen Spirale behandeln lassen.

66. Strömung durch ein gerades Plattengitter. Bei den vorstehenden Überlegungen war eine Strömung mit den Komponenten $v = c\cos\iota$ und $u = c\sin\iota$ in der z-Ebene bzw. mit den Komponenten der Wirbelquelle $E = v\,t$ und $\Gamma = u\,t$ in der z_I- und ζ-Ebene zugrunde gelegt, welche durch das Gitter bzw. durch die spiralige Schaufel nicht beeinflußt wurde. Sie diente nur dazu, die Zuordnung der Punkte in den verschiedenen Ebenen zu finden. Für praktische Zwecke interessiert aber eine Strömung, welche gegenüber den Gitterschaufeln bzw. der Spirale einen Anstellwinkel α besitzt[2]. Ist c die Anströmgeschwindigkeit dieser Strömung im Unendlichen der z-Ebene, so kann man sie in die beiden Komponenten $c\cos\alpha$ in Richtung der Schaufeln und $c\sin\alpha$ senkrecht

---

[1] Eine ausführliche Darstellung der Zusammenhänge enthält die Arbeit A. BETZ: Näherungsformeln zur konformen Abbildung von Streckenprofilgittern kleiner Teilung. Ing. Arch. 28 (Grammel-Festschrift 1959) 6.

[2] Eine andere praktisch wichtige Aufgabe ergibt sich bei umlaufenden Rändern von der in der z_N-Ebene von Bild 188 dargestellten Form. Die Berechnung erfolgt in gleicher Weise, wie sie in Ziffer 35 für eine einfache Form durchgeführt wurde: Die von der Drehbewegung herrührenden Normalkomponenten werden auf die ζ- oder ζ'-Ebene umgerechnet. Hier ergeben sich daraus die zugehörigen Tangentialkomponenten, die dann wieder auf die z_N-Ebene umgerechnet werden.

256 IX. Behandlung gegebener Abbildungsaufgaben

dazu zerlegen. Die erstere Komponente wird durch die Schaufeln nicht gestört. Man braucht daher nur die zu den Schaufeln senkrechte Anströmkomponente $w_1 = c \sin\alpha$ zu betrachten (Bild 191) und die sich daraus ergebende Strömung dann der ungestörten Parallelströmung in Schaufelrichtung $c \cos\alpha$ überlagern. Die zu den Schaufeln senkrechte Anströmgeschwindigkeit $w_1 = c \sin\alpha$ kann man selbst wieder in die beiden Komponenten $v' = -w_1 \sin\iota$ senkrecht zur Gitterrichtung und $u' = w_1 \cos\iota$ in Gitterrichtung zerlegen. Ihr entspricht in der z_Γ- und ζ-Ebene eine Wirbelquelle mit den Komponenten $E' = v' t$ und $\Gamma' = u' t$ an der gleichen Stelle A wie bei der Strömung ohne Anstellwinkel.

In dem der Hinterkante der Schaufeln entsprechenden Punkte H der ζ-Ebene würde diese zusätzliche Wirbelquelle eine Tangentialgeschwindigkeit $-(E'/r_H \pi) \sin\iota + (\Gamma'/r_H \pi) \cos\iota = (w_1 t/r_H \pi)(\sin^2\iota + \cos^2\iota) = w_1 t/r_H \pi$ ergeben. Da aber nach Ziffer 33 diese Flügelkante nicht umströmt werden darf[1], ist noch eine Zirkulation Γ_α um den Flügel bzw. um den ihm in der ζ-Ebene entsprechenden Kreis zu überlagern, welche die Tangentialgeschwindigkeit im Punkte H des Kreises gerade zu Null macht. Diese Zirkulation ergibt für sich allein auf dem Kreis eine Tangentialgeschwindigkeit $\Gamma_\alpha/2r_0\pi$, und diese muß gleich und entgegengesetzt der von der Wirbelquelle herrührenden sein. Daraus ergibt sich

$$\Gamma_\alpha = -w_1 t \frac{2 r_0}{r_H}. \quad (66,1)$$

Im Unendlichen der Anströmseite ist $u_1' = w_1 \cos\iota$. Auf der Abströmseite ist sie demnach

$$u_2' = u_1' + \Gamma_\alpha/t. \quad (66,2)$$

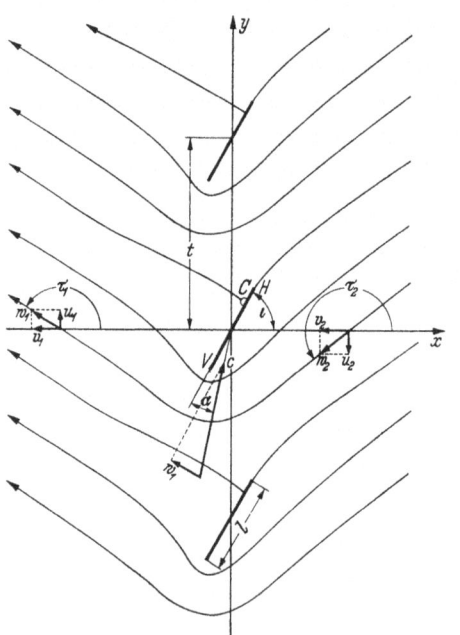

Bild 191. Strömung bei Anströmung senkrecht zu den Schaufeln

---

[1] Bei positivem Anstellwinkel α wird diese Kante H durch die Komponentenströmung w_1 angeströmt. Trotzdem ist aber zu fordern, daß sie nicht umströmt wird, sondern die Kante V, obwohl diese jetzt Abflußkante ist. Durch die Überlagerung der ungestörten Komponente $c \cos\alpha$ wird nämlich die Kante H doch Abflußkante.

66. Strömung durch ein gerades Plattengitter

Die ungestörte Strömungskomponente hatte sich zu $c \cos \alpha$ ergeben. Ihre Komponente in Gitterrichtung $c \cos \alpha \sin \iota$ überlagert sich den Komponenten der Zusatzströmung, so daß für die Gesamtströmung

$$u_1 = u_1' + c \cos \alpha \sin \iota \quad \text{und} \quad u_2 = u_2' + c \cos \alpha \sin \iota \tag{66,3}$$

und mithin

$$u_1 - u_2 = u_1' - u_2' = -\frac{\Gamma_a}{t} = w_1 \frac{2 r_0}{r_H} \tag{66,4}$$

ist.

Für ungestaffelte Gitter ist $r_H = 2 r_0 + a$ und $w_1 = u_1$. Damit ergibt sich aus Gl. (66,4) unter Verwendung von Gl. (65,21) $u_2/u_1 = e^{-\pi l/t}$ in Übereinstimmung mit Gl. (52,12).

Im Felde der zusätzlichen Wirbelquelle E', Γ' und des Zirkulationswirbels Γ_a ergibt sich noch ein weiterer Staupunkt C auf dem Kreis und entsprechend auf der Schaufel (Bild 191 und 192). Für die Ermittlung der Lage dieses Punktes und der ganzen Zusatzströmung hat WEINIG[1] ein einfaches Verfahren angegeben, das im folgenden der hier benützten Abbildung angepaßt wird:

Ist an irgendeiner Stelle der Betrag der Geschwindigkeit der Zusatzströmung w und ihre Richtung um den Winkel τ zur reellen Achse geneigt, so ist der konjugierte komplexe Strömungsvektor $w e^{-i\tau}$ nach Ziffer 45 eine analytische Funktion der komplexen Ortskoordinaten z oder ζ. Für die Zusatzströmung ist im Unendlichen der z-Ebene auf der Zuströmseite $w_1 = c \sin \alpha$ und $\tau_1 = \iota + \pi/2$. Man kann damit den dimensionslosen Geschwindigkeitsbetrag w/w_1 bilden. Ebenso wie $w e^{-i\tau}$ ist auch $(w/w_1) e^{-i\tau}$ und dessen Logarithmus $(\ln w/w_1) - i \tau$ eine analytische Funktion von z und von ζ. Dieser letztere Ausdruck hat die gleiche Form wie ein komplexes Potential $\varpi = \Phi + i \psi$; $\ln w/w_1$ verhält sich daher ebenso wie das Potential und $-\tau$ wie die Stromfunktion einer Strömung. Nun ist von der Strömung in der z-Ebene der Imaginärteil $-\tau$ auf dem Rande gegeben. Auf der Platte ist ja zwischen der Vorderkante V und dem Staupunkt C bei positivem Anstellwinkel α die Strömungsrichtung $\tau = \iota$ und an allen anderen Stellen der Platte $\tau = \iota \pm \pi$. Weiterhin ist auf der Zuströmseite im Unendlichen die Zusatzströmung senkrecht zur Platte also $\tau_1 = \iota + \pi/2$. Durch diese Randwerte ist aber nach Ziffer 13 und 45 die ganze Strömung festgelegt und läßt sich durch folgende Überlegung ermitteln: Rechts vom Staupunkt C ist die Strömungsrichtung $\tau = \iota + \pi$, links davon ist sie $\tau = \iota$. Sie wechselt also ihren Wert beim Umfahren des Staupunktes entgegen dem Uhrzeigersinn um $-\pi$ und demgemäß die konjugierte

---

[1] WEINIG: Die Strömung um die Schaufeln von Turbomaschinen. Leipzig: Joh. Ambr. Barth 1935.

Richtung $-\tau$ um $+\pi$. An der Vorderkante hat die Strömung auf der Druckseite die Richtung $\tau = \iota + \pi$ und geht beim Umströmen der Vorderkante in die Richtung $+\iota$ über. Beim Fortschreiten entgegen dem Uhrzeigersinn wechselt sie also ihren Wert um $+\pi$ und demgemäß $-\tau$ um $-\pi$. Denkt man sich nun Linien konstanten Imaginärteils $-\tau$ analog der Stromfunktion einer Strömung gezeichnet, so laufen in den Punkten C und V je π solcher Linien zusammen. Durch Betrachtung der Strömungsrichtungen in der nächsten Umgebung dieser Punkte ergibt sich, daß die Richtungen τ und damit auch $-\tau$ gleichmäßig über einem Halbkreis bzw. Vollkreis um diese Punkte verteilt sind. Die Linien gleicher Richtung $-\tau$ verhalten sich daher in der Umgebung des Staupunktes C wie die Stromlinien einer Quelle und in der Umgebung des Vorderkantenpunktes V wie die einer Senke. Bei der Abbildung auf die ζ-Ebene bleibt diese Quelle im Punkte C und die Senke im Punkte V bestehen. Da auf der Außenseite des Kreises jeweils π Linien zusammenlaufen und ebenso viele durch Spiegelung auf der Innenseite, so ist die Ergiebigkeit der Quelle und Senke $\pm 2\pi$. Damit ist aber der Verlauf der Linien konstanter Richtung gegeben. In der ζ-Ebene, in der die Punkte C und V nur einmal auftreten und ihr Feld die ganze Ebene erfüllt, ist er identisch mit den Stromlinien einer Quell-Senken-Anordnung mit einer Quelle $+2\pi$ im Punkte C und einer Senke -2π im Punkte V. Diese Linien sind daher in der ζ-Ebene alle Kreise, welche durch die Punkte V und C gehen. Der Kreis, der das Abbild der Schaufeln darstellt, ist einer dieser Kreise durch V und C. Wir wollen ihn im folgenden zur Unterscheidung von den anderen Kreisen als „Schaufelkreis" bezeichnen. Da auf ihm auf dem Bogen VHC der Richtungswinkel $\tau = \iota + \pi$ und auf dem restlichen Bogen $VC\tau = \iota$ ist, so ist damit auch der Richtungswinkel auf allen anderen Kreisen des Quell-Senken-Systems gegeben.

Zur Verwertung dieser Zusammenhänge ist zunächst die Lage des Staupunktes C zu finden. Dazu und für die weitere Rechnung ist es am übersichtlichsten, die Zusatzströmung nicht auf die ζ-Ebene, sondern auf die $\tilde{\zeta}$-Ebene abzubilden, die durch Gl. (65,27) $\tilde{\zeta} = -\dfrac{\zeta(r_0+a)+r_0^2}{\zeta+r_0+a}$ eingeführt wurde (Bild 192). Dabei ergibt sich die gleiche Figur wie in der ζ-Ebene, nur sind die Punkte V und H vertauscht. Der Punkt A mit dem Abbild des unendlich fernen Punktes der Zuströmseite rückt ins Unendliche. An seiner Stelle erscheint das Abbild B des unendlich fernen Punktes der Abströmseite. Quelle und Senke in den Punkten C und V bleiben unverändert erhalten. Dem Bogen VC des Schaufelkreises, der der Wirbelquelle zugewandt ist, kommt der Richtungswinkel $\tau = \iota + \pi$ und dem abgewandten Bogen $\tau = \iota$ zu (Bild 192).

66. Strömung durch ein gerades Plattengitter

Da der unendlich ferne Punkt der Zuströmseite der z-Ebene auch in der $\tilde{\zeta}$-Ebene im Unendlichen liegt, muß die zugehörige Quell-Senken-Stromlinie eine Gerade sein, da nur diese ins Unendliche geht, also eine Gerade, welche die Punkte C und V verbindet. Da weiterhin der zugehörige Richtungswinkel $\tau_1 = \iota + \pi/2$ ist, muß diese Gerade in den Punkten C und V den Kreis senkrecht schneiden. Das ist aber nur möglich, wenn sie mit einem Durchmesser des Kreises zusammenfällt. Man braucht daher vom Vorderkantenpunkt V nur den Durchmesser zu ziehen und erhält am anderen Ende des Durchmessers den gesuchten Staupunkt C (Bild 192).

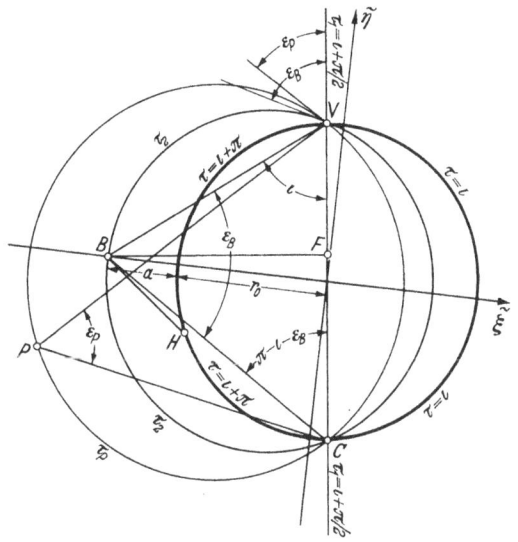

Bild 192. Vertauschung von Zustrom- und Abstromseite

Durch die Festlegung des Staupunktes C und die damit gegebene Festlegung des Quell-Senken-Systems ist in jedem Punkt P der $\tilde{\zeta}$-Ebene die Geschwindigkeit nach Größe w und Richtung τ leicht zu ermitteln. Schneidet der durch den Punkt P gehende Kreis die Gerade VC unter einem Winkel ε_P, so ist das der Unterschied der τ-Werte von Kreis und Gerade, und da auf letzterer $\tau = \tau_1 = \iota + \pi/2$ ist, wird im Punkte P und auf dem ganzen durch P gehenden Kreis $\tau = \varepsilon_P + \tau_1$. Da aber ε_P gleich dem Peripheriewinkel des Kreises zur Achse VC ist, so wird

$$\tau = \iota + \pi/2 + \sphericalangle VPC. \tag{66,5}$$

Dabei ist ε_P positiv, wenn der Punkt P auf der gleichen Seite von VC liegt wie die Wirbelquelle B, die dem Unendlichen der Abströmseite entspricht und negativ, wenn er auf der anderen Seite liegt.

Weiterhin ist nach Gl. (15,5) in einem Quell-Senken-System das Potential gegenüber dem Unendlichen gleich dem Logarithmus des Verhältnisses der Abstände von Quelle und Senke. Damit wird

$$\ln \frac{w}{w_1} = \ln \frac{PC}{PV}, \quad w = w_1 \frac{PC}{PV}. \tag{66,6}$$

Im Unendlichen der Zuströmseite, also auch im Unendlichen der Geraden VC, ist $\varepsilon = 0$ und $PC = PV = \infty$, also $PC/PV = 1$. Im

260   IX. Behandlung gegebener Abbildungsaufgaben

Unendlichen der Abströmseite, also im Punkte B ist $w_2 = w_1 BC/BV$ und $\varepsilon = \varepsilon_B = \sphericalangle VBC$ und damit $\tau_2 = \iota + \pi/2 + \varepsilon_B$. Die Komponenten normal und tangential zum Gitter werden auf der Anströmseite $u_1' = w_1 \sin \tau_1 = w_1 \cos \iota$ und $v_1' = -w_1 \sin \iota$. Auf der Abströmseite ergibt sich

$$u_2' = w_2 \sin \tau_2 = w_2 \cos(\iota + \varepsilon_B) = w_1 \frac{BC}{BV} \cos(\iota + \varepsilon_B)$$

$$= -w_1 \frac{BC}{BV} \cos \sphericalangle VCB, \qquad (66,7)$$

$$u_1' - u_2' = \frac{w_1}{BV}[BV \cos \iota - BC \cos(\iota + \varepsilon_B)] \qquad (66,8)$$

und

$$v_2' = -w_2 \sin(\iota + \varepsilon_B) = -w_1 \frac{BC}{BV} \sin \sphericalangle VCB. \qquad (66,9)$$

Das Lot von B auf die Gerade VC ist

$$BF = BV \sin \iota = BC \sin(\iota + \varepsilon_B). \qquad (66,10)$$

Also ist $BC/BV = \sin \iota / \sin(\iota + \varepsilon_B)$ und damit

$$v_2' = -w_1 \sin \iota, \qquad (66,11)$$

also gleich der oben erwähnten Komponente v_1' normal zur Gitterrichtung auf der Anströmseite, was zu erwarten war, da ja diese Komponente aus Kontinuitätsgründen durch das Gitter nicht geändert werden kann. Andererseits ist $VF = BV \cos \iota$ und $CF = -BC \cos(\iota + \varepsilon_B)$ und somit

$$VF + CF = 2r_0 = BV \cos \iota - BC \cos(\iota + \varepsilon_B). \qquad (66,12)$$

Durch Einsetzen dieser Beziehung in Gl. (66,8) wird

$$u_1' - u_2' = w_1 \frac{2r_0}{BV} \qquad (66,13)$$

in Übereinstimmung mit Gl. (66,4), da ja $BV = r_H$ ist.

67. Vielecke[1]. Unter Vieleck soll hier zunächst im Gegensatz zu Kreisbogen-Vielecken, die später in Ziffer 72 behandelt werden, ein Gebiet verstanden sein, das von Geradenstücken begrenzt ist, welche in den Ecken aneinanderstoßen. Die bisher angewandten verhältnismäßig einfachen Verfahren zur Beseitigung der Ecken lassen sich bei einer Vielzahl von Ecken nicht mehr anwenden. Wir müssen einen

---

[1] Vielecke können in sehr verschiedenen Formen auftreten. Eine systematische Zusammenstellung aller bekannten Abbildungsformeln für Geraden- und Kreisbogenvielecke findet sich in dem Buch W. v. KOPPENFELS u. F. STALLMANN: Praxis der konformen Abbildung. Berlin/Göttingen/Heidelberg: Springer 1959.

67. Vielecke

neuen Weg einschlagen. In der Funktionentheorie[1] ermittelt man die Funktion, die das Innere eines Vielecks auf die obere Halbebene abbildet, nach einem zuerst von SCHWARZ und CHRISTOFFEL angegebenen Verfahren. Wir wollen hier eine Darstellung dieses Verfahrens geben, die eine hydrodynamische Deutung benutzt. Bild 193 zeigt ein Polygon der z-Ebene, das auf die reelle Achse der ζ-Ebene so abgebildet werden soll, daß das Innere des Polygons in die obere Halbebene übergeht. Dabei sollen den Eckpunkten $z_1, z_2, \ldots$ die Punkte $\zeta_1, \zeta_2, \ldots$ der reellen Achse entsprechen. Die Abbildungsfunktion sei $z = f(\zeta)$. Wenn an einer Stelle z der Differentialquotient $dz/d\zeta = \lambda e^{i\nu}$ (λ und ν reell) ist, so bedeutet das, daß ein Linienelement $d\zeta$ beim Übergang in dz im Verhältnis $\lambda:1$ vergrößert und um den Winkel ν entgegen dem Uhrzeigersinn gedreht wird. Die Elemente der reellen Achse der ζ-Ebene sollen in die Begrenzungslinie des Polygons in der z-Ebene übergehen. Für diese Punkte ist daher ν gleich dem Winkel, den die Begrenzungs-

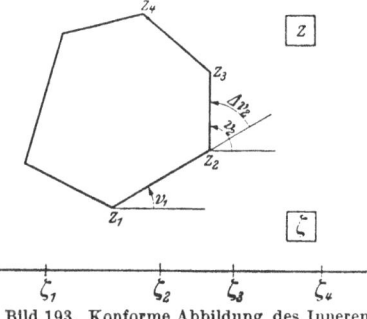

Bild 193. Konforme Abbildung des Inneren eines Polygons auf eine Halbebene

linien des Polygons mit der x-Achse einschließen. Schreitet man vom Punkte ζ_1, dem Abbild des Eckpunktes z_1, aus auf der ξ-Achse fort, so darf sich der Richtungswinkel von $dz/d\zeta = \lambda e^{i\nu}$ nicht ändern, bis man zum Punkte ζ_2, dem Abbild des nächsten Eckpunktes z_2, kommt, dort muß er auf einen anderen Wert springen, entsprechend dem Winkel ν_2, dann wieder konstant bleiben bis zum Punkt ζ_3 usw. Wir wollen dabei die Richtung des Fortschreitens so festlegen, daß das abzubildende Gebiet links liegt. Statt $dz/d\zeta = \lambda e^{i\nu}$ kann man auch den Logarithmus dieser Funktion $\ln \dfrac{dz}{d\zeta} = \ln \lambda + i\nu$ betrachten. Das hat den Vorteil, daß von dieser Größe gerade der Imaginärteil ν auf dem Rande gegeben ist: Man kann $\ln dz/d\zeta$ auffassen als das komplexe Potential einer Strömung

$$\ln \frac{dz}{d\zeta} = \ln \lambda + i\nu = \Phi + i\Psi, \qquad (67,1)$$

wobei die Stromfunktion Ψ am Rande bekannt ist. Nun wissen wir aber aus früheren Überlegungen (Ziffer 13 sowie 16 und 45), daß man aus der Verteilung der Stromfunktion über den Rand die ganze Strömung berechnen kann. Die Stromfunktion Ψ muß, wenn man auf der reellen Achse fortschreitet, beim Erreichen der Punkte ζ_n, den Ab-

---

[1] Man vgl.: HURWITZ-COURANT: Funktionentheorie. Berlin: Springer 1929.

bildern der Eckpunkte z_n, jeweils um $v_n - v_{n-1} = \Delta v_n$ springen. Dies erreicht man dadurch, daß man an diesen Stellen Quellen anordnet. Eine Quelle von der Ergiebigkeit E liege im Punkte Q (Bild 194). Wir durchlaufen die ξ-Achse von links nach rechts, so daß die obere Halbebene links liegt. Die Zahl der Stromlinien, welche vom Punkte Q in die obere Halbebene gehen, ist $E/2$. Die Stromfunktion ist daher auf der Begrenzungsgeraden links von der Quelle um $E/2$ größer als rechts von der Quelle. Die Stromfunktion soll aber beim Überschreiten des Punktes Q um Δv_n springen, und zwar soll sie, wenn man von links nach rechts fortschreitet, zunehmen, nicht abnehmen. Daher muß man $E = -2\Delta v_n$ wählen, d. h. eine Senke anbringen. Man muß also auf der ξ-Achse in den Punkten ζ_n Senken

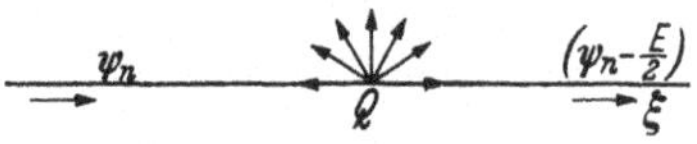

Bild 194. Sprungweise Änderung der Stromfunktion an einer Quelle

von der Stärke $E_n = -2\Delta v_n$ anordnen, um die erforderliche Verteilung von Ψ zu erreichen. Eine Quelle im Punkte ζ_n mit der Ergiebigkeit E_n hat in einem beliebigen Punkt ζ das komplexe Potential

$$\Phi_n + i\Psi_n = \frac{E_n}{2\pi} \ln(\zeta - \zeta_n). \tag{67,2}$$

Für alle Quellen in den Punkten $\zeta_1, \zeta_2, \ldots$ ergibt sich das komplexe Potential durch Summierung. Da dieses aber nach dem vorstehenden gleich $\ln(dz/d\zeta)$ ist, so wird:

$$\ln \frac{dz}{d\zeta} = -\Sigma \frac{\Delta v_n}{\pi} \ln(\zeta - \zeta_n) + \ln c \tag{67,3}$$

oder

$$\ln \frac{dz}{d\zeta} = \ln \Pi (\zeta - \zeta_n)^{-\Delta v_n/\pi} + \ln c. \tag{67,4}$$

$\ln c$ ist eine willkürliche Konstante, welche nur den Nullpunkt des komplexen Potentials festlegt.

Daraus ergibt sich

$$\frac{dz}{d\zeta} = c \Pi (\zeta - \zeta_n)^{-\Delta v_n/\pi} \tag{67,5}$$

und weiter

$$z = c \int_a^\zeta \frac{d\zeta}{\Pi(\zeta - \zeta_n)^{\Delta v_n/\pi}}. \tag{67,6}$$

Damit ist die gesuchte Abbildungsfunktion $z = f(\zeta)$ gefunden. Sie ist in Form eines Integrals gegeben. Da die Gesamtdrehung 2π beträgt, ist $\Sigma \Delta v/\pi = 2$. Daher verhält sich der Integrand für große Werte ζ wie $1/\zeta^2$. Das Integral hat also stets einen bestimmten Wert. Die komplexe Konstante c ist ein willkürlicher Maßstabsfaktor. Verlangt war

67. Vielecke

ja nur eine Streckung der Winkel des Polygons auf 180°, und auf diese hat eine ähnliche Vergrößerung des Vielecks oder eine Drehung desselben keinen Einfluß. Die untere Grenze a des Integrals ist ebenfalls willkürlich, von ihr hängt nur die Lage des Nullpunktes der z-Ebene ab. Setzt man $a = 0$, so entspricht der Nullpunkt der z-Ebene dem Nullpunkt der ζ-Ebene.

Bei dieser strömungsmäßigen Deutung der Ableitung der Abbildungsfunktion macht der unendlich ferne Punkt der Geraden ξ der Vorstellung einige Schwierigkeiten. Es muß dort eine Quelle liegen, deren Ergiebigkeit gleich der Summe der Ergiebigkeiten der Senken ist; ihr entspricht eine Drehung von $dz/d\zeta$ um 2π, die beim Übergang von $\zeta = +\infty$ auf $\zeta = -\infty$ eintritt.

Man kann diese Schwierigkeit mit dem unendlich fernen Punkt vermeiden, wenn man das Innere des Vielecks nicht auf die obere Halbebene der ζ-Ebene, sondern auf das Innere eines Kreises in einer ζ'-Ebene abbildet. Um die Abbildung des Vielecks auf den Kreis durchzuführen, muß man außer den Senken in den Kreispunkten ζ'_n, die den Ecken des Vielecks entsprechen sollen, noch eine konstante Quellbelegung auf dem Kreis anbringen, welche die stetige Winkeländerung des Kreisbogens gegenüber der Geraden berücksichtigt. Die Summe der absoluten Ergiebigkeiten der Einzelsenken und der kontinuierlichen Quellen ist die gleiche, weil beide je einer Gesamtdrehung um 2π entsprechen. Die Einzelsenken nehmen gerade die Strommenge auf, welche von der gleichmäßigen Belegung ausgeht, so daß man keine besondere Quelle mehr vorsehen muß. Das komplexe Potential der gleichmäßigen Belegung auf dem Rande des Kreises ist im ganzen Innengebiet des Kreises konstant und kann Null gesetzt werden. Man erhält daher als $\ln(dz/d\zeta')$ nur die Summe der Potentiale der einzelnen Senken wie bei der Abbildung auf die Halbebene und damit die Abbildungsfunktion

$$z = c' \int_{a'}^{\zeta'} \frac{d\zeta'}{\Pi(\zeta' - \zeta'_n)^{A\nu_n/\pi}}, \qquad (67,7)$$

die in ihrer Form mit der für die Halbebene gefundenen Funktion Gl. (67,6) übereinstimmt. Bildet man den Kreis, dessen Radius r_0 sein möge, durch eine lineare Transformation auf die Halbebene ab, so muß Gl. (67,7) in Gl. (67,6) übergehen.

Diese lineare Transformation kann man in der Form

$$\zeta' = r_0 \frac{\zeta - b}{\zeta - \bar{b}} \qquad (67,8)$$

schreiben. Durch sie geht der Nullpunkt der ζ'-Ebene, wofür wir den Kreismittelpunkt wählen, in den Punkt b, und der Punkt $\zeta' = \infty$ in

IX. Behandlung gegebener Abbildungsaufgaben

den Punkt $\bar{b}$ über. Der Kreis mit dem Radius r_0 für den $\zeta' = 0$ und $\zeta' = \infty$ spiegelbildlich liegen, geht in eine Gerade über, die die Symmetrielinie zu b und $\bar{b}$ ist. Soll diese Gerade die reelle Achse (ξ-Achse) sein, so müssen b und $\bar{b}$ spiegelbildlich zur ξ-Achse liegen, d. h., wenn $b = \xi + i\eta$ ist, so muß $\bar{b} = \xi - i\eta$ sein; b und $\bar{b}$ sind also konjugiert (Ziffer 45).

Um den Wert von ζ' aus Gl. (67,8) in Gl. (67,7) einzuführen, bilden wir zunächst

$$\zeta' - \zeta'_n = r_0 \left(\frac{\zeta - b}{\zeta - \bar{b}} - \frac{\zeta_n - b}{\zeta_n - \bar{b}} \right) = r_0 \frac{(b - \bar{b})(\zeta - \zeta_n)}{(\zeta - \bar{b})(\zeta_n - \bar{b})}. \tag{67,9}$$

Berücksichtigt man, daß $\Sigma \Delta \nu_n/\pi = 2$ ist, so wird

$$\Pi(\zeta' - \zeta'_n)^{\Delta \nu_n/\pi} = \left[r_0 \frac{b - \bar{b}}{\zeta - \bar{b}} \right]^2 \frac{\Pi(\zeta - \zeta_n)^{\Delta \nu_n/\pi}}{\Pi(\zeta_n - \bar{b})^{\Delta \nu_n/\pi}}. \tag{67,10}$$

Weiterhin ist auf Grund von Gl. (67,8)

$$d\zeta' = r_0 \frac{b - \bar{b}}{(\zeta - \bar{b})^2} d\zeta. \tag{67,11}$$

Damit wird aus Gl. (67,7)

$$z = c' \int_a^\zeta \frac{r_0(b - \bar{b})}{(\zeta - \bar{b})^2} \frac{(\zeta - \bar{b})^2}{r_0^2(b - \bar{b})^2} \frac{\Pi(\zeta_n - \bar{b})^{\Delta \nu_n/\pi}}{\Pi(\zeta - \zeta_n)^{\Delta \nu_n/\pi}} d\zeta, \tag{67,12}$$

$$= c' \frac{\Pi(\zeta_n - \bar{b})^{\Delta \nu_n/\pi}}{r_0(b - \bar{b})} \int_a^\zeta \frac{d\zeta}{\Pi(\zeta - \zeta_n)^{\Delta \nu_n/\pi}}. \tag{67,13}$$

Setzt man die Konstante

$$c' \frac{\Pi(\zeta_n - \bar{b})^{\Delta \nu_n/\pi}}{r_0(b - \bar{b})} = c, \tag{67,14}$$

so stimmt diese Gleichung mit Gl. (67,6) überein. Zwischen den unteren Integralgrenzen a' und a ergibt sich aus der Abbildungsfunktion (67,8) die Beziehung

$$a' = r_0 \frac{a - b}{a - \bar{b}}. \tag{67,15}$$

Die Abbildung des *Außengebietes* eines Vielecks läßt sich in ganz entsprechender Weise durchführen. Wir wollen es zunächst auf das Außengebiet eines Kreises so abbilden, daß das Unendliche unverändert bleibt. Wenn man den Rand des Gebietes so durchläuft, daß das abzubildende Gebiet links liegt, so durchläuft man bei der Abbildung des

67. Vielecke

Außengebietes die Ecken des Vielecks in umgekehrter Reihenfolge wie beim Innengebiet. Die Winkeländerungen Δv_n haben daher umgekehrte Vorzeichen. Man muß deshalb jetzt zur strömungsmäßigen Darstellung von $\ln(dz/d\zeta)$ in den Punkten des Kreises, welche den Eckpunkten des Vielecks entsprechen, anstatt der Senken, gleich starke Quellen anbringen und statt der gleichmäßigen Quellbelegung auf dem Kreis eine entsprechende Senkenbelegung vorsehen. Die Stärke dieser Belegung ist $E = -4\pi$. Sie wirkt außerhalb des Kreises wie eine Einzelsenke im Mittelpunkt. Während im Inneren des Kreises das Feld der gleichmäßigen Belegung Null war, hat es im Außengebiet ein komplexes Potential

$$\varPhi' = \frac{E}{2\pi} \ln \zeta' = -2 \ln \zeta'. \tag{67,16}$$

Demnach wird

$$\ln \frac{dz}{d\zeta'} = \ln c' + \ln \frac{\Pi(\zeta' - \zeta'_n)^{\Delta v_n/\pi}}{\zeta'^2} \tag{67,17}$$

und

$$z = c' \int_{a'}^{\zeta'} \frac{\Pi(\zeta' - \zeta'_n)^{\Delta v_n/\pi}}{\zeta'^2} \, d\zeta'. \tag{67,18}$$

Dabei haben die Winkel Δv_n ohne Rücksicht auf den Umlaufsinn die in Bild 193 definierte Bedeutung. Diese Abbildungsfunktion des Äußeren des Vielecks unterscheidet sich von der des Innern Gl. (67,7) einmal dadurch, daß der Π-Ausdruck im Zähler statt im Nenner steht und weiterhin durch den Faktor ζ'^2 im Nenner.

Damit das Unendliche unverändert bleibt, muß $z/\zeta' \to 1$ gehen für $\zeta' \to \infty$. Das ist erfüllt, wenn man die Konstante

$$c' = 1 \tag{67,19}$$

macht.

Bildet man jetzt das Äußere des Kreises durch die gleiche lineare Transformation wie in Gl. (67,8) auf die untere Halbebene ab, so ergibt sich in ganz entsprechender Weise

$$z = c \int_0^{\zeta} \frac{\Pi(\zeta - \zeta_n)^{\Delta v_n/\pi}}{(\zeta - b)^2 (\zeta - \bar{b})^2} \, d\zeta \tag{67,20}$$

als Abbildungsfunktion, welche das Äußere des Vielecks auf die untere Halbebene abbildet. Dabei ist

$$c = c' \frac{r_0(b - \bar{b})^3}{\Pi(\zeta_n - b)^{\Delta v_n/\pi}}. \tag{67,21}$$

Die Abbildungsfunktion für das Äußere des Vielecks auf die Halbebene unterscheidet sich von der des Innern wieder dadurch, daß der Π-Ausdruck im Zähler statt im Nenner steht und weiterhin durch den Faktor $(\zeta - b)^2 (\zeta - \bar{b})^2$ im Nenner. Dabei war $\bar{b}$ der Punkt der ζ-Ebene, in den das Unendliche der ζ'-Ebene überging. Nun war zwar der Kreis der ζ'-Ebene, auf den das Vieleck abgebildet wurde, beliebig, aber der unendlich ferne Punkt blieb bei dieser Abbildung im Unendlichen liegen. Der Punkt $\bar{b}$ der ζ-Ebene ist daher auch die Abbildung des unendlich fernen Punktes der z-Ebene. Der Punkt b, der in der Abbildungsfunktion außerdem auftritt, ist demnach das Spiegelbild des Punktes, in den der unendliche ferne Punkt der z-Ebene übergeht, an der ξ-Achse.

Wegen dieser Unterschiede in der Abbildungsfunktion ergibt sich für gegebene Punkte der ξ-Achse bei der Abbildung der oberen Halbebene auf das Innere eines Vielecks nicht das gleiche Vieleck wie bei der Abbildung der unteren Halbebene auf das Äußere eines Vielecks. Umgekehrt gehört zu einem gegebenen Vieleck eine andere Zuordnung der Punkte der ξ-Achse, je nachdem man das Innere oder das Äußere des Vierecks abbildet.

Mit dem geschilderten Verfahren kann man zu gegebenen Punkten der ξ-Achse, welche in die Eckpunkte eines Vielecks mit gegebenen Eckwinkeln übergehen sollen, die Abbildungsfunktion aufstellen, welche die Halbebene in das Innere oder Äußere des Vielecks überführt. Im letzteren Falle ist auch noch der Punkt vorzugeben, der in das Unendliche der Vieleckebene übergehen soll. Man kann aber nicht die Länge der einzelnen Seiten des Vielecks vorschreiben. Diese ergeben sich aus der Lage der vorgegebenen Punkte der ζ-Ebene (Halbebene). Um von einem gegebenen Vieleck ausgehen zu können, müßte man die Umkehrung der Abbildungsfunktion, also $\zeta = f(z)$, angeben können. Bei allgemeinen Vielecken ist das nicht ohne weiteres möglich. In dem Sonderfall der Rechtecke hat man die Umkehrfunktion eingehend mathematisch bearbeitet, so daß man Rechtecke weitgehend behandeln kann. Wenn man die Vorgänge in einem Rechteck durch Spiegelung an den Rechteckseiten fortsetzt, so erhält man eine Anordnung, welche nach 2 Richtungen periodisch verläuft. Solche doppelperiodische Anordnungen spielen u. a. insbesondere für die Behandlung zweifach zusammenhängender Gebiete eine wichtige Rolle und stellen eine größere, in sich geschlossene Aufgabe dar. Wir werden sie deshalb in einem besonderen Abschnitt ausführlich behandeln. Im Rahmen der allgemeinen Übersicht im vorliegenden Abschnitt wollen wir zunächst nur die eben abgeleitete Abbildungsfunktion für beliebige Vielecke auf den Sonderfall des Rechtecks anwenden, was auf elliptische Integrale führt. Auf die zugehörigen Umkehrfunktionen, die elliptischen Funktionen, werden wir im X. Abschnitt zurückkommen.

68. Rechtecke. Elliptisches Integral 1. Gattung. An allen vier Ecken eines Rechtecks ist

$$\Delta v_n = \frac{\pi}{2}, \quad \Delta v_n/\pi = \frac{1}{2}, \tag{68,1}$$

Damit geht die Abbildungsfunktion nach Gl. (67,6) über in

$$z = c \int_a^\zeta \frac{d\zeta}{\sqrt{(\zeta - \zeta_1)(\zeta - \zeta_2)(\zeta - \zeta_3)(\zeta - \zeta_4)}}. \tag{68,2}$$

Durch diese Funktion wird die obere Halbebene der ζ-Ebene auf das Innere eines Rechtecks abgebildet, wobei die auf der ξ-Achse liegenden Punkte $\zeta_1, \zeta_2, \zeta_3, \zeta_4$ in die 4 Eckpunkte des Rechtecks übergehen. Solche Integrale, deren Integrand eine Wurzel aus einem Ausdruck 4. Grades im Nenner enthält, treten bei vielen physikalischen Problemen auf. Man nennt sie elliptische Integrale. Und zwar wird diese spezielle Form als elliptisches Integral 1. Gattung bezeichnet. Die bei der Abbildung des Äußeren des Vierecks auftretende Funktion

$$z = c \int_a^\zeta \frac{\sqrt{(\zeta - \zeta_1)(\zeta - \zeta_2)(\zeta - \zeta_3)(\zeta - \zeta_4)}}{(\zeta - b)^2 (\zeta - b)^2} d\zeta \tag{68,3}$$

ist ebenfalls ein elliptisches Integral, aber nicht 1. Gattung. Wir wollen uns zunächst mit dem Integral 1. Gattung, wie es bei der Abbildung des Innern des Rechtecks auftritt, befassen. Man kann diese elliptischen Integrale nicht auf elementare Funktionen zurückführen, sondern muß sie einzeln numerisch (z. B. durch Reihenentwicklung) berechnen.

Für den praktischen Gebrauch hat man Tabellen dieser Integrale aufgestellt, wobei man sich aber auf eine *Normalform* beschränkt, bei der an Stelle der 4 Parameter $\zeta_1, \zeta_2, \zeta_3, \zeta_4$ nur noch ein Parameter auftritt. Die Umformung des allgemeinen Integrals [Gl. (68,2)] auf die Normalform läßt sich durch eine lineare Transformation (Ziffer 54) der ζ-Ebene auf eine τ-Ebene erreichen, wobei die Punkte $\zeta_1, \zeta_2, \zeta_3, \zeta_4$ in die Punkte $\tau_1 = -\frac{1}{k}$, $\tau_2 = -1$, $\tau_3 = +1$, $\tau_4 = \frac{1}{k}$ übergehen (Bild 195). Hierbei liegen die Punkte $\pm 1/k$ nicht fest. Für τ_1 und τ_4 liegt nur die Forderung $\tau_1 = -\tau_4$ vor. Zusammen mit den Forderungen für τ_2 und τ_3 sind demnach 3 Forderungen zu erfüllen. Das ist gerade mit den drei freien Parametern der linearen Transformation zu erfüllen. Die Funktion, welche die obere Hälfte der τ-Ebene mit diesen Eckpunkten auf das Innere unseres Rechtecks abbildet, lautet gemäß Gl. (68,2)

$$z = c \int_a^\tau \frac{d\tau}{\sqrt{(\tau^2 - 1)(\tau^2 - 1/k^2)}} \tag{68,4}$$

oder mit $kc = C$

$$z = C \int_a^\tau \frac{d\tau}{\sqrt{(1-\tau^2)(1-k^2\tau^2)}}. \qquad (68,5)$$

Setzt man in dem letzteren Ausdruck den Maßstabsfaktor $C = 1$ und die untere Integrationsgrenze $a = 0$, so legt man damit eine Normalgröße und eine Normallage des Rechtecks fest. Für diese ergibt sich die *Normalform*[1] der Abbildungsfunktion:

$$z = \int_0^\tau \frac{d\tau}{\sqrt{(1-\tau^2)(1-k^2\tau^2)}} = F(k, \tau). \qquad (68,6)$$

Neben der Veränderlichen τ tritt jetzt als einziger Parameter nur noch die Größe k auf. Für $\tau = 0$ wird auch $z = 0$, und für sehr kleine Werte von τ wird $z \approx \tau$. In der Umgebung des Nullpunktes sind daher z- und τ-Ebene identisch. Da man für den Wurzelausdruck in Gl. (68,6) sowohl das positive wie das negative Vorzeichen wählen kann, ist in der Umgebung des Nullpunktes der Zusammenhang auch durch $z \approx -\tau$ gegeben. Ihm entspricht ein anderes RIEMANNsches Blatt der z-Ebene. Wir wollen im folgenden zunächst nur das Blatt betrachten, in dem in der Umgebung des Nullpunktes die z- und τ-Werte gleiche Vorzeichen haben.

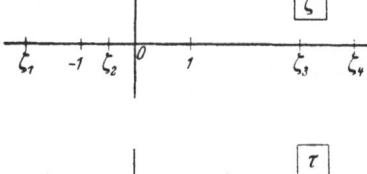

Bild 195. Übergang zur Normalanordnung der Abbilder der Eckpunkte in der τ-Ebene

Setzt man $\tau = \sin\varphi$, so erhält man als andere Schreibweise der Normalform

$$z = \int_0^\varphi \frac{d\varphi}{\sqrt{1-k^2\sin^2\varphi}} = F(k, \varphi). \qquad (68,7)$$

---

[1] Hierbei haben τ und z die Form von dimensionslosen Größen. τ ist durch die Einführung der Einheitslänge $\tau = 1$ gemäß Gl. (68,4) und $z = z/C$ gemäß Gl. (68,5) durch die Festlegung $C = 1$ dimensionslos geworden (vgl. Ziffer 43). Man kann aber jederzeit zu Dimensionsgrößen übergehen, indem man die Ebenen $\varkappa\tau$ und Cz betrachtet, wobei $\varkappa$ und C willkürliche Längen sind, die den Maßstab der betreffenden Ebene bestimmen. Wählt man für C und $\varkappa$ die Einheitslänge ($C = \varkappa = 1$), so erhält man eine z-Ebene und eine τ-Ebene, die jetzt als dimensionsbehaftet anzusehen sind, denen man aber wegen des weggelassenen Faktors 1 die Dimension nicht mehr ansieht. Vielfach ist es aber zweckmäßig, die allgemeinere Form mit den Faktoren C und $\varkappa$ zu verwenden, damit die Dimensionen klar erscheinen, da dies quantitative Rechnungen erleichtert. Meist kann man dazu in beiden Ebenen den gleichen Maßstabsfaktor $\varkappa = C$ verwenden, was die Rechnung vereinfacht.

68. Rechtecke. Elliptisches Integral 1. Gattung

Der Übergang von der τ-Ebene zur φ-Ebene ergibt sich aus Ziffer 59. Wir wollen im folgenden nur die Normalform nach Gl. (68,6) berücksichtigen.

Zunächst sei die Zuordnung der Randpunkte noch etwas genauer betrachtet (Bild 196). Den Punkten $0 \leq z \leq z_B$ entspricht $0 \leq \tau \leq 1$. Wegen der Zweideutigkeit der Wurzel im elliptischen Integral könnte man der Strecke $0 \leq \tau \leq 1$ auch die negative Strecke OA der z-Ebene zuordnen. Wie man aber schon erwähnt, wollen wir vorerst nur das RIEMANNsche Blatt betrachten, in dem positivem τ auch positives z entspricht. Die Zuordnung ist unmittelbar durch die vorhandenen Tabellen gegeben. Die Koordinate z_B ist durch das sog. „vollständige elliptische Integral erster Gattung"

$$K(k) = \int_0^1 \frac{d\tau}{\sqrt{(1-\tau^2)(1-k^2\tau^2)}}$$

$$= F(k, 1) \quad (68,8)$$

bestimmt.

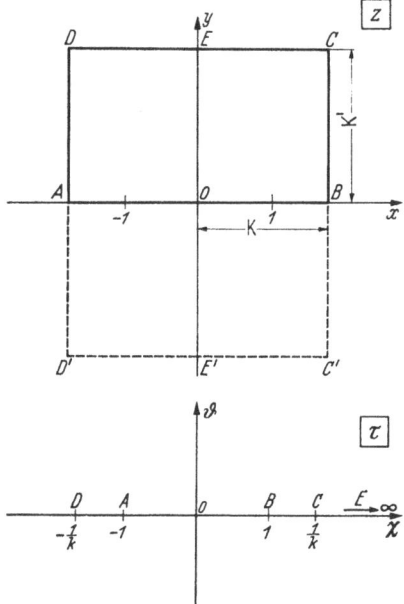

In der nächsten Umgebung des Punktes $\tau = 1$ ist

$$z - K \approx \int_1^\tau \frac{d\tau}{\sqrt{2(1-\tau)}\sqrt{1-k^2}}$$

$$= \frac{-\sqrt{2}}{\sqrt{1-k^2}} \sqrt{1-\tau}. \quad (68,9)$$

Nun wird gemäß den Überlegungen in Ziffer 46 durch den Wurzelausdruck der gestreckte Winkel an der Stelle $\tau = 1$ auf einen rechten zusammengeklappt. Man erhält demnach beim Überschreiten der Stelle $\tau = 1$ in der z-Ebene

Bild 196. Zuordnung der Eckpunkte in der z-Ebene und ihrer Bildpunkte in der τ-Ebene

beim Punkte B einen rechten Winkel. Wenn man der Strecke von $\tau = 0$ bis $\tau = 1$ die positive Strecke $z = 0$ bis $z = K$ zuordnet und die obere Halbebene der τ-Ebene betrachtet, so ergibt sich eine Abknickung der reellen Achse der τ-Ebene nach oben.

Geht man jetzt von $\tau = 1$ bis $\tau = 1/k$, so gelangt man in der z-Ebene von B nach C. Für diesen Bereich ist nämlich

$$z = \int_0^\tau = \int_0^1 + \int_1^\tau = K(k) + \int_1^\tau \frac{d\tau}{\sqrt{(1-\tau^2)(1-k^2\tau^2)}}. \quad (68,10)$$

Das zweite Integral ist, wie man sofort erkennt, rein imaginär, denn $\sqrt{1-\tau^2}$ ist für $1 < \tau < 1/k$ stets imaginär, und $\sqrt{1-k^2\tau^2}$ ist für $1 < \tau < 1/k$ stets reell. Mit $\tau = 1/k$ erreicht man in der z-Ebene den Punkt C. Die Strecke $(z_C - z_B)$ erhält man also durch das bestimmte Integral

$$\int_1^{1/k} \frac{d\tau}{\sqrt{(1-\tau^2)(1-k^2\tau^2)}} = i\,\mathrm{K}'(k). \qquad (68,11)$$

Sobald man den Punkt $\tau = 1/k$ überschreitet, ergibt sich durch eine ganz entsprechende Überlegung wie bei Gl. (68,9) in der z-Ebene wieder ein rechtwinkliges Abknicken entgegen dem Uhrzeigersinn. Auf der Strecke $\tau = 1/k$ bis $\tau = \infty$ kann man das Integral für z in 3 Teile spalten

$$z = \mathrm{K}(k) + i\,\mathrm{K}'(k) + \int_{1/k}^{\tau} \frac{d\tau}{\sqrt{(1-\tau^2)(1-k^2\tau^2)}}. \qquad (68,12)$$

Für $(1/k) < \tau < \infty$ wird sowohl $\sqrt{1-\tau^2}$ wie $\sqrt{1-k^2\tau^2}$ imaginär. Der Nenner des letzten Integrals ist daher ständig reell und negativ. Man durchläuft, wenn τ von dem Wert $1/k$ an unbegrenzt wächst, in der z-Ebene den Weg CE. Für negative Werte von τ ergeben sich die gleichen Werte von z wie für positive τ, nur mit dem entgegengesetzten Vorzeichen, da ja τ außer in $d\tau$ nur in der Form τ^2 auftritt.

Verfolgt man die negative reelle Achse der τ-Ebene von $\tau = 0$ über $\tau = -1$, $\tau = -1/k$ bis $\tau = -\infty$, so ergibt sich durch ganz entsprechende Überlegungen wie bei der positiven Achse in der z-Ebene der Linienzug $OADE$. Die ganze obere Halbebene der τ-Ebene geht demnach in das Innere des Rechtecks $ABCD$ über. Es entsprechen also

den τ-Werten: $-\infty$, $-1/k$, -1, 0, 1, $1/k$, $+\infty$
die Punkte des Rechtecks: E, D, A, O, B, C, E.

Betrachtet man beim Durchlaufen der reellen Achse der τ-Ebene die untere Halbebene, so ergibt sich an den Punkten $\tau = \pm 1$ und $\tau = \pm 1/k$ ein Abknicken im entgegengesetzten Sinn wie für die obere Halbebene, so daß die untere Halbebene in das Innere des Rechtecks $ABC'D'$ übergeht, wenn man wieder der Strecke 0 bis 1 der τ-Ebene die Strecke OB der z-Ebene zuordnet. Damit geht die ganze τ-Ebene in das Rechteck $D'C'CD$ über. Spiegelbildlich zur reellen Achse der τ-Ebene gelegene Punkte entsprechen Punkte dieses Vierecks, die spiegelbildlich zur Geraden AB liegen.

Man kann aber auch von irgendwelchen anderen zugeordneten Strecken ausgehen und den Übergang von der oberen zur unteren Halbebene vornehmen. Wählt man z. B. in der τ-Ebene die Strecke BC,

68. Rechtecke. Elliptisches Integral 1. Gattung

so erhält man als Abbild der unteren Halbebene in der z-Ebene das an der Strecke BC gespiegelte Rechteck. So kann man an allen Rechteckseiten die z-Ebene durch Spiegelung fortsetzen und erhält so immer wieder spiegelbildliche oder identische Rechtecke, welche die ganze z-Ebene erfüllen. Jedes dieser Rechtecke ist ein Abbild der unteren oder oberen Halbebene der τ-Ebene.

In der Normalform ist der Parameter k eine reelle Zahl. Er ist auf den Bereich

$$0 \leqq k^2 \leqq 1 \tag{68,13}$$

beschränkt, was sich aus der Lage der Punkte τ_1 und τ_4 (Bild 195) ergibt. Dagegen kann τ jeden beliebigen reellen, imaginären oder komplexen Wert haben.

In den Tabellen[1] werden die Integralwerte nur für den reellen Bereich

$$0 \leqq \tau \leqq 1 \tag{68,14}$$

angegeben. Man kann aber andere Bereiche auf diesen Tabellenbereich umformen. Am meisten interessieren die Ränder des Rechtecks. Insbesondere ist die Berechnung der Seitenlängen $BC = \mathrm{K}'$ nötig, um die zu einem Parameter k gehörige Gestalt des Rechtecks, das ist das Verhältnis der Seitenlängen K'/K, zu finden. Die durch das elliptische Integral mit einem gegebenen Parameter k definierte Abbildungsfunktion gilt ja wegen des unbestimmten Faktors C in Gl. (68,5) jeweils für alle ähnlichen Rechtecke. Sie liefert nicht die absolute Größe, sondern nur das Verhältnis der Rechteckseiten.

Die Umformung beliebiger Rechteckseiten auf den Integrationsbereich $0 \leq \tau \leq 1$ ist deshalb besonders einfach, da man ja das Rechteck nur so zu legen braucht, daß die betreffende Seite (oder Seitenhälfte) sich vom Nullpunkt längs der x-Achse erstreckt. Bei einer solchen anderen Lage vertauschen dann auch in der τ-Ebene die Abbilder der Eckpunkte ihre Lage. Für sie besteht die erforderliche Umformung in einfachen linearen Transformationen. Wegen der symmetrischen Anordnung der Eckpunkte in der z-Ebene und ihrer Abbilder in der τ-Ebene kann man zweckmäßig statt der τ-Ebene eine τ^2-Ebene und statt des ganzen Rechtecks $ABCD$ das halbe Rechteck $OBCE$ betrachten. Dem letzteren entspricht in der τ-Ebene nach unseren Festlegungen der rechte obere Quadrant und in der τ^2-Ebene die obere Halbebene. Die Abbilder der Eckpunkte $OBCE$ liegen in der τ^2-Ebene in den Punkten $0, 1, 1/k^2$ und ∞. Man kann nun durch eine lineare Transformation die τ^2-Ebene so abbilden, daß drei andere Eckpunkte nach $0, 1$ und ∞ und der vierte zwischen 1 und ∞ zu liegen kommen. Dies ist mit den

---

[1] Zum Beispiel JAHNKE-EMDE-LÖSCH: Tafeln höherer Funktionen. Stuttgart: B. G. Teubner 1960.

272   IX. Behandlung gegebener Abbildungsaufgaben

drei freien Parametern der linearen Transformation (Ziffer 54) gerade möglich. Das elliptische Integral auf diese geänderten Anordnungen angewandt, ergibt das gleiche Rechteck, nur in anderen Lagen.

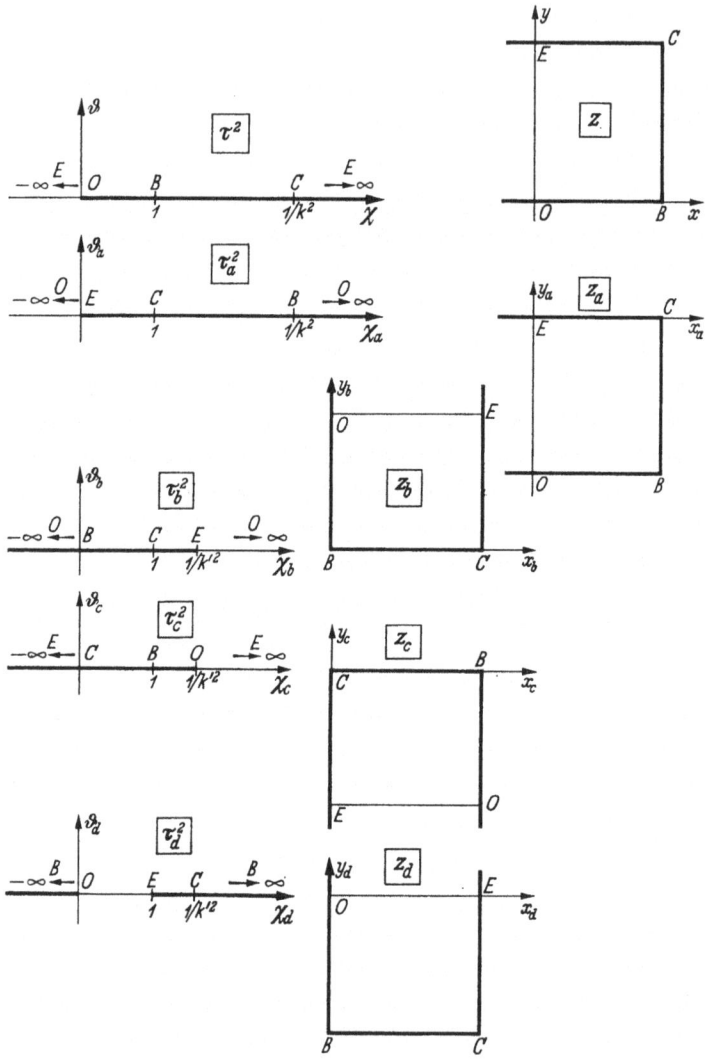

Bild 197. Einige lineare Transformationen der τ^2-Ebene und die zugehörigen Verlagerungen des Rechtecks

In Bild 197 sind vier der wichtigsten derartigen Umformungen dargestellt. Die einfachste ist die erste

$$\tau_a^2 = 1/(k^2\,\tau^2), \quad \tau^2 = 1/(k^2\,\tau_a^2). \tag{68,15}$$

68. Rechtecke. Elliptisches Integral 1. Gattung

Durch sie wird die obere Halbebene der τ-Ebene auf die untere Halbebene der τ_a-Ebene abgebildet. Das Abbild der Seite EC wird auf die Strecke $0 \leq \tau_a^2 \leq 1$ verlegt. Der Punkt $\tau^2 = 0$ rückt nach $\tau_a^2 = \infty$ und der Punkt $\tau^2 = 1$, das Abbild der Ecke B nach $\tau_a^2 = 1/k^2$, also an die gleiche Stelle, an der vorher das Abbild der Ecke C lag. Damit erhält das zugehörige elliptische Integral

$$z_a = \int_0^{\tau_a} \frac{d\tau_a}{\sqrt{1-\tau_a^2}\sqrt{1-k^2\tau_a^2}} \tag{68,16}$$

die gleiche Form wie das Integral der τ-Ebene. Die Seite EC verhält sich in der z_a-Ebene genauso wie die Seite OB in der z-Ebene. Dabei ist der Punkt E in den Nullpunkt der z_a-Ebene verschoben, so daß $z_a = z - i\,\mathrm{K}'$ ist. Die Seite BC ist in der z_a-Ebene spiegelbildlich wie die in der z-Ebene. Insbesondere ergeben sich die Seitenlängen wieder zu $EC = \mathrm{K}(k)$ und $CB = \mathrm{K}'(k)$.

Bei der zweiten Umformung

$$\tau_b^2 = \frac{\tau^2 - 1}{(1-k^2)\tau^2} = \left(1 - \frac{1}{\tau^2}\right)\frac{1}{(1-k^2)}, \quad \tau^2 = \frac{1}{1 - \tau_b^2(1-k^2)} \tag{68,17}$$

wird das Abbild der Strecke BC ($1 \leq \tau^2 \leq 1/k^2$) auf die Strecke 0 bis 1 der τ_b^2-Ebene verlegt. Der Eckpunkt O ($\tau^2 = 0$) rückt nach $\tau_b^2 = \infty$ und der Eckpunkt E ($\tau^2 = \infty$) nach $\tau_b^2 = 1/(1-k^2)$. Das zugehörige elliptische Integral wird daher

$$z_b = \int_0^{\tau_b} \frac{d\tau_b}{\sqrt{1-\tau_b^2}\sqrt{1-(1-k^2)\tau_b^2}}. \tag{68,18}$$

Das sich in der z_b-Ebene ergebende Rechteck ist um 90° gedreht und die Ecke B liegt im Nullpunkt. Es ist also $z_b = -i(z - \mathrm{K})$. Gegenüber dem ursprünglichen Integral der τ-Ebene besteht jetzt der Unterschied, daß an Stelle des Parameters k der Parameter

$$k' = \sqrt{1-k^2} \tag{68,19}$$

tritt. Man bezeichnet den Parameter k als *Modul* des elliptischen Integrals und den Parameter $k' = \sqrt{1-k^2}$ als *Komodul*. Während die halbe Seitenlänge $OB = \mathrm{K}(k)$ sich aus dem Integral der τ-Ebene zu

$$\mathrm{K}(k) = \int_0^1 \frac{d\tau}{\sqrt{1-\tau^2}\sqrt{1-k^2\tau^2}} = F(k,1) \tag{68,20}$$

ergab, erhält man jetzt durch das entsprechende Integral der τ_b-Ebene die Länge der Seite

$$BC = \mathrm{K}'(k) = \int_0^1 \frac{d\tau_b}{\sqrt{1-\tau_b^2}\sqrt{1-k'^2\tau_b^2}} = F(k', 1) = \mathrm{K}(k'). \quad (68,21)$$

Daß hier im elliptischen Integral an Stelle des Parameters k ein anderer $k' = \sqrt{1-k^2}$ auftritt, hängt damit zusammen, daß durch die Drehung des Rechtecks um 90° das Verhältnis seiner Seitenlängen geändert ist. Während in der ursprünglichen z-Ebene das Verhältnis der parallel der imaginären Achse liegenden Seiten zu den parallel der reellen Achse liegenden K'/K war, ist es jetzt in der z_b-Ebene K/K', hat also den reziproken Wert. Demnach wird bei allen um 90° gedrehten Rechtecken der Komodul k' und bei allen nur parallel verschobenen Rechtecken der Modul k auftreten. Durch die dritte Umformung

$$\tau_c^2 = \frac{1-k^2\tau^2}{1-k^2}, \qquad k^2\tau^2 = 1 - k'^2\tau_c^2 \quad (68,22)$$

wird ebenfalls das Abbild der Strecke BC auf die Strecke $0 \leq \tau_c^2 \leq 1$ verlegt, aber in umgekehrter Anordnung. Der Punkt C fällt nach $\tau_c^2 = 0$, der Punkt B nach $\tau_c^2 = 1$. Der Punkt E bleibt in der τ_c^2-Ebene im Unendlichen liegen, und der Punkt O rückt nach $1/k'$. Das elliptische Integral erhält die gleiche Form wie bei τ_b nach Gl. (68,18). Das zugehörige Rechteck ist gegenüber dem der z_b-Ebene um 180° gedreht. Es ist $z_c = i(z - \mathrm{K}) + \mathrm{K}'$. Die Länge der Seite BC ergibt sich wieder zu $\mathrm{K}'(k) = \mathrm{K}(k')$. Diese Umformung hat das angenehme, daß in Gl. (68,22) keine Variablen im Nenner auftreten, was die Rechnungen sehr erleichtert. Dies ist darauf zurückzuführen, daß bei der Umformung der unendlich ferne Punkt (E) im Unendlichen verbleibt. Gerade die Verlagerung eines im Endlichen liegenden Punktes ins Unendliche erfordert ja einen entsprechenden Ausdruck im Nenner.

Ganz entsprechend wie bei den letzten beiden Beispielen ergibt sich durch die vierte Umformung

$$\tau_d^2 = \frac{\tau^2}{\tau^2 - 1}, \qquad \tau^2 = \frac{\tau_d^2}{\tau_d^2 - 1}, \quad (68,23)$$

die Verlagerung des Abbildes der Strecke OE auf $0 \leq \tau_d^2 \leq 1$. Ihr entspricht in der τ-Ebene die imaginäre Achse, in der τ^2-Ebene die negative reelle Achse. Der Punkt B rückt nach ∞ und der Punkt C nach $1/k'^2 = 1/(1-k^2)$. Das Rechteck der z-Ebene ist in der z_d-Ebene um 90° gedreht: $z_d = -iz$. Das elliptische Integral der τ_d-Ebene hat wieder die gleiche Form wie bei τ_b und τ_c. Infolgedessen ergibt sich auch hieraus für die Seitenlänge $BC = OE$ die Gl. (68,21). Man kann die

68. Rechtecke. Elliptisches Integral 1. Gattung

z_d-Ebene auch durch Verschiebung des Rechtecks der z_b-Ebene erhalten: $z_d = z_b - i\,\mathrm{K}$. Entsprechend wie beim Übergang von z auf z_a erhält man dadurch $\tau_d^2 = 1/k'^2\,\tau_b^2 = \tau^2/(\tau^2 - 1)$.

Nach Gl. (68,21) ist die halbe Seitenlänge $OB = AB/2 = \mathrm{K}(k)$, und die Seitenlänge $BC = \mathrm{K}'(k) = \mathrm{K}(k')$. Somit ist das Seitenverhältnis des Rechtecks

$$\frac{BC}{AB} = \frac{1}{2}\frac{\mathrm{K}'(k)}{\mathrm{K}(k)} = \frac{1}{2}\frac{\mathrm{K}(\sqrt{1-k^2})}{\mathrm{K}(k)}. \tag{68,24}$$

Es läßt sich demnach für jeden Wert des Moduls k auf Grund der Tabellenwerte leicht ermitteln. In Bild 198 ist dieser Zusammenhang dar-

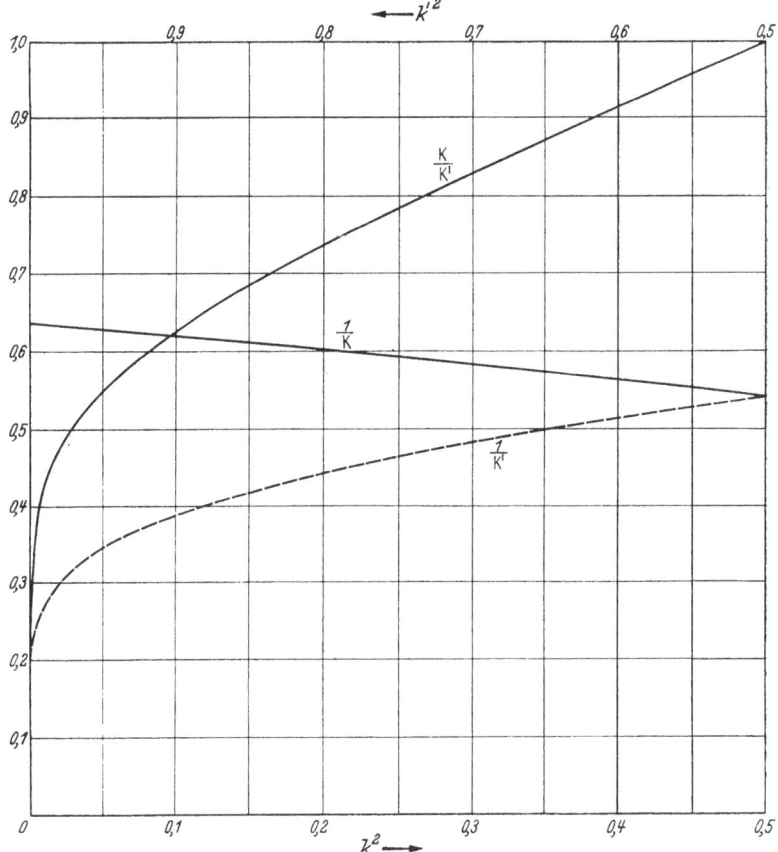

Bild 198. Zusammenhang zwischen den Rechteckseiten $2K$ und K' und dem Modul k

gestellt. Er gestattet, zu einem Rechteck mit gegebenem Seitenverhältnis den für die konforme Abbildung durch das elliptische Integral maßgebenden Parameter k^2 abzulesen. Für sehr kleine Werte von k ist der

Zusammenhang aus dem Schaubild wegen des steilen Anstiegs der K/K'-Kurve meist nicht genügend genau abzulesen. Hierfür, d. i. für $k \ll 1$, ergibt sich aber aus Gl. (68,8) und (68,21) ein verhältnismäßig einfacher formelmäßiger Zusammenhang[1]:

$$K \approx \frac{\pi}{2}\left(1 + \frac{k^2}{4}\right), \tag{68,25}$$

$$K' \approx \ln\frac{4}{k} + \left(\ln\frac{4}{k} - 1\right)\frac{k^2}{4} \tag{68,26}$$

und demnach

$$\frac{K'}{K} = \frac{2}{\pi}\frac{(1+k^2/4)\ln(4/k) - k^2/4}{(1+k^2/4)} = \frac{2}{\pi}\left(\ln\frac{4}{k} - \frac{k^2}{4+k^2}\right).$$

69. Elliptisches Integral 2. Gattung. In der vorhergehenden Ziffer hatte sich zur Abbildung einer Halbebene auf das Innere eines Rechtecks als Abbildungsfunktion das elliptische Integral 1. Gattung ergeben.

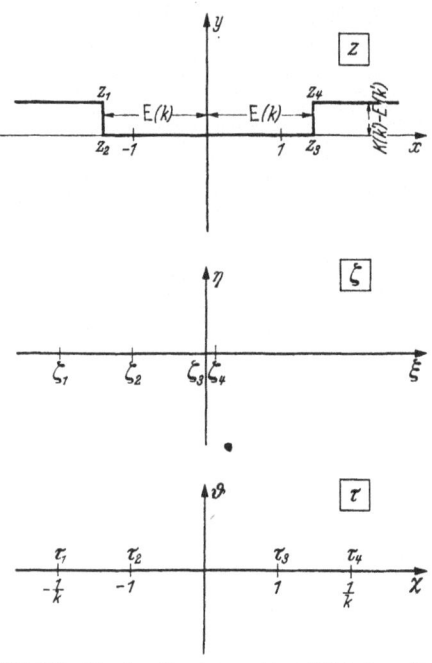

Bild 199. Rand mit vier rechten Winkeln mit wechselndem Drehsinn

Wesentlich war dabei das Auftreten der vier rechten Winkel im Rechteck. Bild 199 zeigt nun eine Figur, welche ebenfalls vier rechte Winkel hat. Während man sich aber bei dem früher behandelten Rechteck beim Fortschreiten längs des Randes an jeder Ecke im gleichen Sinne drehen mußte und eine Fläche mit endlichem Inhalt umschrieb, haben hier an den Ecken z_1 und z_4 die Richtungsänderungen das umgekehrte Vorzeichen wie an den Ecken z_2 und z_3, und der Inhalt der umschriebenen Fläche wird unendlich. Im übrigen kann man die Abbildungsfunktion, welche den oberhalb der Berandung liegenden Teil der z-Ebene auf die obere Halbebene der ζ-Ebene abbildet, durch die gleichen Überlegungen finden wie beim gewöhnlichen Rechteck. Sollen die Eckpunkte z_1, z_2, z_3, z_4 in die Punkte $\zeta_1, \zeta_2, \zeta_3, \zeta_4$ der ξ-Achse übergehen, so sind aber jetzt in den Punkten ζ_1

---

[1] Ausführlichere Formeln enthält das Buch JAHNKE-EMDE-LÖSCH: Tafeln höherer Funktionen. Stuttgart: B. G. Teubner 1960.

69. Elliptisches Integral 2. Gattung

und ζ_4 wegen der umgekehrten Winkeländerungen Quellen statt Senken anzuordnen. Dies hat zur Folge, daß die Ausdrücke $\sqrt{\zeta-\zeta_1}$ und $\sqrt{\zeta-\zeta_4}$ anstatt wie in Gl. (68,2) im Nenner jetzt in den Zähler kommen. Die Abbildungsfunktion lautet demnach:

$$z = c \int_0^\zeta \frac{\sqrt{\zeta-\zeta_1}\sqrt{\zeta-\zeta_4}}{\sqrt{\zeta-\zeta_2}\sqrt{\zeta-\zeta_3}} \, d\zeta. \tag{69,1}$$

Man nennt dieses Integral ein elliptisches Integral 2. Gattung. Normiert man die Lage der den Eckpunkten entsprechenden Punkte in einer τ-Ebene wieder so, daß sie der Reihe nach in $\tau_1 = -1/k$, $\tau_2 = -1$, $\tau_3 = 1$, $\tau_4 = 1/k$ liegen, und setzt den Ähnlichkeitsfaktor $c = k$, so geht das elliptische Integral 2. Gattung in die Normalform

$$z = \int_0^\tau \frac{\sqrt{1-k^2\tau^2}}{\sqrt{1-\tau^2}} \, d\tau = E(k,\tau) \tag{69,2}$$

über. Auch für dieses Integral gibt es Tafeln und Umrechnungsformeln[1]. Für das vollständige Integral 2. Gattung ist die Bezeichnung

$$E(k) = \int_0^1 \frac{\sqrt{1-k^2\tau^2}}{\sqrt{1-\tau^2}} \, d\tau. \tag{69,3}$$

gebräuchlich.

Auch hier kann man Integrationswege auf der reellen oder imaginären Achse durch Umformung auf die Strecke von 0 bis 1 verlagern. Um z. B. das Intervall 1 bis $1/k$ auf 1 bis 0 umzuformen, kann man die gleiche Substitution

$$k^2\tau^2 = 1 - k'^2\tau'^2 \tag{69,4}$$

verwenden wie beim elliptischen Integral 1. Gattung nach Gl. (68,22). Während dort aber diese Substitution wieder ein Integral 1. Gattung ergab, spaltet sich das Integral 2. Gattung in ein Integral 1. und 2. Gattung auf:

$$\begin{aligned}
\int_1^\tau \frac{\sqrt{1-k^2\tau^2}}{\sqrt{1-\tau^2}}\,d\tau &= -i\int_1^{\tau'} \frac{k'^2\tau'^2\,d\tau'}{\sqrt{1-\tau'^2}\sqrt{1-k'^2\tau'^2}} \\
&= i\int_1^{\tau'} \left[\frac{\sqrt{1-k'^2\tau'^2}}{\sqrt{1-\tau'^2}} - \frac{1}{\sqrt{1-\tau'^2}\sqrt{1-k'^2\tau'^2}}\right] d\tau' \\
&= i[\mathrm{K}' - F'(\tau') - (\mathrm{E}' - E'(\tau'))].
\end{aligned} \tag{69,5}$$

---

[1] Zum Beispiel JAHNKE-EMDE-LÖSCH: Tafeln höherer Funktionen. Stuttgart: B. G. Teubner 1960.

278   IX. Behandlung gegebener Abbildungsaufgaben

Dabei ist wieder $F'(\tau') = F(k'\tau')$ und $K' = K(k')$ mit dem Komodul $k' = \sqrt{1-k^2}$ an Stelle des Moduls k sowie ferner entsprechend $E'(\tau') = E(k'\tau')$ und $\mathrm{E}' = \mathrm{E}(k')$.

Für die Strecke $z_4 - z_3$ (Bild 199) ergibt sich demnach

$$z_4 - z_3 = \int_1^{1/k} \frac{\sqrt{1-k^2\tau^2}}{\sqrt{1-\tau^2}} d\tau = -i\int_1^0 \frac{k'^2\tau'^2 \, d\tau'}{\sqrt{1-\tau'^2}\sqrt{1-k'^2\tau'^2}} = i(\mathrm{K}' - \mathrm{E}'). \quad (69,6)$$

70. Strömung um zwei parallele Platten. Zwei gleich lange Platten stehen lotrecht nebeneinander in einer waagerechten Parallelströmung (Bild 200). Die Strömung ist dann symmetrisch zur Verbindungslinie der Plattenmittelpunkte. Da diese Symmetrielinie Stromlinie ist, kann man sie mit zur Begrenzung rechnen. Zusammen mit den oberen Hälften der Platten bildet dann der Rand ein Vieleck, das aus der

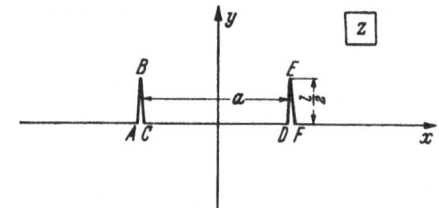

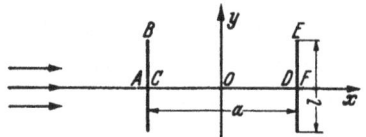

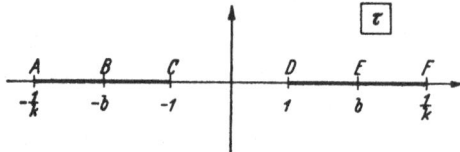

Bild 200. Zwei gleiche lotrechte, nebeneinander stehende Platten in waagerechter Strömung

Bild 201. Konforme Abbildung der beiden lotrechten Platten auf zwei waagerechte

in Bild 201 oben dargestellten Begrenzungslinie durch Zusammenrücken der Punkte A und C einerseits und D und F andererseits entsteht. Man kann nun das oberhalb dieser Begrenzung liegende Gebiet der z-Ebene auf die obere Hälfte einer τ-Ebene so abbilden, daß die Eckpunkte A, B, C, D, E, F mit den Richtungsänderungen $\delta = +\pi/2$, $-\pi$, $+\pi/2$, $+\pi/2$, $-\pi$, $+\pi/2$ der Reihe nach in die Punkte $\tau = -1/k$, $-b$, -1, $+1$, $+b$, $+1/k$ der reellen Achse in der τ-Ebene übergehen. Nach den in Ziffer 67 abgeleiteten Regeln wird diese konforme Abbildung durch das Integral

$$z = C \int_0^\tau \frac{b^2 - \tau^2}{\sqrt{(1-\tau^2)(1-k^2\tau^2)}} d\tau$$

$$= \frac{C}{k^2} \left[\int_0^\tau \frac{\sqrt{1-k^2\tau^2}}{\sqrt{1-\tau^2}} d\tau - (1-k^2b^2) \int_0^\tau \frac{d\tau}{\sqrt{1-\tau^2}\sqrt{1-k^2\tau^2}} d\tau \right] \quad (70,1)$$

70. Strömung um zwei parallele Platten

geleistet, d. h. durch eine Funktion, die sich aus einem elliptischen Integral 1. und 2. Gattung zusammensetzt. Die Konstanten C, b und k legen die Abmessungen der Plattenanordnung in der z-Ebene fest, und zwar ist, wenn man zur Abkürzung den Integranden $\dfrac{b^2 - \tau^2}{\sqrt{(1-\tau^2)(1-k^2\tau^2)}} = \Omega$ setzt, der Abstand der Platten

$$a = 2\,O\,D = 2C \int_0^1 \Omega\,d\tau = \frac{2C}{k^2}\left[\mathrm{E}(k) - (1 - k^2 b^2)\,\mathrm{K}(k)\right] \quad (70{,}2)$$

und die Länge der Platten

$$l = 2\,D\,E = \frac{2C}{i}\int_1^b \Omega\,d\tau. \quad (70{,}3)$$

Als dritte Bedingung kommt hinzu, daß die Punkte D und F zusammenfallen, daß also

$$DF = 0 = C \int_1^{1/k} \Omega\,d\tau. \quad (70{,}4)$$

Mit der in Gl. (69,4) angegebenen Umformung lassen sich die beiden letzten Gleichungen auf ein Integrationsintervall zwischen 0 und 1 bringen. Gemäß Gl. (69,5) und (69,6) wird dann aus Gl. (70,3) und (70,4)

$$l = \frac{2C}{k^2}\left[k^2 b^2 (\mathrm{K}' - F'(\tau_0')) - (\mathrm{E}' - E'(\tau_0'))\right], \quad (70{,}5)$$

$$0 = b^2 k^2 \,\mathrm{K}' - \mathrm{E}'. \quad (70{,}6)$$

Auf Grund dieser letzten Beziehung vereinfacht sich Gl. (70,5) zu

$$l = \frac{2C}{k^2}\left[E'(\tau_0') - k^2 b^2 F'(\tau_0')\right]. \quad (70{,}7)$$

Hierbei bedeuten wie bisher

$$\mathrm{K}' = \int_0^1 \frac{d\tau'}{\sqrt{(1-\tau'^2)(1-k'^2\tau'^2)}} \quad \text{und} \quad \mathrm{E}' = \int_0^1 \sqrt{\frac{1-k'^2\tau'^2}{1-\tau'^2}}\,d\tau' \quad (70{,}8)$$

die vollständigen elliptischen Integrale 1. und 2. Gattung für den Komodul $k' = \sqrt{1-k^2}$ und

$$F'(\tau_0') = \int_0^{\tau_0'} \frac{d\tau'}{\sqrt{(1-\tau'^2)(1-k'^2\tau'^2)}} \quad \text{und} \quad E'(\tau_0') = \int_0^{\tau_0'} \sqrt{\frac{1-k'^2\tau'^2}{1-\tau'^2}}\,d\tau' \quad (70{,}9)$$

IX. Behandlung gegebener Abbildungsaufgaben

die entsprechenden unvollständigen Integrale bis zur Grenze

$$\tau_0' = \sqrt{\frac{1 - k^2 b^2}{1 - k^2}}, \qquad (70,10)$$

die nach Gl. (69,4) $\tau = b$ entspricht.

Zu einem gewählten Wert von k ergibt sich aus Gl. (70,6) ein bestimmter Wert von b und damit aus Gl. (70,10) ein bestimmter Wert von τ_0'. Weiterhin läßt sich mit diesen Werten aus den Gln. (70,2) und (70,7) das Verhältnis l/a von Plattenlänge zu Plattenabstand berechnen, so daß diese Größen nur von dem Parameter k abhängen. Der Zusammenhang ist in Bild 202 dargestellt. Mittels dieses Schaubildes kann man nun aus den gegebenen Abmessungen der Platten (l/a) die Kon-

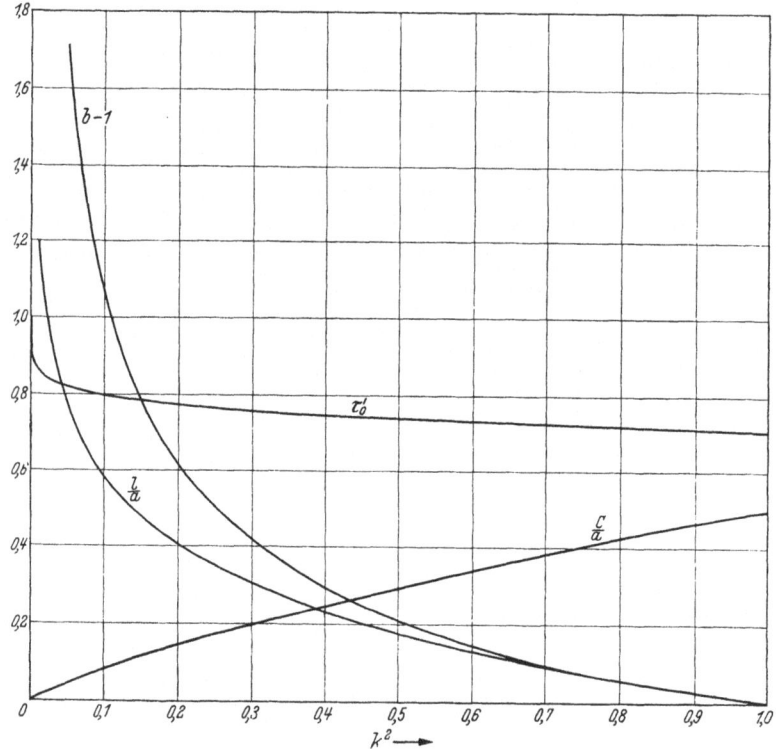

Bild 202. Zusammenhang der Abmessungen des Plattenpaares mit den Parametern k, b und τ_0'

stanten k, b und die Hilfsgröße τ_0' ablesen. Die Konstante C ergibt sich aus der absoluten Größe der Platten. So kann man etwa aus Gl. (70,2) C/a abhängig von k berechnen. Der sich ergebende Zusammenhang kann ebenfalls aus Bild 202 entnommen werden. Da nach Gl. (70,1) $\dfrac{dz}{d\tau} \to \dfrac{C}{k}$

70. Strömung um zwei parallele Platten

geht, wenn $\tau \to \infty$ geht, so stimmen die z-Ebene und die τ-Ebene im Unendlichen dann überein, wenn man

$$C = k \qquad (70,11)$$

macht. Dies kann man durch geeignete Wahl des Maßstabs der z-Ebene erreichen, indem man z. B. den Plattenabstand a aus Gl. (70,2) oder aus dem Schaubild 202 für $C = k$ bestimmt.

In der Nähe des Nullpunktes, also für kleine Werte von z und τ, verhält sich z/τ wie $C\,b^2$, oder, wenn man das Unendliche übereinstimmen läßt, $z/\tau = k\,b^2$. Wir wählen dabei für die Wurzeln unter den elliptischen Integralen das Vorzeichen so, daß z und τ gleiche Vorzeichen erhalten, wie wir es auch bei der Rechteckabbildung festsetzten. In dem Bereich $1 < \tau^2 < 1/k^2$ wird die Wurzel imaginär, entsprechend dem lotrechten Verlauf der Viereckseite DE (Bild 201). Im vorliegenden Falle kehrt sich aber außerdem beim Überschreiten des Punktes b durch den Wechsel des Vorzeichens von $b^2 - \tau^2$ das Vorzeichen um. Die Seite EF geht lotrecht nach unten.

Durch die konforme Abbildung der z-Ebene auf die τ-Ebene ergibt sich in der letzteren eine einfache Parallelströmung. Ist die Stromdichte, mit der die Platten in der z-Ebene angeströmt werden, im Unendlichen j_0, so wird die Stromdichte in der τ-Ebene

$$j_\tau = j_0 \left(\frac{dz}{d\tau}\right)_\infty = j_0 \frac{C}{k}. \qquad (70,12)$$

In einem Punkte der z-Ebene, der einem Punkte τ der τ-Ebene gemäß Gl. (70,1) zugeordnet ist, ergibt sich die konjugierte Stromdichte

$$\bar{j} = j_\tau \frac{d\tau}{dz} = j_0 \frac{\sqrt{1-\tau^2}\,\sqrt{1-k^2\,\tau^2}}{k(b^2 - \tau^2)}, \qquad (70,13)$$

Die gefundene Abbildung kann man auch noch zur Lösung einer anderen Strömungsaufgabe verwenden. Die beiden lotrechten, nebeneinander liegenden Platten der z-Ebene gehen in der τ-Ebene in zwei waagerechte, nebeneinander liegende Platten über. Eine Strömung senkrecht zu diesen beiden Platten in der τ-Ebene (Bild 203) geht in der z-Ebene in eine einfache Parallelströmung längs der beiden Platten über, so daß man die Strömung in der τ-Ebene durch die konforme Abbildung dieser Parallelströmung erhält. Kennzeichnend für diese Strömung sind die beiden Staupunkte auf den waagerechten Platten, die in den Punkten $\tau = \pm b$ liegen. Die Größe von b ergibt sich aus Gl. (70,6) oder ist aus dem Schaubild 202 zu entnehmen.

Durch Überlagerung der jeweiligen Strömung senkrecht zu den Platten mit einer Parallelströmung längs den Platten erhält man die Strömung unter beliebigen Winkeln schräg zu den Platten, sowohl für

282 IX. Behandlung gegebener Abbildungsaufgaben

die lotrecht stehenden wie für die waagerecht liegenden Platten. Dabei ist zu beachten, daß die so erhaltene Strömung zirkulationsfrei (Ziffer 33) ist. Bei Flüssigkeitsströmungen mit kleinem Anstellwinkel gegen die Plattenrichtung wirken die Platten aber als Tragflügel. Es stellt sich

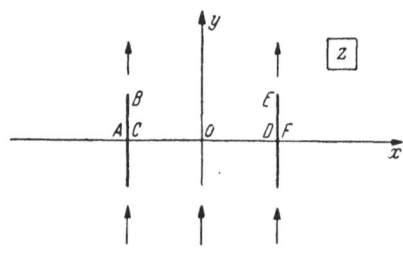

dann um jede Platte noch eine zusätzliche Zirkulationsströmung ein, von der Stärke, daß die Flüssigkeit an den Hinterkanten der beiden Platten glatt abfließt (Ziffer 33).

Die Zirkulation kann um jede der beiden Platten verschieden sein. Sie sei um die eine Γ_1, um die andere Γ_2. Die zugehörige Strömung kann man durch Überlagerung von 2 Teilströmungen darstellen, von denen bei der einen gleiche und gleichsinnige Zirkulation um jede Platte von der Stärke

$$\Gamma = (\Gamma_1 + \Gamma_2)/2 \qquad (70,14)$$

und bei der anderen gleiche, aber entgegengesetzte Zirkulation

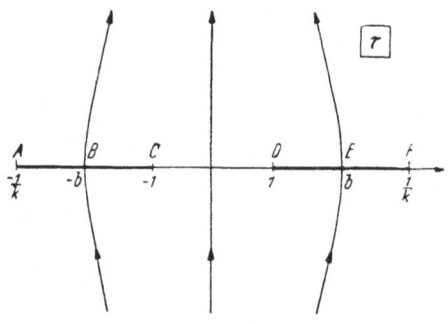

Bild 203. Waagerechte nebeneinander stehende Platten in lotrechter Strömung

$$\Gamma' = \pm(\Gamma_1 - \Gamma_2)/2 \qquad (70,15)$$

zugrunde gelegt ist. Das positive Vorzeichen bezieht sich auf die erste, das negative auf die zweite Platte. Durch Überlagerung ergibt sich für die erste Platte

$$\Gamma + |\Gamma'| = \Gamma_1 \qquad (70,16)$$

für die zweite

$$\Gamma - |\Gamma'| = \Gamma_2. \qquad (70,17)$$

Die Strömung mit gleichsinniger Zirkulation hat eine derartige Symmetrie, daß bei der Abbildung der τ-Ebene auf eine Ebene

$$\tau' = \tau^2 \qquad (70,18)$$

die entstehenden beiden RIEMANNschen Blätter identisch sind. Es entsteht durch diese Abbildung also im oberen Blatt kein Schlitz mit unstetigem Übergang. Daher kann man dieses Blatt allein betrachten. Es enthält nunmehr nur noch eine Platte mit einer Zirkulationsströmung von der Stärke Γ. Diese Strömung wurde aber bereits in Ziffer 33 behandelt.

Bei der Strömung mit entgegengesetzter Zirkulation schneiden die Stromlinien die Strecken $-\infty$ bis $-1/k$, -1 bis $+1$ und $1/k$ bis ∞ senkrecht, während die Strecken $-1/k$ bis -1 und $+1$ bis $1/k$ Stromlinien sind. (Vgl. Bild 215, in dem nur Strom- und Potentiallinien vertauscht sind.) Bildet man die obere Hälfte der τ-Ebene gemäß Ziffer 68 auf das Innere eines Rechtecks ab, so gehen die Strecken mit senkrechtem Stromliniendurchtritt in die beiden waagerechten Rechteckseiten und die beiden Stromlinienstrecken in die senkrechten Rechteckseiten über. Die Strömung geht daher in dem Rechteck in eine senkrecht verlaufende Parallelströmung über und ist damit der Berechnung zugänglich. Wir kommen darauf in Ziffer 80 und 87 zurück. Durch die Abbildung der τ-Ebene auf die z-Ebene (Bild 203) ergibt sich auch die Zirkulationsströmung um die beiden lotrecht nebeneinander stehenden Platten.

Der Bedingung glatten Abflusses an den Hinterkanten der beiden waagerecht nebeneinander liegenden Platten entspricht die Forderung, daß die entsprechenden Punkte C und F der beiden lotrechten Platten Staupunkte sind. Da die waagerechte Strömungskomponente die Zirkulation um die waagerechten Platten nicht beeinflußt, so ist für die Größe der Zirkulation um diese Platten nur die senkrechte Strömungskomponente maßgebend, die aber in der z-Ebene einfach eine Parallelströmung ist. Die Zirkulationen um die Platten müssen also in den Punkten C und F eine Geschwindigkeit ergeben, welche der lotrechten Parallelströmung gleich und entgegengesetzt ist. Entsprechend müssen bei der schrägen Anströmung der lotrechten Platten die Punkte $\pm b$ der τ-Ebene Staupunkte werden. Die Zirkulationen müssen so bestimmt werden, daß in diesen Punkten die waagerechte Parallelströmung durch die Geschwindigkeit der Zirkulationsströmung ausgeglichen wird[1].

71. Vereinfachung in Sonderfällen. Die Verwendung der SCHWARZ-CHRISTOFFELschen Formel oder der elliptischen Integrale kostet in der Regel einen sehr erheblichen Aufwand an Rechenarbeit. Man wird daher bestrebt sein, die Aufgaben nach Möglichkeit so zu vereinfachen, daß man einfachere Funktionen erhält. Solche Möglichkeiten sind unter Umständen gegeben, wenn sich durch gewisse Symmetrieverhältnisse die Anzahl der Ecken verringern läßt. Manchmal besteht auch die Möglichkeit, durch unerhebliche Änderung der Randform wesentliche Vereinfachungen zu erzielen und damit gut brauchbare Näherungslösungen zu erhalten. Nachstehend werden zwei derartige Beispiele angeführt, die in der Theorie der Tragflügel Bedeutung haben.

---

[1] Formeln zur Berechnung der Zirkulationen finden sich in dem Buch: R. GRAMMEL: Die hydrodynamischen Grundlagen des Fluges. § 14 u. § 15. Braunschweig: Vieweg 1917.

Die eine Aufgabe bezieht sich auf Luftkräfte, die auf ein *Leitwerk eines Flugzeugs* wirken. Die dicken Striche im Bild 204 oben mögen das Leitwerk von hinten gesehen wiedergeben. Das Leitwerk ist dabei um 90° gedreht, so daß die Gerade AE das Seitenleitwerk, die geknickte Gerade CBG das Höhenleitwerk darstellt, das symmetrisch zum Seitenleitwerk liegt. Wenn man die Auftriebsverteilung einer solchen Flügelanordnung sucht, welche bei gegebener Querkraft auf Seiten- oder Höhenleitwerk den geringsten Energieverlust (geringsten induzierten Widerstand) ergibt, so muß man nach den Regeln der Tragflügeltheorie die ebene Potentialströmung um das in Bild 204 oben sichtbare Hindernis bei einer Anströmung senkrecht zu dem betreffenden Leitwerk berechnen. Um dies durchzuführen, muß man die Kontur des Hindernisses auf einen Rand abbilden, dessen Umströmung bekannt ist. Diese Aufgabe wurde zuerst von ROTTA[1] behandelt.

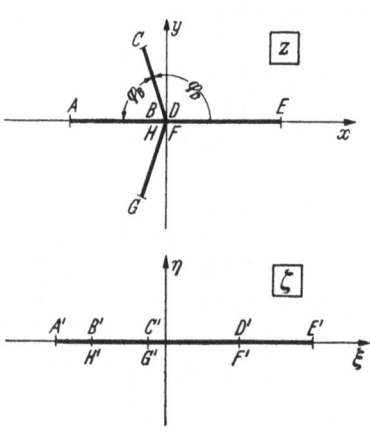

Bild 204. Konforme Abbildung einer Platte mit schrägen Ansätzen auf eine Gerade

An sich stellt der Umriß des Hindernisses ein Vieleck mit 8 Ecken (A bis H) dar. Erschwerend kommt dazu, daß die Ecken B, D, F, H keine rechten Winkel oder Vielfache davon bilden, sondern die Winkel $\varphi_B = (\pi/2)(1-\varkappa)$ und $\varphi_D = (\pi/2)(1+\varkappa)$. Der Kantenwinkel bei C ist 360°. Man kann daher keine elliptischen Integrale bzw. elliptischen Funktionen verwenden. Wesentlich erleichternd wirkt sich aber die Symmetrie der Anordnung zur x-Achse aus. Denkt man sich die z-Ebene längs der geknickten Geraden CBG aufgeschlitzt und den Umriß durch waagerechtes Auseinanderziehen auf die ξ-Achse der ζ-Ebene konform abgebildet, so ergibt sich eine Anordnung der Punkte gemäß Bild 204 unten. Die Punkte AB usw. der z-Ebene gehen in die Punkte $A'B'$ usw. der ζ-Ebene über. Man ersieht daraus, daß dabei die Ecken A und E unverändert bleiben. Wegen der Symmetrie zur x- bzw. ξ-Achse braucht man außerdem in beiden Ebenen nur jeweils die obere Halbebene zu betrachten. Der abzubildende Rand wird jetzt durch die Geradenstücke $-\infty B$, BC, CD, $D\infty$ gebildet und hat nur noch die 3 Ecken B, C, D.

Man kann die Abbildung durch das SCHWARZ-CHRISTOFFELsche Integral ermitteln. Einfacher kommt man aber durch folgende Über-

---

[1] ROTTA, J.: Luftkräfte am Tragflügel mit einer seitlichen Scheibe. Ing.-Arch. 13 (1942) 119.

71. Vereinfachung in Sonderfällen

legung zum Ziel: Bringt man in der z-Ebene im Nullpunkt B, D, F, H eine Quelle von der Ergiebigkeit E an, so sind die festen Ränder BA, BC, DE, FG Stromlinien. Bei der Abbildung auf die ζ-Ebene geht der im Winkelbereich CBG liegende Anteil der Quelle $(E/2)(1-\varkappa)$ in eine Quelle im Punkte B', H' und der Anteil $(E/2)(1+\varkappa)$ in eine Quelle im Punkte D', F' über. Das komplexe Potential dieser Quellströmungen muß in den beiden Ebenen gleich sein. Man erhält dafür

$$\varPhi = \frac{E}{2\pi}\ln z = \frac{E}{2\pi}\left[\frac{1-\varkappa}{2}\ln(\zeta-\xi_B) + \frac{1+\varkappa}{2}\ln(\zeta-\xi_D)\right]. \quad (71,1)$$

Dabei sind ξ_B und ξ_D die Abszissen der Punkte B' und D'. Legt man den Koordinatenanfangspunkt der ζ-Ebene in die Mitte zwischen B' und D', so wird $\xi_B = -\xi_D$, und aus Gl. (71,1) ergibt sich

$$z = (\zeta+\xi_D)^{(1-\varkappa)/2}(\zeta-\xi_D)^{(1+\varkappa)/2} = \sqrt{\zeta^2-\xi_D^2}\left(\frac{\zeta-\xi_D}{\zeta+\xi_D}\right)^{\varkappa/2}. \quad (71,2)$$

Wenn die Flossen des Höhenleitwerks senkrecht zum Leitwerk stehen, ist $\varkappa = 0$. Man erhält dann $z = \sqrt{\zeta^2-\xi_D^2}$. Dies entspricht dem Ergebnis der bereits in Ziffer 53 behandelten Abbildung.

Die Punkte der ξ-Achse zwischen B' und D' ergeben in der z-Ebene die Gerade BC. Für einen Punkt dieser Geraden im Abstand r vom Nullpunkt ist

$$r = (\xi+\xi_D)^{(1-\varkappa)/2}(\xi_D-\xi)^{(1+\varkappa)/2}. \quad (71,3)$$

Da der Endpunkt C nicht umströmt wird, muß im Punkte C' ein Staupunkt sein. Die von den beiden Quellen in B' und D' herrührenden Geschwindigkeiten müssen sich in diesem Punkte gerade aufheben. Es muß also

$$\frac{E}{2\pi}\frac{1-\varkappa}{2(\xi_C+\xi_D)} = \frac{E}{2\pi}\frac{1+\varkappa}{2(\xi_D-\xi_C)} \quad (71,4)$$

sein. Dies ergibt für die Lage ξ_C des Punktes C'

$$(1-\varkappa)(\xi_D-\xi_C) = (1+\varkappa)(\xi_C+\xi_D) \quad (71,5)$$

oder

$$\xi_C = -\varkappa\,\xi_D. \quad (71,6)$$

Setzt man diesen Wert in Gl. (71,3) ein, so wird

$$r_{\max} = |BC| = [(1-\varkappa)\xi_D]^{(1-\varkappa)/2}[(1+\varkappa)\xi_D]^{(1+\varkappa)/2}$$
$$= \xi_D\sqrt{(1-\varkappa^2)}\left(\frac{1+\varkappa}{1-\varkappa}\right)^{\varkappa/2}. \quad (71,7)$$

Hierdurch ist der Zusammenhang zwischen der Lage der Punkte B' und D' ($\mp\xi_D$) in der ζ-Ebene und der Lage des Endpunktes C in der z-Ebene ($|BC|$ und $\varkappa$) gegeben. Der Zusammenhang der Endpunkte A

und E des Seitenleitwerks mit den Endpunkten A' und E' ihres Abbildes ergibt sich durch Einsetzen der ζ-Werte der Punkte A' bzw. E' in Gl. (71,2). Damit lassen sich allen Punkten des Leitwerks der z-Ebene die entsprechenden Punkte der ξ-Achse zuordnen. Da für sehr große Werte von ζ nach Gl. (71,2) $z/\zeta \to 1$ geht, ist die Anströmung in der ζ-Ebene die gleiche Parallelströmung mit gleicher Geschwindigkeit wie in der z-Ebene. Durch diese Abbildung ist die ursprüngliche Strömungsaufgabe auf die Umströmung der quer bzw. längs angeströmten ebenen Platte $A'E'$ in der ζ-Ebene zurückgeführt. Die erstere ist bereits in Ziffer 56 behandelt, die letztere bleibt eine ungestörte Parallelströmung.

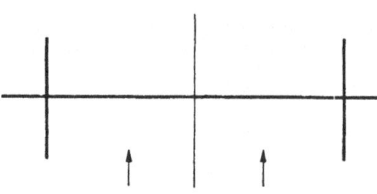

Bild 205. Waagerechte Platte mit zwei lotrechten Scheiben in lotrechter Strömung

Eine weitere vereinfachbare Aufgabe ist der *Flügel mit symmetrisch liegenden seitlichen Scheiben* nach Bild 205. Die Aufgabe, die Auftriebsverteilung mit geringstem induziertem Widerstand zu finden, führt auch hier zu einer ebenen Potentialströmung, wobei die in Bild 205 dargestellte Figur senkrecht zum Flügel angeströmt wird. Die Figur ist ein Vieleck mit 14 Ecken, sie ist aber sowohl zur y-Achse wie zur x-Achse symmetrisch. Für den Fall, daß sich die seitlichen Scheiben an den Enden des Flügels befinden, ist die Aufgabe von NAGEL gelöst worden[1]. Der nachstehend behandelte allgemeinere Fall, daß die Scheiben nicht an den Enden sitzen, bedeutet nur eine unerhebliche Erschwerung der Aufgabe.

Wegen der Symmetrie zur y-Achse genügt es, die rechte Halbebene für sich zu betrachten, wobei die y-Achse selbst Stromlinie ist, also als Grenze der umströmten Figur aufgefaßt werden kann. Der hiernach vorliegende Rand hat demnach die in Bild 206 links oben als z-Ebene dargestellte Form mit den Ecken $A, B, C, D, E, F, G, H, J$. Durch die Abbildung

$$z_1 = z^2/a \qquad (71,8)$$

geht er in die rechts daneben dargestellte Figur über. Als Einheitslänge a ist dabei die Strecke AB der z-Ebene gewählt. Durch diese Abbildung sind die Ecken A und J fortgefallen. Das Bild der Endscheibe CG geht nach Ziffer 46 in einen Parabelbogen C_1G_1 über. Wenn nun die Höhe der Endscheibe CD erheblich kleiner als ihr Abstand AB von der Symmetrieebene ist, was praktisch meist der Fall ist, so unterscheidet sich der entstandene Parabelbogen nur sehr wenig von einem Kreis-

---

[1] NAGEL, F.: Flügel mit seitlichen Scheiben. Vorläufige Mitteilungen der Aerodyn. Vers.-Anst. zu Göttingen, 1924, Heft 2.

bogen, und man kann ihn durch einen Kreisbogen ersetzen, der durch die Punkte C_1, B_1 und G_1 geht. Diese Vertauschung des Parabelbogens mit dem Kreisbogen bedeutet, daß man die Ausgangsfigur der z-Ebene etwas abändert, so daß die seitlichen Scheiben nicht genau eben, sondern

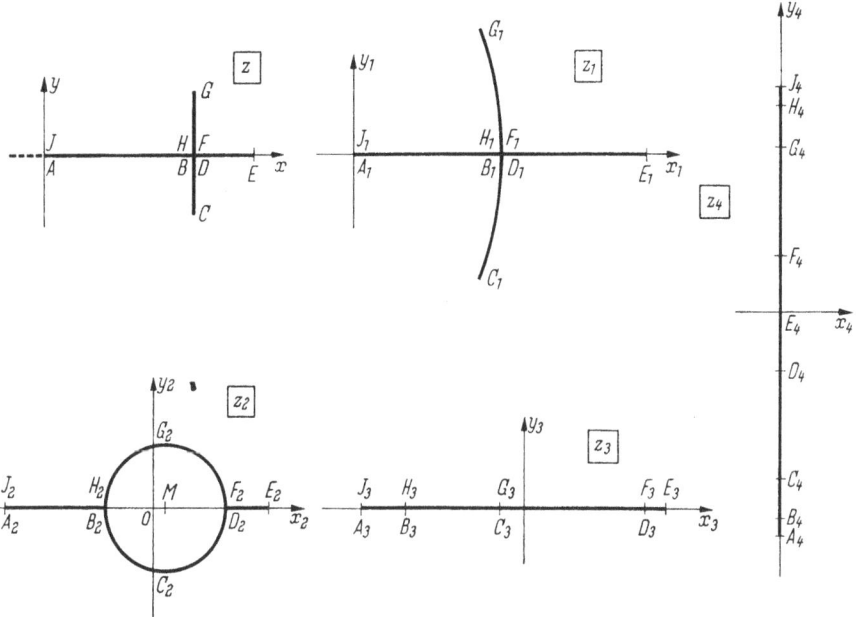

Bild 206. Konforme Abbildung der Platte mit Scheiben auf eine ebene Platte

etwas gekrümmt sind, aber durch die Punkte C, B und G gehen. Den Kreisbogen kann man durch die KUTTA-JOUKOWSKY-Abbildung[1]

$$z_1 - \frac{C_1 + G_1}{2} = z_2 + \frac{(G_1 - C_1)^2/16}{z_2} \tag{71,9}$$

zu einem Kreis aufweiten, wobei die übrigen Geradenstücke, die alle in der x_1-Achse liegen, gerade bleiben (Bild 206 links unten). Ist $M = (B_2 + D_2)/2$ der Mittelpunkt des entstandenen Kreises, so ergibt die Abbildung

$$z_3 = z_2 - M + \left(\frac{D_2 - B_2}{2}\right)^2 \frac{1}{z_2 - M} \tag{71,10}$$

ein Zusammenklappen des Kreises zu einer Geraden $B_3 D_3$. Es entsteht eine einzige unendlich lange Halbgerade mit dem Endpunkt E_3. Sie wird ebenso umströmt wie die Halbgerade im Bild 127. Durch die wei-

---

[1] Zur Vereinfachung der Schreibweise und zur leichteren Übersicht sind in den folgenden Formeln die komplexen Koordinaten der einzelnen Punkte jeweils durch die gleichen Buchstaben bezeichnet wie die betreffenden Punkte selbst.

tere Abbildung

$$z_4 = \sqrt{a(z_3 - E_3)} \qquad (71,11)$$

geht sie in die imaginäre Achse der z_4-Ebene über. Die Strömung ist in dieser Ebene eine Parallelströmung in Richtung der y_4-Achse. Sie hat die gleiche Richtung und Geschwindigkeit wie die Anströmung in der z-Ebene.

72. Das Kreisbogendreieck. Unter einem Kreisbogenvieleck versteht man ein aus Kreisbogenstücken gebildetes Vieleck. Die konforme Abbildung eines geradlinig begrenzten Vielecks der z-Ebene auf eine Halbebene (ζ-Ebene) ließ sich in Ziffer 67 dadurch finden, daß die Funktion $\ln dz/d\zeta$ an den Stellen der ξ-Achse, welche den Eckpunkten entsprechen, singuläre Stellen aufweist, die man als Senken einer Strömung deuten konnte. Aus diesen Senken ließ sich die Funktion $\ln dz/d\zeta$ aufbauen. Dabei war aber wesentlich, daß der Imaginärteil dieser Funktion jeweils auf den Stücken der ξ-Achse zwischen diesen singulären Punkten konstant ist, daß diese Stücke also Stromlinien sind. Dies ist aber nur dann der Fall, wenn das Vieleck geradlinig begrenzt ist, so daß die Richtung der Begrenzungslinie, welche eben diesen Imaginärteil von $\ln dz/d\zeta$ bildet, konstant ist. Ist der Rand gekrümmt, wie beim Kreisbogenvieleck, so ergibt sich außer den Senken an den singulären Stellen noch eine kontinuierliche Senkenverteilung (Imaginärteil von $\ln dz/d\zeta$) längs der ξ-Achse, deren Verlauf aber nicht bekannt ist. Man kann aber die Überlegungen aus Ziffer 67 anwenden, wenn es gelingt, anstatt der Funktion $\ln dz/d\zeta$ eine andere Funktion der Abbildungsfunktion zugrunde zu legen, bei welcher der Imaginärteil auf der ξ-Achse jeweils zwischen den den Eckpunkten entsprechenden Stellen konstant ist oder verschwindet und die überall außer in diesen Stellen regulär ist.

Wir werden uns weiterhin der Einfachheit halber auf Kreisbogendreiecke beschränken. Die grundsätzlichen Überlegungen gelten aber teilweise auch für Polygone beliebiger Eckenzahl. Die Ecken z_1, z_2, z_3 des Kreisbogendreiecks der z-Ebene mögen durch die konforme Abbildung in die Punkte ξ_1, ξ_2, ξ_3 der reellen Achse der ζ-Ebene und das Innere des Dreiecks in die obere Hälfte der ζ-Ebene übergehen (Bild 207). Die Eckwinkel in den 3 Ecken seien $a_1\pi, a_2\pi, a_3\pi$. Ist ν der Winkel, den die Tangente an den Begrenzungskreisbogen in einem bestimmten Punkte mit der x-Achse bildet, so wird für diesen Punkt

$$\ln \frac{dz}{d\zeta} = \ln \lambda + i\nu \qquad (72,1)$$

ganz entsprechend wie in Ziffer 67. Dabei ist ν für jeden Punkt des Randes in der z-Ebene bekannt, der Maßstabsfaktor λ aber unbekannt. Faßt man wieder $\ln \lambda$ als Potential, und ν als Stromfunktion einer Strö-

72. Das Kreisbogendreieck

mung in der ζ-Ebene auf, so ergeben sich in den Punkten ξ_1, ξ_2 und ξ_3 Senken von der Stärke $2\Delta\nu_1/2\pi = (1-a_1)$, $2\Delta\nu_2/2\pi = (1-a_2)$, $2\Delta\nu_3/2\pi = (1-a_3)$ und außerdem eine stetige Senkenverteilung von der Stärke $2d\nu/d\xi$ je Längeneinheit. Ein Stück ds eines der begrenzenden Kreisbogen in der z-Ebene ist

$$ds = r\, d\nu, \qquad (72,2)$$

wenn r der Krümmungsradius dieses Kreisbogens ist. Das entsprechende Stück $d\xi$ der reellen Achse in der ζ-Ebene ist

$$d\xi = \left|\frac{d\zeta}{dz}\right| ds = \frac{1}{\lambda} ds = \frac{r}{\lambda}\, d\nu. \qquad (72,3)$$

Daraus ergibt sich

$$\lambda = r\frac{d\nu}{d\xi}. \qquad (72,4)$$

Setzt man diesen Wert von λ in Gl. (72,1) ein, so erhält man

$$\ln\frac{dz}{d\zeta} = \ln r + \ln\frac{d\nu}{d\xi} + i\,\nu. \qquad (72,5)$$

Um den Imaginärteil $i\,\nu$ zu eliminieren, differenzieren wir diese Gleichung zweimal nach ζ, wobei wir rechts die Differentiation in der ξ-Richtung, also in der reellen Richtung ausführen. Dies steht uns frei, da ja nach Ziffer 44 der Differentialquotient von der Richtung der Differentiation unabhängig ist. Bei dieser Wahl der Differentiationsrichtung bleiben die Differentialquotienten der reellen Anteile reell und die des imaginären Anteils imaginär. Schreibt man zur Abkürzung $d\nu/d\xi = \nu'$, $d^2\nu/d\xi^2 = \nu''$, $d^3\nu/d\xi^3 = \nu'''$, so erhält man für jeden der 3 Kreisbogen mit Ausschluß der Ecken, da auf den Bogen r konstant ist,

$$\frac{d}{d\zeta}\ln\frac{dz}{d\zeta} = \frac{\nu''}{\nu'} + i\,\nu', \qquad (72,6)$$

$$\frac{d^2}{d\zeta^2}\ln\frac{dz}{d\zeta} = \frac{\nu'''}{\nu'} - \left(\frac{\nu''}{\nu'}\right)^2 + i\,\nu''. \qquad (72,7)$$

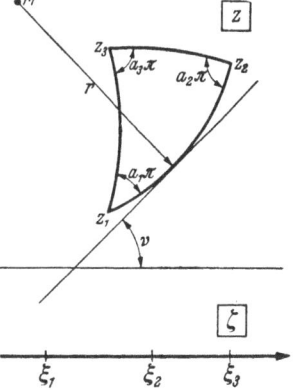

Bild 207. Kreisbogendreieck

Quadriert man den ersteren dieser beiden Ausdrücke und bildet

$$\frac{d^2}{d\zeta^2}\ln\frac{dz}{d\zeta} - \frac{1}{2}\left(\frac{d}{d\zeta}\ln\frac{dz}{d\zeta}\right)^2 = \frac{\nu'''}{\nu'} - \frac{3}{2}\left(\frac{\nu''}{\nu'}\right)^2 + \frac{1}{2}\nu'^2 = S(\zeta), \qquad (72,8)$$

so fällt das imaginäre Glied heraus. Diese Funktion ist also auf der ξ-Achse rein reell. Sie erfüllt demnach die Voraussetzung, um sie aus den Singularitäten an den Eckpunkten aufbauen zu können.

Beim Geradenvieleck (Ziffer 67) ließ sich die Funktion $\ln(dz/d\zeta)$ aus dem Verhalten ihres Imaginärteils an den Eckpunkten unmittelbar darstellen und die Abbildungsfunktion $z(\zeta)$ ergab sich daraus durch einfache Integration. Demgegenüber ist bei der Funktion $S(\zeta)$ schon ihr Aufbau aus dem Verhalten an den Eckpunkten verwickelter. Vor allem aber erfordert die Ermittlung der Abbildungsfunktion $z(\zeta)$ aus der Funktion $S(\zeta)$ die Lösung einer Differentialgleichung.

Bevor wir den Aufbau der Funktion $S(\zeta)$ vornehmen, sei noch auf eine wichtige Eigenschaft dieser Funktion hingewiesen: Wenn man ein Kreisbogendreieck durch eine lineare Transformation (Ziffer 54) abbildet, so wird aus jedem Kreisbogen wieder ein Kreisbogen und aus jedem Eckwinkel wieder ein Eckwinkel von gleicher Größe. Durch die lineare Transformation geht also das Kreisbogendreieck wieder in ein Kreisbogendreieck mit den gleichen Eckwinkeln über. Da ein Kreisbogendreieck durch die Lage der 3 Eckpunkte und durch die Eckwinkel eindeutig bestimmt ist und da in der linearen Transformation drei willkürliche Parameter zur Verfügung stehen, so kann man die 3 Eckpunkte willkürlich vorgeben und daher ein gegebenes Kreisbogendreieck durch eine lineare Transformation auf jedes beliebige Kreisbogendreieck mit den gleichen gegebenen Eckwinkeln abbilden. Da nun die in Gl. (72,8) aufgestellte Funktion $S(\zeta)$ nur durch die Singularitäten an den Eckwinkeln bestimmt ist, so muß sie offenbar für alle Kreisbogendreiecke mit gleichen Eckwinkeln gelten, also bei einer linearen Transformation der z-Ebene unverändert (invariant) bleiben. Nach dem Entdecker dieser Eigenschaft wird diese Funktion daher „SCHWARZsche Invariante" genannt. Man bezeichnet sie vielfach durch $\{z, \zeta\}$.

Daß diese Invarianz gegen lineare Transformationen besteht, kann man leicht zeigen: Ist $z_1(\zeta)$ die Abbildungsfunktion, welche die obere Hälfte der ζ-Ebene in das Äußere (oder Innere) eines bestimmten Kreisbogendreiecks überführt, so kann man durch die lineare Transformation

$$z = \frac{a\,z_1 + b}{c\,z_1 + d} \qquad (72,9)$$

dieses Kreisbogendreieck in ein anderes mit gleichen Eckwinkeln überführen. Die Lage und Form dieses Dreiecks hängt von den Konstanten a, b, c, d der linearen Transformation ab, von denen nach Ziffer 54 nur drei wesentlich sind. In der SCHWARZschen Invarianten $\{z, \zeta\}$ dürfen diese Konstanten nicht mehr vorkommen. Durch Differenzieren der Gl. (72,9) ergibt sich

$$\frac{dz}{dz_1} = \frac{a\,d - b\,c}{(c\,z_1 + d)^2} \qquad (72,10)$$

und damit

$$\ln \frac{dz}{d\zeta} = \ln \frac{dz}{dz_1} + \ln \frac{dz_1}{d\zeta} = \ln \frac{a\,d - b\,c}{(c\,z_1 + d)^2} + \ln \frac{dz_1}{d\zeta} \qquad (72,11)$$

72. Das Kreisbogendreieck

und

$$\{z, \zeta\} = S(\zeta) = \frac{d^2}{d\zeta^2} \ln \frac{dz}{d\zeta} - \frac{1}{2} \left[\frac{d}{d\zeta} \ln \frac{dz}{d\zeta} \right]^2$$
$$= \frac{d^2}{d\zeta^2} \ln \frac{dz_1}{d\zeta} - \frac{1}{2} \left[\frac{d}{d\zeta} \ln \frac{dz_1}{d\zeta} \right]^2. \quad (72,12)$$

Die Glieder, welche die Konstanten a, b, c, d enthalten, sind, wie gefordert, herausgefallen.

Um nun die Funktion $\{z, \zeta\}$, die SCHWARZsche Invariante, als Funktion von ζ darzustellen, muß man ihr Verhalten an den drei den Eckpunkten entsprechenden Stellen ξ_1, ξ_2, ξ_3 feststellen. Die Funktion $\ln(dz/d\zeta)$ verhält sich nach Ziffer 50 in der Umgebung dieser Punkte wie das komplexe Potential in der Umgebung einer Senke von der Ergiebigkeit $2\Delta v$, also in der Umgebung von ξ_1, wie $-(1-a_1)\ln(\zeta-\xi_1)$. Demnach verhält sich $\frac{d}{d\zeta} \ln \frac{dz}{d\zeta}$ wie $-\frac{(1-a_1)}{\zeta - \xi_1}$, also wie das komplexe Potential eines Dipols oder wie die Stromdichte im Felde einer Senke und $\frac{d^2}{d\zeta^2} \ln \frac{dz}{d\zeta}$ wie $\frac{(1-a_1)}{(\zeta-\xi_1)^2}$, also wie das komplexe Potential eines Quadrupols oder wie die Stromdichte im Felde eines Dipols. Diesen Polströmungen ist jeweils noch eine reguläre Strömung überlagert, die sich durch eine Potenzreihe in $(\zeta - \xi_1)$ ausdrücken läßt. So ist für die Umgebung von ξ_1

$$\frac{d}{d\zeta} \ln \frac{dz}{d\zeta} = -\frac{1-a_1}{\zeta-\xi_1} + A_1 + B_1(\zeta - \xi_1) + \cdots. \quad (72,13)$$

Da in der SCHWARZschen Invarianten das Quadrat dieses Ausdrucks

$$\left(\frac{d}{d\zeta} \ln \frac{dz}{d\zeta} \right)^2 = \frac{(1-a_1)^2}{(\zeta-\xi_1)^2} - 2\frac{A_1(1-a_1)}{\zeta-\xi_1} + A_1^2 + \cdots \quad (72,14)$$

auftritt, so ergeben sich für die SCHWARZsche Invariante $\frac{d^2}{d\zeta^2} \ln \frac{dz}{d\zeta} - \frac{1}{2} \left(\frac{d}{d\zeta} \ln \frac{dz}{d\zeta} \right)^2$ in der Umgebung von ξ_1 die singulären Anteile

$$\frac{1}{(\zeta-\xi_1)^2} \left[(1-a_1) - \frac{1}{2}(1-a_1)^2 \right] = \frac{1-a_1^2}{2(\zeta-\xi_1)^2} \quad \text{und} \quad \frac{A_1(1-a_1)}{(\zeta-\xi_1)}.$$

Hierbei ist aber die Konstante A_1 unbekannt, so daß sich die Singularität nicht angeben läßt. Man kann sich aber von dieser Konstante frei machen, wenn man anstatt der SCHWARZschen Invariante $S(\zeta)$ die Funktion

$$L(\zeta) = (\zeta - \xi_1)(\zeta - \xi_2)(\zeta - \xi_3) S(\zeta) \quad (72,15)$$

betrachtet. Da der Faktor $(\zeta - \xi_1)(\zeta - \xi_2)(\zeta - \xi_3)$ für alle Punkte der reellen Achse (ξ-Achse) ebenso wie $S(\zeta)$ selbst reell ist, so ist auch die

IX. Behandlung gegebener Abbildungsaufgaben

neue Funktion $L(\zeta)$ für alle Punkte der ξ-Achse reell. Da er außerdem an dem regulären Verhalten der Funktion nichts ändert, läßt sich auch diese Funktion aus dem Verhalten an den singulären Stellen ξ_1, ξ_2, ξ_3 aufbauen. Die Funktion verhält sich nun in der Nähe von ξ_1 wie

$$\left[\frac{1-a_1^2}{2(\zeta-\xi_1)^2} + \frac{A(1-a_1)}{(\zeta-\xi_1)} + \cdots\right](\zeta-\xi_1)(\xi_1-\xi_2)(\xi_1-\xi_3)$$
$$= \frac{(1-a_1^2)(\xi_1-\xi_2)(\xi_1-\xi_3)}{2(\zeta-\xi_1)} + A(1-a_1)(\xi_1-\xi_2)(\xi_1-\xi_3) + \cdots. \tag{72,16}$$

Die unbekannte Konstante A tritt jetzt nur noch in einem konstanten Glied und in Gliedern mit positiven Potenzen auf, die nichts zu dem singulären Verhalten beitragen. Das singuläre Glied lautet nur noch $\frac{1-a_1^2}{2(\zeta-\xi_1)}(\xi_1-\xi_2)(\xi_1-\xi_3)$, ist also vollständig gegeben. Da der Imaginärteil der Funktion $L(\zeta)$ nach Gl. (72,15) auf der ξ-Achse nicht nur konstant, sondern Null ist, so kann man diese Funktion anstatt als komplexes Potential auch als die konjugiert komplexe Stromdichte einer Strömung auffassen, für welche die ξ-Achse Stromlinie ist. Für diese bedeutet ein Verhalten wie $C/(\zeta-\xi_1)$ eine Quelle von der Ergiebigkeit $2\pi C$ im Punkte ξ_1. Die durch $L(\zeta)$ dargestellte Strömung baut sich demnach aus 3 Quellen in den Punkten ξ_1, ξ_2, ξ_3 auf und lautet demnach

$$L(\zeta) = \frac{1-a_1^2}{2(\zeta-\xi_1)}(\xi_1-\xi_2)(\xi_1-\xi_3) + \frac{1-a_2^2}{2(\zeta-\xi_2)}(\xi_2-\xi_3)(\xi_2-\xi_1) +$$
$$+ \frac{1-a_3^2}{2(\zeta-\xi_3)}(\xi_3-\xi_1)(\xi_3-\xi_2). \tag{72,17}$$

Damit wird aber nach Gl. (72,15) die SCHWARZsche Invariante

$$\{z,\zeta\} = S(\zeta) = \frac{(1-a_1^2)(\xi_1-\xi_2)(\xi_1-\xi_3)}{2(\zeta-\xi_1)^2(\zeta-\xi_2)(\zeta-\xi_3)} + \frac{(1-a_2^2)(\xi_2-\xi_3)(\xi_2-\xi_1)}{2(\zeta-\xi_2)^2(\zeta-\xi_3)(\zeta-\xi_1)} +$$
$$+ \frac{(1-a_3^2)(\xi_3-\xi_1)(\xi_3-\xi_2)}{2(\zeta-\xi_3)^2(\zeta-\xi_1)(\zeta-\xi_2)}. \tag{72,18}$$

Man pflegt als Normalform die Eckpunkte in die Punkte $\xi_1 = 0$, $\xi_2 = 1$, $\xi_3 = \infty$ zu verlegen. Die SCHWARZsche Invariante geht dann über in die Form

$$\{z,\zeta\} = S(\zeta) = \frac{d^2}{d\zeta^2}\ln\frac{dz}{d\zeta} - \frac{1}{2}\left(\frac{d}{d\zeta}\ln\frac{dz}{d\zeta}\right)^2 = \frac{z'''}{z'} - \frac{3}{2}\left(\frac{z''}{z'}\right)^2$$
$$= -\frac{1-a_1^2}{2\zeta^2(\zeta-1)} + \frac{1-a_2^2}{2\zeta(\zeta-1)^2} + \frac{1-a_3^2}{2\zeta(\zeta-1)}. \tag{72,19}$$

Die rechte Seite kann man noch etwas umformen und erhält

$$\{z, \zeta\} = \frac{z'''}{z'} - \frac{3}{2}\left(\frac{z''}{z'}\right)^2 = \frac{1-a_1^2}{2\zeta^2} + \frac{1-a_2^2}{2(\zeta-1)^2} + \frac{a_1^2+a_2^2-a_3^2-1}{2\zeta(\zeta-1)}. \quad (72,20)$$

Damit ist für die gesuchte Abbildungsfunktion $z(\zeta)$ eine Differentialgleichung 3. Ordnung gefunden.

73. Die Gaußsche Differentialgleichung und die hypergeometrischen Reihen.
Die gefundene Differentialgleichung ist weitgehend bearbeitet. Man weiß, daß sich ihre Lösung als Quotient zweier Funktionen darstellen läßt[1]

$$z = \frac{\varphi_m}{\varphi_n}, \quad (73,1)$$

wobei diese beiden Funktionen irgend zwei verschiedene partikuläre Integrale der sog. GAUSSschen Differentialgleichung

$$\zeta(\zeta - 1)\varphi'' + [(1 + \alpha + \beta)\zeta - \gamma]\varphi' + \alpha\beta\varphi = 0 \quad (73,2)$$

sind. Dabei ist

$$\left.\begin{array}{ll} \alpha = \tfrac{1}{2}(1 - a_1 - a_2 - a_3), & a_1 = 1 - \gamma, \\ \beta = \tfrac{1}{2}(1 - a_1 - a_2 + a_3), & a_2 = \gamma - \alpha - \beta, \\ \gamma = 1 - a_1, & a_3 = \beta - \alpha. \end{array}\right\} \quad (73,3)$$

Diese Differentialgleichung ist ebenfalls häufig untersucht worden, so z. B. von KLEIN[1], GAUSS[2], KUMMER[3], RIEMANN[4], GOURSAT[5]. An Lehrbuchdarstellungen sei auf FORSYTH-JAKOBSTHAL[6] verwiesen.

Ein partikuläres Integral dieser Differentialgleichung ist z. B. die sog. hypergeometrische Reihe

$$\varphi_1 = F(\alpha, \beta, \gamma, \zeta) = 1 + \frac{\alpha\beta}{\gamma}\zeta + \frac{\alpha(\alpha+1)\beta(\beta+1)}{1\cdot 2\gamma(\gamma+1)}\zeta^2 + \cdots; \quad (73,4)$$

---

[1] KLEIN, F.: Vorlesungen über die hypergeometrische Funktion. Herausgegeben von O. Haupt. Berlin: Springer 1933.

[2] GAUSS, C. F.: Gesammelte Werke. Herausgegeben von der Ges. d. Wiss. zu Göttingen 3 (1866) 123 u. 207.

[3] KUMMER, E.: Über die hypergeometrische Reihe. Crelles J. 15 (1836) 39 u. 127.

[4] RIEMANN, B.: Beiträge zur Theorie der durch die Gaußsche Reihe darstellbaren Funktionen. Abh. d. Kgl. Ges. d. Wiss. zu Göttingen 7 (1857) oder Gesammelte mathematische Werke. Leipzig: B. G. Teubner 1876.

[5] GOURSAT, E.: Sur l'équation différentielle linéaire, qui admet pour intégral la série hypergéometrique. Ann. Scient. de l'école normale supérieure, 2. série Supplément. Paris 1881.

[6] FORSYTH, A. R., u. W. JAKOBSTHAL: Differentialgleichungen. Braunschweig: Fr. Vieweg u. Sohn 1912.

ein anderes, das ebenfalls durch eine nach Potenzen von ζ fortschreitende Reihe dargestellt wird, ist

$$\varphi_2 = \zeta^{a_1} F(\alpha + a_1, \beta + a_1, \gamma + 2a_1, \zeta), \qquad (73,5)$$

wobei F wieder die hypergeometrische Reihe bedeutet, bei der aber jetzt an Stelle der Größen α, β, γ die Größen $\alpha + a_1$, $\beta + a_1$, $\gamma + 2a_1$ treten. Man erkennt, daß der Quotient

$$z = \frac{\varphi_2}{\varphi_1} \qquad (73,6)$$

eine Potenzreihe ergibt, deren niedrigste Potenz ζ^{a_1} ist. Wenn man sich dem Punkt $\zeta = 0$ nähert, so überwiegt das Glied mit der niedrigsten Potenz alle anderen. Die Abbildungsfunktion $z = z(\zeta)$ verhält sich also in der Umgebung von $\zeta = 0$ wie ζ^{a_1}. Das heißt aber, daß bei der Abbildung der ζ-Ebene auf die z-Ebene der durch die gerade ξ-Achse gegebene Winkel π in der z-Ebene in den Winkel $a_1 \pi$ übergeht, also in den Eckwinkel des Kreisbogendreiecks in der dem Punkte $\zeta = 0$ entsprechenden Ecke.

Da die GAUSSsche Differentialgleichung vom 1. Grade ist, d. h. die Veränderliche φ in der ersten Potenz enthält, stellt auch eine lineare Kombination

$$\varphi = a\,\varphi_1 + b\,\varphi_2 \qquad (73,7)$$

von zwei partikularen Lösungen der GAUSSschen Differentialgleichung eine Lösung dar. Da diese Differentialgleichung von 2. Ordnung ist, d. h. φ'' die höchste vorkommende Ableitung von φ ist, so enthält ihre allgemeine Lösung zwei willkürliche Integrationskonstanten. Da andererseits die in Gl. (73,7) angegebene Kombination gerade zwei willkürliche Konstante, a und b, enthält, so stellt sie bereits die allgemeinste Lösung dar. Bildet man das Verhältnis von zwei beliebigen dieser allgemeinen Lösungen, so ergibt sich

$$z_1 = \frac{a\,\varphi_1 + b\,\varphi_2}{c\,\varphi_1 + d\,\varphi_2} = \frac{a + b\,\varphi_2/\varphi_1}{c + d\,\varphi_2/\varphi_1} = \frac{a + b\,z}{c + d\,z}\,. \qquad (73,8)$$

Das ist aber eine lineare Transformation (Ziffer 54) der soeben besprochenen Abbildungsfunktion $z = \varphi_2/\varphi_1$. Durch eine solche lineare Transformation der z-Ebene in die z_1-Ebene geht aber das Kreisbogendreieck wieder in ein Kreisbogendreieck mit den gleichen Eckwinkeln, nur mit anderer Lage der Eckpunkte, über. Man hat daher in den komplexen Konstanten a, b, c, d, von denen nur drei wesentlich sind (Ziffer 54), die Parameter, um die 3 Eckpunkte des Dreiecks beliebig zu wählen.

Die in Gl. (73,4) und (73,5) für φ_1 und φ_2 angegebenen Reihen konvergieren nur für $|\zeta| < 1$, in besonderen Fällen auch noch für $|\zeta| = 1$.

73. Die Gaußsche Differentialgleichung

Demgemäß ist durch den Quotienten φ_2/φ_1 auch die Abbildungsfunktion nur für einen Bereich $|\zeta| < 1$ bzw. $|\zeta| \leq 1$ definiert. Da es aber ganz willkürlich war, welche Eckpunkte unseres Kreisbogendreiecks wir den Punkten $\zeta = 0, +1, \infty$ zuordneten, so kann man diese Punkte auch vertauschen. Das bedeutet eine lineare Transformation in der ζ-Ebene, durch welche die 3 Punkte $0, 1, \infty$ ineinander übergeführt werden. Man muß dann nur auch in der hypergeometrischen Reihe die Winkelgrößen a_1, a_2, a_3 entsprechend vertauschen. Auf diese Weise ergeben sich 24 partikuläre Lösungen von der Form

$$\varphi_n = \zeta^\mu (1 - \zeta)^\nu F(\alpha', \beta', \gamma', \chi). \tag{73,9}$$

Dabei ist χ einer der 6 Ausdrücke $\zeta, \dfrac{1}{\zeta}, (1 - \zeta), \dfrac{1}{1-\zeta}, \dfrac{\zeta}{\zeta-1}, \dfrac{\zeta-1}{\zeta}$ entsprechend den erwähnten linearen Transformationen. Die Konstanten $\mu, \nu, \alpha', \beta', \gamma'$ sind lineare Kombinationen von a_1, a_2, a_3. Von den sich so ergebenden 24 Lösungen stellen jeweils Gruppen von je vier die gleiche Funktion dar, so daß also sechs verschiedene Funktionen vorliegen. Die einzelnen Reihen konvergieren jeweils in einem Bereich $|\chi| < 1$ bzw. in Sonderfällen $|\chi| \leq 1$. Man hat daher die Möglichkeit, durch die sechs verschiedenen Substitutionen für χ, den Konvergenzbereich in verschiedene sich teilweise überdeckende Gebiete der ζ-Ebene zu verlegen und damit die ganze ζ-Ebene zu erfassen.

Da die allgemeine Lösung

$$\varphi = a \varphi_n + b \varphi_m \tag{73,10}$$

sich aus zwei verschiedenen, sonst aber beliebigen partikulären Lösungen φ_n und φ_m aufbaut, so kann man auch jede durch eine der 24 partikulären Lösungen, z. B. φ_ν dargestellte Funktion, durch die lineare Kombination von zwei anderen Lösungen φ_n und φ_m ausdrücken. Wenn man diese beiden anderen so wählt, daß ihr Konvergenzbereich ein anderer ist als der von φ_ν, so hat man damit ein bequemes Mittel, die durch φ_ν dargestellte Funktion über den Konvergenzbereich von φ_ν hinaus in das Gebiet fortzusetzen, in dem φ_n und φ_m konvergieren. GOURSAT hat a. a. O. (Fußnote S. 293) 20 solcher Beziehungen für den Ersatz der einzelnen Lösungen durch zwei andere angegeben, welche sich in ihren Konvergenzbereichen ergänzen:

Wenn einer der Eckwinkel z. B. $a_1 \pi = 0$ ist, so wird nach Gl. (73,4) und (73,5)

$$\varphi_1 = \varphi_2, \tag{73,11}$$

und der Quotient φ_1/φ_2 ist als Lösung nicht mehr brauchbar. Man muß dann eine Ersatzlösung suchen. Nun ist sicher, solange $\gamma \neq 1$ bzw.

$a_1 \neq 0$ ist, die lineare Kombination

$$\varphi' = \frac{\varphi_2 - \varphi_1}{a_1} \qquad (73,12)$$

auch eine Lösung der GAUSSschen Differentialgleichung, die ebenfalls im Bereich $|\zeta| < 1$ konvergiert. Läßt man jetzt $a_1 \to 0$ gehen, so bleibt diese Lösung endlich und ist von φ_1 und φ_2 verschieden, kann also als Ersatzlösung verwandt werden. Sie wird

$$\varphi' = \frac{\partial \varphi_2}{\partial a_1} - \frac{\partial \varphi_1}{\partial a_1} = \varphi_2(\zeta) \ln \zeta + U(\zeta), \qquad (73,13)$$

wobei $U(\zeta) = \sum\limits_{1}^{\infty} A_m B_m \zeta^m$ und

$$\left.\begin{aligned}
A_m &= \frac{\alpha(\alpha+1)(\alpha+2)\ldots(\alpha+m-1)\beta(\beta+1)(\beta+2)\ldots(\beta+m-1)}{1 \cdot 2 \ldots m\, \gamma(\gamma+1)(\gamma+2)\ldots(\gamma+m-1)}, \\
B_m &= \frac{1}{\alpha} + \frac{1}{\alpha+1} + \cdots + \frac{1}{\alpha+m-1} + \frac{1}{\beta} + \frac{1}{\beta+1} + \cdots \\
&\quad \cdots + \frac{1}{\beta+m-1} - 2\left(1 + \frac{1}{2} + \frac{1}{3} + \cdots + \frac{1}{m}\right)
\end{aligned}\right\} \quad (73,14)$$

ist. Der Logarithmus in Gl. (73,13) tritt infolge der Differentiation von ζ^{a_1} nach a_1 bei dem Glied $\partial \varphi_2/\partial a_1$ auf.

Man kann mit Kreisbogendreiecken auch tragflügelartige Umrisse erzielen, wie z. B. Bild 208 zeigt. Dabei sind 2 Eckwinkel $180° = \pi$ z. B. $a_1\pi$ und $a_2\pi$, so daß $a_1 = a_2 = 1$ und damit $\gamma = 1 - a_1 = 0$ ist. Auch dies ist ein Sonderfall, bei dem das Verhältnis φ_2/φ_1 keinen brauchbaren Wert ergibt.

Bild 208. Flügelprofilartiges Kreisbogendreieck

Die Lösung φ_2 [Gl. (73,5)] bietet keine Schwierigkeit, dagegen werden bei der Lösung φ_1 [Gl. (73,4)] alle Glieder außer dem ersten unendlich, da alle im Nenner den Faktor γ enthalten, der null ist. Man erhält aber für den Ausdruck $\gamma \varphi_1$ endliche Werte, auch wenn man $\gamma \to 0$ gehen läßt. Aber auch diese Funktion ist noch nicht brauchbar, da sie sich für $\gamma = 0$ nur um einen konstanten Faktor $\alpha \beta$ von φ_2 unterscheidet. In ähnlicher Weise wie beim Fall $a_1 = 0$ erhält man aber durch den Ausdruck

$$\varphi' = \frac{\gamma \varphi_1 - \alpha \beta \varphi_2}{\gamma} \qquad (72,15)$$

eine brauchbare Ersatzlösung. Eine quantitative Durchführung einer solchen Abbildung findet sich in einer Arbeit von WOLFF[1].

---

[1] WOLFF, E.: Einfluß der Abrundung scharfer Eintrittskanten auf den Widerstand von Flügeln. Ing.-Arch. 4 (1933) 521.

74. Konforme Abbildung beliebiger gegebener Formen.

Bisher haben wir für eine Reihe typischer Formen die konforme Abbildung auf einen Kreis oder auf die Halbebene und die entsprechenden Abbildungsfunktionen kennengelernt. Man kann auch, wie im VIII. Abschnitt gezeigt, durch Zusammensetzung mehrerer Funktionen die Variationsmöglichkeiten der behandelbaren Formen sehr stark erweitern. Trotzdem wird man aber, wenn irgendeine Figur gegeben ist, kaum eine Funktion finden, welche die Abbildung gerade dieser Figur auf den Kreis oder die Halbebene leistet. Um so allgemeine Abbildungen bewältigen zu können, braucht man auch Funktionen von entsprechender Allgemeinheit. Das mathematische Hilfsmittel zur Darstellung weitgehend allgemeiner Funktionen sind unendliche Reihen. Man kann daher erwarten, daß sich mit ihnen auch allgemeine Abbildungsaufgaben lösen lassen.

Für die praktische Brauchbarkeit solcher Reihenentwicklungen ist es wesentlich, daß man zur Erzielung einer ausreichenden Genauigkeit nur wenige Glieder benötigt. Dies wird dadurch erreicht, daß man einerseits versucht, möglichst gut konvergierende Reihen zu verwenden, d. h. solche, bei denen die Glieder der Reihe rasch kleiner werden, und andererseits durch die Reihe nur einen möglichst kleinen Teil der gesuchten Funktion darstellt, während der Hauptteil durch einfachere Mittel wiedergegeben wird. Wenn man diesen letzteren Grundsatz auf Abbildungsaufgaben anwendet, so heißt das, daß man zu der abzubildenden Figur zunächst eine ihr möglichst nahekommende Hilfsfigur sucht, für welche sich die konforme Abbildung auf den Kreis mit bekannten Funktionen herstellen läßt. Die abzubildende Figur wird dabei in eine nur wenig vom Kreis abweichende, eine sog. *kreisnahe* Figur, übergehen. Man braucht dann durch die Reihendarstellung nur noch den Übergang von dieser kreisnahen Figur auf den Kreis, also nur eine kleine Verformung zu erzielen. Diese letztere Aufgabe wird in der folgenden Ziffer 75 behandelt. Zunächst müssen wir uns mit der Abbildung auf eine kreisnahe Figur befassen.

Bei tragflügelartigen Profilen wird man als Hilfsfigur etwa ein JOUKOWSKY-Profil oder ein KÁRMÁN-TREFFTZ-Profil wählen, das sich dem gegebenen Profil möglichst gut anpaßt. Schaufeln von Kreiselrädern kann man vielfach durch Stücke logarithmischer Spiralen oder durch Profile, welche solche Stücke als Skelett enthalten, annähern, deren Abbildung in Ziffer 65 behandelt ist. Bei zweifach zusammenhängenden Gebieten (Doppelflügel) kann man von den später in Ziffer 87 zu behandelnden Grundformen, die über das Rechteck führen, ausgehen. Wir wollen hier zur Erläuterung des Verfahrens zunächst die Abbildung von Tragflügelprofilen zugrunde legen.

Verwendet man als Hilfsfigur ein einfaches JOUKOWSKY-Profil, so ergibt sich an der Hinterkante im allgemeinen keine gute Übereinstim-

298 IX. Behandlung gegebener Abbildungsaufgaben

mung mit dem gegebenen Profil, da dieses ja meist einen endlichen Kantenwinkel hat, während der Kantenwinkel des JOUKOWSKY-Profils Null ist. Eine erheblich bessere Anpassung ist bei KÁRMÁN-TREFFTZ-Profilen möglich (Ziffer 63). KÁRMÁN und TREFFTZ haben bei der ersten Veröffentlichung dieser Abbildung gleichzeitig auch schon ein darauf aufgebautes brauchbares Näherungsverfahren für beliebige Profile angegeben[1]. Ein starkes Hindernis für die praktische Anwendung dieses Vorschlags bildet aber die unbequeme Handhabung der KÁRMÁN-TREFFTZ-Abbildung. Weitere Verbreitung fand dieses allgemeine Abbildungsverfahren erst, nachdem es von THEODORSEN ausgebaut und an Hand eines Beispiels ausführlich dargestellt wurde[2]. THEODORSEN vermeidet die KÁRMÁN-TREFFTZ-Abbildung, indem er von verallgemeinerten JOUKOWSKY-Profilen (Ziffer 58) ausgeht.

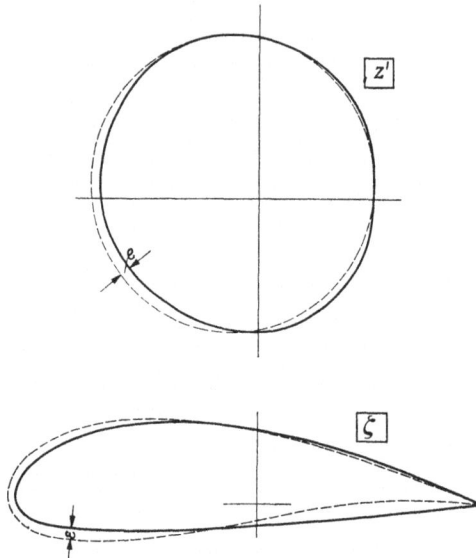

Bild 209. Allgemeines Profil und ihm nahekommendes JOUKOWSKY-Profil sowie deren konforme Abbildung auf eine kreisnahe Figur und einen Kreis

In Bild 209 unten stelle die ausgezogene Linie das gegebene Profil, die gestrichelte die Hilfsfigur (z. B. ein JOUKOWSKY-Profil) in der ζ-Ebene dar. Die letztere geht durch die JOUKOWSKY-Abbildung

$$\zeta = z' + \frac{c^2}{z'}. \qquad (74,1)$$

in einen Kreis der z'-Ebene über. Das gegebene Profil geht dabei in eine von diesem Kreis nur wenig abweichende kreisnahe Figur über. Dabei setzen wir auch noch voraus, daß die Figur von einem Kreisradius bzw. seiner Verlängerung stets nur einmal geschnitten wird, daß sie also keine sich überschlagenden Wellen bildet. Ist der Abstand des gegebenen

---

[1] v. KÁRMÁN, TH., u. E. TREFFTZ: Potentialströmung um gegebene Tragflächenquerschnitte. Z. Flugtechn. 9 (1918) 111.
[2] THEODORSEN, TH.: Theory of wing sections of arbitrary shape, und TH. THEODORSEN, und J. E. GARRICK: General potential theory of arbitrary wing sections. National advisory committee for aeronautics. Rep. (1931) 411; (1933) 452.

74. Konforme Abbildung beliebiger gegebener Formen

Profils von der Hilfsfigur senkrecht zur Oberfläche der Hilfsfigur gemessen an einer Stelle ε, so ist der Abstand des entsprechenden Punktes vom Kreis in der z'-Ebene

$$e \approx \varepsilon \left| \frac{dz'}{d\zeta} \right|. \tag{74,2}$$

Dabei ist für ein JOUKOWSKY-Profil

$$\left| \frac{d\zeta}{dz'} \right| = \left| 1 - \frac{c^2}{z'^2} \right|. \tag{74,3}$$

Gl. (74,2) setzt voraus, daß ε bzw. e so klein ist, daß $d\zeta/dz'$ im Bereich von e als konstant angesehen werden kann. Man kann die gegebene Figur der ζ-Ebene aber auch direkt mittels der Abbildungsfunktion auf die kreisnahe Figur in der z'-Ebene abbilden und wird dadurch unabhängig von der eben erwähnten Einschränkung.

Nachdem die gegebene Figur auf eine kreisnahe abgebildet ist, muß man nun noch die letztere vollends auf einen Kreis abbilden, wobei die Erleichterung gegeben ist, daß Kreis und kreisnahe Figur nur wenig voneinander verschieden sind und daher die ganze Abbildungsfunktion nur wenig von $z = z'$ abweicht. Im allgemeinen wird man dazu den Kreis wählen, in den die Hilfsfigur übergegangen ist. Nötig ist das aber nicht. Man kann, wenn es zweckmäßig erscheint, auch einen beliebigen anderen Kreis wählen, wenn er nur ebenfalls wenig von der kreisnahen Figur abweicht. Diese Änderung des Kreises bedeutet einfach eine Änderung der Hilfsfigur, indem man z. B. anstatt eines gewöhnlichen JOUKOWSKY-Profils ein „verallgemeinertes" JOUKOWSKY-Profil (Ziffer 58) wählt, welches sich der gegebenen Figur vielleicht besser anpaßt. Man braucht demnach gar nicht von einer bestimmten Hilfsfigur auszugehen, sondern kann in der z'-Ebene den geeignetsten Kreis auswählen.

Aber trotzdem ist die Hilfsfigur nicht bedeutungslos. Da nämlich $|d\zeta/dz'|$ in der Nähe der Flügelnase und der Hinterkante sehr klein ist, so machen in dieser Gegend schon sehr kleine Unterschiede ε zwischen Hilfsfigur und gegebener Figur recht große Unterschiede in der z'-Ebene aus. Um überhaupt eine hinreichend kreisnahe Figur zu erhalten, muß man daher in dieser Gegend besonders gute Anpassung von vornherein verlangen. Dafür ist entscheidend, daß die Punkte $z' = \pm c$ bzw. $\zeta = \pm a = \pm 2c$, welche ja singuläre Punkte der Abbildungsfunktion (74,1) sind, richtig gelegt werden. Sind Nase und Hinterkante abgerundet mit den Krümmungsradien ϱ_1 und ϱ_2, so legt man diese Punkte auf die Skelettlinie im Abstand $\varrho_1/2$ bzw. $\varrho_2/2$ von der Nase bzw. der Hinterkante (Bild 210). Dann gehen nämlich bei der Abbildung auf die z'-Ebene Nase und Hinterkante in Stücke eines Kreises über, dessen Radius von der richtigen, zu den anderen Punkten passenden Größenordnung ist.

Wenn die Hinterkante eine scharfe Kante mit endlichem Winkel bildet, so müßte man eigentlich die KÁRMÁN-TREFFTZ-Abbildung anwenden, um gute Annäherung an einen Kreis zu erhalten. Nach THEODORSEN genügt es aber im allgemeinen, wenn man das Profil einfach durch ein abgerundetes ersetzt und hierfür die sehr viel einfachere verallgemeinerte JOUKOWSKY-Abbildung (Ziffer 58) anwendet. Den günstigsten Krümmungsradius für die Hinterkante kann man dabei nach dem Verfahren von CUNSOLO (Fußnote 2, S. 222) finden. Im allgemeinen ist er sehr klein, meist einige Tausendstel der Flügeltiefe, so daß diese kleine Änderung tatsächlich auf die Strömungsvorgänge, die ja in der Umgebung der Hinterkante ohnehin kaum interessierende Besonderheiten aufweisen, belanglos ist. Mit der Festlegung der Punkte $\pm a$ und damit des Koordinatensystems zu dem gegebenen Profil ist eine Schar von verallgemeinerten JOUKOWSKY-Profilen bestimmt, welche alle bei der Abbildung in der z'-Ebene Kreise ergeben, von denen man den geeignetsten auswählen kann.

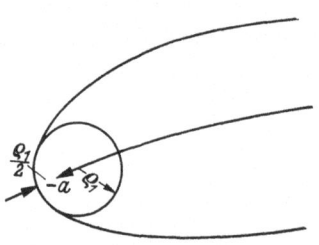

Bild 210. Lage des singulären Punktes $-a$ zum Profilkopf

Bei Tragflügelprofilen wird man im allgemeinen mit dem geschilderten Verfahren mittels der JOUKOWSKY-Abbildung ein hinreichend kreisnahes Profil erhalten. Es gibt aber viele Aufgaben, bei denen dies durch einfache Abbildungen kaum möglich ist. In diesen Fällen kann man sich vielfach in mehreren Schritten durch das sog. Schmiegungsverfahren der kreisnahen Form nähern.[1]

Man bildet zunächst eine geeignete Hilfsfigur, die wenigstens in einem Teil ihres Randes dem abzubildenden Profil nahe ist, auf einen Kreis ab. Man wird dann für dieses Profil eine erste Stufe der Abbildung erhalten, die in einem Teil des Randes kreisnah ist, an einer oder mehreren Stellen aber stärker vom Kreis abweicht. Nun kann man nach HEINHOLD und ALBRECHT[1] dem ersten Kreis Zusatzfiguren anfügen, die den Raum zwischen Kreis und Profil an den betreffenden Stellen möglichst weitgehend ausfüllen und zusammen mit dem Kreis eine Figur bilden, die sich leicht wieder auf einen zweiten Kreis abbilden läßt. Da der Abstand der Kontur von dieser Zusatzfigur einigermaßen klein ist, wird nach der Abbildung auf den zweiten Kreis auch der Abstand von diesem Kreis klein sein; und zwar haben nach dieser Operation *alle* Punkte der Kontur vom neuen Kreis einen kleineren relativen Ab-

---

[1] HEINHOLD, J.: Ein Schmiegungsverfahren der konformen Abbildung. Sitz.-Ber. d. Bayer. Akad. Wiss., math.-naturw. Kl. (1948) 203—222. — HEINHOLD, J., u. R. ALBRECHT: Zur Praxis der konformen Abbildung. Rend. Circ. Math., Palermo: Ser. II, Tomo III (1954) 130.

74. Konforme Abbildung beliebiger gegebener Formen

stand als zuvor vom alten Kreis (Schmiegungsoperation). Sind dann immer noch Stellen mit größerem Abstande vorhanden, so kann man das Verfahren wiederholen und erhält einen dritten Kreis, von dem die Abstände des Profils weiter verringert sind. So kann man das Verfahren so lange wiederholen, bis das Profil überall hinreichend kreisnah ist. Bild 211 zeigt einige solcher Möglichkeiten. Im Teilbild a ist an den Kreis ein *Kreisbogen* angefügt, so daß sich ein Kreisbogenzweieck ergibt. Dieses läßt sich nach Ziffer 19 oder 62 leicht auf einen neuen Kreis abbilden.

Im Teilbild b ist ein *Dorn* aufgesetzt, der aus 2 Kreisbogen besteht, die senkrecht auf den Ausgangskreis auftreffen. Durch Spiegelung am

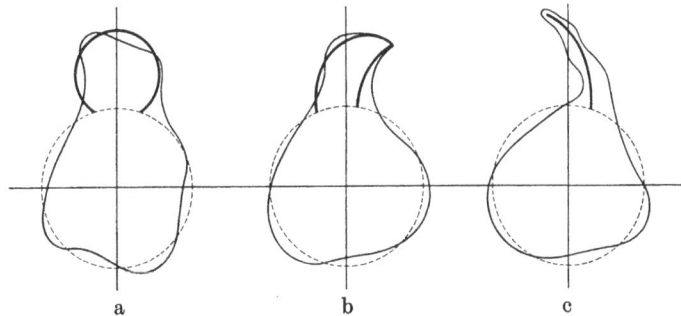

Bild 211 a—c. Ergänzung eines Ausgangskreises (gestrichelt) durch Zusätze (stark ausgezogen); a Kreisbogen, b Dorn, c Stachel

Kreisrand wird der Dorn zu einem Kreisbogenzweieck ergänzt. Dieses läßt sich nach Ziffer 19 oder 62 zu einem vollen Kreis aufweiten. Dabei geht der Ausgangskreis wieder in einen Kreis über. Dieser Kreis und der aufgeweitete Dorn bilden dann wieder ein Kreisbogenzweieck wie beim Fall a. Nur ist hier der Eckwinkel außen 90°. Das erleichtert die weitere Abbildung auf einen einzigen Kreis, indem hierbei statt der meist nicht ganzzahligen Potenzen, die bei der Abbildung des allgemeinen Kreisbogenzweiecks auftreten, einfach Quadrate stehen. Ein solcher Dorn ist besonders dann zweckmäßig, wenn das Profil eine Ecke besitzt, in die man den Dorn mit gleichem Eckwinkel einpassen kann. Beim Aufweiten des Dornes verschwindet dann diese Ecke. Er ist aber auch dann noch gut geeignet, wenn das Profil zwar keine scharfe Ecke, aber eine Ausbuchtung mit starker Krümmung am Ende besitzt.

Das Teilbild c stellt einen Sonderfall der Anordnung b dar. Bei ihm ist der Eckwinkel des Dornes Null geworden. Der Dorn ist zu einem kreisbogenförmigen *Stachel* ausgeartet. Die Behandlung ist die gleiche wie beim Dorn. Nur ist sie insofern einfacher, als für die Aufweitung des Stachels die einfachere JOUKOWSKY-Abbildung zur Verfügung steht. Dieser Stachel eignet sich besonders zur Beseitigung von einigermaßen langen und engen Schläuchen.

75. Konforme Abbildung einer annähernd kreisförmigen Figur auf einen Kreis.
Wir suchen nun eine Funktion $z = f(z')$, durch welche die kreisnahe Figur in der z'-Ebene in einen Kreis in der z-Ebene übergeht. Dazu legen wir die beiden Ebenen so aufeinander, daß sich die Koordinatenachsen decken, und wählen den Kreis so, daß er überall nur wenig von der kreisnahen Figur abweicht. Der Mittelpunkt des Kreises liege an der Stelle z_0, sein Radius sei r_1. Für einen Punkt z der z-Ebene sei

$$z - z_0 = r\, e^{i\varphi}, \tag{75,1}$$

für den zugeordneten Punkt z' der z'-Ebene

$$z' - z_0 = r'\, e^{i\varphi'}. \tag{75,2}$$

Bildet man

$$\ln\frac{z' - z_0}{z - z_0} = \ln\frac{r'}{r} + i(\varphi' - \varphi), \tag{75,3}$$

so stellt der Realteil dieser Funktion den Logarithmus des Verhältnisses der Fahrstrahlen r' und r vom Punkte z_0 zu den Punkten z' und z dar, und der Imaginärteil den Winkel, den diese Fahrstrahlen miteinander bilden (Bild 212). Da z und z' nur wenig voneinander verschieden sein sollen, so weicht auch r'/r nur wenig von Eins ab, und man kann für $\ln(r'/r)$ meist auch setzen

$$\ln\frac{r'}{r} = \ln\left(1 + \frac{r' - r}{r}\right) \approx \frac{r' - r}{r}. \tag{75,4}$$

$\ln(r'/r)$ ist also im wesentlichen der verhältnismäßige Unterschied der Fahrstrahlen r' und r. Für den Kreis (Bild 213) sind $r = r_1$ und $r' = r_1' = r_1 + e$ und damit auch

$$\ln\frac{r_1'}{r_1} = \ln\left(1 + \frac{e}{r_1}\right) \approx \frac{e}{r_1} \tag{75,5}$$

durch den Verlauf der kreisnahen Figur gegeben.

Wenn man zunächst den kleinen Unterschied zwischen φ und φ' vernachlässigt, so ist demnach von der Funktion $\ln\dfrac{z' - z}{z - z_0}$ auf dem Kreise $z - z_0 = r_1 e^{i\varphi}$ der Realteil e/r_1 gegeben, und man kann damit nach den bereits in Ziffer 13 oder 16 oder 45 behandelten Verfahren die ganze Funktion ermitteln, indem man den Realteil als Potential, den Imaginärteil als Stromfunktion auffaßt. Das in Ziffer 13 angewandte Verfahren bedeutet in komplexer Betrachtungsweise nichts anderes, als daß man die Funktion $\ln\dfrac{z' - z_0}{z - z_0}$ in eine Potenzreihe entwickelt. Wenn man das Äußere der kreisnahen Figur auf das Äußere des Krei-

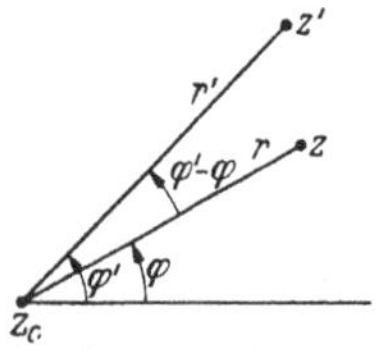

Bild 212. Zugeordnete Punkte z und z'

75. Konforme Abbildung einer annähernd kreisförmigen Figur

ses abbilden will, so entwickelt man nach Potenzen von $1/(z - z_0)$, weil sich dann für die einzelnen Glieder der Reihe in diesem Außengebiet keine Unendlichkeitsstellen und auch sonst keine singulären Stellen ergeben. Die Unendlichkeitsstellen der einzelnen Glieder liegen vielmehr bei $z = z_0$, also im Mittelpunkt des Kreises. Will man das Innere der kreisnahen Figur auf das Innere des Kreises abbilden, so muß man nach Potenzen von $z - z_0$ entwickeln.

Wir wollen die Außengebiete aufeinander abbilden. Sind a_n und b_n reelle Koeffizienten, $a_n + i b_n$ also komplexe Zahlen, so wird man daher ansetzen

$$\begin{aligned}
\ln\frac{z'-z_0}{z-z_0} = \ln\frac{r'}{r} + i(\varphi'-\varphi) &= \Sigma(a_n+ib_n)\left(\frac{r_1}{z-z_0}\right)^n \\
&= \Sigma(a_n+ib_n)\left(\frac{r_1}{r}\right)^n e^{-in\varphi}, \\
&= \Sigma\left(\frac{r_1}{r}\right)^n (a_n+ib_n)(\cos n\varphi - i\sin n\varphi), \\
&= \Sigma\left(\frac{r_1}{r}\right)^n (a_n\cos n\varphi + b_n\sin n\varphi) + \\
&\quad + i\Sigma\left(\frac{r_1}{r}\right)^n (b_n\cos n\varphi - a_n\sin n\varphi).
\end{aligned} \quad (75,6)$$

Dabei ist gemäß Gl. (75,3) der Realteil des letzteren Ausdrucks $\ln r'/r$ und der Imaginärteil $\varphi' - \varphi$.

Für den Kreis selbst ist $r = r_1$, also $(r_1/r)^n = 1$. Für Punkte z_1 des Kreises und die zugeordneten Punkte z'_1 der kreisnahen Figur (Bild 213) wird daher

$$\ln\frac{r'_1}{r_1} = \Sigma(a_n\cos n\varphi + b_n\sin n\varphi), \quad (75,7)$$

$$\varphi'_1 - \varphi = \Sigma(b_n\cos n\varphi - a_n\sin n\varphi). \quad (75,8)$$

Die Ausdrücke rechts stellen nichts anderes dar als die Fourierzerlegung der Ausdrücke links. Nun ist der Verlauf von r'_1 bekannt. Man braucht demnach nur $\ln r'_1/r_1 \approx e/r_1$ in eine Fourierreihe zu entwickeln und erhält dadurch die Koeffizienten a_n und b_n. Nach Gl. (13,10) ist

$$\left.\begin{aligned}
a_0 &= \frac{1}{2\pi}\int_0^{2\pi}\ln\frac{r'_1}{r_1}\,d\varphi, \\
b_0 &= 0, \\
a_n &= \frac{1}{\pi}\int_0^{2\pi}\ln\frac{r'_1}{r_1}\cos n\varphi\,d\varphi \\
b_n &= \frac{1}{\pi}\int_0^{2\pi}\ln\frac{r'_1}{r_1}\sin n\varphi\,d\varphi
\end{aligned}\right\} n > 0. \quad (75,9)$$

Anstatt über die Fourierdarstellung kann man den Imaginärteil $\varphi_1' - \varphi$ zum Realteil $\ln r_1'/r_1$ nach den Ausführungen in Ziffer 16 und 45 auch durch das POISSON-Integral

$$\varphi_1' - \varphi = \frac{1}{2\pi} \int_0^{2\pi} \ln \frac{r_1'}{r_1}(\varphi^*) \cot \frac{\varphi^* - \varphi}{2} \, d\varphi^* \qquad (75,10)$$

ermitteln. Über die Hilfsmittel zur Berechnung dieses Integrals siehe die Fußnote S. 167. Bei beiden Berechnungsverfahren ist aber zu beachten, daß der Punkt z_1' nicht auf dem Richtungswinkel φ, sondern auf dem Richtungswinkel φ_1' liegt und infolgedessen der Realteil $\ln r_1'/r_1$

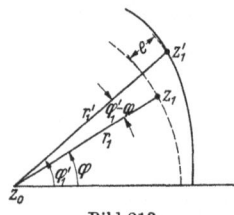

Bild 213
Punkt z_1 des Kreises und zugeordneter Punkt z_1' der kreisnahen Figur

nicht als Funktion von φ, sondern von φ_1' gegeben ist. Wenn $r_1' - r_1$ hinreichend klein ist, so ist auch $\varphi_1' - \varphi$ sehr klein, so daß man diesen Unterschied zum mindesten in erster Näherung vernachlässigen kann. Ist der Fehler, den man dadurch begeht, zu groß, so läßt er sich in einer zweiten Näherung korrigieren, indem man in der Gl. (75,9) als erste Näherung die für $\varphi_1' = \varphi$ geltenden Werte von $\ln r_1'/r_1$ zugrunde legt, damit die Koeffizienten a_n und b_n

und mit diesen aus der Gl. (75,8) $\varphi_1' - \varphi$ ermittelt. Dann ergeben sich in zweiter Näherung die Werte von $\ln r_1'/r_1$ an der Stelle φ aus den an der Stelle φ_1' gegebenen durch die Formel

$$\ln \frac{r_1'}{r_1}(\varphi) = \ln \frac{r_1'}{r_1}(\varphi_1') - (\varphi_1' - \varphi) \frac{d}{d\varphi} \ln \frac{r_1'}{r_1} + \frac{(\varphi_1' - \varphi)^2}{2} \frac{d^2}{d\varphi^2} \ln \frac{r_1'}{r_1} - \cdots . \quad (75,11)$$

Im allgemeinen wird das erste Korrekturglied $(\varphi_1' - \varphi) \frac{d}{d\varphi} \ln \frac{r_1'}{r_1}$ ausreichen.

Wenn bei der Fourierentwicklung nach der Gl. (75,9) ein Glied mit a_0 auftritt, so bedeutet das für die Abbildung nach Gl. (75,6) ein Anwachsen von $z' - z_0$ proportional $z - z_0$, also eine ähnliche Vergrößerung der z'-Ebene gegenüber der z-Ebene im Verhältnis

$$k = e^{a_0} \approx 1 + a_0. \qquad (75,12)$$

Dementsprechend ist für die kreisnahe Figur die Anströmungsgeschwindigkeit im Unendlichen das $1/k$-fache der beim Kreis. Ein Glied mit $n = 1$ bedeutet im Unendlichen und im wesentlichen auch im Endlichen eine konstante Verschiebung aller Punkte um die Strecke

$$\varepsilon = (a_1 + i b_1) r_1. \qquad (75,13)$$

Alle Glieder mit $n > 1$ gehen für $z \to \infty$ gegen Null. Das Unendliche wird also durch diese Glieder nicht beeinflußt. Die Glieder mit $n = 0$

und $n = 1$ lassen sich aber auch zum Verschwinden bringen, indem man den Kreis passend wählt. Wie sich aus der obersten Gl. (75,9) ergibt, wird $a_0 \approx 0$, wenn die Fläche des Kreises gleich der Fläche der kreisnahen Figur ist, und a_1 und b_1 verschwinden im wesentlichen, wenn der Mittelpunkt des Kreises im Schwerpunkt der kreisnahen Figur liegt. Sind diese Bedingungen nicht von vornherein erfüllt, so ergibt sich aus den auftretenden Fourierkoeffizienten eben, daß man den Kreis im Verhältnis $k = 1 + a_0$ vergrößern und seinen Mittelpunkt um die Strecke $\varepsilon = a_1 + i\,b_1$ verschieben muß, um die ersten Glieder zu beseitigen.

76. Verfahren für schlanke tragflügelartige Profile. Tragflügel haben in der Regel sehr schlanke Profile. Ihre größte Dicke d und die Pfeilhöhe f ihrer Skelettlinie sind klein gegen die Flügellänge l. Dies verringert die Korrekturen, die zur Abbildung auf einem Kreis nötig sind. In Ziffer 74 (Bild 209) waren wir von einem Profil ausgegangen, das dem abzubildenden möglichst nahe liegt, um dann nur noch geringe Abweichungen durch eine Reihenentwicklung behandeln zu müssen. Wählt man als Ausgangsprofil eine passende Ellipse, so weicht diese zwar stärker vom Profil ab als ein JOUKOWSKY-Profil. Es zeigt sich aber, daß bei einigermaßen schlanken Profilen trotzdem die an der Abbildungsfunktion erforderlichen Korrekturen meist genügend klein bleiben. Andererseits bieten aber die Ellipsen als Ausgangsprofile sehr erhebliche Vorteile. Angeregt durch eine von MORIYA[1] angegebene Abbildungsformel, ist das Verfahren im wesentlichen von RIEGELS und WITTICH[2,3] entwickelt und zur praktischen Verwendung reif gemacht worden. Die folgende Darstellung ist eine Weiterentwicklung dieser Überlegungen.

Bildet man die z'-Ebene durch die Funktion (56,7)

$$\zeta = z' + \frac{c^2}{z'}$$

auf eine ζ-Ebene ab, so geht nach Ziffer 56 ein Kreis um den Nullpunkt mit dem Radius $r_1 = c$ in eine Gerade zwischen den Punkten $+2c$ und $-2c$, also von der Länge $4c$ über. Die Punkte $z' = r\,e^{i\varphi}$ eines konzentrischen Kreises mit dem Radius $r = \lambda\,c > c$ gehen in die Punkte

$$\zeta = \left(r + \frac{c^2}{r}\right)\cos\varphi + \left(r - \frac{c^2}{r}\right)i\sin\varphi$$
$$= c\left[\left(\lambda + \frac{1}{\lambda}\right)\cos\varphi + i\left(\lambda - \frac{1}{\lambda}\right)\sin\varphi\right], \quad (76,1)$$

---

[1] MORIYA, T.: A method of calculating aerodynamic characteristics of an arbitrary wing section. J. Soc. Aeron. Sci. Nippon 5 (1938) Nr. 33.

[2] RIEGELS, F., u. H. WITTICH: Zur Berechnung der Druckverteilung von Profilen. Jahrbuch 1942 der deutschen Luftfahrtforschung 1, 120.

[3] RIEGELS, F.: Das Umströmungsproblem bei inkompressiblen Potentialströmungen. 1. u. 2. Mitt. Ing. Arch 16 (1948) 373—376; Ing. Arch. 17 (1949) 94—106.

also in eine Ellipse mit den Hauptachsen

$$l = 2c\left(\lambda + \frac{1}{\lambda}\right), \quad d = 2c\left(\lambda - \frac{1}{\lambda}\right) \tag{76,2}$$

über. Die Koordinaten dieser Ellipse sind

$$\xi = \frac{l}{2}\cos\varphi,$$
$$\eta = \frac{d}{2}\sin\varphi = \frac{l}{2}\frac{\lambda - 1/\lambda}{\lambda + 1/\lambda}\sin\varphi. \tag{76,3}$$

Das Abszissenverhältnis ξ/l hängt nur vom Richtungswinkel φ ab, ist aber unabhängig vom Radius r des Kreises bzw. von $\lambda = r/c$. Nur die Dicke d der Ellipse und damit ihre Ordinaten hängen vom Radius des Kreises ab. Aus Gl. (76,2) ergibt sich

$$\lambda = \sqrt{\frac{1 + d/l}{1 - d/l}}. \tag{76,4}$$

Bei schlanken Profilen ist $d/l \ll 1$. Damit wird auch $\lambda - 1 = \varepsilon \ll 1$. Vernachlässigt man Glieder mit ε^2 und höheren Potenzen, so vereinfachen sich die vorstehenden Zusammenhänge zu

$$\frac{l}{2c} \approx (2 + \varepsilon^2) \approx 2, \quad \lambda \approx 1 + d/l, \quad r = \lambda c \approx r_1(1 + d/l). \tag{76,5}$$

Bei einem schlanken Profil von der Länge l habe ein Punkt seines Randes die Koordinaten ξ und η oder komplex geschrieben $\zeta = \xi + i\eta$. Durch die Abszisse $\xi = (l/2)\cos\varphi$ ist der Winkel φ festgelegt. Denkt man sich durch diesen Punkt eine Ellipse von der Länge l gelegt, so ist nach Gl. (76,3) deren größte Dicke

$$d = 2\eta/\sin\varphi. \tag{76,6}$$

Bei der Abbildung auf eine z'-Ebene durch $z' + c^2/z' = \zeta$ geht diese Ellipse in einen Kreis vom Radius r nach Gl. (76,5) über. Das Abbild des Punktes $\xi + i\eta$ der Profilkurve liegt demnach auf diesem Kreis, also wegen Gl. (76,6) im Abstand

$$r - r_1 \approx r_1 \frac{d}{l} = r_1 \frac{\eta}{(l/2)\sin\varphi} \tag{76,7}$$

vom Kreis um den Nullpunkt mit dem Radius $r_1 = c \approx l/4$. Außerdem liegt er auf dem Strahl unter dem Winkel $\varphi = \arccos 2\xi/l$. Das ganze Profil geht daher in eine Kurve über, deren Abstände vom Kreis r_1 durch Gl. (76,7) in Abhängigkeit vom Richtungswinkel φ bestimmt sind. Da bei schlanken Profilen diese Abstände klein gegen r_1 sind, kann man daher diese Kurve als kreisnahe Figur gemäß Ziffer 75 behandeln.

In Bild 214 sind die Verhältnisse für ein Profil mit der Dickenverteilung

$$\eta_d = \frac{d}{2}\sqrt{1 - (2\xi/l)^2}\sqrt{1 - 2\xi/l} = \frac{d}{2}\sqrt{2}\sin\varphi\,|\sin(\varphi/2)| \tag{76,8}$$

76. Verfahren für schlanke tragflügelaitige Profile

und den Ordinaten der Skelettlinien

$$\eta_{sk} = f[1 - (2\xi/l)^2][1 - 2\xi/l] = f\sin^2\varphi(1 - \cos\varphi) \qquad (76,9)$$

dargestellt. Dabei ist zur deutlicheren Darstellung der Unterschiede $r - r_1$ ein sehr wenig schlankes Profil gewählt mit den Verhältnissen $d/l = 0{,}2$ und $f/l = 0{,}1$. Bei den praktisch meist vorliegenden schlanken

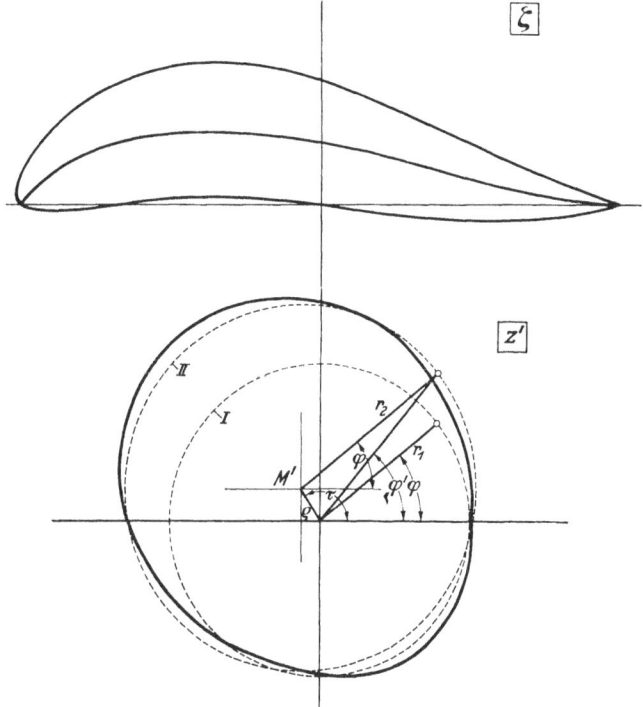

Bild 214. Oben: Dickenverteilung und Skelettlinie eines Profils. Unten: Abbildung des Profils auf eine kreisnahe Figur, die entweder durch Gl. (76,12) in den Kreis I oder Gl. (76,17) in den Kreis II übergeht

Profilen mit kleineren Verhältniswerten sind auch die Unterschiede $r - r_1$ proportional kleiner. Eine Skelettlinie $\eta_{sk} = f[1 - (2\xi/l)^2]$ würde eine einfache Parabel ($\approx$ Kreisbogen) ergeben. Ein Faktor $[1 - k(2\xi/l)]$ verschiebt die größte Pfeilhöhe um so mehr nach vorn, je größer k ist. Hier ist $k = 1$ gewählt, was ebenfalls ein einigermaßen großer Wert ist.

In Bild 214 ist oben das Profil mit seiner Skelettlinie dargestellt. Im unteren Teilbild ist das kreisnahe Abbild des Profils in der z'-Ebene dargestellt und der Kreis um den Nullpunkt mit dem Radius r_1 als Kreis I eingezeichnet.

Zur Abbildung der kreisnahen Kontur auf den Kreis mit dem Radius $r_1 = c \approx l/4$ sind nach Gl. (75,7) die relativen Abstände $(r - r_1)/r_1$ vom

Kreisrand, also $2\eta/(l\sin\varphi)$, in eine Fourierreihe

$$\frac{2\eta}{l\sin\varphi} = \sum_0^\infty a_n \cos n\,\varphi + \sum_1^\infty b_n \sin n\,\varphi \qquad (76,10)$$

zu entwickeln. Dabei rühren die cos-Glieder von der Dickenverteilung η_d und die sin-Glieder von der Skelettlinie η_{sk} her. Bei symmetrischen Profilen fällt daher die Reihe mit den sin-Gliedern fort. Weiterhin ist nach Gl. (75,9) stets $b_0 = 0$. Ein Glied a_0 allein stellt in der ζ-Ebene eine Ellipse mit der größten Dicke $d = l\,a_0$ dar, ein Glied $b_1 \sin\varphi$ allein einen Parabelbogen ($\approx$ Kreisbogen) mit der Pfeilhöhe $h = (l/2)\,b_1$, die Glieder a_0 und $b_1 \sin\varphi$ zusammen also die Überlagerung der Ellipse über den Kreisbogen nach Bild 166.

In dem Beispiel von Bild 214 liefert die Fourierzerlegung

$$\frac{2\eta}{l\sin\varphi} = 2\,\frac{\eta_d + \eta_{sk}}{l\sin\varphi}$$

$$= \frac{2\sqrt{2}}{\pi}\frac{d}{l}\left[1 - \frac{2}{3}\cos\varphi - \frac{2}{15}\cos 2\varphi\right] + \frac{2f}{l}\left[\sin\varphi - \frac{1}{2}\sin 2\varphi\right]. \quad (76,11)$$

Hier ist also

$$a_0 = 2\sqrt{2}d/l\pi = 0{,}18, \quad a_1 = -(2/3)\,a_0 = -0{,}12, \quad b_1 = 2f/l = 0{,}2.$$

Die Abbildungsfunktion, welche die kreisnahe Figur der z-Ebene in den Kreis mit dem Radius $r_1 = c = l/4$ der z-Ebene überführt, lautet darnach nach Gl. (75,6) wenigstens in erster Näherung

$$\ln z' = \ln z + a_0 + \sum_1^\infty (a_n + i\,b_n)\left(\frac{r_1}{z}\right)^n. \qquad (76,12)$$

Nach den Ausführungen in Ziffer 75 müßte nun diese Funktion durch das dort geschilderte Iterationsverfahren noch verbessert werden. Bei sehr schlanken Profilen sind aber die Glieder der Reihen vielfach so klein, daß die Iteration praktisch nichts nennenswertes bringt und daher unterbleiben kann, so daß Gl. (76,12) bei hinreichend schlanken Profilen die endgültige Abbildungsfunktion darstellt. Am meisten können bei üblichen Profilformen noch die Glieder a_0, a_1, b_1 bringen, die von der Dicke des Profils, der Zuspitzung des hinteren Flügelendes (starke Abweichung von der Ellipse) und der Wölbung der Skelettlinie herrühren. Aber gerade diese Glieder für sich allein würden nach Gl. (75,12) und (75,13) als kreisnahe Figur wieder einen Kreis ergeben, den man als Grundkreis zur kreisnahen Figur verwenden kann. Er ist in Bild 214 unten als Kreis II ebenfalls eingezeichnet. Er entspricht in der ζ-Ebene einem JOUKOWSKY-Profil mit abgerundeter Hinterkante. Man kommt also wieder auf ein JOUKOWSKY-Profil als Ausgangsnäherung wie in Ziffer 74. Aber jetzt ist dieses Profil und der entsprechende Kreis in der z-Ebene durch die Fourierzerlegung von $2\eta/l \sin\varphi$ unmittelbar auf die Profilkoordinaten zurückgeführt.

Der Radius dieses Kreises II ist

$$r_2 = r_1 e^{a_0} \approx r_1(1 + a_0). \tag{76,13}$$

Sein Mittelpunkt M' liegt im Punkte

$$z_M = r_1(a_1 + i\,b_1) = \varrho\,e^{i\tau}. \tag{76,14}$$

Ein Punkt $z_1 = r_1 e^{i\varphi}$ des Kreises I geht in einen Punkt z_2 des Kreises II unter dem Richtungswinkel φ_1' über. Der Unterschied dieser Richtungswinkel ist gemäß Gl. (75,8)

$$\varphi_1' - \varphi = b_1 \cos\varphi - a_1 \sin\varphi. \tag{76,15}$$

Vom Mittelpunkt M' des Kreises II liegt er aber wieder unter dem Richtungswinkel φ. Es ist also

$$z_2 = z_M + r_2 e^{i\varphi}. \tag{76,16}$$

Wegen der gleichen Winkel φ ergibt eine Fourierentwicklung der Abweichungen von diesem Kreis II dieselben Koeffizienten a_n, b_n wie bei der Entwicklung auf dem Kreis I. Die Abbildungsfunktion, welche die kreisnahe Figur der z'-Ebene in diesen vergrößerten und verschobenen Kreis II überführt, lautet daher nach Gl. (75,6)

$$\ln\frac{z' - z_M}{z - z_M} = \sum_{2}^{\infty} (a_n + i\,b_n)\left(\frac{r_2}{z - z_M}\right)^n. \tag{76,17}$$

Dabei sind die Abweichungen der Figur von diesem Kreis fast immer so klein, daß sich eine Korrektur durch Iteration erübrigt. Das ist deshalb wichtig, weil damit ein endgültiger Ausdruck vorliegt, den man für weitere Rechnungen verwenden kann.

Bei der weiteren Verwendung der Abbildung treten vielfach Größen abhängig von φ auf. So ist z. B. bei einer Anströmung des Kreises II mit der Geschwindigkeit v_∞ nach Gl. (32,6) die Geschwindigkeitsverteilung $v = -2v_\infty \sin\varphi$. Bei der Abbildung auf die ζ-Ebene ist aber der Winkel φ_1' maßgebend. Dies bringt eine gewisse Unbequemlichkeit mit sich. Daher wird man bei hinreichend schlanken Profilen möglichst mit der Abbildung auf den Kreis I nach Gl. (76,12) auszukommen suchen, und nur wenn die Abweichungen zu groß sind, auf den Kreis II nach Gl. (76,17) abbilden.

77. Zusammenhang zwischen Profilform und Geschwindigkeitsverteilung. Meist liegt bei derartigen Abbildungen die Aufgabe vor, die Geschwindigkeiten bei der Anströmung eines Profils zu ermitteln bzw. aus den Geschwindigkeiten mittels der BERNOULLIschen Gleichung

IX. Behandlung gegebener Abbildungsaufgaben

(31,11) die Drücke zu berechnen. Man geht dabei von den Geschwindigkeiten beim umströmten Kreis der z-Ebene, aus. Bei einer Zirkulation Γ um den Kreiszylinder und einer Anströmgeschwindigkeit v_∞ im Unendlichen ist der konjugiert komplexe Wert (Ziffer 45) des Geschwindigkeitsvektors v_z in einem Punkte z

$$\bar{v}_z = \bar{v}_\infty \left(1 - \frac{r_1^2}{z^2}\right) - \frac{i\Gamma}{2\pi z}, \qquad (77,1)$$

wobei die überstrichenen Größen jeweils die konjugiert komplexen Werte der betreffenden Vektoren darstellen. In den zugeordneten Punkten z' der z'-Ebene der kreisnahen Figur ist

$$\bar{v}_{z'} = \bar{v}_z \frac{dz}{dz'} \qquad (77,2)$$

und in der ζ-Ebene des Flügelprofils

$$\bar{v}_\zeta = \bar{v}_z \frac{dz}{dz'} \frac{dz'}{d\zeta}. \qquad (77,3)$$

$\frac{dz'}{d\zeta} = 1 / \frac{d\zeta}{dz'}$ ist nach Gl. (58,5) aus der JOUKOWSKY-Abbildung bekannt:

$$\frac{dz'}{d\zeta} = 1 / \left(1 - \frac{c^2}{z'^2}\right). \qquad (77,4)$$

dz/dz' kann man zunächst durch die in Gl. (75,3) gebildete Funktion $F = \ln(z' - z_0)/(z - z_0) = \ln r'/r + i(\varphi' - \varphi)$ und ihren Differentialquotienten und im Anschluß daran auf Grund der Gl. (75,6) auch durch die Koeffizienten a_n und b_n der Fourierreihe ausdrücken. Dabei kann man, da $F \ll 1$ ist, $e^{-F} \approx 1 - F$ setzen. Außerdem kann man die allgemeine Differentiation von F nach dz durch die spezielle längs des Kreises r, also nach $i\,r\,e^{i\varphi}\,d\varphi$ ersetzen, da F eine analytische Funktion von z ist und daher der Differentialquotient für jede Richtung der Differentiation gleich ist. Somit erhält man aus $dF/dz = (dz'/dz)/(z' - z_0) - 1/(z - z_0)$

$$\begin{aligned}
\frac{dz}{dz'} &= \frac{e^{-F}}{1 - i\,dF/d\varphi} \\
&\approx [1 - \ln r'/r - i(\varphi' - \varphi)]\left[1 + i\frac{d\ln r'/r}{d\varphi} - \frac{d(\varphi' - \varphi)}{d\varphi}\right] \\
&\approx 1 - \ln r'/r - \frac{d(\varphi' - \varphi)}{d\varphi} - i\left(\varphi' - \varphi + \frac{d\ln r'/r}{d\varphi}\right) \\
&\approx 1 + \Sigma(n-1)\left(\frac{r_1}{r}\right)^n (a_n \cos n\varphi + b_n \sin n\varphi) + \\
&\quad + i\,\Sigma(n-1)\left(\frac{r_1}{r}\right)^n (\ln \cos n\varphi - a_n \sin n\varphi).
\end{aligned} \qquad (77,5)$$

Auf diese Weise erhält man die Geschwindigkeitsverteilung im ganzen Außengebiet eines Profils bzw. der ihm entsprechenden Figuren in den anderen Ebenen. Sehr oft ist aber gar nicht diese allgemeine Verteilung gesucht, sondern nur der Betrag der Geschwindigkeit $|v|$ auf dem Rande des Profils. Für den Kreisrand und die kreisnahe Figur gelten die gleichen Beziehungen (77,5), wobei nur z und z' durch z_1 und z_1', r und r' durch r_1 und r_1' sowie φ' durch φ_1' zu ersetzen sind. Wenn man die Größen $\ln r_1'/r_1$ und $\varphi_1' - \varphi$ sowie ihre Ableitungen nach φ als $\ll 1$ voraussetzt, so kann man ihre Quadrate und Produkte vernachlässigen. Da hiernach der Imaginärteil in Gl. (77,5) für $r = r_1$ klein gegen den Realteil ist, wird letzterer annähernd gleich dem Betrag. Demnach ergibt sich aus Gl. (77,5) für $r = r_1$ als Verhältnis der Geschwindigkeitsbeträge $|v'|$ auf der kreisnahen Figur und $|v_K|$ auf dem Kreise

$$\left| \frac{v'}{v_K} \right| = \left| \frac{dz_1}{dz_1'} \right|$$
$$= 1 + \Sigma(n-1)(a_n \cos n\varphi + b_n \sin n\varphi) \qquad (77,6)$$
$$= 1 - \left[\ln \frac{r_1'}{r_1} + \frac{\partial(\varphi_1' - \varphi)}{\partial \varphi} \right].$$

Ist die Anströmgeschwindigkeit v_∞ unter dem Winkel α zur x-Achse geneigt und entspricht der Hinterkante des Profils ein Punkt des Kreises unter dem Winkel φ_0, so ist auf dem Kreisrand in einem Punkte mit dem Richtungswinkel φ die Geschwindigkeit gemäß Gl. (58,10)

$$|v_K| = v_\infty [2 \sin(\varphi_0 - \alpha) - 2 \sin(\varphi - \alpha)]. \qquad (77,7)$$

Durch die JOUKOWSKY-Abbildung $\zeta = z + c^2/z$ geht die kreisnahe Figur in das Profil und der Kreis selbst in ein JOUKOWSKY-Profil über. Ist die Geschwindigkeit, die sich hierbei auf dem Rande des JOUKOWSKY-Profils ergibt, $|v_S|$, so ist die gesuchte Geschwindigkeit auf dem Profil

$$|v| \approx |v_S| \left| \frac{v'}{v_K} \right|. \qquad (77,8)$$

Die Geschwindigkeit v_S auf dem JOUKOWSKY-Profil findet man etwa nach Gl. (58,6). Die dort graphisch aus Bild 164 ermittelten Strecken $P'P$ und OP kann man aber auch durch Formeln ausdrücken. Für einen Kreis (entsprechend Kreis II von Bild 214), dessen Mittelpunkt im Punkte $z_M = c(a_1 + i b_1) = \varrho\, e^{i\tau}$ liegt, dessen Punkte also durch $z_2 = \varrho\, e^{i\tau} + r_2 e^{i\varphi}$ gegeben sind, ergibt sich danach für kleine Werte von ϱ/c

$$\frac{v_S}{v_K} = \left| \frac{1}{1 - (c/z)^2} \right|$$
$$\approx \frac{1 + (\varrho/r_2) \cos(\tau - \varphi)}{\sqrt{[1 - (c/r_2)^2]^2 + 4(c/r_2)^2 \sin^2\varphi + 2(\varrho/r_2)[1 - (c/r_2)^4 \cos(\tau - \varphi)]}}$$
$$\approx \frac{1 + (\varrho/r_2) \cos(\tau - \varphi)}{2\sqrt{a_0^2 + \sin^2\varphi + 2(\varrho/r_2) a_0 \cos(\tau - \varphi)}} \qquad (77,9)$$
$$\approx \frac{1}{2 \sin\varphi} [1 + (\varrho/r_2) \cos(\tau - \varphi)].$$

Die kürzeren Näherungsformeln gelten dabei, solange $a_0 = r_2/c - 1 \ll$ $\ll \sin^2 \varphi$ ist, also nicht in der Nähe der Profilenden. Für den Kreis I von Bild 214, für den $r = c$ und $a_0 = a_1 = a_2 = 0$ ist, geht das JOUKOWSKY-Profil in eine Gerade über, und es wird $|v_S/v_K| = 1/(2 \sin \varphi)$. Die einzelnen Größen der Gl. (77,6), insbesondere aber die Fourierkoeffizienten a_n und b_n, lassen sich auf Grund der Beziehung (76,10) durch die Ordinaten $\eta(\xi) = \eta(\cos \varphi)$ ausdrücken. Somit läßt sich die Geschwindigkeit $|v'|$ auf der kreisnahen Figur auf Grund von Gl. (77,6) und (77,7) durch $\eta(\xi)$ darstellen. Durch die JOUKOWSKY-Abbildung ergibt sich daraus auf Grund der Gl. (77,8) und (77,9) die gesuchte Verteilung der Geschwindigkeit $|v|$ auf dem Profil. Sie läßt sich demnach ebenfalls durch die Ordinaten η ausdrücken. Einen geschlossenen Ausdruck für die Geschwindigkeitsverteilung abhängig von den Ordinaten des Profils hat RIEGELS[1] aufgestellt, wobei er zur Ableitung allerdings nicht die konforme Abbildung, sondern das Verfahren der Quellbelegung anwandte.

78. Profilform, welche eine vorgegebene Geschwindigkeitsverteilung ergibt. Durch die Gl. (77,6) und (77,8) ist ein allgemeiner Zusammenhang zwischen der Form eines Profils und der Geschwindigkeitsverteilung gegeben, die es uns ermöglicht, bei gegebener Form die Geschwindigkeit zu ermitteln. Es liegt nun nahe, zu fragen, ob man auf Grund dieses Zusammenhangs auch eine Geschwindigkeitsverteilung vorgeben und daraus die Form ermitteln kann, welche diese Geschwindigkeitsverteilung ergibt. Dabei besteht aber von vornherein die grundsätzliche Schwierigkeit, daß ja die Angabe einer Geschwindigkeitsverteilung auf dem Profilumriß eigentlich schon die Kenntnis der Punkte voraussetzt, an denen die gegebene Geschwindigkeitsverteilung herrschen soll, das ist aber ja der Profilumriß, dessen Form doch erst gefunden werden soll. Ein wichtiger Gesichtspunkt für die Wahl bestimmter Geschwindigkeitsverteilungen ist ihr Einfluß auf die Grenzschichtvorgänge (Laminarhaltung, Ablösung). Daher liegt es nahe, die gewünschte Verteilung über der Abwicklung der Profilkontur aufzutragen, da man hierbei diesen Einfluß am besten übersehen kann. Die erste eingehende Bearbeitung des Problems[2] ging auch diesen Weg. Dabei bleibt nur die Schwierigkeit, daß die Länge dieser Abwicklung von vornherein nicht bekannt ist. Sie muß zunächst geschätzt und eventuell nachträglich verbessert werden.

Nun liegt aber vielfach die Aufgabe in der Form vor, daß ein gegebenes Profil mit bekannter Geschwindigkeitsverteilung so abgeändert

---

[1] Siehe S. 305, Fußnote 2 u. 3.
[2] BETZ, A.: Änderung der Profilform zur Erzielung einer vorgegebenen Änderung der Druckverteilung. Luftfahrtforschung 11 (1934) 158.

78. Profilform, welche eine vorgegebene Geschwindigkeitsverteilung ergibt

werden soll, daß sich diese Geschwindigkeiten in gewünschter Weise ändern. Wenn nun diese Änderungen nur klein sind, so wird auch die Änderung der Länge der Abwicklung nur klein, und die Unsicherheit ihrer genauen Kenntnis spielt keine große Rolle.

Wenn aber die Aufgabe in dieser Form der kleinen Änderungen vorliegt, kann man die gewünschten Änderungen der Geschwindigkeiten auch jeweils den Punkten des Ausgangsprofils zuordnen, da ja das geänderte Profil nur sehr wenig vom Ausgangsprofil abweicht.[1]

Bildet man das Ausgangsprofil der ζ-Ebene auf einem Kreis ab, so geht das gesuchte Profil in eine kreisnahe Figur über. Falls diese Abbildung des Ausgangsprofils nicht ohnehin schon vorliegt, so ergibt sie sich in einfacher Weise aus der bekannten Geschwindigkeitsverteilung auf diesem Profil. Wird nämlich das Ausgangsprofil mit der Geschwindigkeit v_∞ angeströmt, und ergibt die Geschwindigkeitsverteilung die Zirkulation Γ, so ist auf dem Kreis, dessen Radius r_1 ist, in einem Punkte unter dem Winkel φ zur Anströmrichtung die Geschwindigkeit

$$w_1 = -2v_\infty \sin\varphi + \frac{\Gamma}{2 r_1 \pi}. \tag{78,1}$$

Ist in dem entsprechenden Punkte des Ausgangsprofils die Geschwindigkeit v_1, so ist für diesen Punkt

$$\left|\frac{dz}{d\zeta}\right| = \left|\frac{v_1}{w_1}\right| = \left|\frac{r_1 d\varphi}{ds}\right|, \tag{78,2}$$

dabei sind ds und $r_1 d\varphi$ entsprechende Bogenelemente des Ausgangsprofils und des Kreises. Durch Integration der Geschwindigkeiten ergeben sich die Potentiale auf dem Kreis und auf dem Profil und somit die Zuordnung der einzelnen Punkte des Profils zu den Richtungswinkeln φ des Kreises. Der Radius r_1 des Kreises ergibt sich dabei aus der Bedingung, daß die Bogenlängen zwischen vorderem und hinterem Staupunkt des Ausgangsprofils die gegebenen Werte annehmen müssen.

Sollen die Geschwindigkeiten v_1 am Profil um die kleinen Beträge Δv geändert werden, so müssen die Geschwindigkeiten w_1 am Kreis durch den Übergang zur kreisnahen Figur um

$$\Delta w = \frac{w_1}{v_1} \Delta v \tag{78,3}$$

geändert werden. Die gesuchte kreisnahe Figur weiche vom Kreis jeweils um Δr ab. Setzt man entsprechend Gl. (75,7)

$$\frac{\Delta r}{r} = \Sigma(a_n \cos n\varphi + b_n \sin n\varphi), \tag{78,4}$$

---

[1] THEODORSEN, TH.: Airfoil-Contour Modification based on ε-Curve Method of Calculating Pressure Distribution. NACA ARR Nr. L 4 GU 5 (1944).

so wird nach Gl. (77,6)

$$\frac{\Delta w}{w} = \Sigma (n-1)(a_n \cos n\varphi + b_n \sin n\varphi). \tag{78,5}$$

Man braucht also nur die gewünschten relativen Geschwindigkeitsänderungen $\Delta w/w$ in eine Fourierreihe zu entwickeln und die einzelnen Koeffizienten jeweils mit $n-1$ zu dividieren, um die Koeffizienten der Fourierdarstellung von $\Delta r/r$ zu erhalten. Die Änderungen am Ausgangsprofil bestehen dann in einer Verschiebung normal zur Oberfläche um

$$\Delta_{Pr} \approx \Delta r \frac{w_1}{v_1}. \tag{78,6}$$

Treten bei der Entwicklung von $\Delta w/w$ nach Gl. (78,5) Glieder mit $n=0$ auf, so bedeutet das eine Änderung der Zirkulation. Glieder mit $n=1$ bedeuten eine Änderung von Größe und Richtung der Zuströmung im Unendlichen. Auf die Form des Profils haben solche Glieder keinen Einfluß. Man wird sie daher für die Berechnung der Formänderung weglassen, muß nur gegebenenfalls die erwähnten Änderungen der Außenströmung beachten.

Für den Fall, daß es sich nicht um kleine Geschwindigkeitsänderungen eines gegebenen Profils handelt, sondern um irgendwie vorgegebene Geschwindigkeitsverteilungen, die erreicht werden sollen, sind von verschiedenen Autoren verschiedene Wege vorgeschlagen worden. Die erste eingehende Bearbeitung dieses allgemeineren Problems stammt von MANGLER[1]. Nach ihm denkt man sich das gesuchte Profil der ζ-Ebene auf einen Kreis der z-Ebene vom Radius R abgebildet. Dabei soll die Strömung im Unendlichen unverändert bleiben, die x- bzw. ξ-Achse mit der Nullauftriebsrichtung des Profils zusammenfallen und das Abbild der Profilhinterkante in den Punkt $x=R$ der x-Achse fallen. Die gewünschte Verteilung der Geschwindigkeiten v_P des Profils wird auf der Abwicklung des Profilumfangs gegeben. Auf dem Kreis ist bei gegebener Anströmung die Verteilung der Geschwindigkeit v_K ebenfalls bekannt (Gl. 78,1). Durch Integration erhält man sowohl auf der Abwicklung wie auf dem Kreis die Potentialverteilung. Damit ist die Zuordnung der Punkte des Kreises und der Abwicklung gegeben, da die zugeordneten Punkte ja gleiches Potential haben.

Nun sind in beiden Ebenen die konjugierten komplexen Geschwindigkeiten $\bar{v} = |v| e^{-i\tau}$ mit den Richtungswinkeln τ analytische Funktionen der betreffenden Ebenen. Infolgedessen besteht, wenn die Indizes K und P jeweils die Größen am Kreis und am Profil bezeichnen, zwischen

---

[1] MANGLER, W.: Die Berechnung eines Tragflügelprofils mit vorgeschriebener Druckverteilung. Jahrbuch 1938 der deutschen Luftfahrtforsch. I, 46.

78. Profilform, welche eine vorgegebene Geschwindigkeitsverteilung ergibt

den Geschwindigkeiten am Kreis und am Profil die Beziehung

$$\frac{v_K e^{-i\tau_K}}{v_P e^{-i\tau_P}} = \frac{d\zeta_P}{dz_K} \qquad (78,7)$$

oder

$$\ln\frac{d\zeta_P}{dz_K} = \ln\frac{v_K}{v_P} + i(\tau_P - \tau_K) = \ln\frac{v_K}{v_P} + i\tau_0. \qquad (78,8)$$

Dies ist eine analytische Funktion von z. Von dieser ist auf dem Kreisrand $z = R e^{i\varphi}$ der Realteil $\ln(v_K/v_P)$ als Funktion des Richtungswinkels φ bekannt. Man kann daher daraus den Imaginärteil $\tau_P - \tau_K = \tau_0$ nach den schon mehrfach benützten Verfahren (durch Entwicklung in Fourierreihe oder mittels des POISSONschen Integrals) berechnen. Aus Gl. (78,7) ergibt sich dann für die zu den Winkeln φ gehörigen Punkte $\zeta_P = \xi_P + i\eta_P$ des Profils

$$\zeta_P = \int_R^{z_K} \frac{v_K}{v_P} e^{i\tau_0} dz = R \int_0^{\varphi} \frac{v_K}{v_P} e^{i\left(\tau_0 + \frac{\pi}{2} + \varphi\right)} d\varphi. \qquad (78,9)$$

Daraus ergeben sich die Profilkoordinaten

$$\xi_P = -R \int_0^{\varphi} \frac{v_K}{v_P} \sin(\tau_0 + \varphi) d\varphi, \qquad \eta_P = R \int_0^{\varphi} \cos(\tau_0 + \varphi) d\varphi. \qquad (78,10)$$

Die bei diesem Verfahren auftretenden Schwierigkeiten und ihre Überwindung sind in der Originalarbeit ausführlich erörtert.

EPPLER[1,2] geht von einem ganz ähnlichen Grundgedanken aus wie MANGLER (Abbildung des Profils auf einen Kreis und Zuordnung der gewünschten Geschwindigkeit bzw. einer Funktion derselben zu dem Kreiswinkel φ). Er verwendet aber einen anderen Rechnungsgang, wobei vor allem praktische Gesichtspunkte berücksichtigt werden.

Zu einer sinnvollen und eindeutigen Angabe der Geschwindigkeitsverteilung projiziert RIEGELS[3] das noch unbekannte Profil auf die längste Sehne des Profils und gibt die gewünschten Geschwindigkeiten anstatt auf dem Profil selbst auf den entsprechenden Punkten der Sehne vor. Diese Formulierung der Aufgabe hat den Vorteil, daß dadurch auf Grund der BERNOULLIschen Gleichung (31,11) die Auftriebsverteilung über die Profillänge gegeben ist. Damit sind auch der Auftrieb und sein Angriffspunkt, also sehr kennzeichnende Konstanten der

---

[1] EPPLER, R.: Die Berechnung von Tragflügelprofilen aus der Druckverteilung. Ing. Arch. 23 (1955) 436.
[2] EPPLER, R.: Direkte Berechnung von Tragflügelprofilen aus der Druckverteilung. Ing. Arch. 25 (1957) 32.
[3] RIEGELS, F.: Profile mit vorgeschriebener Druckverteilung. Z. angew. Math. Mech. 24 (1944) 273.

Flügelkräfte, von vornherein festgelegt. Die Sehne tritt dabei an Stelle des bei kleinen Änderungen benützten Ausgangsprofils. Das Verfahren könnte dann das gleiche sein wie das geschilderte beim Ausgang von einem gegebenen Ausgangsprofil. Es vereinfacht sich dadurch, daß auf der Sehne im Ausgangszustand konstante Geschwindigkeit herrscht und bei der Abbildung auf den Kreis $2\,\xi/l = \cos\varphi$ ist. Erschwerend ist aber, daß die Abweichungen des Profils von der Sehne und damit der entsprechenden kreisnahen Figur vom Kreis nicht mehr sehr klein sind, so daß man die Lösung besonders an der stark gekrümmten Nase meist durch ein Iterationsverfahren verbessern müßte. RIEGELS löst die Aufgabe aber nicht mittels konformer Abbildung, sondern durch Quellbelegung. Die Schwierigkeiten an der stark gekrümmten Nase werden von ihm dadurch gemildert, daß er durch den sog. ,,Riegelsfaktor'' $\sqrt{1 + (d\eta/d\xi)^2}$ eine angenäherte konforme Beziehung zwischen entsprechenden Elementen der Sehne und des Profils einführt. Dieses Verfahren wurde hauptsächlich von TRUCKENBRODT[1] und von MARTENSEN[2] für die praktische Verwendung ausgebaut.

Außer den erwähnten Schwierigkeiten, die gewünschte Geschwindigkeit in sinnvoller Weise vorzugeben, besteht noch die weitere Schwierigkeit, daß die gesuchte Flügelform meist allerlei Forderungen erfüllen soll, um praktisch brauchbar zu sein. Dazu muß bereits die gegebene Geschwindigkeitsverteilung gewissen Einschränkungen unterliegen. Die vorstehend erwähnten Arbeiten gehen vielfach ausführlich auf diese Einschränkungen ein. Die Geschwindigkeitsverteilung ist ja im allgemeinen nur an gewissen Stellen der Profile wichtig, etwa um Ablösung oder Turbulentwerden der Grenzschicht zu vermeiden, während sie an anderen Stellen ziemlich belanglos ist. Man kann daher meist die zusätzlichen Forderungen durch Änderung der Geschwindigkeitsverteilung an diesen unwichtigen Stellen erreichen. Bei manchen Forderungen sind diese Einschränkungen leicht zu übersehen, z. B. bei der Forderung, daß das Profil eine geschlossene Kurve bilden muß. Bei anderen ist aber der Zusammenhang mit der Geschwindigkeitsverteilung nur schwer zu übersehen.

Vielleicht kann man alle diese Schwierigkeiten am besten umgehen, wenn man zunächst ein verallgemeinertes JOUKOWSKY-Profil sucht, dessen Geschwindigkeitsverteilung der gewünschten, besonders in den wichtigen Gebieten, möglichst nahe kommt. An Hand der Gl. (77,9), lassen sich die Konstanten dieses JOUKOWSKY-Profils und damit das

---

[1] TRUCKENBRODT, E.: Die Berechnung der Profilform bei vorgegebener Geschwindigkeitsverteilung. Ing. Arch. 19 (1951) 365.

[2] MARTENSEN, E.: Vereinfachte numerische Verfahren zum zweidimensionalen inkompressiblen Umströmungsproblem. Bericht 56/A/01 der Aerodynamischen Versuchsanstalt Göttingen.

Profil selbst einigermaßen leicht aus der gewünschten Geschwindigkeitsverteilung ermitteln. Dann kann man mittels des zuerst geschilderten Verfahrens durch kleine Änderungen die gewünschte Geschwindigkeitsverteilung wenigstens da, wo sie wichtig ist, herstellen.

Zehnter Abschnitt

Doppelperiodische Felder

79. Die elliptischen Funktionen $\operatorname{sn} z$, $\operatorname{cn} z$, $\operatorname{dn} z$. Strömungsvorgänge, die sich innerhalb eines Parallelstreifens mit undurchlässigen Wänden abspielen, ergeben bei ihrer Fortsetzung durch Spiegelung an diesen Wänden periodisch sich wiederholende Vorgänge (Bild 145 links). Entsprechend ergeben Strömungsvorgänge, die sich innerhalb eines Rechtecks mit undurchlässigen Wänden abspielen, bei ihrer Fortsetzung durch Spiegelung an diesen Wänden Vorgänge, die nach zwei zueinander senkrechten Richtungen periodisch sind. Man nennt solche Anordnungen doppelperiodisch. Man kann solche Vorgänge behandeln, indem man das Rechteck auf eine Halbebene abbildet. Die Grundlagen dazu haben wir in Ziffer 68 kennengelernt. Darnach wird die obere Halbebene (τ-Ebene) durch ein elliptisches Integral 1. Gattung

$$z(\tau) = \int_0^\tau \frac{d\tau}{\sqrt{(1-\tau^2)(1-k^2\tau^2)}}$$

in das Innere eines Rechtecks der z-Ebene übergeführt. Für die Behandlung der Vorgänge in einem Rechteck muß man nun aber umgekehrt ein gegebenes Rechteck auf die τ-Ebene abbilden. Dazu braucht man die Umkehrung dieser Funktion, also $\tau(z)$. Wie schon früher bemerkt, ist aber die Umkehrfunktion nicht einfach anzugeben, weil $z(\tau)$ nur durch ein Integral darstellbar ist. Solche Umkehrungen ergeben neue Funktionen. Die Umkehrungen der elliptischen Integrale nennt man elliptische Funktionen. Für die Umkehrfunktion des elliptischen Integrals 1. Gattung hat JACOBI eine besondere Bezeichnung eingeführt.

$$\tau(z) = \operatorname{sn} z \quad \text{(sinus amplitudinis } z\text{).} \tag{79,1}$$

Die Faktoren des Integranden haben gleichfalls besondere Funktionszeichen erhalten:

$$\sqrt{1-\tau^2} = \operatorname{cn} z \quad \text{(cosinus amplitudinis } z\text{)} \tag{79,2}$$

$$\sqrt{1-k^2\tau^2} = \operatorname{dn} z \quad \text{(delta amplitudinis } z\text{).} \tag{79,3}$$

318   X. Doppelperiodische Felder

Zur Unterscheidung von anderen werden diese 3 Umkehrfunktionen „*Jacobische elliptische Funktionen*" genannt. Ähnlich wie bei den Kreisfunktionen ist

$$\operatorname{sn}^2 z + \operatorname{cn}^2 z = 1. \tag{79,4}$$

Die Substitution der Gl. (68,23) kann man in der Form $\tau' = -i\tau/\sqrt{1-\tau^2}$ schreiben. Durch sie geht z in $z' = iz$ und der Modul k des elliptischen Integrals der τ-Ebene in den Komodul $k' = \sqrt{1-k^2}$ der τ'-Ebene über. Demnach ist bei der Umkehrung der Funktionen

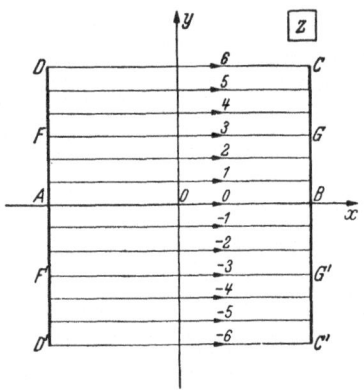

$$\tau = \operatorname{sn}(z, k), \quad \tau' = \operatorname{sn}\left(\frac{z}{i}, k'\right)$$
$$= -\operatorname{sn}(iz, k') \tag{79,5}$$

oder

$$\operatorname{sn}(iz, k') = -\tau' = \frac{i\tau}{\sqrt{1-\tau^2}}$$
$$= i\,\frac{\operatorname{sn}(z, k)}{\operatorname{cn}(z, k)}. \tag{79,6}$$

Weitere Beziehungen, insbesondere die Additionstheoreme dieser JACOBIschen Funktionen, sollen hier nicht abgeleitet werden. Man findet sie in den einschlägigen Lehrbüchern[1].

Um die Abbildungseigenschaften der elliptischen Funktionen $\operatorname{sn} z$, $\operatorname{cn} z$, $\operatorname{dn} z$ etwas näher kennenzulernen, wollen wir Parallel-, Quell- und Dipolströmungen mit ihrer Hilfe abbilden. Das Rechteck $ABCD$ der z-Ebene geht durch

$$z = \int\limits_0^\tau \frac{d\tau}{\sqrt{(1-\tau^2)(1-k^2\tau^2)}}$$

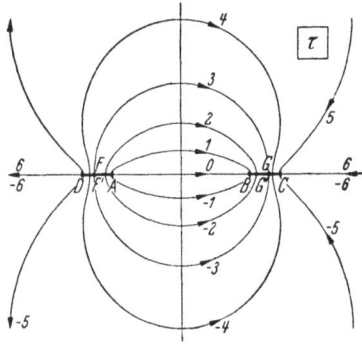

Bild 215
Strömung zwischen zwei geladenen Platten

in die obere Halbebene τ über (Bild 215). Der unteren Halbebene entspricht das Viereck $ABC'D'$, so daß das Viereck $D'C'CD$ das Abbild der vollen τ-Ebene ist. Andere spiegelbildliche Fortsetzungen des Rechtecks entsprechen anderen RIEMANNschen Blättern der τ-Ebene. Die obere und untere Hälfte der τ-Ebene hängen hiernach längs AB zusammen. Die übrigen Teile der reellen Achse der τ-Ebene, also die Geraden $AD\infty$ und $BC\infty$, stellen dabei Übergangsschlitze zu anderen

---

[1] Zum Beispiel HURWITZ-COURANT: Funktionentheorie. Berlin: Springer 1929.

79. Die elliptischen Funktionen sn z, cn z, dn z

RIEMANNschen Blättern dar. Man kann die untere Hälfte der τ-Ebene auch als das Abbild eines anderen an das Viereck $ABCD$ der z-Ebene angrenzenden Vierecks auffassen, z. B. das an die Seite AD angrenzende. Dann hängen die obere und untere Hälfte der τ-Ebene längs der diesem Anschlußrand entsprechenden Geraden, z. B. AD, zusammen, während die übrigen Teile der reellen Achse der τ-Ebene Schlitze darstellen. Der einheitlichen Darstellung wegen soll im folgenden im allgemeinen die τ-Ebene als das Abbild des Vierecks $D'C'CD$ betrachtet werden.

Nimmt man an, die Seiten $D'D$ und $C'C$ seien leitend, die Seiten $C'D'$ und CD isolierend, dann fließt beim Anlegen einer Spannung ein Strom parallel der reellen Achse. In der τ-Ebene ergibt sich die in Bild 215 unten gezeichnete Strömung zwischen zwei geladenen Platten.

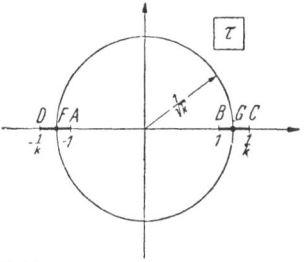

Bild 216. Kreisförmige Stromlinie der Strömung nach Bild 215 unten

Unter den Stromlinien der τ-Ebene gibt es einen Kreis (bzw. in jeder Halbebene einen Halbkreis). Man kann nämlich einen Kreis so ziehen, daß die im Inneren liegenden Stücke der Platten das Spiegelbild der außerhalb liegenden sind. Der Radius ist $r_0 = 1/\sqrt{k}$ (Bild 216). Damit wird die ganze Strömung im Inneren das Spiegelbild der äußeren. Da in beiden Bereichen gleich viel Stromlinien laufen müssen, entspricht der Halbkreis der oberen Halbebene der Mittellinie FG des Rechtecks $ABCD$, und der Halbkreis der unteren Halbebene entspricht der Mittellinie $F'G'$ des Rechtecks $ABC'D'$. Man erhält aus diesen Überlegungen noch, daß

$$\frac{iK'}{2} = \int_1^{\sqrt{1/k}} \frac{d\tau}{\sqrt{(1-\tau^2)(1-k^2\tau^2)}} \tag{79,7}$$

ist.

Nimmt man in der τ-Ebene eine Parallelströmung an, dann ergibt sich in der z-Ebene eine Strömung, welche aus dem dem Unendlichen der τ-Ebene entsprechenden Punkte E kommt, an den Begrenzungswänden des Rechtecks $ABCD$ entlang fließt und wieder im Punkt E endigt (Bild 217). Die Singularität in E ist ein Dipol, weil für sehr große Werte τ der Integrand des elliptischen Integrals sich wie $-1/k\tau^2$ verhält, das Integral also wie $1/k\tau$, so daß in der Umgebung des Punktes E die Beziehung $\tau = \dfrac{1}{k(z-E)}$ besteht. Durch Spiegeln erhält man die Lage und Richtung der Dipole in den an $ABCD$ anschließenden Rechtecken (Bild 217). Man erkennt, daß diese Anordnung die Perioden $4K$ und $2iK'$ hat.

X. Doppelperiodische Felder

Als Beispiel für quantitative Überlegungen wollen wir einmal die Verhältnisse in Cz- und $C\tau$-Ebenen betrachten, um die Dimensionen der einzelnen Größen klarer übersehen zu können (s. Fußnote S. 268).

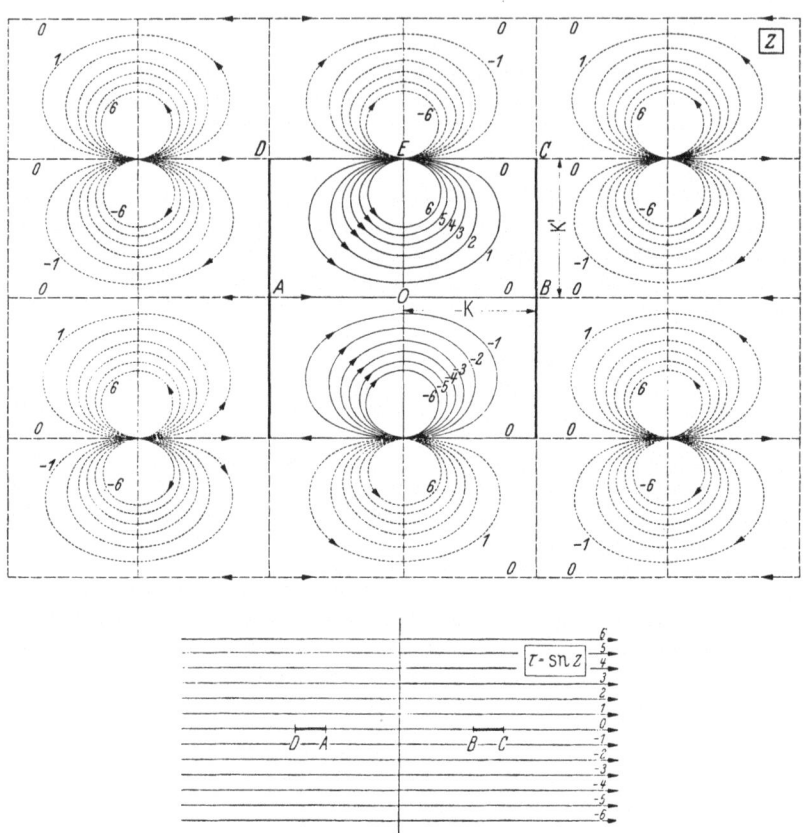

Bild 217. Konforme Abbildung einer Parallelströmung durch die Funktion $\tau = \mathrm{sn}\, z$. Verlauf der Funktion $\mathrm{sn}\, z$

Ist die Stromdichte in der $C\tau$-Ebene j, so ist ihr Potential $\Phi = j\, C\tau = j\, C\, \mathrm{sn}\, z$. Die Strom- und Potentiallinien der Cz-Ebene stellen demnach bis auf den Faktor jC die Funktion $\mathrm{sn}\, z$ dar. In der nächsten Umgebung des Punktes E der Cz-Ebene ist das Potential

$$\Phi = j\, C\, \tau = \frac{j\, C}{k\,(z-E)}. \tag{79,8}$$

Somit ist nach Gl. (48,9) das Moment des Dipols der Cz-Ebene

$$M = 2\pi\, \Phi\, C\,(z - E) = \frac{2\pi}{k}\, j\, C^2. \tag{79,9}$$

79. Die elliptischen Funktionen sn$z$, cn$z$, dn$z$ 321

Im folgenden wird aber der einfacheren Schreibweise wegen wieder $C = 1$ gesetzt.

Einer Quellströmung in der τ-Ebene entspricht die in Bild 218 gezeichnete Strömung in der z-Ebene. Im Punkt θ der z-Ebene, der $\tau = 0$

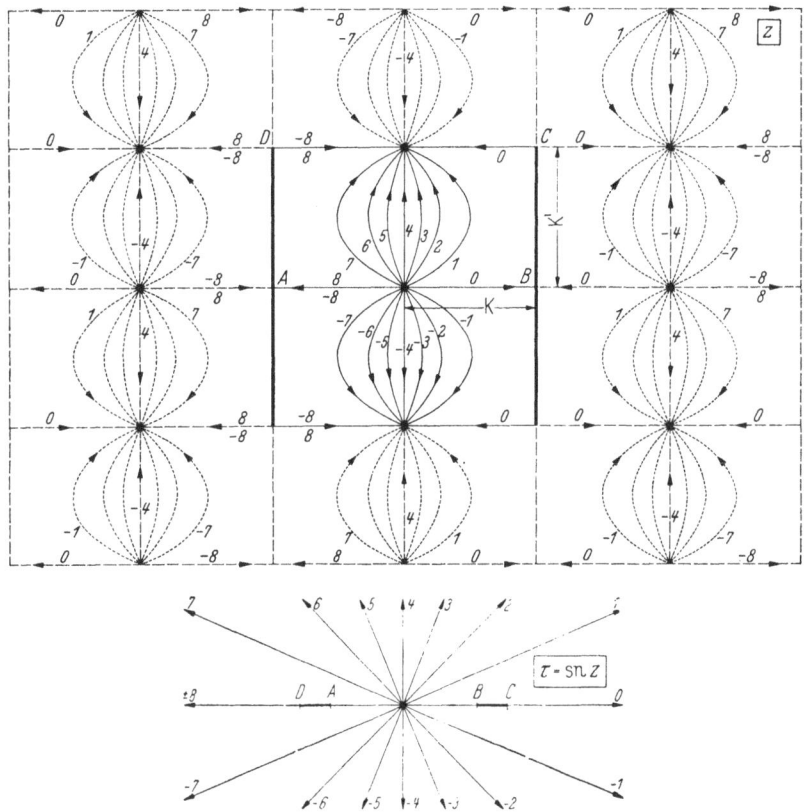

Bild 218. Konforme Abbildung einer Quellströmung in der τ-Ebene durch die Funktion $\tau = \operatorname{sn} z$. Verlauf der Funktion $\ln \operatorname{sn} z$

zugeordnet ist, liegt eine Quelle, im Punkt E eine Senke, die das Bild der Senke im Unendlichen der τ-Ebene ist. Durch Spiegelung entsteht das Strömungsbild der vollen z-Ebene. Es wird erzeugt durch ein zweifach periodisches System von Quellen und Senken. Ist deren Ergiebigkeit E, so ist das komplexe Potential dieser Strömung

$$\varPhi = \frac{E}{2\pi} \ln \tau = \frac{E}{2\pi} \ln \operatorname{sn} z. \tag{79,10}$$

Das Strömungsbild wiederholt sich mit den Perioden $2K$ und $2iK'$. Aber da die Werte der Stromfunktion in zwei benachbarten Recht-

322   X. Doppelperiodische Felder

ecken verschiedene Vorzeichen haben, so sind die Perioden von $\ln \operatorname{sn}(z)$ im mathematischen Sinne $4K$ und $2iK'$ wie für die von $\operatorname{sn}(z)$ (Bild 217).

Geht man von einer Dipolströmung in der τ-Ebene aus (Bild 219), wobei ein Dipol vom Moment M im Nullpunkt liegen und die Dipol-

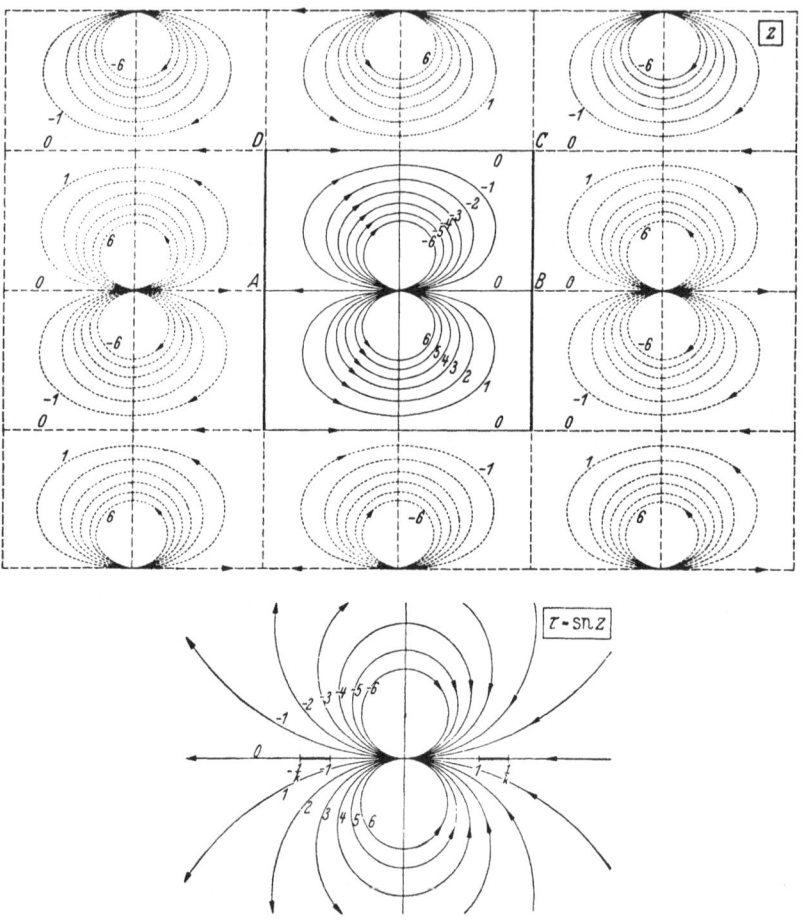

Bild 219. Konforme Abbildung einer Dipolströmung durch die Funktion $\tau = \operatorname{sn} z$. Verlauf der Funktion $1/\operatorname{sn} z$

achse waagerecht und nach links gerichtet sein möge, dann ist das Potential in der τ-Ebene nach Gl. (48,8) und (48,10) gegeben durch

$$\Phi = \frac{M}{2\pi\tau}. \qquad (79{,}11)$$

In der z-Ebene ergibt sich der gleiche Dipol im Nullpunkt. Die Rechteckseiten sind Stromlinien. Man kann daher die Strömung durch Spiege-

79. Die elliptischen Funktionen $\operatorname{sn} z$, $\operatorname{cn} z$, $\operatorname{dn} z$

lung fortsetzen und erhält so die gleiche Anordnung wie bei Bild 217, nur um die Strecke K' verschoben. Wenn man für das Dipolmoment den gleichen Wert $M = 2\pi j/k$ nach Gl. (79,9) einsetzt, erhält man für diese Strömung durch Verschieben um iK'

$$\Phi = j \operatorname{sn}(z \pm i\,K') = M\frac{k}{2\pi}\operatorname{sn}(z \pm i\,K'). \tag{79,12}$$

Andererseits kann man das Potential auch aus Gl. (79,11) angeben, indem man dort τ durch $\operatorname{sn} z$ ersetzt, und erhält

$$\Phi = M/2\pi\,\tau = M/2\pi \operatorname{sn} z. \tag{79,13}$$

Daraus ergibt sich die Beziehung

$$\operatorname{sn}(z \pm i\,K') = \frac{1}{k \operatorname{sn} z}. \tag{79,14}$$

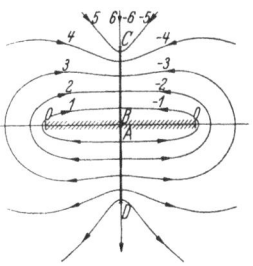

Bild 220. Konforme Abbildung einer Parallelströmung in der z-Ebene durch die Funktion $\operatorname{cn} z$

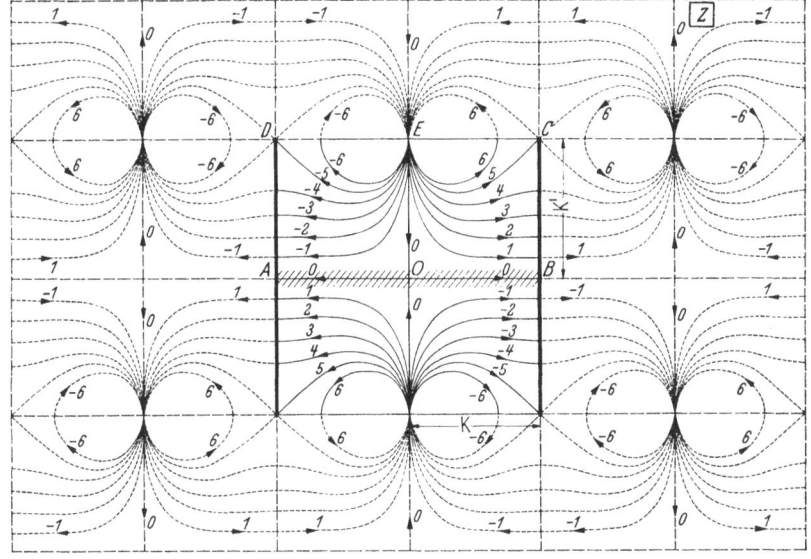

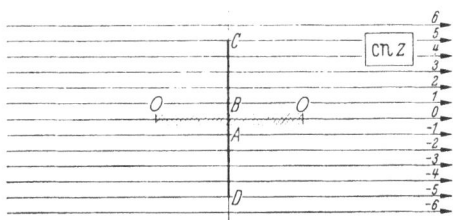

Bild 221. Konforme Abbildung einer Parallelströmung in der $\operatorname{cn} z$-Ebene auf die z-Ebene. Verlauf der Funktion $\operatorname{cn} z$

324   X. Doppelperiodische Felder

Dieses Resultat ergibt sich übrigens auch unmittelbar aus der Umformung nach Gl. (68,15), die ja ebenfalls z in $z \pm i\mathrm{K}'$ überführt, wenn man dort $\tau = \mathrm{sn}\,z$ und $\tau_a = \mathrm{sn}(z \pm i\mathrm{K}')$ einsetzt.

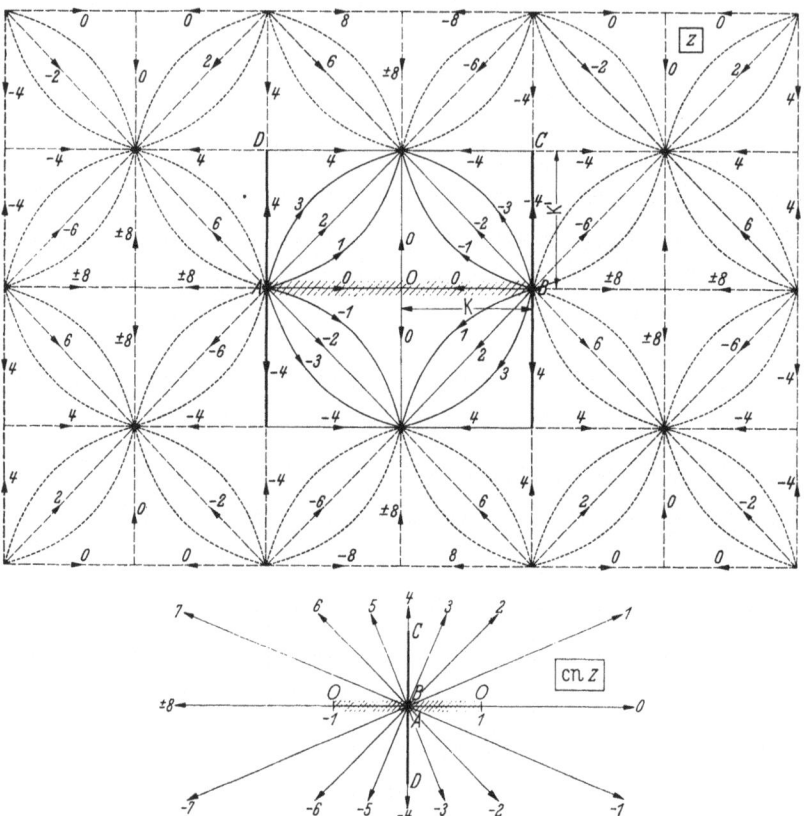

Bild 222. Konforme Abbildung einer Quellströmung in der cn$z$-Ebene auf die z-Ebene. Verlauf der Funktion ln cn z

Die durch cn$z$ und dn$z$ vermittelten Abbildungen kann man leicht aus den Abbildungseigenschaften von sn$z$ ableiten. Es ist

$$\mathrm{cn}\,z = \sqrt{1 - \mathrm{sn}^2 z} = \sqrt{1 - \tau^2}. \tag{79,15}$$

Eine Parallelströmung in der z-Ebene geht in der τ-Ebene in die in Bild 215 unten dargestellte Strömung zwischen zwei geladenen Platten über. Die Abbildung der τ-Ebene auf die cn$z$-Ebene durch $\sqrt{1 - \tau^2}$ gemäß Gl. (79,15) war in Ziffer 53 (Bild 149) behandelt. Wendet man diese Abbildung auf Bild 215 unten an, so ergibt sich Bild 220. Es stellt die Strömung zwischen zwei aneinanderstoßende Platten BC und AD dar, die durch einen zu ihnen senkrechten undurchlässigen Schlitz

79. Die elliptischen Funktionen $\operatorname{sn} z$, $\operatorname{cn} z$, $\operatorname{dn} z$ 325

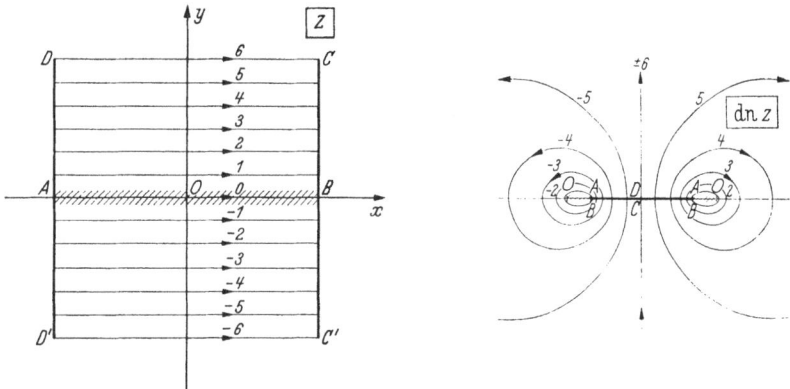

Bild 223. Konforme Abbildung einer Parallelströmung in der z-Ebene durch die Funktion $\operatorname{dn} z$

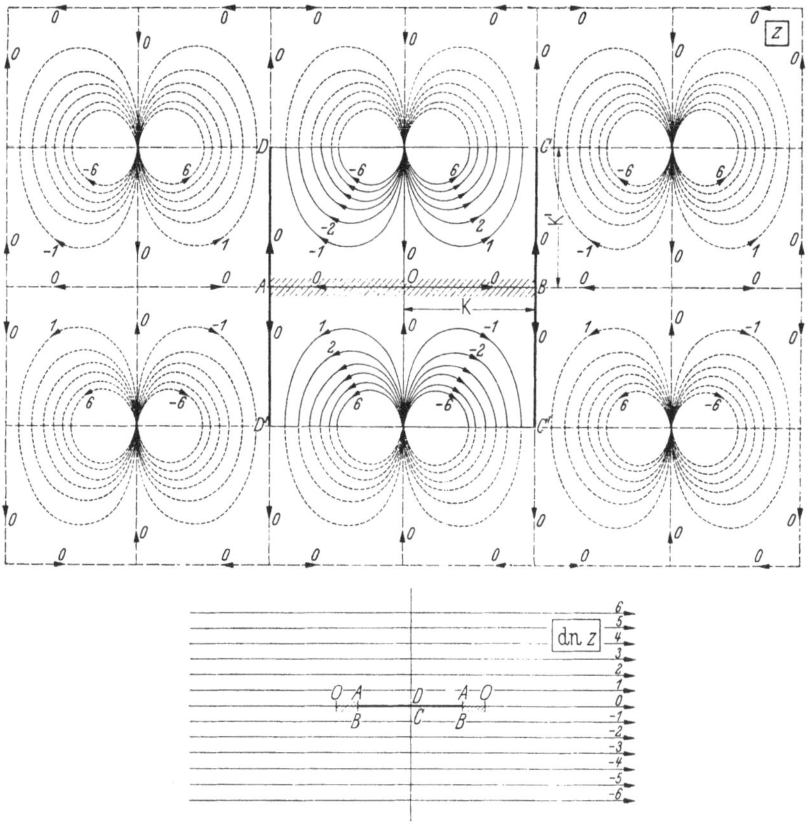

Bild 224. Konforme Abbildung einer Parallelströmung in der $\operatorname{dn} z$-Ebene auf die z-Ebene. Verlauf der Funktion $\operatorname{dn} z$

X. Doppelperiodische Felder

getrennt sind. Hierbei ergibt sich, wie man ersieht, an dem Schlitz ein Sprung in der Stromrichtung. Wie schon in Ziffer 53 erwähnt, kann man die RIEMANNschen Blätter, die den beiden Vorzeichen von $\pm\sqrt{1-\tau^2}$ entsprechen, auch anders zusammenfügen und dadurch den

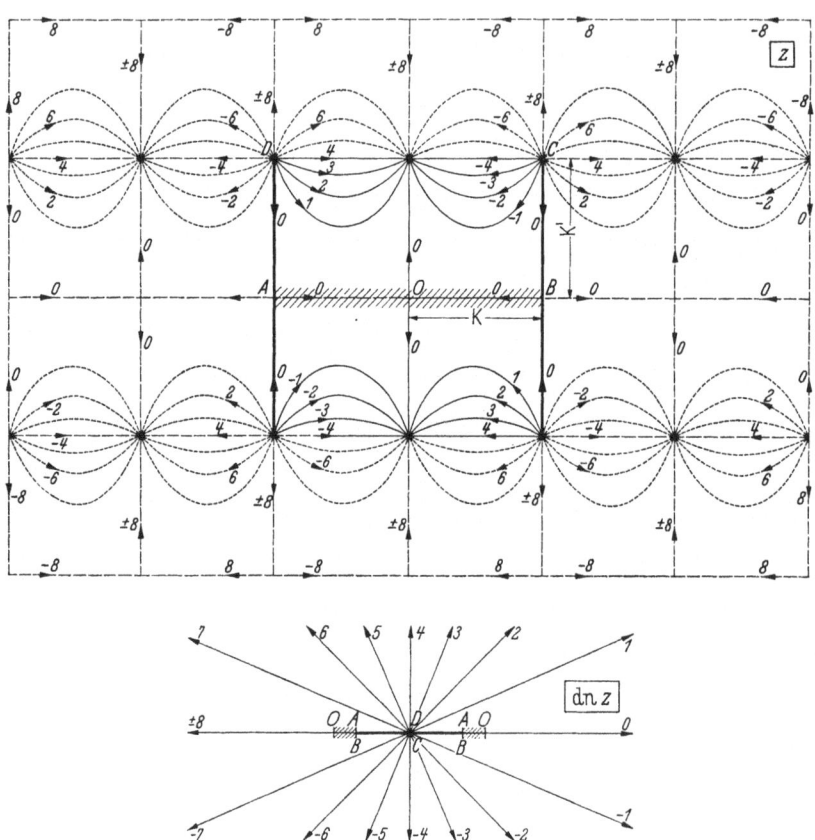

Bild 225. Konforme Abbildung einer Quellströmung in der dnz-Ebene auf die z-Ebene. Verlauf der Funktion $\ln dnz$

Schlitz in die Strecken von $-\infty$ bis -1 und von 1 bis ∞ verlegen. Man erhält dann in der unteren Hälfte der cnz-Ebene die gleiche Strömung, nur mit den umgekehrten Vorzeichen. Auf der Strecke von -1 bis $+1$ ergibt sich damit ein stetiger Übergang; dafür entspringt jetzt die Strömung unstetig aus einer Quellbelegung der Strecke $-\infty$ bis -1 und verschwindet in einer Senkenbelegung von 1 bis ∞.

Geht man von einer Parallelströmung in der cnz-Ebene aus, so ergibt sich in der z-Ebene eine Dipolströmung (Bild 221). Um im Innern unseres Hauptrechtecks keine Unstetigkeit zu erhalten, kann man die

Schlitze mit den Unstetigkeiten in der τ-Ebene auf die Strecken $-\infty$ bis -1 und 1 bis ∞ verlegen, die in der z-Ebene in die Außenränder des Rechtecks übergehen. In der z-Ebene selbst kann man die aus dem Übergang von der τ-Ebene entstehenden RIEMANNschen Blätter wieder so wählen, daß auch an den Rändern der Vierecke die Fortsetzung überall stetig erfolgt. Das komplexe Potential dieser Strömung stellt die Funktion $\operatorname{cn} z$ dar.

Die Perioden der Funktion $\operatorname{cn} z$ in der reellen und imaginären Richtung sind: $4\mathrm{K}$ und $4i\mathrm{K}'$. Man kann aber in diesem Falle noch eine kürzere Periode finden, wenn man auch schräge Periodenrichtungen berücksichtigt. Die kürzesten Perioden sind (Bild 221) $4\mathrm{K}$ und $2\mathrm{K} + 2i\mathrm{K}'$.

Das durch $\operatorname{cn} z$ vermittelte Bild einer Quellströmung und damit der Funktion $\ln \operatorname{cn} z$ gibt Bild 222. Die entsprechenden Abbildungen von Strömungen mittels der Funktion $\operatorname{dn} z$ zeigen die Bilder 223, 224, 225. Die Perioden von $\operatorname{dn} z$ sind $2\mathrm{K}$ und $4i\mathrm{K}'$.

80. Strömung um zwei Kreiszylinder. Auf Rechtecke lassen sich manchmal auch Anordnungen zurückführen, denen man dies nicht ohne weiteres ansieht. Insbesondere ist diese Abbildung auf Rechtecke das wichtigste Hilfsmittel zur Behandlung zweifach zusammenhängender Gebiete (Ziffer 24). Ein einfaches Beispiel hierfür ist die Ermittlung der Strömung um zwei isolierende Kreise, die sich in einer Parallelströmung befinden. Die Verbindungslinie der beiden Kreismittelpunkte mag im allgemeinen unter einem Winkel α schräg zur Richtung der Parallelströmung liegen. Man kann aber die Parallelströmung mit der Stromdichte j in 2 Komponenten

$$j_\xi = j \cos\alpha \quad \text{und} \quad j_\eta = j \sin\alpha \tag{80,1}$$

zerlegen. Daher braucht man nur die beiden Fälle zu behandeln, daß die Anströmung parallel oder senkrecht zur Verbindungslinie der beiden Kreismittelpunkte erfolgt. Die übrigen Richtungen lassen sich durch Überlagerung dieser beiden Strömungen erledigen.

Durch eine lineare Transformation (Ziffer 54) kann man das Außengebiet der beiden Kreise der ζ-Ebene (Bild 226) auf ein Ringgebiet zwischen zwei konzentrischen Kreisen der ζ_1-Ebene abbilden. Durch die Transformation

$$z = c \ln \zeta_1 \tag{80,2}$$

geht das Ringgebiet, das man sich längs eines Radius aufgeschnitten denkt, in ein Rechteck über. Durchläuft man das Ringgebiet fortlaufend über die Schnittgerade hinweg, so erhält man aneinander anschließende Rechtecke, welche einen Parallelstreifen bilden. Bei der linearen Transformation geht die Parallelströmung der ζ-Ebene in eine Dipolströmung in der ζ_1-Ebene über (Bild 139), wobei der Dipol in dem

328   X. Doppelperiodische Felder

Punkte der ζ_1-Ebene liegt, der dem unendlich fernen Punkte der ζ-Ebene entspricht. Je nachdem die Parallelströmung in Richtung der Verbindungslinie der beiden Kreismittelpunkte oder senkrecht dazu läuft, ist die Dipolachse radial oder senkrecht zum Radius gerichtet (Bild 226 links und rechts). In der z-Ebene erhält man dann durch fortgesetzte Wieder-

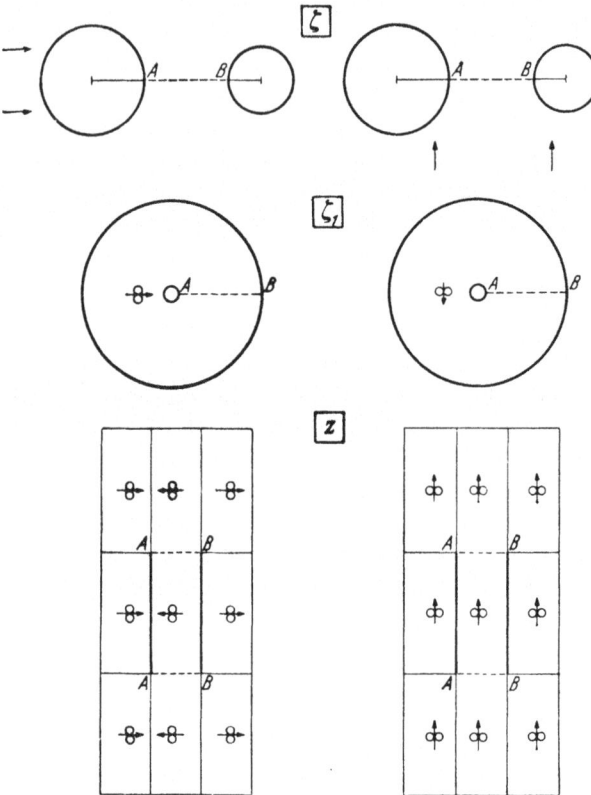

Bild 226. Konforme Abbildung des Außengebietes zweier Kreise auf das Ringgebiet zwischen zwei konzentrischen Kreisen und auf das Innere eines Rechtecks. Links Anströmung von links, rechts Anströmung von unten

holung in der y-Richtung und Spiegelung in der x-Richtung doppelperiodische Felder von Dipolen nach der in Bild 226 unten gegebenen Anordnung. Im einen Falle treten Dipole mit entgegengesetzter Richtung, im anderen nur solche mit gleicher Richtung auf.

Zu der Abbildung des Außengebietes der beiden Kreise auf ein Rechteck kann man auch noch durch eine andere Überlegung gelangen, welche einfacher auf den formelmäßigen Zusammenhang führt. Man kann sich die beiden Kreise als Potentiallinien eines Quell-Senken-Netzes vorstellen (Bild 227). Liegt die Quelle mit der Ergiebigkeit E im Punkte S_1

und die gleich starke Senke im Punkte S_2, so ist das komplexe Potential dieser Strömung

$$\varPhi = \frac{E}{2\pi} \ln \frac{\zeta - S_1}{\zeta - S_2}, \qquad (80,3)$$

wobei der Verlängerung der geraden Verbindungslinie von S_1 nach S_2 über S_1 und S_2 hinaus der Wert $\Psi = 0$ und der dazu senkrechten Symmetrielinie (der Mittelsenkrechten zu $S_1 S_2$) der Wert $\Phi = 0$ zugeordnet ist. Der Mittelpunkt O der Strömungsfigur (Mitte zwischen S_1 und S_2) hat darnach die Werte $\Phi = 0$, $\Psi = \pm E/2$, der unendlich ferne Punkt die Werte $\Phi = \Psi = 0$. Die Punkte S_1 und S_2 kann man aus gegebenen Kreisen nach Ziffer 55 finden. Die beiden Kreise haben nach Gl. (55,16) das Potential

$$\Phi_1 = \frac{E}{2\pi} \ln \tan \vartheta_1/2,$$

$$\Phi_2 = \frac{E}{2\pi} \ln \cot \vartheta_2/2.$$

Dabei sind ϑ_1 und ϑ_2 die spitzen Winkel, welche die Tangenten vom Mittelpunkt O der Strömungsfigur aus an die beiden Kreise mit der Verbindungslinie $S_1 S_2$ einschließen (Bild 227). Bildet man diese Quell-Senken-Strömung auf eine Parallelströmung ab, so geht das Außengebiet der beiden Kreise in ein Rechteck über. Die beiden Kreise werden zu zwei gegenüberliegenden Rechteckseiten. Die beiden anderen Rechteckseiten entsprechen einer beliebig gewählten Stromlinie der Quell-Senken-Strömung. Am einfachsten wählt man dazu die gerade Verbindung $S_1 S_2$, also die Stromlinie $\Psi = \pm E/2$. Die Zahl der Stromlinien ist E, mithin der Abstand der beiden Rechteckseiten AB

$$AA = BB = \omega_2 = \frac{E}{j_0}, \qquad (80,4)$$

wenn man als Stromdichte der Parallelströmung j_0 wählt. Die Zahl der Potentiallinien ist $\frac{E}{2\pi}(\ln\tan\vartheta_1/2 + \ln\tan\vartheta_2/2)$, also der Abstand der beiden anderen Rechteckseiten

$$AB = CD = \omega_1 = \frac{E}{2\pi j_0}(\ln\tan\vartheta_1/2 + \ln\tan\vartheta_2/2). \qquad (80,5)$$

Das Verhältnis der Rechteckseiten wird demnach

$$\frac{\omega_1}{\omega_2} = \frac{1}{2\pi}(\ln\tan\vartheta_1/2 + \ln\tan\vartheta_2/2). \qquad (80,6)$$

Die Abbildungsfunktion ergibt sich aus der Forderung, daß entsprechende Punkte gleiches Potential

$$\varPhi = \frac{E}{2\pi} \ln \frac{\zeta - S_1}{\zeta - S_2} = j_0 z \qquad (80,7)$$

haben, zu
$$z = \frac{\omega_2}{2\pi} \ln \frac{\zeta - S_1}{\zeta - S_2}. \qquad (80,8)$$

Durch die Abmessungen der Kreise ist von den Rechteckseiten ω_1 und ω_2 nur ihr Verhältnis ω_1/ω_2 nach Gl. (80,6) festgelegt. Ihre absolute

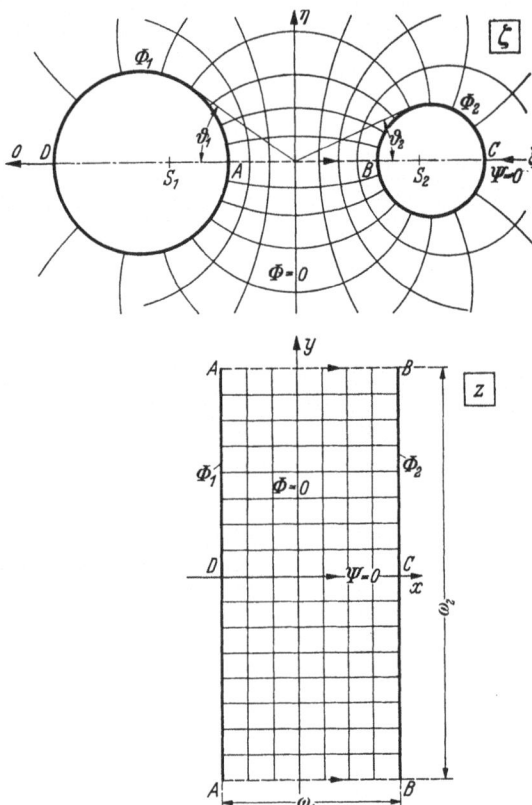

Bild 227. Konforme Abbildung einer Quell-Senken-Strömung im Außengebiet zweier Kreise auf eine Parallelströmung in einem Rechteck

Größe kann aber wegen der willkürlich angenommenen Stromdichte j_0 in Gl. (80,4), (80,5) und (80,7) beliebig gewählt, also $\omega_1 = C\,K$ und $\omega_2 = C\,K'$ gewählt werden. Es steht daher nichts im Wege, wenn es zweckmäßig ist, z. B. $\omega_1 = 2K$ und $\omega_2 = 2K'$ zu machen und so auf die normalen Größen der elliptischen Integrale und Funktionen zu kommen. Dabei liegt nur durch Gl. (80,6) $K/K' = \omega_1/\omega_2$ fest. Auf Grund der in Bild 198 dargestellten Zusammenhänge ergeben sich daraus dann die speziellen Werte K und K' sowie der Parameter k der elliptischen Integrale und Funktionen.

Dem unendlich fernen Punkte der ζ-Ebene entspricht der Nullpunkt der z-Ebene. Für sehr große Werte von ζ wird $\ln(\zeta - S_1)/(\zeta - S_2)$ $\approx (S_2 - S_1)/\zeta$. Demnach geht gemäß den Ausführungen in Ziffer 48 eine Parallelströmung im Unendlichen der ζ-Ebene mit der Stromdichte j_∞ im Nullpunkt der z-Ebene in einen Dipol über, dessen Moment sich aus Gl. (48,14) mit den Konstanten der Gl. (80,8) zu

$$M = j_\infty \, \omega_2(S_2 - S_1) = j_\infty \, C \, \mathrm{K}'(S_2 - S_1) \tag{80,9}$$

ergibt. Sind die beiden Kreise gleich groß ($\vartheta_1 = \vartheta_2$), so liegt der Nullpunkt der z-Ebene und damit der Dipol im Mittelpunkt des Rechtecks. Sind sie ungleich, so ist der Nullpunkt und damit der Dipol um die Strecke

$$e = \frac{\omega_1}{2} \, \frac{\ln \tan \vartheta_2/2 - \ln \tan \vartheta_1/2}{\ln \tan \vartheta_2/2 + \ln \tan \vartheta_1/2} \tag{80,10}$$

aus der Mitte nach links verschoben.

Werden die beiden Kreise in Richtung der Verbindungslinie ihrer Mittelpunkte angeströmt, so ergibt sich die in Bild 226 links dargestellte Anordnung von Dipolen. Dabei sind alle 4 Rechteckseiten Stromlinien. Man kann daher das Rechteck mit den Seiten $\omega_1 = C\,\mathrm{K}$ und $\omega_2 = C\,\mathrm{K}'$ auf eine Ebene $C\tau = C\,\mathrm{sn}\,z$ abbilden, in der ein Dipol mit waagerechter Achse auf der reellen Achse im Punkte $C\tau = -C\,\mathrm{sn}(e\,\mathrm{K}/\omega_1)$ liegt. Da dieser Dipol die einzige Singularität in der $C\tau$-Ebene ist, kann man in dieser Ebene sein Feld nach Gl. (48,8) berechnen und durch Rückabbildung auf die z-Ebene übertragen. Das komplexe Potential ergibt sich dann zu

$$\varPhi = \frac{M}{2\pi\,C\,\mathrm{sn}\,\mathrm{K}(z-e)/\omega_1} = \frac{j_\infty\,\mathrm{K}'(S_2 - S_1)}{2\pi\,\mathrm{sn}\,\mathrm{K}(z-e)/\omega_1}, \tag{80,11}$$

wobei z durch Gl. (80,8), M durch Gl. (80,9) und e durch Gl. (80,10) gegeben sind. Sind die beiden Kreise gleich groß, so ist $e = 0$. Die Anordnung der Dipole stimmt dann mit der in Bild 219 und die Gl. (80,11) mit Gl. (79,11) überein.

Für die Anströmung senkrecht zur Verbindungslinie der beiden Kreise ergibt sich eine Dipolanordnung, die sich von allen bisher kennengelernten wesentlich unterscheidet (Bild 226 rechts). Die Dipolströmungen, welche durch die JACOBIschen elliptischen Funktionen dargestellt werden, spielten sich innerhalb eines Rechtecks ab. Die Rechteckseiten waren entweder Stromlinien oder Potentiallinien. Das hat zur Folge, daß sich bei der Abbildung des Vierecks auf die obere Halbebene eine Strömung ergibt, die man durch Spiegelung zur vollen Ebene ergänzen und damit berechnen kann. Im vorliegenden Falle sind aber nur die Rechteckseiten AA und BB undurchlässige Grenzen, während durch die Seiten AB ein Durchfluß stattfindet. In der x-Richtung liegt eine spiegelbildliche Folge von Strömungen vor, aber in der y-Richtung eine sich stets identisch wiederholende Folge. Wir werden die Behandlung solcher Aufgaben in Ziffer 84 und 86 kennenlernen.

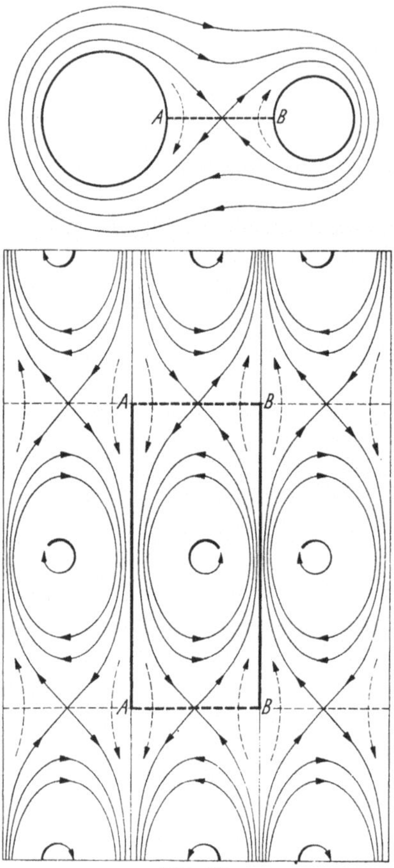

Außer der eben besprochenen Strömung um 2 Kreise, wobei sich die Kreise in einer Parallelströmung befinden, gibt es noch Zirkulationsströmungen (Ziffer 33) um die Kreise. Die Zirkulation kann um jeden Kreis beliebig sein, sie sei um den einen Γ_1, um den anderen Γ_2. Entsprechend wie bei der in Ziffer 70 behandelten Strömung um 2 Platten kann man auch hier die zugehörige Strömung durch Überlagerung von 2 Teilströmungen gewinnen, von denen bei der einen gleiche und gleichsinnige Zirkulation um jeden Kreis von der Stärke

$$\Gamma = (\Gamma_1 + \Gamma_2)/2 \quad (80,12)$$

und bei der anderen gleiche, aber entgegengesetzte Zirkulation

$$\Gamma'' = \pm (\Gamma_1 - \Gamma_2)/2 \quad (80,13)$$

zugrunde gelegt ist.

Bild 228
2 Kreise mit gleicher und gleichsinniger Zirkulation und die Abbildung ihres Außengebietes auf ein doppelperiodisches System von Wirbeln

Die Strömung mit gleicher entgegengesetzter Zirkulation ist leicht anzugeben. Man braucht nur in dem bereits benützten Quell-Senken-Netz nach Bild 227 Strom- und Potentiallinien zu vertauschen, also in S_1 einen Wirbel von der Zirkulation Γ'' und in S_2 einen von der Zirkulation $-\Gamma''$ anzuordnen. Das Potential ist

$$\Phi' = \frac{\Gamma'}{2\pi i} \ln \frac{\zeta - S_1}{\zeta - S_2}. \quad (80,14)$$

Zur Ermittlung der Strömung bei gleichsinniger Zirkulation Γ (Bild 228 oben) wird man wieder beide Kreise und ihre Verbindungslinie AB auf ein Rechteck abbilden (Bild 228 unten). Im Punkte $z = 0$, der dem unendlich fernen Punkte der ζ-Ebene entspricht, befindet sich jetzt ein Wirbel von der Stärke $-\varGamma$. Die den beiden Randkreisen entsprechenden Rechteckseiten sind undurchlässige Grenzen, an denen sich die Strömung spiegelbildlich fortsetzt. Dagegen ergibt sich beim Überschreiten der beiden anderen Rechteckseiten, welche der Verbindungslinie AB der Kreise entsprechen, nicht eine spiegelbildliche, sondern eine kongruente Wiederholung der Rechteckströmung. Die Strömung ist demnach das Feld einer Reihe gleicher und gleichsinniger Wirbel zwischen zwei undurchlässigen Wänden. Man stößt hier auf die gleiche Schwierigkeit wie bei der Queranströmung der beiden Kreise. Nur in dem Falle, daß die beiden Kreise gleich groß sind, lassen sich die beiden Aufgaben, Queranströmung und gleichsinnige Zirkulation, mit den bisher benützten Verfahren behandeln. Durch Abbildung des Rechtecks auf die Halbebene lassen sie sich nämlich auf die entsprechenden Aufgaben für zwei in einer Linie liegende ebene Platten gleicher Größe zurückführen, die in Ziffer 70 behandelt wurde. In allen anderen Fällen reichen aber die bisher benützten Abbildungsfunktionen nicht aus. Wir werden uns daher im folgenden mit derartigen allgemeineren Anordnungen befassen müssen.

81. Allgemeinere doppelperiodische Strömungsfelder. Die Untersuchungen der letzten Ziffern über die Strömungen in Rechtecken führten bereits auf doppelperiodische Strömungsfelder, die durch Spiegelung an den Rechteckseiten entstanden. Insbesondere ergaben die JACOBIschen elliptischen Funktionen doppelperiodische Anordnungen von Dipolen und die Logarithmen dieser Funktionen doppelperiodische Anordnungen von Quellen und Senken (Bild 217 bis 225). Man kann mit diesen Funktionen auch noch erheblich unsymmetrischere Anordnungen behandeln. So läßt sich z. B. die Strömung von einer Quelle

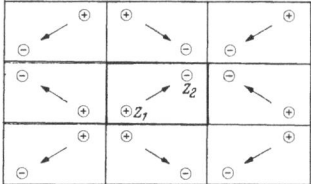
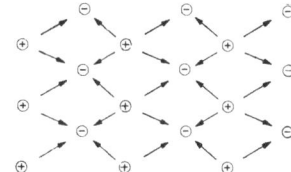

Bild 229. Doppelperiodische Quell-Senken-Anordnung mit spiegelbildlichen Fortsetzungen an den Rechteckrändern

Bild 230. Doppelperiodische Quell-Senken-Anordnung mit kongruenter Wiederholung der Rechtecke

in einem beliebigen Punkte z_1 nach einer gleich starken Senke in einem beliebigen Punkte z_2 innerhalb eines Rechtecks mit undurchlässigen Wänden (Bild 229) durch Abbildung des Rechtecks auf eine Halbebene $\tau = \operatorname{sn} z$ und Spiegelung an der reellen Achse dieser Ebene behandeln.

Der Umstand, daß bei allen diesen Anordnungen die Periodizität durch Spiegelung entstanden ist, bringt aber doch eine wesentliche Einschränkung mit sich, indem in den Rechtecken immer abwechselnd eine spiegelbildliche und eine kongruente Anordnung aufeinanderfolgen. Nun gibt es aber auch doppelperiodische Anordnungen, bei denen sich, wie z. B. in Bild 230, jedes Quell-Senken-Paar immer kongruent wiederholt, so daß die spiegelbildlichen Anordnungen fehlen. In diesen Fällen versagen diese Funktionen, da keine spiegelnden Wände vorhanden sind. Einige solche Fälle traten bereits in Ziffer 80 bei den senkrecht zu ihrer Verbindungslinie angeströmten Kreisen und bei der gleichsinnigen Zirkulation um die beiden Kreise auf, bei denen in der einen Richtung die spiegelbildliche Anordnung fehlte.

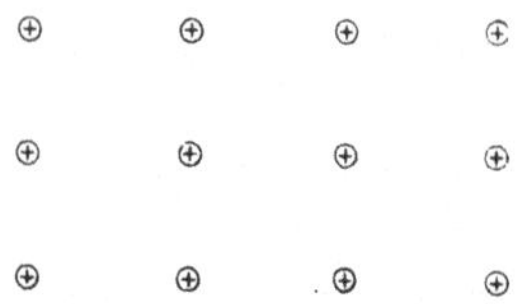

Um solche allgemeineren Anordnungen bequem behandeln zu können, wäre es erwünscht, das Potential einer doppelperiodischen Anordnung von Quellen bzw. Senken allein (Bild 231) zu kennen, aus denen man dann Anordnungen nach Art der in Bild 230, aber auch die in Bild 229 dargestellten durch einfache Überlagerung von mehreren solcher Systeme aufbauen kann. Die sich durch solche doppelperiodischen Anordnungen von Quellen ergebende Strömung führt auf die sog. ϑ-Funktionen. Aus der Überlagerung einer doppelperiodischen Quell-Anordnung nach Bild 231 und einer entsprechenden Senken-Anordnung erhält man durch den gleichen Grenzübergang, der uns in Ziffer 17 zum Dipol führte, eine doppelperiodische Anordnung gleichgerichteter Dipole, deren Feld sich daher ebenfalls bequem durch ϑ-Funktionen darstellen läßt.

Bild 231. Doppelperiodische Anordnung von Quellen

Man kann sich aber von den störenden spiegelbildlichen Anordnungen auch dadurch frei machen, daß man in einem Rechteck eine Strömung zugrunde legt, deren Spiegelbilder mit der ursprünglichen Strömung identisch sind. Eine solche Strömung stellt das Feld eines Quadrupols (Ziffer 17) dar, der in der Mitte des Rechtecks liegt und dessen Achsen parallel zu den Rechteckseiten sind. Durch Spiegelung an den Rechteckseiten ergibt sich ein doppelperiodisches Feld von kongruenten Quadrupolen, das durch die sog. $\wp$-Funktion dargestellt wird. Durch Integration kann man das Quadrupolfeld in ein Feld gleichgerichteter Dipole, und durch weitere Integration in ein doppelperiodisches Feld von Quellen umwandeln, diese werden durch die ζ- und σ-Funktionen dargestellt.

82. Doppelperiodische Quellenanordnungen. Bei einer doppelperiodischen Anordnung[1] von gleichen Quellen nach Bild 231 tritt die Schwierig-

---

[1] In der allgemeinen mathematischen Theorie sind die Überlegungen nicht auf rechteckige Anordnung der singulären Punkte beschränkt, sie gelten auch für eine Aufteilung der Ebene in kongruente Parallelogramme. Wir beschränken uns hier auf rechteckige Felder, da diese bei den praktischen Anwendungen weitaus am häufigsten vorkommen und die Vorgänge dabei leichter zu übersehen sind.

keit auf, daß alle Strommengen, die aus den Quellen kommen, ins Unendliche abfließen müssen, da ja sonst keine Senken vorhanden sind, welche sie aufnehmen würden. Infolgedessen nimmt die Stromdichte um so mehr zu, je weiter man sich vom Ausgangspunkt entfernt. Die Strömung ist daher trotz der doppelperiodischen Anordnung der Quellen selbst nicht doppelperiodisch. Außerdem ist sie auch nicht eindeutig bestimmt, da das Abströmen ins Unendliche in verschiedener Weise erfolgen kann. Man kann z. B. einen Nullpunkt beliebig annehmen und festlegen, daß die Stromdichte in diesem Punkte Null sein (oder einen beliebigen Wert haben) soll, und daß die Strommengen nach allen Richtungen gleichmäßig ins Unendliche abfließen sollen. Man kann sich aber auch die einzelnen Reihen von Quellen durch Wände voneinander getrennt denken, wobei die Reihen und die Trenn-

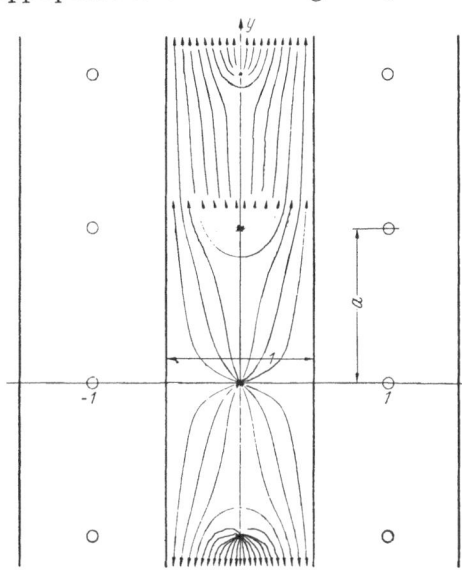

Bild 232. Quellenreihe zwischen undurchlässigen Wänden. Die Symmetrielinie (x-Achse) geht durch die Quelle

wände z. B. parallel der y-Achse sein mögen und die Quellreihen in der Mitte zwischen diesen Wänden liegen (Bild 232). In diesem Falle findet nur ein Abströmen nach oben und unten, nicht aber nach rechts und links statt, so daß man in der x-Richtung einen rein periodischen Vorgang erhält. Da in jedem der von den Trennwänden gebildeten Kanäle immer der gleiche Vorgang stattfindet, braucht man nur einen solchen Kanal zu betrachten.

Zunächst wollen wir uns auf diese letztere Art der Abströmung festlegen. Für die weitere Behandlung der Aufgabe wollen wir die Breite des Kanals bzw. den Abstand der Quellen in der x-Richtung als Längeneinheit wählen. Der Abstand der Quellen in der y-Richtung sei a (Bild 232). Es bleiben dann aber immer noch verschiedene Möglichkeiten der Abströmung, je nachdem, wo man den Symmetriepunkt hinlegt.

Befände sich in jedem Kanal nur eine endliche Anzahl n von Quellen gleicher Ergiebigkeit E in gleichem Abstande voneinander, so wäre die Symmetrieachse, oberhalb der die Strömung nach oben, unterhalb der sie nach unten erfolgt, als Symmetrieachse der Quellen gegeben. Je nachdem die Anzahl n der Quellen gerade oder ungerade ist, geht diese Symmetrielinie in der Mitte zwischen den mittelsten Quellen oder durch die mittelste Quelle hindurch (Bild 233 und 232). Von einer einzelnen Quelle strömt die Hälfte ihrer Ergiebigkeit E nach oben, die Hälfte nach unten ab. In großer Entfernung von der Quelle geht ihr Strömungsfeld immer mehr in eine Parallelströmung mit der Stromdichte

$$j = \frac{E}{2} \qquad (82,1)$$

längs des Kanals über. Fügt man der eben betrachteten Reihe von n Quellen oben und unten je eine weitere Quelle an, so hebt sich das zusätzliche Feld dieser beiden Quellen in der Symmetrieachse vollständig und in ihrer Umgebung sehr weitgehend auf. Der Einfluß dieser beiden Quellen verschwindet immer mehr, je weiter sie entfernt sind, d. h., je größer die Anzahl der bereits vorhandenen Quellen ist. Wenn man das Feld der unendlich langen Reihe von Quellen in der Weise berechnet, daß man immer zwei symmetrisch zur x-Achse liegende Quellen gleichzeitig hinzufügt, so kann man eine rasch konvergierende Rechnung erwarten.

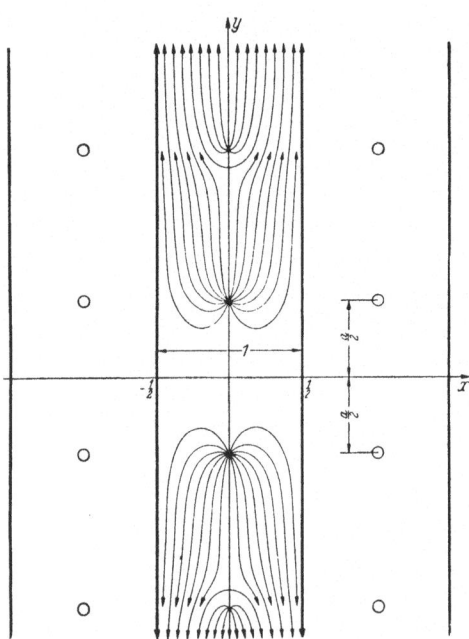

Bild 233. Quellenreihe zwischen undurchlässigen Wänden. Die Symmetrielinie (x-Achse) liegt in der Mitte zwischen 2 Quellen

Fügt man zu den n vorhandenen Quellen nur auf einer Seite, z. B. oben, ν weitere Quellen von der Ergiebigkeit E hinzu, so bedeutet das, falls n bereits sehr groß war, in der Nähe der bisherigen Symmetrieachse die Überlagerung einer nach unten gerichteten Parallelströmung mit der Stromdichte

$$j_\nu = E\nu/2. \qquad (82,2)$$

Wenn man die unendlich lange Quellenreihe nicht in der Weise berechnet, daß man die Quellenreihe immer um symmetrisch zur Nullachse gelegene Quellen, sondern irgendwie unsymmetrisch vermehrt, so erhält man demnach andere Ergebnisse, je nach der Art des Grenzübergangs $n \to \infty$. Alle diese Ergebnisse unterscheiden sich aber von dem beim symmetrischen Grenzübergang erhaltenen nur durch die Überlagerung einer Par-

82. Doppelperiodische Quellenanordnungen

allelströmung, deren Geschwindigkeit jeweils aus der Art des Grenzübergangs angegeben werden kann.

Die einseitige Verlängerung der bereits sehr langen Reihe von n Quellen um ν Quellen von gleicher Ergiebigkeit E und gleichem Abstand a ergibt eine Reihe von $n + \nu$ Quellen, die in ihrem Mittelpunkt eine neue Symmetrieachse hat. Ist ν eine gerade Zahl, so hat die Strömung in der Umgebung der neuen Achse den gleichen Verlauf wie in der Umgebung der ursprünglichen. Ist ν ungerade, so erhält man jeweils die andere der in Bild 232 und 233 dargestellten Strömungen. Durch das Hinzufügen der Quellen verschiebt man die Symmetrieachse einfach um $\nu a/2$. Da aber das Hinzufügen der ν Quellen gleichbedeutend ist mit dem Überlagern einer Parallelströmung von der Stromdichte $E\nu/2$, so erhält man durch die Überlagerung einer solchen Parallelströmung ebenfalls einfach eine Verschiebung der Symmetrielinie, und zwar entgegen der Strömungsrichtung. Daraus folgt, daß beim Fortschreiten um jeweils eine halbe Teilung $a/2$ die Stromdichte immer um

$$j_1 = E/2 \tag{82,3}$$

ansteigt, während im übrigen das Strömungsfeld sich immer wiederholt.

Da weiterhin auf der Symmetrieachse die Stromdichte in Richtung der Quellenreihe Null ist, und man jede senkrecht zur Reihe durch eine Quelle oder mitten zwischen 2 Quellen hindurchgehende Achse durch Überlagerung einer Parallelströmung zur Symmetrieachse machen kann, so muß auf jeder dieser Achsen die Komponente der Stromdichte in Richtung der Quellenreihe konstant sein. In einem Querschnitt des Kanals im Abstand $n a/2$ ($n =$ ganze Zahl) von der Symmetrieachse herrscht demnach in Richtung der Quellenreihe die konstante Stromdichte

$$j_n = n E/2. \tag{82,4}$$

Bei einer einfachen Sattelpunktströmung nimmt nach Gl. (12,16) und (12,17) sowohl die negative y-Komponente $-j_y$ wie die x-Komponente j_x der Stromdichte linear mit x und y zu. Überlagert man dem doppelperiodischen Quellenfeld mit reiner Abströmung nach oben und unten eine solche Sattelpunktströmung von der Stärke $S_2 = j_x/2x = -j_y/2y$ gemäß der Definition nach Gl. (12,9), so hebt sie in allen Geraden $y = n a/2$ die Abströmgeschwindigkeit gerade auf. Dafür herrscht jetzt in den Geraden $x = n/2$ die zunehmende waagerechte Stromdichte $j = E n/2a$. Man erhält so eine rein waagerechte Abströmung zwischen Wänden in $y = a\left(n + \dfrac{1}{2}\right)$. Man kann also durch diese Überlagerung die rein lotrechte in eine rein waagerechte Abströmung überführen, aber auch durch Überlagerung der beiden bzw. durch Überlagerung einer Sattelpunktströmung von anderer Stärke kombinierte

Betz, Konforme Abbildung, 2. Aufl.

Abströmungen oder auch Zu- und Abströmungen erzielen. Wegen dieses einfachen Zusammenhangs der verschiedenen Abströmmöglichkeiten bedeutet es keine Einschränkung der Allgemeinheit, wenn wir unseren Überlegungen nur die lotrechte Abströmung zugrunde legen.

Da die Stromdichte in allen Querschnitten $y = n\,a/2$ jeweils konstant ist, so kann man sie durch eine gleichmäßige Belegung der Querschnitte $y = \left(n + \dfrac{1}{2}\right) a$ mit Senken von der Gesamtergiebigkeit $-E$ in jedem dieser Querschnitte gerade zum Verschwinden bringen. Dadurch fällt die ständige Zunahme der Geschwindigkeiten nach außen hin fort. Man erhält dadurch auch in der y-Richtung in jeder Periode die gleiche Strömung und somit in der ganzen Ebene einen doppelperiodischen Strömungsvorgang.

Für die eingehendere Berechnung des Strömungsfeldes wollen wir den in Bild 232 dargestellten Fall zugrunde legen, daß die Symmetrieachse durch eine der Quellen geht. Wir wählen sie als x-Achse einer z-Ebene, und die Gerade, auf der alle Quellen liegen, als y-Achse. Durch die Abbildungsfunktion

$$t = e^{i\pi z} \qquad (82{,}5)$$

geht ein Streifen von der Periodenbreite 1, also unser Kanal, in die rechte Hälfte der t-Ebene über. Die linke Hälfte der t-Ebene ergibt sich durch Spiegelung an der imaginären Achse. In ihr ist das Strömungsbild kongruent dem der rechten, nur um 180° gedreht (Bild 234). Man kann die linke Hälfte der t-Ebene als Abbildung des benachbarten Streifens der z-Ebene auffassen, so daß $z(-t) = 1 + z(+t)$ ist. Zu jedem Punkt z des Kanals der z-Ebene gehören demnach 2 Punkte der t-Ebene (Bild 234), wobei der in der rechten Hälfte liegende dem Punkte z selbst und der in der linken Hälfte liegende dem Punkte $z + 1$ (oder auch $z - 1$) zugeordnet ist. Der Quelle im Nullpunkt der z-Ebene entsprechen daher 2 Quellen in den Punkten $t = \pm 1$ und einer Quelle im Punkte $y = n\,a$ (n = ganze Zahl) 2 Quellen in den Punkten $t = \pm e^{-\pi n a}$. Man kann sie den Punkten $z = i\,n\,a$ und $z = 1 + i\,n\,a$ zuordnen. Die Quellen oberhalb des Nullpunktes der z-Ebene (n positiv) liegen in der t-Ebene auf der reellen Achse zwischen 0 und ± 1, die Quellen unterhalb vom Nullpunkt der z-Ebene (n negativ) liegen in der t-Ebene zwischen $t = \pm 1$ und $t = \pm \infty$.

Zu jeder Quelle der z-Ebene gehört eine Senke im Unendlichen, welche die aus der Quelle kommende Strommenge aufnimmt. Man kann jeder Quelle oberhalb des Nullpunktes eine gleich starke Senke im Punkte $z = +i\infty$, und jeder Quelle unterhalb des Nullpunktes eine im Punkte $z = -i\infty$ zuordnen. Man kann aber auch jeder Quelle 2 Senken von halber Stärke in den Punkten $z = \pm i\infty$ zuordnen. Betrachtet man jeweils den Einfluß von 2 Quellen in den beiden Punkten $z = \pm i\,n\,a$,

82. Doppelperiodische Quellenanordnungen

so ergeben beide Möglichkeiten die gleiche Anordnung der Senken, nämlich 2 Senken von gleicher Stärke wie die Senken in den Punkten $z = \pm i\infty$.

Bei der Abbildung auf die t-Ebene gehen die beiden Senken in den Punkten $z = \pm i\infty$ und die in den Punkten $z = 1 \pm i\infty$ in vier gleich ergiebige Senken über, von denen zwei, die der Senke $z = -i\infty$ und $z = 1 - i\infty$ entsprechen, wieder ins Unendliche ($t = \pm\infty$) fallen, während die beiden anderen, die den Senken in $z = +i\infty$ und $z = 1 + i\infty$ entsprechen, in den Nullpunkt der t-Ebene fallen. Die ersteren beiden braucht man nicht zu beachten, wohl aber die beiden letzteren. Dem Feld der beiden Quellen zwischen den parallelen Wänden der z-Ebene in den Punkten $z = \pm i n a$ entspricht demnach ein Feld der t-Ebene, das sich

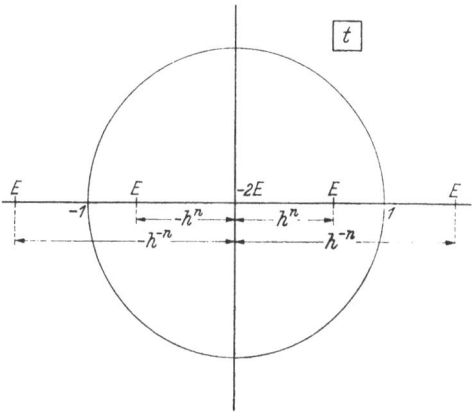

Bild 234. Konforme Abbildung von zwei benachbarten Streifen zwischen den undurchlässigen Wänden der z-Ebene auf die volle τ-Ebene mit den Quellen und Senken, die je zwei symmetrisch zur x-Achse liegenden Quellen der z-Ebene entsprechen

aus 4 Quellen in den Punkten der reellen Achse $t = \pm e^{\mp n\pi a} = \pm h^{\pm n}$ und einer Senke von doppelter Ergiebigkeit im Nullpunkt aufbaut (Bild 234). Zur Abkürzung ist dabei

$$h = e^{-\pi a} \qquad (82,6)$$

eingeführt. Ist die Ergiebigkeit der einzelnen Quellen E, so ergibt sich in einem Punkte t das komplexe Potential der erwähnten 4 Quellen und der Senke doppelter Stärke im Nullpunkt zu

$$\varPhi_n = \frac{E}{2\pi}\left[\ln\frac{t-h^n}{1-h^n} + \ln\frac{t+h^n}{1+h^n} + \ln\frac{t-h^{-n}}{1-h^{-n}} + \ln\frac{t+h^{-n}}{1+h^{-n}} - 2\ln t\right], \quad (82,7)$$

wobei der Nullpunkt der Potentialzählung jeweils in den Punkt $t = 1$ gelegt ist. Durch eine einfache Umrechnung ergibt sich aus Gl. (82,7)

$$\varPhi_n = \frac{E}{2\pi}\ln\frac{(t^2-h^{2n})(t^2-h^{-2n})}{t^2(1-h^{2n})(1-h^{-2n})} = \frac{E}{2\pi}\ln\frac{(1-h^{2n}t^2)(1-h^{2n}t^{-2})}{(1-h^{2n})^2}. \quad (82,8)$$

Das komplexe Potential $\varPhi$ der ganzen Quellenreihe ergibt sich durch Summation über alle Quellpaare ($n = 1$ bis $n = \infty$), wozu noch das Potential der nur einfach vorhandenen Quelle im Nullpunkt der z-Ebene bzw. der beiden Quellen in den Punkten ± 1 der t-Ebene und der zugehörigen Senke im Nullpunkt

$$\varPhi_0 = \frac{E}{2\pi} \ln C \frac{t^2 - 1}{t} = \frac{E}{2\pi} \ln C\left(t - \frac{1}{t}\right) \qquad (82{,}9)$$

kommt. Der Faktor C ist dabei willkürlich, er hängt von der Wahl des Ortes des Nullpotentials ab. Es ergibt sich demnach

$$\varPhi = \frac{E}{2\pi} \ln \left[C\left(t - \frac{1}{t}\right) \prod_{n=1}^{\infty} \frac{(1 - h^{2n} t^2)(1 - h^{2n} t^{-2})}{(1 - h^{2n})^2} \right]. \qquad (82{,}10)$$

Das Potential einer einzelnen gleich starken Quelle im Nullpunkte einer ϑ_1-Ebene ist, wenn man seine Nullstelle nach $\vartheta_1 = 1$ legt,

$$\varPhi = \frac{E}{2\pi} \ln \vartheta_1. \qquad (82{,}11)$$

Durch Vergleich der beiden Potentiale ergibt sich die Zuordnung der Punkte der ϑ_1-Ebene zu denen der t-Ebene.

Die Abbildungsfunktion lautet

$$\vartheta_1 = C\left(t - \frac{1}{t}\right) \prod_{n=1}^{\infty} \frac{(1 - h^{2n} t^2)(1 - h^{2n} t^{-2})}{(1 - h^{2n})^2}. \qquad (82{,}12)$$

Da sich t nach Gl. (82,5) durch z ausdrücken läßt, hat man in dieser Funktion ein Hilfsmittel, um das Feld doppelperiodischer Quellenanordnungen auf ein einfaches Quellenfeld zurückzuführen.

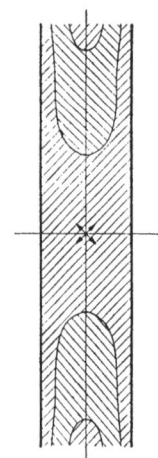

Bild 235
Gebiete, welche verschiedenen RIEMANN-schen Blättern der ϑ_1-Ebene entsprechen

Zu jeder Quelle des doppelperiodischen Systems gehört ein Gebiet, das in die ganze ϑ_1-Ebene übergeht. Diese Gebiete sind durch Linien voneinander getrennt, welche Staupunkte enthalten. Wir wählen am einfachsten die Stromlinien durch die betreffenden Staupunkte. Beim Fortschreiten in der y-Richtung haben diese Gebiete nicht die gleiche sich wiederholende Gestalt. In Bild 235 sind einige dieser Gebiete durch wechselnde Schraffur gekennzeichnet.

Wir haben bei unseren Überlegungen die Perioden so normiert, daß die Periode in der x-Richtung als Längeneinheit gewählt wurde. Sind allgemein die Periodenlängen in der x-Richtung ω_1, in der y-Richtung ω_2, so ist der Parameter

$$a = \omega_2/\omega_1, \qquad (82{,}13)$$

und als Variable ist z/ω_1 anstatt z zu setzen. Ist die Ergiebigkeit der Quellen E, so wird

$$\varPhi = \frac{E}{2\pi} \ln \vartheta_1(z/\omega_1, \omega_2/\omega_1). \qquad (82{,}14)$$

Die Stromdichten sind aber im Verhältnis $1/\omega_1$ verkleinert.

83. Die ϑ-Funktionen[1]. Die in Gl. (82,12) angegebene Abbildungsfunktion gehört zu einer Gruppe von Funktionen, die von den Mathematikern weitgehend untersucht sind, den sog. ϑ-Funktionen. Die in Gl. (82,12) gegebene ϑ-Funktion wird in der Mathematik ebenfalls als ϑ_1-Funktion bezeichnet. Zur Erzielung gewisser Symmetrieeigenschaften ist es üblich, die Konstante

$$C = -i h^{1/4} \prod_{n=1}^{\infty} (1 - h^{2n})^3 \tag{83,1}$$

zu setzen. Damit wird

$$\vartheta_1 = \prod_{n=}^{\infty} (1 - h^{2n}) h^{1/4} \frac{t - t^{-1}}{i} \prod_{n=1}^{\infty} (1 - h^{2n} t^2)(1 - h^{2n} t^{-2}). \tag{83,2}$$

Die in Bild 233 dargestellte Strömung entsteht durch Verschieben des durch die ϑ_1-Funktion dargestellten Quellsystems um $i a/2$ und Überlagerung einer nach oben gerichteten Parallelströmung mit der Stromdichte $E/2$. Das Strömungspotential ist also

$$\varPhi = \frac{E}{2\pi} \ln \vartheta_1(z + i a/2) + i \frac{E}{2} z + \ln C'. \tag{83,3}$$

Für die Funktion, deren Logarithmus die in Bild 233 wiedergegebene Strömung darstellt, hat man eine besondere Bezeichnung ϑ_4 eingeführt. Daneben ist auch die Bezeichnung ϑ_0 oder ϑ gebräuchlich. Es ist

$$\varPhi = \frac{E}{2\pi} \ln \vartheta_4 \tag{83,4}$$

und

$$\vartheta_4(z) = -i h^{1/4} t \, \vartheta_1(z + i a/2) = e^{i\pi(-1/2 + ia/4 + z)} \vartheta_1(z + i a/2).$$

Der Faktor $t = e^{i\pi z}$ entspricht der überlagerten Parallelströmung:

$$\varPhi' = \frac{E}{2\pi} \ln t = \frac{E}{2\pi} i \pi z = i \frac{E}{2} z. \tag{83,5}$$

Der konstante Faktor $-i h^{1/4} = C'$ bedeutet wieder nur eine an sich willkürliche Festlegung des Nullpotentials.

In ähnlicher Weise ergeben sich durch Verschieben des Quellsystems, wobei eine Quelle einmal in den Punkt $z = \pm \frac{1}{2}$ und einmal in den Punkt $z = \pm \frac{1}{2} \pm i a/2$ fällt, ϑ-Funktionen, die man mit ϑ_2 und ϑ_3 bezeichnet. Die Strömungen in der Umgebung des Nullpunktes der z-Ebene, die den verschiedenen ϑ-Funktionen entsprechen und die Zuordnung einzelner Punkte in den entsprechenden ϑ-Ebenen, sind in

---

[1] Um die ϑ-Funktionen und ebenso die in Ziffer 86 behandelten σ- und ζ-Funktionen von den allgemeinen Formelgrößen ϑ, σ, ζ zu unterscheiden, ist dafür eine abweichende (steile) Schrift (ϑ, σ, ζ) verwandt.

342   X. Doppelperiodische Felder

Bild 236 zusammengestellt. Beim Übergang von der ϑ_1 entsprechenden Strömung zu der von ϑ_2 ist keine Überlagerung einer Parallelströmung nötig, da ja in der x-Richtung kein Abfließen stattfindet und die Funktionen in dieser Richtung periodisch sind. Die Zusatzströmung ist nur

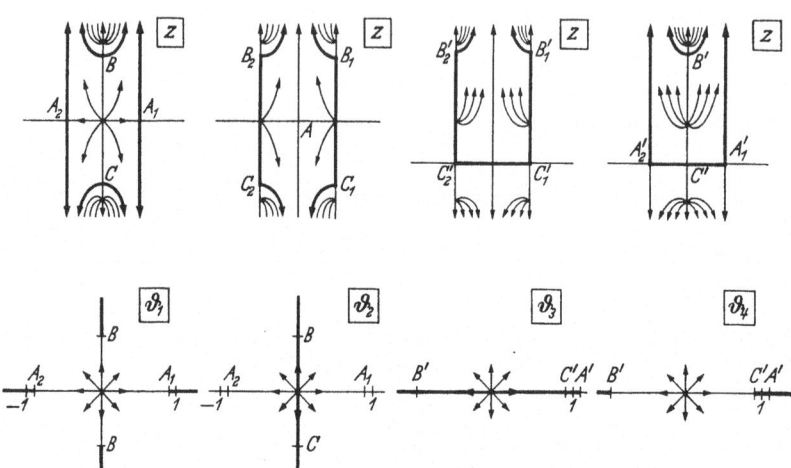

Bild 236. Zuordnungen entsprechend den 4 ϑ-Funktionen. Das einem RIEMANNschen Blatt entsprechende Gebiet ist jeweils durch starke Linien umrandet

bei einer Verschiebung in der y-Richtung nötig. Für diese ϑ-Funktionen ergeben sich nun folgende Zusammenhänge:

$$\vartheta_2(z) = \vartheta_1\left(z \pm \frac{1}{2}\right)$$

$$= \prod_{n=1}^{\infty}(1-h^{2n}) h^{1/4}(t+t^{-1}) \prod_{n=1}^{\infty}(1+h^{2n}t^2)(1+h^{2n}t^{-2}), \qquad (83,6)$$

$$\vartheta_3(z) = h^{1/4} t\, \vartheta_1\left(z \pm \frac{1}{2} \pm i\frac{a}{2}\right)$$

$$= \prod_{n=1}^{\infty}(1-h^{2n}) \prod_{n=1}^{\infty}(1+h^{2n-1}t^2)(1+h^{2n-1}t^{-2}), \qquad (83,7)$$

$$\vartheta_4(z) = \vartheta_3\left(z \pm \frac{1}{2}\right) = i\,h^{1/4} t\, \vartheta_1\left(z \pm i\frac{a}{2}\right)$$

$$= \prod_{n=1}^{\infty}(1-h^{2n}) \prod_{n=1}^{\infty}(1-h^{2n-1}t^2)(1-h^{2n-1}t^{-2}). \qquad (83,8)$$

Die ϑ-Funktionen zeichnen sich mathematisch dadurch aus, daß sie sich durch außerordentlich rasch konvergierende Reihen darstellen

83. Die ϑ-Funktionen

lassen.[1] Anschaulich ist das verständlich, da zu der Strömung an einer Stelle der z-Ebene jeweils nur die unmittelbar benachbarten Quellen merklich beitragen, während sich die Einflüsse der weiter entfernten Quellen infolge ihrer stark symmetrischen Lage nahezu aufheben. Außer den obigen Produktdarstellungen bestehen auch folgende Reihendarstellungen:

$$\vartheta_1(z) = 2h^{1/4}[\sin z\pi - h^2 \sin 3z\pi + h^6 \sin 5z\pi - \ldots] \qquad (83,9)$$

$$\vartheta_2(z) = 2h^{1/4}[\cos z\pi + h^2 \cos 3z\pi - 2h^6 \cos 5z\pi - \ldots] \qquad (83,10)$$

$$\vartheta_3(z) = 1 + 2h \cos 2z\pi + 2h^4 \cos 4z\pi + 2h^9 \cos 6z\pi + \ldots \qquad (83,11)$$

$$\vartheta_4(z) = 1 - 2h \cos 2z\pi + 2h^4 \cos 4z\pi - 2h^9 \cos 6z\pi + \ldots \qquad (83,12)$$

Man kann jeweils die Richtung des größeren Periodenabstandes als y-Achse wählen, so daß stets $a \geqq 1$ und damit $h = e^{-a\pi} \leqq e^{-\pi} = 0{,}043$ ist. Die Potenzen von h in den vorstehenden Reihen nehmen daher sehr rasch ab. Die Werte von $\sin n z\pi$ und $\cos n z\pi$ können an sich beliebig groß werden, wenn der Imaginärteil von z groß ist. Da man aber nur die Verhältnisse innerhalb eines Periodenrechtecks zu untersuchen braucht, indem sich die Werte in anderen Perioden einfach durch Überlagerung einer Parallelströmung daraus ergeben, und da man von diesem Rechteck durch Vertauschen der ϑ_1- und ϑ_4- bzw. ϑ_2- und ϑ_3-Funktion jeweils mit einer ϑ-Funktion nur die halbe Periode darstellen muß, so ist der benötigte Imaginärteil y von z stets $\leqq a/4$. Für große Werte von n wird daher $2\sin n\pi i y \approx 2\cos n\pi i y \approx e^{n\pi y} \leqq e^{n a \pi/4}$. Die Beträge der sin- und cos-Ausdrücke wachsen demnach wesentlich langsamer, als die Potenzen von h abnehmen. Man erhält daher in dem jeweils benötigten Bereich stets eine sehr rasch konvergierende Reihe. Sie konvergiert um so rascher, je größer das Verhältnis a der beiden Perioden ist. Allerdings muß man darauf achten, daß man jeweils die ϑ-Funktion wählt, bei der der Nullpunkt der z-Ebene dem Aufpunkte,

---

[1] In der Literatur, vor allem in Tabellenwerken und Formelsammlungen, finden sich verschiedene Bezeichnungen:

Die *Perioden* werden mit ω_1 und $i\omega_2$ oder 2ω und $2\omega'$ oder $2K$ und $2iK'$ bezeichnet. K und K' sind dabei die in Gl. (68,8) und (68,21) definierten vollständigen elliptischen Integrale; sie setzen eine entsprechende Normierung der Einheit voraus, da ihre Absolutwerte nicht beliebig sind. ω_1, ω_2, ω und ω' können beliebige Werte haben.

Das *Periodenverhältnis* ist $a = \omega_2/\omega_1 = \omega'/i\omega = K'/K = \varkappa = \tau/i$. Ferner ist $e^{-\pi a} = h = q$.

An Stelle des Periodenverhältnisses wird auch der Modul k der elliptischen Integrale oder der durch die Beziehung $k = \sin \alpha$ definierte Winkel α verwandt, deren Zusammenhang mit dem Periodenverhältnis K'/K in Bild 198 gegeben ist.

Die Koordinaten werden bezeichnet mit $z = v = v_1 + \tfrac{1}{2}$, wenn die Periode $\omega_1 = 1$ ist. Für allgemeine Perioden ist $\omega_1 z = \omega_1 v = u$.

in dem sie berechnet werden soll, am nächsten liegt. Das ist auch der sachliche Grund, weshalb man die vier verschiedenen ϑ-Funktionen verwendet.

Wegen der raschen Konvergenz ihrer Reihen kann man die ϑ-Funktionen auch zur bequemen Berechnung der elliptischen Funktionen benützen. Bild 218 zeigt z. B. eine doppelperiodische Quell-Senken-Strömung, die sich durch die elliptische Funktion sn$z$ darstellen läßt. Sie setzt sich zusammen aus einem Quellsystem und einem Senkensystem mit den Perioden $2\mathrm{K}$ und $2i\mathrm{K}'$, wobei beim Quellsystem eine Quelle im Nullpunkt, beim Senkensystem eine Senke im Punkte $i\mathrm{K}'$ liegt. Durch eine ähnliche Verkleinerung der z-Ebene auf eine Ebene

$$z' = z/2\mathrm{K} \qquad (83,13)$$

wird die reelle Periode 1, die imaginäre

$$a = \mathrm{K}'/\mathrm{K}. \qquad (83,14)$$

In dieser z'-Ebene stimmt dann die Anordnung der Quellen mit der durch die ϑ_1-Funktion dargestellten und die Anordnung der Senken mit der durch die ϑ_4-Funktion dargestellten (Bild 236) überein. Ist die Ergiebigkeit der Quellen und Senken $\pm E$, wird das Potential der Quellen

$$\varPhi_1 = \frac{E}{2\pi} \ln \vartheta_1(z'), \qquad (83,15)$$

das der Senken

$$\varPhi_2 = -\frac{E}{2\pi} \ln \vartheta_4(z') \qquad (83,16)$$

und somit das des Quell-Senken-Systems

$$\varPhi = \varPhi_1 + \varPhi_2 = \frac{E}{2\pi} \ln \frac{\vartheta_1(z')}{\vartheta_4(z')} = \frac{E}{2\pi} \ln \frac{\vartheta_1(z/2\mathrm{K})}{\vartheta_4(z/2\mathrm{K})}. \qquad (83,17)$$

Andererseits ist das Potential dieser Quell-Senken-Anordnung nach Gl. (79,10) $\frac{E}{2\pi}\ln\operatorname{sn}z$. Dabei ist aber zu beachten, daß dieser Potentialausdruck seinen Nullpunkt im Punkte $\tau = \operatorname{sn}z = 1$ hat, der dem Punkte $z' = 1/2$ entspricht, während er bei den Ausdrücken mittels der ϑ_1- und ϑ_4-Funktionen in den Punkten $\vartheta_1 = \vartheta_4 = 1$ liegt, die dem Punkte $1/\sqrt{k}$ der τ-Ebene entsprechen (Bild 216)[1]. Wenn man die

---

[1] In Bild 216 trat in der sn$z$-Ebene ein Kreis mit dem Radius $1/\sqrt{k}$ auf, welcher der Mittellinie des Vierecks FG, also in unserem Falle der Geraden $y = a/4$, entspricht. Auf diese Gerade sind gewisse Symmetrieeigenschaften der ϑ-Funktionen bezogen. Hiermit hängt außer dem Faktor $1/\sqrt{k}$ in Gl. (83,19) auch der Faktor $h^{1/4}$ in Gl. (83,1) zusammen.

83. Die ϑ-Funktionen

Potentiale auch in der τ-Ebene von $1/\sqrt{k}$ als Nullpotential aus rechnet, wird

$$\varPhi = \frac{E}{2\pi}\left(\ln \operatorname{sn} z - \ln 1/\sqrt{k}\right). \tag{83,18}$$

Durch Gleichsetzen der beiden Potentialausdrücke (83,17) und (83,18) ergibt sich daher

$$\operatorname{sn} z = \frac{\vartheta_1(z/2\,\mathrm{K})}{\vartheta_4(z/2\,\mathrm{K})}\,\frac{1}{\sqrt{k}}. \tag{83,19}$$

In entsprechender Weise ergibt sich

$$\operatorname{cn}(z) = \frac{\vartheta_2(z/2\,\mathrm{K})}{\vartheta_4(z/2\,\mathrm{K})}\sqrt{\frac{k'}{k}}, \tag{83,20}$$

$$\operatorname{dn}(z) = \frac{\vartheta_3(z/2\,\mathrm{K})}{\vartheta_4(z/2\,\mathrm{K})}\sqrt{k'}. \tag{83,21}$$

Weitere Eigenschaften und Zusammenhänge der ϑ-Funktionen sind in den einschlägigen Lehrbüchern angegeben.[1]

In zwei in der y-Richtung um die Periode a auseinanderliegenden Punkten z und $z+i\,a$ unterscheidet sich die Strömung gemäß der Ausführungen in Ziffer 82 durch eine zusätzliche Parallelströmung nach oben von der Stromdichte $j = E$ im Punkte $z + i\,a$. Geht man nun sowohl vom Punkte z_1 wie vom Punkte $z_1 + i\,a$ um eine Strecke $z' = x' + i\,y'$ weiter, so wächst wegen dieser zusätzlichen Parallelströmung das Potential des Punktes $z_1 + i\,a$ um $E\,y'$ und die Stromfunktion um $-E\,x'$ mehr an als die entsprechenden Größen des Punktes z_1. Das komplexe Potential $\varPhi = \varPhi + i\varPsi$ nimmt demnach beim Punkt $z_1 + i\,a$ um $\varPhi' = -i\,z'E$ mehr zu als beim Punkte z_1. Legt man den Nullpunkt des komplexen Potentials auf die Achse, so haben die beiden symmetrisch zur x-Achse liegenden Punkte $x=0, y=-a/2$ und $x=0, y=+a/2$ gleiches Potential. Ihre Stromfunktion unterscheidet sich, wenn im Nullpunkt eine Quelle liegt, um $E/2$. Der Unterschied des komplexen Potentials dieser beiden Punkte ist demnach

$$\varPhi(i\,a/2) - \varPhi(-i\,a/2) = i\,E/2. \tag{83,22}$$

Geht man nun vom Punkt $-i\,a/2$ zu einem beliebigen Punkte z und vom Punkte $+i\,a/2$ zum Punkte $z + i\,a$ über, also von beiden Punkten um die Strecke $z' = z + i\,a/2$ weiter, so steigt der Unterschied der Potentiale um $-i\,z'E = E(-i\,z + a/2)$. Man erhält daher für den Unterschied zwischen dem komplexen Potential in einem beliebigen

---

[1] Zum Beispiel HURWITZ-COURANT: Funktionentheorie, Berlin: Springer 1929, oder JANKE-EMDE-LÖSCH: Tafeln höherer Funktionen, 6. Aufl. Stuttgart: B. G. Teubner 1960.

Punkt z und dem im Punkte $z + i\,a$

$$\varPhi(z + i\,a) - \varPhi(z) = E(i/2 - i\,z + a/2). \tag{83,23}$$

Da wieder $\varPhi = \dfrac{E}{2\pi} \ln \vartheta_1$ ist, so wird

$$\frac{\vartheta_1(z + i\,a)}{\vartheta_1(z)} = e^{\pi(a - 2iz + i)} = -e^{\pi(a - 2iz)}. \tag{83,24}$$

In gleicher Weise ergibt sich

$$\frac{\vartheta_2(z + i\,a)}{\vartheta_2(z)} = \frac{\vartheta_3(z + i\,a)}{\vartheta_3(z)} = e^{\pi(a - 2iz)}, \quad \frac{\vartheta_4(z + i\,a)}{\vartheta_4(z)} = -e^{\pi(a - 2iz)}. \tag{83,25}$$

84. Darstellung doppelperiodischer Dipolfelder durch ϑ-Funktionen.
Ein doppelperiodisches Quellenfeld mit den Perioden ω_1 und ω_2, bei dem eine Quelle im Punkte $z = -\varepsilon$ liegt, ist durch das Potential

$$\varPhi_+ = \frac{E}{2\pi} \ln \vartheta_1\left(\frac{z + \varepsilon}{\omega_1}\right) \tag{84,1}$$

dargestellt, wobei E die Quellergiebigkeit ist. Ein doppelperiodisches Senkenfeld gleicher Ergiebigkeit und gleicher Perioden, bei dem eine Senke im Punkte $z = +\varepsilon$ liegt, hat das Potential

$$\varPhi_- = -\frac{E}{2\pi} \ln \vartheta_1\left(\frac{z - \varepsilon}{\omega_1}\right). \tag{84,2}$$

Durch Überlagerung ergibt sich die Summe dieser beiden Potentiale. Läßt man nun $\varepsilon \to 0$ und $E \to \infty$ gehen, so daß $2E\varepsilon = M$ konstant bleibt, so geht jede Quelle mit der ihr benachbarten Senke in einen Dipol vom Moment M über (Ziffer 17), dessen Achse waagerecht liegt und nach links gerichtet ist. Das Potential dieses so entstandenen doppelperiodischen Dipolfeldes (Bild 237) ist, wenn man zur Abkürzung

$$a = \omega_2/\omega_1 \quad \text{und} \quad z' = z/\omega_1 \tag{84,3}$$

einführt

$$\varPhi = (\varPhi_+ + \varPhi_-)_{\varepsilon \to 0} = \frac{E}{2\pi} \frac{d\ln\vartheta_1(z')}{dz} 2\varepsilon = \frac{M}{2\pi\omega_1} \frac{d\ln\vartheta_1(z')}{dz'}. \tag{84,4}$$

Bei einer doppelperiodischen Anordnung von Quellen der Ergiebigkeit E mit einer Quelle im Nullpunkt ist das Potential der Strömung nach Gl. (82,11) $\varPhi_Q = (E/2\pi)\ln\vartheta_1(z')$. Der Vektor der konjugiert komplexen Stromdichte ergibt sich hieraus nach Gl. (45,11) zu

$$j_Q = j_x - i\,j_y = \frac{d\varPhi_Q}{dz} = \frac{E}{2\pi\omega_1} \frac{d\ln\vartheta_1(z')}{dz'}. \tag{84,5}$$

Nach den Überlegungen in Ziffer 82 nimmt die y-Komponente j_y dieser Strömung beim Fortschreiten in y-Richtung mit jeder Periode um E/ω_1

84. Darstellung doppelperiodischer Dipolfelder durch ϑ-Funktionen

zu. Daraus ergibt sich, daß $d\ln\vartheta_1/dz'$ beim Fortschreiten in y-Richtung um eine Periode immer um $2\pi i$ sinkt, während der Realteil unverändert bleibt:

$$\frac{d\ln\vartheta_1(z'+ia)}{dz'} = \frac{d\ln\vartheta_1(z')}{dz'} - 2\pi i. \qquad (84{,}6)$$

Beim Fortschreiten in x-Richtung um eine Periode ergibt sich für j_Q immer der gleiche Wert. In dieser Richtung bleiben also sowohl Real- wie Imaginärteil von $d\ln\vartheta_1/dz'$ unverändert.

Dementsprechend nimmt der Imaginärteil des komplexen Potentials, d. i. die Stromfunktion der doppelperiodischen Dipole nach Gl. (84,4), beim Fortschreiten um eine Periode ω_2 in y-Richtung um iM/ω_1 ab. Auf den 4 Seiten eines Periodenrechtecks nach Bild 237 haben daher die Realteile des komplexen Potentials gleiche Werte. Die Stromfunktionen sind rechts und links gleich, aber oben um M/ω_1 kleiner als unten. Dies bedeutet, daß durch die lotrechten Begrenzungen des Periodenrechtecks ein Durchfluß von der Ergiebigkeit $E' = M/\omega_1$ stattfindet.

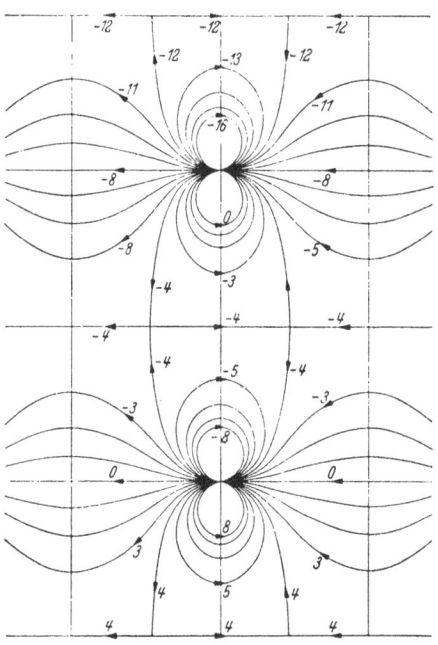

Bild 237. Doppelperiodisches Dipolfeld mit waagerechten gleichgerichteten Dipolen. Komplexes Potential in x-Richtung periodisch. Hier, wie in den folgenden Bildern 238 bis 240, sind immer zwei übereinanderliegende Periodenfelder dargestellt

Durch Überlagerung einer Parallelströmung in x-Richtung kann man diesen Durchfluß beliebig verändern. Insbesondere kann man ihn zum Verschwinden bringen, wenn die überlagerte Parallelströmung die Stromdichte

$$j' = \frac{M}{\omega_1 \omega_2} \qquad (84{,}7)$$

hat. Die entstehende Strömung ist in Bild 238 dargestellt. Ihr Potential ist

$$\varPhi_1 = \frac{M}{\omega_1}\left[\frac{d\ln\vartheta_1(z')}{2\pi\, dz'} + \frac{z}{\omega_2}\right]. \qquad (84{,}8)$$

Die Stromfunktionen sind jetzt auf der oberen und unteren Rechteckseite gleich, dafür ist aber das Potential auf der rechten Rechteckseite um M/ω_2 größer als auf der linken geworden.

Die Strömungen mit und ohne Durchfluß (Bild 237 und 238) unterscheiden sich u. a. durch die Lage der Staupunkte. Diese liegen bei Bild 237 auf den waagerechten, bei Bild 238 auf den senkrechten Symmetrielinien zwischen den Dipolen. In Bild 238 geht die Strömung längs der waagerechten Symmetrielinien zwischen den Dipolen stets nach rechts, in Bild 237 teils nach rechts, teils nach links.

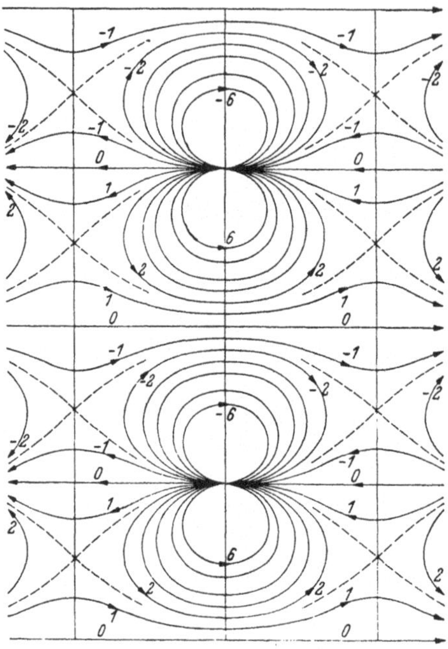

Legt man die doppelperiodischen Quellen- und Senkenfelder so, daß eine Quelle im Punkte $+i\varepsilon$ und eine Senke im Punkte $-i\varepsilon$ liegt, so ergeben sich beim Grenzübergang $\varepsilon \to 0$ Dipole, deren Achsen nach oben zeigen. Das komplexe Potential der entstandenen Strömung wird entsprechend wie bei Gl. (84,4)

$$\varPhi_2 = \frac{M}{2\pi i\,\omega_1}\,\frac{d\ln\vartheta_1(z')}{dz'}. \qquad (84,9)$$

Zu dem gleichen Ergebnis kommt man auch, wenn man in der der Gl. (84,4) entsprechenden Strömung Strom- und Potentiallinien vertauscht (Bild 239).

Bild 238. Doppelperiodisches Dipolfeld mit waagerechten gleichgerichteten Dipolen. Komplexes Potential in y-Richtung periodisch; kein Durchfluß in waagerechter Richtung

Beim Fortschreiten um eine Periode in der y-Richtung ändert sich bei dieser Funktion nicht die Stromfunktion, sondern das Potential, und zwar sinkt es um M/ω_1. In der x-Richtung wiederholt sich auch diese Funktion mit jeder Periode ohne Änderung. Durch Überlagerung einer senkrecht nach oben gerichteten Parallelströmung von der Stromdichte

$$j' = \frac{M}{\omega_1\,\omega_2} \qquad (84,10)$$

verschwindet die Potentialabnahme in y-Richtung, dafür tritt beim Fortschreiten um eine Periode in der x-Richtung ein Absinken der Stromfunktion um M/ω_2 ein (Bild 240). Dementsprechend findet hierbei ein Durchfluß $E' = M\,\omega_2$ nach oben durch die waagerechten Brenzungen des Rechtecks statt. Das komplexe Potential dieser Strömung ohne

84. Darstellung doppelperiodischer Dipolfelder durch ϑ-Funktionen 349

Potentialabnahme wird demnach

$$\varPhi_3 = \frac{M}{i\,\omega_1}\left[\frac{d\ln\vartheta_1(z')}{2\pi\,dz'} + \frac{z}{\omega_2}\right]. \tag{84,11}$$

Diese doppelperiodischen Dipolanordnungen haben eine wichtige strömungsphysikalische Bedeutung: Bei der Behandlung der Strömung um

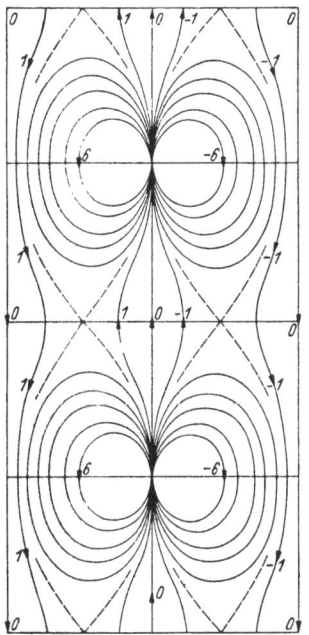 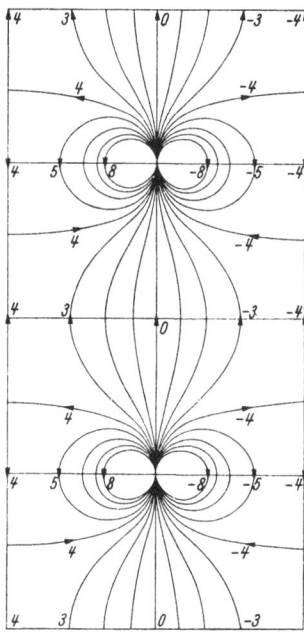

Bild 239. Doppelperiodisches Dipolfeld mit senkrechten gleichgerichteten Dipolen. Komplexes Potential in x-Richtung periodisch; kein Durchfluß in senkrechter Richtung

Bild 240. Doppelperiodisches Dipolfeld mit senkrechten gleichgerichteten Dipolen. Komplexes Potential in y-Richtung periodisch

2 Kreise in Ziffer 80 führte die konforme Abbildung auf doppelperiodische Dipolströmungen (Bild 226). Werden die Kreise parallel zur Verbindungslinie ihrer Mittelpunkte angeströmt, so ergab sich die in Bild 226 links dargestellte Anordnung, die sich leicht mittels der Funktion sn z nach Gl. (80,11) berechnen läßt.

Bei einer Anströmung senkrecht zur Verbindungslinie der beiden Kreismittelpunkte entstanden aber Anordnungen nach Bild 226 rechts. Bei diesen fehlen die spiegelbildlichen Dipole, so daß die einfache Berechnung mittels der JAKOBIschen elliptischen Funktionen versagt. Sie entsprechen aber den in Bild 239 und 240 dargestellten Strömungen und können jetzt mittels der ϑ-Funktionen nach Gl. (84,9) und (84,11) behandelt werden. Dabei ist bei einer Anströmgeschwindigkeit j_∞ der

350   X. Doppelperiodische Felder

Kreise das Dipolmoment nach Gl. (80,9)

$$M = 2j_\infty \omega_2 (S_2 - S_1).$$

Der hier auftretende Abstand $S_2 - S_1$ der Quell-Senken-Punkte in Bild 227 ergibt sich nach Gl. (55,9) aus dem Abstand und den Durchmessern der Kreise. Das Stück AB der Verbindungslinie der Kreismittelpunkte geht bei der in Bild 226 und 227 dargestellten Abbildung in die obere und untere Begrenzung des Periodenrechtecks über. Je nachdem man die Strömung nach Bild 239 ohne Durchfluß oder nach

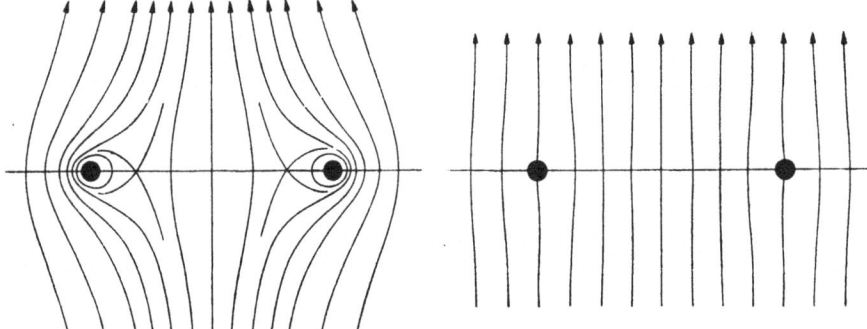

Bild 241. Zwei senkrecht zur Verbindungslinie ihrer Mittelpunkte angeströmte Kreise. Links ohne Durchfluß, rechts ohne Zirkulation

Bild 240 mit Durchfluß zugrunde legt, erhält man eine Strömung um die beiden Kreise ohne oder mit Durchfluß (Bild 241).

Bei der Strömung ohne Durchfluß nach Bild 239 besteht zwischen dem oberen und unteren Rand des Periodenrechtecks, wie schon erwähnt, der Potentialunterschied M/ω_1. Dem entspricht in der Ebene der beiden Kreise eine gegensinnige Zirkulation um die beiden Kreise

$$\Gamma_0 = \pm M/\omega_1. \tag{84,12}$$

Bei einem Durchfluß $E_0' = M/\omega_2$ ist die Zirkulation Null. Bei einer beliebigen gegensinnigen Zirkulation $\Gamma = \alpha \Gamma_0$ ist der Durchfluß $E' = (1 - \alpha) M/\omega_2$.

Die Strömung bei gegensinniger Zirkulation läßt sich nach Gl. (80,16) leicht behandeln. Dagegen führte die gleichsinnige Zirkulation auf eine doppelperiodische Anordnung von lauter gleichen Wirbeln nach Bild 228, die sich mit den dortigen Hilfsmitteln nicht behandeln ließen. Das Feld dieser Wirbel kann man aber auf das entsprechende doppelperiodische Quellenfeld nach Gl. (82,14) zurückführen, wenn man Strom- und Potentiallinien vertauscht. Dabei muß man aber das Feld der positiven und der an den Wänden gespiegelten negativen Wirbel bzw. das entsprechende Quellen- und Senkenfeld getrennt betrachten. Ihre Perioden sind $2\omega_1$ und ω_2. Bei dem einen liegt ein Wirbel im Punkte $z = -e$. Er ergibt die Anordnung der ϑ_1-Funktion. Bei dem anderen liegt der Symmetriepunkt zwischen den gespiegelten Wirbeln bei $z = e$. Er entspricht der ϑ_2-Funktion. Durch Überlagerung der beiden Strömungsfelder ergibt sich demnach das komplexe Potential

$$\Phi = \frac{\Gamma_2}{2\pi i} \ln \frac{\vartheta_1\left(\dfrac{z+e}{2\omega_1}, \dfrac{\omega_2}{2\omega_1}\right)}{\vartheta_2\left(\dfrac{z-e}{2\omega_1}, \dfrac{\omega_2}{2\omega_1}\right)}. \qquad (84,13)$$

Dabei ist z und e nach Gl. (80,8) und (80,10) durch ζ und unter Verwendung von Gl. (55,9) durch die Abmessungen der Kreise auszudrücken. Wird durch die Verdoppelung von ω_1 das Verhältnis $\omega_2/2\omega_1 < 1$, so dreht man die Strömungsfigur am besten um 90° und erhält

$$\Phi = \frac{\Gamma_2}{2\pi i} \ln \frac{\vartheta_1\left(i\dfrac{z+e}{\omega_2}, \dfrac{2\omega_1}{\omega_2}\right)}{\vartheta_4\left(i\dfrac{z-e}{\omega_2}, \dfrac{2\omega_1}{\omega_2}\right)}. \qquad (84,14)$$

85. Die $\wp$-Funktion. Während bei einem Dipol die Strömung von der einen Seite in den Dipol hinein und auf der entgegengesetzten Seite aus dem Dipol heraus läuft, geht sie beim Quadrupol von zwei entgegengesetzten Richtungen in den Pol hinein und nach zwei dazu senkrechten Richtungen heraus (Bild 131). Der Quadrupol hat daher eine stärkere Symmetrie als der Dipol. Insbesondere ergeben sich bei der Spiegelung eines Quadrupols an Flächen, die parallel zu den Symmetrieachsen liegen, wieder kongruente Spiegelbilder, während beim Dipol nur bei der Spiegelung in einer Richtung kongruente, bei der Spiegelung in der dazu senkrechten aber im Vorzeichen umgekehrte Spiegelbilder entstehen (Bild 219).

Bild 242. Doppelperiodisches System von Quadrupolen

Wenn man daher einen Quadrupol im Mittelpunkt eines Rechtecks mit den Achsen parallel zu den Rechteckseiten anordnet, so ergibt sich durch Spiegelung an den Rechteckseiten ein doppelperiodisches System von gleichen und gleichgerichteten Quadrupolen (Bild 242). Während die in Ziffer 79 betrachteten Systeme immer Singularitäten mit positiven und negativen Vorzeichen enthielten (Quellen-Senken, nach rechts und nach links gerichtete Dipole), sind durch die Einführung des Quadrupols alle singulären Punkte gleich geworden.

Um nun diese besonders symmetrische Strömung zu berechnen, suchen wir eine Abbildungsfunktion, die sie in eine Parallelströmung überführt. Hat das Rechteck, in dem sich der Quadrupol befindet, die Seitenlängen (Perioden) ω_1 in der x-Richtung und ω_2 in der y-Richtung, so kann man zunächst die z-Ebene durch

$$z' = z\, 2\mathrm{K}/\omega_1 \qquad (85,1)$$

in eine z'-Ebene überführen. Dadurch wird das Rechteck auf die Normgröße mit den Seitenlängen $2\mathrm{K}$ und $2\mathrm{K}'$ gebracht. Die Längen K und K' sowie auch der Parameter k ergeben sich nach dem Schaubild 198 aus dem Seitenverhältnis $\omega_1/\omega_2 = \mathrm{K}/\mathrm{K}'$. Bildet man nun das Rechteck der z'-Ebene gemäß Gl. (79,1) durch die Funktion

$$\tau = \mathrm{sn}\, z' \qquad (85,2)$$

auf eine τ-Ebene ab (Bild 243), so geht der Nullpunkt der z'-Ebene mit dem Quadrupol unverändert in den Nullpunkt der τ-Ebene über. Da aber das Rechteck der z'-Ebene in die volle τ-Ebene übergeht, so enthält die ganze τ-Ebene nur diesen einzigen Quadrupol. Bildet man

$$\tau_1 = \tau^2 = (\mathrm{sn}\, z')^2, \qquad (85,3)$$

so geht dieser Quadrupol in einen Dipol über (Bild 243). Wenn man schließlich

$$\tau_2 = \frac{c}{\tau_1} = \frac{c}{\tau^2} = \frac{c}{(\mathrm{sn}\, z')^2} \qquad (85,4)$$

bildet, wobei c ein willkürlicher Maßstabsfaktor ist, so wird nach Gl. (48,8) aus dem Dipol eine Parallelströmung (Bild 243).

Diese Abbildungsfunktion τ_2 nach Gl. (85,4) ist, wie die JACOBIschen elliptischen Funktionen, vollständig doppelperiodisch, d. h., sie ändert ihren Wert nicht, wenn man in der x-Richtung oder in der y-Richtung um eine Periode fortschreitet. Sie zeichnet sich hierdurch vor den eben behandelten ϑ-Funktionen aus, die nur in einer Richtung periodisch sind, während sie sich in der anderen Richtung mit jeder Periode um einen bestimmten Betrag erhöhen. Andererseits vermeidet diese Funktion die bei den JACOBIschen Funktionen auftretenden spiegelbildlichen Folgen.

Wegen ihrer ausgezeichneten Eigenschaften hat sie mathematisch besondere Beachtung gefunden. WEIERSTRASS führte eine Funktion mit dem besonderen Zeichen $\wp$ ein, die sich von der in Gl. (85,4) angegebenen Funktion τ_2 nur durch eine andere Lage des Nullpunktes und durch Festlegung des Maßstabsfaktors c unterscheidet. Der Nullpunkt ist gegenüber der τ_2-Ebene so verschoben, daß er in den Schwerpunkt der 3 Punkte B, C und E der τ_2-Ebene fällt (Bild 243). Sind e_1, e_2 und e_3

85. Die $\wp$-Funktion

die Abszissen dieser 3 Punkte, bezogen auf diesen neuen Nullpunkt, so ist demnach

$$e_1 + e_2 + e_3 = 0. \tag{85,5}$$

In der τ- und τ_1-Ebene hat der Punkt B die Koordinate $\tau = 1$, in der τ_2-Ebene liegt er demnach im Punkte $\tau_2 = c$. Da E in der τ_2-Ebene in

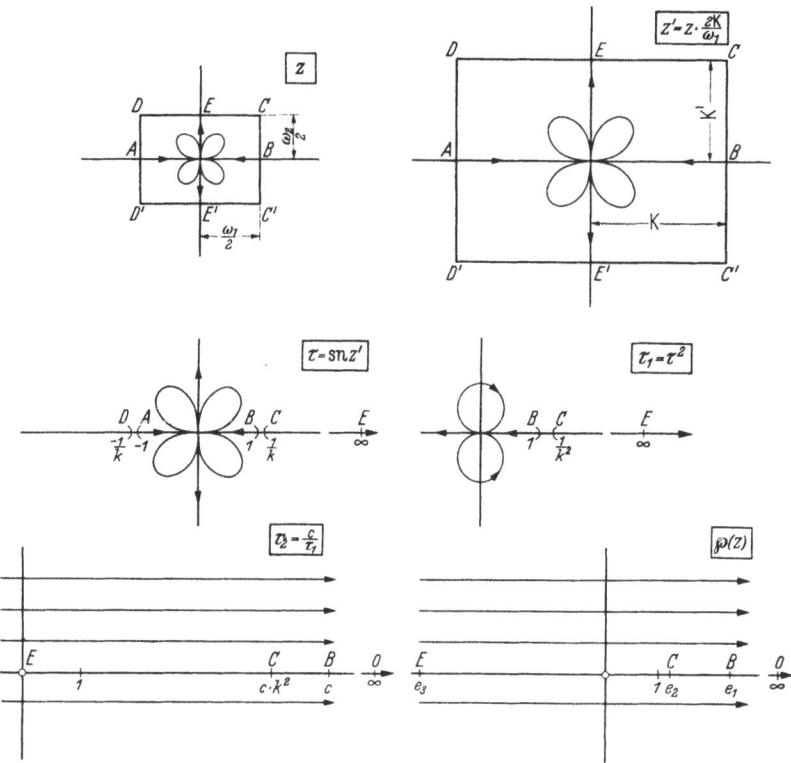

Bild 243
Konforme Abbildung eines Quadrupols innerhalb eines Rechtecks auf eine Parallelströmung

den Nullpunkt fällt, so ist die Entfernung $BE = c$. Durch die Nullpunktsverschiebung wird diese Entfernung nicht geändert. Es ist also

$$e_1 - e_3 = c. \tag{85,6}$$

Bei der $\wp$-Funktion wird nun dieser Faktor c so festgelegt, daß sie sich in der Umgebung von $z = 0$ wie $1/z^2$ verhält. Für kleine Werte von z' ist $\operatorname{sn} z' = z'$, daher wird hierfür

$$\tau_2 = \frac{c}{z'^2} = \frac{c}{z^2 (2K/\omega_1)^2}. \tag{85,7}$$

Betz, Konforme Abbildung, 2. Aufl.

X. Doppelperiodische Felder

Wenn sich τ_2 wie $1/z^2$ verhalten soll, so muß

$$e_1 - e_3 = c = \left(\frac{2\mathrm{K}}{\omega_1}\right)^2 \tag{85,8}$$

sein. Mit diesem Zusammenhang von c und ω_1 und mit der Nullpunktsverschiebung um e_3 geht τ_2 in die $\wp$-Funktion

$$\wp(z) = \tau_2 + e_3 = e_3 + \frac{e_1 - e_3}{[\mathrm{sn}(z\sqrt{e_1 - e_3})]^2} \tag{85,9}$$

über.

Durch die Gl. (85,5) sind die Nullstellen der $\wp$-Funktion festgelegt. Da

$$e_1 = \wp(\omega_1/2) = e_3 + (e_1 - e_3)/(\mathrm{sn\,K})^2 = e_3 + (e_1 - e_3), \tag{85,10}$$

$$e_2 = \wp\left(\frac{\omega_1 + i\,\omega_2}{2}\right) = e_3 + (e_1 - e_3)/[\mathrm{sn\,K} + i\,\mathrm{K}']^2$$

$$= e_3 + (e_1 - e_3)\,k^2, \tag{85,11}$$

$$e_3 = \wp(i\,\omega_2/2) \tag{85,12}$$

ist, so ergibt sich

$$e_1 + e_2 + e_3 = 0 = 3e_3 + (e_1 - e_3)(1 + k^2), \tag{85,13}$$

$$\frac{e_3}{e_1 - e_3} = -\frac{1 + k^2}{3}. \tag{85,14}$$

In der τ_2-Ebene entspricht gemäß Gl. (85,9) dem Nullpunkt der $\wp$-Ebene der Punkt

$$\tau_2 = -e_3 = (e_1 - e_3)\frac{1 + k^2}{3} = \frac{e_1 - e_3}{(\mathrm{sn}\,z_0')^2}. \tag{85,15}$$

In der z'- und z-Ebene sind daher die Nullstellen z_0' bzw. z_0 der $\wp$-Funktion durch

$$\mathrm{sn}(z_0') = \mathrm{sn}(z_0\,2\mathrm{K}/\omega_1) = \sqrt{\frac{3}{1 + k^2}} \tag{85,16}$$

gegeben. Mittels der Umformungen nach Gl. (68,15) und (68,17) findet man daraus

$$z_0' = \sqrt{e_1 - e_3}\,z_0$$

$$= \int_0^{\sqrt{3/(1+k^2)}} \frac{d\tau}{\sqrt{(1-\tau^2)(1-k^2\tau^2)}} \left\{ \begin{array}{l} = i\mathrm{K}' + F\left(k, \sqrt{\dfrac{1+k^2}{3k^2}}\right) \text{ für } k^2 > 0{,}5 \\ = \mathrm{K} + iF\left(k', \sqrt{\dfrac{1+k'^2}{3k'^2}}\right) \text{ für } k^2 < 0{,}5. \end{array} \right. \tag{85,17}$$

F bedeutet dabei das elliptische Normalintegral nach Gl. (68,6) für den Parameter k bzw. $k' = \sqrt{1 - k^2}$ und die Variable $\tau = \sqrt{\dfrac{1+k^2}{3k^2}}$ bzw. $\sqrt{\dfrac{1+k'^2}{3k'^2}}$. Die Nullpunkte der $\wp$-Funktion liegen demnach stets auf dem

Rande des Vierecks, und zwar auf der Viereckseite CD (Bild 243), wenn $k^2 > 0{,}5$, und auf der Viereckseite $C'C$ bzw. $D'D$, wenn $k^2 < 0{,}5$ ist. Für $k^2 = 0{,}5$ fallen sie in die Eckpunkte C, D, C', D'.

Ist M_2 nach der Definition durch Gl. (17,9) das Moment des Quadrapols im Periodenrechteck $\omega_1 \omega_2$, so wird es in der z'- und in der τ-Ebene $M_2' = M_2(2\,\mathrm{K}/\omega_1) = M_2(e_1 - e_3)$. Das komplexe Potential wird daher nach Gl. (48,9)

$$\Phi = \frac{M_2'}{2\pi\tau} + \Phi_0$$

$$= \frac{M_2}{2\pi} \frac{e_1 - e_3}{[\operatorname{sn}(z\sqrt{e_1 - e_3})]^2} + \Phi_0. \qquad (85{,}18)$$

Dabei ist Φ_0 eine willkürliche Konstante, welche den Nullpunkt des Potentials festlegt. Macht man $\Phi_0 = (M_2/2\pi) e_3$, so bringt man gemäß Gl. (85,9) die Nullpunkte des Potentials mit denen der $\wp$-Funktion in Übereinstimmung. Es ist dann

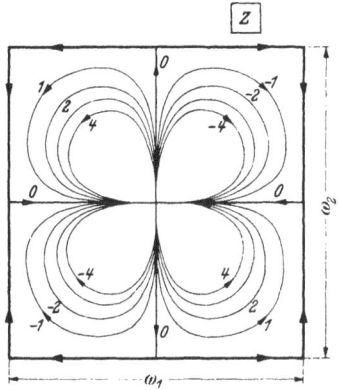

Bild 244. Quadrupol in einem Quadrat, entsprechend der $\wp$-Funktion

$$\Phi = \frac{M}{2\pi} \wp. \qquad (85{,}19)$$

Bild 244 zeigt die Stromlinien einer Quadrupolströmung in einem Quadrat von der Seitenlänge $\omega_1 = \omega_2 = l$ und damit den Verlauf des Imaginärteils der $\wp$-Funktion für $k^2 = 0{,}5$.

86. Darstellung doppelperiodischer Dipol- und Quellenanordnungen durch die ζ-Funktion und die σ-Funktionen.

Die $\wp$-Funktion [Gl. (85,9)] verhält sich in der Umgebung der Polpunkte z_n wie $1/(z - z_n)^2$. Integriert man sie und bildet

$$\zeta = -\int \wp\, dz = -\int \frac{e_1 - e_3}{[\operatorname{sn}(z\sqrt{e_1 - e_3})]^2}\, dz - e_3 z, \qquad (86{,}1)$$

so verhält sich diese Funktion in der Umgebung der Polpunkte z_n wie $1/(z - z_n)$, also wie ein Dipol mit nach links gerichteter Achse. Sie baut sich also aus lauter gleichen Dipolen auf, die an die Stelle der Quadrapole getreten sind. Das Potential eines Dipols vom Moment M n einem Punkte z_n ist in der Umgebung dieses Punktes $M/2\pi(z - z_n)$. iDas Potential eines doppelperiodischen Feldes solcher Dipole wird daher

$$\Phi = \frac{M}{2\pi} \zeta. \qquad (86{,}2)$$

Das in Gl. (86,1) noch auftretende Glied $-e_3 z$ bzw. das entsprechende $-(M/2\pi) e_3 z$ des Potentials stellt eine Parallelströmung in x-Richtung dar, welche den Durchfluß durch die lotrechten Grenzen des Rechtecks und die Potentialunterschiede an diesen Grenzen in besonderer für die ζ-Funktion charakteristischer Weise festlegt. (Vgl. die entsprechenden Einflüsse einer überlagerten Parallelströmung in Bild 237 und 238.)

Integriert man die ζ-Funktion noch einmal und bildet

$$\ln \sigma = \int \zeta\, dz, \qquad (86{,}3)$$

so verhält sich diese Funktion in der Umgebung der Polpunkte wie $\ln(z - z_n)$, also wie Quellen in diesen Punkten. Befinden sich in diesen Punkten Quellen von der Ergiebigkeit E, so ist deren Potential in der Umgebung dieser Punkte $\varPhi = (E/2\pi) \ln(z - z_n)$. Das Potential des ganzen doppelperiodischen Quellenfeldes wird daher

$$\varPhi = \frac{E}{2\pi} \ln \sigma. \qquad (86{,}4)$$

Dabei tritt durch die Integration von $e_3 z$ in Gl. (86,1) noch ein Glied $e_3 z^2/2$ bzw. $(E/2\pi)\, e_3 z^2/2$ hinzu. Dieses stellt gemäß Gl. (46,2) eine einfache Sattelpunktströmung nach Bild 67 dar und regelt entsprechend den Ausführungen in Ziffer 82 die Verteilung des Abflusses der Quellen auf die x- und y-Richtung in der für die σ-Funktion kennzeichnenden Weise.

Man kommt demnach auf diesem Wege zu den Feldern doppelperiodischer Quellen- und Dipolanordnungen, wie sie bereits bei den ϑ-Funktionen auftraten. Die σ-Funktion entspricht der ϑ_1-Funktion. Die ζ-Funktion entspricht der Funktion $\dfrac{d\ln \vartheta_1}{dz}$. Doch sind diese einander entsprechenden Funktionen nicht identisch. Wir müssen deshalb auf ihre Besonderheiten noch etwas eingehen.

Zunächst ist auf einen grundsätzlichen Unterschied hinzuweisen: Die ϑ-Funktionen und ebenso die JACOBIschen elliptischen Funktionen sind auf bestimmte Periodenlängen normiert. Bei den ϑ-Funktionen sind diese Perioden 1 und a, bei den JACOBIschen elliptischen Funktionen $2K$ und $2K'$. Wenn man beliebige Perioden ω_1 und ω_2 hat, so muß man sie auf die Normgrößen reduzieren, also ϑ als Funktion von z/ω_1 und von $a = \omega_2/\omega_1$ bzw. die JACOBIschen Funktionen abhängig von $2z K/\omega_1$ und von $k = f(\omega_2/\omega_1) = f(K'/K)$ (Bild 198) darstellen. Das Bild der Funktionen wird bei einer ähnlichen Vergrößerung der Perioden auch ähnlich vergrößert. Wenn $z \to 0$ geht, so geht daher

$$\frac{\vartheta_1}{z} \to \frac{d\vartheta_1(z/\omega_1,\, \omega_2/\omega_1)}{dz} = \frac{1}{\omega_1}\, \vartheta_1'(0), \qquad (86{,}5)$$

wobei

$$\vartheta_1' = \frac{d\vartheta_1(z/\omega_1)}{d(z/\omega_1)} \qquad (86{,}6)$$

86. Die ζ-Funktion und die σ-Funktionen

bedeutet. Entsprechend geht auch für $z \to 0$

$$\frac{\ln \vartheta_1}{z} \to \frac{d \ln \vartheta_1}{dz} = \frac{1}{\omega_1} \frac{\vartheta_1'(0)}{\vartheta_1(0)}. \tag{86,7}$$

Bei den $\wp$-, ζ- und σ-Funktionen ist das Verhalten im Nullpunkt unabhängig von der Größe der Perioden. Für $z \to 0$ geht

$$z^2 \wp \to 1, \quad z \zeta \to 1, \quad \frac{\sigma}{z} \to 1. \tag{86,8}$$

Diese Funktionen sind nicht von Verhältniswerten, sondern von den absoluten Größen der Koordinaten und der Periodenlängen abhängig.[1]

Betrachtet man die ζ-Funktion, so kann man zunächst feststellen, daß die Achsen der Dipole waagerecht liegen, und zwar sind sie ebenso wie bei der Funktion $d \ln \vartheta_1/dz$ von rechts nach links gerichtet. Bei der $\wp$-Funktion ist jeweils der Rand des einschließenden Rechtecks Stromlinie, und zwar ist auf ihm der Imaginärteil Null, da ja, wie in Ziffer 85 gezeigt, die Nullpunkte der $\wp$-Funktion auf dem Rande des Rechtecks liegen. Bildet man $\int \wp \, dz$ längs des Rechteckrandes, so ist demnach das Integral über den imaginären Teil der Funktion stets Null, und nur der Realteil trägt zu dem Integral etwas bei. Schreitet man längs des Randes in der x-Richtung fort, so ist dieser Beitrag reell, schreitet man längs des Randes in der y-Richtung fort, so ist er imaginär. Demnach ändert sich die ζ-Funktion beim Fortschreiten um eine Periode in der x-Richtung jeweils um einen reellen Betrag; wir wollen ihn μ_1 nennen, und beim Fortschreiten in der y-Richtung um einen imaginären Betrag, den wir mit $i \mu_2$ bezeichnen wollen. Für nicht allzu ungleiche Perioden ist μ_1 positiv, μ_2 negativ. μ_1 und μ_2 hängen von der Größe der Perioden ab. Man ermittelt sie am einfachsten, indem man mit den in den Lehrbüchern angegebenen Reihen ζ für $\pm \omega_1/2$ und $\pm i \omega_2/2$ berechnet. Es ist

$$\mu_1 = \zeta(\omega_1/2) - \zeta(-\omega_1/2) = 2\zeta(\omega_1/2), \tag{86,9}$$

$$i \mu_2 = \zeta(i \omega_2/2) - \zeta(-i \omega_2/2) = 2\zeta(i \omega_2/2). \tag{86,10}$$

Bei einem Feld von Dipolen mit dem Moment M läßt sich das Potential nach Gl. (86,2) durch $\varpi = (M/2\pi) \zeta$ ausdrücken. Dabei stellt

---

[1] Dazu müssen aber gemäß den Ausführungen in Ziffer 43 diese Größen doch ebenfalls dimensionslos gemacht werden, indem man sie sich mit einer Vergleichslänge dividiert denkt. Da aber diese Vergleichslänge gleich Eins gesetzt ist, tritt sie in den Formeln nicht in Erscheinung. Dadurch entsteht der Eindruck, als ob $\wp$-, ζ- und σ-Funktionen dimensionsbehaftet wären. Da die $\wp$-Funktion sich in der Nähe des Nullpunktes wie $1/z^2$ verhält, hat sie scheinbar die Dimension $1/l^2$, die ζ-Funktion, die sich wie $1/z$ verhält, hat scheinbar die Dimension $1/l$ und σ die Dimension l. Bei den ϑ-Funktionen und bei den JACOBIschen elliptischen Funktionen tritt diese Schwierigkeit nicht auf, da sie an sich schon Funktionen von Verhältniswerten z/ω_1 sind.

$(M/2\pi)\,\mu_2$ den Durchfluß durch die senkrechten Ränder und $(M/2\pi)\,\mu_1$ die Potentialdifferenz dieser Ränder dar.

Man kann das Dipolfeld entsprechend dem um 90° gedrehten Bild 226 rechts als Abbildung der Strömung um zwei gleich große Kreise auffassen. Dann stellt das Potential $\varPhi = (M/2\pi)\,\zeta$ jene Strömung dar, bei der die Zirkulation um die Kreise

$$\varGamma = \pm \mu_1 M/2\pi \qquad (86,11)$$

und der Durchfluß (nach rechts positiv gerechnet)

$$E' = \mu_2 M/2\pi \qquad (86,12)$$

ist. Durch Überlagerung einer Parallelströmung

$$\varPhi_1 = -|\varGamma|\frac{z}{\omega_1} = -\frac{\mu_1 M z}{2\pi\,\omega_1} \qquad (86,13)$$

verschwindet die Zirkulation, und der Durchfluß steigt auf $(M/2\pi)\cdot(\mu_2 - \mu_1\,\omega_2/\omega_1)$. Durch Überlagerung einer Parallelströmung

$$\varPhi_2 = -E'\frac{z}{\omega_2} = -\frac{\mu_2 M z}{2\pi\,\omega_2} \qquad (86,14)$$

verschwindet der Durchfluß, und die Zirkulation steigt auf $\pm(M/2\pi)\cdot(\mu_1 - \mu_2\,\omega_1/\omega_2)$. Der erstere Fall $(M/2\pi)\,\zeta - \varPhi_1$ entspricht der durch die Funktion $(M/2\pi)\dfrac{d\ln\vartheta_1}{dz}$ [Gl. (84,4)] dargestellten Strömung. Da $\dfrac{d\ln\vartheta_1(z/\omega_1)}{dz} = \dfrac{\vartheta_1'}{\omega_1\,\vartheta_1}$ ist, und $z\,\dfrac{\vartheta_1'}{\omega_1\,\vartheta_1} \to 1$ geht, wenn $z \to 0$ geht, also gegen den gleichen Wert, gegen den auch $z\,\zeta$ geht, so ist kein besonderer Proportionalitätsfaktor beim Vergleich der beiden Funktionen mehr nötig. Man erhält daher als Zusammenhang zwischen ζ und ϑ_1

$$\zeta(z) = \frac{d\ln\vartheta_1}{dz} + \mu_1 z/\omega_1 = \frac{\vartheta_1'(z/\omega_1)}{\omega_1\,\vartheta_1(z/\omega_1)} + \mu_1 z/\omega_1. \qquad (86,15)$$

ζ ist eine Funktion von z, ϑ_1 eine Funktion von z/ω_1. Außerdem ist den durch $(M/2\pi)\,\vartheta_1'/\omega_1\,\vartheta_1$ dargestellten Dipolfeldern eine Parallelströmung $(M/2\pi)\,\mu_1 z/\omega_1$ zu überlagern, um die entsprechende durch $(M/2\pi)\,\zeta$ dargestellte Strömung zu erhalten.

Bild 245 zeigt den Verlauf einer Strömung, deren Potential durch die ζ-Funktion gegeben ist. Die Staupunkte dieser Strömung liegen da, wo die $\wp$-Funktion ihre Nullpunkte hat [Gl. (85,17)], bei dem in Bild 245 angenommenen Seitenverhältnis $\omega_2/\omega_1 = 1$, also in den Eckpunkten (mehrfacher Verzweigungspunkt).

Da $(E/2\pi)\ln\sigma$ das komplexe Potential eines Quellenfeldes darstellt und nach der Definition von σ [Gl. (86,3)]

$$\zeta = \frac{d\ln\sigma}{dz} \qquad (86,16)$$

86. Die ζ-Funktion und die σ-Funktionen

ist, so stellt $(E/2\pi)\,\zeta$ den konjugierten Vektor der Stromdichte dieses Quellenfeldes dar. Wenn nun ζ in der x-Richtung mit jeder Periode um den reellen Betrag μ_1 zunimmt, so nimmt der reelle Teil, also die x-Komponente der Stromdichte des Quellenfeldes j_x, mit jeder Periode in der x-Richtung um $(E/2\pi)\,\mu_1$ zu. Dem imaginären Änderungsbetrag $i\,\mu_2$ der ζ-Funktion entspricht eine Änderung der y-Komponente der Strom-

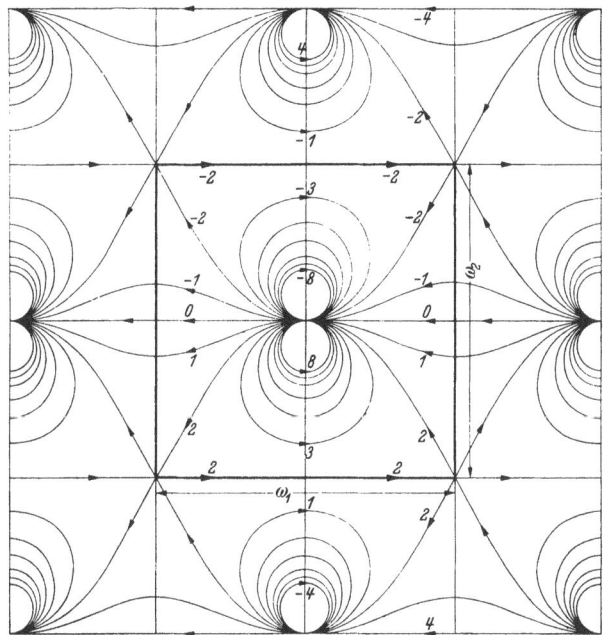

Bild 245. Doppelperiodische Dipolströmung, entsprechend der ζ-Funktion

dichte, und zwar eine Zunahme mit jeder Periode in der y-Richtung um $-(E/2\pi)\,\mu_2$. Da μ_2, wie erwähnt, im allgemeinen negativ ist, nimmt also die Stromdichte in der y-Richtung zu. Im Gegensatz zu der durch die Funktion $\ln\vartheta$ dargestellten Strömung, bei der die Strommengen nur nach oben und unten abflossen, findet bei der durch $\ln\sigma$ dargestellten Strömung ein Abfluß nach beiden Richtungen statt. Von der Ergiebigkeit E der einzelnen Quellen fließt nach oben und unten infolge des Unterschiedes $(E/2\pi)\,\mu_2$ der Stromdichten an der oberen und unteren Rechteckgrenze der Anteil $-(E/2\pi)\,\mu_2\,\omega_1$ ab; nach rechts und links der Anteil $(E/2\pi)\,\mu_1\,\omega_2$. Da die ganze abfließende Strommenge gleich der Ergiebigkeit E der Quelle sein muß, so besteht die Beziehung

$$\mu_1\,\omega_2 - \mu_2\,\omega_1 = 2\pi. \tag{86,17}$$

Durch Integration der Gl. (86,15) ergibt sich

$$\int \zeta\,dz = \ln\sigma(z) = \ln\vartheta_1(z/\omega_1) + \frac{\mu_1}{2\omega_1}z^2 + \ln c. \tag{86,18}$$

Aus der Forderung, daß für $z \to 0$ $\sigma/z \to 1$ gehen muß, ergibt sich die Integrationskonstante $c = \dfrac{\omega_1}{\vartheta_1'(0)}$. Damit wird

$$\ln \sigma(z) = \ln \omega_1 \frac{\vartheta_1(z/\omega_1)}{\vartheta_1'(0)} + \frac{\mu_1}{2\omega_1} z^2. \tag{86,19}$$

Auch hier ist wieder zu beachten, daß σ eine Funktion von z und ϑ_1 eine Funktion von z/ω_1 ist. Bei der durch $(E/2\pi) \ln \vartheta_1$ dargestellten Strömung findet ein Abfluß nur nach oben und unten statt. Durch die Überlagerung der Sattelpunktströmung $(E/2\pi) \mu_1 z^2/2\omega_1$ wird der Abfluß auf die x- und y-Richtung in der für die σ-Funktion kennzeichnenden Weise verteilt.

Den ϑ-Funktionen ϑ_2, ϑ_3, ϑ_4 entsprechend gibt es σ-Funktionen, die man mit σ_1, σ_2, σ_3 bezeichnet. Analog der Gl. (86,19) gelten die Beziehungen

$$\ln \sigma_1(z) = \ln \frac{\vartheta_2(z/\omega_1)}{\vartheta_2(0)} + \frac{\mu_1}{2\omega_1} z^2, \tag{86,20}$$

$$\ln \sigma_2(z) = \ln \frac{\vartheta_3(z/\omega_1)}{\vartheta_3(0)} + \frac{\mu_1}{2\omega_1} z^2, \tag{86,21}$$

$$\ln \sigma_3(z) = \ln \frac{\vartheta_4(z/\omega_1)}{\vartheta_4(0)} + \frac{\mu_1}{2\omega_1} z^2. \tag{86,22}$$

87. Strömung um Doppelflügel. Das wichtigste flugtechnische Anwendungsgebiet der doppelperiodischen Strömungsfelder ist die Berechnung der Strömung um Doppelflügel (Flügel mit Spaltruder[1] oder mit Vorflügel[2] und ähnliche Anordnungen). Aber auch hintereinanderliegende Strömungsgitter lassen sich mit diesem Verfahren behandeln.[3,4,5] Wir haben solche Anordnungen von 2 Flügeln in Sonderfällen bereits in Ziffer 70 und 79 (Bild 200 und 203 sowie 215) kennengelernt. Dabei waren die Flügel eben, gleich groß und einander parallel. Wir wollen nun zunächst den allgemeineren Fall betrachten, daß die Flügel zwar ebenfalls eben, aber ungleich groß sind, und einen Winkel miteinander bilden. Die Anordnung mit den Maßbezeichnungen ist in Bild 246 dargestellt.[6]

---

[1] FLÜGGE-LOTZ, J., u. J. GINZEL: Die ebene Strömung um ein geknicktes Profil mit Spalt. Ing.-Arch. 11 (1940) 268.

[2] STRASSL, H.: Die ebene Potentialströmung um ein Flügelprofil mit Vorflügel. Jahrbuch 1939 der deutschen Luftfahrtforschung I, 67.

[3] FEINDT, E. G.: Berechnung der Strömung des Tandemgitters mit bewegter zweiter Schaufelreihe. Ing.-Arch. 30 (1961) 88.

[4] FEINDT, E. G.: Berechnung der Strömung des instationären vielstufigen Plattengitters. Ing.-Arch. 30 (1961) 339.

[5] FEINDT, E. G.: Berechnung der instationären Strömung des vielstufigen gestaffelten Plattengitters. Ing.-Arch. 31 (1962) 258.

[6] In der Flugtechnik wird der Winkel des Ruderausschlags mit η bezeichnet und positiv gerechnet, wenn er nach unten erfolgt. Wenn wir Bild 246 als Flosse und Ruder auffassen, so wäre $\beta = -\eta$ zu setzen.

87. Strömung um Doppelflügel

In ähnlicher Weise wie bei den in Ziffer 80 behandelten beiden Kreisen kann man sich eine Strömung denken, bei der die beiden Flügel gleiche, aber entgegengesetzte Zirkulation haben, so daß die Strömung durch den Spalt s hindurch und außerhalb der beiden Flügel wieder zurück erfolgt. Wenn man Strom- und Potentiallinien auf eine Parallelströmung abbildet, so geht das gesamte Außengebiet des Doppelflügels in ein Rechteck über, wobei zwei gegenüberliegende Rechtecksseiten das Abbild der Flügel, die beiden anderen das Abbild einer willkürlich als RIEMANNschen Schlitz gewählten Potentiallinie sind. Bei den beiden Kreisen war durch die Zuordnung der Stromfunktionen und Potentiale

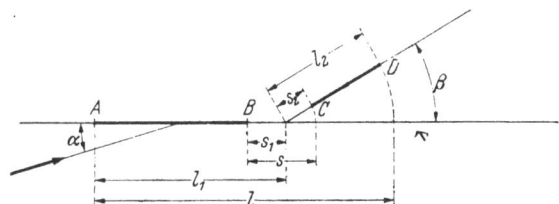

Bild 246. Bezeichnungen an einem aus ebenen Flächen bestehenden Doppelflügel

der beiden Strömungen zugleich die Zuordnung für die konforme Abbildung gegeben. Im vorliegenden Falle der beiden Platten ist dies nicht möglich, da die Strömung um die beiden Platten nicht bekannt ist. Man kann aus dieser Überlegung nur die Kenntnis gewinnen, daß das Außengebiet des Doppelflügels durch eine derartige konforme Abbildung in ein Rechteck überzuführen ist. Für die Ermittlung der Zuordnung der einzelnen Punkte muß man aber von einer Strömung ausgehen, die sich in beiden Ebenen berechnen läßt.

Legt man in den Schnittpunkt der verlängerten Platten eine Quelle (Bild 247 links), so ergibt sich eine ungestörte Quellströmung, da die Platten selbst mit Stromlinien zusammenfallen. Bei der Abbildung auf das Rechteck geht diese Quelle sowie die dem Unendlichen der z-Ebene entsprechende Senke in eine gleiche Quelle und Senke über. Man erhält eine Strömung nach Bild 247 rechts. An den Rechtecksseiten, welche den Platten entsprechen, setzt sich die Strömung spiegelbildlich, an den beiden anderen durch kongruente Wiederholung fort. Die letzteren beiden Ränder des Rechtecks kann man beliebig nach oben oder unten verschieben, sie hängen ja nur davon ab, welche Trennungslinie man in der z-Ebene als Übergangsschlitz wählt. Wir wollen diese Ränder so legen, daß sie gleich weit von dem der Quelle entsprechenden Punkte liegen. Die Koordinatenachsen legen wir jeweils in die Mitte zwischen die Rechtecksseiten, so daß die imaginäre η-Achse parallel zu den den Platten entsprechenden Rändern ist. Bei der Spiegelung des Rechtecks an den undurchlässigen Rändern ergibt sich zunächst ein Rechteck mit

362   X. Doppelperiodische Felder

spiegelbildlicher Anordnung der Quellen und Senken. Erst die folgende
Spiegelung, also das übernächste Rechteck, enthält die Wiederholung
des Ausgangsrechtecks. Die Periode ω_1 in x-Richtung ist daher doppelt
so groß wie die Breite des Rechtecks, d. i. wie der Abstand der Abbilder
der Platten. In der y-Richtung ist die Periode ω_2 gleich der Höhe des

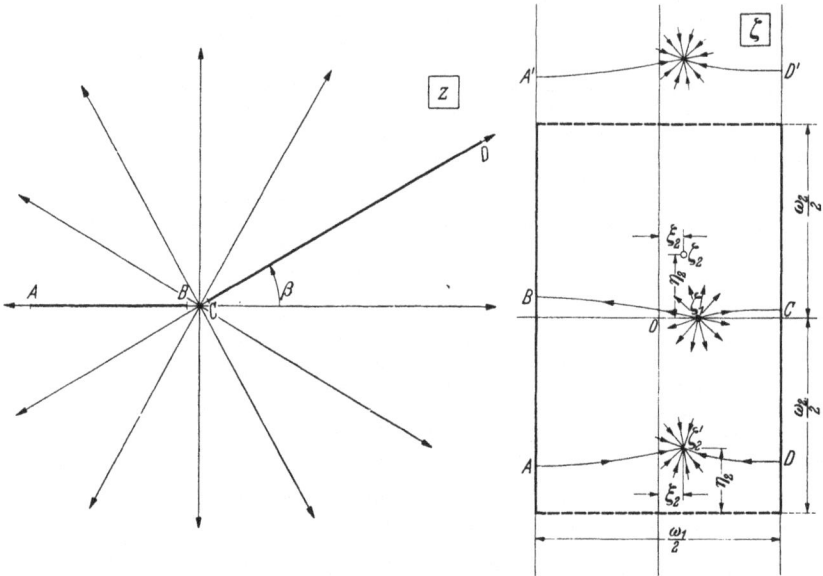

Bild 247. Konforme Abbildung des Außengebietes eines Doppelflügels mit einer ihm angepaßten Quellströmung auf das Innere eines Rechtecks

Rechtecks. Der Abstand der undurchlässigen Ränder ist demnach $\omega_1/2$,
der Abstand der beiden anderen ω_2. Das Seitenverhältnis des Rechtecks
ist also

$$2a = \frac{2\omega_2}{\omega_1}. \qquad (87,1)$$

Die Quelle liege im Punkte ζ_1, die dem Unendlichen der z-Ebene
entsprechende Senke im Punkte ζ_2'. Dabei liegt nach unserer obigen
Festsetzung ζ_1 auf der reellen Achse im Punkte ξ_1, sein Imaginärteil η_1
ist also $=0$. Durch Spiegelung an den beiden undurchlässigen, und
Wiederholung an den beiden anderen Rechteckseiten ergibt sich die in
Bild 248 dargestellte Anordnung von Quellen und Senken, deren Strömungspotential sich gemäß Ziffer 83 durch ϑ-Funktionen darstellen
läßt. Die Mitte zwischen zwei um die Strecke ω_2 auseinanderliegenden
benachbarten Senken, entsprechend dem Nullpunkt eines ϑ_4-Systems,
liegt in

$$\zeta_2 = \zeta_2' + i\omega_2/2, \quad = \xi_2 + i\eta_2. \qquad (87,2)$$

Die Anordnung besteht aus folgenden vier doppelperiodischen Quellsystemen mit den Perioden ω_1 und $i\omega_2$. Je eine Quellenanordnung, entsprechend der ϑ_1-Funktion (Bild 236) mit Symmetriepunkt in $\zeta_1 = \xi_1$ und entsprechend der ϑ_2-Funktion mit Symmetriepunkt in $-\xi_1$, und je eine Senkenanordnung, entsprechend der ϑ_4- und ϑ_3-Funktion (Bild 236) mit den Symmetriepunkten in ζ_2 und $-\bar\zeta_2$, wobei $\zeta_2 = \xi_2 - i\eta_2$ der konjugiert komplexe Wert von ζ_2 ist.

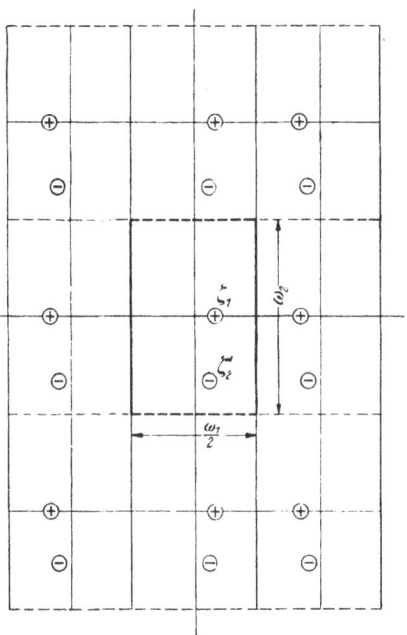

Bild 248. Ergänzung des Rechtecks zu einer vollen Ebene

Baut man eine Strömung aus diesen 4 Funktionen auf, so fließt von dem Quellpunkt ζ_1 die halbe Ergiebigkeit $E/2$ nach unten und die halbe nach oben hin ab. Gemäß Bild 247 muß aber der Anteil

$$E(\pi + \beta)/2\pi = (E/2)(1 + \beta/\pi)$$

auf der einen Seite, und der Anteil $(E/2)(1 - \beta/\pi)$ auf der anderen Seite der Platte abfließen. In der ζ-Ebene entsprechen diesen beiden Wegen der Abfluß nach unten und nach oben. Man kann das Verhältnis dieser Abflüsse dadurch in erforderlichem Maße verschieben, daß man eine von oben nach unten gerichtete Parallelströmung mit der Ergiebigkeit

$$E' = E\beta/2\pi \tag{87,3}$$

überlagert. Die Stromdichte dieser Zusatzströmung ist

$$j = 2E'/\omega_1 = E\beta/\pi\omega_1 \tag{87,4}$$

und ihr Potential

$$\varpi' = \frac{E\beta}{\pi\omega_1} i\zeta. \tag{87,5}$$

Demgemäß wird das komplexe Potential der Strömung

$$\varpi = \Phi + i\Psi = \varpi_0 + \frac{E}{2\pi}\left[i\,2\beta\,\zeta/\omega_1 + \ln\vartheta_1\left(\frac{\zeta - \xi_1}{\omega_1}\right) + \right.$$

$$\left. + \ln\vartheta_2\left(\frac{\zeta + \xi_1}{\omega_1}\right) - \ln\vartheta_4\left(\frac{\zeta - \zeta_2}{\omega_1}\right) - \ln\vartheta_3\left(\frac{\zeta + \bar\zeta_2}{\omega_1}\right)\right]. \tag{87,6}$$

In der z-Ebene ist, wenn man den Knickpunkt als Koordinatennullpunkt wählt,

$$\Phi = \frac{E}{2\pi} \ln z. \tag{87,7}$$

Demnach ergibt sich für die Abbildungsfunktion

$$z = C\, e^{i 2\beta \zeta/\omega_1} \frac{\vartheta_1\left(\dfrac{\zeta-\xi_1}{\omega_1}\right) \vartheta_2\left(\dfrac{\zeta+\xi_1}{\omega_1}\right)}{\vartheta_4\left(\dfrac{\zeta-\zeta_2}{\omega_1}\right) \vartheta_3\left(\dfrac{\zeta+\bar\zeta_2}{\omega_1}\right)}. \tag{87,8}$$

Der Parameter der ϑ-Funktionen ist $a = \omega_2/\omega_1$. Er stellt den Einfluß des Verhältnisses der Rechteckseiten $2\omega_2/\omega_1$ dar. Von ihm hängt hauptsächlich das Verhältnis s/l der Spaltweite zur Gesamtlänge des Flügels ab.

Die Konstante $C = -e^{\Phi_0}$ hängt nur von der willkürlichen Festlegung des Nullpunktes der Potentialzählung in der ζ-Ebene ab. Sie äußert sich in der z-Ebene als Ähnlichkeitsmaßstab. Man erhält den Wert von C, indem man in Gl. (87,8) irgend zwei zugeordnete Punkte der z-Ebene und ζ-Ebene einsetzt.

Die unsymmetrische gegenseitige Lage der Quell- und Senkensysteme in der η-Richtung, also die Größe η_2, ist durch den Knickwinkel β bedingt. Um die Zahl der nach oben und unten abgehenden Stromlinien richtig zu verteilen, war es, wie schon erwähnt, nötig, eine von oben nach unten gerichtete Parallelströmung zu überlagern. Damit wird die Stromdichte auf der Strecke AB größer als auf der Strecke $A'B$. Da diese Strecken der Ober- und Unterseite des Flügels AB der z-Ebene entsprechen, und in dieser die Potentialdifferenz zwischen den Punkten A und B auf der Ober- und Unterseite gleich ist, so muß auch in der ζ-Ebene die Potentialdifferenz zwischen A' und B gleich der zwischen A und B sein. Wegen der größeren Geschwindigkeit auf der Strecke AB ist das nur der Fall, wenn diese Strecke entsprechend kürzer ist als $A'B$. Deshalb muß der Abstand zwischen Quelle und Senke unterhalb der Quelle kleiner sein als oberhalb, d. h., η_2 muß einen endlichen positiven Wert haben.

Quantitativ findet man die Verschiebung η_2 durch folgende Überlegung: Ebenso wie die Staupunkte A und A' müssen alle Punkte, welche in der ζ-Ebene um eine Periode $i\,\omega_2$ in der η-Richtung auseinanderliegen, gleiches Potential haben, da sie ja in der z-Ebene einem und demselben Punkte entsprechen. Nun ist nach Gl. (83,24) der Potentialunterschied für zwei um eine Periode $i\,\omega_2$ auseinanderliegende Punkte $\xi + i\,\eta$ und $\xi + i\,\eta + i\,\omega_2$ für eine doppelperiodische Quellenanordnung und ihre spiegelbildliche Anordnung zusammen $\Phi_1' = (2E/\omega_1) \cdot (\omega_2/2 + \eta)$, wenn die Symmetrieachse die ξ-Achse ist. Für die Senken-

87. Strömung um Doppelflügel

anordnung, bei der die Symmetrieachse um η_2 nach oben zu verschoben ist, wird die entsprechende Differenz $\Phi'_2 = -(2E/\omega_1)(\omega_2/2 + \eta - \eta_2)$. Dazu kommt noch der Einfluß der überlagerten Parallelströmung nach Gl. (87,5) mit $\Phi'_3 = -E\beta\,\omega_2/\pi\,\omega_1$, so daß der resultierende Potentialunterschied

$$\Phi' = \Phi'_1 + \Phi'_2 + \Phi'_3 = \frac{2E}{\omega_1}[\eta_2 - \beta\,\omega_2/2\pi] \qquad (87,9)$$

ist. Da dieser Unterschied Null sein muß, so folgt daraus, daß

$$2\pi\,\eta_2 = \beta\,\omega_2 \qquad (87,10)$$

ist.

Die Verschiebungen ξ_1 und ξ_2 der Quellen und Senken in der ξ-Richtung sind durch die Forderung festgelegt, daß in den Punkten A, B, C, D der ζ-Ebene das gleiche Potential herrschen muß wie in den entsprechenden Punkten der z-Ebene (Vorder- und Hinterkante der beiden Platten). Die Lage der Quellen (ξ_1) hängt daher hauptsächlich mit der Lage des Knickpunktes im Spalt zusammen. Je näher der Knickpunkt an der Vorderkante C der hinteren Platte liegt, um so näher liegt auch der Quellpunkt in der ζ-Ebene am Staupunkt C, um so größer ist also ξ_1. In entsprechender Weise hängt die Lage des Senkenpunktes (ξ_2) hauptsächlich von dem Verhältnis der Längen von Ruder und Flosse l_2/l_1 ab. Das Verhältnis der Rechteckseiten $2\omega_2/\omega_1$ ist in erster Linie durch das Verhältnis der Spaltweite s zur Flügellänge l bedingt. Dies ist daraus ersichtlich, daß die Spaltweite s in der ζ-Ebene sich auf den Abstand BC der beiden lotrechten Rechteckseiten abbildet und der Umfang der Platten in die Länge dieser Rechteckseiten übergeht.

Im allgemeinen wird man von der Anordnung der Quellen und Senken und dem Rechteckverhältnis in der ζ-Ebene ausgehen müssen und daraus die Abmessungen des Doppelflügels in der z-Ebene berechnen. Da aber meist die Anordnung in der z-Ebene gegeben ist, so muß man die entsprechende Anordnung in der ζ-Ebene erst durch Ausprobieren mehrerer Anordnungen suchen. Sehr häufig ist aber die Spaltweite s sehr klein gegenüber den Flügellängen l_1 und l_2. Außerdem ist der Winkel β meist hinreichend klein, so daß man $(\beta/\pi)^2$ gegen 1 vernachlässigen kann. Dann lassen sich die Zusammenhänge zwischen den Größen der ζ-Ebene und der z-Ebene näherungsweise so vereinfachen, daß sich aus den Hauptabmessungen des Doppelflügels die kennzeichnenden Größen der ζ-Ebene unmittelbar berechnen lassen. Wenn $s/l \ll 1$ ist, wird das Rechteck in der ζ-Ebene schmal und hoch, d. h. $\omega_2/\omega_1 \gg 1$. Die Strömung ist dann in der Umgebung der Staupunkte B und C in der ζ-Ebene fast nur durch die Lage der Quelle zwischen den undurchlässigen Wänden bestimmt; die Senken und die anderen Quellen sind schon so weit entfernt, daß ihr Einfluß bedeutungslos wird. Man kann dann den

Streifen der ζ-Ebene zwischen den Wänden von der Breite $\omega_1/2$ (Bild 247) durch $\varkappa_1 = e^{-2i\zeta\pi/\omega_1}$ auf die rechte und den spiegelbildlichen Nachbarstreifen auf die linke Halbebene einer $\varkappa_1$-Ebene abbilden (Bild 249). In dieser Ebene liegt der Quellpunkt auf dem Einheitskreis unter einem Winkel $\varphi = -2\xi_1\pi/\omega_1$ und $\pi + \varphi$ zur reellen Achse, und die Staupunkte B und C liegen auf der imaginären Achse in der Nähe der Punkte $\varkappa_1 = \pm i$. Im Nullpunkt ergibt sich eine Senke mit der Ergiebigkeit $-(E + 2E') = -E(1 + \beta/\pi)$. Auf Grund dieser einfachen Anordnung kann man die Strömung in der Umgebung der Quelle und der Staupunkte B und C leicht berechnen. Entsprechend erhält man durch die Abbildung $\varkappa_2 = e^{-2i(\zeta - \eta_2 + \omega_2/2)/\omega_1}$ das Abbild der Umgebung der Senke im Punkt ζ_2 und kann die Strömung in diesem Gebiet mit den Staupunkten A und D ebenfalls leicht berechnen.

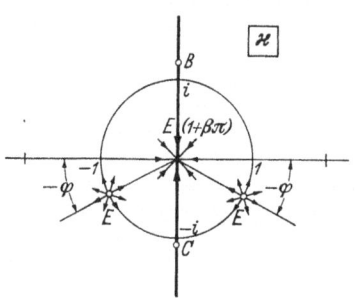

Bild 249. Vereinfachte Abbildung der ζ-Ebene, wenn $\omega_2/\omega_1 \gg 1$ ist

Außer der allgemein gültigen Beziehung (87,10)

$$\eta_2 = \beta\,\omega_2/2\pi$$

ergibt sich durch diese Vereinfachung

$$\frac{s_2}{s_1} \approx \tan^2\frac{\pi}{4}\left(1 - 4\frac{\xi_1}{\omega_1}\right), \tag{87,11}$$

$$\frac{l_2}{l_1} \approx \cot^2\frac{\pi}{4}\left(1 - 4\frac{\xi_2}{\omega_1}\right), \tag{87,12}$$

$$\frac{s}{1} \approx 4e^{-\pi\omega_2/\omega_1}\cos^2 2\frac{\xi_2\pi}{\omega_1}. \tag{87,13}$$

Auch für die genaue Lage der Staupunkte B, C, D, E ergeben sich einfache Zusammenhänge, die in der Originalarbeit von FLÜGGE-LOTZ und GINZEL (Fußnote 1, S. 360) angegeben sind. Diese Näherungsformeln gelten um so genauer, je größer ω_2/ω_1 ist. In den Fällen, in denen diese Voraussetzung nicht hinreichend erfüllt ist, können sie immer noch dazu dienen, aus den gegebenen Abmessungen der z-Ebene die kennzeichnenden Werte der ζ-Ebene wenigstens näherungsweise zu ermitteln und dadurch das Auffinden der richtigen Werte erheblich zu beschleunigen.

Bei den bisherigen Überlegungen war vorausgesetzt, daß der Knickpunkt innerhalb des Spaltes liegt. Liegt er auf einer der Flächen, wie in Bild 250 links dargestellt, so ergibt sich in der ζ-Ebene die rechts angegebene Lage der Quellen und Senken. Die dem Unendlichen der z-Ebene entsprechende Senke hat eine ähnliche Lage wie bisher. Aber anstatt der Quelle zwischen den Wänden ergeben sich jetzt 2 Quellen von halber Stärke auf den Wänden, indem von der Quelle in der z-Ebene die eine Hälfte zur Oberseite, die andere zur Unterseite der Flosse gehört, und den betreffenden Punkten der Ober- und Unterseite in der ζ-Ebene zwei getrennte Punkte entsprechen. Die unmittelbar mit diesen Quellen zusammenfallenden Spiegelbilder ergänzen sie wieder zu Quellen der

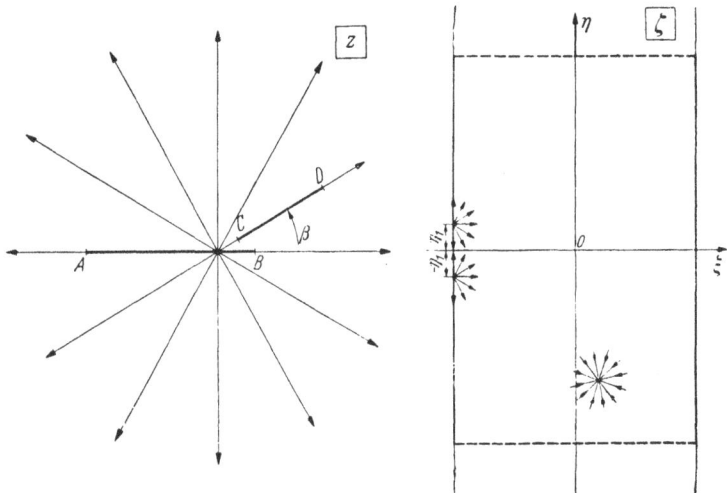

Bild 250. Zusammenhang zwischen der z- und ζ-Ebene, wenn der Knickpunkt auf dem vorderen Teilflügel liegt (nicht maßstäblich)

vollen Ergiebigkeit. Die Lage der beiden Quellpunkte sei $\zeta_1 = -\frac{\omega_1}{4} + i\,\eta_1$ und $\bar{\zeta}_1 = -\frac{\omega_1}{4} - i\,\eta_1$. Dabei haben wir die ξ-Achse symmetrisch zwischen die beiden Quellpunkte gelegt. Die Abbildungsfunktion ergibt sich hiernach entsprechend wie Gl. (87,8) zu

$$z = C\,e^{i\,2\beta\zeta/\omega_1} \frac{\vartheta_1\left(\frac{\zeta-\zeta_1}{\omega_1}\right)\vartheta_1\left(\frac{\zeta-\bar{\zeta}_1}{\omega_1}\right)}{\vartheta_4\left(\frac{\zeta-\zeta_2}{\omega_1}\right)\vartheta_3\left(\frac{\zeta+\bar{\zeta}_2}{\omega_1}\right)}. \tag{87,14}$$

Dabei kann man $\vartheta_1\left(\frac{\zeta-\bar{\zeta}_1}{\omega_1}\right)$ auch durch $\vartheta_2\frac{\zeta+\zeta_1}{\omega_1}$ ersetzen.

Bei den weiteren Überlegungen wollen wir den Knickpunkt im Spalt voraussetzen. Durch die Abbildungsfunktion (87,8) ist die Zuordnung der Punkte der z-Ebene und der ζ-Ebene gegeben. Werden nun die Platten der z-Ebene von einer Parallelströmung mit der Geschwindigkeit v_0 unter einem Anstellwinkel α zur Flosse angeströmt (Bild 246), so ist im Unendlichen der z-Ebene

$$\varpi = v_0\,e^{-i\alpha}\,z. \tag{87,15}$$

368   X. Doppelperiodische Felder

Dem Punkt $z = \infty$ entspricht der Punkt ζ_2'. Für seine nächste Umgebung $(\zeta - \zeta_2' \to 0)$ findet man aus Gl. (87,8)

$$z = \frac{A\, e^{i\tau}}{\zeta - \zeta_2'}, \qquad (87,16)$$

wobei A und τ Konstante sind, die von der Lage der Quellen und Senken in der ζ-Ebene und somit von der Anordnung der Platten in der

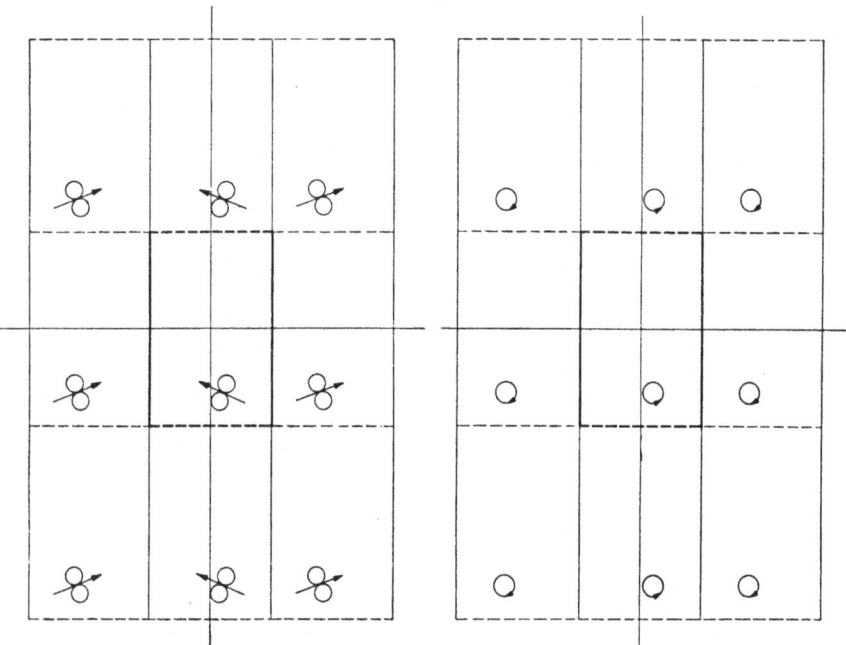

Bild 251
Doppelperiodische Dipolanordnung, welche der Anströmung des Doppelflügels entspricht

Bild 252
Doppelperiodische Wirbelanordnung, welche der Zirkulation um den Doppelflügel entspricht

z-Ebene abhängen. Damit wird in der Umgebung von ζ_2'

$$\varPhi = \frac{A}{\zeta - \zeta_2'}\, v_0\, e^{i(\tau - \alpha)}. \qquad (87,17)$$

Das ist aber gemäß Gl. (48,9) ein Dipol vom Moment

$$M = 2\pi\, v_0\, A \qquad (87,18)$$

mit der Achsrichtung

$$\chi = \pi + \tau - \alpha. \qquad (87,19)$$

Entsprechende gleichgerichtete oder gespiegelte Dipole sind an den übrigen Punkten, welche den unendlich fernen entsprechen, so daß man die in Bild 251 gezeigte Anordnung erhält. Das Potential dieser Strö-

87. Strömung um Doppelflügel

mung ist nach Ziffer 84 gegeben durch

$$\Phi_1 = -\frac{M}{2\pi}\left[e^{i\chi}\frac{d\ln\vartheta_4(\zeta-\zeta_2)}{d\zeta} - e^{-i\chi}\frac{d\ln\vartheta_3(\zeta+\bar\zeta_2)}{d\zeta}\right]. \quad (87{,}20)$$

Infolge der Forderung, daß an der Hinterkante jeder der beiden Platten glatter Abfluß herrschen muß, stellt sich um jede Platte eine entsprechende Zirkulationsströmung ein. Die Zirkulation um die vordere Platte sei Γ_1, die um die hintere Γ_2. Der Summe der beiden Zirkulationen entspricht im Unendlichen ein Wirbel von der Zirkulation

$$\Gamma = -(\Gamma_1 + \Gamma_2), \quad (87{,}21)$$

der in den entsprechenden Punkten der ζ-Ebene als gleicher bzw. gespiegelter Wirbel erscheint (Bild 252). Das Feld dieser Wirbel ist gegeben durch das komplexe Potential

$$\Phi_2 = i\,\frac{\Gamma_1+\Gamma_2}{2\pi}\left[\ln\vartheta_4(\zeta-\zeta_2) - \ln\vartheta_3(\zeta+\bar\zeta_2)\right]. \quad (87{,}22)$$

Einer gleichen, aber entgegengesetzten Zirkulation um die beiden Platten von der Stärke $\dfrac{\Gamma_1-\Gamma_2}{2}$ entspricht in der ζ-Ebene eine von unten nach oben gerichtete Parallelströmung von der Stromdichte

$$j = \frac{\Gamma_1-\Gamma_2}{2\omega_2}. \quad (87{,}23)$$

Ihr Potential ist

$$\Phi_3 = -i\,\frac{\Gamma_1-\Gamma_2}{2\omega_2}\,z. \quad (87{,}24)$$

Das Gesamtpotential ist

$$\Phi = \Phi_1 + \Phi_2 + \Phi_3. \quad (87{,}25)$$

Dabei ist $\Gamma_1+\Gamma_2$ und $\Gamma_1-\Gamma_2$ so zu bestimmen, daß die Punkte B und D in der ζ-Ebene Staupunkte werden, d. h., daß in ihnen

$$\frac{d\Phi}{d\zeta} = 0 \quad (87{,}26)$$

ist.

Wir waren von einer Anordnung in der z-Ebene ausgegangen, bei der die beiden Teilflügel ebene Platten sind, da man hierbei durch die in den Knickpunkt gesetzte Quelle eine besonders einfache Strömung erhielt. Man kann aber die Anordnung ohne erheblich erhöhte Schwierigkeiten dadurch verallgemeinern, daß man die z-Ebene einer linearen Transformation

$$z = \frac{c\,z''}{z''-b}, \quad z'' = \frac{b\,z}{z-c} \quad (87{,}27)$$

unterwirft. Dabei gehen die geraden Strecken AB und CD in Kreisbogen, die einfache Quellströmung in eine Quell-Senken-Strömung über.

Man erhält daher einen Doppelflügel, der aus zwei kreisbogenförmig gewölbten Platten besteht. Der Schnittpunkt der diese gewölbten Platten ergänzenden Kreise ist im Spalt auch weiterhin der Nullpunkt. Der andere Schnittpunkt liegt in $z'' = b$. In der ζ-Ebene bleibt alles unverändert. Nur ist zu beachten, daß jetzt die Senkenpunkte (ζ'_2) nicht mehr das Abbild des unendlich fernen Punktes der z''-Ebene darstellen, sondern der im Endlichen im Punkte $z'' = b$ liegenden Senke. Bei der Berechnung der Strömung um die gewölbten Platten sind daher die dem Unendlichen der z''-Ebene bzw. dem zugehörigen Punkte $z = c$ entsprechenden Punkte der ζ-Ebene noch besonders zu ermitteln und in ihnen die Dipole und Wirbel gemäß Bild 251 und 252 anzuordnen.

Man kann nun weiterhin auch noch die dünnen Platten zu Flügeln endlicher Dicke verallgemeinern, indem man entweder ähnlich wie beim JOUKOWSKY-Profil vorgeht oder die in Ziffer 74 bis 76 geschilderten allgemeinen Verfahren anwendet. Weitere Einzelheiten und auch Ergebnisse, die mit diesem Verfahren erzielt wurden, sind in den erwähnten Arbeiten von FLÜGGE-LOTZ und GINZEL und von STRASSL (Fußnote 1 und 2, S. 360) enthalten.

Elfter Abschnitt

Freie Strahlen

88. Physikalische Grundlagen. Wenn eine Flüssigkeit aus einer Öffnung eines Gefäßes ausfließt, so umströmt sie im allgemeinen nicht den Rand der Öffnung, sondern löst sich dort ab und strömt mit freien, d.h., nicht durch starre Wände festgelegten Strahlgrenzen weiter. Ist der Strahl von der gleichen oder einer gleichartigen Flüssigkeit umgeben wie die, aus der er selbst besteht, z. B. wenn Wasser unter Wasser oder Luft in Luft austritt, so treten am Strahlrand bald Störungen auf. Die Strahlgrenze ist im allgemeinen unstabil, es entstehen einzelne Wirbel, und in einigem Abstand von der Ausflußöffnung tritt eine lebhafte Durchmischung des Strahles mit der umgebenden Flüssigkeit ein. Man hat dann keine Potentialströmung mehr und kann daher das Hilfsmittel der konformen Abbildung nicht mehr anwenden. Wir werden uns daher auf solche Vorgänge beschränken, bei denen der Vermischungsvorgang noch keine maßgebliche Rolle spielt.

Ist die umgebende Flüssigkeit wesentlich leichter als die, aus welcher der Strahl besteht, also z. B. wenn Wasser in Luft austritt, so ist der Strahlrand sehr viel weniger gestört; aber der Strahl selbst unterliegt nunmehr dem Einfluß der Schwere, was die Aufgabe erheblich schwieriger macht. Wenn die Geschwindigkeiten groß und die Abmessungen der Ausflußöffnung klein sind, so ist die Zeit, in der das hauptsächlich interessierende Gebiet durchströmt wird, kurz, und in dieser kurzen Zeit sind die durch die Schwere bewirkten Geschwindigkeitsänderungen nur klein gegenüber den großen Strömungsgeschwindigkeiten im Strahl. In solchen Fällen kann man daher den Einfluß der Schwere vernachlässigen. Ist l eine kennzeichnende Länge der Anordnung, z. B. die Weite der Ausflußöffnung, w eine kennzeichnende Geschwindigkeit, so ist die Zeit, in der die Strecke l mit der Geschwindigkeit w durchlaufen wird, $t = l/w$. In dieser Zeit verursacht die Schwere eine störende Zunahme der Fallgeschwindigkeit $w' = g\,t$, wobei g die Erdbeschleunigung bedeutet. Das Verhältnis dieser Störgeschwindigkeit zur Geschwindigkeit w ist

$$\frac{w'}{w} = g\,\frac{l}{w^2} = \frac{1}{Fr}\,. \qquad (88,1)$$

Die Größe

$$Fr = w^2/g\,l \qquad (88,2)$$

bezeichnet man als FROUDEsche Kennzahl. Ist $Fr \gg 1$, also $w'/w \ll 1$, so sind die Voraussetzungen für die Vernachlässigung der Schwere gegeben.

Wir werden weder den Einfluß der Schwere noch den der Vermischungsvorgänge am Strahlrand berücksichtigen und müssen uns daher darüber klar sein, daß unsere theoretischen Überlegungen nur unter den entsprechenden physikalischen Voraussetzungen auf die wirklichen Vorgänge zutreffen: Bei Strahlbildung von Wasser in Luft muß die FROUDEsche Zahl genügend hoch sein. Bei Strahlbildung von Wasser in Wasser oder von Luft in Luft muß das interessierende Gebiet genügend kurz sein. Da wir zur Lösung derartiger Aufgaben konforme Abbildungen heranziehen, so müssen wir uns außerdem auf zweidimensionale Strömungen beschränken.

89. Mathematische Grundlagen. Da die den Strahl umgebende Flüssigkeit ruht, so herrscht in ihr und damit auch auf dem Strahlrand konstanter Druck. Nach der BERNOULLIschen Gleichung (31,11) ergibt sich demnach als Randbedingung am Strahlrand konstante Geschwindigkeit. In dem von starren Wänden geführten Teil der Strömung ist als Randbedingung die Richtung der Strömung gegeben, die ja mit der Richtung der Wände übereinstimmt. Ist

$$w = |w|\,e^{i\varphi} \qquad (89,1)$$

der Geschwindigkeitsvektor, so ist von diesem längs eines Teiles des Randes $|w|$, längs des übrigen Teiles φ gegeben. Nun ist zwar w selbst keine analytische Funktion der komplexen Ortskoordinaten z, wohl aber sein konjugiert komplexer Wert

$$\bar{w} = |w|\, e^{-i\varphi}. \tag{89,2}$$

Bildet man

$$\ln \bar{w} = \ln |w| - i\,\varphi, \tag{89,3}$$

so ist demnach von dieser analytischen Funktion längs des Randes teils der Realteil $\ln|w|$, teils der Imaginärteil φ gegeben. Man hat demnach eine gemischte Randwertaufgabe. Während aber sonst bei derartigen Aufgaben die Gestalt des Randes selbst vollständig gegeben vorliegt, ist in unserem Falle an der freien Strahlgrenze auch die Gestalt dieser Grenze unbekannt. Dafür besteht aber die Erleichterung, daß $|w|$ längs des Strahlrandes nicht eine beliebig gegebene Funktion, sondern eine Konstante ist.

Das Lösungsverfahren der Aufgabe besteht darin, daß man die z-Ebene, welche den Strömungsverlauf darstellt, auf eine $\bar{w}$-Ebene abbildet, deren Koordinaten die konjugiert komplexen Werte der Geschwindigkeiten in dem zugeordneten Punkte z darstellen. Da $\bar{w}$ eine analytische Funktion von z ist, so ist diese Abbildung eine konforme. Man könnte anstatt $\bar{w}$ auch w selbst für die Abbildung benützen. Dann erhielte man die zur reellen Achse gespiegelte Anordnung. Man bezeichnet diese als Hodographen. Sie ist aber keine konforme Abbildung der z-Ebene im strengen Sinne (Ziffer 7), sondern ihr Spiegelbild. Wegen des einfachen Zusammenhangs von Spiegelbildern kann man auch mit dem Hodographen selbst arbeiten, was die Anschauung der Zusammenhänge erleichtert. Man muß sich nur daran erinnern, daß man, sobald man analytische Zusammenhänge braucht, die Hodographenwerte erst spiegeln muß. Wir wollen im folgenden den gespiegelten Hodographen, also die analytische Funktion $\bar{w}$ verwenden.

In der $\bar{w}$-Ebene geht der Strahlrand, auf dem ja $|w|$ konstant ist, in einen Kreisbogen über. Besteht die starre Begrenzung in der z-Ebene aus geraden Strecken, so sind auch ihre Abbilder in der $\bar{w}$-Ebene Stücke von vom Nullpunkt aus radial verlaufenden Geraden, da ja auf ihnen die Richtung der Strömung konstant und durch die Richtung der Begrenzungsgeraden gegeben ist. Durch diese Bedingungen kann man in der $\bar{w}$-Ebene das Abbild des Strahlrandes und der festen Begrenzungen aufzeichnen und erhält daher in der $\bar{w}$-Ebene eine vorgegebene Gestalt des gesamten Randes mit der Randbedingung, daß dieser Rand Stromlinie der auf diese Ebene abgebildeten Strömung sein soll. Damit ist die Aufgabe auf eine Randwertaufgabe 1. Art zurückgeführt. Für den Verlauf der Strömung innerhalb dieses Randes sind noch singuläre Stellen (Quellen, Senken, Wirbel, Dipole) maßgebend, deren Art und Lage sich beim Aufzeichnen des Verlaufs von $\bar{w}$ insbesondere im Unendlichen ergibt.

Aus der Lösung der Strömungsaufgabe in der $\bar{w}$-Ebene ergibt sich die Lösung in der z-Ebene durch folgende Rechnung: In der $\bar{w}$-Ebene hat man die Verteilung des komplexen Potentials Φ, also die Funktion $\Phi(\bar{w})$ ermittelt. In sich entsprechenden Punkten der z-Ebene und der $\bar{w}$-Ebene herrscht das gleiche Potential Φ. Nun ist aber

$$\bar{w} = \frac{d\Phi}{dz}, \tag{89,4}$$

daher ergibt sich

$$z = \int \frac{1}{\bar{w}} d\Phi = \int \frac{1}{\bar{w}} \frac{d\Phi}{d\bar{w}} d\bar{w}. \tag{89,5}$$

$d\Phi/d\bar{w}$ ist dabei der konjugiert komplexe Wert der Strömungsgeschwindigkeit in der $\bar{w}$-Ebene; er ist durch die Lösung der Strömungsaufgabe in der $\bar{w}$-Ebene bekannt. Hierdurch findet man demnach zu jedem Punkt $\bar{w}$ der $\bar{w}$-Ebene den zugeordneten Punkt z der z-Ebene und erhält demnach einen Zusammenhang zwischen der Geschwindigkeit $\bar{w}$ und den Punkten z, in denen diese Geschwindigkeit herrscht, und damit die Verteilung der Geschwindigkeit in der z-Ebene. Zur Erläuterung sei das Verfahren an einem verhältnismäßig einfachen Beispiel durchgeführt.

90. Strömung mit freien Strahlgrenzen durch Schaufelgitter. Unter den Vorgängen, bei denen sich freie Strahlgrenzen bilden, erfüllt die Strömung durch Schaufelgitter gemäß der Bilder 253, 259 und 261 im allgemeinen recht gut die in Ziffer 88 erwähnten physikalischen Voraussetzungen für die Anwendbarkeit der Theorie. Diese Strömungsvorgänge haben auch erhebliche praktische Bedeutung, indem bei schnell laufenden Wasserturbinen, Pumpen oder Schiffsschrauben ähnliche Vorgänge stattfinden, wenn diese mit starker Kavitation arbeiten. Die Totwassergebiete stellen dann die mit Dampf oder Luft gefüllten Hohlräume der Kavitationsgebiete dar.

Zunächst behandeln wir als einfachsten Fall ein senkrecht zur Gitterebene angeströmtes Gitter, das aus flachen, in der

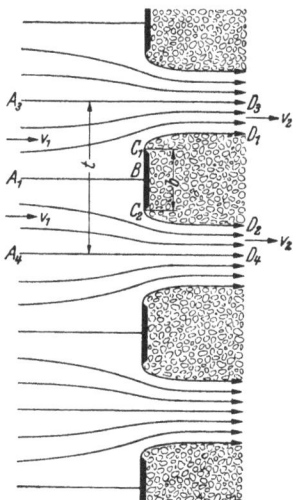

Bild 253. Bildung von Freistrahlen bei der Strömung durch ein aus flachen Stäben bestehendes Gitter

Gitterebene liegenden Stäben besteht, wie es im Bild 253 dargestellt ist. Da sich die Strömung bei jedem Stab in gleicher Weise wiederholt, braucht man nur einen Streifen von der Breite t, der Gitterteilung,

374 XI. Freie Strahlen

zu betrachten. Wählt man als Grenzen des Streifens zwei benachbarte, durch den Staupunkt gehende Stromlinien, so kann man sich diese durch feste Wände ersetzt denken und erhält als gleiche Aufgabe den Ausfluß aus einem Gefäß gemäß Bild 254. Man kann als Streifengrenzen aber auch die durch die Spalte laufenden Symmetrielinien A_3D_3 und A_4D_4 wählen und erhält dadurch die Strömung in einem Kanal mit einer quer stehenden Platte in der Mitte.

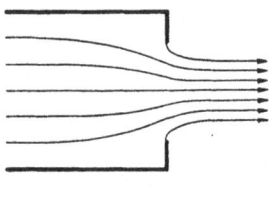

Bild 254
Ausfluß aus einem Gefäß

Die zu der in Bild 253 dargestellten Strömung gehörige Strömung in der $\bar{w}$-Ebene, d. i. der an der reellen Achse gespiegelte Hodograph, hat das in Bild 255 dargestellte Aussehen. Die kräftig ausgezogenen Linien entsprechen dabei den in Bild 253 ebenfalls kräftig ausgezogenen starren Grenzen. Gleiche Buchstaben in Bild 253 und 255 bezeichnen entsprechende Punkte. Dabei sind Punkte, die in der $\bar{w}$-Ebene zusammenfallen, in der Strömungsebene durch Zeiger unterschieden. Im Punkte A_1, der im Unendlichen liegt, herrscht die Geschwindigkeit v_1 parallel der x-Richtung. Dementsprechend liegt der Punkt A in der $\bar{w}$-Ebene auf der reellen Achse im Abstand v_1 vom Nullpunkt. Wandert man jetzt in der Strömungsebene (Bild 253) längs der geraden Stromlinie A_1B weiter, so behält die Geschwindigkeit ihre Richtung bei, sie verringert nur ihre Größe und wird im Punkte B Null. Dementsprechend erhält man in der $\bar{w}$-Ebene eine Gerade vom Punkte A auf den Nullpunkt zu. Der Punkt B fällt mit dem Nullpunkt zusammen. Im Punkte B teilt sich die Strömung; wir wollen zunächst den oberen Ast BC_1 der z-Ebene weiter verfolgen. Die Geschwindigkeit nimmt längs der Begrenzungsfläche BC_1 zu, bis sie im Endpunkte der Fläche die Geschwindigkeit v_2 erreicht; sie ist dabei senkrecht nach oben gerichtet (positiv imaginäre Richtung). Dementsprechend ergibt sich in der $\bar{w}$-Ebene eine gerade Linie vom Nullpunkte B senkrecht nach unten (Unterschied von $\bar{w}$ und w) bis zum Punkte C_1 im Abstande v_2 vom Nullpunkte. Von hier beginnt in der Strömungsebene die freie Strahlgrenze C_1D_1, an welcher die Geschwindigkeit v_2 der Größe nach konstant bleibt, und nur ihre Richtung ändert, indem sie von der senkrechten allmählich in die waagerechte übergeht. Dem entspricht in der $\bar{w}$-Ebene ein Kreisbogen (konstanter Abstand vom Nullpunkt), der sich vom Punkte C_1 bis zum Punkte D auf der waagerechten Achse erstreckt (Viertelkreis). Verfolgt man in der gleichen Weise den anderen Ast $A_1BC_2D_2$, so erhält man in der $\bar{w}$-Ebene

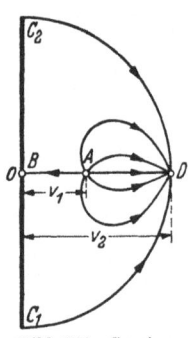

Bild 255. Gespiegelter Hodograph zur Strömung nach Bild 253

90. Strömung mit freien Strahlgrenzen durch Schaufelgitter 375

die spiegelbildliche Kontur der eben erläuterten, welche diese zu einem Halbkreis ergänzt. Längs der Stromlinien A_3D_3 und A_4D_4 hat die Strömung konstante waagerechte Richtung, und die Geschwindigkeit nimmt von v_1 auf v_2 zu. Daher entspricht dieser Stromlinie in der $\bar{w}$-Ebene die Gerade AD. Hätte man an Stelle der geraden Begrenzungslinien A_3D_3 und A_4D_4 irgend zwei andere kongruente, um die Teilung t gegeneinander verschobene Linien gewählt, so würde man in der $\bar{w}$-Ebene an Stelle der beiden zusammenfallenden Geraden AD 2 Kurven erhalten haben, die aber wegen der kongruenten Gestalt der beiden Ränder der Strömungsebene ebenfalls zusammenfallen, so daß die beiden Gebiete wieder einen vollen Halbkreis ergeben. Auch alle übrigen Stromlinien, die in der Strömungsebene innerhalb dieser Begrenzung verlaufen, beginnen in der $\bar{w}$-Ebene im Punkte A, da alle im Unendlichen die gleiche Geschwindigkeit v_1 haben. Sie endigen in der $\bar{w}$-Ebene alle in dem gemeinsamen Punkte D, da auch die Endgeschwindigkeit v_2 für alle Stromlinien der Strömungsebene die gleiche ist. Da nun ferner, wie man sich aus dem Strömungsvorgang in der z-Ebene leicht überlegen kann, die x-Komponente der Geschwindigkeit niemals negativ und der Absolutwert der Geschwindigkeit niemals größer als v_2 wird, so verlaufen die Stromlinien in der $\bar{w}$-Ebene alle innerhalb der beschriebenen Grenzen. Da weiterhin in der Strömungsebene keine unstetigen Geschwindigkeitsänderungen vorkommen, so erfüllen die Stromlinien der $\bar{w}$-Ebene das ihnen zur Verfügung stehende Gebiet ebenfalls stetig. Die Strömung in der $\bar{w}$-Ebene ist also dadurch gekennzeichnet (Randbedingung), daß alle Stromlinien im Punkte A beginnen, im Punkte D endigen und den vorgegebenen Raum, begrenzt durch einen Halbkreis und einen Durchmesser, erfüllen.

Man muß sich noch überlegen, von welcher Art die singulären Stellen bei A und D sind, aus denen die Stromlinien entspringen und endigen. Vom Punkte A muß eine endliche Zahl von Stromlinien ausgehen, nämlich $v_1 t$, d. h. so viel, als in der z-Ebene in einer Gitterteilung enthalten sind. Von den bisher beschriebenen Singularitäten ist das nur bei einer Quelle der Fall. Bei einem Dipol z. B. ist die Zahl der Stromlinien unendlich, und außerdem treten dabei die Stromlinien nicht nur aus dem betreffenden Punkt aus, sondern auch wieder ein. Weiterhin ist zu beachten, daß die Umgebung des Punktes A in der $\bar{w}$-Ebene ja das Abbild eines Periodenstreifens einer Parallelströmung der z-Ebene ist, und bei derartigen Abbildungen in Ziffer 10 und 50 ging der unendlich ferne Punkt in eine Quelle über.

Man kann aber den Verlauf der Stromlinien in der Umgebung des Punktes A der $\bar{w}$-Ebene auch genauer verfolgen. Wenn man in der z-Ebene (Bild 253) links vom Gitter quer zu den Stromlinien von der Geraden A_4D_4 bis zur Geraden A_3D_3 wandert, so findet man auf der

Geraden A_4D_4 eine erhöhte Geschwindigkeit ohne Richtungsänderung, die entsprechende Stromlinie der $\bar{w}$-Ebene geht also vom Punkte A nach rechts. Auf der Geraden A_1B ist die Geschwindigkeit ohne Richtungsänderung vermindert, die entsprechende Stromlinie der $\bar{w}$-Ebene geht also vom Punkte A nach links. Die Stromlinien zwischen A_4D_4 und A_1B sind nach unten abgelenkt, haben also Störungsgeschwindigkeiten mit nach unten gerichteten Komponenten. Ihre Abbilder in der $\bar{w}$-Ebene liegen daher abgesehen von den Endpunkten A und D oberhalb der Linie BD. Auf den Stromlinien der z-Ebene in der Nähe von A_4D_4 nimmt die Geschwindigkeit ähnlich wie bei der Stromlinie A_4D_4 selbst dauernd zu. Auf den Stromlinien in der Nähe von A_1B nimmt sie ähnlich wie auf der Stromlinie A_1B zunächst ab und wächst dann auf v_2 an. Zusammen mit den Vertikalkomponenten ergeben sich in der w-Ebene Stromlinien, die schräg nach oben gerichtet sind. Dazwischen liegt eine Stromlinie, bei der die anfängliche Änderung der waagerechten Komponente gerade Null wird. Für sie ist daher zunächst nur die vertikale Komponente wirksam. Ihr Abbild in der w-Ebene geht daher mit senkrechter Tangente von A aus. Die dazwischenliegenden Stromlinien gehen alle ebenfalls von A aus, haben aber dazwischenliegende Richtungen. Wenn man also die Stromlinien von der Geraden A_4D_4 bis A_1B verfolgt, so findet man für die entsprechenden Stromlinien der $\bar{w}$-Ebene Richtungen, welche allmählich von der waagerechten Richtung nach rechts über die lotrechte nach oben, in die waagerechte nach links übergehen. Für die Stromlinien zwischen A_1B und A_3D_3 findet man eine entsprechende Verteilung der Richtungen der Stromlinien in der $\bar{w}$-Ebene von waagerecht nach links über lotrecht nach unten bis waagerecht nach rechts. Das ist aber eine Anordnung von Stromlinien, wie sie eben einer Quelle entspricht. Die gleichen Überlegungen zeigen beim Punkte D, daß hier eine Senke vorliegt.

Bei der Aufzeichnung des gespiegelten Hodographen ist zunächst noch unbestimmt, wie groß das Verhältnis v_1/v_2, der Anfangs- zur Endgeschwindigkeit, ist, und damit auch, wo der Punkt A (die Quelle) auf der Strecke BD in der $\bar{w}$-Ebene liegt. Offenbar hängt dieses Verhältnis von der relativen Breite des Spaltes ab. Ist der Spalt so breit wie die Teilung, so daß die Platten unendlich schmal werden, so geht die Strömung ungehindert weiter, es ist $v_2 = v_1$. Ist aber der Spalt sehr klein, so wird auch der freie Strahl sehr schmal gegenüber dem ankommenden Flüssigkeitsstrom, dem die volle Breite der Teilung zur Verfügung steht. Dementsprechend wird $v_1 \ll v_2$, es nähert sich daher $v_1/v_2 \to 0$. Quantitativ läßt sich aber dieser Zusammenhang zwischen der Spaltbreite und v_1/v_2 nicht ohne weiteres angeben, und es ist gerade ein wesentlicher Teil der Aufgabe, diesen Zusammenhang zu ermitteln. Da man die Vorgänge in der Strömungsebene aus den entsprechenden im Hodographen gemäß Gl. (89,5) durch eine Integration findet, so geht man zweckmäßig den Weg, daß man den Punkt A in der $\overline{w}$-Ebene (d. i. also v_1/v_2) zunächst willkürlich annimmt und dann daraus auf Grund der Gl. (89,5) die Spaltbreite durch eine Integration bestimmt. Man erhält dann die Spaltbreite als Funktion von v_1/v_2 und damit natürlich auch den umgekehrten Zusammenhang. Die absolute Größe dieser Geschwindigkeiten ist belanglos, da durch eine proportionale Vergrößerung aller Geschwindigkeiten an der Form der Stromlinien nichts geändert wird. Man kann

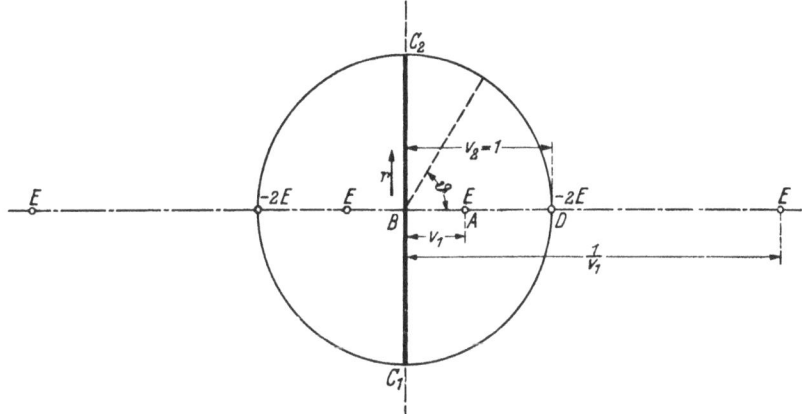

Bild 256. Anordnung der Quellen und Senken in der zur vollen Ebene ergänzten gespiegelten Hodographenströmung

daher, ohne damit die Aufgabe einzuschränken, die Geschwindigkeit $v_2 = 1$ setzen. Das hat das Angenehme, daß der Grenzkreis in der $\overline{w}$-Ebene gerade der Einheitskreis wird. Ebenso kann man, unbeschadet der Allgemeinheit, die Teilung t in der Strömungsebene gleich Eins setzen. Damit wird die Ergiebigkeit der Quelle im Punkte A der $\overline{w}$-Ebene $E = v_1$.

Die Strömung in der $\overline{w}$-Ebene, Quelle und Senke im Innern eines Halbkreises läßt sich ziemlich einfach behandeln: Zunächst ergänzt man den Halbkreis durch Spiegelung an der lotrechten Achse zu einem Vollkreis und weiterhin durch Spiegelung des Kreisinnern am Kreisumfang zur unendlich ausgedehnten Ebene. Damit ergibt sich die in Bild 256 angedeutete Strömung, die durch 4 Quellen und 2 Senken und den Umstand, daß die Geschwindigkeit im Unendlichen Null ist, eindeutig festgelegt ist. Die 4 Quellen haben je die Ergiebigkeit v_1 und liegen in den Punkten $+v_1$, $-v_1$, $+1/v_1$ und $-1/v_1$. Die beiden Senken haben je die Ergiebigkeit $-2v_1$ (bei der Spiegelung am Kreis verdoppelt sich die ursprüngliche Ergiebigkeit) und befinden sich in den Punkten $+1$ und -1. Das komplexe Potential dieser Quellenanordnung ergibt sich für irgendeinen Punkt $\overline{w}$ zu

$$\varPhi = \frac{v_1}{2\pi}\left[\ln(\overline{w}-v_1)+\ln(\overline{w}+v_1)+\ln\left(\overline{w}-\frac{1}{v_1}\right)+\right.$$
$$\left.+\ln\left(\overline{w}+\frac{1}{v_1}\right)-2\ln(\overline{w}-1)-2\ln(\overline{w}+1)\right]. \quad (90,1)$$

Hauptsächlich interessieren die Verhältnisse auf der geraden Strecke $C_1 C_2$, da man daraus ja vor allem die Länge der Platten $C_1 C_2$ in der z-Ebene berechnen kann und weiterhin die Verhältnisse auf dem Einheitskreis $C_1 D C_2$, die den Verlauf des Strahlrandes ergeben. Da diese Begrenzungslinien Stromlinien sind, so ist auf ihnen der imaginäre Teil von $\varPhi$, die Stromfunktion, konstant und kann gleich Null gesetzt werden. Man braucht daher auf diesen Randlinien nur das reelle Potential zu betrachten.

Bezeichnet man den Abstand eines Punktes der Strecke $C_1 C_2$ der $\overline{w}$-Ebene vom Nullpunkte B mit r, so wird für diesen Punkt $\overline{w}=ir$ und der Einfluß der beiden Quellen in den Punkten $\pm v_1$ auf das Potential

$$\ln(ir-v_1)+\ln(ir+v_1)=\ln(r^2+v_1^2)+i\pi. \quad (90,2)$$

Entsprechende Werte findet man für die anderen symmetrisch zum Nullpunkt gelegenen Quellen. Dabei heben sich die konstanten imaginären Anteile für die Gesamtheit der Quellen und Senken gerade fort. Man erhält daher für die Punkte der Strecke $C_1 C_2$

$$\varPhi = \varPhi = \frac{v_1}{2\pi}\ln\left[(r^2+v_1^2)\left(r^2+\frac{1}{v_1^2}\right)\frac{1}{(r^2+1)^2}\right] \quad (90,3)$$

und

$$\frac{d\varPhi}{dr} = \frac{v_1}{2\pi}2r\left[\frac{1}{r^2+v_1^2}+\frac{1}{r^2+1/v_1^2}-\frac{2}{r^2+1}\right]. \quad (90,4)$$

Diese letztere Beziehung hätte man auch unmittelbar aus dem Felde der Quellen und Senken der $\overline{w}$-Ebene als Geschwindigkeit in dieser Ebene ableiten können. Gemäß Gl. (89,5) ergibt sich nun für einen Punkt ir der $\overline{w}$-Ebene ein entsprechender Punkt iy der y-Achse der Strömungsebene durch

$$y = -\int_0^r \frac{1}{r}\frac{\partial \varPhi}{\partial r}dr = -\frac{v_1}{\pi}\int_0^r\left[\frac{1}{r^2+v_1^2}+\frac{1}{r^2+1/v_1^2}-\frac{2}{r^2+1}\right]dr \quad (90,5)$$
$$= -\frac{v_1}{\pi}\left[\frac{1}{v_1}\arctan\frac{r}{v_1}+v_1\arctan v_1 r - 2\arctan r\right].$$

Die ganze Strecke $C_1 C_2 = b$ (die Breite der Platte) erhält man, indem man in der $\overline{w}$-Ebene vom Punkt C_1 bis zum Punkte C_2, d. i. von $r=-1$

90. Strömung mit freien Strahlgrenzen durch Schaufelgitter

bis $r = +1$ integriert. Es ergibt sich

$$b = 2\frac{v_1}{\pi}\left[\frac{1}{v_1}\arctan\frac{1}{v_1} + v_1 \arctan v_1 - \frac{\pi}{2}\right]$$
$$= 2\frac{v_1}{\pi}\left(v_1 - \frac{1}{v_1}\right)\arctan v_1 + (1 - v_1). \tag{90,6}$$

Wir hatten zur Vereinfachung sowohl die Teilung $t = 1$ als auch die Endgeschwindigkeit $v_2 = 1$ gesetzt. Um sich von dieser Normierung frei zu machen, muß man nur b durch b/t und v_1 durch v_1/v_2 ersetzen. Man erhält also

$$\frac{b}{t} = 1 - \frac{v_1}{v_2} - \frac{2}{\pi}\left[1 - \left(\frac{v_1}{v_2}\right)^2\right]\arctan\frac{v_1}{v_2}. \tag{90,7}$$

Um die Gestalt des freien Strahlrandes zu ermitteln, muß man in der $\bar{w}$-Ebene den Kreisbogen von C_1 bis D bzw. C_2 bis D verfolgen. Auf diesem Kreisbogen ist

$$\bar{w} = e^{i\vartheta}, \tag{90,8}$$

wenn ϑ den Winkel des Vektors nach einem Punkte des Kreisbogens mit der reellen Achse bedeutet. In der z-Ebene wird für diese Punkte

$$z - C_1 = \int_{C_1}^{\bar{w}}\frac{d\varPhi}{d\bar{w}}\frac{1}{\bar{w}}\,d\bar{w} = \int_{-\pi/2}^{\vartheta}\frac{\partial\varPhi}{\partial\vartheta}e^{-i\vartheta}\,d\vartheta. \tag{90,9}$$

Für die Punkte des Kreises ist

$$\varPhi = \frac{v_1}{2\pi}\left[\ln(e^{i\vartheta} - v_1) + \ln(e^{i\vartheta} + v_1) + \ln\left(e^{i\vartheta} - \frac{1}{v_1}\right) + \right.$$
$$\left. + \ln\left(e^{i\vartheta} + \frac{1}{v_1}\right) - 2\ln(e^{i\vartheta} - 1) - 2\ln(e^{i\vartheta} + 1)\right]. \tag{90,10}$$

Der imaginäre Anteil (die Stromfunktion) verschwindet auch hier oder ist konstant, da ja der Kreis Stromlinie ist. Da man aber zur Berechnung des Strahlrandes doch noch über den komplexen Weg des Kreises integrieren muß, so bietet die reelle Form des Potentials $\varPhi$ kaum einen Vorteil. Wir wollen daher die komplexe Form beibehalten und erhalten

$$\frac{d\varPhi}{d\bar{w}} = \frac{d\varPhi}{e^{i\vartheta}i\,d\vartheta} = \frac{v_1}{2\pi}\left[\frac{1}{e^{i\vartheta} - v_1} + \frac{1}{e^{i\vartheta} + v_1} + \frac{1}{e^{i\vartheta} - 1/v_1} + \right.$$
$$\left. + \frac{1}{e^{i\vartheta} + 1/v_1} - \frac{2}{e^{i\vartheta} - 1} - \frac{2}{e^{i\vartheta} + 1}\right], \tag{90,11}$$

was man auch wieder unmittelbar aus dem Felde der Quellen und Senken der $\bar{w}$-Ebene als konjugiert komplexe Geschwindigkeit in dieser

Ebene hätte ableiten können. Damit wird aus Gl. (90,9)

$$z - C_1 = \frac{v_1}{2\pi} i \int_{-\pi/2}^{\vartheta} \left[\frac{1}{e^{i\vartheta} - v_1} + \frac{1}{e^{i\vartheta} + v_1} + \frac{1}{e^{i\vartheta} - 1/v_1} + \frac{1}{e^{i\vartheta} + 1/v_1} - \frac{2}{e^{i\vartheta} - 1} - \frac{2}{e^{i\vartheta} + 1} \right] d\vartheta. \quad (90,12)$$

Die auftretenden Integrale haben sämtlich die Form

$$J = \int \frac{d\vartheta}{e^{i\vartheta} + k}. \quad (90,13)$$

Wenn man sie in den reellen und imaginären Teil trennt, so wird

$$J = \int \frac{(k + \cos\vartheta) d\vartheta}{1 + k^2 + 2k\cos\vartheta} - i \int \frac{\sin\vartheta \, d\vartheta}{1 + k^2 + 2k\cos\vartheta}$$

$$= \frac{1}{2k} \left[\vartheta - 2\arctan\left(\frac{1-k}{1+k} \tan\frac{\vartheta}{2}\right) + i \ln(1 + k^2 + 2k\cos\vartheta) \right]. \quad (90,14)$$

Setzt man dieses Ergebnis in Gl. (90,12) ein, wobei k für die einzelnen Integrale der Reihe nach die Werte $-v_1$, $+v_1$, $-\frac{1}{v_1}$, $+\frac{1}{v_1}$, -1, $+1$ annimmt, so ergibt sich

$$z - C_1 = \frac{v_1}{2\pi} \left[\ln \frac{1 + \cos\vartheta}{1 - \cos\vartheta} - \frac{1}{2}\left(\frac{1}{v_1} + v_1\right) \ln \frac{1 + v_1^2 + 2v_1\cos\vartheta}{1 + v_1^2 - 2v_1\cos\vartheta} \right] +$$

$$+ i \frac{v_1}{2\pi} \left(\frac{1}{v_1} - v_1\right) \left[\arctan \frac{2v_1}{1 - v_1^2} + \arctan\left(\frac{2v_1}{1 - v_1^2} \sin\vartheta\right) \right]. \quad (90,15)$$

Der reelle Anteil dieses Ausdrucks stellt die x-Koordinaten, der imaginäre die y-Koordinaten der freien Strahlgrenze in der Strömungsebene, vom Punkte C_1 aus gerechnet, dar. Der so erhaltene Verlauf der freien Strahlgrenzen ist in Bild 257 und 258 für einige Werte von v_1 bzw. allgemeiner v_1/v_2 dargestellt. In Bild 257 ist die Gitterteilung t konstant gehalten und die Stabbreite b verändert, in Bild 258 ist die Stabbreite b konstant gehalten und die Gitterteilung t verändert.

Zur Erläuterung des Verfahrens haben wir zunächst ein möglichst einfaches Beispiel gewählt. Man kann es aber auch noch etwas allgemeiner halten, ohne die Rechnung wesentlich zu erschweren. In Bild 259 ist die senkrechte Anströmung eines Gitters dargestellt, das gleichfalls aus ebenen Platten besteht, die nun aber schräg gestellt sind. Im zugehörigen gespiegelten Hodographen (Bild 260) liegt dementsprechend auch das Abbild dieser Platten schräg. Außerdem wird aber die Strömung durch das Gitter abgelenkt. Dementsprechend liegt im gespiegelten Hodographen der Punkt D nicht mehr auf der reellen Achse, sondern um den gespiegelten Ablenkungswinkel β gegen diese verschoben.

Im Falle der nicht angestellten Platten war die Anströmgeschwindigkeit v_1 zunächst noch unbestimmt, und ihr Zusammenhang mit den gegebenen Abmessungen der Platten ergab sich erst nachträglich. Jetzt ist außerdem noch eine weitere Größe zunächst unbestimmt, nämlich der Richtungswinkel β der Endgeschwindigkeit v_2, der hauptsächlich von der Stellung der Platten abhängt. Daher ist im Hodographen vom Punkte A (Quelle) zwar die Richtung BA gegeben, aber die Entfernung von B unbestimmt, und vom Punkte D (Senke) ist bekannt, daß er auf dem Einheitskreis liegt, aber nicht, an welcher Stelle. Die erstere Unbestimmtheit kann man wieder wie bei der vorigen Aufgabe zunächst offenlassen, d. h., man wählt den Punkt A willkürlich auf dem innerhalb des Einheitskreises

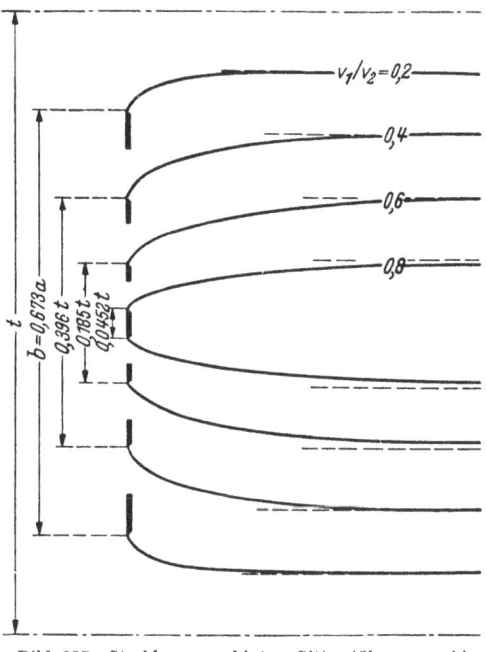

Bild 257. Strahlgrenzen hinter Gitterstäben verschiedener Breite bei gleicher Gitterteilung

gelegenen Teil der reellen Achse. Die Lage des Punktes D (der Senke) ist dann aber dadurch festgelegt, daß im Staupunkt B der

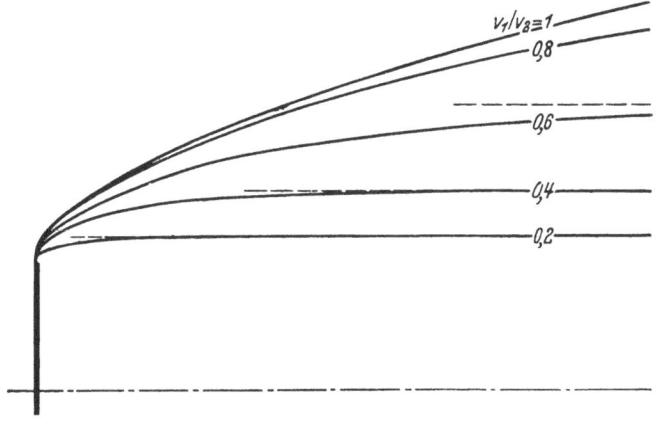

Bild 258. Strahlgrenzen hinter Gitterstäben gleicher Breite bei verschiedener Gitterteilung

382   XI. Freie Strahlen

z-Ebene $w = 0$ ist, das Abbild dieses Punktes in der $\bar{w}$-Ebene daher in den Nullpunkt fallen und außerdem wegen der konformen Abbil-

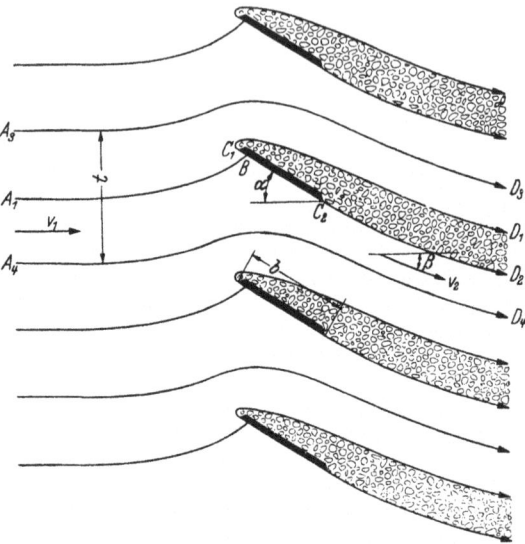

Bild 259. Senkrecht angeströmtes Gitter aus schrägen Platten

dung in der $\bar{w}$-Ebene ebenfalls einen Staupunkt bilden muß. Bei gegebener Lage der Quelle im Punkte A ist das nur bei einer ganz bestimmten Lage der Senke möglich. Die Quelle von der Ergiebigkeit E im Abstand v_1 vom Nullpunkt, deren Richtungsvektor den Winkel α mit dem Abbild der Platte bildet, ergibt im Nullpunkte eine Geschwindigkeitskomponente $(E/2\pi\,v_1)\cos\alpha$ parallel zum Abbild der Platte (die Komponente normal dazu wird durch die Spiegelung aufgehoben). Entsprechend ergibt die Quelle im Abstand $1/v_1$ die Komponente $(E\,v_1/2\pi)\cos\alpha$ und die Senke im Punkte D die Komponente $-(2E/2\pi)\cos(\alpha-\beta)$. Da nun die Summe der Einflüsse sämtlicher Quellen Null sein soll, so erhält man als Bedingung für den Winkel β,

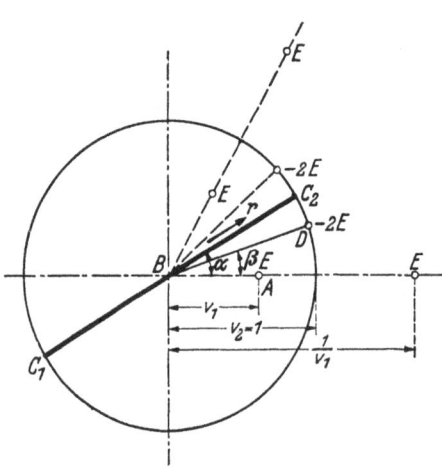

Bild 260. Gespiegelte Hodographenebene zur Strömung nach Bild 259 mit ihren Singularitäten

90. Strömung mit freien Strahlgrenzen durch Schaufelgitter

den der Vektor BD mit der reellen Achse einschließt,

$$2\cos(\alpha - \beta) = \left(v_1 + \frac{1}{v_1}\right)\cos\alpha, \qquad (90,16)$$

wobei α den Winkel der Platten und β den der freien Strahlen im Unendlichen mit der x-Achse bedeuten. Damit ist die neue unbestimmte Größe β auf die bisherige v_1 zurückgeführt. Anstatt aus der Forderung, daß Punkt B auch in der $\overline{w}$-Ebene Staupunkt sein muß, hätte man die Richtung der Endgeschwindigkeit v_2 auch aus der Bedingung ermitteln können, daß die nach dem Impulssatz sich ergebende Kraft auf die einzelnen Platten normal zur Plattenoberfläche stehen muß. Durch diese Bedingung hätte man ebenfalls die in Gl. (90,16) angegebene Beziehung gefunden.

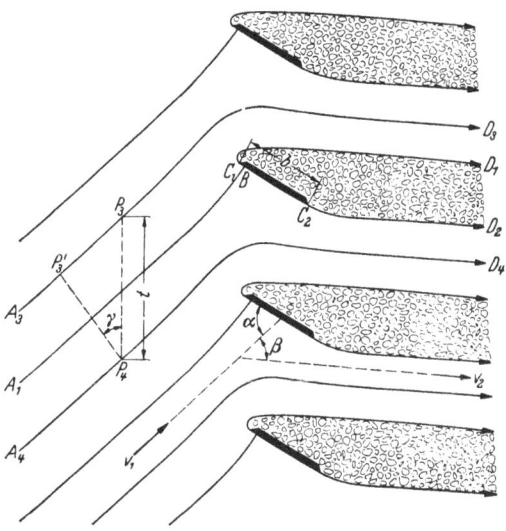

Bild 261. Schräg angeströmtes Gitter aus schrägen Platten

Eine weitere Verallgemeinerung besteht darin, daß die Zuströmung nicht senkrecht zur Gitterebene erfolgt, sondern unter einem Winkel γ gegen die Senkrechte geneigt ist (Bild 261). Der Unterschied gegenüber den bisherigen Beispielen besteht darin, daß der dem Unendlichen der z-Ebene entsprechende Punkt A der $\overline{w}$-Ebene (Bild 262) nicht mehr auf der reellen Achse liegt, sondern auf einer Geraden unter dem

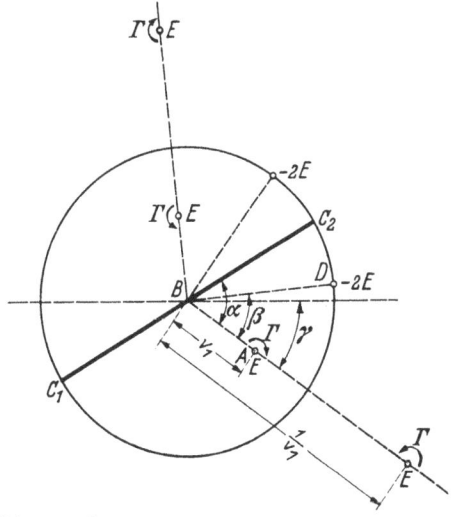

Bild 262. Gespiegelte Hodographenebene zur Strömung nach Bild 261 mit ihren Singularitäten

Winkel $-\gamma$ dazu und außerdem nicht durch eine einfache Quelle, sondern durch eine Wirbelquelle dargestellt wird (Ziffer 50). Die Quellstärke dieser Wirbelquelle ist

$$E = v_1 t \cos\gamma, \qquad (90,17)$$

ihre Wirbelstärke

$$\Gamma = v_1 t \sin\gamma, \qquad (90,18)$$

entsprechend den Komponenten $v_1 \cos\gamma$ in der x-Richtung und $v_1 \sin\gamma$ in der y-Richtung. Im Punkte D der $\bar{w}$-Ebene fallen das Abbild und ihr Spiegelbild zusammen. Daher heben sich hier die Wirbelkomponenten auf. Die Berechnung der Strömung und der auftretenden Kräfte für alle diese Fälle und ein Vergleich mit Versuchsergebnissen ist in einer Arbeit von BETZ und PETERSOHN durchgeführt.[1]

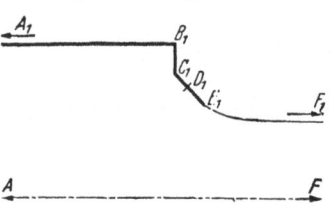

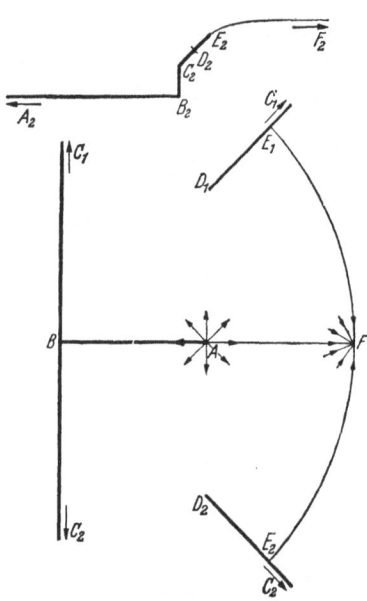

Bild 263. Ausströmung aus einem Gefäß mit ein- und ausspringenden Kanten und zugehöriger gespiegelter Hodograph

91. Allgemeinere Aufgaben. Für das Abbild der festen Begrenzungen der z-Ebene (Strömungsebene) in der $\bar{w}$-Ebene ist nur jeweils die Richtung des betreffenden Randstückes maßgebend, während ihre Länge nicht unmittelbar zur Geltung kommt. Die Länge der einzelnen geraden Randstücke ergibt sich erst nachträglich durch eine Integration gemäß Gl. (89,5) und hängt von gewissen Parametern des gespiegelten Hodographen ab. Um die Strömung für gegebene feste Randstücke zu erhalten, müssen dann nachträglich diese Parameter so bestimmt werden, daß sich die richtigen Lösungen dieser Randstücke ergeben. Bestehen die festen Grenzen aus mehreren geraden Stücken, welche unter Bildung von Ecken aneinanderstoßen, so ist bei Eckwinkeln $< 180°$ die Geschwindigkeit an der Ecke $w = 0$; bei Eckwinkeln $> 180°$ ist $w = \infty$. Im Hodographen

---

[1] BETZ, A., u. E. PETERSOHN: Anwendung der Theorie der freien Strahlen. Ing.-Arch. 2 (1931) 190.

91. Allgemeinere Aufgaben

erscheinen daher die Abbilder dieser Strecken als Gerade unter dem gegebenen Richtungswinkel vom Nullpunkt aus, die sich entweder vom Nullpunkt bis zur Maximalgeschwindigkeit oder von der Minimalgeschwindigkeit bis ∞ oder vom Nullpunkt bis ∞ erstrecken. Die Minimal- und Maximalgeschwindigkeiten auf den einzelnen Strecken sind zunächst noch unbekannt und stellen u. a. die erwähnten Parameter dar, von denen die Längen der einzelnen Strecken abhängen.

Bild 263 zeigt oben ein Beispiel für eine Berandung mit mehreren Ecken und unten den zugehörigen gespiegelten Hodographen. Das Beispiel unterscheidet sich von dem in Bild 254 dargestellten nur durch die am Ausfluß angefügten schrägen Stücke. Der Hodograph ist aber wesentlich verwickelter. Die Strömung kommt als Parallelströmung links aus dem Unendlichen. Dem entspricht im Hodographen eine Quelle bei A. Längs des Randes AB nimmt die Geschwindigkeit auf Null ab. Längs des Randes BC steigt sie an und wird (theoretisch) an der Ecke C Unendlich. Dementsprechend ergibt sich im Hodographen eine senkrechte Gerade von 0 bis ∞. Längs CE hat die Geschwindigkeit eine schräge Richtung und nimmt zunächst vom Betrage ∞ im Punkte C bis zu einem Minimalwert bei D ab, um dann wieder anzusteigen, bis bei E der konstante Wert der freien Grenze erreicht wird. Damit ergibt sich im Hodographen die dargestellte Berandung, die einer Berechnung der Strömung schon erhebliche Schwierigkeiten bietet. Die Minimalgeschwindigkeit auf der Strecke CE und damit die Lage des Punktes D im Hodographen ist zunächst noch unbestimmt. Von der Wahl dieses Punktes hängt im wesentlichen die Länge der Strecke BC ab. Läßt man insbesondere C und B sehr nahe zusammenrücken, so daß die rechtwinklige Ecke bei B fortfällt, so rückt im Hodographen der Punkt D gegen B, und der sich ins Unendliche erstreckende Raum BCD des Hodographen wird abgeschnürt. Es bleibt nur das Gebiet BEF übrig, das einer Berandung entspricht, bei der die schräge Wand CE unmittelbar an die Wand AB anschließt.

Je größer die Zahl der Ecken der festen Begrenzung ist, um so verwickelter wird der Rand des Hodographen und um so mehr Parameter müssen nachträglich bestimmt werden. Ist die Zahl der Ecken sehr groß und sind die Richtungsänderungen an den einzelnen Ecken nur gering, wie etwa in dem in Bild 264 dargestellten Fall, so liegen im Hodographen die die einzelnen Strecken abbildenden Strahlen dicht beieinander, und die zwischen ihnen stattfindende Strömung ist nur sehr gering. Geht das Polygon schließlich in eine kontinuierlich gekrümmte Kurve über, so verschwindet die Strömung zwischen den Strahlen im Hodograph vollständig. Man kann das Gebiet dieser Strahlen fortlassen und erhält als Rand nur die Verbindung der Endpunkte D der Strahlen, also eine einfache Kurve (Bild 265). Das Bild des Hodographen ist damit wieder wesentlich einfacher geworden, aber die unbestimmten Parameter für die Endpunkte der Strahlen sind geblieben. Ihre Zahl geht $\to \infty$. Sie stellen nichts anderes als die Punkte der Kurve BC des Hodographen dar. An Stelle einzelner unbestimmter Parameter D ergibt sich eine

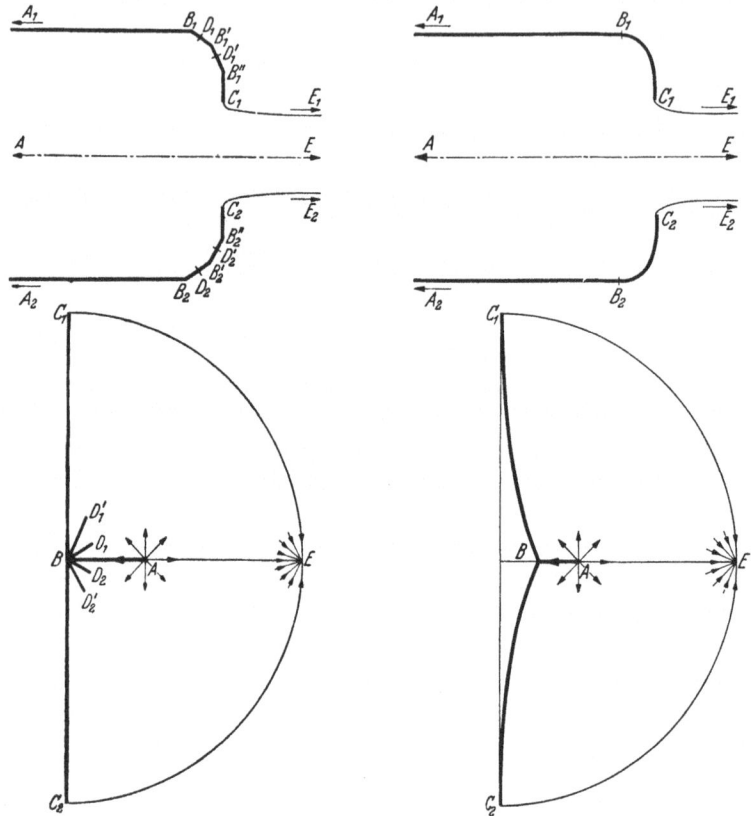

Bild 264. Gespiegelter Hodograph zu einer Berandung mit mehreren einspringenden Kanten

Bild 265. Gespiegelter Hodograph zu einer Berandung mit stetiger Krümmung

unbestimmte Funktion, nämlich die Kurve BC. Solche Aufgaben sind sehr viel schwieriger zu behandeln. Wir wollen uns im folgenden mit dem dabei anzuwendenden Verfahren beschäftigen.

92. Gekrümmte Begrenzungswände. Als Beispiel wollen wir die in Bild 253 gezeigte Strömung zugrunde legen, nur mit dem Unterschied, daß die Gitterstäbe nicht mehr eben, sondern gewölbt sind, wie in Bild 266 dargestellt. Der zugehörige gespiegelte Hodograph hat dann etwa die in Bild 267 links gezeigte Gestalt. Dabei sind von der Kurve $C_2 B C_1$ nur die Richtung der Anfangstangente im Punkte B und die Endpunkte C_1 und C_2 gegeben.

92. Gekrümmte Begrenzungswände 387

Den Kreis des Hodographen C_1DC_2, der das Abbild der freien Strahlgrenze ist, kann man durch eine lineare Transformation in eine Gerade überführen, wobei die $\overline{w}$-Ebene in eine ζ'-Ebene übergeht (Bild 267 rechts). Wäre die den festen Wänden entsprechende Kurve im Hodographen ein Kreisbogen, der auf den Einheitskreis senkrecht auftrifft, so würde sie bei dieser linearen Transformation in der ζ'-Ebene in einen Halbkreis übergehen, dessen begrenzender Durchmesser das Abbild des Kreisbogens $C_1'DC_2'$ der $\overline{w}$-Ebene ist. In Bild 267 stellt die gestrichelte Linie einen solchen Kreisbogen in der $\overline{w}$-Ebene und ihr Abbild in der ζ'-Ebene dar. In diesem besonderen Falle könnte man durch Spiegelung am Durchmesser und am Kreise das begrenzte Gebiet der ζ'-Ebene zur vollen Ebene ergänzen und die Strömung wie bei den Beispielen in Ziffer 90 aus den Singularitäten (Quellen) aufbauen.

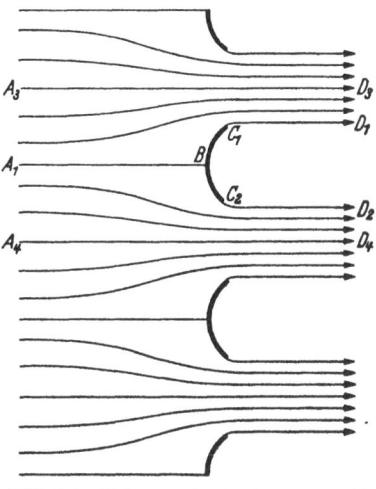

Bild 266. Strömung durch ein aus gewölbten Platten bestehendes Gitter

Im allgemeinen wird aber die Kurve der $\overline{w}$-Ebene, welche die festen Wände der z-Ebene abbildet, von einem solchen Kreisbogen abweichen.

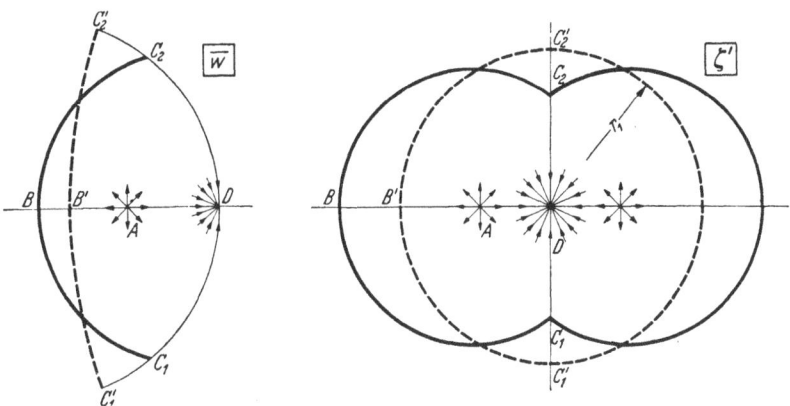

Bild 267. Gespiegelter Hodograph zur Strömung nach Bild 266 und konforme Abbildung desselben auf ein Gebiet mit kreisnahem Rand

Dementsprechend erhält man in der ζ'-Ebene an Stelle des Halbkreises eine abweichende Kurve, welche man nach Spiegelung am Durchmesser als kreisnahe Figur auffassen und nach dem in Ziffer 75 geschilderten

Verfahren auf einen Kreis in einer ζ-Ebene abbilden kann. Dabei besteht aber zwischen der hier vorliegenden und der in Ziffer 75 behandelten Aufgabe noch der Unterschied, daß jetzt die Gestalt der kreisnahen Figur nicht fest gegeben ist, sondern sich erst nachträglich aus einer Integralgleichung ergibt. Man wird daher die Potenzreihe entsprechend Gl. (75,6), welche die kreisnahe Figur in den Kreis überführt, zunächst mit unbestimmten Koeffizienten ansetzen:

$$\ln \frac{\zeta'}{\zeta} = \Sigma (a_n + i b_n) \left(\frac{\zeta}{r_1}\right)^n. \tag{92,1}$$

Da wir hier das Innere des Kreises betrachten, benützen wir statt der Potenzen von $r_1/(z - z_0)$ in Gl. (75,6) die Potenzen von ζ/r_1. Der Radius des Kreises ist $r_1 = DC_1'$. Die z_0 entsprechende Größe fällt hier weg, da der Koordinatennullpunkt in den Kreismittelpunkt D gelegt ist. In der ζ-Ebene läßt sich nun die Strömung berechnen und mittels der Abbildungsfunktionen auf die ζ'-Ebene und auf die $\bar{w}$-Ebene übertragen. Hieraus ergibt sich nach Gl. (89,5) die Gestalt des Randes der z-Ebene abhängig von den unbestimmten Koeffizienten der Potenzreihe (92,1). Man muß nun nur noch diese Koeffizienten so bestimmen, daß der in der z-Ebene sich ergebende Rand die gewünschte Schaufelform darstellt.

Es ist nicht unbedingt nötig, daß der Kreisbogen $C_1'B'C_2'$ rechtwinklig auf den Kreisbogen C_1DC_2 auftrifft. Man kann ja das Kreisbogenzweieck $C_1'DC_2'B'C_1'$ nach dem in Ziffer 19 gezeigten Verfahren in eines mit rechtwinkligen Ecken überführen. Dadurch kann man den Kreis sehr viel enger der Kurve C_1BC_2 anpassen und damit die Abweichungen der kreisnahen Figur klein halten. Man muß aber dann dafür die Unbequemlichkeit der Umformung des Kreisbogenzweiecks in Kauf nehmen.

Über die theoretischen Grundlagen der Behandlung derartiger Strömungsvorgänge gibt es eine umfangreiche Literatur, die sich aber meist nicht mit der Lösung bestimmter Aufgaben, sondern hauptsächlich mit grundsätzlichen Überlegungen befaßt. Einen Überblick hierüber gewährt eine zusammenfassende Arbeit von JAFFÉ[1]. Für den Kreiszylinder[2] und für Gitter aus Kreiszylindern[3] ist die Berechnung der Strömung von SCHMIEDEN durchgeführt. Von den grundsätzlichen Fragen sei nur noch auf eine hingewiesen.

Bei den Aufgaben mit ebenen Begrenzungen ist die Übergangsstelle von fester Wand zur freien Strahlgrenze im allgemeinen durch das Ende

---

[1] JAFFÉ, G.: Unstetige und mehrdeutige Lösungen der hydrodynamischen Gleichungen. ZAMM 1 (1921) 398.
[2] SCHMIEDEN, C.: Die unstetige Strömung um einen Kreiszylinder. Ing.-Arch. 1 (1929) 104.
[3] SCHMIEDEN, C.: Unstetige Strömungen durch Gitter. Ing.-Arch. 3 (1932) 130.

der Begrenzungswand eindeutig festgelegt. Bei einer krummen Wand kann dieser Übergang, die sog. Ablösung an einer Stelle der Wand stattfinden, an der diese im Totwassergebiet noch stetig weiterläuft (Bild 268). Dabei tritt die Frage auf, ob diese Ablösungsstelle eindeutig festgelegt ist, oder ob die Lösung der Strömungsaufgabe mehrdeutig ist. Bei den bisher behandelten Aufgaben löste sich die Strömung an einer Kante der festen Begrenzung ab. Dabei hat die freie Strahlgrenze, die man nach Gl. (90,15) berechnen kann, im allgemeinen eine Krümmung, deren Radius nach der Ablösungsstelle hin →0 geht. Denkt man sich in Bild 268 die feste Begrenzung im Punkte C' beendet, so würde man entsprechend Bild 266 die gestrichelt angedeutete freie Strahlgrenze erhalten. Geht aber die feste Begrenzung mit endlicher Krümmung weiter, so ist diese Strahlgrenze nicht möglich, da sie ins Innere der festen Begrenzung führt. Denkt man sich die feste Begrenzung in dem

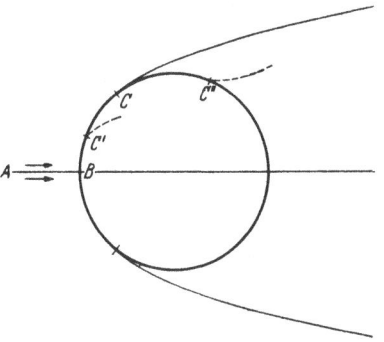

Bild 268. Freie Strahlgrenzen bei der Strömung um einen Kreiszylinder

Punkte C'' beendet, in dem die Strömung bereits merklich gegen die Achse hin gerichtet ist, und setzt voraus, daß die Strömung bis zu diesem Punkt der Begrenzung folgt, so erhält man theoretisch eine freie Strahlgrenze mit umgekehrter Krümmung, da sie ja die Strömung in die im Unendlichen herrschende Richtung umlenken muß. Zwischen diesen Punkten C' und C'' muß irgendwo ein Punkt C liegen, in dem sich die Krümmung einer dort beginnenden freien Strahlgrenze umkehrt. Dabei nimmt der Krümmungsradius in diesem Umkehrpunkt einen endlichen Wert an, während er in allen anderen Punkten an der Ablösestelle gegen Null geht. Freie Strahlgrenzen, wie sie sich zwischen den Punkten C und C'' ergeben, wären an sich vom geometrischen Standpunkt aus möglich. Aber physikalische Gesichtspunkte schränken diese Möglichkeiten noch weiterhin ein. Eine vom Körper weg gerichtete Krümmung der freien Strahlgrenze tritt nämlich immer und nur dann ein, wenn vorher auf der festen Berandung ein Geschwindigkeitsmaximum liegt. Der diesem Maximum folgende, an der Ablösestelle sehr steile Druckanstieg führt aber durch Vorgänge in der unmittelbar an der Körperoberfläche befindlichen, durch Reibung in ihrer Geschwindigkeit verzögerten Grenzschicht schon vor der angenommenen Ablösestelle zur Ablösung der Strömung. Infolgedessen sind auch diese Strahlgrenzen mit vom Körper weggerichteter Krümmung im allgemeinen nicht zu verwirklichen. Als Ablösestelle bleibt daher nur ein Punkt in nächster

Nähe hinter dem Punkt C möglich, in dem sich eine Strahlgrenze mit endlicher Krümmung ergibt. Man findet diesen Punkt C, indem man das Verhalten der Strahlgrenze für einige angenommene Ablösepunkte davor und dahinter untersucht und etwa die Abweichungen von der Körperkontur in einem bestimmten kleinen, aber endlichen Abstand von der Ablösestelle feststellt. Dann ergibt sich der Punkt C als die Stelle, an der diese Abweichung von positivem auf negativen Wert übergeht, also gerade Null wird.

Für einen einzelnen Zylinder ist dieses Verfahren zur Ermittlung des Ablösepunktes nicht geeignet, da hierbei die in Ziffer 88 erwähnten Voraussetzungen für die Brauchbarkeit der Theorie der freien Strahlen nicht gegeben sind. Es ist aber anwendbar, wenn ein Gitter aus solchen Zylindern vorliegt, ähnlich wie das Gitter nach Bild 266, nur ohne die dort festgelegte Hinterkante.

Übersicht
über die wichtigsten behandelten Abbildungen

Allgemeine Verfahren

Verfahren	Ziffer	Bild
Rechnerisches Verfahren...................	74—76	
Graphisches Verfahren	5	9
Experimentelle Verfahren...................		
mittels elektrischer Stromfelder	9	15/16
nach HELE SHAW	37	99
mittels elastischer Membran...............	42	113—116

Spezielle Abbildungen

z-Ebene	ζ-Ebene	Abbildungs-Funktion	Ziffer	Bild
		$\zeta = z^2$	46	127
		$\zeta = \sqrt{z}$	46	127
		$\zeta = z^{3/4}$	46	127
		$\zeta = z^{3/2}$	46	127
		$\zeta = z^2$	47	133, 134
		$\zeta = \sqrt{z}$	47	130

392 Übersicht über die wichtigsten behandelten Abbildungen

z-Ebene	ζ-Ebene	Abbildungs-Funktion	Ziffer	Bild
		$\zeta = \sqrt{z}$	47	131
		$\zeta = \dfrac{1}{z}$	48	139
		$\zeta = \dfrac{1}{z}$	49	140
		$\zeta = \dfrac{a+bz}{c+cz}$	54	141
		$\zeta = e^z$	50	142
		$\zeta = 3e^z$	51	145
		$\zeta = e^{2\pi z/t}$	50 52 65	144 150 188

Spezielle Abbildungen 393

z-Ebene	ζ-Ebene	Abbildungs-Funktion	Ziffer	Bild
		$\zeta = e^{2\pi z/nt}$	65	188
		$\zeta = \sqrt{z^2 - 1}$	53	150
		$\zeta = z + \dfrac{c^2}{z}$	56	156
		$\zeta = \dfrac{1}{2}\left(z + \dfrac{1}{z}\right)$	56	157
		$\zeta = \dfrac{1}{2}\left(z - \dfrac{1}{z}\right)$	56	157
		$\zeta = z + \dfrac{1}{z}$	57 58	159 163
		$\zeta = 2\cosh z$	59	168
		$\zeta = 4\cosh z$	59	170

394 Übersicht über die wichtigsten behandelten Abbildungen

z-Ebene	ζ-Ebene	Abbildungs-Funktion	Ziffer	Bild
		$\zeta = \cosh z$	59	171
		$\zeta = 2 \sinh z$	59	172
		$\zeta = 2 \cos z$	59	173
		$\zeta = 2 \sin z$	59	173
		$\zeta = \tan z$	60	174
		$\zeta = \cot z$	60	177
		$\zeta = \tan z$	60	175
		$\zeta = \cot z$	60	178
		$\zeta = \tan z$	60	176
		$\zeta = \cot z$	60	179

Spezielle Abbildungen

z-Ebene	ζ-Ebene	Abbildungs-Funktion	Ziffer	Bild
		$\dfrac{\zeta - a}{\zeta + a} = \left(\dfrac{z-1}{z+1}\right)^k$	62 63	182
		$\ln \dfrac{\zeta - u}{\zeta + u} = k \ln \dfrac{z-1}{z+1} + i \dfrac{\mu}{z}$	64	184
		$\zeta = (z + r_1)\left(1 + \dfrac{r_0^2}{r_1 z}\right)^n$	65	189
		$\zeta = \int \dfrac{dz}{\Pi (z - z_n)^{\delta_n / \pi}}$	67	193
		$\zeta = \int \dfrac{dz}{\sqrt{1 - z^2}\sqrt{1 - k^2 z^2}}$ $= F(k, z)$ $z = \operatorname{sn}(\zeta)$	68	196
		$\zeta = \int \dfrac{\sqrt{1 - k^2 z^2}}{\sqrt{1 - z^2}} = E(k, z)$	69	199
		$\zeta = \int \dfrac{b^2 - z^2}{\sqrt{1 - z^2}\sqrt{1 - k^2 z^2}} dz$	70	201
		$\zeta = (z - B)^{(1-k)/2}(z - D)^{(1+k)/2}$	71	204
			71	206
		$\dfrac{\zeta''}{\zeta'} - \dfrac{3}{2}\left(\dfrac{\zeta''}{\zeta'}\right)^2 =$ $\dfrac{1 - a_1^2}{2z^2} + \dfrac{1 - a_2^2}{2(z-1)^2} + \dfrac{a_1^2 + a_2^2 - a_3^2 - 1}{2z(z-1)}$	72	207

Übersicht über die wichtigsten behandelten Abbildungen

z-Ebene	ζ-Ebene	Abbildungs-Funktion	Ziffer	Bild
		$\zeta = \operatorname{sn} z$	79	215
		$\zeta = \operatorname{sn} z$	79	217
		$\zeta = \operatorname{sn} z$	79	218
		$\zeta = \operatorname{sn} z$	79	219
		$\zeta = \operatorname{cn} z$	79	220
		$\zeta = \operatorname{cn} z$	79	221
		$\zeta = \operatorname{cn} z$	79	222

Spezielle Abbildungen

z-Ebene	ζ-Ebene	Abbildungs-Funktion	Ziffer	Bild
		$\zeta = \operatorname{dn} z$	79	223
		$\zeta = \operatorname{dn} z$	79	224
		$\zeta = \operatorname{dn} z$	79	225
		$\zeta = \ln \dfrac{z-a}{z-b}$	80	227
		$\zeta = \ln \dfrac{z-a}{z-b}$	80	226
		$\zeta = \ln \dfrac{z-a}{z-b}$	80	228
		$\zeta = \vartheta_1(z)$ $\zeta = \sigma(z)$	82 83 86	232 236

Übersicht über die wichtigsten behandelten Abbildungen

z-Ebene	ζ-Ebene	Abbildungs-Funktion	Ziffer	Bild
		$\zeta = \vartheta_2(z)$ $\zeta = \sigma_1(z)$	83 86	236
		$\zeta = \vartheta_3(z)$ $\zeta = \sigma_2(z)$	83 86	236
		$\zeta = \vartheta_4(z)$ $\zeta = \sigma_3(z)$	83 86	233 236
		$\ln \zeta = -\dfrac{M}{2\pi}\dfrac{d\ln\vartheta_1(z)}{dz}e^{i\varkappa}$ $\ln \zeta = -\dfrac{M}{2\pi}\zeta(z)e^{i\varkappa}$	84 86	237 bis 240 245
		$\zeta = \wp(z)$	85	243 244
		$\zeta = C\,e^{kz}\dfrac{\vartheta_1\vartheta_2}{\vartheta_3\vartheta_4}$	87	247
		$\zeta = \overline{w}(z)$	90	253 255

Spezielle Abbildungen 399

z-Ebene	ζ-Ebene	Abbildungs-Funktion	Ziffer	Bild
		$\zeta = \bar{w}(z)$	90	259 260
		$\zeta = \bar{w}(z)$	90	261 262
		$\zeta = \bar{w}(z)$	91	263
		$\zeta = \bar{w}(z)$	91	264
		$\zeta = \bar{w}(z)$	91	265
		$\zeta = \dfrac{1}{\bar{w}(z) + k}$	92	266 267

Namen- und Sachverzeichnis

Die Zahlen geben die Seiten an. Wenn ein Stichwort an mehreren Stellen auftritt und eine davon die Definition oder Erläuterung derselben enthält, so ist diese durch **Fettdruck** gekennzeichnet.

Abbildung, affine, ähnliche, perspektivische 1.
—, konforme, winkeltreue 2, 3
—, Königsche 245
—, Kutta-Joukowskysche **218**, 287, 311
—, umkehrbar eindeutige 74
Abbildungsaufgaben, gegebene 235
Abbildungssatz, Riemannscher 83
Abbildungsverfahren, allgemeines, experimentelles 19, 137, 151, 155
—, graphisches 9
—, rechnerisches 297
Abfluß, glatter an Flügelhinterkante 119, 128, 135
Abgeflachte Welle, Torsion 147
Addition, geometrische 18, 37
— komplexer Größen 157
Affine Abbildung 1
Ähnliche Abbildung 1
Albrecht 300
Allgemeines Abbildungsverfahren, experimentelles 19, 137, 151, 155
— —, graphisches 9
— —, rechnerisches 297
— Profil 298
Analysator, harmonischer 34
Analytische Fortsetzung 59
— Funktion 163, 166, 310, 315, 372
Aneinandergrenzende Gebiete verschiedener Leitfähigkeit 63
Anfahrwirbel 117
Annähernd kreisförmige Figur 302
Anstellwinkel 114
Anströmrichtung, Drehung im Unendlichen 244
Argument einer komplexen Größe 157
Auftrieb von Tragflügeln 116, 118

Ausfluß aus einem Gefäß 374
Außengebiet (Äußeres) einer Ellipse 210
— eines Kreisbogenzweiecks 57, 58, 236
— eines Kreises 53, 55, 303
— eines Vielecks 264

Bauersfeld 154
Begrenzungswände, gekrümmte 386
Belegung eines Schlitzes mit Quellen und Wirbeln 78
Beliebig gegebene Formen 297
Bernoullische Gleichung 107, **109**, 111, 114, 136, 220, 309, 371
— —, verallgemeinerte **110**, 122
Bestimmungsstücke, unabhängige 83
Betrag einer komplexen Größe 157
— der Stromdichte, der Geschwindigkeit 166, 311
Betz 222, 239, 241, 255, 312, 384
Betz-Keune-Profile 241
Beziffertes Dipolnetz 243
— Quell-Senken-Netz 240
Bezugs -(Vergleichs-) Vektor 159, 160
Blatt, Riemannsches, s. Riemannsches Blatt
Blechstreifen, geladener ebener 97
Brechungsgesetz der Strom- und Potentiallinien 65
Breite, geographische 4, 7
Breitenkreis 4, 7, 8
Brennpunkte von Ellipsen und Hyperbeln 99, 209
Busemann 247

Cassinische Kurven 172, **173**
Cristoffel 261, 284
Corioliskräfte 120, 132

Namen- und Sachverzeichnis

COURANT 261, 318, 345
CUNSOLO 222, 300

Dicke (Dickenverteilung) eines Profils 218, 305, 307
Dielektrizitätskonstante 92
Differentialgleichung, GAUSSsche 293
Dimensionslose Größen 160
Dipol (-strömung) **49**, 63, 133, 135, 173, 180, 242, 322, 368
— -achse 50, 181, 322, 328, 368
— -anordnung (-felder), doppelperiodische 320, 322, 323, 325, 328, **346**, 347, 348, 349, 355, 359, 368
— -moment **50**, 133, 181, 242, 331, 368
— -netz, beziffertes 243
— -reihe 232, 234
— -strömung, Überlagerung über eine Parallelströmung 63
Division komplexer Größen 159
Doppelflügel 360
Doppelperiodische Anordnungen von Quellen 334, 355, 356
— Dipolanordnung 320, 322, 323, 325, 328, **346**, 347, 348, 349, 355, 359, 368
— Felder 317
— Quell-Senkenanordnung 321, 324, 326, 333, 344
— Strömungsfelder 333
— Wirbelanordnung 332, 350, 368
Doppelperiodisches System von Quadrupolen 351
Drall, drallfreie Strömung 130
Drehung mit konstanter Winkelgeschwindigkeit 120
—, Strömung mit konstanter — 103, **131**
Drehungsfreie Strömung 101
Dreieck, Kreisbogen- 288
Druck, dynamischer, reduzierter, statischer, -kraft, Gesamt-, Stau- 103, 107, 108, 109, 112
— -spannung 138
— -verteilung 111, 117, 136
Durchfluß bei doppelperiodischen Dipolen 347, 350, 355, 358
— -strömung durch ein Schaufelrad 123
Dynamischer Druck 109

Ebene Platten 111
Ebener Blechstreifen, geladener 97
— Spannungszustand 140
Ecken, ausspringende, einspringende 169

Ecken, Glättung von 235
Eckwinkel 169
— eines Kreisbogenzweiecks 56, 236
— eines Kreisbogendreiecks 288, 294, 295
Eindeutige Abbildung, — Zuordnung 1, 75, 79, 83, 148
Einfache Funktionen 168
Einfach zusammenhängend 79, 80
Elastische Probleme 137
Elastizitätsmodul 138
Elektrisches Feldpotential 93
Elektrische Ströme 10
Elektromagnetische Felder 96
Elektrostatische Felder 92, 97
Ellipsen, konfokale 99, 100, 209, 223, 224, 306
Elliptische Funktionen (JACOBIsche) 317
Elliptisches Integral 1. Gattung 267
— — 2. Gattung 276
— —, Modul, Komodul 273
EMDE 277, 345
Ersatzlösung 296
Existenzbetrachtungen 78
Experimentelle Herstellung von konformen Abbildungen 19, 137, 151, 155
EPPLER 315
Ergiebigkeit einer Quelle 23, 24, 226

FEINDT 360
Feld, doppelperiodisches 317
—, elektrisches, elektrostatisches, magnetisches, elektromagnetisches 92, 96
Feldpotential, elektrisches 93
Feldstärke, elektrische 92
—, magnetische 96
Flächenhafte Leiter 11
Fläche, RIEMANNsche 74, 77, 191
Flächentreue Karten 2
Flügel mit seitlichen Scheiben 286
— -gitter 193
Flügelprofilartiges Kreisbogendreieck 296
FLÜGGE-LOTZ 360, 366, 370
Flüssigkeiten, zähe 136
Flüssigkeitsbewegung 100, 103
Form, beliebig gegebene 297
FORSYTH 293
FOURIER, — -Analyse, — -Reihe **33**, 35, 49, 89, 167, 303, 308, 314

Freie Strahlen, Strahlgrenzen (Strahlrand) 370, 373, 381
FROUDEsche Kennzahl 371
Funktion, analytische, Real- und Imaginärteil 166
—, einfache 168
—, lineare, gebrochene 202
—, JACOBIsche elliptische 318
—, regulär analytische 163
—, Zuordnung durch komplexe 161
—, zusammengesetzte 197
—, ϑ- 334, **341**
—, ζ-, σ- 334, **355, 356**
—, $\wp$- 334, **351**, 354
Funktionentheorie 156, 261

GARRICK 168, 298
GAUSS 293
GAUSSsche Differentialgleichung 293
Gebiete, mehrfach zusammenhängende 81
—, schlichtartige, nichtschlichtartige 80
— verschiedener Leitfähigkeit 63
Gebrochene Funktion, lineare 202
Gegebene Abbildungsaufgaben 235
Gegenseitige Zuordnung 1.
Gekrümmte Begrenzungswände 382
Geladener ebener Blechstreifen 97
Gemischte Randwertaufgabe 34, 372
Geographische Länge und Breite 6
Geometrische Addition 18, 37
— Größen 160
Gerades Flügelgitter (Plattengitter) 193, 246, 255
Gerade Strecke 73, 207
Gesamtdruck 109
Geschlecht nicht schlichter Gebiete 80
Geschwindigkeitspotential 101
Geschwindigkeitsvektor, konjugiert komplexer Wert 166, 310
Geschwindigkeitsverteilung 114, 115, 126, 309
—, vorgegebene 312
Gesetz der reziproken Radien 60
—, OHMsches 10
Gespannte Membran 151
Gespiegelter Hodograph 374, 382, 383, 386
GINZEL 360, 366, 370
Gitter, (Flügel-, Schaufel-) -richtung, -teilung 193, 197, 246, 373
Glättung von Ecken 235
Gleichseitige Hyperbel 31

Gleichung, BERNOULLIsche 107, **109**, 111, 114, 136, 220, 309, 371
— —, verallgemeinerte **110**, 122
GOURSAT 293, 295
Graphisches Abbildungsverfahren, allgemeines 9
GRAMMEL 283
Grenze verschiedener Leitfähigkeit 63
Größen, dimensionslose, geometrische 160
Grundwasserströmung 137
Gummi-Haut, —-Membran 151, 154

Halbebene 53, 148, 261, 276, 288
Halbstreifen 225, 229, 230
Harmonischer Analysator 54
Hauptachsen einer Ellipse 99, 306
Hauptspannungen 140
Hauptspannungstrajektorien 140
HELE SHAW 137, 155
HEINHOLD 300
Hinterkante, scharfe 119, 194, 196, 220
—, Eckwinkel der 222, 238
Hodograph, gespiegelter 374, 382, 383, 386
HOPF 137
HURWITZ 261, 318, 345
Hydrostatischer (archimedischer) Auftrieb 107
Hyperbel 31, 174
—-funktion 192, **223**, 233
Hyperbeln, konfokale 100, 209, 224
Hypergeometrische Reihen 293

Imaginärteil **166**, 192, 249, 257, 261, 302, 311, 315, 343, 347, 355, 357
Inneres (Innengebiet) einer Ellipse 210
— eines Kreisbogenzweiecks 56, 57, 147, 236
— eines Kreises 53, 55, 303
— eines Polygons 261
Integral, partikuläres 293
—, POISSONsches 46, **167**
Invariante, SCHWARZsche 290, 292
Isolierender Rand 59

JACOBIsche elliptische Funktionen 317
JAFFÉ 388
JAHNKE 277, 345
JAKOBSTHAL 293
JOUKOWSKY 217

JOUKOWSKY-Profil **217**, 297, 305, 311
— · —, verallgemeinertes **222**, 298, 300, 308, 316
—(KUTTA-)-Abbildung **218**, 287, 311

Kardioide 172, **176**
v. KÁRMÁN 238, 298
KÁRMÁN-TREFFTZ-Profil **238**, 297
Kartendarstellung 2
Karten, flächentreue 2
Kegelprojektion 5
Kennzahl, FROUDEsche 371
KEUNE 239, 241
KLEIN 293
KNOPP 156
Komodul eines elliptischen Integrals 273
Kompaßkurs 7
Komplexe Funktionen, Zuordnung durch 161
— —, Theorie der 156
— Größen, Addition, Subtraktion 157
— —, Multiplikation 158
— Koordinaten 156
— —, Betrag, Argument 157
Komplexer Vektor, konjugierter 166, 310, 372, 373
Komplexes Potential 164
Komponenten 18, 51, 146
—, Normal-, Tangential- 44, 122, 133, 134, 135, 166
Konfokale Ellipsen, Hyperbeln 99, 100, 209, 224, 306
— Parabeln 171
Konforme Abbildung 3
KÖNIG 33, 247
KÖNIGsche Abbildung 245
Konjugiert komplexer Vektor 166, 310, 372, 373
Kontinuitätsbedingung 84, 85
Koordinaten, komplexe 156
—, krummlinige 13
Koordinatensystem, mitdrehendes 120
KOPPENFELS 236, 260
Kräfteparallelogramm 18, 157
Kraftfluß, Kraftfunktion 94
Kraftlinien, elektrische, magnetische 93, 94
—, in sich geschlossene 96
Kreis(-zylinder) 112, 117
—, Äußeres, Inneres 53
—, Quellverteilung auf ihm 43
—, Spiegelung an ihm 60

Kreisbogen 68, 211, 301
— -dreieck 288
— · —, flügelprofilartiges 296
— -vieleck 288
— -wölbung 216, 241
— -zweieck 55, 149, **236**, 301
Kreise bei Quell-Senkenströmung 42, 43
—, zwei 203, 327, 350, 358
Kreisfunktion **223**, 231
Kreisgitter 246
Kreisnahe Figuren 297, **302**, 306, 310, 313
Kreisring 24
— -sektor 8, 27
Kreisrunde Welle mit Abflachung 147
Kreis- und Hyperbelfunktion 223
Krummlinige Koordinaten 13
KUMMER 293
Kugelfläche 2, 63
Kurve, räumliche 1.
KUTTA 217
— -JOUKOWSKYsche Abbildung **218**, 287, 311
— -JOUKOWSKYsche Gleichung (Satz) 118, 129
— -LAGALLY 206

Länge, geographische 6
Leiter, flächenhafte 11
Leitfähigkeit, verschiedene 63
Leitwerk eines Flugzeugs 284
Lemniskate 172, **173**
Lineare gebrochene Funktion 202
— Transformation **200**, 202, 214, 236, 252, 253, 263, 267, 272, 290, 294, 327, 369, 387
Logarithmische Spirale 7, **185**, 188, **245**, 297
LÖSCH 277, 345
Lotrechte nebeneinander liegende Platten 278
Loxodrome 7

Magnetische Felder 96
— Feldstärke, Kraftlinien, Potential 96
MANGLER 167, 314
MARTENSEN 316
Maßsystem, technisches, physikalisches 109
Maßstabsverhältnis 4
Mehrdeutige Zuordnung 1, 161
Mehrdeutiges Potential 97

26*

Mehrfach zusammenhängende Gebiete 81
Membran, gespannte 151
— -gleichnis 154
— -verfahren 155
Mercatorprojektion 5
Meridian 4, 5, 7, 8
v. MISES 222
Mitdrehendes Koordinatensystem 120
Mittelwert der Potentiale 86
Modul eines elliptischen Integrals 273
Momentanpol 121
Moment eines Dipols und höherer Pole 50, 133, 181, 242, 331, 368
Moment zum Verdrehen einer Welle 150
MORIYA 305
Multiplikation komplexer Größen 158

NAGEL 286
NEUBER 141
Nichtschlichtartiges Gebiet 80
Nichtstationäre Vorgänge 119
Normalkomponente 44, 122, 133, 134, 135, 166
Normalkraft 138
Normal- und Tangentialspannungen 138

OHMsches Gesetz 10
OSGOOD 80

Parabel 171, 177
—, Schar konfokaler 171
Parallele Platten 278, 281, 318
Parallelstreifen 24, 74
—, schräger 187
Parallelströmung 22, 153, 318, 320, 323, 325
Partikuläres Integral 293
Permeabilität 96
Perioden 319, 322, 343
— -verhältnis 343
Perspektivische Abbildung 1
PETERSOHN 384
Pfeil, -höhe, Wölbungs- 215, 218, 305
Physikalisches Maßsystem 109
Platte, ebene in Scherströmung 134
— mit schrägen Ansätzen 284
— mit zwei lotrechten Scheiben 286
—, schräg angeströmte, senkrecht angeströmte 114
Platten, parallele, lotrechte, waagerechte, nebeneinander liegende 278, 282, 318

Plattengitter, gerades 246, 255
— -kanten, Saugkraft an umströmten 118
POISSON-Integral 167, 304
Pol 49, 174, 181
— -achse, -moment 52
— -stärke, magnetische 96
Polygon 261
Poröse Körper 136
Potential elektrischer Ströme 10, 13, 18, 19, 32, 40, 45, 50, 52, 56, 58, 71
— elektrisches, magnetisches, Feld- 93, 96
—, Strömungs-, Geschwindigkeits- 100
— -gleichung 83, **85**
—, komplexes 164
— -linien 11
—, mehrdeutiges 97
— -sprung 188
— -strömung 101
— —, nichtstationäre 120
— -wirbel 26, 104
Potenzreihe 302
PRANDTL 106, 154
Prinzip der Spiegelung 59
Prismenderivator 10
Produktdarstellung der ϑ-Funktionen 342
Profil, allgemeines 298
—, BETZ-KEUNE- 241
—, JOUKOWSKY- **217**, 297, 305, 311
—, verallgemeinertes JOUKOWSKY- **222**, 298, 300, 308, 316
—, KÁRMÁN-TREFFTZ- **238**, 297
—, tragflügelartiges 296, 305
Projektion, stereographische 3
—, Mercator- 5

Quadratmaschennetz 9, 12, 17, 84, 146
Quadrupol 53, 133, 135, **173**, 291
—, doppelperiodisches System 351
Quellbelegung, -verteilung 43, 78
Quelle 24
Quellenanordnung, doppelperiodische 334, 355, 356
Quellenreihe 190, 227
— zwischen undurchlässigen Wänden 335
Quellergiebigkeit, (-stärke) 24, 247
Quell-Senken-anordnung, doppelperiodische 321, 324, 326, 333, 344
— — -netz, beziffertes 240
— — -reihe 232, 234

Quell-Senken-strömung 40, 148, 183, 232, 330
— — -system 183
— -strömung 22, 24, 183, 187, 321, 324
— -verteilung, (-belegung) 43, 78
QUEST 155

Rand, isolierender, stark leitender 59
Randbedingungen 78, 90, 145, 149
Randpunkt 82
Randwertaufgabe erster, zweiter und dritter Art, gemischte 34, 96, 372
Räumliche Kurve 1
RAYLEIGHsche Scheibe 116
Realteil 166, 192, 249, 302, 311, 315, 347
Rechteck 8, 267
Reduzierter Druck 108
Regulär analytische Funktionen 163
REICHARD 133
REICHENBÄCHER 155
Reihe, Dipol- 232, 234
—, Fourier-, s. Fourierreihe
—, hypergeometrische 293
—, Potenz- 302
—, Quellen- 190, 227
—, Quell-Senken- 232, 234
—, TAYLOR- 86
—, unendliche 297
—, Wirbel- 192
Reihendarstellung der ϑ-Funktionen 343
Relativströmung 121
Reziproke Radien 60
Richtungswinkel einer komplexen Größe 157, 166
RIEGELS 305, 312, 315
RIEMANN 76, 293
RIEMANNsches Blatt 76, 80, 97, 161, 169, 175, 186, 188, 191, 198, 199, 209, 215, 216, 223, 224, 227, 247, 268, 282, 318, 326, 340
RIEMANNsche Fläche 74, 77, 191
RIEMANNscher Abbildungssatz 83
Ringgebiet 328
ROSSBACH 137
Rotation des Geschwindigkeitsvektors 102
ROTTA 284
RUNGE 33

Sattelpunkt, -strömung, -achse 30, 53, 89, 131, 169, 182, 337, 356, 360

Saugkraft an umströmten Plattenkanten 118
Scharfe Hinterkante 119
Schaufelgitter 373
Schaufelrad 123
Scheibe, RAYLEIGHsche 116
Scheiben, seitliche an Flügeln 286
Scherströmung 132, 134
Schlichte und schlichtartige Gebiete 80
Schlichte und einfach zusammenhängende Gebiete 79
Schlitz (Schnitt) bei RIEMANNschen Blättern 76, 186, 188, 198, 199, 200, 209, 217, 224, 226, 247, 318, 326, 361
—, Belegung mit Quellen und Wirbeln 78
—, undurchlässiger 324
SCHMIEDEN 388
Schmiegungsverfahren 300
Schräg angeströmte Platte 114
Schräger Parallelstreifen 189
Schubkraft 104, 138
Schubmodul 139
Schubspannung 138, 144
SCHWARZ 261
SCHWARZsche Invariante 290, 292
SCHWARZsches Spiegelungsprinzip 59
SCHWARZ-CHRISTOFFELsches Integral 284
Seifenhaut 151, 154
Seitliche Scheiben an Flügeln 286
Sektor eines Kreisrings 8, 27
Senke 24
Senkrecht angeströmte Platte 114
Sich drehende Strömung 101
Singulärer Punkt 163
Skelett, -linie 218, 297, 305, 307
Sonderfälle, Vereinfachung 283
Spalt 376
— -ruder 360
Spannung, Druck-, Zug-, Schub- 138
Spannungsfunktion 146
Spannungszustand, ebener 140
Spiegelbild 15, 177
— des Unendlichen 62, 117
Spiegellineal 10
Spiegelung am Kreis 60, 180, 248
—, doppelperiodische 266, 317, 351
Spiegelungsprinzip, SCHWARZsches 59
Spirale, logarithmische 7, 186, 188, 194
—, Stück einer logarithmischen 245
S-Schlag 241

S-Schlag-Winkel 242
STALLMANN 236, 260
Stationäre Relativströmung 121
Statischer Druck 109
Staudruck 109, 113
Staupunkt 112, 117, 133, 134, 220, 250, 254, 258, 281, 283, 340, 348, 366
Stereographische Projektion 3
Strahl, -grenzen (-rand), freie 370, 373, 379, 381
STRASSL 360, 370
Streckenprofil-Gitter 246
Stromdichte 13
— -funktion 12
— — bei Wärmeströmen 91
— -linien 11
Ströme, elektrische 10
Strömung, drehungsfreie, sich drehende 101
Strömungsfelder, doppelperiodische 333
Strömungspotential 100
Stück einer logarithmischen Spirale 245
— eines Kreisbogens 211
Subtraktion komplexer Größen 157

Tangentialkomponente 45, 122, 166
TAYLORreihe 86
Technisches Maßsystem 109
THEODORSEN 298, 313
Theorie der komplexen Funktionen 156
THIEL 155
TIETJENS 106
Torsion einer abgeflachten Welle 147
— zylindrischer Stäbe 142
Torsionsfestigkeit 142
Torsionssteifigkeit, 142
Totwasser 106, 389
Tragflügel, Auftrieb 116, 118
— -artiges Profil 297, 305
— -hinterkante 119, 194, 196, 220
Trajektorien, Hauptspannungs- 140
Transformation, lineare, s. Lineare Tr.
TREFFTZ 137, 218, 238, 298
TRUCKENBRODT 316

Überdeckungswinkel 245
Übergangsschlitz zu anderen RIEMANN-schen Blättern, s. Schlitz bei R. Bl.
Überlagerung 17, 36, 63
Umkehrbar eindeutige Abbildung 74

Umkehrbare Zuordnung 2, 75
Umlaufendes Schaufelrad 123
Umlaufsinn 15
Umströmte Plattenkanten, Saugkraft 118
Unabhängige Bestimmungsstücke 83
Undurchlässiger Schlitz 324
Unendlich ferner Punkt, Spiegelbild 62, 117
Unendliche Reihe 297

Vektor 157
—, konjugiert komplexer 166, 310, 372, 373
Verallgemeinerte BERNOULLIsche Gleichung 110. 122
Verallgemeinertes JOUKOWSKY-Profil 222, 298, 300, 308, 316
Verdrängungsströmung 123
Verdrehmoment einer Welle 150
Verdrillung 142, 144
Verhalten der Strömung im Unendlichen 117
Vergleichs- (Bezugs-) Vektor 159, 169
Verwölbung des Querschnittes eines tortierten Stabes 142, 144
Verzerrung 2
Verzweigungspunkt 30, 69, 250
Vieleck 260
Vollständiges elliptisches Integral erster Gattung 269
— — — zweiter Gattung 277
Vorderer Staupunkt 112
Vorflügel 360
Vorgegebene Geschwindigkeitsverteilung 312

Waagerechte nebeneinander liegende Platten 278, 282, 318
WALZ 167
Wärmeleitung 91
WEGNER 141
WEIERSTRASS 352
WEINIG 247. 257
Welle mit Abflachung 147
WILLERS 10
Winkelraum 26, 28, 74
Winkeltreue Abbildungen 2
Wirbelanordnung, doppelperiodische 332, 350, 368
— -belegung 78
— -paar 43
— -quelle 188, 194, 246, 257

Wirbelreihe 192
— -stärke 26
— -strömung 22, 26
WITTICH 168, 305
Wölbungspfeil 218
WOLFF 296

Zähigkeit 104, 136
Zentrifugalkräfte 120
Zentrifugalpumpenrad 123
ZIPPERER 34
Zirkulation, (Zirkulationsströmung) 101, 116, 124, 128, 135, 153, 221, 246, 256, 282, 313, 332, 350, 369
Zugspannung 138
Zuordnung durch komplexe Funktionen 161
— eindeutige 1, 75, 79, 83, 148

Zuordnung gegenseitige, mehrdeutige, umkehrbare 1
— konforme 13
— spiegelbildliche 15
Zusammengesetzte Funktion 197
Zusammenhängend, schlicht und einfach 79
—, zweifach, mehrfach 81
Zweidimensionale Kraftfelder 93
Zweieck, Kreisbogen- **55**, 149, **236**, 301
Zweifach zusammenhängende Gebiete 81
Zwei Kreise 327, 350, 358
— Platten 278, 281, 318
ζ-Funktion 334, **355**
ϑ-Funktion 334, **341**
σ-Funktion 334, 355, **356**
$\wp$-Funktion 334, **351**, 354

721/38/63 — III/18/203

The manufacturer's authorised representative in the EU is Springer Nature Customer Service Centre GmbH, Europaplatz 3, 69115 Heidelberg, Germany. If you have any concerns regarding our products, please contact ProductSafety@springernature.com

Printed and bound by CPI Group (UK) Ltd, Croydon, CR0 4YY

23/03/2026

02076680-0009